高职高专土建类“十三五”规划“互联网+”创新系列教材

2020年湖南省职业教育优秀教材

混凝土结构

HUNNINGTU JIEGOU 第3版

主　编　刘可定　王运政

副主编　胡婷婷　朱思静　许　博　胡　蓉

主　审　刘锡军

·长沙·

内容简介

本书依据《混凝土结构设计规范》(GB 50010—2010)(2015 版)、《建筑结构荷载规范》(GB 50009—2012)、《建筑抗震设计规范》(GB 50011—2010)等新标准、规范，按照理论“必需、够用”的原则，以职业标准所需的专业知识、专业技能为重点，并结合《实用混凝土结构构造手册》《混凝土结构施工图平面整体表示方法制图规则和构造详图》(16G101)等规范编写。

全书共 14 章，内容包括绪论、钢筋混凝土材料的力学性能、混凝土结构的设计方法、受弯构件正截面承载力计算、受弯构件斜截面承载力计算、受拉构件承载力计算、受压构件承载力计算、受扭构件承载力计算、构件的变形和裂缝宽度验算、预应力混凝土结构简介、梁板结构、单层工业厂房、多层框架结构及混凝土高层建筑结构体系简介。每章精心编写了选择题、填空题、问答题等概念分析和工程应用实训题。

本书既可以作为高职高专院校建筑工程技术专业或土建类其他相关专业的教学用书，也可以作为土建工程技术人员的实用参考书。

本书配有“互联网 +”手机扫描二维码拓展阅读内容和多媒体教学电子课件。

高职高专土建类“十三五”规划“互联网+”创新系列教材编审委员会

出版说明 INSTRUCTIONS

遵照《国务院关于加快发展现代职业教育的决定》(国发〔2014〕19号)提出的"服务经济社会发展和人的全面发展，推动专业设置与产业需求对接，课程内容与职业标准对接，教学过程与生产过程对接，毕业证书与职业资格证书对接"的基本原则，为全面推进高等职业院校土建类专业教育教学改革，促进高端技术技能型人才的培养，依据国家高职高专教育土建类专业教学指导委员会高等职业教育土建类专业教学基本要求，通过充分的调研，在总结吸收国内优秀高职高专教材建设经验的基础上，我们组织编写和出版了这套高职高专土建类专业"十三五"规划教材。

高职高专教学改革不断深入，土建行业工程技术日新月异，相应国家标准、规范，行业、企业标准、规范不断更新，作为课程内容载体的教材也必然要顺应教学改革和新形势的变化，适应行业的发展变化。教材建设应该按照最新的职业教育教学改革理念构建教材体系，探索新的编写思路，编写出版一套全新的、高等职业院校普遍认同的、能引导土建专业教学改革的"十三五"规划系列教材。为此，我们成立了规划教材编审委员会。教材编审委员会由全国30多所高职院校的权威教授、专家、院长、教学负责人、专业带头人及企业专家组成。编审委员会通过推荐、遴选，聘请了一批学术水平高、教学经验丰富、工程实践能力强的骨干教师及企业专家组成编写队伍。

本套教材具有以下特色：

1. 教材依据国家高职高专教育土建类专业教学指导委员会《高职高专土建类专业教学基本要求》编写，体现科学性、创新性、应用性；体现土建类教材的综合性、实践性、区域性、时效性等特点。

2. 适应高职高专教学改革的要求，以职业能力为主线，采用行动导向、任务驱动、项目载体，教、学、做一体化模式编写，按实际岗位所需的知识能力来选取教材内容，实现教材与工程实际的零距离"无缝对接"。

3. 体现先进性特点。将土建学科的新成果、新技术、新工艺、新材料、新知识纳入教材，结合最新国家标准、行业标准、规范编写。

4. 教材内容与工程实际紧密联系。教材案例选择符合或接近真实工程实际，有利于培养学生的工程实践能力。

5. 以社会需求为基本依据，以就业为导向，融入建筑企业岗位(八大员)职业资格考试、国家职业技能鉴定标准的相关内容，实现学历教育与职业资格认证相衔接。

6. 教材体系立体化。为了方便老师教学和学生学习，本套教材建立了多媒体教学电子课件、电子图集、教学指导、教学大纲、案例素材等教学资源支持服务平台；部分教材采用了"互联网+"的形式出版，读者扫描书中"二维码"，即可阅读丰富的工程图片、演示动画、操作视频、工程案例、拓展知识。

高职高专土建类专业规划教材

编审委员会

前言 PREFACE

本书按照高等职业教育“建筑工程技术专业”职业能力培养目标的要求，以及课程改革对教材建设的需要组织编写。本书的主要特色为：

1. 本书参照我国最新修订的国家标准、规范《混凝土结构设计规范》(GB 50010—2010)(2015版)、《建筑结构荷载规范》(GB 50009—2012)、《建筑结构可靠度设计统一标准》(GB 50068—2018)、《高层建筑混凝土结构技术规程》(JGJ 3—2010)、《建筑抗震设计规范》(GB 50011—2010)等，并结合《实用混凝土结构构造手册》《混凝土结构施工图平面整体表示方法制图规则和构造详图》(16G101)等规范编写。

2. 按照高职高专的教学要求，结合专业岗位群对职业能力的需求，本书对混凝土结构的教学内容进行了精选和整合，精简理论，突出实践。在教学内容上将基本理论、基本构件、结构与施工图的识读进行融通，在编排形式与内容上，力求通俗易懂、循序渐进，便于理解和学习。

3. 本书设计实例采用真实工程设计实际案例，强调建筑构造知识的应用，加强了对学生识读和绘制结构施工图能力的培养。

4. 本书每章设置了学习目标、导读、小结等内容，突出结构设计概念的培养和专业实践的应用，力求体现高职教育改革的特点，坚持“理论够用为度”的原则，加强实践，吸取有关教材的长处，结合编者的教学和工程经验进行编写。

5. 在每章的练习中，精心编写了选择题、填空题、问答题等概念分析和工程应用实训题，以求通过“教、学、做合一”的实训教学，开阔视野，激发学习兴趣，引导学习。

6. 本书为增强学生的知识面、开拓视野，编排了拓展阅读等选修内容，书中相关内容用小号字排版，并在其前面用*号进行了标注。

7. 教材结合本课程理论性和实践性强的特点，以新时代工匠精神为主线，讲授教学内容、分析工程事故案例。利用介绍土建类顶尖专业人士及项目任务驱动等方法，充分挖掘蕴含在各个章节知识点的思政元素，如爱国情怀、精益求精、攻坚克难、安全意识和大局意识等，将专业教育与思政教育同向同行协同育人。通过专业课程“思政化”的方式，潜移默化地培养学生良好的职业观、职业意识和职业素养，培养适应城乡建筑行业生产、建设、服务、管理第一线需要的全面发展的“首选复合型技术技能人才”。

全书共14章，内容包括绪论、钢筋混凝土材料的力学性能、混凝土结构的设计方法、受弯构件正截面承载力计算、受弯构件斜截面承载力计算、受拉构件承载力计算、受压构件承载力计算、受扭构件承载力计算、构件的变形和裂缝宽度验算、预应力混凝土结构简介、梁板结构、单层工业厂房、多层框架结构及混凝土高层建筑结构体系简介等。

本书由湖南城建职业技术学院刘可定、王运政担任主编，第1，2，3章由湖南城建职业技术学院刘可定、胡蓉、林丽萍编写；第4，5章由湖南城建职业技术学院刘翔、伍文编写；第6章由湖南城建职业技术学院朱思静编写；第7，9章由湖南城建职业技术学院王运政、蒋焕青编写；第8章由湖南城建职业技术学院李欣俊、薛媛媛编写；第10章由湖南城建职业技术学院尹素仙编写；第11章由湖南城建职业技术学院谭敏、胡婷婷编写；第12，13，14章由湖南城建职业技术学院许博、葛莎、刘春燕编写。全书由刘可定、王运政统稿，由湖南科技大学刘锡军教授主审。

由于编者水平有限，书中难免有错误和不足之处，恳请广大读者和同行专家批评、指正。

编　者

目 录 CONTENTS

第1章　绪　论

【学习目标】

(1)掌握混凝土结构的分类、基本概念;
(2)了解混凝土结构的应用及发展概况;
(3)了解混凝土结构的优缺点。

【本章导读】

混凝土结构是以混凝土材料为主要承重构件的结构。它包括素混凝土结构、钢筋混凝土结构、预应力混凝土结构等。本章学习混凝土结构的基本知识,并初步了解混凝土结构的相关特点及应用。

1.1　混凝土结构的概念

建筑结构按所用材料分类

结构广义上是指房屋建筑和土木工程的建筑物、构筑物及其相关组成部分的实体,狭义上是指各种工程实体的承重骨架。混凝土结构是指以混凝土为主要建筑材料制成的结构。

建筑是人们用各种建筑材料建造的一种供人们居住和使用的三维空间,如住宅、厂房、体育馆等。建筑中由梁、板、柱、墙、基础等构件连接而成的能承受一定“作用”的空间体系称为建筑结构。建筑结构根据其承重结构所用材料的不同,一般可分为:混凝土结构、砌体结构、钢结构、木结构和混合结构等。

混凝土结构的分类

混凝土结构包括素混凝土结构(无筋或不配受力钢筋)、钢筋混凝土结构(配置普通受力钢筋)及预应力混凝土结构(配置预应力受力钢筋)。通常所说的混凝土结构一般是指钢筋混凝土结构。

混凝土是建筑工程中应用非常广泛的一种建筑材料,混凝土抗压强度较高,而抗拉强度却很低。因此,不配置钢筋的素混凝土构件只适用于受压构件,且破坏比较突然,在工程中极少使用。例如,两根截面尺寸、跨度和混凝土强度等级(C20)完全相同的简支梁,其中一根为素混凝土梁,另一根为底部配置2根直径为20 mm的HRB335级钢筋的钢筋混凝土梁。由试验可知,当加荷$F=12.5$ kN时,素混凝土梁便由于受拉区混凝土被拉裂而突然折断[图1.1(a)];对于钢筋混凝土梁[图1.1(b)],虽然当荷载达一定程度时,受拉区混凝土仍然开裂,但钢筋可以代替开裂的混凝土承受拉力,直到钢筋达到其屈服强度,梁上的裂缝迅速向上延伸,受压区面积减小,导致混凝土压应力达到抗压强度而被压碎破坏。此时,梁的破坏荷载能达到$F=76$ kN。在钢筋混凝土受弯构件中,通常是混凝土承受压力,钢筋承受拉力，钢筋与混凝土两种材料的强度均得到充分利用，大大提高了构件的承载力。此外，在受压混凝土构件中，配置抗压强度较高的钢筋，也可协助混凝土承受压力，从而减小构件截面尺寸，改善受压构件的脆性性质。

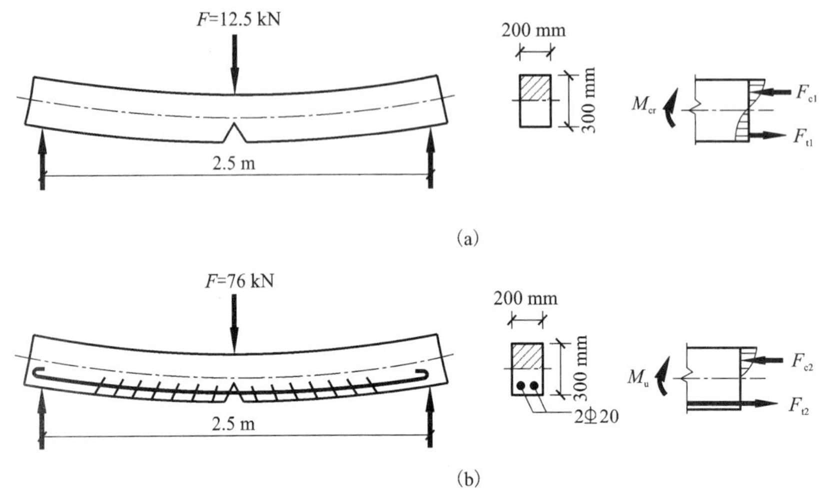

图 1.1　钢筋混凝土梁与素混凝土梁的比较

(a)素混凝土梁；(b)钢筋混凝土梁

混凝土与钢筋是不同性质的两种材料，二者之所以能有效地共同工作，是由于以下特征：

(1)混凝土和钢筋之间有着良好的黏结力，能牢固结成整体，受力后变形一致，不会产生相对滑移。这是混凝土和钢筋共同工作的主要条件。

(2)混凝土与钢筋的温度线膨胀系数大致相同，所以，当温度发生变化时，不致于产生较大的温度应力而破坏二者之间的黏结。

(3)钢筋外边有一定厚度的混凝土保护层，可以防止钢筋锈蚀，从而保证了钢筋混凝土构件的耐久性。

1.2　混凝土结构的应用和发展概况

混凝土结构是一种新兴的结构，迄今有 150 多年历史。1824 年，英国人 J. Aspdin(约瑟夫·阿斯普丁)发明了“波特兰”水泥，为混凝土的诞生奠定基础。1850 年，法国人 Joseph Louis Lambot(兰波特)用水泥砂浆涂在钢丝网的两面做成了小船，出现了最原始的钢筋混凝土结构。19 世纪中叶，法国人 J. Monier(约瑟夫·莫尼哀)用钢丝作骨架制成了钢筋混凝土花盆，并在 1867 年获得了专利权。1872 年，世界第一座钢筋混凝土建筑在纽约落成，人类历史的一个崭新纪元就此开始。早期的混凝土结构所用的钢筋和混凝土强度都很低，因而它们主要应用于小型钢筋混凝土梁、板、柱和基础等构件的制作。进入 20 世纪以后，钢筋混凝土结构在组成材料、结构形式、施工工艺、设计理论和应用范围等方面有了迅速发展，出现了预应力混凝土结构、装配式钢筋混凝土结构和钢筋混凝土薄壁空间结构等。现今，混凝土结构已成为建筑工程中应用最为广泛的一种结构，有着很大的发展潜力。

在材料方面，现在国内钢筋混凝土结构采用 C20 ~ C40 的混凝土，预应力钢筋混凝土结构采用 C40 ~ C80 的混凝土。近年来国内外高性能混凝土的研究方兴未艾，如美国制成 C200 的混凝土，我国也制成 C100 的混凝土，为混凝土结构在高层建筑、高耸建筑和大跨度桥梁等方面的应用创造了条件。同时，国内外还致力于发展轻集料混凝土以减轻结构自重且充分利用工业废渣废料。如陶粒混凝土、浮石混凝土等，其自重为 14 ~ 18 kg/m^3，比普通混凝土自重减少了 10% ~30%。此外，各种纤维混凝土的应用，使混凝土抗拉性能和延伸性差的缺点有了很大改善。

除混凝土外，钢筋强度也有了新的提高。首先是 400 MPa 和 500 MPa 的高强带肋钢筋在混凝土结构中得到了广泛应用。此外，最近国际上研究颇多的是纤维筋，常用的有树脂黏结的碳纤维、玻璃纤维，研究证明这些纤维制成的筋材强度都很高。

在结构形式方面，近年来值得注意的发展方向之一是钢 - 混凝土组合结构。如型钢 - 混凝土组合梁、钢管混凝土柱及压型钢板混凝土组合楼盖等。另外，近年来预应力混凝土结构的发展也突飞猛进，尤其不能忽视的是无黏结部分预应力混凝土结构，它克服了传统预应力混凝土结构施工工序复杂、工期较长、造价高昂等一系列缺陷。

在施工工艺方面，随着高层、超高层结构的发展，诸如钢管混凝土、型钢混凝土结构的出现，对混凝土的性能、施工工艺都提出了许多新的要求，促进了混凝土性能和施工工艺的不断发展。近几年来对钢管混凝土结构中混凝土的浇筑工艺较普遍地采用了混凝土从管底顶升浇灌的新工艺，这种新工艺目前在许多工程中都成功应用，一次顶升可达 21 m(5 层)，取得了显著的效益。自密实混凝土已被较普遍使用，但造价稍高，有待进一步研究，这是发展方向，也是绿色施工的重要方向。

在设计理论方面，从 1955 年我国有了第一批建筑结构设计规范至今，建筑结构设计规范已经修订了五次。现行《混凝土结构设计规范》(GB 50010—2010)(以下简称《规范》)，就是在总结 50 多年丰富的工程实践经验、设计理论和最新科研成果的基础上编制而成的。它采用以概率理论为基础的极限状态法，从对结构仅进行线性分析发展到对结构进行非线性分析，从对结构侧重安全发展到全面侧重结构的性能，更加严格地控制裂缝和变形。随着对混凝土弹塑性性能的深入研究，现代测试技术的发展及计算机的广泛应用，混凝土结构的计算理论和设计方法将向更高阶段发展。

在混凝土结构应用方面，工业建筑的单层和多层厂房已广泛采用了钢筋混凝土结构；在民用和公共建筑中大量涌现住宅、旅馆、体育馆、剧院等钢筋混凝土结构建筑。除此以外，在桥梁、国防及特种结构、海洋、地下、水工及港口等工程中也广泛采用了钢筋混凝土结构。尤其是近年来钢筋混凝土高层建筑正迅速发展，如位于阿拉伯联合酋长国的哈利法塔(图 1.2)，建成于 2010 年，共 162 层，高 828 m，是目前世界上最高的钢筋混凝土建筑。

随着改革开放的深入和建设事业的发展，国内钢筋混凝土结构的应用也更加丰富，范围亦日益扩大。广州塔(图 1.3)，塔身主体高 454 m，总高度 600 m，是中国第一高塔，总建筑面积 114054 m^2，已于 2009 年 9 月竣工。我国香港特别行政区的中环广场(图 1.4)，高 372 m，共 78 层，于 2003 年 10 月建成。上海浦东的金茂大厦(图 1.5)，属钢 - 混凝土结构，大厦于 1998 年建成，高 421 m，共 88 层。与金茂大厦相距仅 40 m 的上海环球金融中心(图 1.6)，竣工于 2008 年 8 月，总建筑面积达 377300 m^2，塔楼地上 101 层，地面以上高度为 492 m。于 2003 年 10 月建成的台北 101 大楼(图 1.7)，楼高 509.2 m，地下 5 层，地面 101 层，在当时即拿下了世界高楼四项指标中的三项，即“最高使用楼层”、“最高屋顶高度”及“最高建筑”。

图 1.2　哈利法塔

图 1.3　广州塔

图 1.4　香港中环广场

图 1.5　上海金茂大厦

图 1.6　上海环球金融中心

图 1.7　台北 101 大楼

世界著名建筑简介

1.3 钢筋混凝土结构的优缺点

与素混凝土构件相比，钢筋混凝土构件的受力性能虽然有了很大改善，但还存在两方面难以克服的缺点：一是由于混凝土受拉强度较低，导致混凝土构件过早开裂，从而构件刚度降低，变形加大；二是为限制裂缝开展的宽度，钢筋混凝土构件中高强材料无法被充分利用。为了避免钢筋混凝土构件变形过大、裂缝出现过早和确保能够充分利用高强材料，人们在生产实践中创造了预应力混凝土结构。

钢筋混凝土结构的优点很多，除了能合理地利用钢筋和混凝土两种材料的特性外，它还具有如下优点：

(1)承载力高。相对于砌体结构等，承载力较高。

(2)耐久性和耐火性均比钢结构好。混凝土包裹钢筋，可使钢筋不被锈蚀，且钢筋在混凝土的保护下，在发生火灾一定时间内，不致很快达到软化温度而导致结构被破坏。

(3)钢筋混凝土结构中用量最多的是砂石材料，可就地取材。

(4)可模性好。可根据工程需要，浇筑各种形状的结构构件或结构。

(5)抗震性好。现浇钢筋混凝土结构整体性好，具有一定延性，故抗震性能也较好。

但是，钢筋混凝土结构也存在一些缺点：

(1)自重过大，抗裂性能较差。

(2)现浇时耗费模板多，施工复杂，工期长。

(3)户外施工受季节条件限制。

(4)补强维修工作较困难。

1.4 本课程的目的及特点

本课程是建筑工程技术和工民建专业课程之一，学习本课程的主要目的是：掌握混凝土结构的基本概念、基本理论及构造要求，能进行一般工业与民用建筑结构的设计，并具有绘制和识读结构施工图的能力，为将来从事设计工作、施工及管理岗位的技术工作打下牢固的基础。

本课程是一门结构设计课。要搞好工程结构设计，不仅要有扎实的基础理论，还须考虑构件选型、截面尺寸、材料选择、构造要求、经济合理、施工可行和结构方案等综合性问题。同一个问题，往往有多种可能的解决办法。因此，学习本课程时还要逐步掌握对各种错综复杂因素的综合分析能力。

另外，混凝土的力学特性及强度理论非常复杂，目前钢筋混凝土结构的计算公式就是在理论分析和大量试验基础上建立起来的。因此，应用公式时要特别注意它的适用范围和限制条件。

本课程还具有实践性很强的特点，不仅要通过课程教学学习结构设计的理论知识，还要经常到施工现场、预制构件厂进行参观，重视和积累工程经验。

本课程的直接依据是《建筑结构可靠度设计统一标准》(GB 50068—2018)(以下简称《统一标准》)、《混凝土结构设计规范》(GB 50010—2010)(2015年版)(以下简称《规范》)和《建筑结构荷载规范》(GB 50009—2012)(以下简称《荷载规范》)。设计规范和标准是国家颁布的关于结构设计计算和构造要求的技术规定和标准，是具有技术法律性质的文件，每个设计人员都必须遵守。所以在学习本课程时，要注意熟悉这些规范和标准，并正确运用。

小 结

(1)混凝土结构包括素混凝土结构、钢筋混凝土结构及预应力混凝土结构。

(2)在钢筋混凝土受弯构件中，通常是混凝土承受压力，钢筋承受拉力，这可使钢筋与混凝土两种材料的强度得以充分利用，构件承载力得到较大程度的提高。

(3)钢筋和混凝土两种不同性质的材料之所以能有效地共同工作，是因为钢筋和混凝土之间存在可靠的黏结力，且这两种材料的温度线膨胀系数大致相同，再者钢筋外边有一定厚度混凝土保护层，可防钢筋锈蚀。

(4)钢筋混凝土结构具有强度高、刚度大、耐久性好、耐火性好、可模性好、整体性好等优点。但是混凝土材料具有自重大、抗裂性差，现浇结构模板用量大，施工复杂，工期长，户外施工受季节条件限制等缺点。

习 题

问答题

1. 混凝土结构的分类有哪些?
2. 钢筋与混凝土两种材料共同工作的条件是什么?
3. 钢筋混凝土结构有哪些优缺点?

第 2 章　钢筋混凝土材料的力学性能

【学习目标】

(1)熟悉混凝土、钢筋的主要力学性能指标；
(2)掌握混凝土在一次短期加荷时的变形性能，了解收缩、徐变现象；
(3)掌握钢筋的品种、表示方法及钢筋的应力 - 应变曲线特点；
(4)了解结构设计时混凝土、钢筋的选用原则，能根据所选混凝土强度等级、钢筋级别查取相关设计参数；
(5)理解钢筋与混凝土之间黏结作用的概念。

【本章导读】

钢筋混凝土结构的主要组成材料为混凝土和钢筋，研究钢筋混凝土结构时必然要先熟悉这两种材料的力学性能。本章主要介绍混凝土和钢筋的力学性能，结构设计时这两种材料的选用原则，以及二者共同工作的机理。

2.1　混凝土

混凝土是用水泥、水、细骨料(如砂子)、粗骨料(如碎石、卵石)等原料按一定的比例经搅拌后入模板浇筑，并经养护硬化后做成的人工石材。水泥和水在凝结硬化过程中形成水泥胶块，把细骨料和粗骨料黏结在一起。细骨料和粗骨料及水泥胶块中的结晶体组成弹性骨架承受外力。弹性骨架使混凝土具有弹性变形的特点，同时水泥胶块中的凝胶体又使混凝土具有塑性变形的性质。因混凝土内部结构复杂，故其力学性能也极为复杂，主要包括强度和变形性能。

2.1.1　混凝土的强度指标

混凝土立方体抗压强度试验

1. 立方体抗压强度

抗压强度是混凝土的重要力学指标，与水泥强度等级、水胶比、配合比、龄期、施工方法及养护条件等因素有关。试验方法及试件形状、尺寸也会影响所测得的强度数值，因此，在研究各种混凝土强度指标时必须以统一规定的标准试验方法为依据。我国以立方体抗压强度值作为混凝土最基本的强度指标及评价混凝土强度等级的标准，因为这种试件的强度比较稳定。我国国家标准《普通混凝土力学性能试验方法标准》中规定：以 150 mm × 150 mm × 150 mm 的立方体标准试件，在(20 ± 3)℃的温度和相对湿度 90% 以上的潮湿空气中养护 28d，按标准制作和试验方法(以每秒 0.3 ~ 0.8 N/mm^2 的加荷速度)连续加载直至试件被破坏。试件的破坏荷载除以承压面积，即为混凝土的标准立方体抗压强度实测值。

混凝土的立方体抗压强度标准值指的是按上述规定所测得的具有 95% 保证率的立方体抗压强度，用 $f_{cu,k}$ 表示。其中，混凝土强度等级的保证率为 95% 是指按混凝土强度总体分布的平均值 f 减去 1.645 倍标准差的原则确定。《规范》规定，混凝土强度范围分成 14 个强度等级，即 C15、C20、C25、C30、C35、C40、C45、C50、C55、C60、C65、C70、C75、C80。如 C40，其中 C 表示混凝土，40 表示混凝土的立方体抗压强度标准值为 $f_{cu,k}=40\ N/mm^2$。混凝土立方体抗压强度与试块表面约束条件、尺寸大小、龄期和养护情况有关。图 2.1(a)所示为两端不涂润滑剂的破坏特征；图 2.1(b)所示为两端涂润滑剂的破坏特征；图 2.2 所示为混凝土强度随龄期增长而增长的情况。

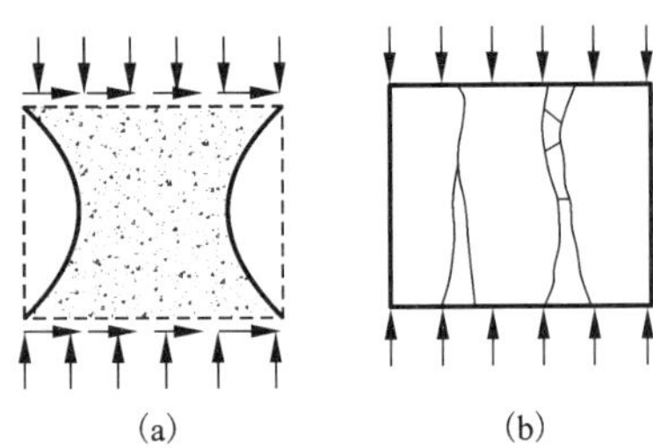

图 2.1　混凝土立方体试块的破坏特征

(a)不涂润滑剂；(b)涂润滑剂

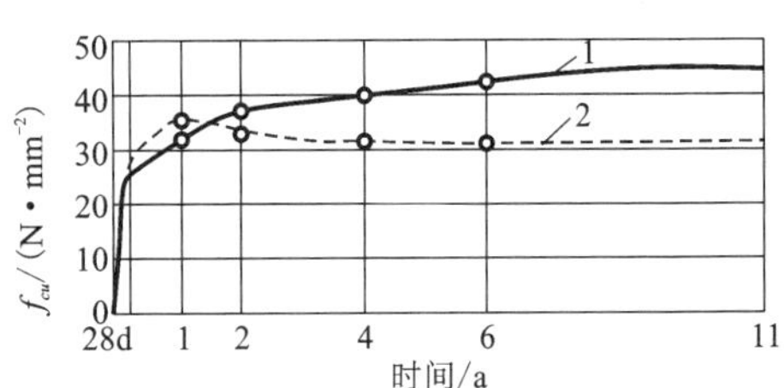

图 2.2　混凝土强度－龄期曲线

1—在潮湿环境下；2—在干燥环境下

2. 轴心抗压强度

轴心抗压强度试验

实际工程中的受压构件，如柱的长度比其截面尺寸大得多，其抗压强度将比立方体抗压强度低。实验表明：用高宽比为 2~3 的棱柱体测得的抗压强度与以受压力为主的混凝土构件中的抗压强度基本一致，常用 150 mm×150 mm×300 mm 棱柱体的抗压强度作为以受压为主的混凝土抗压强度，称为轴心抗压强度，用符号 f_c 表示。

混凝土的轴心抗压强度与立方体抗压强度之间关系很复杂，与很多因素有关。根据试验分析，对于同一混凝土，轴心抗压强度标准值 $f_{c,k}$ 与立方体抗压强度标准值 $f_{cu,k}$ 的经验关系为：

$$f_{c,k}=\alpha_1\alpha_2 f_{cu,k} \tag{2-1}$$

式中，α_1——轴心抗压强度平均值与立方体抗压强度平均值的比值，对 C50 及以下混凝土取 $\alpha_1=0.76$，对高强混凝土 C80 取 $\alpha_1=0.82$，中间按线性内插法计算；

α_2——混凝土考虑脆性的折减系数，对 C40 及以下混凝土取 1.0，对高强混凝土 C80 取 0.87，中间按线性内插法计算。

考虑到实际工程中现场混凝土的制作和养护条件通常比实验室条件差，而且实际结构构件承受的是荷载长期作用，这比试验时承受的短期加载要不利得多，再考虑我国工程实践经验，轴心抗压强度标准值 $f_{c,k}$ 与立方体抗压强度标准值 $f_{cu,k}$ 的经验关系修正为：

$$f_{c,k}=0.88\alpha_1\alpha_2 f_{cu,k} \tag{2-2}$$

3. 轴心抗拉强度

混凝土的抗拉性能很差。混凝土轴心抗拉强度取棱柱体(100 mm×100 mm×500 mm，两端埋有钢筋)的抗拉极限强度为轴心抗拉强度。混凝土构件的开裂、变形以及受剪、受扭、受冲切等承载力均与抗拉强度有关，用符号 f_t 表示。

混凝土轴心抗拉强度标准值 $f_{t,k}$ 与立方体抗压强度标准值 $f_{cu,k}$ 的经验关系为：

$$f_{t,k}=0.88\times0.395\alpha_2 f_{cu,k}^{0.55}(1-0.645\delta)^{0.45} \tag{2-3}$$

4. 混凝土的强度标准值

如前所述，《规范》规定材料强度标准值应具有不小于95%的保证率。混凝土轴心抗压强度标准值 $f_{c,k}$ 和轴心抗拉强度标准值 $f_{t,k}$ 见附表B.1。

微课-混凝土的强度指标

5. 混凝土的强度设计值

混凝土强度设计值为混凝土强度标准值除以混凝土的材料分项系数 r_c，《规范》规定 $r_c=1.4$，f_c、f_t 见附表B.1。

$$f_c=\frac{f_{c,k}}{r_c} \tag{2-4}$$

$$f_t=\frac{f_{t,k}}{r_c} \tag{2-5}$$

2.1.2　混凝土的变形性能

混凝土的变形分为两类，一类称为混凝土的受力变形，包括一次短期加荷的变形及荷载长期作用下的变形；另一类称为体积变形，包括混凝土由于收缩和温度变化产生的变形等。

1. 混凝土在一次短期加荷时的变形性能

1）混凝土的应力－应变曲线

混凝土在一次单调加荷（荷载从零开始单调增加至试件破坏荷载）下的受压应力－应变关系是混凝土最基本的力学性能之一，它可以比较全面地反映混凝土的强度和变形特点，也是确定构件截面上混凝土受压区应力分布图形的主要依据。

测定混凝土受压的应力－应变曲线，通常采用标准棱柱体试件。由试验测得的典型受压应力－应变曲线如图2.3所示。图中以 A、B、C 三点将全曲线划分为四个部分。

OA 段：σ_A 为 $(0.3\sim0.4)f_c$，对于高强混凝土 σ_A 可达 $(0.5\sim0.7)f_c$。混凝土基本处于弹性工作阶段，应力－应变呈线性关系。其变形主要是骨料和水泥结晶体的弹性变形。

AB 段：裂缝稳定发展阶段。混凝土表现出塑性性质，纵向压应变增长开始加快，应力－应变关系偏离直线，逐渐偏向应变轴。这是由于水泥凝胶体的黏结流动、混凝土中微裂缝的发展及新裂缝不断产生的结果，但该阶段微裂缝的发展是稳定的，即当应力不继续增加时，裂缝不再延伸发展。

BC 段：应力达到 B 点，内部的一些微裂缝相互连通，裂缝发展已不稳定，且随着荷载的增加迅速发展，塑性变形显著增大。如果压应力长期作用，裂缝会持续发展，最终导致破坏，故通常取 B 点的应力 σ_B 为混凝土的长期抗压强度。普通强度混凝土 σ_B 可达 $0.95f_c$ 以上。C 点的应力达峰值应力，即 $\sigma_C=f_c$，相应于峰值应力的应变为 ε_0，其值在0.0015到0.0025之间波动，平均值为 $\varepsilon_0=0.002$。

C 点以后：试件承载力下降，应变继续增大，最终还会留下残余应力。

OC 段为曲线的上升段，C 点以后为下降段。试验结果表明，随着混凝土强度的提高，上升段的形状和峰值应变的变化不很显著，而下降段的形状有较大的差异。混凝土的强度越高，下降段的坡度越陡，即应力下降相同幅度时变形越小，延性越差（图2.4）。

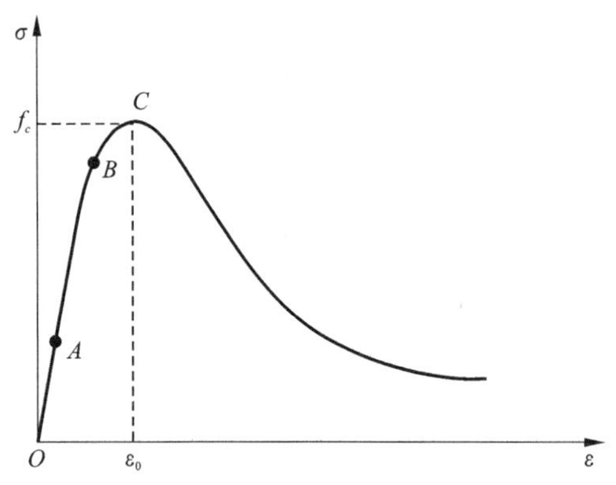

图 2.3　受压混凝土的应力 - 应变曲线

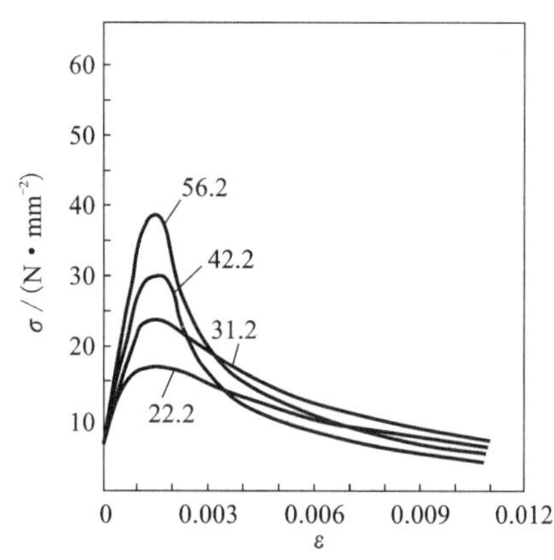

图 2.4　不同强度混凝土的应力 - 应变关系图

由上述混凝土的破坏机理可知，微裂缝的发展导致试件最终破坏。试验表明，对横向变形加以约束就可以限制微裂缝的发展，从而可提高混凝土的抗压强度，如螺旋钢筋柱和钢管混凝土柱。

混凝土受拉时的应力 - 应变曲线与受压相似，但其峰值时的应力、应变都较受压时的小得多。

2）混凝土的弹性模量

混凝土的应力 σ 与其弹性应变 ε 之比称为弹性模量，用符号 E_c 表示。根据大量试验结果，《规范》采用以下公式计算混凝土的弹性模量：

$$E_c = \frac{10^5}{2.2 + \frac{34.7}{f_{cu,k}}} \quad (\text{N/mm}^2) \qquad (2-6)$$

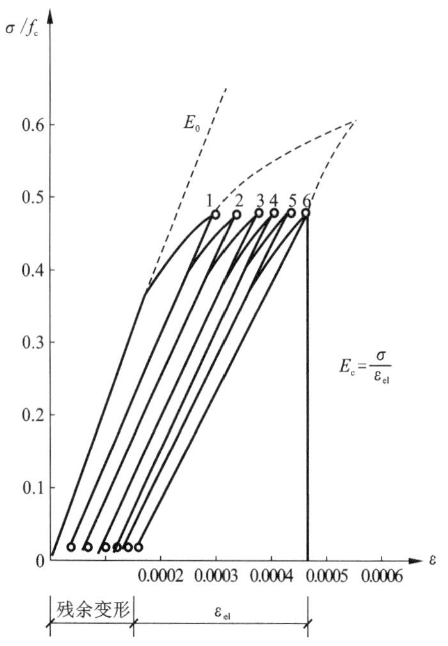

图 2.5　混凝土弹性模量 E_c 的测定方法

《规范》规定的各混凝土强度等级的弹性模量可以查附表 B. 1。

2. 混凝土在长期荷载下的变形性能

混凝土受压后除产生瞬时压应变外，在维持其外力不变的条件下(即长期荷载不变)，应变随时间继续增长的现象，称为混凝土的徐变。

图 2. 6 所示为一施加的初始压力为 $\sigma = 0.5f_c$ 时的徐变与时间的关系。徐变变形在徐变开始时增长较快，随时间的继续增长而减慢，在两年左右趋于稳定。

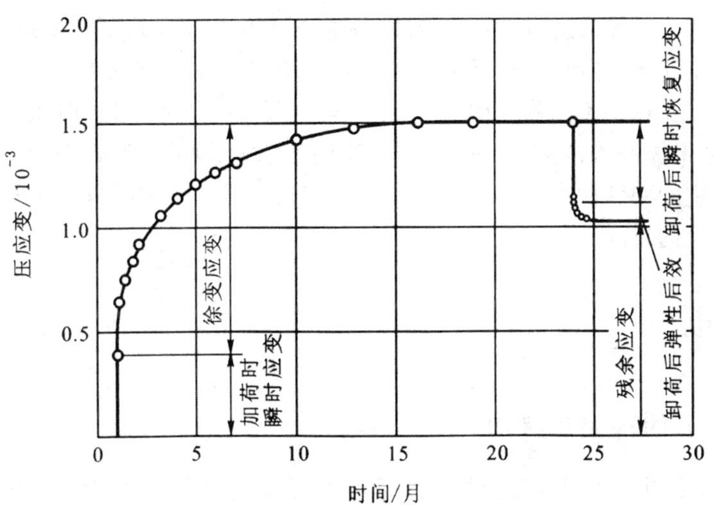

图 2.6　混凝土的徐变 - 时间曲线

混凝土的徐变对混凝土结构构件的受力性能有重要的影响，它将使结构构件的变形增加，在预应力混凝土结构构件中引起预应力损失等。因此，应对混凝土的徐变现象引起足够的重视。影响混凝土徐变的主要因素有：

(1) 构件中截面上的应力越大，徐变越大；构件承载前混凝土的强度越高，徐变就越小。

(2) 水灰比越大，徐变越大；骨料的级配越好，含量越高，徐变越小。

(3) 构件浇捣越密实，养护条件越好，徐变越小；反之，徐变越大。

3. 混凝土的收缩变形

混凝土在空气中结硬时体积减小的现象称为收缩。混凝土收缩的主要原因是由于混凝土硬化过程中凝胶体本身的体积收缩和混凝土内的自由水蒸发产生的体积收缩。混凝土的收缩对钢筋混凝土构件往往是不利的。例如，混凝土构件受到约束时，混凝土的收缩将使混凝土产生拉应力，在使用前就可能因混凝土收缩应力过大而产生裂缝；在预应力混凝土结构中，混凝土的收缩会引起预应力损失。

影响混凝土收缩变形的主要因素有：

(1) 水泥用量越多，水灰比越大，收缩越大。

(2) 集料的弹性模量大、级配好，混凝土浇捣越密实则收缩越小。

(3) 养护条件好，使用环境湿度大，收缩小。

4. 混凝土的温度变形

和许多材料一样，当温度发生变化时混凝土的体积也具有热胀冷缩的性质。《规范》规定，当温度在0℃到100℃范围内时，混凝土线膨胀系数可采用1×10^{-5}/℃。温度变形将在超静定结构中产生温度次应力，甚至导致混凝土开裂，应认真对待。

2.1.3 混凝土的选用

根据《规范》，混凝土结构的混凝土应按下列规定选用：

(1)素混凝土结构的混凝土强度等级不应低于C15，钢筋混凝土结构的混凝土强度等级不应低于C20；当采用强度等级为400 MPa及以上钢筋时，混凝土强度等级不应低于C25。

(2)对承受重复荷载的钢筋混凝土构件，混凝土强度等级不应低于C30。

(3)预应力混凝土结构的强度等级不宜低于C40，且不应低于C30。

一般来说，以受弯为主的构件如梁、板，混凝土强度等级不宜超过C30，这是因为加大混凝土强度等级对于提高构件刚度、承载能力效果不明显，同时等级高的混凝土也不便于施工；对于受压为主的构件如柱、墙，混凝土强度等级不宜低于C30，这样有利于减小构件截面尺寸，达到经济性的目的。

2.2 钢筋

2.2.1 钢筋的种类及级别

热轧钢筋的种类

目前，我国钢筋混凝土及预应力混凝土结构中采用的钢筋和钢丝按生产加工工艺的不同，可分为普通热轧带肋钢筋、细晶粒带肋钢筋、余热处理钢筋及预应力钢筋。

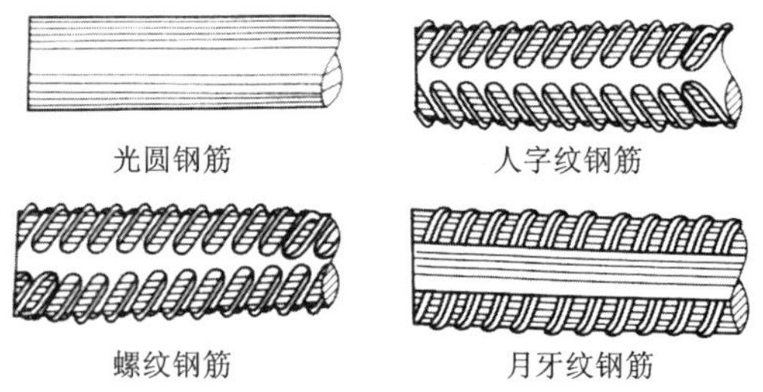

图2.6 钢筋的表面形状

热轧钢筋是低碳钢、普通合金钢或细晶粒钢在高温状态下轧制而成的。按其强度由低到高分为一级钢：HPB300(工程符号为Φ)；二级钢：HRB335(工程符号为Φ)；三级钢：HRB400(工程符号为Φ)，HRBF400(工程符号为Φ^{F})，RRB400(工程符号为Φ^{R})；四级钢：HRB500(工程符号为Φ)，HRBF500(工程符号为Φ^{F})。其中，HPB300为低碳钢筋，外形为光面圆形，称为光圆钢筋；HRB335级、HRB400级和HRB500级为普通低合金钢筋，HRBF400级和HRBF500级为细晶粒带肋钢筋，为增强与混凝土的黏结，均在表面轧有月牙肋，称为变形钢筋；RRB400级钢筋为余热处理月牙纹变形钢筋，是在生产过程中，钢筋热轧后经淬火提高其强度，再利用心部余热回火处理而保留一定延性的钢筋。其中，HRB335表示屈服强度标准值为335 N/mm^2，且随着钢筋强度的提高，塑性降低。各类钢筋的表面形状如图2.6所示。

预应力钢筋分为中强度预应力钢丝、预应力螺纹钢筋、消除应力钢丝和钢绞线。高强钢丝的抗拉强度很高，可达1470~1860 MPa；钢丝直径5~9 mm，外面有光面、刻痕和螺旋肋三种。钢绞线则是由高强光面钢丝用绞盘绞在一起形成的。常用的钢绞线有3股和7股两种。

2.2.2　钢筋的力学性能

钢筋混凝土结构所用的钢筋，按其力学性能的不同可分为有明显屈服点的钢筋(如热轧钢筋)和无明显屈服点的钢筋(如各种钢丝)两类。

钢筋混凝土结构用钢筋一般具有明显的屈服点，其应力－应变关系如图 2.7 所示。

(1) a'点——比例极限，应力与应变成比例，卸荷后应变恢复为零。

(2) a 点——弹性极限，a'—a 段应变增长速度比应力增长速度略快，但卸荷后应变仍能恢复为零。

(3) b 点——上屈服点(其值不够稳定)。

(4) c 点——下屈服点(其值稳定)，有对明显屈服点的钢筋，下屈服点的应力值为钢筋的屈服强度。

(5) c—f 段——屈服台阶或流幅。

(6) f—d 段——强化阶段，d 点的应力称为极限抗拉强度，表示钢筋拉断时的实际强度。

(7) d—e 段——颈缩阶段。

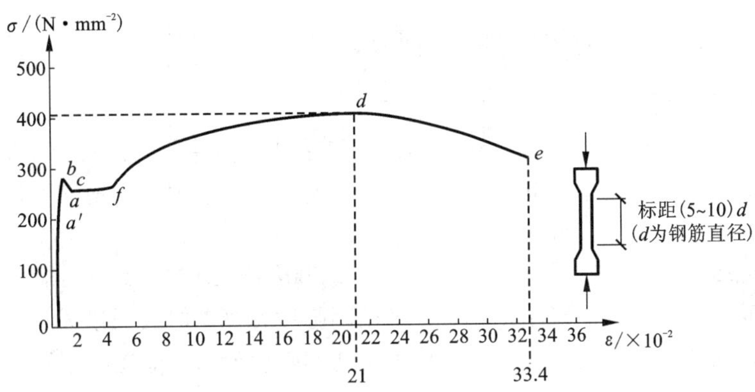

图 2.7　有明显屈服点的应力－应变关系曲线

无明显屈服点的钢筋应力－应变曲线如图 2.8 所示。从图中可以看出：这类钢筋的抗拉强度一般都很高，但变形很小，也没有明显的屈服点。在实际设计中通常取相当于残余应变 $\varepsilon=0.2\%$ 时的应力 $\sigma_{0.2}$ 作为名义屈服点，即条件屈服强度。其值相当于极限抗拉强度 f_u 的 0.85 倍。

钢筋除了有足够的强度外，还应具有一定的塑性变形能力，反映钢筋塑性性能的基本指标是伸长率和冷弯性能。钢筋试件拉断后的伸长值与原来的比值称为伸长率。伸长率越大，塑性越好。

冷弯是将直径为 d 的钢筋绕直径为 D 的钢辊进行弯曲，弯成一定的角度而不发生断裂，并且无裂缝及起层现象，就表示合格。钢辊的直径 D 越小，转角 α 越大说明钢筋的塑性越好。

钢筋冷弯试验

钢筋在弹性阶段应力和应变的比值，称为弹性模量，用 E_s 表示。各种钢筋的弹性模量见附表 B.2 和附表 B.3。

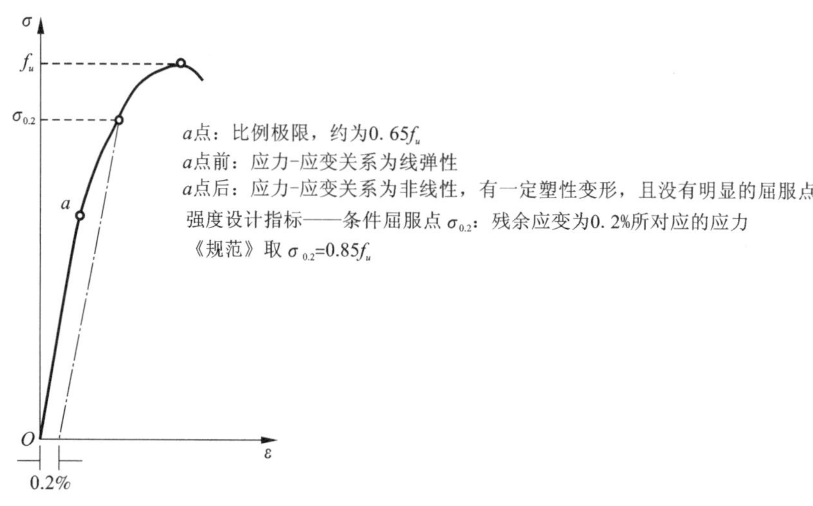

图 2.8　无明显屈服点的应力 – 应变关系曲线

2.2.3　混凝土结构对钢筋性能的要求

1. 适当的强度和屈强比

如前所述，钢筋的屈服强度(或条件屈服强度)是计算构件承载力的主要依据，屈服强度高则节省材料，但实际结构中钢筋的强度并非越高越好。由于钢筋的弹性模量并不因其强度提高而增大，所以高强度钢筋在高应力下的大变形会引起混凝土结构的过大变形和裂缝宽度。所以，对混凝土结构，宜优先选用400 MPa 和 500 MPa 级钢筋，而不应采用高强度的钢丝、热处理钢筋。对预应力混凝土结构，可采用高强度钢丝，但其强度不应高于 1860 MPa。屈服强度与极限强度之比称为屈强比，它代表钢筋的强度储备，也在一定程度上反映了结构的强度储备。屈强比小，则结构强度储备大，但比值太小则钢筋强度的有效利用率低，所以钢筋应具有适当的屈强比。

2. 耐久性和耐火性

细直径钢筋，尤其是冷加工钢筋和预应力钢筋，容易遭受腐蚀而影响表面与混凝土的黏结性能，甚至削弱截面，降低承载力。环氧树脂涂层钢筋或镀锌铜丝均可提高钢筋的耐久性，但降低了钢筋与混凝土之间的黏结性能，设计时应注意这种不利影响。

预应力钢筋的耐久性最差，冷拉钢筋次之，热轧钢筋的耐久性最好。设计时注意设置必要的混凝土保护层厚度以满足构件耐久极限的要求。

3. 足够的塑性

在工程设计中，要求混凝土结构承载能力极限状态为具有明显预兆的塑性破坏，避免脆性破坏，抗震结构则要求具有足够的延性，这就要求其中的钢筋具有足够的塑性。另外，在施工时钢筋要弯转成形，因而应具有一定的冷弯性能。

4. 可焊性

钢筋要求具有良好的焊接性能，在焊接后不应产生裂纹及过大的变形，以保证焊接接头性能良好。我国生产的热轧钢筋可焊，而高强钢丝、钢绞线不可焊。冷加工和热处理钢筋在一定碳当量范围内可焊，但焊接引起的热影响区强度降低，应采取必要的措施。细晶粒热轧带肋钢筋以及直径大于 28 mm 的带肋钢筋，其焊接应经试验确定，余热处理钢筋不宜焊接。

5. 与混凝土有良好的黏结性

黏结力是钢筋与混凝土共同工作的基础，钢筋凹凸不平的表面与混凝土间的机械咬合力是黏结力的主要部分，所以变形钢筋与混凝土的黏结性能最好，设计中宜优先选用变形钢筋。另外，钢筋会因低温冷脆而致破坏，因此在寒冷地区要求钢筋具备一定的抗低温性能。

2.2.4　钢筋的选用

根据《规范》，混凝土结构的钢筋应按下列规定选用：

(1) 纵向受力普通钢筋可采用 HRB400、HRB500、HRBF400、HRBF500、HRB335、RRB400、HPB300 钢筋；梁、柱和斜撑构件的纵向受力普通钢筋宜采用 HRB400、HRB500、HRBF400、HRBF500 钢筋。

(2) 箍筋宜采用 HRB400、HRBF400、HRB335、HPB300、HRB500、HRBF500 级钢筋。

(3) 预应力筋宜采用预应力钢丝、钢绞线和预应力螺纹钢筋。

【例题 2.1】 某办公楼矩形截面简支梁，截面尺寸为 200 mm×400 mm，采用 C25 级混凝土，纵向受力钢筋采用 HRB335 级钢筋，箍筋采用 HPB300 级钢筋，试确定截面设计时所采用的混凝土轴心抗压强度设计值 f_c、轴心抗拉强度设计值 f_t；纵向受力钢筋抗拉强度设计值 f_y；箍筋抗拉强度设计值 f_{yv}。

【解】 C25 级混凝土，查附表 B.1，得

$$f_c = 11.9\ \text{N/mm}^2,\ f_t = 1.27\ \text{N/mm}^2$$

纵向受力钢筋采用 HRB335 级钢筋，查附表 B.2，得

$$f_y = 300\ \text{N/mm}^2$$

箍筋采用 HPB300 级钢筋，查附表 B.2，得

$$f_{yv} = f_y = 270\ \text{N/mm}^2$$

2.3　钢筋与混凝土的黏结

2.3.1　黏结的作用及产生原因

在钢筋混凝土结构中，钢筋和混凝土这两种性质不同的材料之所以能有效地结合在一起共同工作，除了二者之间温度线膨胀系数相近及混凝土包裹钢筋具有保护作用之外，主要的原因是两者在接触面上具有良好的黏结作用。该作用可承受黏结表面上的剪应力，抵抗钢筋与混凝土之间的相对滑动。

试验表明，黏结力由三部分组成：一是因水泥颗粒的水化作用形成的凝胶体对钢筋表面产生的胶结力；二是因混凝土结硬时体积收缩，将钢筋紧紧握裹而产生的摩擦力；三是由于钢筋表面凹凸不平与混凝土之间产生的机械咬合力。其中，胶结力作用最小，光面钢筋以胶结力和摩擦力为主，带肋钢筋以机械咬合力为主。

2.3.2 黏结强度及影响因素

钢筋与混凝土的黏结面上所能承受的平均剪应力的最大值称为黏结强度，用 τ_u 表示。黏结强度 τ_u 可用拔出试验来测定，如图 2.9 所示。试验表明，黏结应力沿钢筋长度的分布是不均匀的，最大黏结应力产生在离端头某一距离处，越靠近钢筋尾部，黏结应力越小。如果埋入长度过长，则埋入端头处黏结应力很小，甚至为零。

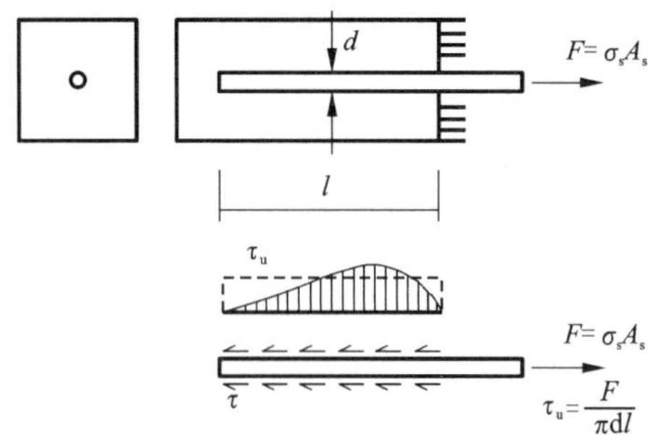

图 2.9 钢筋锚固端拔出试验时的黏结应力

试验结果表明，影响黏结强度的主要因素有以下几点：

(1) 钢筋表面形状。变形钢筋表面凹凸不平，与混凝土间机械咬合力大，则黏结强度高于光面钢筋。工程中通过将光面钢筋端部做弯钩来增加其黏结强度。

(2) 保护层厚度及钢筋净距。混凝土保护层较薄时，其黏结力将降低，并易在保护层最薄弱处出现纵向劈裂裂缝，使黏结力提早被破坏。为此，《规范》对保护层最小厚度和钢筋的最小间距均作了要求。

(3) 混凝土的强度等级。混凝土强度等级越高，黏结强度越大，但不与立方体抗压强度 f_{cu} 成正比，而与混凝土的抗拉强度 f_t 大致成正比例关系。

(4) 横向钢筋。构件中设置横向钢筋(如梁内箍筋)，可延缓径向劈裂裂缝的发展和限制劈裂裂缝的宽度，从而提高黏结强度。因此，《规范》要求在钢筋的锚固区和搭接范围要增设附加箍筋。

小 结

(1) 混凝土强度指标主要有立方体抗压强度、轴心抗压强度、轴心抗拉强度；根据立方体抗压强度标准值，混凝土强度等级分为 14 级。

(2) 混凝土在长期不变荷载作用下，应变随时间增长而增长的现象称为混凝土徐变。徐变对结构的影响有利也有弊；混凝土在空气中结硬时体积缩小的现象称为收缩，收缩对结构主要产生不利影响。

(3) 钢筋混凝土结构中所使用的钢筋，按其力学性能的不同可分为有明显屈服点的钢筋和无明显屈服点的钢筋。

(4) 钢筋和混凝土之间的黏结作用是保证二者较好地共同工作的主要原因之一。变形钢筋黏结能力主要来源于钢筋与混凝土之间的机械咬合力；光圆钢筋黏结能力主要依靠钢筋与混凝土之间产生的胶结力和摩擦力。

习　题

一、填空题

1.《混凝土结构设计规范》规定以＿＿＿＿＿＿强度作为混凝土强度等级指标。

2. 测定混凝土立方强度标准试块的尺寸是＿＿＿＿＿＿＿＿＿＿＿＿＿＿＿＿＿＿。

3. HPB300、HRB335、HRB400、RRB400 表示符号分别为＿＿＿＿＿＿＿＿＿＿＿＿＿＿＿。

4. 钢筋与混凝土之间的黏结力是由＿＿＿＿＿、＿＿＿＿＿、＿＿＿＿＿组成的。

二、判断题

1. 规范中，混凝土各种强度指标的基本代表值是轴心抗压强度标准值。(　　)

2. 对无明显屈服点的钢筋，设计时其强度标准值取值的依据是条件屈服强度。(　　)

3. 混凝土的收缩和徐变对钢筋混凝土结构都是有害的。(　　)

三、单项选择题

1. 混凝土极限压应变值随混凝土强度等级的提高而(　　)。

A. 增大　　　　B. 减小　　　　C. 不变　　　　D. 视钢筋级别而定

2. 混凝土的强度等级是按(　　)划分的。

A. 轴心抗压强度　　B. 轴心抗拉强度　　C. 立方体抗压强度　D. 没有统一规定

3. 以下关于混凝土收缩的论述不正确的是(　　)。

A. 混凝土水泥用量越多，水灰比越大，收缩越大

B. 骨料所占体积越大，级配越好，收缩越大

C. 在高温高湿条件下，养护越好，收缩越小

D. 在高温、干燥的使用环境下，收缩大

4. 当建筑采用混凝土结构，下列材料选择中有错误的是(　　)。

A. 钢筋混凝土结构的混凝土不应低于 C15；当采用 HRB335 级钢筋时，混凝土不宜低于 C20

B. 当采用 HRB400 和 RRB400 级钢筋时，混凝土不得低于 C25

C. 预应力混凝土结构的混凝土强度等级不低于 C30

D. 当采用钢绞线、钢丝、热处理钢筋作预应力筋时，混凝土不宜低于 C40

四、问答题

1. 混凝土的强度等级如何确认？混凝土的基本强度指标有哪些？

2. 混凝土受压时的应力－应变曲线有何特点？

3. 什么是混凝土的徐变与收缩？影响混凝土徐变与收缩的因素有哪些？

4. 混凝土结构中使用的热轧钢筋有哪些种类？分别用什么符号表示？

5. 钢筋的力学性能指标有哪些？

6. 有明显屈服点钢筋和无明显屈服点钢筋的应力－应变曲线有何特点？

7. 钢筋与混凝土产生黏结的作用和原因是什么？影响黏结强度的主要因素有哪些？

第3章 混凝土结构的设计方法

【学习目标】

(1)了解结构的功能要求、极限状态及结构可靠度的基本概念；

(2)掌握结构的作用、作用效应、荷载的标准值和设计值、混凝土和钢筋的标准强度、设计强度等结构设计中基本术语的定义；

(3)了解概率极限状态设计方法；

(4)了解混凝土结构的耐久性规定。

【本章导读】

为了使结构设计符合“技术先进、经济合理、安全适用、确保质量”的要求，需要理解和遵循统一的设计标准和设计方法。为此，结构设计时应综合考虑结构功能的极限状态、耐久性要求。除此之外，本章还介绍了在产生内力的条件(外部荷载)明确以后，如何由外部荷载分析计算结构内力设计值作为钢筋混凝土结构配筋设计时的主要条件。

3.1 结构的功能要求和极限状态

3.1.1 结构的功能要求

任何结构在规定的时间内，在正常情况下均应满足预定功能的要求，这些要求包括以下几个方面。

1. 安全性

建筑结构在正常施工和使用条件下，应能承受可能出现的各种荷载和其他作用，以及在偶然事件发生时应能保持整体稳定而不倒塌。

2. 适用性

建筑结构除了保持安全性外，还应保证正常使用的功能不受影响，如不发生影响正常使用的过大变形或裂缝等。

3. 耐久性

建筑结构在正常使用、维护的情况下应具有足够的耐久性。相反，如钢筋混凝土结构的保护层过小，造成钢筋锈蚀，或混凝土材料的耐久性差，造成混凝土冻融破坏等，就会缩短建筑物的使用年限。

结构达到预定功能要求并不是不受时间限制的，而是针对一定时期内而言的。我们将普通房屋和构筑物设计使用年限统一规定为50年。

3.1.2　结构功能的极限状态

1. 极限状态的概念

整个结构或结构的一部分能满足设计规定的某一预定功能要求，称之为该功能的有效状态；反之，称之为该功能的失效状态。这种“有效”与“失效”之间必然有一特定界限状态，整个结构或结构的一部分超过这种特定界限状态就不能满足设计规定的某一功能要求，称此特定界限状态为该功能的极限状态。

2. 极限状态的分类

结构功能的极限状态可分为承载能力极限状态和正常使用极限状态两类。

1）承载能力极限状态

承载能力极限状态对应于结构或结构构件达到了最大承载能力，出现疲劳破坏、产生不适于继续承载的变形或因结构局部破坏而引发的连续倒塌。

超过承载能力极限状态，结构的安全性就得不到保证，所以要严格控制出现承载能力极限状态的概率。结构的安全性通过承载能力极限状态计算保证，其计算内容如下：

（1）结构构件应进行承载力（包括失稳）计算；

（2）必要时应进行结构的倾覆、滑移、漂浮验算；

（3）直接承受重复荷载的构件应进行疲劳验算；

（4）有抗震设防要求时，应进行抗震承载力计算；

（5）对于可能遭受偶然作用，且倒塌可能引起严重后果的重要结构，宜进行防连续倒塌设计。

2）正常使用极限状态

正常使用极限状态是对应于结构或结构构件达到正常使用的某项限值或耐久性能的状态。控制出现正常使用极限状态的概率，即是为了保证结构或构件的适用性与耐久性。结构的适用性通过正常使用极限状态验算保证，其计算内容如下：

（1）对需要控制变形的构件，应进行变形验算；

（2）对允许出现裂缝的构件，应进行受力裂缝宽度验算；

（3）对不允许出现裂缝的构件，应进行混凝土拉应力验算；

（4）对舒适度有要求的楼盖结构，应进行竖向自振频率验算。

3.2　结构的作用、作用效应和结构抗力

3.2.1　结构的作用

建筑物在使用期间内，要受到自身或外部的、直接或间接的各种作用。所谓作用是使结构构件产生内力、变形和裂缝的各种原因。作用按其出现的方式的不同可分为直接作用（如永久荷载、可变荷载等）和间接作用（如温度变形、地基沉降等）。由于工程结构常见的作用多数是直接作用，即通常所说的荷载，因此这里主要介绍荷载的分类、代表值和设计值。

1. **荷载的分类**

结构上的荷载可分为以下三类：

1）永久荷载

永久荷载亦称为恒荷载，是指在结构使用期间（一般为50年），其值不随时间而变化，或者其变化与平均值相比可忽略不计的荷载。例如结构自重、土压力、预应力等。

2）可变荷载

可变荷载也称为活荷载，是指在结构使用期间（一般为50年），其值随时间而变化，且其变化值与平均值相比不可忽略的荷载。例如楼面活荷载、屋面活荷载、风荷载、雪荷载、吊车荷载等。

3）偶然荷载

在结构使用期间不一定出现，而一旦出现，其量值很大且持续时间很短的荷载称为偶然荷载，如爆炸力、撞击力等。

2. **荷载代表值**

结构设计时，应根据不同的设计要求采用不同的荷载数值，即所谓荷载代表值。《建筑结构荷载规范》（GB 50009—2012）（以下简称《荷载规范》）给出了四种荷载的代表值：标准值、组合值、频遇值和准永久值。

1）荷载标准值

在建筑结构设计时，荷载标准值可作为荷载的基本代表值，荷载其他代表值是以标准值乘以相应系数后得出的。荷载标准值是指结构在使用期间可能出现的最大荷载值。而在使用期间内，最大荷载值是随机变量，可以采用荷载最大概率分布的某一分位值来确定（一般取95%保证率），但对有些荷载因统计资料不充分只能采用经验来确定。为了使设计结果和以往的设计不致有过大的波动，《荷载规范》规定的荷载标准值如下：

（1）永久荷载标准值 G_k。可按结构构件的设计尺寸与材料或构件自重计算确定；常用材料和构件自重见附表A.4。

例如，取钢筋混凝土单位体积自重标准值为25 kN/m^3，则截面尺寸为200 mm×500 mm的钢筋混凝土矩形截面梁的自重标准值为 $0.2\times0.5\times25=2.5$（kN/m）。

（2）可变荷载标准值 Q_k。我国《荷载规范》中规定了楼面与屋面活荷载、雪荷载、风荷载、吊车荷载等可变荷载标准值的具体数值或计算方法，设计时可以直接查用。

民用建筑楼面均布活荷载与屋面活荷载标准值，可由附表A.1、附表A.3查出。例如教室的楼面活荷载标准值为2.5 kN/m^2。

实际工程中活荷载并不是同时布满各层楼面的，因此在设计梁、柱和基础时，将楼面活荷载标准值乘以一个折减系数，折减系数见附表A.2。

①雪荷载标准值的计算：在降雪地区，雪荷载不容忽视，屋面水平投影上的雪荷载标准值按下式计算：

$$S_k=\mu_r S_0 \tag{3.1}$$

式中，S_k——雪荷载标准值，kN/m^2；

μ_r——屋面积雪分布系数，应根据不同类别的屋面形式，由《荷载规范》查得，可参见附表A.5；

S_0——基本雪压，kN/m^2，可由《荷载规范》中“全国基本雪压分布图”查得。

②风荷载标准值计算：风受到建筑物阻碍和影响时，速度会改变，并在建筑物表面上形成压力和吸力，即为建筑物所受的风荷载。垂直于建筑物表面上的风荷载标准值应按下式计算：

$$\omega_k = \beta_z \mu_s \mu_z w_0 \tag{3.2}$$

式中，ω_k——风荷载标准值，kN/m^2；

β_z——高度 z 处的风振系数，它是考虑脉动风压对结构产生的不利影响，《荷载规范》规定，对于高度低于 30 m 或高宽比小于 1.5 的房屋结构，$\beta_z = 1$；对于高度大于 30 m 或高宽比大于 1.5 的房屋结构及构架、塔架、烟囱等高耸结构可按《荷载规范》规定的方法计算；

μ_s——风荷载体型系数，常见建筑的风荷载体型系数见附表 A.6，其中正号表示压力，负号表示吸力；

μ_z——风压高度变化系数，见附表 A.7；

ω_0——基本风压，kN/m^2，是以当地平坦空旷地带，离地面 10 m 高处统计得到的 50 年一遇 10 min 平均最大风速为标准确定的，可按《荷载规范》中“全国基本风压分布图”查得。

【例题 3.1】 某别墅露台恒荷载标准值统计及活荷载标准值确定。

露台构造做法：

20 mm 厚 1∶3 水泥砂浆抹平压光	$0.02 \times 20 = 0.4(kN/m^2)$
捷罗克防水层	$0.1(kN/m^2)$
30 mm 厚 1∶3 水泥砂浆双向配筋	$0.03 \times 25 = 0.75(kN/m^2)$
60 mm 厚憎水膨胀珍珠岩块保温层	$0.06 \times 2.5 = 0.15(kN/m^2)$
现浇钢筋混凝土屋面板(厚 120 mm)	$0.12 \times 25 = 3.0(kN/m^2)$
板底抹灰(水泥砂浆，厚 20 mm)	$0.02 \times 20 = 0.4(kN/m^2)$

故

恒载(标准值)(叠加)	$4.8\ kN/m^2$
活载(标准值)(查附表 A.1)	$2.5\ kN/m^2$

2）可变荷载准永久值

在验算结构构件变形和裂缝时，要考虑荷载长期作用的影响。对于永久荷载而言，由于其变异性小，故取其标准值为长期作用的荷载。对于可变荷载而言，标准值中的一部分是经常作用在结构上的，与永久荷载相似。把在设计基准期内被超越的总时间为设计基准期一半的作用值称为可变荷载的准永久值。其取值可表示为 $\psi_q Q_k$，其中 Q_k 为可变荷载标准值，ψ_q 为可变荷载准永久值系数。

3）可变荷载组合值

当作用在结构上的可变荷载有两种或两种以上时，各种可变荷载同时达到其标准值的可能性较小。因此《荷载规范》采用除其中产生最大效应的荷载仍取其标准值外，其他伴随的可变荷载均采用小于其标准值的量值作为荷载代表值，称为荷载组合值。其取值可表示为 $\psi_c Q_k$，ψ_c 为可变荷载组合值系数。

4）可变荷载频遇值

对可变荷载，在设计基准期内被超越的总时间仅为设计基准期一小部分的荷载值，或在设计基准期内其超越频率为某一给定频率的作用值，称之为荷载频遇值，目前，其仅用在桥梁结构设计中。荷载频遇值的取值可表示为 $\psi_f Q_k$，其中 ψ_f 为可变荷载的频遇值系数。

上述可变荷载的准永久值系数 ψ_q、组合值系数 ψ_c、频遇值系数 ψ_f 的具体值见附表 A.1、附表 A.3 和《荷载规范》。

3. **荷载的设计值**

荷载的设计值等于荷载的标准值与荷载分项系数的乘积。永久荷载与可变荷载的分项系数均不相同，永久荷载分项系数 γ_G 和可变荷载分项系数 γ_Q 的具体值见表 3.1。

表 3.1 荷载分项系数

适用情况 / 作用分项系数	当作用效应对承载力不利时	当作用效应对承载力有利时
γ_G	1.3	≤1.0
γ_Q	1.5	0

对标准值大于 4 kN/m² 的工业房屋楼面结构的活荷载，其荷载分项系数 γ_Q 应取 1.3。

3.2.2 作用效应与结构抗力

1. **作用效应**

结构或构件在上述各种因素的作用下，引起的内力和变形称为作用效应，用 S 表示。当作用为荷载时，称为荷载效应。

由于作用在结构或构件上的荷载是随机变量，所以由荷载产生的荷载效应也是一个随机变量。对于一般结构而言，荷载 Q 与荷载效应之间为线性关系。即：

$$S = cQ \tag{3.3}$$

式中，c——荷载效应系数。如：跨度为 l，承受均布线荷载 q 的简支梁，跨中最大弯矩值 $M_{max} = \frac{1}{8}ql^2$，其中荷载 $Q=q$，荷载效应系数 $\frac{1}{8}l^2$，荷载效应 $S=M_{max}$。

2. **结构抗力**

结构抗力是指结构或构件承受各种荷载效应的能力，即承载能力和抗变形能力，用"R"来表示。承载能力包括受弯、受剪、受拉、受压、受扭等各种抵抗外力作用的能力，抗变形能力包括抗裂性能、刚度等。结构抗力 R 与结构材料强度 f、构件几何尺寸 α_k 及构件抗力计算模式的精确性等因素有关，而这些因素都是不确定的随机变量，因此抗力 R 也属于随机变量。在影响抗力的几个因素中材料强度为主要因素，它分为标准值和设计值。

1）材料强度标准值

材料强度的标准值是一种特征值，是结构设计时采用的材料强度的基本代表值，也是生产中控制材料质量的主要依据。

由于材料强度是一个随机变量，为安全起见，材料强度必须具备较高的保证率。《建筑结构可靠度设计统一标准》（GB 50068—2001）（以下简称《统一标准》）中各类材料强度标准值的取值原则是：在符合规定质量的材料强度实测总体中，根据标准试件用标准试验方法测得的不小于 95% 的保证率的强度值，也即材料强度的实际值大于或等于该材料强度值概率的

95% 以上。

2）材料强度设计值

材料强度设计值等于材料强度标准值除以材料分项系数。《规范》根据可靠度分析及工程经验，确定了各种材料的分项系数。对热轧钢筋取材料分项系数 γ_s 为 1.1；但对强度 500 MPa级钢筋取材料分项系数 γ_s 为 1.15；对钢丝、钢绞线等预应力筋取材料分项系数 γ_s 为 1.2；对混凝土取材料分项系数 γ_c 为 1.4。

各种钢筋和混凝土的强度标准值、设计值见附录 B。

3.3　概率极限状态设计法

3.3.1　可靠度、失效概率与可靠指标

结构的可靠度是指结构在规定的时间（设计使用年限）内，在规定的条件下（正常设计、正常施工、正常使用和维修），完成预定功能（安全性、适用性、耐久性）的概率。结构或结构构件的工作状态可用作用效应 S 和结构抗力 R 的关系来描述：

$$Z = g(R, S) = R - S \tag{3.4}$$

式中，Z 为结构的“功能函数”。由于 R 和 S 都是随机变量，故 Z 也为一个随机变量函数。按照 Z 值大小的不同，可用以描述结构所处的三种不同工作状态：

(1) $Z = R - S > 0$，表示结构或结构构件处于可靠状态。结构能完成预定功能的概率为可靠概率（即 $Z > 0$ 的概率），亦可称为结构可靠度，用 P_s 表示。

(2) $Z = R - S = 0$，表示结构或结构构件处于极限状态。

(3) $Z = R - S < 0$，表示结构或结构构件处于失效状态。结构不能完成预定功能的概率为失效概率（即 $Z < 0$ 的概率），用 P_f 表示。

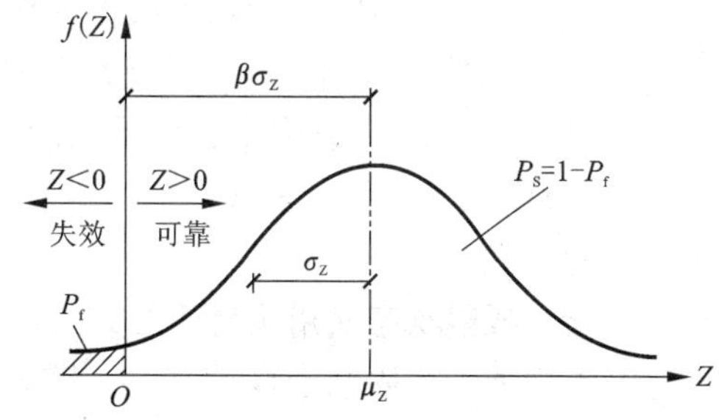

图 3.1　Z 函数的分布曲线

图 3.1 所示为 Z 函数的分布曲线。从该图可以看出，$Z < 0$ 的概率即失效概率 P_f 就等于原点以左曲线下面与横坐标所包围的阴影面积。而原点以右曲线下面与横坐标所包围的面积为可靠概率 P_s，失效概率与可靠概率之和等于 1。其中：

$$P_f = P(Z < 0) = \int_{-\infty}^{0} f(Z)\,\mathrm{d}Z \leqslant [P_f] \tag{3.5}$$

式中，$[P_f]$——结构允许的失效概率，当结构安全等级为二级时，延性破坏的结构 $[P_f] = 6.9 \times 10^{-4}$。

可见，为使结构不超过极限状态，保证结构的可靠性的基本条件为 $Z = R - S \geqslant 0$，即 $R \geqslant S$。结构按极限状态设计时，应使失效概率足够小而使人放心，但由于 P_f 的计算比较复杂，为简便起见，我国《统一标准》采用可靠指标 β 来取代失效概率 P_f 来度量结构的可靠性。β 越大，结构或结构构件越可靠，P_f 越小。失效概率 P_f 与可靠指标 β 的对应关系见表 3.2。

表 3.2 β 与 P_f 的对应关系

β	2.7	3.2	3.7	4.2
P_f	3.5×10^{-3}	6.9×10^{-4}	1.1×10^{-4}	1.3×10^{-5}

结构的重要性不同，一旦结构发生破坏，对生命财产的危害程度及对社会的影响也不同。《统一标准》根据结构破坏可能产生后果的严重性，将建筑结构安全等级划分为三级。建筑结构安全等级及目标可靠指标见表 3.3。

表 3.3 建筑结构安全等级及目标可靠指标

安全等级	破坏后果	建筑物类型	构件的目标可靠指标 β	
			延性破坏	脆性破坏
一级	很严重	重要的建筑物	3.7	4.2
二级	严重	一般的建筑物	3.2	3.7
三级	不严重	次要的建筑物	2.7	3.2

注：延性破坏是指结构或构件在破坏前有明显预兆；脆性破坏是指结构或构件在破坏前无明显预兆。

采用可靠指标来反映结构可靠度时，应使可靠指标足够大，满足以下关系：

$$\beta \geqslant [\beta] \tag{3.6}$$

式中，$[\beta]$——目标可靠指标。

承载能力极限状态实用设计表达式的理解

3.3.2 极限状态实用表达式

概率极限状态设计法比过去用的其他各种各种方法更合理、更科学。《规范》为使设计简化并为了使所设计的结构能在不同情况下保持较为一致的可靠度，采用了具有多个分项系数的极限状态实用设计表达式。实用设计表达式通过引入分项系数来体现目标可靠指标$[\beta]$，既能满足设计人员的习惯，又可实现目标可靠度的要求。

1. 承载能力极限状态实用设计表达式

在进行承载能力极限状态设计时，应考虑作用效应的基本组合，必要时还应考虑作用效应的偶然组合。《规范》规定结构构件在承载能力极限状态设计时采用实用设计表达式如下：

$$\gamma_0 S \leqslant R \tag{3.7}$$

$$R = R(f_c, f_s, \alpha_k, \cdots) \tag{3.8}$$

式中，γ_0——结构重要性系数，安全等级为一级或设计使用年限为 100 年及以上的结构构件，不应小于 1.1；安全等级为二级或设计使用年限为 50 年的结构构件，不应小于 1.0；安全等级为三级或设计使用年限为 5 年及以下的结构构件，不应小于 0.9；

S——荷载效应组合设计值；

R——结构构件的承载力设计值；

$R(.)$——结构构件的抗力函数；

f_c、f_s——混凝土、钢筋的强度设计值，见附录 B；

α_k——几何参数的标准值(如构件尺寸、配筋面积等)。

荷载效应组合是指在所有可能同时出现的诸荷载组合下，确定结构或构件内产生的总效应。荷载效应组合分为基本组合和偶然组合。按承载力极限状态设计时，应考虑荷载效应的基本组合，必要时尚应按荷载效应的偶然组合进行计算。

《建筑结构可靠性设计统一标准》(GB50068—2018)规定：当作用与作用效应按线性关系考虑时，基本组合的效应设计值，按下式中最不利值计算：

$$S = \sum_{j=1}^{m} \gamma_{Gj} S_{Gjk} + \gamma_{Q1} \gamma_{L1} S_{Q1k} + \sum_{i=2}^{n} \gamma_{Qi} \psi_{ci} \gamma_{Li} S_{Qik} \tag{3.9}$$

式中，γ_{Gj}——第 j 个永久荷载分项系数，见表3.1；

γ_{Qi}——第 i 个可变荷载分项系数，其中 γ_{Q1} 为主导可变荷载 Q_1 的分项系数，见表3.1；

γ_{Li}——第 i 个可变荷载考虑设计使用年限的调整系数，其中 γ_{L1} 为主导可变荷载 Q_1 考虑设计使用年限的调整系数，当结构设计使用年限为5年，50年，100年时，γ_{Li} 分别取0.9，1.0，1.1；

S_{Gjk}——按第 j 个永久荷载标准值 G_{jk} 计算的荷载效应值；

S_{Qik}——按第 i 个可变荷载标准值 Q_{ik} 计算的荷载效应值，其中 S_{Q1k} 为可变荷载中起控制作用者；

ψ_{ci}——第 i 个可变荷载 Q_i 的组合值系数；

m——参与组合的永久荷载数；

n——参与组合的可变荷载数。

对于偶然组合，极限状态设计表达式宜按下列原则确定：偶然作用的代表值不乘以分项系数；与偶然作用同时出现的可变荷载，应根据观测资料和工程经验采用适当的表达式。具体的设计表达式及各种系数应符合专门规范的规定。

【例题3.2】 某住宅钢筋混凝土简支梁，计算跨度 $l_0=6$ m，承受均布荷载：永久荷载标准值 $g_k=8$ kN/m(包括梁自重)，可变荷载标准值 $q_k=12$ kN/m，可变荷载组合值系数 $\psi_c=0.7$，结构安全等级为二级，设计使用年限50年。求：按承载能力极限状态计算的梁截面跨中最大弯矩设计值。

【解】 首先计算荷载效应标准值。

承载能力极限状态实用设计表达式的例题

永久荷载引起的跨中弯矩标准值：$M_{Gk}=\frac{1}{8}g_k l_0^2=36$ kN·m

可变荷载引起的跨中弯矩标准值：$M_{Qk}=\frac{1}{8}q_k l_0^2=54$ kN·m

$$\begin{aligned} M &= \gamma_0\left(\gamma_G M_{Gk} + \gamma_{Q1}\gamma_{L1} M_{Q1k} + \sum_{i=2}^{n} \gamma_{Qi}\psi_{ci}\gamma_{Li} S_{Qik}\right) \\ &= 1.0\times(1.3\times36+1.5\times1.0\times54) \\ &= 127.8\ \text{kN}\cdot\text{m} \end{aligned}$$

故该梁截面跨中最大弯矩设计值为127.8 kN·m。

2. 正常使用极限状态实用设计表达式

按正常使用极限状态设计，主要是验算结构构件的变形、抗裂度或裂缝宽度，使其满足适用性和耐久性的要求。当结构或构件达到或超过正常使用极限状态时，其后果是结构不能正常使用，但其危害程度不及承载能力引起的结构破坏造成的损失大，故对其可靠度的要求可适当降低。《统一标准》规定，计算时荷载及材料强度均取标准值，即不考虑荷载分项系数和材料分项系数，也不考虑结构的重要性系数 γ_0。

正常使用极限状态计算中，按下列设计表达式进行设计：

$$S \leqslant C \tag{3.10}$$

式中，S——变形、裂缝等荷载效应组合值；

C——设计对变形、裂缝宽度等规定的相应限值。

在正常使用极限状态设计时，应根据不同的设计目的，分别按荷载效应的标准组合、频遇组合、准永久组合进行设计。

(1)标准组合：主要用于当一个极限状态被超越时将产生严重的永久性损坏的情况。

$$S = S_{Gk} + S_{Q1k} + \sum_{i=2}^{n} \psi_{ci} S_{Qik} \tag{3.11}$$

(2)频遇组合：主要用于当一个极限状态被超越时将产生局部损坏、较大变形或短暂震动等的情况。

$$S = S_{Gk} + \psi_{f1} S_{Q1k} + \sum_{i=2}^{n} \psi_{qi} S_{Qik} \tag{3.12}$$

(3)准永久组合：主要用于当长期效应是决定性因素的一些情况。

$$S = S_{Gk} + \sum_{i=1}^{n} \psi_{qi} S_{Qik} \tag{3.13}$$

式中，ψ_{f1}——在频遇组合中起控制作用的一个可变荷载频遇值系数；

ψ_{qi}——第 i 个可变荷载准永久值系数。

3.4 混凝土结构的耐久性规定

材料的耐久性是指暴露在使用环境中的材料，抵抗各种物理和化学作用的能力。钢筋混凝土结构具有很好的耐久性，只要能保证对混凝土结构的正常设计、正常施工和正常维护，其寿命可持续很长时间。而如果混凝土表面暴露在空气中，尤其是受到外界温度、湿度等不良气候环境的长期影响，以及反复被有害物质侵蚀，随时间增长而出现混凝土碳化、开裂、及钢筋锈蚀等现象，使材料的耐久性降低。因此，混凝土结构在进行承载能力和正常使用极限状态设计的同时还应根据结构所处的环境类别、结构的重要性以及使用年限进行耐久性设计，设计内容如下：

(1)确定结构所处的环境类别；

(2)确定构件中钢筋的混凝土保护层厚度；

(3)不同环境条件下的耐久性技术措施；

(4)提出对混凝土材料的耐久性基本要求；

(5)提出结构使用阶段的检测与维护要求。

混凝土结构的耐久性主要受环境类别、使用年限、水灰比、混凝土强度等级、碱集料反应、钢筋锈蚀、抗渗、抗冻等因素的影响。

《规范》对混凝土的耐久性作了如下规定：

(1)设计使用年限为50年，处于一、二、三类环境中的混凝土(混凝土的环境类别见附表C.1)应符合表3.4的规定。

表3.4　结构混凝土耐久性的基本要求

环境类别		最大水灰比	最低强度等级	最大氯离子含量/%	最大碱含量/(kg·m^{-3})
一		0.60	C20	0.30	不限制
二	a	0.55	C20	0.20	3.0
	b	0.50(0.55)	C30(C25)	0.15	3.0
三	a	0.45(0.50)	C35(C30)	0.15	3.0
	b	0.4	C40	0.10	3.0

注：1.氯离子含量系指其占水泥用量的百分率。

2.预应力构件混凝土中的最大氯离子含量为0.06%，最低混凝土强度等级应按表中规定提高两个等级。

3.表混凝土构件的水胶比及最低强度等级的要求可适当放松。

4.当有可靠工程经验时，二类环境中的最低混凝土强度等级可降低一个等级。

5.当使用非碱活性集料时，对混凝土的碱含量可不作限制。

6.处于严寒和寒冷地区二b、三a类环境中的混凝土应使用引气剂，可采用括号中的有关参数。

(2)设计使用年限为100年，处于一类环境中的混凝土应符合以下规定：

①钢筋混凝土结构的最低混凝土强度等级为C30；预应力混凝土结构的最低混凝土强度等级为C40。

②宜使用非碱活性集料；当使用碱活性集料时，混凝土中的最大碱含量为3.0 kg/m^3。

③混凝土保护层厚度应按附表C.2的规定增加40%；当采用有效的表面防护措施时，混凝土保护层厚度可适当减少。

④混凝土当中的最大氯离子含量为0.06%。

(3)设计使用年限为100年，处于二、三类环境中的混凝土结构应采用专门的有效措施。

(4)耐久性环境类别为四、五类的混凝土结构，其耐久性应符合有关标准的规定。

(5)混凝土结构在设计使用年限内还应遵循下列规定：

①建立定期检测、维修制度。

②设计中可更换的混凝土构件应按规定更换。

③构件表面的防护层，应按规定维护或更换。

④结构出现可见的耐久性缺陷时，应及时进行处理。

(6)混凝土结构及构件应采取的耐久性技术措施详见《规范》第3.5.4条。

小　结

(1)结构的功能性要求可概括为三个方面，即结构的安全性、适用性和耐久性。

(2)结构上的作用分为直接作用和间接作用两种，其中直接作用通常被称为荷载。荷载按时间的变化一般可分为永久荷载、可变荷载和偶然荷载三类。

(3)结构设计中，所有可能出现的多种荷载同时出现的概率较小，因此需对这些荷载效应进行组合。在所有可能的组合中，选取对结构或构件产生总效应最不利的组合进行设计。

(4)结构的极限状态可分为承载能力极限状态和正常使用极限状态两类。任何结构必须进行承载能力极限状态设计，对于正常使用极限状态可视具体情况而进行。承载力极限状态设计一般考虑荷载效应的基本组合。

(5)混凝土结构还需根据环境类别、结构的重要性以及设计使用年限等条件来进行混凝土结构的耐久性设计。

习 题

一、填空题

1. 建筑结构的功能是指：________、________、________。

2. 我国的结构设计的基准期规定为________。

3. 作用在结构上的荷载的类型有：________、________、________三种。

4. 荷载的代表值有：________、________、________、________四种。

5. 在荷载的代表值中，________是最基本的代表值，其他的值都是以此为基础进行计算的。

6. 结构功能的两种极限状态包括________、________。

二、判断题

1. 在进行构件承载力计算时，荷载应取设计值。(　　)

2. 结构的重要性系数，在安全等级为一级时，取 $\gamma_0=1.0$。(　　)

3. 以恒载作用效应为主时，恒载的分项系数取1.2。(　　)

4. 结构的可靠指标 β 越大，失效概率就越大，β 越小，失效概率就越小。(　　)

三、单项选择题

1. (　　)属于超出承载能力极限状态。

A. 裂缝宽度超过规定限值　　B. 挠度超过规范限值

C. 结构或构件视为刚体失去平衡　　D. 预应力构件中混凝土的拉应力超过规范限值

2. 下列何种状态不是超过正常使用极限状态的状态？(　　)

A. 影响正常使用或外观的变形　　B. 混凝土构件的裂缝宽度超过规范规定的限值

C. 影响正常作用的振动　　D. 结构构件或连接因过度变形而不适于继续承载

3. 在进行承载能力极限状态的验算中，荷载采用(　　)。

A. 最大值　　B. 设计值　　C. 标准值　　D. 平均值

4. 工程结构的可靠指标 β 与失效概率 p_f 的之间存在下列(　　)关系。

A. β 越大，p_f 越大　　B. β 与 p_f 呈反比关系

C. β 与 p_f 呈正比关系　　D. β 与 p_f 存在一一对应关系，β 越大，p_f 越小

四、问答题

1. 什么是结构的可靠性？

2. 什么是荷载代表值？永久荷载、可变荷载分别以什么为代表值？永久荷载、可变荷载的分项系数分别为多少？

3. 什么是结构抗力？$R>S$、$R=S$、$R<S$ 各表示什么意义？

4. 结构构件的承载能力极限状态设计表达式是什么？

5. 建筑结构的安全等级在结构构件的承载能力极限状态表达式中如何体现？

五、计算题

1. 某住宅楼面梁，有恒荷载标准值引起的弯矩 $M_{gk}=45\ \text{kN}\cdot\text{m}$，由楼面活荷载标准值引起的弯矩 $M_{qk}=25\ \text{kN}\cdot\text{m}$，活荷载组合值系数 $\psi_c=0.7$，结构安全等级为二级。试求按承载能力极限状态设计时梁的最大弯矩设计值。

2. 某办公楼钢筋混凝土矩形截面梁，截面尺寸 $b\times h=200\ \text{mm}\times400\ \text{mm}$，计算跨度 $l_0=5\ \text{m}$，净跨度 $l_n=4.86\ \text{m}$，承受均布荷载：永久荷载标准值 $g_k=10\ \text{kN/m}$(含自重)，可变荷载标准值 $q_k=7\ \text{kN/m}$，可变荷载组合值系数 $\psi_c=0.7$，结构安全等级为二级，设计使用年限 50 年。试计算按承载能力极限状态设计时的梁截面跨中最大弯矩设计值。

第4章　受弯构件正截面承载力计算

【学习目标】

(1)深入理解适筋梁的三个受力阶段，以及配筋率对梁正截面破坏形态的影响；
(2)熟练掌握单筋矩形、双筋矩形和T形截面受弯构件正截面设计和复核的方法；
(3)掌握梁、板的有关构造规定；
(4)能正确绘制单跨钢筋混凝土梁和板的配筋详图。

【本章导读】

钢筋混凝土梁和板均为受弯构件，本章主要内容有：如何进行单跨梁和板的正截面承载力设计，分析钢筋混凝土梁和板内有哪些纵向钢筋，这些钢筋的数量、直径、长度应该如何确定，钢筋配置在什么位置，应注意什么问题，有哪些构造要求，如何绘制配筋详图。

受弯构件是指承受弯矩和剪力共同作用的构件。一般以梁、板构件为其代表形式。

受弯构件的破坏有两种可能：一种是由弯矩作用引起的破坏，破坏截面与构件的纵轴线垂直，称为正截面破坏[图4.1(a)]；另一种是由弯矩和剪力共同作用引起的破坏，破坏截面是倾斜的，称为斜截面破坏[图 4.1(b)]。为了保证受弯构件不发生正截面破坏，构件必须要有足够的截面尺寸及配置一定数量的纵向受力钢筋；为了保证受弯构件不发生斜截面破坏，构件必须有足够的截面尺寸及配置一定数量的箍筋和弯起钢筋。

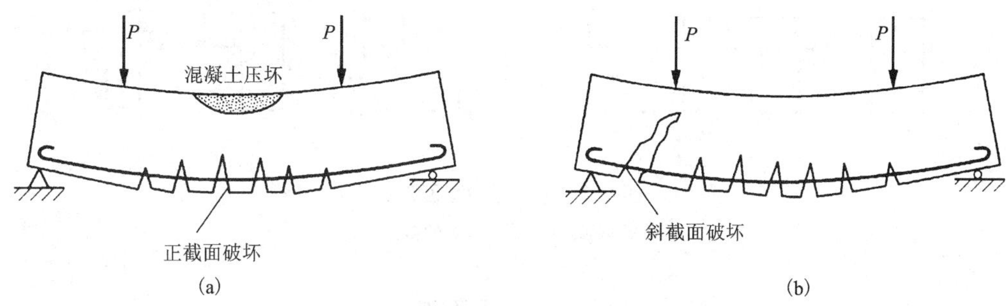

图 4.1　受弯构件破坏情况

设计受弯构件时，需要进行正截面受弯承载力计算、斜截面受剪承载力计算、构件变形和裂缝宽度的验算，并满足各种构造要求。本章仅介绍受弯构件的正截面承载力计算和梁、板的一般构造要求，其他内容将分别在本书第 5 章和第 9 章中介绍。

4.1　板、梁的一般构造要求

构造要求就是指那些在结构计算中不易详细考虑而被忽略的因素，在施工方便和经济合理前提下，采取的一些弥补性技术措施。完整的结构设计，应该是既有可靠的计算，又有合理的构造措施。计算固然重要，但构造措施不合理，也会影响到施工、构件的使用，甚至危及结构安全。

4.1.1　板的一般构造要求

钢筋混凝土板仅两对边支承，或者虽四边支承，但荷载主要沿短边方向传递，其受力性能与梁相近，计算中可近似地仅考虑板在短边方向受弯作用，故称单向板或梁式板，例如预应力空心板、板式楼梯等。反之，当板四边支承，其长边与短边相差不多，荷载沿两个方向传递，计算中要考虑双向受弯作用，故称双向板。

1. **板的截面形式和厚度**

(1)板的截面形式：矩形、槽形和空心板等[图 4.2(a)]。

(2)板的厚度：除应满足强度、刚度和裂缝方面的要求外，还应考虑经济效果和施工方便，设计时可参考已有经验，并满足规范要求。现浇钢筋混凝土板的合理厚度应在符合承载力极限状态和正常使用极限状态要求的前提下，按经济合理的原则选定，并考虑防火、防爆等要求，现浇板的厚度与跨度的最小比值(h/L)要求详见表 4.1，最小厚度不应小于表 4.2 规定的数值。

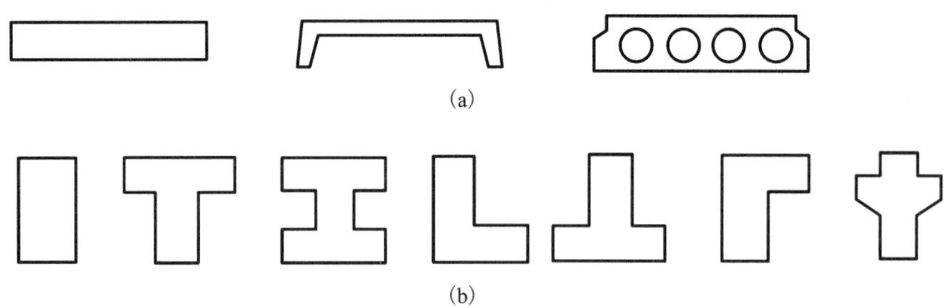

图 4.2　梁、板的截面形式

(a)板的截面形式；(b)梁的截面形式

表 4.1　现浇板的厚度与跨度的最小比值(h/L)

序号	板的种类		h/L	常用跨度/m	适用范围	备注
1	单向板	简支	1/30	≤4	民用建筑的楼板	当 $L>4$ m 时应适当加厚
2		连续	1/40			
3	双向板	简支	1/40	≤8	民用建筑的楼板	当 $L>4$ m 时应适当加厚
4		连续	1/50			
5	悬臂板		1/10	≤1.5	雨篷阳台或其他悬挑构件	当 $L>1.5$ m 时宜做挑梁
6	无梁楼板(双向平板)	无柱帽	1/25～1/30	≤7	民用建筑的楼板等	
7		有柱帽	1/30～1/35	≤9		

注：1. 序号 3、序号 4 中 L 为板的短边计算跨度；序号 6、序号 7 中 L 为板的长边计算跨度。
2. 双向板系指板的长边与短边之比等于 1 的情况，大于 1 时，板厚宜适当加厚。
3. 荷载较大时，板厚另行考虑。

表 4.2　现浇钢筋混凝土板的最小厚度

板的类别		最小厚度/mm
单向板	屋面板、民用建筑楼板	60
	工业建筑楼板	70
	行车道下的楼板	80
双向板		80
悬臂板(根部)	悬臂长度不大于 500 mm	60
	悬臂长度为 1200 mm	100
无梁楼板		150

2. 板的支承长度

现浇板在砖墙上的支承长度一般不小于板厚及 120 mm，且应满足受力钢筋在支座内的锚固长度要求。预制板的支承长度，在墙上不宜小于100 mm，在钢筋混凝土梁上不宜小于80 mm，在钢屋架或钢梁上不宜小于60 mm。

3. 板的钢筋

单向板中通常布置两种钢筋，即受力钢筋和分布钢筋。受力钢筋沿板的跨度方向在受拉区布置；分布钢筋在受力钢筋的内侧与受力钢筋垂直布置(图4.3)。

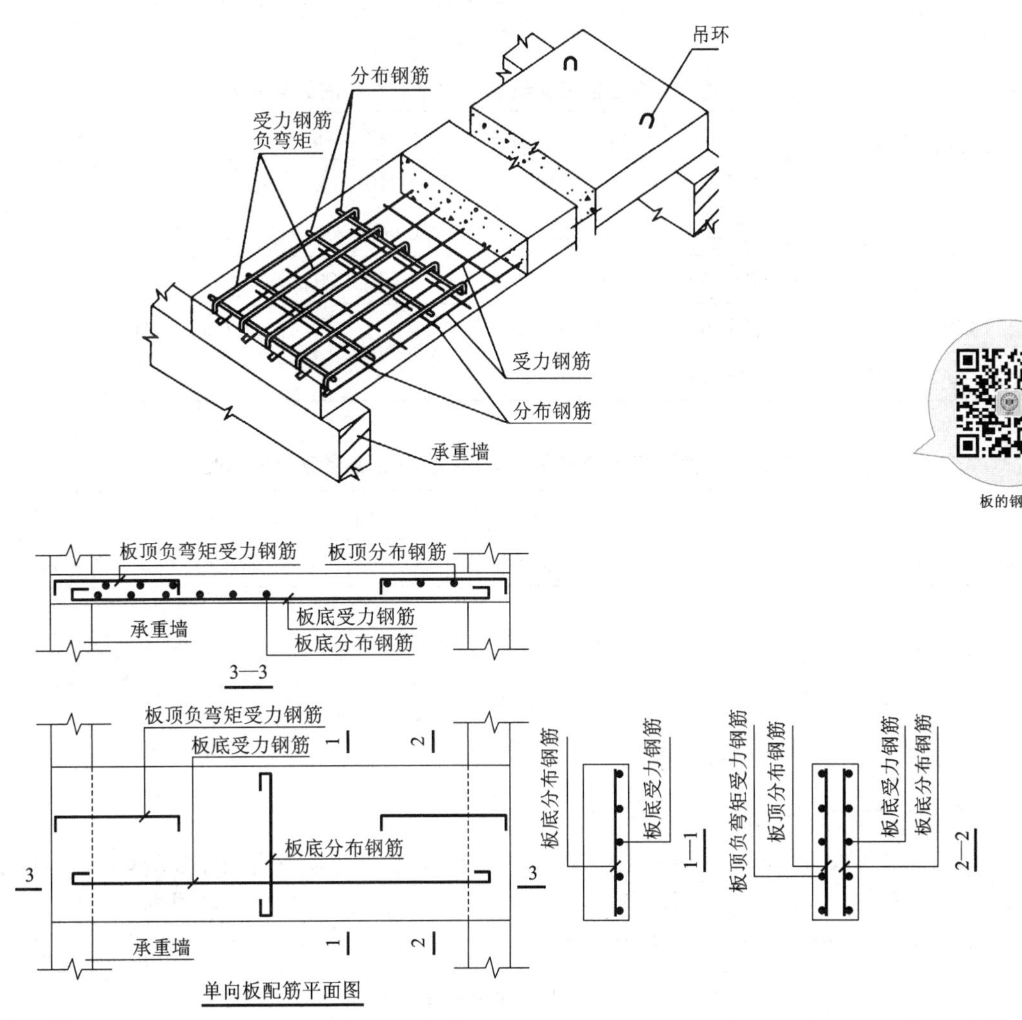

图4.3　单向板中的配筋

1)受力钢筋

受力钢筋的作用是承担板中弯矩作用产生的拉力。受力钢筋的直径常采用6～12 mm。为了方便施工，板中钢筋间距不能太小，为了使板受力均匀，钢筋间距也不能过大，板中钢筋间距一般在70～200 mm，当板厚$h \leq 150$ mm时，不宜大于200 mm，当板厚$h > 150$ mm时，钢筋间距不宜大于$1.5h$，且不宜大于250 mm。

板中伸入支座下部的钢筋，其间距不应大于400 mm，截面面积不应小于跨中受力钢筋截面面积的1/3。板中弯起钢筋的弯起角度不宜小于30°。

2)分布钢筋

分布钢筋的作用是：将板上的荷载均匀地传给受力钢筋；抵抗因混凝土收缩及温度变化而在垂直于受力筋方向所产生的拉力；固定受力钢筋的正确位置。

板中单位宽度上分布钢筋的截面面积不宜小于单位宽度上受力钢筋截面面积的15%，且配筋率不宜小于0.15%；分布钢筋的直径不宜小于6 mm，间距不宜大于250 mm，可参见表4.3、表4.4取用。对集中荷载较大的情况，分布钢筋的截面面积应适当增加，其间距不宜大于200 mm。

表4.3　按受力钢筋截面面积15%求得分布钢筋的直径和间距

<table>
<tr><th rowspan="2">受力钢筋间距/mm</th><th colspan="5">受力钢筋直径/mm</th></tr>
<tr><th>12</th><th>12/10</th><th>10</th><th>10/8</th><th>≤8</th></tr>
<tr><td>70、80</td><td>Φ8 间距 200</td><td>Φ8 间距 250</td><td>Φ6 间距 160</td><td>Φ6 间距 200</td><td rowspan="4">Φ6 间距 250</td></tr>
<tr><td>90、100</td><td>Φ8 间距 250</td><td>Φ6 间距 160</td><td>Φ6 间距 200</td><td rowspan="3">Φ6 间距 250</td></tr>
<tr><td>120、140</td><td>Φ6 间距 200</td><td>Φ6 间距 220</td><td rowspan="2">Φ6 间距 250</td></tr>
<tr><td>≥160</td><td>Φ6 间距 250</td><td>Φ6 间距 250</td></tr>
</table>

表4.4　按板截面面积0.15%求得分布钢筋的直径和间距

板厚/mm	100	90	80	70	60
分布钢筋直径、间距/mm	Φ6 间距 180	Φ6 间距 200	Φ6 间距 230	Φ6 间距 250	Φ6 间距 250

3)板中钢筋的锚固要求

见本书第5.4.1条。

4.1.2　梁的一般构造要求

1.梁的截面形式和尺寸

梁的截面形式有矩形、T形、工字形、L形、倒T形及花篮形等[图4.2(b)]。梁的截面尺寸应根据设计计算确定，根据设计实践经验，梁截面的最小高度 h 可根据高跨比 h/l 来估计，见表4.5。当梁的高度满足表4.5的要求时，通常可不做挠度验算。

表4.5 梁的高跨比 h/l

<table>
<tr><th>序号</th><th colspan="2">梁的种类</th><th>h/l</th><th>常用跨度/m</th><th>适用范围</th><th>备注</th></tr>
<tr><td>1</td><td rowspan="2">现浇整体楼盖</td><td>普通主梁</td><td>$\frac{1}{14}\sim\frac{1}{8}$</td><td rowspan="2">≤9</td><td rowspan="2">民用建筑框架结构、框－剪结构、框－筒结构</td><td rowspan="2">(1/10)表示常用</td></tr>
<tr><td>3</td><td>次梁</td><td>$\frac{1}{18}\sim\frac{1}{12}$</td></tr>
<tr><td>4</td><td rowspan="2">独立梁</td><td>简支梁</td><td>1/12～1/8</td><td rowspan="2">≤12</td><td rowspan="2">混合结构</td><td rowspan="2"></td></tr>
<tr><td>5</td><td>连续梁</td><td>1/15～1/12</td></tr>
<tr><td>6</td><td colspan="2">悬臂梁</td><td>1/6～1/5</td><td>≤4</td><td></td><td></td></tr>
</table>

梁的截面宽度 b 一般可根据梁的截面高度 h 来确定。对矩形截面梁，取 $b=(1/3.5\sim1/2)h$；对 T 形截面梁，取 $b=(1/4\sim1/2.5)h$。

为了统一模板尺寸便于施工，梁的截面尺寸一般取为：

梁高宜采用 $h=250$ mm，300 mm，…，800 mm，以 50 mm 的模数递增，大于 800 mm 则以 100 mm 的模数递增。

梁宽宜采用 $b=150$ mm，180 mm，200 mm，220 mm，250 mm，大于 250 mm 以 50 mm 的模数递增。

2. 梁的支承长度

梁在砖墙或砖柱上的支承长度 a，应满足梁内受力钢筋在支座处的锚固要求，并满足支座处砌体局部抗压承载力的要求。当梁高 $h\leqslant500$ mm 时，$a\geqslant180\sim240$ mm；当梁高 $h>500$ mm 时，$a\geqslant370$ mm；当梁支承在钢筋混凝土梁(柱)上时，其支承长度 $a\geqslant180$ mm。

3. 梁的钢筋

一般钢筋混凝土梁中，通常配有纵向受力钢筋、箍筋、弯起钢筋及架立钢筋(图 4.4)。当梁的截面尺寸较高时，还应设置梁侧构造钢筋。

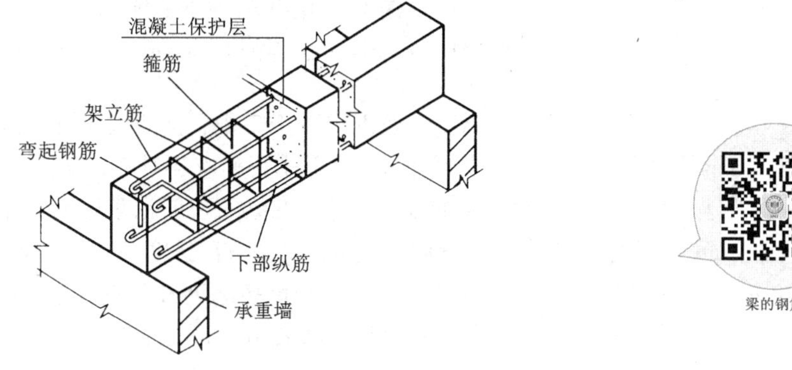

梁的钢筋

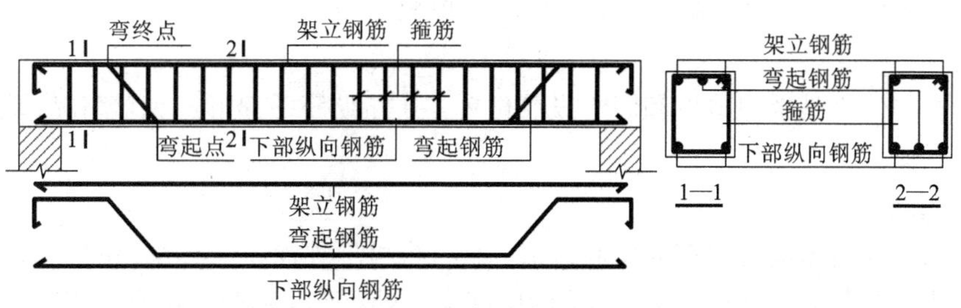

图 4.4　梁中钢筋

1)纵向受力钢筋

纵向受力钢筋的作用主要是用来承受由弯矩在梁内产生的拉力，所以这种钢筋应放置在梁的受拉一侧(有时在梁的压区也配置纵向受力钢筋与混凝土共同承受压力)。

纵向受力钢筋的直径：当梁高 $h\geqslant300$ mm 时，不应小于 10 mm；当梁高 $h<300$ mm 时，不应小于 8 mm。通常采用 12～25 mm，一般不宜大于 28 mm。同一构件中钢筋直径的种类宜

少，两种不同直径的钢筋，其直径相差不宜小于 2 mm，以便于肉眼识别其大小，避免施工时发生差错。

梁上部纵向受力钢筋的净距不得小于 30 mm 和 1.5d；下部纵向受力钢筋的净距不得小于 25 mm 和 d；当下部纵向向受力钢筋多于 2 层时，2 层以上钢筋水平方向的中距应比下面 2 层的中距增大一倍；各层钢筋之间的净距不应小于 25 mm 和 d(d 为钢筋的最大直径)，如图 4.5(a)所示。

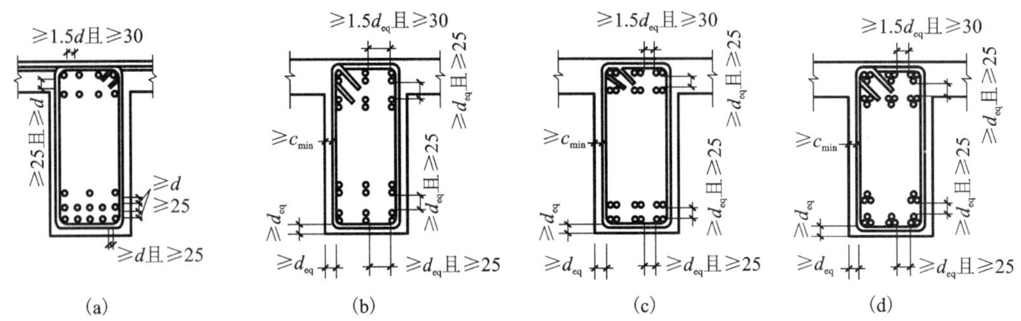

图 4.5　梁中受力钢筋布置

(a)单根钢筋的排列；(b)并筋纵向布置；(c)并筋横向布置；(d)并筋品字形布置

梁内纵向受力钢筋的根数，一般不应少于 2 根，且伸入梁支座范围内的钢筋不应少于 2 根，当钢筋根数较多必须排成两排时，上下排钢筋应当对齐，以利于浇注和捣实混凝土。

为了解决粗钢筋密集引起的施工困难，在梁的配筋密集区域宜采用并筋的配筋形式，直径 28 mm 以下的钢筋并筋数量应不超过 3 根，直径 32 mm 的钢筋并筋数量为 2 根，直径 36 mm及以上的钢筋不应采用并筋。二并筋可按纵向和横向布置，三并筋可按品字形布置，如图 4.5(b)、(c)、(d)所示。采用并筋布置方式时，钢筋间距、保护层厚度、钢筋锚固长度、搭接长度等构造规定均按单根等效钢筋进行计算，等效钢筋的等效直径 d_{eq}对相同直径两并筋可取$\sqrt{2}$倍单根钢筋直径，对三并筋可取$\sqrt{3}$倍单根钢筋直径。

2)箍筋

箍筋的主要作用是承担剪力和固定纵筋位置，并和纵筋一起形成钢筋骨架，箍筋的构造要求见 5.4.3 节。

3)弯起钢筋

弯起钢筋一般由纵向受力钢筋弯起而成，有时也可单独设置。其作用除了承受跨中的弯矩外，还可以承担支座的剪力，在连续梁的中间支座处，弯起钢筋还可以承担支座的负弯矩，弯起钢筋的构造要求见 5.4.4 节。

4)架立钢筋

架立钢筋的作用是固定箍筋的正确位置和形成钢筋骨架，还可以承受由于混凝土收缩及温度变化产生的拉力。布置在梁的受压区外缘两侧，平行于纵向受拉钢筋，如在受压区有受压纵向钢筋时，受压钢筋可兼做架立钢筋。

架立钢筋的直径：当梁的跨度小于 4 m 时不宜小于 8 mm；当梁的跨度等于 4 ~6 m 时不宜小于 10 mm；当梁的跨度大于 6 m 时不宜小于 12 mm。

5）梁侧构造钢筋与拉筋

梁侧构造钢筋的作用是承受温度变化、混凝土收缩在梁中部可能引起的拉力，防止混凝土在梁的中间部位产生裂缝［图4.6（a）］，同时可以增强钢筋骨架的刚度，抵抗偶然出现的附加扭矩作用。

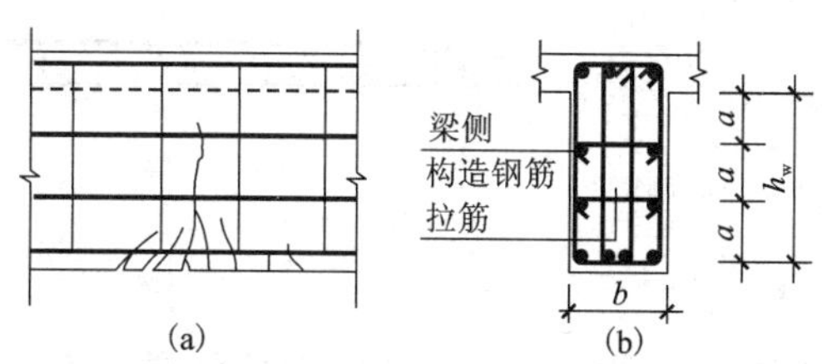

图4.6　梁侧构造钢筋和拉筋

当梁的腹板高度 h_w≥450 mm时，在梁的两个侧面应沿高度配置纵向构造钢筋，如图4.6（b）所示。每侧纵向构造钢筋（不包括梁上、下部受力钢筋及架立钢筋）的间距 a 不宜大于200 mm，截面面积不应小于腹板截面面积（bh_w）的0.1%。腹板高度 h_w：对矩形截面为有效高度；对工字形截面为梁高减去上、下翼缘后的腹板净高；对T形截面为有效高度减去翼缘高度，见图4.7。梁侧构造钢筋的搭接与锚固长度可取15d。

梁侧构造钢筋应用拉筋联系，如图4.6b所示。拉筋直径：当梁宽≤350 mm时，拉筋直径为6 mm；当梁宽>350 mm时，拉筋直径为8 mm。拉筋间距为非加密区箍筋间距的2倍，当设有多排拉筋时，上下两排拉筋竖向错开设置。

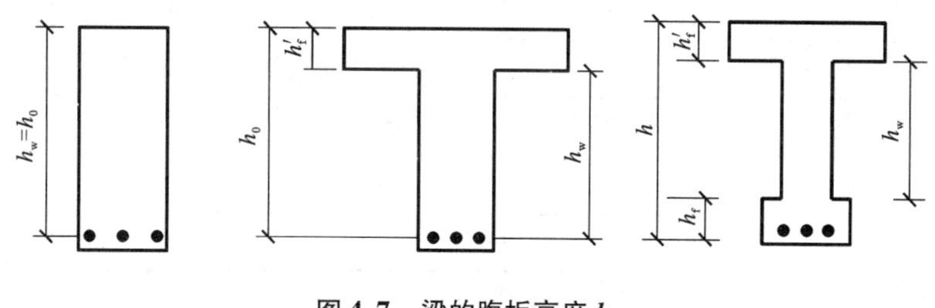

图4.7　梁的腹板高度 h_w

4.1.3　混凝土保护层及截面有效高度

为了防止钢筋锈蚀和保证钢筋与混凝土的紧密黏结，梁、板、柱等构件中的钢筋都应具有足够的混凝土保护层。构件中钢筋外边缘到混凝土外边缘的最小距离，称为保护层厚度 c（图4.8）。梁、板、柱等构件中钢筋的混凝土保护层最小厚度应按附表C.2规定采用，同时不应小于受力钢筋直径。

在计算梁、板受弯构件承载力时，因为混凝土开裂后拉力完全由钢筋承担。这时梁能发挥作用的截面高度应为受拉钢筋合力点至混凝土受压区边缘的距离，称为截面有效高度 h_0：

$$h_0 = h - a_s \tag{4.1}$$

式中，h——受弯构件的截面高度；

a_s——纵向受拉钢筋合力点至受拉区混凝土边缘的距离。

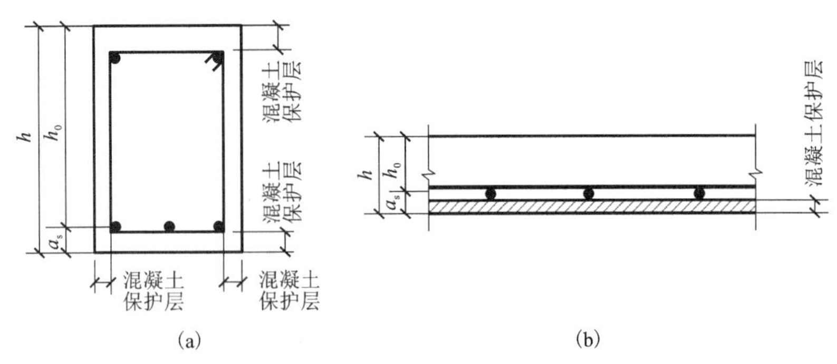

图 4.8　梁、板保护层厚度和截面有效高度

(a)梁；(b)板

在正截面承载力设计中，由于钢筋数量和布置情况都是未知的，a_s 需要预先根据混凝土保护层的最小厚度、钢筋净距、梁中纵筋、箍筋和板中钢筋的平均直径估算。梁的 a_s 值可近似按表 4.6 确定。

表 4.6　钢筋混凝土梁 a_s 近似取值　　mm

环境等级	梁混凝土保护层最小厚度	箍筋直径 ϕ6		箍筋直径 ϕ8	
		受拉钢筋（一层）	受拉钢筋（二层）	受拉钢筋（一层）	受拉钢筋（二层）
一	20	35	60	40	65
二 a	25	40	65	45	70
二 b	35	50	75	55	80
三 a	40	55	80	60	85
三 b	50	65	90	70	95

注：1. 混凝土强度等级不大于 C25 时，表中 a_s 取值应增加 5 mm。

2. 板类构件的受力钢筋通常布置在外侧，常用直径为 8 ~ 12 mm，对于一类环境可取 a_s = 20 mm，对于二 a 类环境可取 a_s = 25 mm，混凝土强度等级不大于 C25 时，a_s 取值应增加 5 mm。

4.2　受弯构件正截面承载力的试验研究

由于钢筋混凝土材料具有非单一性、非匀质性和非线弹性的特点，所以，不能按材料力学的方法对其进行计算。为了建立受弯构件正截面承载力的计算公式，必须通过试验了解钢筋混凝土受弯构件正截面的应力分布及破坏过程。

4.2.1　钢筋混凝土梁正截面工作的三个阶段

受拉钢筋配置适量的梁称为适筋梁。图 4.9(a)为承受两个对称集中荷载作用的适筋梁，两个集中荷载之间的一段梁，只承受弯矩没有剪力形成“纯弯段”。试验所测得的数据就是从“纯弯段”得到的。试验时，荷载由零分级增加，每加一级荷载，用仪表测量混凝土纵向纤维和钢筋的应变以及梁的挠度，并观察梁的外形变化，直至梁破坏。

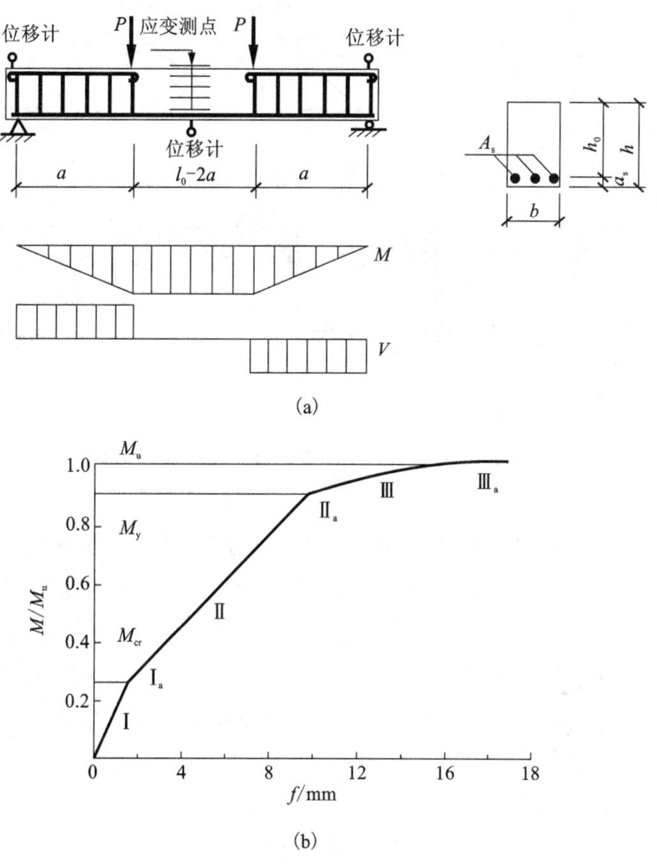

图 4.9　试验梁及试验曲线

(a)试验梁；(b)挠度曲线

图 4.9(b)为从加荷开始直到破坏，梁的挠度 f 变化曲线，为了便于分析，图中纵坐标采用弯矩 M 和极限弯矩 M_u 的比值。根据该曲线的变化可以把适筋梁的工作过程划分为三个阶段，而开裂弯矩 M_{cr} 和屈服弯矩 M_y 是三个阶段的界限状态。

从加荷开始到裂缝出现($M = M_{cr}$)以前为第Ⅰ阶段，又称为弹性阶段；从受拉区混凝土开裂后直到受拉钢筋屈服($M = M_y$)为第Ⅱ阶段，又称带裂缝工作阶段；从受拉钢筋屈服至梁的破坏($M = M_u$)为第Ⅲ阶段，又称屈服阶段。

4.2.2　各阶段的应力状态

1. 第Ⅰ阶段——构件未开裂，弹性工作阶段

当荷载很小时，纯弯段的弯矩也很小，因而正截面上的应力及应变均很小，这时，混凝土基本处于弹性工作阶段，截面上的应力与应变成正比，受拉区与受压区混凝土的应力分布图形均为三角形，如图4.10所示。受拉区由于钢筋的存在，其中和轴较匀质弹性体中和轴稍低。受拉区的拉力由钢筋与混凝土共同承担。

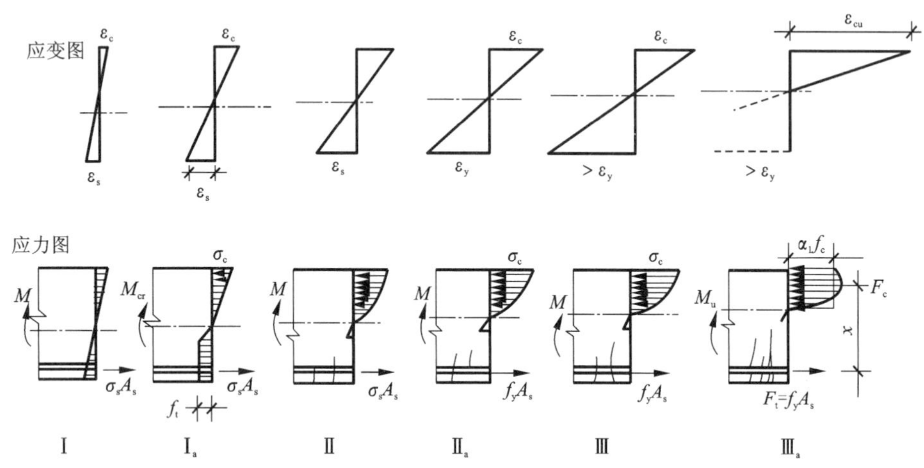

图4.10　钢筋混凝土梁正截面的三个工作阶段

随着荷载的增加，由于混凝土抗拉能力远小于抗压能力，受拉区混凝土出现塑性性质，应变增长速度加快，受拉区混凝土发生塑性变形。当构件受拉区边缘应变达到混凝土的极限应变时，相应的边缘拉应力达到混凝土的抗拉强度f_t，拉应力图形呈曲线变化。此时受压区混凝土仍处于弹性阶段，其应力图形接近三角形。构件处于将裂未裂的极限状态，此即第Ⅰ阶段末，用Ⅰ$_a$表示(图4.10Ⅰ$_a$)；构件相应所能承受的弯矩以M_{cr}表示。第Ⅰ$_a$的截面应力图形是受弯构件抗裂度计算的依据。

2. 第Ⅱ阶段——带裂缝工作阶段

荷载继续增加，受拉区混凝土开裂且裂缝向上伸展，中和轴上移，开裂后受拉区混凝土退出工作，拉力全部由钢筋承受。受压区混凝土由于应力增加而表现出塑性性质，压应力图形呈曲线变化，试验表明，其截面上各点平均应变的变化规律仍符合平截面假定(图4.10Ⅱ)。

继续加荷直至钢筋应力达到屈服强度f_y，此时为第Ⅱ阶段末，用Ⅱ$_a$表示(图4.10Ⅱ$_a$)。第Ⅱ阶段的截面应力图形是受弯构件裂缝宽度和变形验算的依据。

3. 第Ⅲ阶段——屈服阶段

钢筋屈服后，应力保持f_y不变而钢筋应变急剧增长，裂缝进一步开展，中和轴迅速上移，受压区高度的进一步减小，混凝土的压应力不断增大。但受压区混凝土的总压力F_c始终保持不变，与钢筋总拉力F_t保持平衡($F_c = F_t$)。此时受压区混凝土边缘应变迅速增长，受压区应力图形更趋丰满(图4.10Ⅲ)。

当弯矩增加到极限弯矩M_u时，由于钢筋塑性变形的发展，截面中和轴不断上升，混凝土受压区高度不断减小。截面受压区边缘纤维应变达混凝土极限压应变ε_{cu}，最后混凝土被压碎，构件破坏，此时为第Ⅲ阶段末，用Ⅲ$_a$表示(图4.10Ⅲ$_a$)。第Ⅲ$_a$阶段的截面应力图形是受弯构件正截面承载力计算的依据。

4.2.3　钢筋混凝土梁正截面的破坏形式

试验研究表明，钢筋混凝土梁正截面的破坏形式主要与纵向受拉钢筋配置的多少以及钢筋和混凝土的强度有关。梁内纵向受拉钢筋配置的多少用配筋率 ρ 表示：

$$\rho = \frac{A_s}{bh_0} \tag{4.2}$$

式中，A_s——纵向受拉钢筋的截面面积；

b——梁的截面宽度；

h_0——梁截面的有效高度。

在常用的钢筋级别和混凝土强度等级情况下，根据梁的破坏形式不同，受弯构件正截面的破坏形式可以分为三种：适筋梁、超筋梁、少筋梁(图4.11)。

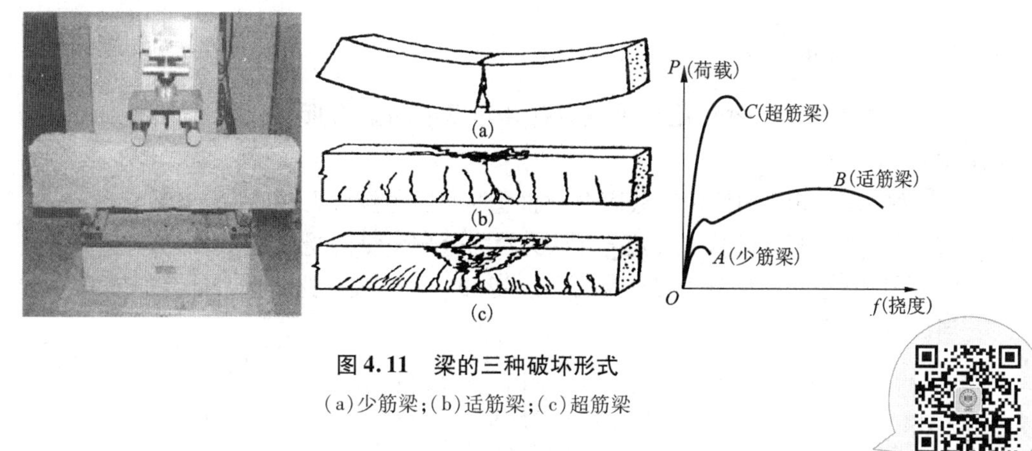

图4.11　梁的三种破坏形式

(a)少筋梁；(b)适筋梁；(c)超筋梁

适筋梁工作的三个阶段(蒋焕青)

1. 适筋梁

当梁在其受拉区配置适量的钢筋时，破坏是受拉钢筋首先达到屈服强度而开始，其破坏形态如图4.11(b)所示。这种梁在破坏以前，由于钢筋要经历较大的塑性伸长，随之引起裂缝急剧开展和挠度的激增，破坏前裂缝开展很宽，挠度较大，有明显的预兆，因此称这种破坏形态为“塑性破坏”。由于适筋梁破坏时钢筋的拉应力达到屈服点，而混凝土的压应力亦随之达到其抗压极限强度，此时钢筋与混凝土两种材料性能基本上都得到充分利用，因此它是作为设计依据的一种破坏形式。

适筋梁破坏试验

2. 超筋梁

当梁在其受拉区配置钢筋过多时，其破坏是以受压区混凝土首先被压碎而引起的；亦即当受压区边缘纤维应变到达混凝土弯曲极限压应变时，钢筋应力还没有达到屈服强度，但梁已宣告破坏[图4.11(c)]，破坏前没有明显预兆，破坏时受拉区裂缝开展不宽，挠度不大，而是受压区混凝土突然被压碎，通常称这种破坏形态为“脆性破坏”。设计时应尽量避免，并以最大配筋率 ρ_{max} 加以限制。

超筋梁破坏试验

3. 少筋梁

当梁的配筋量很低，构件破坏前的极限弯矩 M_u 不大于开裂时的弯矩 M_{cr}；

但只要构件受拉区混凝土一开裂，在开裂处的拉力完全由钢筋承担。由于钢筋数量少，钢筋应力立即达到屈服强度或进入强化阶段，甚至被拉断，使梁产生严重下垂或断裂破坏，这种破坏称为“少筋破坏”，少筋梁的破坏主要取决于混凝土的抗拉强度，即“一裂就坏”，其破坏是突然性的，也属于“脆性破坏”。由于少筋梁破坏时受压区混凝土没有得到充分利用，不经济也不安全。因此，设计时也应避免，并以最小配筋率 ρ_{min} 加以限制。

少筋梁破坏试验

上述三种破坏形式若以配筋率表示，则：$\rho_{min} \leqslant \rho \leqslant \rho_{max}$ 为适筋梁，$\rho > \rho_{max}$ 为超筋梁，$\rho < \rho_{min}$ 为少筋梁。可以看出适筋梁与超筋梁的界限是最大配筋率 ρ_{max}，适筋梁与少筋梁的界限是最小配筋率 ρ_{min}。

4.3 受弯构件正截面承载力计算的一般规定

4.3.1 基本假定

钢筋混凝土受弯构件正截面承载力计算是以适筋梁第 $Ⅲ_a$ 阶段为依据，为了便于计算，还需作如下假定：

(1)平截面假定，即构件正截面在弯曲变形以后仍保持为平面。

(2)不考虑混凝土的抗拉强度，即认为拉力全部由纵向受拉钢筋承担。

(3)采用理想化的混凝土受压应力与应变($\sigma_c - \varepsilon_c$)关系曲线作为计算的依据(图 4.12)。

当 $\varepsilon_c \leqslant \varepsilon_0$ 时

$$\sigma_c = f_c\left[1 - \left(1 - \frac{\varepsilon_c}{\varepsilon_0}\right)^n\right] \tag{4.3}$$

当 $\varepsilon_0 < \varepsilon_c \leqslant \varepsilon_{cu}$ 时

$$\sigma_c = f_c \tag{4.4}$$

式中，ε_0——对应于混凝土压应力刚达到 f_c 时的混凝土压应变，$\varepsilon_0 = 0.002 + 0.5(f_{cu,k} - 50) \times 10^{-5}$，当计算的 $\varepsilon_0 < 0.002$ 时，取 $\varepsilon_0 = 0.002$；

$f_{cu,k}$——混凝土立方体抗压强度标准值；

ε_{cu}——正截面混凝土极限压应变，当处于非均匀受压时 $\varepsilon_{cu} = 0.0033 - (f_{cu,k} - 50) \times 10^{-5}$，当计算的 $\varepsilon_{cu} > 0.003\ 3$ 时，取 $\varepsilon_{cu} = 0.0033$；当处于轴心受压时取 ε_0；

n——系数，$n = 2 - \frac{1}{60}(f_{cu,k} - 50)$，当计算的 $n > 2$ 时，取 $n = 2$。

(4)纵向受拉钢筋的极限拉应变取为 0.01(图 4.13)；

(5)纵向钢筋的应力取钢筋应变与其弹性模量的乘积，但其值应符合下列要求：

$$-f_y' \leqslant \sigma_s \leqslant f_y \tag{4.5}$$

式中，σ_s——钢筋的应力；

f_y、f_y'、——钢筋抗拉强度设计值和抗压强度设计值。

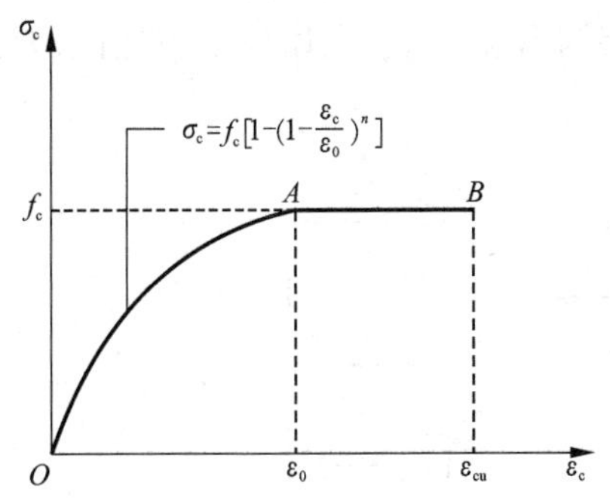

图 4.12　理想化的混凝土 $\sigma_c-\varepsilon_c$ 曲线

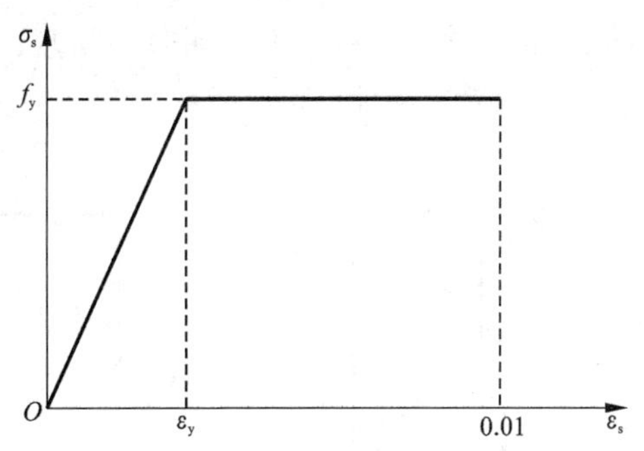

图 4.13　理想化的钢筋 $\sigma_s-\varepsilon_s$ 曲线

4.3.2　等效矩形应力图形

按上述基本假定，构件达到极限弯矩 M_u 时，受压区混凝土的应力图形如图 4.14(c)所示为曲线形。为简化计算，受压区混凝土的曲线应力图形可采用等效矩形应力图形来代替，如图 4.14(d)所示。

等效代换的原则是：保证受压区混凝土压应力的合力 F_c 的大小相等、作用点位置不变。

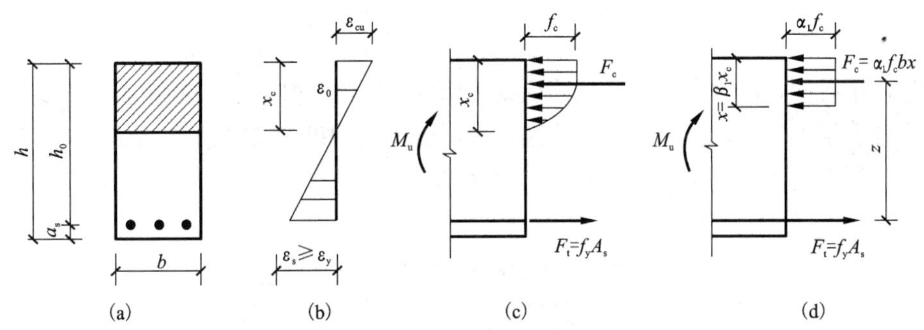

图 4.14　曲线应力图形与等效矩形应力图形

(a)梁的横截面；(b)应变分布图；(c)曲线应力分布图；(d)等效矩形应力分布图

等效矩形应力图形的应力值取为 α_1f_c，其换算受压区高度为曲线应力图形的受压区高度 x_c 乘以系数 β_1。根据等效原则，通过计算统计分析，《规范》建议：系数 α_1 和系数 β_1 取值如下：

当混凝土强度等级≤C50 时，$\alpha_1=1$，$\beta_1=0.8$；

当混凝土强度等级为 C80 时，$\alpha_1=0.94$，$\beta_1=0.74$；

当混凝土强度等级介于 C50 ~ C80 之间时，α_1 和 β_1 值按线性内插法确定。

4.3.3　适筋梁的界限条件

1. 相对界限受压区高度 ξ_b 和最大配筋率 ρ_{max}

适筋梁和超筋梁的破坏特征区别在于：适筋梁是受拉钢筋先屈服，而后受压区混凝土被压碎；超筋梁是受压区混凝土先压碎而受拉钢筋未达到屈服。当梁的配筋率达到一个特定的配筋 ρ_{max} 时，将发生受拉钢筋屈服的同时，受压区边缘混凝土达极限压应变被压碎破坏，这种破坏称为界限破坏(图 4.15)。

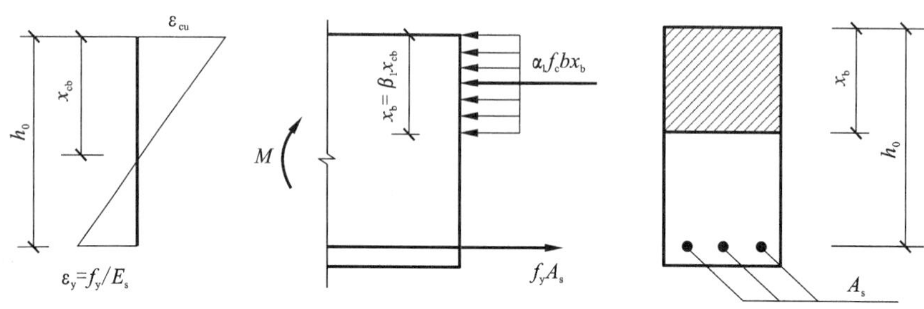

4.15 界限破坏的应力应变图形

当受弯构件处于界限破坏时，等效矩形截面的界限受压区高度 x_b 与截面有效高度 h_0 之比，称为相对界限受压区高度 ξ_b。

对于普通混凝土受弯构件，当配置有明显屈服点钢筋时，由图 4.15 根据三角形比例关系得：

$$\xi_b=\frac{x_b}{h_0}=\frac{\beta_1 x_{cb}}{h_0}=\frac{\beta_1\varepsilon_{cu}}{\varepsilon_{cu}+\varepsilon_y}=\frac{\beta_1}{1+\dfrac{\varepsilon_y}{\varepsilon_{cu}}}=\frac{\beta_1}{1+\dfrac{f_y}{E_s\varepsilon_{cu}}} \tag{4.6}$$

对于常用有明显屈服点钢筋的钢筋混凝土构件，其界限相对受压区高度 ξ_b 值见表 4.7。

对混凝土强度等级较高的构件，不宜采用低强度的 HPB300 级钢筋，故在表 4.7 中，当混凝土强度等级高于 C50 时，对其 ξ_b 值未予列出。

表 4.7 界限相对受压区高度 ξ_b 和 $\alpha_{s,max}$

钢筋种类	系数	≤C50	C60	C70	C80
HPB300 级	ξ_b	0.576	—	—	—
	$\alpha_{s,max}$	0.410	—	—	—
HRB335 级、HRBF335 级	ξ_b	0.550	0.531	0.512	0.493
	$\alpha_{s,max}$	0.399	0.390	0.381	0.372
HRB400 级、HRBF400 级、RRB400 级	ξ_b	0.518	0.499	0.481	0.463
	$\alpha_{s,max}$	0.384	0.374	0.365	0.356
HRB500 级、HRBF500 级	ξ_b	0.482	0.464	0.447	0.429
	$\alpha_{s,max}$	0.366	0.357	0.347	0.337

注：表中系数 $\alpha_{s,max}=\xi_b(1-0.5\xi_b)$。

ξ_b 确定后，可得出适筋梁界限受压区高度 $x_b=\xi_b h_0$，同时，根据图 4.15 写出界限状态力的平衡公式，推出界限状态的配筋率，即最大配筋率 ρ_{max}：

$$\rho_{max}=\xi_b\frac{\alpha_1 f_c}{f_y} \tag{4.7}$$

2. **最小配筋率 ρ_{min}**

最小配筋率 ρ_{min} 是适筋梁与少筋梁的界限。最小配筋率 ρ_{min} 是根据钢筋混凝土梁所能承担的极限弯矩 M_u 与相同截面素混凝土梁所能承担的极限弯矩 M_{cr} 相等的原则，并考虑到温度和收缩应力的影响，以及过去的设计经验而确定的。《规范》规定的纵向受力钢筋最小配筋率见附表 C.3。

3. **经验配筋率**

根据设计经验，受弯构件在截面宽高比适当的情况下，应尽可能地使其配筋率处在以下经济配筋率的范围内，这样，将会达到较好的经济效果。对钢筋混凝土实心板为 $\rho=0.3\%\sim0.8\%$，对矩形截面梁为 $\rho=0.6\%\sim1.5\%$，对T形截面梁为 $\rho=0.9\%\sim1.8\%$。

4.4　单筋矩形截面受弯构件正截面承载力计算

仅在受拉区配置纵向受拉钢筋的矩形截面受弯构件，称为单筋矩形截面受弯构件。

4.4.1　基本公式及适用条件

1. **基本公式**

图4.16为单筋矩形截面受弯正截面计算应力图形，利用静力平衡条件，就可建立单筋矩形截面受弯构件正截面承载力计算公式：

$$\sum N=0,\ \alpha_1 f_c bx=f_y A_s \tag{4.8}$$

$$\sum M=0,\ M\leqslant\alpha_1 f_c bx\left(h_0-\frac{x}{2}\right) \tag{4.9}$$

$$M\leqslant f_y A_s\left(h_0-\frac{x}{2}\right) \tag{4.10}$$

式中，M——弯矩设计值；

f_c——混凝土轴心抗压强度设计值，按附表 B.1 采用；

f_y——钢筋抗拉强度设计值，按附表 B.2 采用；

A_s——纵向受拉钢筋截面面积；

h_0——截面有效高度，$h_0=h-a_s$；

b——截面宽度；

x——混凝土受压区计算高度；

α_1——系数，当混凝土强度等级未超过C50时，$\alpha_1=1$；当混凝土强度等级为C80时，$\alpha_1=0.94$；其间按线性插入法取用。

2. **适用条件**

基本公式(4.8)、(4.9)、(4.10)是在适筋条件下建立的。因此必须满足下列两个使用条件：

(1)为了防止出现超筋破坏，应满足：

$$\xi\leqslant\xi_b;\ 或\ x\leqslant x_b=\xi_b h_0;\ 或\ \rho\leqslant\rho_{max} \tag{4.11a}$$

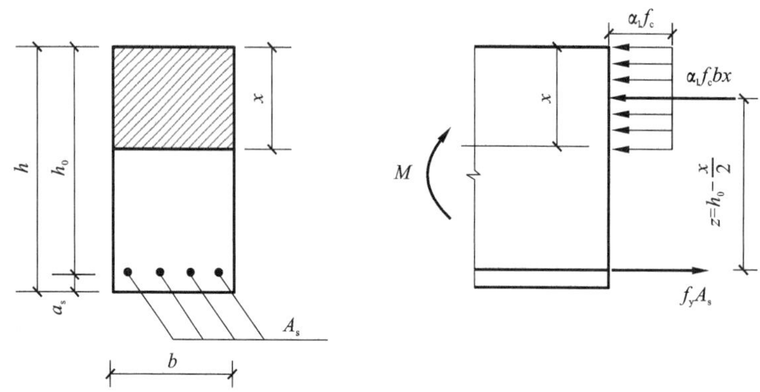

图 4.16　单筋矩形截面正截面计算应力图形

式中，$\xi=\dfrac{x}{h_0}$称为相对受压区高度。

若将 $x_b=\xi_b h_0$ 值代入式(4.9)，可求得单筋矩形截面所能承受的最大受弯承载力 $M_{u,\max}$，所以式(4.9)也可以写成：

$$M \leqslant M_{u,\max}=\alpha_1 f_c b h_0^2 \xi_b(1-0.5\xi_b) \tag{4.11b}$$

单筋矩形截面梁正截面承载力公式的建立

式 4.11(a)、4.11(b)中四个式子的意义是相同的，只要满足其中任何一个式子，梁就不会出现超筋破坏。

(2)为了防止出现少筋破坏，应满足：

$$\rho \geqslant \rho_{\min}；或 A_s \geqslant A_{s,\min}=\rho_{\min} bh \tag{4.12}$$

受弯构件最小配筋率取 0.2% 和 $45\dfrac{f_t}{f_y}\%$ 的最大值。

4.4.2　基本公式的应用

受弯构件正截面承载力计算分截面设计和截面复核两类问题。

1. 截面设计

已知弯矩设计值 M，截面尺寸 $b\times h$，材料强度等级 f_y、f_c、f_t 及 α_1，求所需纵向受拉钢筋的截面面积 A_s。

在截面设计题中，有时除了 A_s 未知外，材料强度和截面尺寸也是未知的，这时可先根据规范对钢筋和混凝土选择的规定，并考虑当地材料的供应情况、施工单位的技术条件等因素选择材料；再按构造要求假设截面尺寸，然后计算受拉钢筋截面面积。

1)基本公式法

采用基本公式进行截面设计，其计算步骤如下：

(1)在基本公式(4.8)、(4.9)中，仅有 x 和 A_s 两个未知量，联立方程式便可求解截面受压区高度 x 和受拉钢筋截面面积 A_s。

先由求根公式解得：

$$x=h_0-\sqrt{h_0^2-\frac{2M}{\alpha_1 f_c b}} \tag{4.13}$$

当 $x \leqslant \xi_b h_0$ 时不发生超筋破坏，可将 x 值代入式(4.8)求 A_s：

$$A_s = \frac{\alpha_1 f_c bx}{f_y} \tag{4.14}$$

当 $x > \xi_b h_0$ 时应加大截面尺寸重新设计，或提高混凝土强度等级，或改用双筋截面。

(2)查附表D.1(或附表D.2)选择钢筋直径和根数，并检验原来假设的钢筋排数与实际排数是否一致，如不一致应重新修改设计。

(3)验算最小配筋率。

当 $A_s < \rho_{min} bh$，应减小截面尺寸重新设计，或按 $A_s = \rho_{min} bh$ 配筋。

单筋矩形截面梁配筋设计案例

【例题4.1】　如图4.17(a)所示，某办公楼矩形截面简支梁L1，计算跨度 $l_0 = 6$ m，承受均布荷载设计值 $q = 28$ kN/m(包括梁自重)，环境类别为一类，安全等级为二级。混凝土强度等级C30，纵向受力钢筋选用HRB400级，梁截面 $b \times h = 200$ mm × 500 mm，试确定梁的纵向受力钢筋数量。已知梁的箍筋选用ϕ8@200，试作出梁的配筋图，本题不考虑抗震要求。

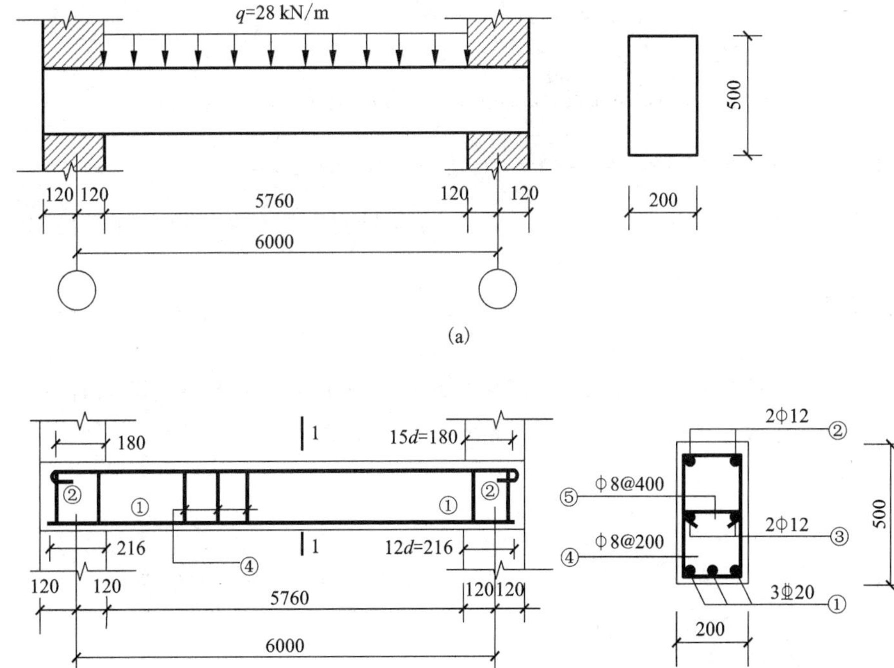

图4.17　例4.1附图

【解】　(1)内力计算

梁的跨中最大弯矩设计值：

$$M_{max} = \frac{1}{8} q l_0^2 = \frac{1}{8} \times 28\ \text{kN/m} \times (6\ \text{m})^2 = 126\ \text{kN} \cdot \text{m}$$

(2)确定材料强度设计值等参数：

本题采用 C30 混凝土($\alpha_1=1$)和 HRB400 级钢筋，查附表 B.1 和附表 B.2 得 $f_t=1.43\ \text{N/mm}^2$，$f_c=14.3\ \text{N/mm}^2$，$f_y=360\ \text{N/mm}^2$。

(3)配筋计算

假设钢筋一排布置 $h_0=h-a_s=500\ \text{mm}-40\ \text{mm}=460\ \text{mm}$

由式(4.13)得

$$x=h_0-\sqrt{h_0^2-\frac{2M}{\alpha_1 f_c b}}=460\ \text{mm}-\sqrt{(460\ \text{mm})^2-\frac{2\times126\times10^6\ \text{N}\cdot\text{mm}}{1\times14.3\ \text{N/mm}^2\times200\ \text{mm}}}=108.6\ \text{mm}$$

查表 4.7 得 $\xi_b=0.518$。

$x=108.6\ \text{mm}<\xi_b h_0=0.518\times460\ \text{mm}=238.28\ \text{mm}$(满足不超筋要求)。

将 x 代入式(4.14)得纵向受拉钢筋截面面积 A_s

$$A_s=\frac{\alpha_1 f_c bx}{f_y}=\frac{1\times14.3\ \text{N/mm}^2\times200\ \text{mm}\times108.6\ \text{mm}}{360\ \text{N/mm}^2}=862.8\ \text{mm}^2$$

查附表 D.1，选 3⌀20 钢筋($A_{s选}=942\ \text{mm}^2$)，一排钢筋需要的最小宽度 $b_{min}=200\ \text{mm}=b=200\ \text{mm}$，与原假设一致，配筋如图 4.17(b)所示。

(4)检查最小配筋率

$A_{s,min}=\rho_{min}bh=0.2\%\times200\ \text{mm}\times500\ \text{mm}=200\ \text{mm}^2<A_{s选}=1018\ \text{mm}^2$

最小配筋率取 0.2% 和 $45\frac{f_t}{f_y}\%=45\times\frac{1.43}{360}\%=0.179\%$ 中的较大者。

(5)按构造要求选配架立钢筋：选用 2Φ12，按构造要求选配梁侧构造钢筋 2Φ12，拉筋Φ8@400。

(6)作梁的配筋图，如图 4.17(b)所示。

例题4.1 钢筋下料长度及钢筋表计算

2)表格法

通过例 4.1 可以看到，利用基本公式计算梁截面配筋需要求解一元二次方程，是比较麻烦的，为方便计算常将基本公式制成计算表格。现将表格编制原理叙述如下：

设 $x=\xi h_0$，并将其带入式(4.9)得：

$$M=\alpha_1 f_c bx\left(h_0-\frac{x}{2}\right)=\alpha_1 f_c bh_0^2\xi(1-0.5\xi)=\alpha_1 f_c bh_0^2\alpha_s \tag{4.15}$$

式中，$\alpha_s=\xi(1-0.5\xi)$，称为截面抵抗矩系数。

由式(4.15)得：

$$\alpha_s=\frac{M}{\alpha_1 f_c bh_0^2} \tag{4.16}$$

将 $x=\xi h_0$，带入式(4.10)得：

$$M=f_y A_s\left(h_0-\frac{x}{2}\right)=f_y A_s h_0(1-0.5\xi)=f_y A_s h_0\gamma_s \tag{4.17}$$

式中，$\gamma_s=1-0.5\xi$ 称为内力臂系数。

由式(4.17)可得纵向钢筋截面面积为：

$$A_s=\frac{M}{f_y\gamma_s h_0} \tag{4.18}$$

由式(4.8)可得纵向钢筋截面面积为：

$$A_s=\frac{\alpha_1 f_c bx}{f_y}=\xi bh_0\frac{\alpha_1 f_c}{f_y} \tag{4.19}$$

可以看出，系数α_s、γ_s都与ξ有关且为ξ的函数，如果给定一系列ξ值，则有一系列α_s、γ_s值与之相对应，于是编制成计算表格，见附表D.4。利用附表D.4求ξ和γ_s有时要用插入法，这时也可按下列公式计算ξ及γ_s：

$$\xi=1-\sqrt{1-2\alpha_s} \tag{4.20}$$

$$\gamma_s=\frac{1+\sqrt{1-2\alpha_s}}{2} \tag{4.21}$$

计算表格的使用

利用附表D.4进行配筋计算的步骤可用下列框图表示：

$$\boxed{\alpha_s=\frac{M}{\alpha_1 f_c bh_0^2}}\longrightarrow\boxed{\text{由附表 D.4 查}\ \xi\ \text{值}}\longrightarrow\boxed{A_s=\frac{\alpha_1 f_c b\xi h_0}{f_y}}$$

或

$$\boxed{\alpha_s=\frac{M}{\alpha_1 f_c bh_0^2}}\longrightarrow\boxed{\text{由附表 D.4 查得}\ \gamma_s\ \text{值}}\longrightarrow\boxed{A_s=\frac{M}{f_y\gamma_s h_0}}$$

考试时一般不允许携带文字资料的图表。如果能记住式(4.20)或式(4.21)，按照下列框图同样可以很快地进行受弯构件正截面配筋计算：

$$\boxed{\alpha_s=\frac{M}{\alpha_1 f_c bh_0^2}}\longrightarrow\boxed{\xi=1-\sqrt{1-2\alpha_s}}\longrightarrow\boxed{A_s=\frac{\alpha_1 f_c b\xi h_0}{f_y}}$$

或

$$\boxed{\alpha_s=\frac{M}{\alpha_1 f_c bh_0^2}}\longrightarrow\boxed{\gamma_s=\frac{1+\sqrt{1-2\alpha_s}}{2}}\longrightarrow\boxed{A_s=\frac{M}{f_y\gamma_s h_0}}$$

【例题4.2】 用查表法或表格公式计算例4.1中纵向受拉钢筋截面面积。

【解】 按例题4.1步骤确定M、f_y、f_c、f_t、ξ_b、α_1、b、h_0后，作配筋计算

方法一：查表法：

(1)由公式(4.16)得

$$\alpha_s=\frac{M}{\alpha_1 f_c bh_0^2}=\frac{126\times10^6}{1.0\times14.3\times200\times460^2}=0.208$$

(2)根据$\alpha_s=0.208$，查附表D.4得$\xi=0.236<\xi_b=0.518$(满足不超筋要求)。

(3)由公式(4.19)得

$$A_s=\frac{\alpha_1 f_c bx}{f_y}=\frac{\alpha_1 f_c b\xi h_0}{f_y}=\frac{1.0\times14.3\times200\times0.236\times460}{360}=862.4(\text{mm}^2)$$

方法二：表格公式法：

(1)由公式(4.16)得

$$\alpha_s=\frac{M}{\alpha_1 f_c bh_0^2}=\frac{126\times10^6}{1.0\times14.3\times200\times460^2}=0.208$$

(2)采用表格公式

$$\xi=1-\sqrt{1-2\alpha_s}=1-\sqrt{1-2\times0.208}=0.236<\xi_b=0.518(\text{满足不超筋要求})$$

(3)由式(4.19)得

$$A_s=\frac{\alpha_1 f_c b\xi h_0}{f_y}=\frac{1.0\times14.3\times200\times0.236\times460}{360}=862.4(\text{mm}^2)$$

比较例4.1和例4.2可知，两种计算方法的计算结果是一致的，但表格法和表格公式法更简便。

【例题4.3】 某现浇钢筋混凝土简支走道板(图4.18a)板厚为80 mm，承受均布荷载设计值 $q=6.6\ \text{kN/m}^2$(包括板自重)。混凝土强度等级C20，钢筋HPB300级，环境类别为一类，构件安全等级二级，计算跨度 $l_0=2.24\ \text{m}$，试确定板中配筋。

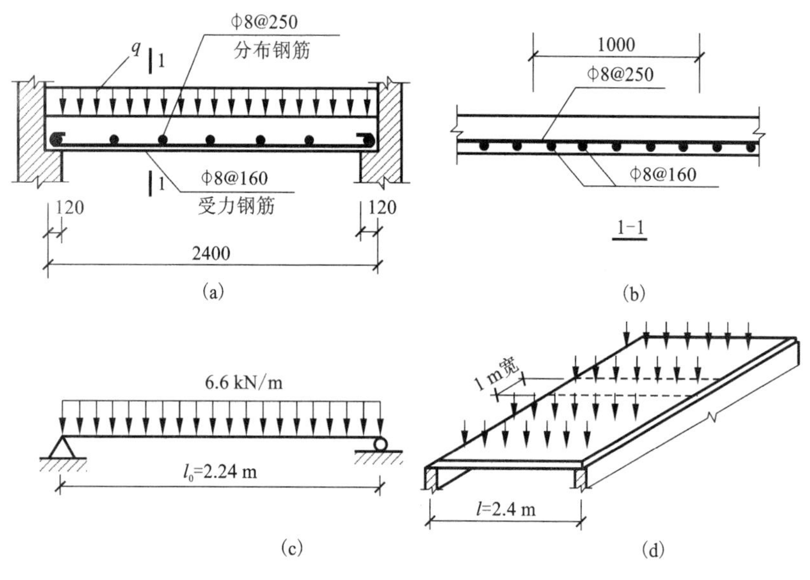

图4.18　例4.3附图

【解】 由于板面上荷载是相同的，为方便计算，取1 m宽板带为计算单元，如图4.18(d)所示，即 $b=1000\ \text{mm}$。

(1)内力计算

板的跨中最大弯矩设计值：

$$M_{\max}=\frac{1}{8}ql_0^2=\frac{1}{8}\times6.6\ \text{kN/m}\times(2.24\ \text{m})^2=4.14\ \text{kN}\cdot\text{m}$$

(2)确定材料强度设计值等设计参数

混凝土采用C20，查附表B.1得 $f_c=9.6\ \text{N/mm}^2$，$f_t=1.1\ \text{N/mm}^2$；

钢筋HPB300级，查附表B.2得 $f_y=270\ \text{N/mm}^2$；$\alpha_1=1$，查表4.7，得 $\xi_b=0.576$。

(3)配筋计算

截面有效高度 $h_0=h-a_s=80\ \text{mm}-25\ \text{mm}=55\ \text{mm}$。

由公式(4.16)得 $\alpha_s=\dfrac{M}{\alpha_1 f_c bh_0^2}=\dfrac{4.14\times10^6\text{N}\cdot\text{mm}}{1\times9.6\ \text{N/mm}^2\times1000\ \text{mm}\times(55\ \text{mm})^2}=0.142$

由表格公式(4.20)得

$$\xi=1-\sqrt{1-2\alpha_s}=0.154<\xi_b=0.576(\text{满足不超筋破坏})$$

由公式(4.19)得

$$A_s = \xi b h_0 \frac{\alpha_1 f_c}{f_y} = 0.154 \times 1000\ \text{mm} \times 55\ \text{mm} \times \frac{1 \times 9.6\ \text{N/mm}^2}{270\ \text{N/mm}^2} = 301\ \text{mm}^2$$

查附表 D.2 选受力钢筋Φ8@160($A_s = 314\ \text{mm}^2$)，分布钢筋按构造选用Φ8@250，配筋如图 4.18(a)所示。

(4)验算最小配筋率

$A_{s,\min} = \rho_{\min} bh = 0.2\% \times 1000\ \text{mm} \times 80\ \text{mm} = 160\ \text{mm}^2 < A_s = 314\ \text{mm}^2$

(最小配筋率取 0.2% 和 $45\dfrac{f_t}{f_y}\% = 45 \times \dfrac{1.1}{270}\% = 0.183\%$ 中的较大者。)

2. 截面复核

已知截面尺寸 $b \times h$，材料强度等级 f_y、f_c、f_t 及 α_1，纵向受拉钢筋截面面积 A_s，求截面受弯承载力设计值 M_u(或已知弯矩设计值 M，复核梁的正截面是否安全)。

1)基本公式法

(1)求截面受压区高度 x。由式(4.8)得：

$$x = \frac{f_y A_s}{\alpha_1 f_c b} \tag{4.22}$$

(2)验算适用条件求 M_u 值：

若 $x \leqslant x_b = \xi_b h_0$，且 $A_s \geqslant \rho_{\min} bh$，为适筋梁，则 M_u 计算式为 $M_u = \alpha_1 f_c bx\left(h_0 - \dfrac{x}{2}\right)$；

若 $x > x_b = \xi_b h_0$，为超筋梁，则 M_u 计算式为 $M_u = M_{u,\max} = \alpha_1 f_c b h_0^2 \xi_b (1 - 0.5\xi_b)$；

若 $A_s < \rho_{\min} bh$，则为少筋梁，应按素混凝土计算 M_u 或修改设计。

(3)复核截面是否安全：

$$M_u \geqslant M \text{ 安全；反之 } M_u < M \text{ 不安全}$$

2)表格法

单筋矩形截面受弯构件采用表格法进行截面复核时，可按式(4.19)、(4.15)计算 ξ 和 M_u，其计算步骤框图为：

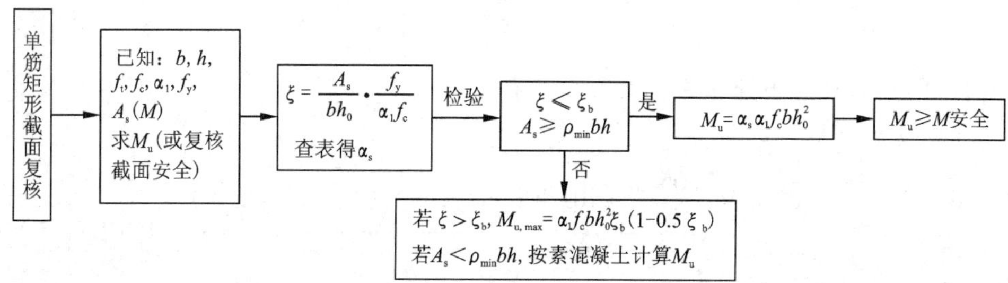

【例题 4.4】　钢筋混凝土外伸梁 L2，如图 4.19(a)所示，采用 C30 混凝土，纵向钢筋 HRB400 级，箍筋 HPB300 级，配筋如图 4.19(b)所示，构件处于一类环境，安全等级为二级，作用在梁上的均布荷载设计值(包括梁自重)为 $q_1 = 64\ \text{kN/m}$，$q_2 = 104\ \text{kN/m}$，计算跨度 $l_0 = 7.05\ \text{m}$。计算简图如图 4.20(a)所示，完成以下工作：识读 L2 配筋图，复核梁正截面承载能力。

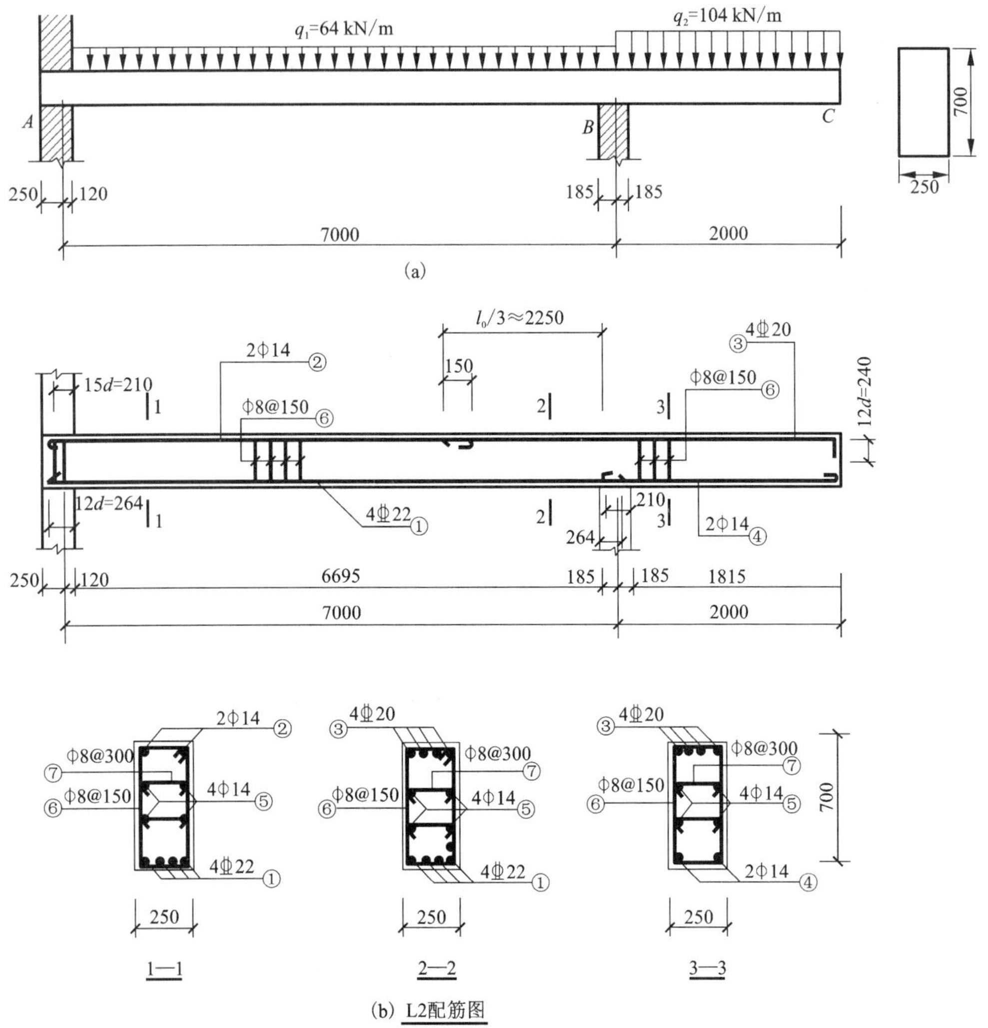

图 4.19　例题 4.4 附图 1

【解】 1)内力计算由计算简图 4.20(a)得

(1)梁端反力

$$F_B = \frac{64\ \text{kN/m} \times 7.05\ \text{m} \times \dfrac{7.05\ \text{m}}{2} + 104\ \text{kN/m} \times 2\ \text{m} \times (1\ \text{m} + 7.05\ \text{m})}{7.05\ \text{m}} = 463\ \text{kN}(\uparrow)$$

$$F_A = 64\ \text{kN/m} \times 7.114\ \text{m} + 104\ \text{kN/m} \times 2\ \text{m} - 463\ \text{kN} = 196\ \text{kN}(\uparrow)$$

(2)剪力计算:

绘制剪力图，如图 4.20(c)所示。

(3)弯矩计算:

绘制弯矩图，如图 4.20(b)所示。

AB 跨中最大正弯矩设计值:

根据剪力为零的条件计算：$x=3.06\ \text{m}$

则　　$M_{\max}=196\ \text{kN}\times 3.06\ \text{m}-64\ \text{kN/m}\times 3.06\ \text{m}\times\dfrac{3.06\ \text{m}}{2}=300.12\ \text{kN}\cdot\text{m}$

BC 跨悬臂端有最大负弯矩设计值：

$$M_{\mathrm{B}}=\frac{1}{2}\times 104\ \text{kN/m}\times(2\ \text{m})^2=208\ \text{kN}\cdot\text{m}$$

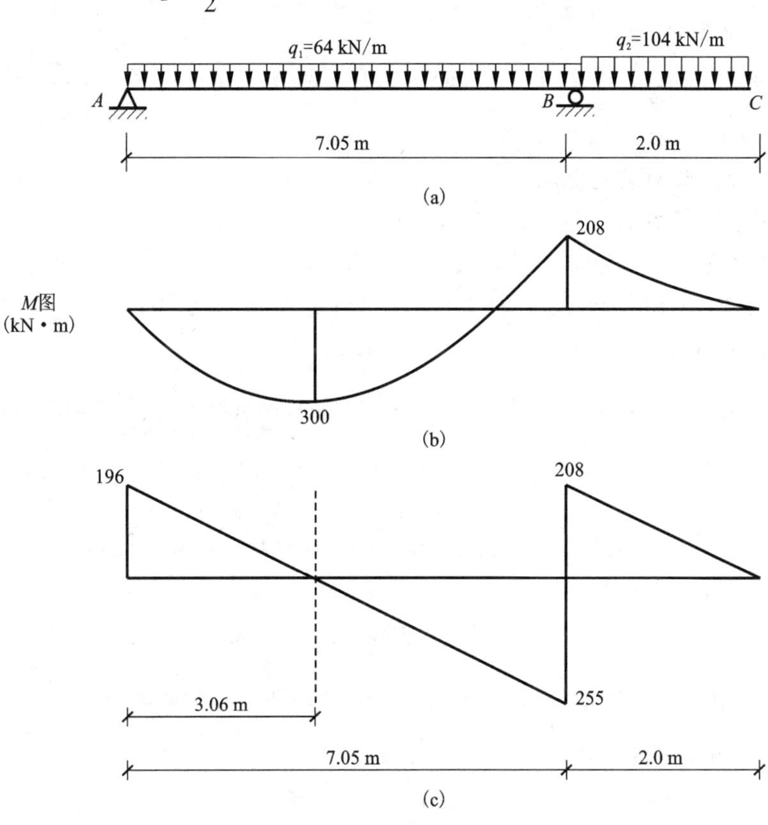

图 4.20　例题 4.4 附图 2

2）确定材料强度设计值等参数

根据 C30 混凝土和 HRB400 级钢筋查附表 B.1 和附表 B.2 得

$f_c=14.3\ \text{N/mm}^2$，$f_t=1.43\ \text{N/mm}^2$，$f_y=360\ \text{N/mm}^2$，$\alpha_1=1$，$\xi_b=0.518$

3）AB 跨正截面承载力复核（采用基本公式计算）

（1）AB 跨最大正弯矩：$M=M_{\max}=300.12\ \text{kN}\cdot\text{m}$

（2）由配筋图得：AB 跨最大正弯矩截面已配纵向受力钢筋 4Φ22，查附表 D.1 得 $A_s=1520\ \text{mm}^2$，箍筋直径为 8 mm。

（3）截面有效高度：$h_0=h-a_s=700\ \text{mm}-\left(20\ \text{mm}+8\ \text{mm}+\dfrac{22\ \text{mm}}{2}\right)=661\ \text{mm}$

（4）由公式（4.22）得：

$$x=\frac{f_yA_s}{\alpha_1 f_c b}=\frac{360\ \text{N/mm}^2\times 1520\ \text{mm}^2}{1\times 14.3\ \text{N/mm}^2\times 250\ \text{mm}}=153\ \text{mm}$$

(5)验算适用条件

$x=153\ \text{mm}<\xi_b h_0=0.518\times661\ \text{mm}=342\ \text{mm}$(满足不超筋要求)

$A_s=1520\ \text{mm}^2>A_{s,\min}=\rho_{\min}bh=0.2\%\times250\ \text{mm}\times700\ \text{mm}=350\ \text{mm}^2$(满足不少筋要求)

最小配筋率取0.2%和$45\dfrac{f_t}{f_y}\%=45\times\dfrac{1.43}{360}\%=0.179\%$中的较大值。

(6)截面受弯承载力设计值，由公式(4.9)得：

$$M_u=\alpha_1 f_c bx\left(h_0-\frac{x}{2}\right)=1\times14.3\ \text{N/mm}^2\times250\ \text{mm}\times153\ \text{mm}\times\left(661\ \text{mm}-\frac{153\ \text{mm}}{2}\right)$$

$$=319.7\ \text{kN}\cdot\text{m}>M=300\ \text{kN}\cdot\text{m}$$

AB跨正截面承载力满足要求。

4)BC跨正截面承载力复核(采用表格法)

(1)BC跨B支座最大负弯矩$M=M_B=208\ \text{kN}\cdot\text{m}$

(2)由配筋图得：BC跨最大负弯矩B截配纵向受力钢筋4⌀20，查附表D.1得$A_s=1256\ \text{mm}^2$，箍筋直径8 mm。

(3)截面有效高度：$h_o=h-a_s=700\ \text{mm}-\left(20\ \text{mm}+8\ \text{mm}+\dfrac{20\ \text{mm}}{2}\right)=662\ \text{mm}$

(4)由表格公式得：

$$\xi=\frac{A_s}{bh_o}\cdot\frac{f_y}{\alpha_1 f_c}=\frac{1256\ \text{mm}^2\times360\ \text{N/mm}^2}{250\ \text{mm}\times662\ \text{mm}\times1\times14.3\ \text{N/mm}^2}=0.191$$

(5)验算适用条件：$\xi=0.191<\xi_b=0.518$(满足不超筋要求)

$A_s=1256\ \text{mm}^2>A_{s,\min}=\rho_{\min}bh=0.2\%\times250\ \text{mm}\times700\ \text{mm}=350\ \text{mm}^2$(满足不少筋要求)

最小配筋率取0.2%和$45\dfrac{f_t}{f_y}\%=45\times\dfrac{1.43}{360}\%=0.179\%$中的较大值。

例题4.4 钢筋表和钢筋下料长度

(6)由ξ值查附表D.4得$\alpha_s=0.173$

或由表格公式得：$\alpha_s=\xi(1-0.5\xi)=0.173$

$$M_u=\alpha_s\alpha_1 f_c bh_0^2=0.173\times1.0\times14.3\ \text{N/mm}^2\times250\ \text{mm}\times(662\ \text{mm})^2$$

$$=271\ \text{kN}\cdot\text{m}>M=208\ \text{kN}\cdot\text{m}$$

BC跨正截面承载力满足要求。

【例题4.5】 挑檐板配筋如图4.21所示，板厚100 mm，承受均布荷载设计值$q=5.24\ \text{kN/m}^2$(包括板自重)。混凝土强度等级C25，钢筋HPB300级，环境类别为一类，构件安全等级为二级。试复核挑檐板的正截面承载力。

【解】 取1 m宽板为计算单元，即$b=1000\ \text{mm}$，$q=5.24\ \text{kN/m}$

1)内力计算：

支座截面最大负弯矩设计值

$$M=\frac{1}{2}ql^2=\frac{1}{2}\times5.24\ \text{kN/m}\times(1.2\ \text{m})^2=3.77\ \text{kN}\cdot\text{m}$$

2)确定材料强度设计值等参数：

根据C25混凝土和HPB300级钢筋，查附表B.1和附表B.2得

$f_c=11.9\ \text{N/mm}^2$，$f_t=1.27\ \text{N/mm}^2$，$f_y=270\ \text{N/mm}^2$，$\alpha_1=1$

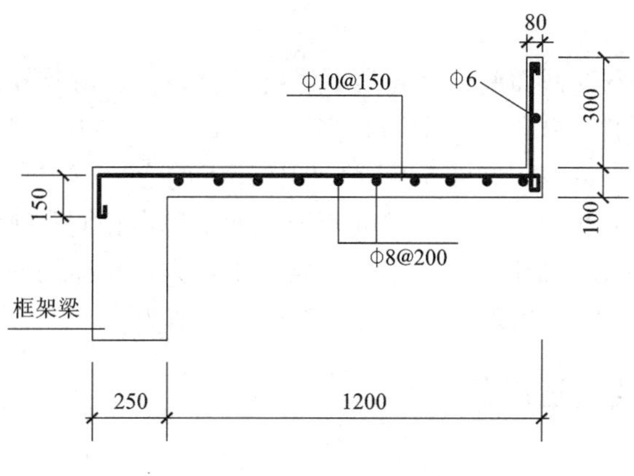

图 4.21　例题 4.5 附图

3)正截面承载力复核：

(1)由配筋图得：已配φ10@150，查附表 D.2 得 $A_s = 523 \text{ mm}^2$

(2)截面有效高度：$h_0 = h - a_s = 100 \text{ mm} - \left(20 \text{ mm} + \dfrac{10 \text{ mm}}{2}\right) = 75 \text{ mm}$

(3)由公式(4.22)得：

$$x = \frac{f_y A_s}{\alpha_1 f_c b} = \frac{270 \text{ N/mm}^2 \times 523 \text{ mm}^2}{1.0 \times 11.9 \text{ N/mm}^2 \times 1000 \text{ mm}} = 11.87 \text{ mm}$$

(4)验算适用条件

$x = 11.87 \text{ mm} < \xi_b h_o = 0.576 \times 75 \text{ mm} = 43.2 \text{ mm}$(满足不超筋要求)

$A_s = 523 \text{ mm}^2 > A_{s,\min} = \rho_{\min} bh = 0.212\% \times 100 \text{ mm} \times 1000 \text{ mm} = 212 \text{ mm}^2$(满足不少筋要求)

最小配筋率 $\rho_{\min}$ 取 0.2% 和 $45 \dfrac{f_t}{f_y}\% = 45 \times \dfrac{1.27}{270}\% = 0.212\%$ 中的较大值。

(5)截面受弯承载力设计值

$$M_u = \alpha_1 f_c bx\left(h_0 - \frac{x}{2}\right) = 1 \times 11.9 \text{ N/mm}^2 \times 1000 \text{ mm} \times 11.87 \text{ mm} \times \left(75 \text{ mm} - \frac{11.87 \text{ mm}}{2}\right)$$
$$= 9.76 \text{ kN} \cdot \text{m} > M = 3.77 \text{ kN} \cdot \text{m}$$

挑檐板的正截面承载力满足要求。

4.5　双筋矩形截面受弯构件正截面承载力计算

在梁的受拉区和受压区同时配有纵向受力钢筋的矩形截面，称为双筋矩形截面梁。

4.5.1　双筋矩形截面梁的应用范围

双筋截面梁一般用于以下情况：

(1)当构件所承受的弯矩较大，而加大截面尺寸或提高混凝土强度等级又受到限制时，以致 $x > \xi_b h_0$，用单筋梁已无法满足设计要求时，可采用双筋矩形截面梁计算；

(2)当构件在同一截面内承受变号弯矩作用时，在截面上下两侧均应配置受力钢筋；

(3)由于构造原因在梁的受压区已配有受力钢筋时，则按双筋截面计算，可以节约钢筋用量。

在工程设计中，按双筋截面配筋计算是不经济的，除上述情况外，一般不宜采用。但双筋梁可以提高截面的延性，纵向受压钢筋越多，截面的延性越好。此外在使用荷载作用下，由于受压钢筋的存在，可以减小构件在荷载长期作用下的变形。

双筋矩形截面梁计算的基本假定与单筋矩形截面梁基本相同，只是在截面受压区增设了受压钢筋。试验研究表明，当构件在一定保证条件下进入破坏阶段时，受压钢筋应力能达到屈服强度。故在计算公式中，可取钢筋的抗压强度设计值为f_y'。

4.5.2　基本公式及适用条件

1. 基本公式

图4.22(a)为双筋矩形截面受弯构件在极限承载力时的截面应力图形。

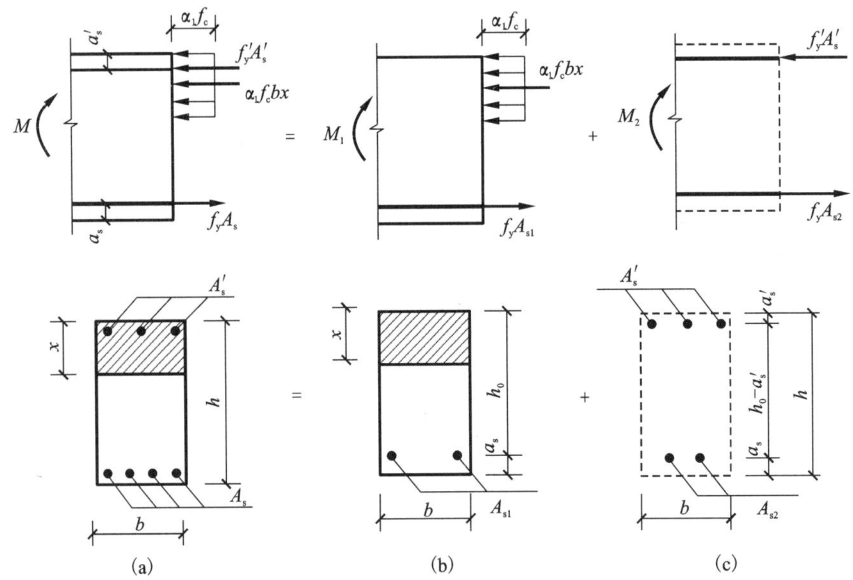

图4.22　双筋矩形截面梁的应力图形

(a)整个截面；(b)第一部分截面；(c)第二部分截面

由平衡条件可得双筋矩形截面梁的基本计算公式：

$$\sum N = 0,\ \alpha_1 f_c bx + f'_y A'_s = f_y A_s \tag{4.23}$$

$$\sum M = 0,\ M \leqslant \alpha_1 f_c bx\left(h_0 - \frac{x}{2}\right) + f'_y A'_s (h_0 - a'_s) \tag{4.24}$$

式中，f_y'——钢筋的抗压强度设计值；

A_s'——受压钢筋的截面面积；

a_s'——受压钢筋合力作用点到截面受压区外边缘的距离；

A_s——受拉钢筋的截面面积，$A_s = A_{s1} + A_{s2}$，而$A_{s2} = \dfrac{f_y'A_s'}{f_y}$。

其余符号同前。

公式(4.24)中，若取

$$M_2 = f_y' A_s' (h_0 - a_s') \tag{4.25}$$

$$M_1 = \alpha_1 f_c bx \left(h_0 - \frac{x}{2} \right) \tag{4.26}$$

则得

$$M \leqslant M_1 + M_2 \tag{4.27}$$

式中，M_1——由受压区混凝土的压力和相应受拉钢筋的拉力 $A_{s1}f_y$ 所组成的内力矩；

M_2——由受压钢筋的压力 $A_s' f_y'$ 与相应的另一部分受拉钢筋的拉力 $A_{s2}f_y$ 所组成的内力矩。

2. 适用条件

(1)为了防止构件发生超筋破坏，应满足：

$$x \leqslant \xi_b h_0 \text{ 或 } \xi \leqslant \xi_b \tag{4.28}$$

(2)为了保证受压钢筋在构件破坏时屈服，达到规定的抗压强度设计值，应满足：

$$x \geqslant 2a_s' \tag{4.29}$$

4.5.3 基本公式的应用

1. 截面设计

在设计双筋梁时，其截面尺寸一般均为已知，需要计算受压和受拉钢筋；有时因为构造需要，受压钢筋为已知，仅需计算受拉钢筋。

双筋矩形截面梁的截面设计有以下两种情况：

(1)情况Ⅰ　已知：弯矩设计值 M、截面尺寸 $b \times h$、混凝土强度等级和钢筋级别。

求：受压钢筋和受拉钢筋截面面积 A_s' 和 A_s。

解：由式(4.23)和式(4.24)可知，两式共含三个未知量 x、A_s 和 A_s'，故应补充一个条件才能求解。为了节约钢材，使钢筋 A_s 和 A_s' 用量最少，应充分利用混凝土的抗压能力，故取 $x = \xi_b h_0$（即 $\xi = \xi_b$）代入式(4.23)和式(4.24)得

$$A_s' = \frac{M - \alpha_1 f_c b h_0^2 \xi_b (1 - 0.5\xi_b)}{f_y' (h_0 - a_s')} \tag{4.30}$$

$$A_s = \frac{f_y' A_s' + \alpha_1 f_c b h_0 \xi_b}{f_y} \tag{4.31}$$

(2)情况Ⅱ　已知：弯矩设计值 M、截面尺寸 $b \times h$、混凝土强度等级、钢筋级别和受压钢筋截面面积 A_s'。

求：受拉钢筋截面面积 A_s。

解：由式(4.23)和式(4.24)可知，由于 A_s' 已知，只有两个未知数 A_s 和 x，可以求解。由式(4.24)可得：

$$M = \alpha_1 f_c bx \left(h_0 - \frac{x}{2} \right) + f_y' A_s' (h_0 - a_s')$$

$$M - f_y' A_s' (h_0 - a_s') = \alpha_1 f_c bx \left(h_0 - \frac{x}{2} \right)$$

$$x=h_0-\sqrt{h_0^2-2\frac{M-f_y'A_s'(h_0-a_s')}{\alpha_1 f_c b}}$$

由式(4.23)可得

$$A_s=\frac{f_y'A_s'+\alpha_1 f_c bx}{f_y}$$

应该注意的是，按式(4.24)求出受压区高度以后，要按式(4.28)和式(4.29)验算适用条件是否能够满足。

①若 $x>x_b=\xi_b h_0$，说明已配的受压钢筋 A_s' 不足，应按 A_s 和 A_s' 均未知的情况Ⅰ重新计算；

②若 $x<2a_s'$，说明受压钢筋离中和轴过近，其应力 σ_s' 达不到抗压强度设计值 f_y'。此时，可近似认为混凝土压应力合力 F_c 作用点通过受压钢筋的合力作用点处(图4.23)，这样计算对 A_s 值的误差很小，且偏于安全。

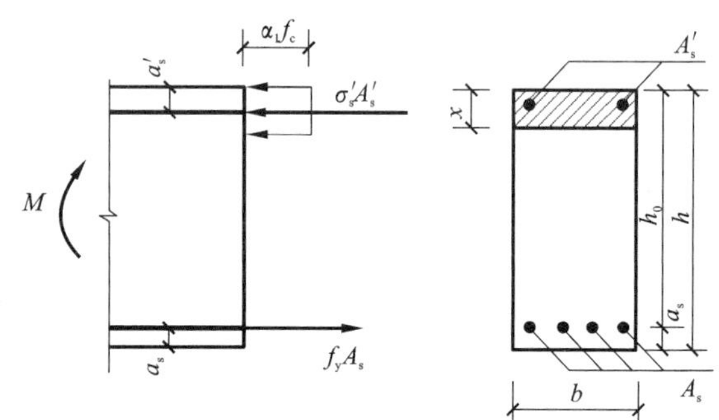

图4.23　$x<2a_s'$ 双筋矩形截面梁的应力图形

取 $x=2a_s'$，对受压钢筋合力点取矩，列平衡方程为：

$$M=f_yA_s(h_0-a_s') \tag{4.37}$$

则受拉钢筋截面面积为：

$$A_s=\frac{M}{f_y(h_0-a_s')} \tag{4.38}$$

【例题4.6】　如图4.24(a)所示，某办公楼矩形截面次梁L3，承受均布荷载设计值 $q=43$ kN/m(包括梁自重)，环境类别为一类，安全等级为二级，不考虑抗震，混凝土强度等级C30，纵受力钢筋HRB400级，梁截面 $b\times h=200$ mm $\times 450$ mm，已配梁的箍筋为Φ8@200。求截面所需纵向钢筋，并作出梁的配筋图。

【解】　(1)计算长度 l_0

$$l_0:\left.\begin{array}{l} l_n+a=5700\text{ mm}+300\text{ mm}=6000\text{ mm}\\ 1.05l_n=1.05\times5700\text{ mm}=5985\text{ mm}\end{array}\right\}\text{取小值，}l_0=5.985\text{ m}$$

(2)内力计算

梁的跨中最大弯矩设计值：

$$M=\frac{1}{8}ql_0^2=\frac{1}{8}\times43\text{ kN/m}\times(5.985\text{ m})^2=192.5\text{ kN}\cdot\text{m}$$

(3)确定材料强度设计值等参数

C30混凝土　$\alpha_1=1$，$f_c=14.3$ N/mm²，$f_t=1.43$ N/mm²

HRB400级钢筋　$f_y'=f_y=360$ N/mm²

(4)确定截面有效高度

因为 M 较大，受拉钢筋按两排考虑，截面有效高度为：

$$h_0=h-a_s=450\text{ mm}-65\text{ mm}=385\text{ mm}$$

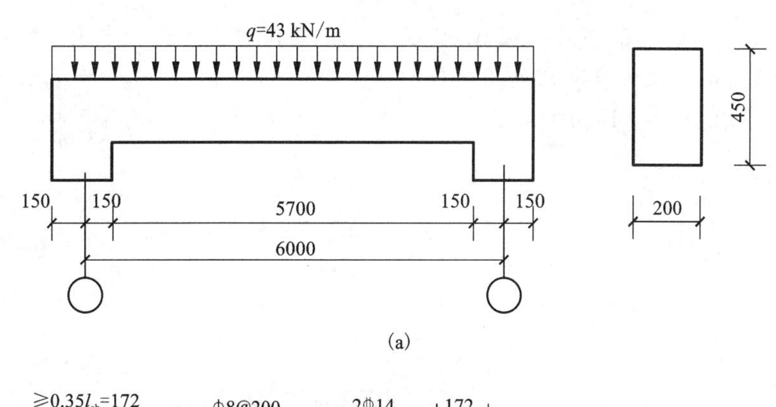

(a)

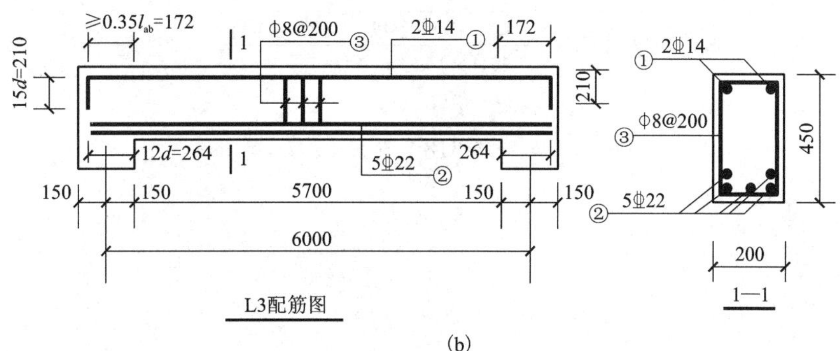

(b)

图 4.24　例题 4.6 附图

(5)验算是否采用双筋矩形截面

查表 4.7 得 $\xi_b = 0.518$

单筋矩形截面所能承受的最大弯矩为：

$$M_{u,\max} = \alpha_1 f_c b h_0^2 \xi_b (1 - 0.5\xi_b)$$

$$= 1 \times 14.3\ \text{N/mm}^2 \times 200\ \text{mm} \times (385\ \text{mm})^2 \times 0.518 \times (1 - 0.5 \times 0.518)$$

$$= 162.7\ \text{kN} \cdot \text{m} < M = 192.5\ \text{kN} \cdot \text{m}$$

应按双筋截面设计。

(6)配筋计算

$$A_s' = \frac{M - \alpha_1 f_c b h_0^2 \xi_b (1 - 0.5\xi_b)}{f_y'(h_0 - a_s')} = \frac{192.5 \times 10^6\ \text{N} \cdot \text{mm} - 162.7 \times 10^6\ \text{N} \cdot \text{mm}}{360\ \text{N/mm}^2 \times (385\ \text{mm} - 40\ \text{mm})} = 240\ \text{mm}^2$$

$$A_s = \frac{f_y' A_s'}{f_y} + \frac{\alpha_1 f_c b h_0 \xi_b}{f_y}$$

$$= 240\ \text{mm}^2 + \frac{1 \times 14.3\ \text{N/mm}^2 \times 200\ \text{mm} \times 385\ \text{mm} \times 0.518}{360\ \text{N/mm}^2}$$

$$= 1824\ \text{mm}^2$$

(7)选配钢筋，绘 L3 配筋图，如图 4.24(b)所示。

受拉纵筋选用 5 Φ22($A_s = 1900\ \text{mm}^2$)，受压纵筋选用 2 Φ14($A_s' = 308\ \text{mm}^2$)

受拉纵筋两排放置与原假设一致。

例题4.6 钢筋下料及钢筋表

【例题 4.7】 已知条件同例 4.6，但在受压区已配置 2 Φ18 钢筋（$A_s' = 509\ \text{mm}^2$）试计算所需要的受拉钢筋。

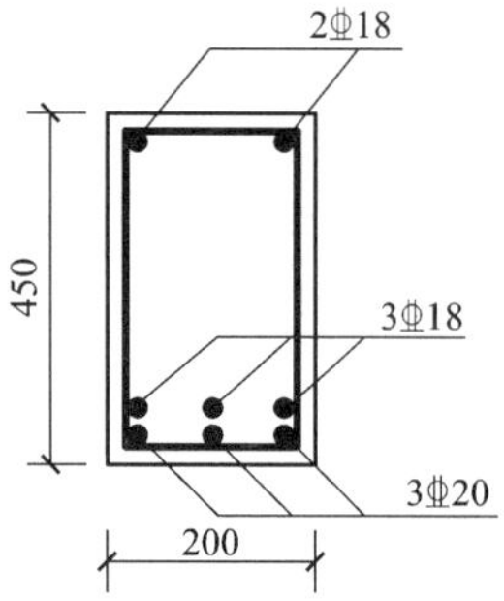

【解】 步骤(1)～(4)同例 4.6。

(5)根据式(4.24)，$M = \alpha_1 f_c bx\left(h_0 - \dfrac{x}{2}\right) + f_y' A_s'(h_0 - a_s')$

$$M - f_y' A_s'(h_0 - a_s') = \alpha_1 f_c bx\left(h_0 - \frac{x}{2}\right)$$

则 $x = h_0 - \sqrt{h_0^2 - 2\dfrac{M - f_y' A_s'(h_0 - a_s')}{\alpha_1 f_c b}}$

$= 385 - \sqrt{385^2 - 2 \times \dfrac{192.5 \times 10^6 - 360 \times 509 \times (385 - 40)}{1.0 \times 14.3 \times 200}}$

$= 144.5\ \text{mm}$

$2a_s' = 80\ \text{mm} < x = 144.5\ \text{mm} < \xi_b h_0 = 0.518 \times 385 = 199.43\ \text{mm}$

根据式(4.24)，得

$$A_s = \frac{f_y' A_s' + \alpha_1 f_c bx}{f_y} = \frac{360 \times 509 + 1.0 \times 14.3 \times 200 \times 144.5}{360} = 1657\ \text{mm}^2$$

受拉钢筋选用 3 Φ20 + 3 Φ18（$A_s = 1705\ \text{mm}^2$），截面配筋如图 4.25 所示。

图 4.25　例题 4.7 附图

比较例 4.6 和例 4.7 可见，由于前者充分利用了混凝土抗压能力，所以总用钢量（$A_s + A_s'$）较后者少些。

2. 截面复核

已知截面尺寸 $b \times h$，材料强度等级 f_y、f_y'、f_t 及 α_1，钢筋截面面积 A_s 和 A_s'，求截面受弯承载力设计值 M_u，或已知弯矩设计值 M，复核梁的正截面是否安全。

双筋矩形截面受弯构件截面复核题也有基本公式法和表格法两种计算方法，但采用基本公式法更简单方便，其计算步骤如下：

(1)求截面受压区高度 x

由式(4.23)得

$$x = \frac{f_y A_s - f_y' A_s'}{\alpha_1 f_c b} \tag{4.39}$$

(2)验算适用条件求 M_u

若 $2a_s' \leqslant x \leqslant \xi_b h_0$，将 x 值代入式(4.24)计算 M_u

$$M_u = \alpha_1 f_c bx\left(h_0 - \frac{x}{2}\right) + f_y' A_s'(h_0 - a_s')$$

若 $x > \xi_b h_0$，将 $x = \xi_b h_0$ 值代入式(4.24)计算 M_u

$$M_u = \alpha_1 f_c bh_0^2 \xi_b(1 - 0.5\xi_b) + f_y' A_s'(h_0 - a_s')$$

若 $x < 2a_s'$，取 $x = 2a_s'$，由式(4.37)计算 M_u

$$M_u = f_y A_s(h_0 - a_s')$$

(3)复核截面是否安全

若 $M_u \geq M$，安全；反之，$M_u < M$，不安全。

【例题4.8】 已知双筋矩形截面梁截面尺寸为 $b \times h = 200\ \text{mm} \times 450\ \text{mm}$，混凝土采用C30，钢筋采用HRB400级，截面配筋如图4.26所示，环境类别为一类，安全等级为二级，截面承担的弯矩设计值 $M = 160$ kN·m，验算梁的正截面承载力是否满足要求。

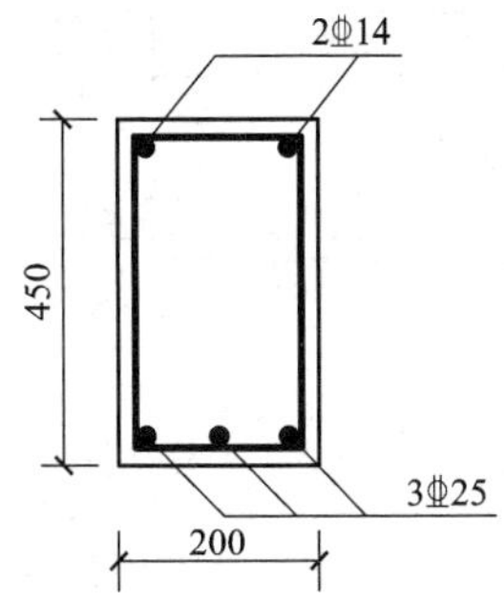

图4.26 例题4.8附图

【解】 (1)根据配筋查附表D.1得

受压纵筋2⌀14，$A'_s = 308\ \text{mm}^2$；受拉纵筋3⌀25，$A_s = 1473\ \text{mm}^2$。

(2)确定材料强度设计值等设计参数

混凝土C30，$\alpha_1 = 1$，$f_c = 14.3\ \text{N/mm}^2$，$f_t = 1.43\ \text{N/mm}^2$；

纵向钢筋HRB400级，$\xi_b = 0.518$，$f'_y = f_y = 360\ \text{N/mm}^2$。

(3)求受压区混凝土高度 x

$$x = \frac{f_y A_s - f'_y A'_s}{\alpha_1 f_c b} = \frac{360\ \text{N/mm}^2 \times 1473\ \text{mm}^2 - 360\ \text{N/mm}^2 \times 308\ \text{mm}^2}{1 \times 14.3\ \text{N/mm}^2 \times 200\ \text{mm}} = 146.6\ \text{mm}$$

(4)验算适用条件

截面有效高度 $h_0 = h - a_s = 450\ \text{mm} - 40\ \text{mm} = 410\ \text{mm}$

$x_b = \xi_b h_0 = 0.518 \times 410\ \text{mm} = 212.4\ \text{mm}$，满足要求。

$2a'_s = 80\ \text{mm} < x < \xi_b h_0 = 212.4\ \text{mm}$

(5)求截面受弯承载力

$$\begin{aligned} M_u &= \alpha_1 f_c bx\left(h_0 - \frac{x}{2}\right) + f'_y A'_s (h_0 - a'_s) \\ &= 1 \times 14.3\ \text{N/mm}^2 \times 200\ \text{mm} \times 146.6\ \text{mm} \times \left(410\ \text{mm} - \frac{146.6\ \text{mm}}{2}\right) \\ &\quad + 360\ \text{N/mm}^2 \times 308\ \text{mm}^2 \times (410\ \text{mm} - 40\ \text{mm}) \\ &= 141\ \text{kN}\cdot\text{m} + 41\ \text{kN}\cdot\text{m} \\ &= 182\ \text{kN}\cdot\text{m} > M = 160\ \text{kN}\cdot\text{m} \end{aligned}$$

该梁满正截面承载力要求。

4.6 T形截面受弯构件正截面承载力计算

4.6.1 概述

受弯构件受拉区产生裂缝后，受拉区的混凝土因开裂而退出工作，拉力基本由受拉钢筋承担，故可将受拉区混凝土的一部分挖去，并把原有的纵向受拉钢筋集中布置，就形成如图4.27所示的T形截面。

受弯构件正截面承载力计算中，由于其受拉区混凝土允许开裂，是不考虑混凝土受拉作用的，T形截面和原来的矩形截面相比，不仅不会降低承载力，而且还节省了混凝土用量，减轻了构件自重。

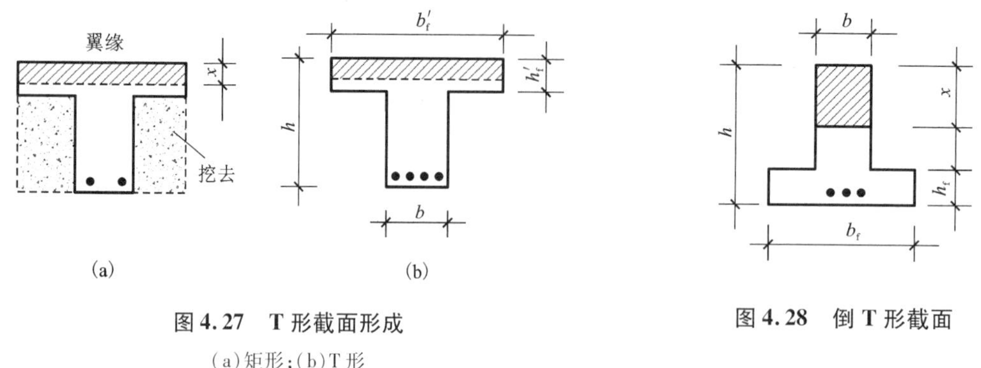

图 4.27　T 形截面形成

(a)矩形;(b)T 形

图 4.28　倒 T 形截面

对于翼缘在受拉区的倒 T 形截面梁，当受拉区开裂以后，翼缘就不起作用了，因此在计算时应按 $b \times h$ 的矩形截面梁考虑(图 4.28)。

T 形截面受弯构件在工程中的应用是非常广泛的，除独立 *T* 形梁外，槽形板、工字形梁、圆孔空心板以及现浇楼盖的主次梁(跨中截面)等，也都相当于 *T* 形截面(图 4.29)。*T* 形截面一般为单筋截面。

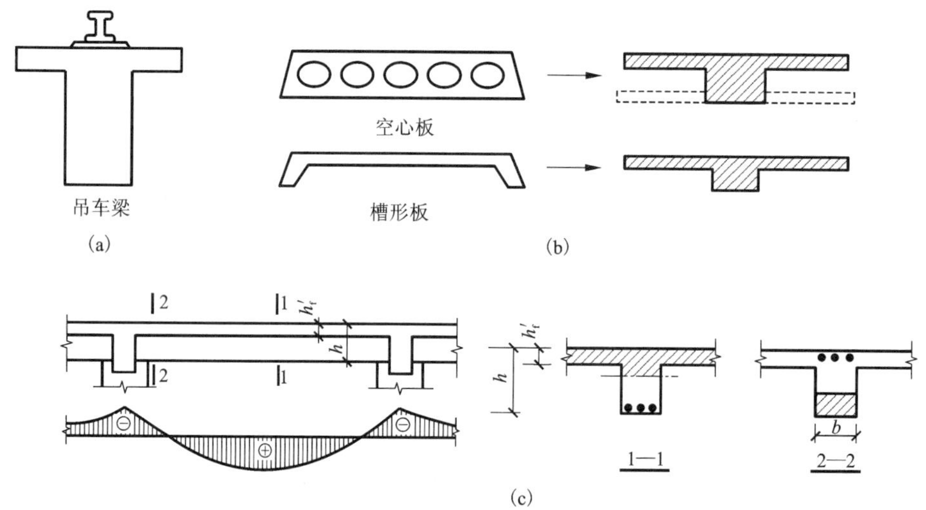

图 4.29　T 截面受弯构件的形式

T 形截面伸出的部分称为翼缘，中间部分为腹板或肋。受压翼缘的计算宽度为 b_f'，高度为 h_f'，腹板宽度为 b，截面全高为 h。实验及理论分析表明，与肋部共同工作的翼缘宽度是有限的，沿翼缘宽度上的压应力分布是不均匀的，距肋部越远翼缘的应力越小(图 4.30)。为简化计算，在设计中假定距肋部一定范围内的翼缘全部参与工作，且认为在此宽度范围内压应力是均匀分布的，此宽度称为翼缘的计算宽度 b_f'。对 T 形截面翼缘计算宽度 b_f'的取值，《规范》规定应取表 4.11 中有关各项定中的最小值。

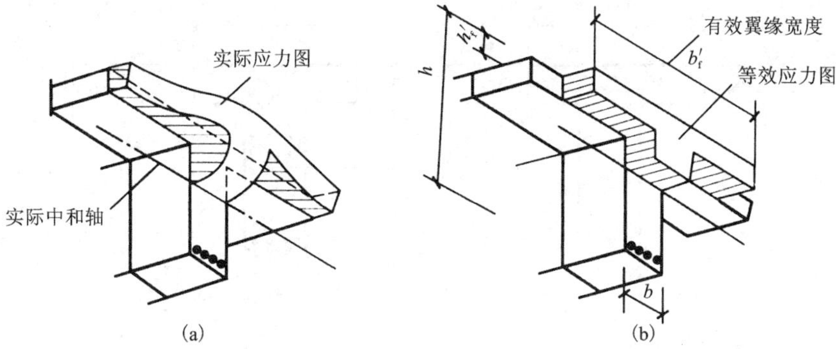

图 4.30　T 形截面翼缘内的应力分布

(a)T 形截面压应力分布图；(b)简化计算图形

表 4.11　翼缘计算宽度 b'_f

情况			T 形、工字形截面		倒 L 形截面
			肋形梁、肋形板	独立梁	肋形梁、肋形板
1	按计算跨度 l_0 考虑		$l_0/3$	$l_0/3$	$l_0/6$
2	按梁(肋)净距 s_n 考虑		$b+s_n$	—	$b+s_n/2$
3	按翼缘高度 h'_f考虑	$h'_f/h_0 \geqslant 0.1$	—	$b+12h'_f$	—
		$0.1>h'_f/h_0 \geqslant 0.05$	$b+12h'_f$	$b+6h'_f$	$b+5h'_f$
		$h'_f/h_0<0.05$	$b+12h'_f$	b	$b+5h'_f$

注　1. 表中 b 为梁的腹板宽度。

2. 如肋形梁跨内设有间距小于纵肋间距的横肋时，则可不遵守表中情况 3 的规定。

3. 独立梁受压区的翼缘板在荷载作用下经验算沿纵肋方向可能产生裂缝时，其计算宽度应取腹板宽度 b。

4. 对加腋的 T 形、工字形和倒 L 形截面，当受压区加腋的高度 $h_h \geqslant h'_f$且加腋的宽度 $b_h \leqslant 3h_h$ 时，其翼缘计算宽度可按表列情况 3 的规定分别增加 $2b_h$(T 形、工字形截面)和 b_h(侧 L 形截面)。

4.6.2　T 形截面分类及其判别

T 形截面梁，根据其受力后受压区高度 x 的大小，可分为两类 T 形截面：

第一类，T 形截面 $x \leqslant h'_f$，中和轴在翼缘内，受压区面积为矩形[图 4.31(a)]；

第二类，T 形截面 $x>h'_f$，中和轴在梁肋内，受压区面积为 T 形[图 4.31(b)]。

为了建立两类 T 形截面的判别式，我们取中和轴恰好位于翼缘高度(即 $x=h'_f$)时，为两类 T 形截面的界限状态(图 4.32)，由平衡条件得：

$$\sum N = 0 \qquad \alpha_1 f_c b'_f h'_f = f_y A_s \tag{4.40}$$

$$\sum M = 0 \qquad M = \alpha_1 f_c b'_f h'_f\left(h_0 - \frac{h'_f}{2}\right) \tag{4.41}$$

截面设计时 M 已知，可用式(4.41)来判别类型。

当 $M \leqslant \alpha_1 f_c b'_f h'_f\left(h_0 - \dfrac{h'_f}{2}\right)$时，属于第一类 T 形截面；当 $M>\alpha_1 f_c b'_f h'_f\left(h_0 - \dfrac{h'_f}{2}\right)$时，属于第二

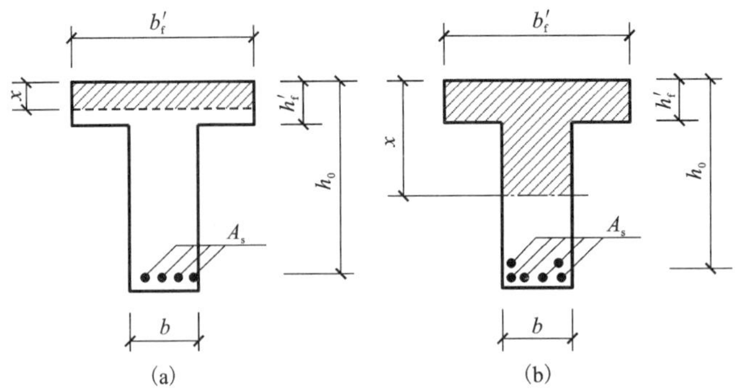

图 4.31　T 形截面的分类

(a)第一类 T 形截面；(b)第二类 T 形截面

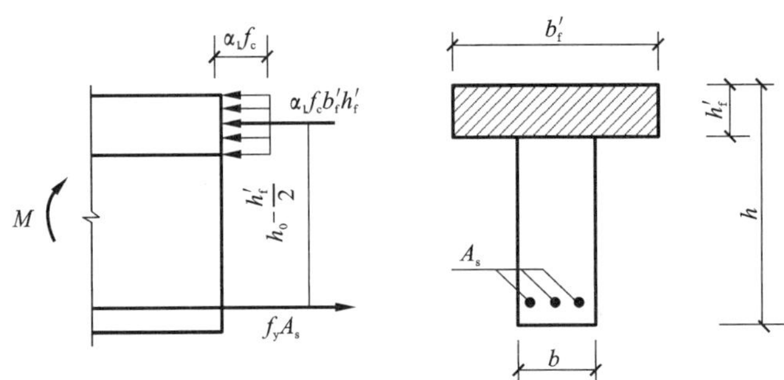

4.32　两类 T 形截面梁的判别界限

类 T 形截面。

截面复核时 $f_y A_s$ 已知，可用式(4.40)来判别类型。

当 $f_y A_s \leqslant \alpha_1 f_c b'_f h'_f$ 时，属于第一类 T 形截面；当 $f_y A_s > \alpha_1 f_c b'_f h'_f$ 时，属于第二类 T 形截面。

4.6.3　基本公式及适用条件

1. 第一类 T 形截面

由于第一类 T 形截面的中和轴在翼缘内($x \leqslant h'_f$)，由图 4.33 可知，受压区形状为矩形，计算时不考虑受拉区混凝土参加工作，所以这类截面的受弯承载力与宽度为 b'_f 的矩形截面梁相同。因此第一类 T 形截面的基本计算公式及计算方法也与单筋矩形截面梁相同，仅需将公式中的 b 改为 b'_f，

$$\sum N = 0 \qquad \alpha_1 f_c b'_f x = f_y A_s \tag{4.42}$$

$$\sum M = 0 \qquad M = \alpha_1 f_c b'_f x\left(h_0 - \frac{x}{2}\right) \tag{4.43}$$

基本公式的适用条件：

$$x \leqslant \xi_b h_0 \text{ 或 } \xi \leqslant \xi_b \tag{4.44}$$

对于第一类 T 形截面，由于受压区高度较小($x \leqslant h'_f$)，所以一般都能满足此条件，通常不

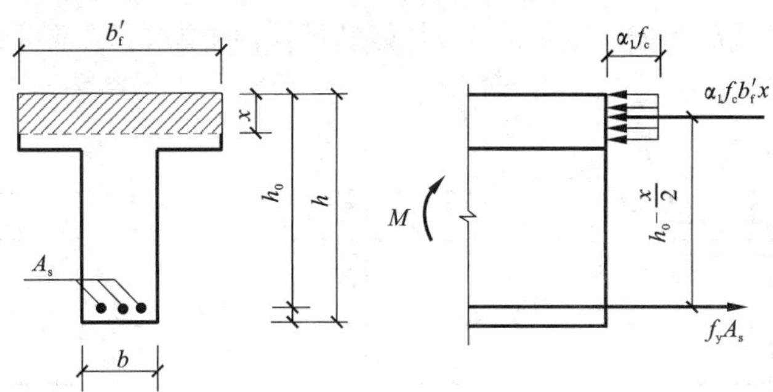

4.33　第一类 T 形截面梁的应力图

必验算。

$$\rho \geqslant \rho_{\min}；\text{或 } A_s \geqslant A_{s,\min} = \rho_{\min} bh \tag{4.45}$$

注意对 T 形截面，计算配筋率的宽度应该是腹板宽度 b，而不是受压翼缘的计算宽度 b'_f。这是因为 $\rho_{\min}$ 值是根据钢筋混凝土梁的承载力等于同样截面素混凝土梁承载力这个条件确定的，因此，T 形截面梁的 $\rho_{\min}$ 与矩形截面梁的 $\rho_{\min}$ 值通用。

2. 第二类 T 形截面

第二类 T 形截面中和轴在梁腹板内($x > h'_f$)，由图 4.34(a)可知，受压区形状为 T 形，由平衡条件可得第二类 T 形截面梁的基本计算公式：

$$\sum N = 0 \qquad f_y A_s = \alpha_1 f_c bx + \alpha_1 f_c (b'_f - b) h'_f \tag{4.46}$$

$$\sum M = 0 \qquad M = \alpha_1 f_c bx\left(h_0 - \frac{x}{2}\right) + \alpha_1 f_c (b'_f - b) h'_f \left(h_0 - \frac{h'_f}{2}\right) \tag{4.47}$$

为了便于分析计算，可将第二类 T 形截面的应力图形看作由两部分组成：第一部分由腹板受压区混凝土的压力与相应受拉钢筋 A_{s1} 的拉力组成，承担的弯矩为 M_1；第二部分由翼缘混凝土的压力与相应另一部分受拉钢筋 A_{s2} 的拉力组成，承担的弯矩为 M_2，如图 4.34(b)、(c)所示，则：

$$M = M_1 + M_2 \tag{4-48}$$

$$A_s = A_{s1} + A_{s2} \tag{4-49}$$

根据平衡条件，对两部分可分别写出以下基本公式：

第一部分：

$$f_y A_{s1} = \alpha_1 f_c bx \tag{4-50}$$

$$M_1 = \alpha_1 f_c bx\left(h_0 - \frac{x}{2}\right) \tag{4-51}$$

第二部分：

$$f_y A_{s2} = \alpha_1 f_c (b'_f - b) h'_f \tag{4-52}$$

$$M_2 = \alpha_1 f_c (b'_f - b) h'_f \left(h_0 - \frac{h'_f}{2}\right) \tag{4-53}$$

适用条件

$$x \leqslant \xi_b h_0 \text{ 或 } \xi \leqslant \xi_b \tag{4-54}$$

$$A_s \geqslant \rho_{min} bh \tag{4-55}$$

由于第二类 T 形截面的配筋较多，一般均能满足 ρ_{min} 的要求，通常可不验算这一条件。

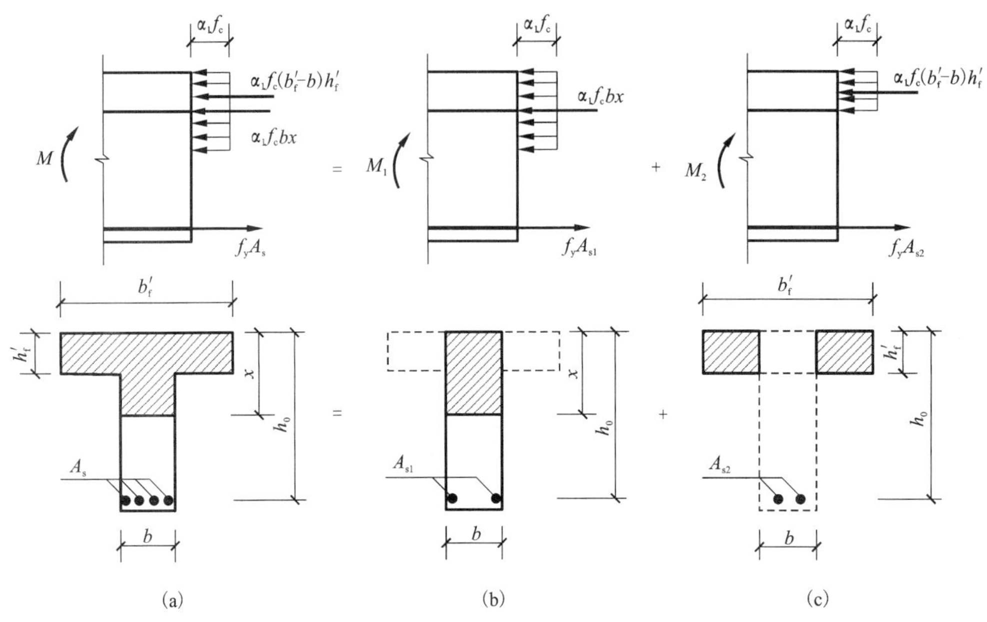

图 4.34　第二类 T 形截面梁的应力图

(a)整个截面；(b)第一部分截面；(c)第二部分截面

4.6.4　基本公式的应用

1. 截面设计

已知弯矩设计值 M，截面尺寸 b、h、b_f'、h_f'，材料强度等级 f_c、f_y、α_1，求纵向受拉钢筋截面面积 A_s。

1)第一类 T 形截面

判别条件：$M \leqslant \alpha_1 f_c b_f' h_f' \left(h_0 - \dfrac{h_f'}{2} \right)$

按 $b_f' \times h$ 的单筋矩形截面梁计算。

2)第二类 T 形截面

判别条件：$M > \alpha_1 f_c b_f' h_f' \left(h_0 - \dfrac{h_f'}{2} \right)$时，

先由式(4.52)和式(4.53)计算 A_{s2} 和 M_2，则 $M_1 = M - M_2$。

然后按单筋矩形截面梁求出 M_1 所需要的钢筋截面面积 A_{s1}，故总的受拉钢筋截面面积为 $A_s = A_{s1} + A_{s2}$。

在计算 A_{s1} 时应注意验算适用条件，若 $\xi_1 > \xi_b$ 时，应加大截面尺寸重新计算，或改用双筋 T 形截面。

T 形截面梁截面设计的计算步骤框图为：

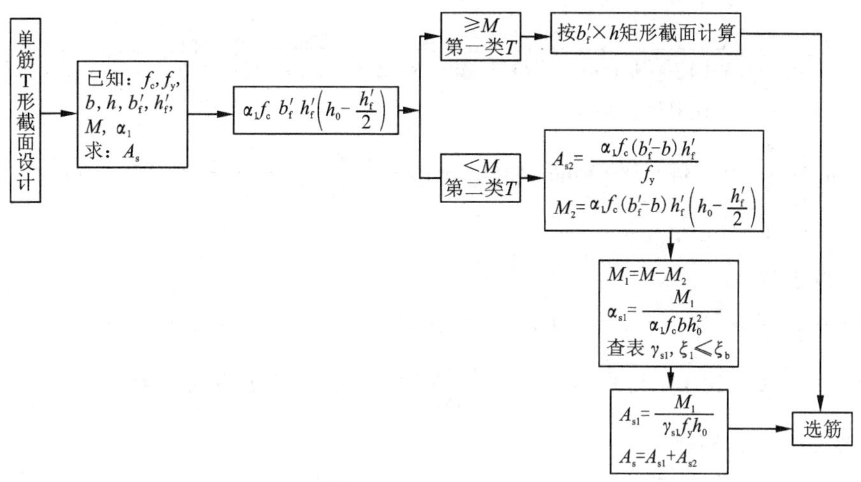

【例题4.9】 某现浇肋形楼盖中次梁如图4.35(a)所示。承受弯矩设计值 $M=110\ \text{kN}\cdot\text{m}$，梁的计算跨度 $l_0=6\ \text{m}$，混凝土强度等级C30，钢筋采用HRB335级钢筋配筋，箍筋为 $\phi8$ 钢筋，安全等级为二级，一类环境。求该次梁所需的纵向受拉钢筋面积 A_s。

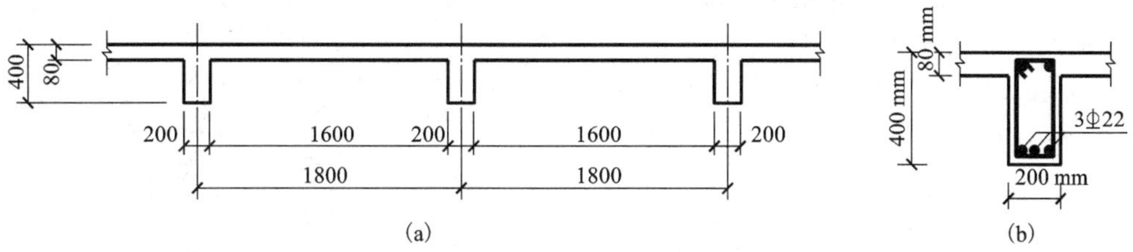

图4.35　例题4.9附图

【解】 (1)确定材料强度设计值

查附表B.1和附表B.2得 $f_c=14.3\ \text{N/mm}^2$, $f_t=1.43\ \text{N/mm}^2$, $f_y=300\ \text{N/mm}^2$

(2)确定翼缘计算宽度 b_f'

取　　$h_0=400\ \text{mm}-40\ \text{mm}=360\ \text{mm}$

按计算跨度 l_0 考虑时　$b_f'=l_0/3=2\ \text{m}$

按梁的净距 s_n 考虑时　$b_f'=b+s_n=0.2\ \text{m}+1.6\ \text{m}=1.8\ \text{m}$

按梁的翼缘厚度 h_f' 考虑时　$h_f'/h_0=\dfrac{80\ \text{mm}}{360\ \text{mm}}=0.22>0.1$

翼缘计算宽度不受此要求限制。

故取 $b_f'=1800\ \text{mm}$。

(3)判断截面类型

$$\alpha_1 f_c b_f' h_f'\left(h_0-\frac{h_f'}{2}\right)=1.0\times 14.3\ \text{N/mm}^2\times 1800\ \text{mm}\times 80\ \text{mm}\times\left(360\ \text{mm}-\frac{80\ \text{mm}}{2}\right)$$

$$=659\times 10^6\ \text{N}\cdot\text{mm}=659\ \text{kN}\cdot\text{m}>M=110\ \text{kN}\cdot\text{m}$$

属于第一类T形截面，按截面尺寸 $b_f'\times h$ 的矩形截面计算。

(4)计算A_s

$$\alpha_s=\frac{M}{\alpha_1 f_c b_f' h_0^2}=\frac{110\times10^6}{1\times14.3\ \text{N/mm}^2\times1800\ \text{mm}^2\times(360\ \text{mm})^2}=0.033$$

查附表 D.4 得$\xi=0.034$，则

$$A_s=\xi b_f' h_0\frac{\alpha_1 f_c}{f_y}=0.034\times1800\ \text{mm}\times360\ \text{mm}\times\frac{1.0\times14.3\ \text{N/mm}^2}{300\ \text{N/mm}^2}=1050\ \text{mm}^2$$

选用 3Φ22($A_s=1140\ \text{mm}^2$)。

验算适用条件

$\rho_{min}bh=0.21\%\times200\ \text{mm}\times400\ \text{mm}=168\ \text{mm}^2<A_s=1050\ \text{mm}^2$，符合要求。

最小配筋率取 0.2%和 $45\frac{f_t}{f_c}\%=45\times\frac{1.43}{300}\%=0.21\%$ 两者中的较大者。

截面配筋如图 4.35(b)所示。

【例题 4.10】 有一 T 形截面梁，其截面尺寸如图 4.36所示，承受弯矩设计值 $M=550$ kN·m，混凝土强度等级 C20，采用 HRB335 级钢筋，箍筋为 ϕ8 钢筋，安全等级为二级，一类环境。求该梁受拉钢筋截面面积 A_s。

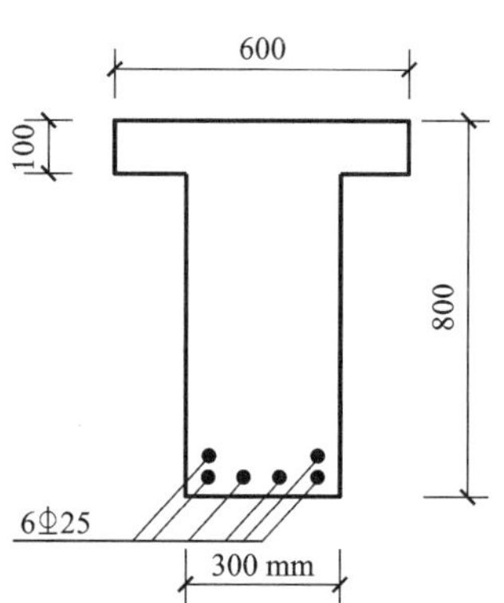

图 4.36 例题 4.10 附图

【解】 (1)确定材料强度设计值

查附表 B.1 和附表 B.2 得

$f_c=9.6\ \text{N/mm}^2$，$f_t=1.1\ \text{N/mm}^2$，$f_y=300\ \text{N/mm}^2$

(2)判别类型

取 $h_0=800-70=730$ mm

$$\alpha_1 f_c b_f' h_f'\left(h_0-\frac{h_f'}{2}\right)=1.0\times9.6\ \text{N/mm}^2\times600\ \text{mm}\times100\ \text{mm}\times\left(730\ \text{mm}-\frac{100\ \text{mm}}{2}\right)$$
$$=392\times10^6\ \text{N}\cdot\text{mm}=392\ \text{kN}\cdot\text{m}<M=550\ \text{kN}\cdot\text{m}$$

属于第二类 T 形截面。

(3)计算A_{s2}和M_2

$$A_{s2}=\frac{\alpha_1 f_c(b_f'-b)h_f'}{f_y}=\frac{1.0\times9.6\ \text{N/mm}^2\times(600\ \text{mm}-300\ \text{mm})\times100\ \text{mm}}{300\ \text{N/mm}^2}=960\ \text{mm}^2$$

$$M_2=\alpha_1 f_c(b_f'-b)h_f'\left(h_0-\frac{h_f'}{2}\right)$$
$$=1.0\times9.6\ \text{N/mm}^2\times(600\ \text{mm}-300\ \text{mm})\times100\ \text{mm}\times\left(730\ \text{mm}-\frac{100\ \text{mm}}{2}\right)$$
$$=195.8\times10^6\ \text{N}\cdot\text{mm}=195.8\ \text{kN}\cdot\text{m}$$

(4)计算A_{s1}和M_1

$M_1=M-M_2=550-195.8=354.2$ kN·m

$$\alpha_{s1}=\frac{M_1}{\alpha_1 f_c b h_0^2}=\frac{354.2\times10^6\ \text{N}\cdot\text{mm}}{1.0\times9.6\ \text{N/mm}^2\times300\ \text{mm}\times(730\ \text{mm})^2}=0.230$$

查附表 D.4 得 $\gamma_{s1}=0.868$，$\xi_1=0.265<\xi_b=0.55$

则　$A_{s1}=\dfrac{M_{u1}}{f_y\gamma_{s1}h_0}=\dfrac{354.2\times10^6\ \text{N}\cdot\text{mm}}{300\ \text{N/mm}^2\times0.868\times730\ \text{mm}}=1863\ \text{mm}^2$

$A_s=A_{s1}+A_{s2}=960+1863=2823\ \text{mm}^2$

选用 6Φ25($A_s=2945\ \text{mm}^2$)，截面配筋如图 4.36 所示。

2. 截面复核

已知材料强度等级 f_c、f_y、α_1，截面尺寸 b、h、b_f'、h_f'，纵向受拉钢筋截面面积 A_s。求截面受弯承载力设计值 M_u，或复核梁的正截面是否安全。

(1)第一类 T 形截面

当 $f_yA_s\leqslant\alpha_1f_cb_f'h_f'$ 时，属第一类 T 形截面，按 $b_f'\times h$ 的单筋矩形截面承载力复核方法进行验算。

(2)第二类 T 形截面

当 $f_yA_s>\alpha_1f_cb_f'h_f'$ 时，属第二类 T 形截面，采用基本公式法，其计算步骤如下：

①求截面受压区高度 x

由式(4.46)得：

$$x=\frac{f_yA_s-\alpha_1f_c(b_f'-b)h_f'}{\alpha_1f_cb}\tag{4-56}$$

②验算适用条件求 M_u

若 $x\leqslant\xi_bh_0$，将 x 值代入式(4.47)求 M_u，

$$M_u=\alpha_1f_cbx\left(h_0-\frac{x}{2}\right)+\alpha_1f_c(b_f'-b)h_f'\left(h_0-\frac{h_f'}{2}\right)$$

若 $x>\xi_bh_0$，将 $x=\xi_bh_0$ 值代入式(4.47)计算 M_u

$$M_u=\alpha_1f_cbh_0^2\xi_b(1-0.5\xi_b)+\alpha_1f_c(b_f'-b)h_f'\left(h_0-\frac{h_f'}{2}\right)$$

③复核截面是否安全

若 $M_u\geqslant M$，安全；反之，$M_u<M$，不安全。

【例题 4.11】　梁的截面配筋及尺寸如图 4.37 所示，采用 C30 混凝土，HRB400 级钢筋，环境类别为一类，试求该梁所能承受的弯矩设计值 M_u。

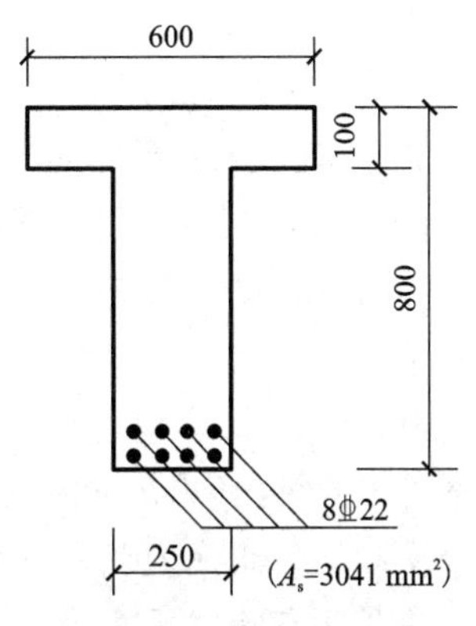

图 4.37　例题 4.11 附图

【解】　(1)确定材料的强度设计值

查附表 B.1、附表 B.2 得 $f_c=14.3\ \text{N/mm}^2$，$f_y=360\ \text{N/mm}^2$。

(2)确定截面有效高度

受拉钢筋布置两排，$h_0=700\ \text{mm}-65\ \text{mm}=635\ \text{mm}$。

(3)判断 T 形截面类型

$$\begin{aligned}f_yA_s&=360\ \text{N/mm}^2\times3041\ \text{mm}^2=1094760\ N>\alpha_1f_cb_f'h_f'\\&=1\times14.3\ \text{N/mm}^2\times600\ \text{mm}\times100\ \text{mm}\\&=858000\text{N}(\text{属第二类 }T\text{ 形截面})\end{aligned}$$

(4)计算截面受压区高度 x

$$x=\frac{f_yA_s-\alpha_1f_c(b_f'-b)h_f'}{\alpha_1f_cb}$$

$$=\frac{360\ \mathrm{N/mm^2}\times 3041\ \mathrm{mm^2}-1\times 14.3\ \mathrm{N/mm^2}\times(600\ \mathrm{mm}-250\ \mathrm{mm})\times 100\ \mathrm{mm}}{1\times 14.3\ \mathrm{N/mm^2}\times 250\ \mathrm{mm}}$$

$$=166.2\ \mathrm{mm}<\xi_b h_0=0.518\times 635\ \mathrm{mm}=328.9\ \mathrm{mm}$$

(5)计算截面所能承受的弯矩设计值

$$M_u=\alpha_1 f_c bx\left(h_0-\frac{x}{2}\right)+\alpha_1 f_c(b_f'-b)h_f'\left(h_0-\frac{h_f'}{2}\right)$$

$$=1\times 14.3\ \mathrm{N/mm^2}\times 250\ \mathrm{mm}\times 166.2\ \mathrm{mm}\times\left(635\ \mathrm{mm}-\frac{166.2\ \mathrm{mm}}{2}\right)+1\times 14.3\ \mathrm{N/mm^2}\times$$

$$(600\ \mathrm{mm}-250\ \mathrm{mm})\times 100\ \mathrm{mm}\times\left(635\ \mathrm{mm}-\frac{100\ \mathrm{mm}}{2}\right)$$

$$=620.7\times 10^6\ \mathrm{N\cdot mm}$$

$$=620.7\ \mathrm{kN\cdot m}$$

小结

(1)根据配筋率不同，适筋破坏、超筋破坏和少筋破坏是受弯构件正截面破坏的三种形态，其中超筋破坏和少筋破坏在设计中不允许出现，工程设计中必须通过限制条件加以避免。

(2)适筋梁的破坏经历了三个阶段，受拉区混凝土开裂和受拉钢筋屈服是划分三个受力阶段的界限状态。其中第Ⅰ$_a$阶段截面应力图形是受弯构件抗裂度验算的依据，第Ⅱ阶段截面应力图形是受弯构件裂缝宽度和变形验算的依据，第Ⅲ$_a$阶段截面的应力图形是受弯构件正截面承载力计算的依据。

(3)根据适筋梁第Ⅲ$_a$阶段截面的实际应力图形，经过计算假定的简化，并取等效矩形压应力图形代替实际的曲线压应力图形，就可以得到受弯构件正截面承载力的计算应力图形。

(4)在单筋截面计算应力图形中，纵向钢筋承担的拉力为$f_y A_s$，受压区混凝土承担的压力为$\alpha_1 f_c bx$(单筋矩形截面)，或$\alpha_1 f_c b_f' x$(第一类T形截面)，或$\alpha_1 f_c bx+\alpha_1 f_c(b_f'-b)h_f'$(第二类T形截面)。双筋截面时，受压区再加上纵向钢筋承担的压力$f_y' A_s'$。正截面受弯承载力的基本计算公式，就是根据这个应力图的平衡条件$\sum N=0$和$\sum M=0$列出的。基本公式的适用条件是：单筋截面$\xi\leqslant\xi_b$和$\rho\geqslant\rho_{min}$；双筋截面$\xi\leqslant\xi_b$和$x\geqslant 2a_s'$。

(5)受弯构件的正截面承载力计算分截面设计和截面复核两类问题。

截面设计时一般有两个未知数x和A_s，对单筋矩形截面，可通过联立基本公式求解或表格法求解。

对双筋矩形截面，分A_s'未知和A_s'已知两种情况。当A_s'未知时，有三个未知数A_s、A_s'、x，可取补充条件$x=\xi_b h_0$按基本公式求解。当A_s'已知时，可分解成单筋矩形截面和受压钢筋与部分受拉钢筋组成的截面。用表格法求解。

对T形截面，计算时先要判别T形截面的类型，对第一类T形截面可按宽度为b_f'的单筋矩形截面求解；对第二类T形截面可分解成单筋矩形截面和受压翼缘混凝土与部分受拉钢筋组成的截面，用表格法求解。

截面复核时一般有两个未知数x和M_u。可用基本公式联立方程求解。

(6)纵向受力钢筋的配置不仅要满足计算要求，还应满足构造要求。

习　题

一、填空题

1. 简支梁中的钢筋主要有__________、__________、__________、__________四种。
2. 钢筋混凝土保护层的厚度与__________、__________有关。
3. 单筋梁是指__________________的梁。
4. 双筋梁是指_________________________的梁。
5. 梁中下部钢筋的净距为__________，上部钢筋的净距为__________。
6. 受弯构件 $\rho \geqslant \rho_{min}$ 是为了防止__________，$\rho \leqslant \rho_{max}$ 是为了防止__________。
7. 受弯构件正截面破坏形态有__________、__________、__________三种。
8. 板中分布筋的作用是__________、__________、__________。
9. 双筋矩形截面的适用条件是__________、__________。
10. 单筋矩形截面的适用条件是__________、__________。
11. 当混凝土强度等级≤C50 时，HPB300，HRB335，HRB400 钢筋的 ξ_b 分别为__________、__________、__________。
12. 受弯构件梁的最小配筋率应取__________和__________中较大者。
13. 钢筋混凝土矩形截面梁截面受弯承载力复核时，混凝土相对受压区高度 $\xi > \xi_b$，说明__________。

二、判断题

1. 界限相对受压区高度 ξ_b 与混凝土强度等级无关，由钢筋的强度等级决定。(　　)
2. 钢筋混凝土梁的混凝土保护层的厚度是指箍筋的外表面至混凝土构件边缘的距离。(　　)
3. 钢筋混凝土梁的混凝土保护层的厚度是从受力纵筋外侧算起的。(　　)
4. 在适筋梁中提高混凝土强度等级对提高受弯构件正截面承载力的作用很大。(　　)
5. 在适筋梁中增大梁的截面高度 h 对提高受弯构件正截面承载力的作用很大。(　　)
6. 在适筋梁中，其他条件不变的情况下，ρ 越大，受弯构件正截面的承载力越大。(　　)
7. 在钢筋混凝土梁中，其他条件不变的情况下，ρ 越大，受弯构件正截面的承载力越大。(　　)
8. 双筋矩形截面梁，如已配 A_s'，则计算 A_s 时一定要考虑 A_s'的影响。(　　)
9. 只要受压区配置了钢筋，就一定是双筋截面梁。(　　)
10. 单筋矩形截面的配筋率为 $\rho = \frac{A_s}{bh}$。(　　)

三、选择题

1. 梁中受力纵筋的保护层厚度主要由(　　)决定。

A. 纵筋级别　　B. 纵筋的直径大小

C. 周围环境和混凝土的强度等级　　　　　D. 箍筋的直径大小

2. 梁保护层的厚度是指(　　)。

A. 纵向钢筋外表面到混凝土外边缘的距离

B. 箍筋外表面到混凝土外边缘的最小距离

C. 纵向钢筋合力点到混凝土外边缘的最小距离

D. 纵向钢筋内表面到混凝土外边缘的距离

3. (　　)作为受弯构件正截面承载力计算的依据。

A. 第 I_a 状态　　B. 第 Ⅱ_a 状态　　C. 第 Ⅲ_a 状态　　D. 第Ⅱ阶段

4. 受弯构件正截面承载力计算基本公式的建立是依据哪种破坏形态建立的(　　)。

A. 少筋破坏　　B. 适筋破坏　　C. 超筋破坏　　D. 界限破坏

5. 为将构件设计成适筋构件，应该采取的措施有(　　)。

A. 控制配筋量　　　　　　　　　　　　B. 控制相对受压区高度

C. 控制最小配筋量和相对受压区高度等　　D. 控制混凝土保护层厚度

6. 下列哪个条件不能用来判断适筋破坏与超筋破坏的界限。

A. $\xi \leqslant \xi_b$　　B. $x \leqslant \xi_b h_0$　　C. $x \leqslant 2a_s'$　　D. $\rho \leqslant \rho_{max}$

7. 钢筋混凝土受弯构件纵向受拉钢筋屈服与受压混凝土边缘达到极限压应变同时发生的破坏属于(　　)。

A. 少筋破坏　　B. 适筋破坏　　C. 超筋破坏　　D. 界限破坏

8. 正截面承载力计算中，不考虑受拉混凝土作用是因为(　　)。

A. 中和轴以下混凝土全部开裂　　　　　　　　B. 混凝土抗拉强度低

C. 中和轴附近部分受拉混凝土范围小且产生的力矩很小　　D. 混凝土退出工作

9. 设计双筋梁时，当求 A_s'和 A_s 时，用钢量接近最少的方法是(　　)。

A. 取 $\xi = \xi_b$　　B. $A_s' = A_s$　　C. $x = 2a_s'$　　D. $x = 0.5h_0$

10. 设计钢筋混凝土 T 形截面梁，当满足条件(　　)时，可判别为第二类 T 形截面。

A. $M \leqslant \alpha_1 f_c b_f' h_f' \left(h_0 - \frac{h_f'}{2} \right)$　　　　B. $M > \alpha_1 f_c b_f' h_f' \left(h_0 - \frac{h_f'}{2} \right)$

C. $f_y A_s \leqslant \alpha_1 f_c b_f' h_f'$　　　　D. $f_y A_s \alpha_1 > f_c b_f' h_f'$

11. 对于钢筋混凝土双筋矩形截面梁正截面承载力计算，要求满足 $x \geqslant 2a_s'$，此要求的目的是为了(　　)。

A. 保证构件截面破坏时受压钢筋能够达到屈服强度

B. 防止梁发生少筋破坏

C. 减少受拉钢筋的用量

D. 充分发挥混凝土的受压作用

四、简答题

1. 什么是受弯构件？对受弯构件的梁，必须进行哪两方面的承载能力计算？

2. 板中的分布钢筋起什么作用？

3. 试述受弯构件纵向受力筋的作用及要求。

4. 试述架立筋的作用及要求。

5. 混凝土保护层起什么作用？如何取值？与哪些因素有关？

6. 什么叫截面有效高度？如何计算梁板的截面有效高度？

7. 钢筋混凝土单筋梁的正截面破坏形态有哪几种？有何特性？设计中应把梁设计成什么形式的梁？

8. 设计中应如何避免发生少筋破坏和超筋破坏？

9. 在进行受弯构件截面设计时，当 $\alpha_s > \alpha_{smax}$ 或 $\xi > \xi_b$ 时，可采取什么措施解决此问题？

10. 什么叫单筋截面梁？什么叫双筋截面梁？

11. 在工程实践中，什么情况下需设计成双筋梁？其特点如何？

12. 什么叫 T 形截面梁？与矩形截面梁相比有何特点？工程上的应用情况如何？

13. 当构件承受的正弯矩和截面高度都相同时，以下图 4.38 中四种截面的正截面承载力需要的钢筋截面面积是否一样？为什么？

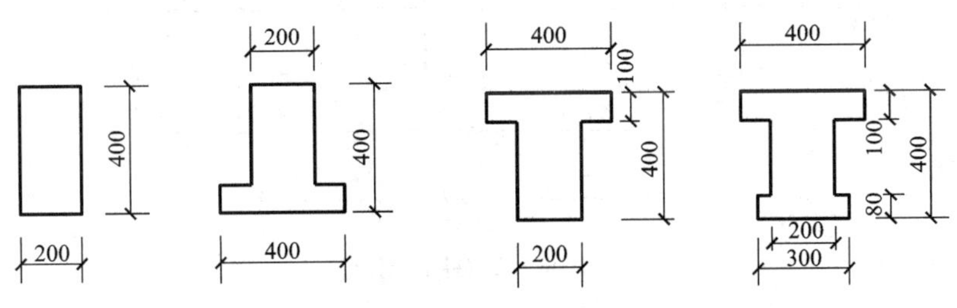

图 4.38　简答题 13 附图

14. 两种 T 形截面类型的判别方法是什么？

五、计算题

（所有计算题符合：梁板等构件均假设结构安全等级为二级，环境等级为一级，梁内箍筋 ϕ 8@200。）

1. 矩形截面梁，截面尺寸 $b \times h = 200$ mm × 400 mm，承受弯矩设计值 $M = 75$ kN · m，采用 C20 混凝土，HRB335 级钢筋，$\gamma_0 = 1.0$。试计算纵向受拉钢筋的面积 A_s 并选配钢筋。

2. 矩形截面梁，$b \times h = 200$ mm × 600 mm，承受弯矩的设计值为 203.7 kN · m，C20 混凝土，HRB335 钢筋，结构安全等级为二级，$\gamma_0 = 1.0$。求：纵向受拉钢筋 A_s 并选配钢筋。

3. 某单跨现浇简支板，板厚为 80 mm，计算跨度 $l_0 = 2.4$ m，如图 4.39 所示。承受恒载标准值为 $G_k = 2.5$ kN/m^2（包括板自重），活载标准值 $Q_k = 2.5$ kN/m^2，采用 C30 混凝土，HPB300 钢筋，求板的受拉钢筋的截面面积 A_s 并选配钢筋。

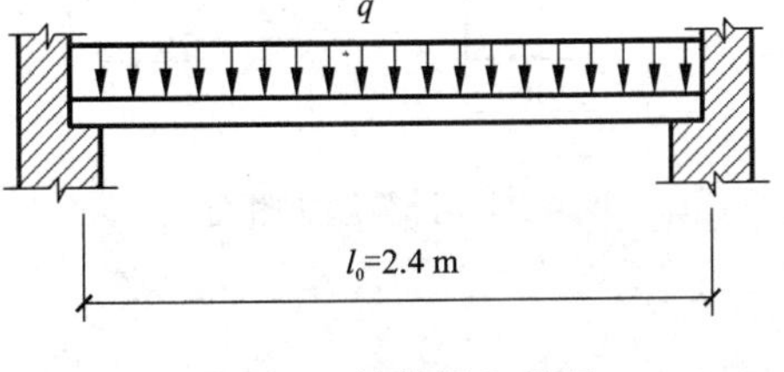

图 4.39　计算题 3 附图

4. 某挑檐板，板厚 $h = 70$ mm，每米板宽承受的弯矩设计值 $M = 6$ kN · m，C25，RRB400，求板的配筋 A_s。

5. 矩形截面梁，尺寸 $b \times h = 250$ mm × 550 mm，弯矩设计值 $M = 400$ kN · m，C30 混凝土，HRB400 钢筋，求：所需的纵向钢筋。

6. 矩形截面梁，尺寸 $b \times h = 250\ \text{mm} \times 550\ \text{mm}$，弯矩设计值 $M = 400\ \text{kN} \cdot \text{m}$，C30 混凝土，HRB400 钢筋。在受压区已配置受压钢筋 3Φ22（$A_s' = 1140\ \text{mm}^2$），计算所需的纵向钢筋 A_s。并将总用钢量与第 5 题进行分析比较，得出结论。

7. 矩形截面梁，尺寸 $b \times h = 300\ \text{mm} \times 600\ \text{mm}$，选用 C35 混凝土，HRB400 钢筋，环境类别为一类。在受压区已配置受压钢筋 2Φ16（$A_s' = 402\ \text{mm}^2$），受拉钢筋 4Φ25（$A_s = 1964\ \text{mm}^2$），$a_s = 40\ \text{mm}$，$a_s' = 35\ \text{mm}$，求梁截面所能承受的弯矩设计值 M_u。

8. 如图 4.40 所示。现浇钢筋混凝土肋梁楼盖，板厚 $h = 80\ \text{mm}$，次梁肋宽 $b = 200\ \text{mm}$，梁高 $h = 450\ \text{mm}$，计算跨度 $l_0 = 6\ \text{m}$，次梁净距 $s_n = 2.2\ \text{m}$，弯矩的设计值 $M = 115\ \text{kN} \cdot \text{m}$，采用 C25 的混凝土，HRB335 钢筋一类环境。求：计算梁的受拉钢筋截面面积 A_s 并选配钢筋。

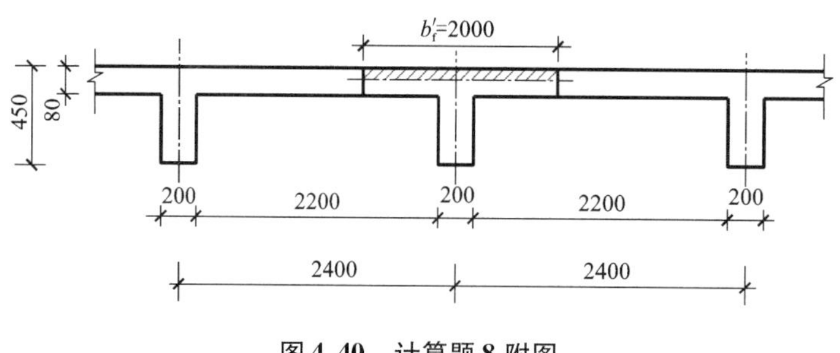

图 4.40　计算题 8 附图

9. 已知 T 形截面梁，尺寸如图 4.41 所示。混凝土采用 C30，HRB400 钢筋，环境类别为一类。若承受弯矩的设计值 $M = 700\ \text{kN} \cdot \text{m}$，计算该梁所需受拉钢筋截面面积 A_s（预计两排 $a_s = 60\ \text{mm}$）

10. 梁的截面尺寸如图 4.42 所示，弯矩设计值 $M = 300\ \text{kN} \cdot \text{m}$，C20，HRB335。试验算截面是否安全？

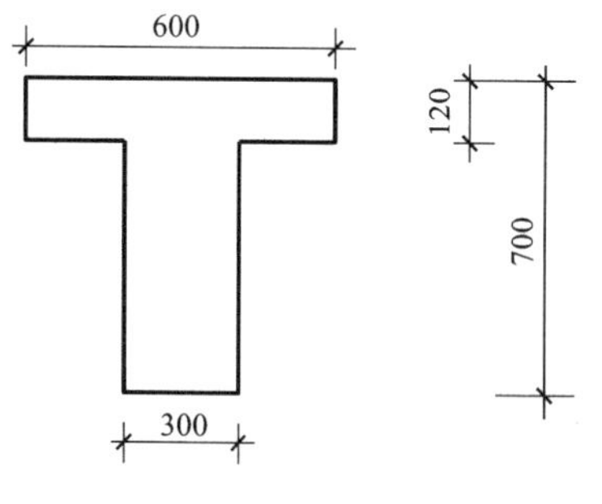

图 4.41　计算题 9 附图

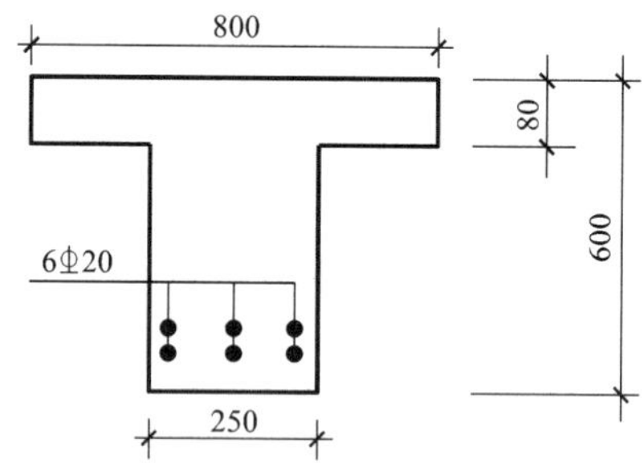

图 4.42　计算题 10 附图

第 5 章　受弯构件斜截面承载力计算

【学习目标】

(1)了解影响钢筋混凝土受弯构件斜截面受剪承载力的主要因素和斜截面受剪破坏的三种主要形态;

(2)熟练掌握钢筋混凝土受弯构件斜截面受剪承载力计算方法;

(3)了解钢筋混凝土受弯构件抵抗弯矩图的画法以及纵向钢筋弯起和截断的构造要求;

(4)掌握钢筋锚固、连接和箍筋、弯筋的构造要求。

【本章导读】

受弯构件斜截面承载力包括斜截面受剪承载力和斜截面受弯承载力。本章主要讨论如何进行斜截面受剪承载力的设计，保证斜截面受弯承载力构造措施有哪些，以及梁、板钢筋的锚固、连接、布置等方面的构造要求。

图 5.1(a)为简支梁在两个对称集中荷载作用下的弯矩图和剪力图，梁截面上除了作用有弯矩 M 外，同时还作用有剪力 V，弯矩和剪力同时作用的区段称为剪弯段。根据材料力学的知识：弯矩和剪力在梁截面上分别产生正应力 σ 和剪应力 τ，在 σ 和 τ 共同作用下梁将产生主拉应力 σ_{tp}和主压应力 σ_{cp}，根据主应力的方向可做出梁中主应力的迹线，其中实线表示主拉应力迹线，虚线表示主压应力迹线[图 5.1(b)]。由于混凝土的抗拉强度远低于抗压强度，当主拉应力 σ_{tp}超过混凝土抗拉强度时，梁将出现大致与主拉应力方向垂直的斜裂缝，产生斜截面破坏。

为了防止梁沿斜截面产生破坏，在具有合理截面尺寸的梁中应设置与梁纵轴相垂直的箍筋和采用与主拉应力方向一致的弯起钢筋。箍筋和弯起钢筋在工程上统称为腹筋。

5.1　受弯构件斜截面承载力的试验研究

受弯构件斜截面承载力包括斜截面受剪承载力和斜截面受弯承载力。工程设计中，斜截面受弯承载力一般是通过对纵向钢筋和箍筋的构造要求来保证的，斜截面受剪承载力主要通过计算配置腹筋(箍筋、弯起钢筋)使其得到满足。

1. 剪跨比

剪跨比是个无量纲参数，是梁剪弯区段内同一截面所承受的弯矩与剪力两者的相对比值，即 $\lambda = M/(Vh_0)$。其实质上反映了截面上正应力和剪应力的比值关系。

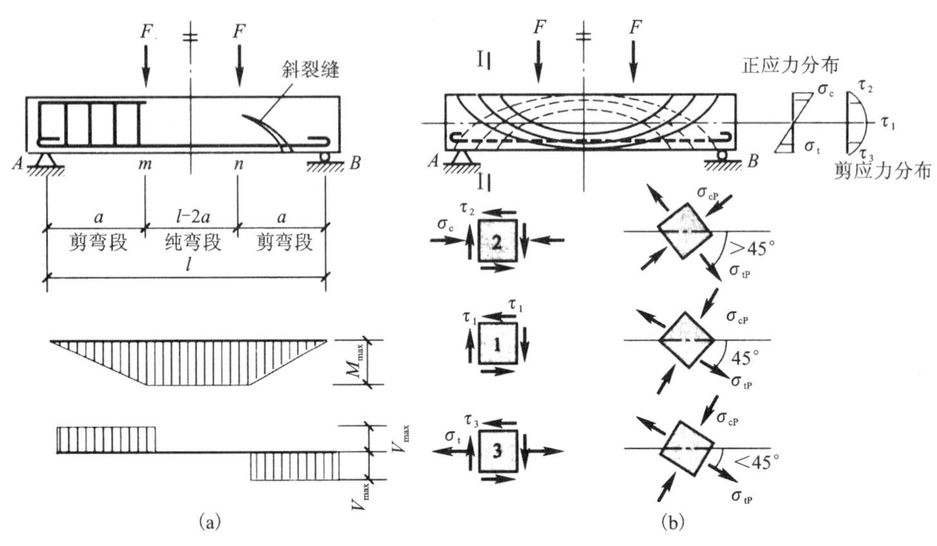

图 5.1　钢筋混凝土受弯构件主应力迹线示意图

对于集中荷载作用下的梁[图 5.1(a)]，集中荷载作用点处截面的剪跨比 $\lambda = \frac{M}{Vh_0} = \frac{Va}{Vh_0} = \frac{a}{h_0}$，式中 a 为离支座最近的集中荷载到邻近支座的距离，称为“剪跨”。

2. 受弯构件斜截面的破坏形态

受弯构件斜截面受剪破坏形态主要取决于箍筋配置数量和剪跨比 λ。受弯构件斜截面受剪破坏有斜压、斜拉和剪压三种破坏形式。

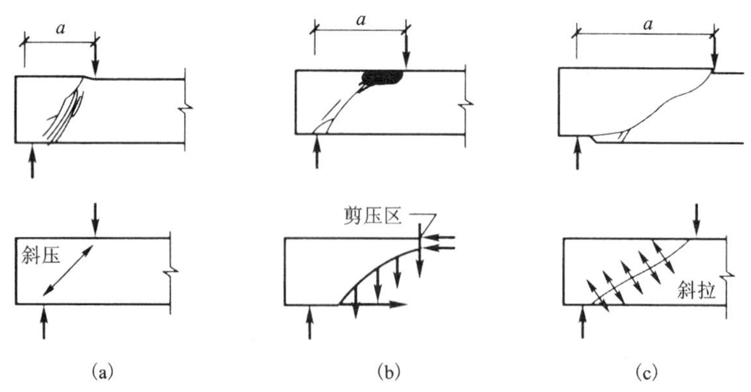

图 5.2　斜截面破坏的三种形式

梁斜压破坏试验

1)斜压破坏

当梁的箍筋配置数量较大，或者剪跨比较小($\lambda<1$)时，将会发生斜压破坏。其破坏特点是：梁的腹部出现若干条大体相互平行的斜裂缝，随着荷载的增加，梁腹部混凝土被斜裂缝分割成几个倾斜的受压柱体，在箍筋应力尚未达到屈服

强度之前，斜压柱体混凝土已达极限强度而被压碎，如图5.2(a)所示。

斜压破坏的受剪承载力主要取决于混凝土的抗压强度和截面尺寸，再增加箍筋配量已不起作用，其抗剪承载力较高，呈受压脆性破坏特征。

2)斜拉破坏

当梁的箍筋配置数量过小且剪跨比较大($\lambda>3$)时，将会发生斜拉破坏。其破坏特点是：斜裂缝一旦出现，箍筋不能承担斜裂缝截面混凝土退出工作后所释放出来的拉应力，箍筋立即屈服，斜裂缝迅速向受压边缘延伸，很快形成临界斜裂缝，将构件整个截面劈裂成两部分而破坏，如图5.2(c)所示。

梁斜拉破坏试验

斜拉破坏的抗剪承载力较低，破坏取决于混凝土的抗拉强度，脆性特征显著，类似受弯构件正截面的少筋梁。

3)剪压破坏

当梁的箍筋配置数量适当，或者剪跨比适中($1\leqslant\lambda\leqslant3$)时，将会发生剪压破坏。其破坏特点是：斜裂缝产生后，箍筋的存在限制和延缓了斜裂缝的开展，斜截面上的拉应力由箍筋承担，使荷载可以继续增加。随着箍筋的应力不断增加，直至与临界斜裂缝相交的箍筋应力达到屈服而不能再控制斜裂缝的开展，从而导致斜截面末端剪压区不断缩小，剪压区混凝土在正应力和剪应力共同作用下达到极限状态而破坏，如图5.2(b)所示。

梁剪压破坏试验

剪压破坏的过程比斜压破坏缓慢，梁的最终破坏是因主斜裂缝的迅速发展引起，破坏仍呈脆性。剪压破坏的受剪承载力在很大程度上取决于混凝土的抗拉强度，部分取决于斜裂缝顶端剪压区混凝土的剪压受力强度，其承载力介于斜拉破坏和斜压破坏之间。

从以上三种破坏形态可知：斜压破坏箍筋强度不能充分发挥作用，而斜拉破坏又十分突然，故这两种破坏形式在设计时均应避免。因此，在设计中应把构件控制在剪压破坏类型内。为此，《规范》通过截面限制条件(即箍筋最大配筋率)来防止发生斜压破坏；通过控制箍筋的最小配筋率来防止发生斜拉破坏。而剪压破坏，则通过受剪承载力的计算配置箍筋来避免。

3. 影响斜截面受剪承载力的主要因素

1)剪跨比λ

剪跨比λ是影响无腹筋梁抗剪能力的主要因素，特别是对以承受集中荷载为主的独立梁影响更大。剪跨比越大，抗剪承载力越低，但当$\lambda>3$后，抗剪承载力趋于稳定，剪跨比对抗剪承载力不再有明显影响。

2)混凝土强度等级

混凝土强度等级对斜截面受剪承载力有着重要影响。试验表明，梁的受剪承载力随混凝土强度等级的提高而提高，两者为线性关系。

3)纵筋配筋率ρ

增加纵筋面积可以抑制斜裂缝的开展和延伸，有助于增大混凝土剪压区的面积，并提高骨料咬合力及纵筋销栓作用，因此间接提高了梁的斜截面抗剪能力。

4)配箍率ρ_{sv}

在有腹筋梁中，箍筋的配置数量对梁的受剪承载力有显著的影响。箍筋的配置数量可用配箍率ρ_{sv}表示，配箍率ρ_{sv}定义为箍筋截面面积与对应的混凝土面积的比值(如图5.4)。

试验表明，当配箍率在适当的范围内，梁的受剪承载力随配箍率ρ_{sv}的增大而提高，两者大体成线性关系。

5)弯起钢筋

与斜裂缝相交处的弯起钢筋也能承担一部分剪力，弯起钢筋的截面面积越大，强度越高，梁的抗剪承载力也就越高。但由于弯起钢筋一般是由纵向钢筋弯起而成，其直径较粗，根数较少，承受的拉力比较大且集中，受力很不均匀；箍筋虽然不与斜裂缝正交，但分布均匀，对抑制斜裂缝开展的效果比弯起钢筋好。所以工程设计中，应优先选用箍筋。

6)截面形状和尺寸效应

T形、工字形截面由于存在受压翼缘，增加了剪压区的面积，使斜拉破坏和剪压破坏的受剪承载力比相同梁宽的矩形截面大约提高20%；但受压翼缘对于梁腹混凝土被压碎的斜压破坏的受剪承载力并没有提高作用。

试验表明，随截面高度的增加，斜裂缝宽度加大，骨料咬合力作用削弱，导致梁的受剪承载力降低。对于无腹筋梁，梁的相对受剪承载力随截面高度的增大而逐渐降低。但对于有腹筋梁，尺寸效应的影响会减小。

5.2 受弯构件斜截面受剪承载力计算

5.2.1 斜截面受剪承载力计算公式及适用条件

斜截面受剪承载力的计算是以剪压破坏形态为依据的。剪压破坏时截面的应力状态如前所述，现取斜截面左侧为隔离体，斜截面的内力如图5.3所示，由隔离体竖向力的平衡条件，可知斜截面受剪承载力由三部分组成：

$$V = V_c + V_{sv} + V_{sb} \tag{5.1}$$

或

$$V = V_{cs} + V_{sb} \tag{5.2}$$

式中，V——构件斜截面受剪承载力设计值；

V_c——剪压区混凝土受剪承载力设计值；

V_{sv}——与斜裂缝相交的箍筋受剪承载力设计值；

V_{sb}——与斜裂缝相交的弯起钢筋受剪承载力设计值；

V_{cs}——斜截面上混凝土和箍筋的受剪承载力设计值，$V_{cs} = V_c + V_{sv}$。

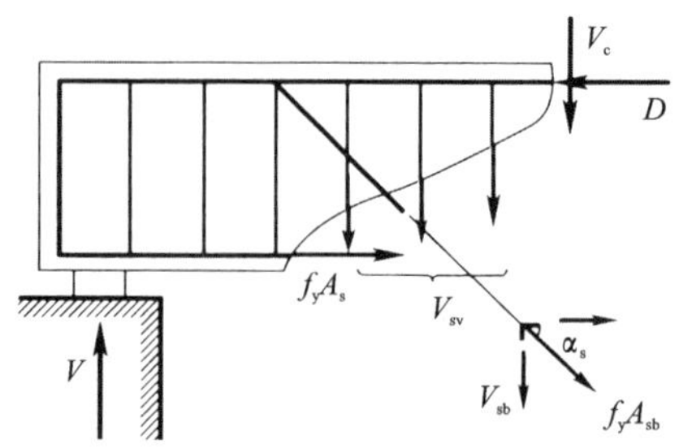

图5.3 斜截面内力图形

1. 板的斜截面受剪承载力计算公式

不配置箍筋和弯起钢筋的板是无腹筋受弯构件，其斜截面受剪承载力应按下式计算：

$$V=0.7\beta_h f_t b h_0 \tag{5.3}$$

$$\beta_h=\left(\frac{800}{h_0}\right)^{\frac{1}{4}} \tag{5.4}$$

式中，V——构件斜截面上的最大剪力设计值；

β_h——截面高度影响系数，当 $h_0<800$ mm 时，取 $h_0=800$ mm；当 $h_0>2000$ mm 时，取 $h_0=2\,000$ mm；

f_t——混凝土轴心抗拉强度设计值，按附表 B.1 采用。

2. 梁的斜截面受剪承载力计算公式

1)仅配箍筋的梁

仅配箍筋的梁斜截面受剪承载力 V_{cs} 等于剪压区混凝土的受剪承载力设计值 V_c 和与斜裂缝相交的箍筋受剪承载力设计值 V_{sv} 之和，试验表明：影响 V_c 和 V_{sv} 的因素很多，很难单独确定它们的数值。《规范》给出的计算公式，是考虑了影响斜截面承载力的主要因素，对配有箍筋承受均布荷载、集中荷载的简支梁，以及连续梁和约束梁作了大量试验，并对试验数据进行统计分析得出的。公式中的第一项为混凝土所承受的受剪承载力，第二项为配置箍筋后，梁所增加的受剪承载力。仅配箍筋的梁受剪承载力按下式计算：

$$V\leqslant V_{cs}=\alpha_{cv}f_t b h_0+f_{yv}\frac{A_{sv}}{s}h_0 \tag{5.5}$$

式中，α_{cv}——截面混凝土受剪承载力系数，对一般受弯构件取 0.7；对集中荷载作用下(包括多种荷载作用，其中集中荷载对支座截面或节点边缘所产生的剪力占总剪力值 75%以上的情况)的独立梁，取 $\alpha_{cr}=\frac{1.75}{\lambda+1.0}$，$\lambda$ 为计算截面的剪跨比，可取 $\lambda=\frac{a}{h_0}$，当 $\lambda<1.5$ 时，取 $\lambda=1.5$；当 $\lambda>3$ 时；取 $\lambda=3$；a 为集中荷载作用点至支座或节点边缘的距离；

b——矩形截面的宽度，T 形或工字形截面的腹板宽度：

f_t——混凝土轴心抗拉强度设计值，按附表 B.1 采用；

f_{yv}——箍筋抗拉强度设计值，按附表 B.2 采用；

A_{sv}——配置在同一截面内箍筋各肢的全部截面面积，$A_{sv}=nA_{sv1}$(n 为同一截面内箍筋的肢数，A_{sv1} 为单肢箍筋的截面面积)；

s——沿构件长度方向箍筋的间距。

2)配有箍筋和弯起钢筋的梁

矩形、T 形和工字型截面的受弯构件，当配有箍筋和弯起钢筋时，其斜截面的受剪承载力计算公式，由按式(5.5)计算的 V_{cs} 和与斜裂缝相交的弯起钢筋受剪承载力 V_{sb} 组成。而弯起钢筋受剪承载力 V_{sb} 应等于弯起钢筋承受的拉力 $f_y A_{sb}$ 在垂直于梁轴方向的分力。

$$V\leqslant V_{cs}+0.8f_y A_{sb}\sin\alpha_s \tag{5.6}$$

式中，A_{sb}——同一弯起平面的弯起钢筋截面面积；

α_s——弯起钢筋与梁纵轴之间的夹角，一般情况取 $\alpha_s=45°$，当梁高 $h>800$ mm 时取 $\alpha_s=60°$；

f_y——弯起钢筋的抗拉强度设计值，按附表 B.2 采用；

0.8——考虑到弯起钢筋与破坏斜截面相交位置的不定性，其应力可能达不到屈服强度，而采用的钢筋应力不均匀系数。

3. 计算公式的适用条件

上述梁的斜截面受剪承载力计算公式仅适用于剪压破坏情况，为防止斜压和斜拉破坏，还必须确定计算公式的适用条件。

1）截面限制条件

当$\frac{h_w}{b}\leqslant 4$时，$V\leqslant 0.25\beta_c f_c b h_0$ (5.7a)

当$\frac{h_w}{b}\geqslant 6$时，$V\leqslant 0.2\beta_c f_c b h_0$ (5.7a)

当$4<\frac{h_w}{b}<6$时，按线性内插法取用。

式中，V——构件斜截面上的最大剪力设计值；

β_c——混凝土强度影响系数，当混凝土强度等级不超过C50时，取$\beta_c=1$；当混凝土强度等级为C80时，取$\beta_c=0.8$，其间按线性内插法取用；

b——矩形截面的宽度，T形或工字形截面的腹板宽度；

h_w——截面腹板高度，矩形截面取有效高度h_0；T形截面取有效高度减去翼缘高度；工字形截面取腹板净高，如图4.7所示。

截面限制条件的意义：首先是为了防止梁的截面尺寸过小、箍筋配置过多而发生的斜压破坏，其次是限制使用阶段的斜裂缝宽度，同时也是受弯构件箍筋的最大配筋率条件。工程设计中如不能满足上述条件时，则应加大截面尺寸或提高混凝土强度等级。

2）抗剪箍筋的最小配筋率

梁中抗剪箍筋的配筋率应满足如图5.4所示要求：

$$\rho_{sv}=\frac{A_{sv}}{bs}=\frac{nA_{sv1}}{bs}\geqslant\rho_{sv,\min}=0.24\frac{f_t}{f_{yv}} \quad (5.8)$$

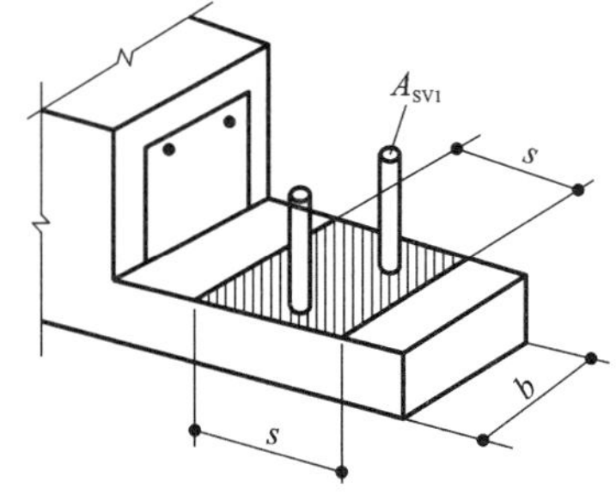

图5.4 配筋率ρ_{sv}的定义

式中，A_{sv}——配置在同一截面内箍筋各肢的全部截面面积，$A_{sv}=nA_{sv1}$；

A_{sv1}——单肢箍筋的截面面积；

n——在同一截面内箍筋的肢数；

b——矩形截面的宽度，T形、工字形截面的腹板宽度；

s——沿构件长度方向上箍筋的间距。

配筋率与配箍率

规定箍筋最小配筋率的意义是防止发生斜拉破坏。因为斜裂缝出现后，原来由混凝土承担的拉力将转给箍筋，如果箍筋配得过少，箍筋就会立即屈服，造成斜裂缝的加速开展，甚至箍筋被拉断而导致斜拉破坏。工程设计中，如不能满足上述条件时，则应按$\rho_{sv,\min}$配箍筋，并满足构造要求。

4. 斜截面受剪承载力计算截面位置的确定

在计算斜截面受剪承载力时，应取作用在该斜截面范围的最大剪力作为剪力设计值，即斜裂缝起始端的剪力作为剪力设计值。其剪力设计值的计算截面应根据危险截面确定，通常按下列规定采用：

(1)支座边缘处的截面(图 5.5 中截面 1—1)；

(2)受拉区弯起钢筋弯起点处的截面(图 5.5 中截面 2—2、3—3)；

(3)箍筋截面面积或间距改变处的截面(图 5.5 中截面 4—4)；

(4)腹板宽度改变处的截面。

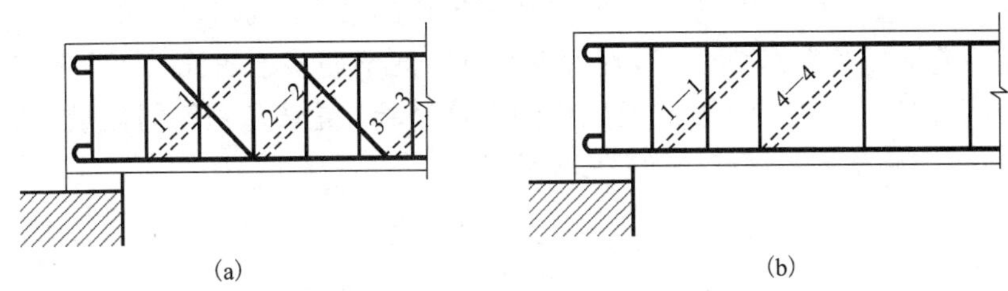

图 5.5　斜截面受剪承载力计算截面的位置

(a)弯起钢筋；(b)箍筋

5.2.2　斜截面受剪承载力计算方法及步骤

与正截面受弯承载力计算一样，斜截面受剪的承载力计算也有截面设计和截面复核两类问题。

1. 截面设计

已知剪力设计值 V，截面尺寸 $b \times h$，材料强度等级 f_c、f_t、f_y、f_{yv}、β_c，纵向受力钢筋，要求计算梁中腹筋数量。

当按公式进行截面设计时，其计算方法和步骤如下：

1)复核截面尺寸

梁的截面尺寸一般先由正截面承载力计算确定，在进行斜截面受剪承载力计算时，还应按式(5.7)进行复核，如不满足要求，则应加大截面尺寸或提高混凝土的强度等级。

2)确定是否需要按计算配置腹筋

当梁截面所承受的剪力设计值较小，而且符合下列公式要求时，可不进行斜截面的受剪承载力计算，按构造要求配置箍筋。否则，需按计算配置腹筋。

矩形、T 形、工字形截面的一般受弯构件：

$$V \leqslant 0.7 f_t b h_0 \tag{5.9}$$

集中荷载作用下的独立梁：

$$V \leqslant \frac{1.75}{\lambda + 1} f_t b h_0 \tag{5.10}$$

3)计算腹筋用量

(1)仅配箍筋时，按式(5.5)求出$\frac{A_{sv}}{s}$。

矩形、T 形及工字形截面一般受弯构件：

$$\frac{A_{sv}}{s} = \frac{n A_{sv1}}{s} \geqslant \frac{V - 0.7 f_t b h_0}{f_{yv} h_0} \tag{5.11}$$

集中荷载作用下(包括多种荷载作用，其中集中荷载对支座截面或节点边缘产生的剪力占总剪力值的75%以上)的独立梁：

$$\frac{A_{sv}}{s}=\frac{nA_{sv1}}{s}\geqslant\frac{V-\dfrac{1.75}{\lambda+1}f_tbh_0}{f_{yv}h_0} \tag{5.12}$$

再按构造要求确定箍筋肢数和箍筋直径，从而可得单肢箍筋横截面面积 A_{s1}，并计算出箍筋间距 s($\leqslant s_{max}$，查表5.6)，最后按式(5.8)验算箍筋的最小配筋率。

(2)既配箍筋又配弯起钢筋时，当剪力较大且纵向钢筋多于两根时，可采用这种方法配置腹筋。这种情况下一般按构造要求或以往的设计经验，先选定箍筋的数量，按式(5.5)算出 V_{cs}，然后按下式确定弯起钢筋的横截面面积 A_{sb}。

$$A_{sb}=\frac{V-V_{cs}}{0.8f_y\sin\alpha_s} \tag{5.13}$$

在计算弯起钢筋时，剪力设计值按下列规定采用：

(a)当计算第一排(对支座而言)弯起钢筋时，取支座边缘处的剪力值；

(b)当计算以后每排弯起钢筋时，取前排(对支座而言)弯起钢筋弯起点处的剪力值。

弯起钢筋的排数：对均布荷载，最后一排弯起钢筋弯起点处剪力小于 V_{cs}时，可不再设置弯筋；对集中荷载，最后一排弯起钢筋弯起点到集中荷载作用点的距离小于等于表5.6中 $V>0.7f_tbh_0$时箍筋的最大间距 s_{max}时，可不再设弯筋(图5.6)。

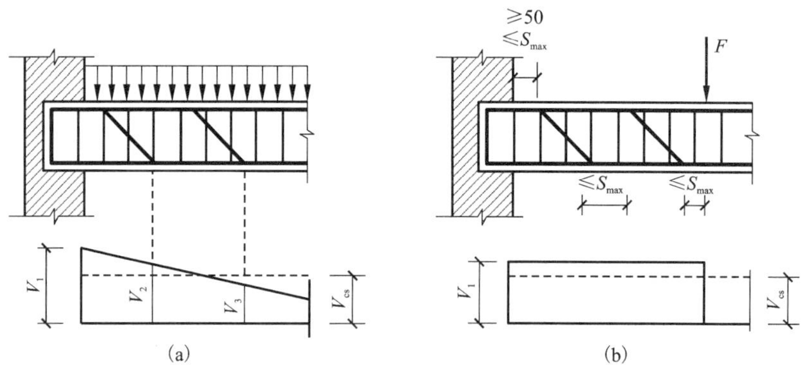

图5.6　钢筋的弯起

(a)均布荷载的钢筋弯起；(b)集中荷载的钢筋弯起

2. 截面复核

已知截面尺寸 $b\times h$，材料强度等级f_c、f_t、f_y、f_{yv}、β_c，配箍量 n、A_{sv1}、s，以及弯起钢筋截面面积 A_{sb}等，求梁的斜截面受剪承载力设计值 V_u(或已知剪力设计值 V，复核梁的斜截面承载力是否安全)。

这类问题只要将已知条件代入式(5.4)，或式(5.5)，或式(5.6)，即可求得解答。同时还应注意验算公式的适用条件。

斜截面受剪承载力计算截面设计步骤流程图框如下：

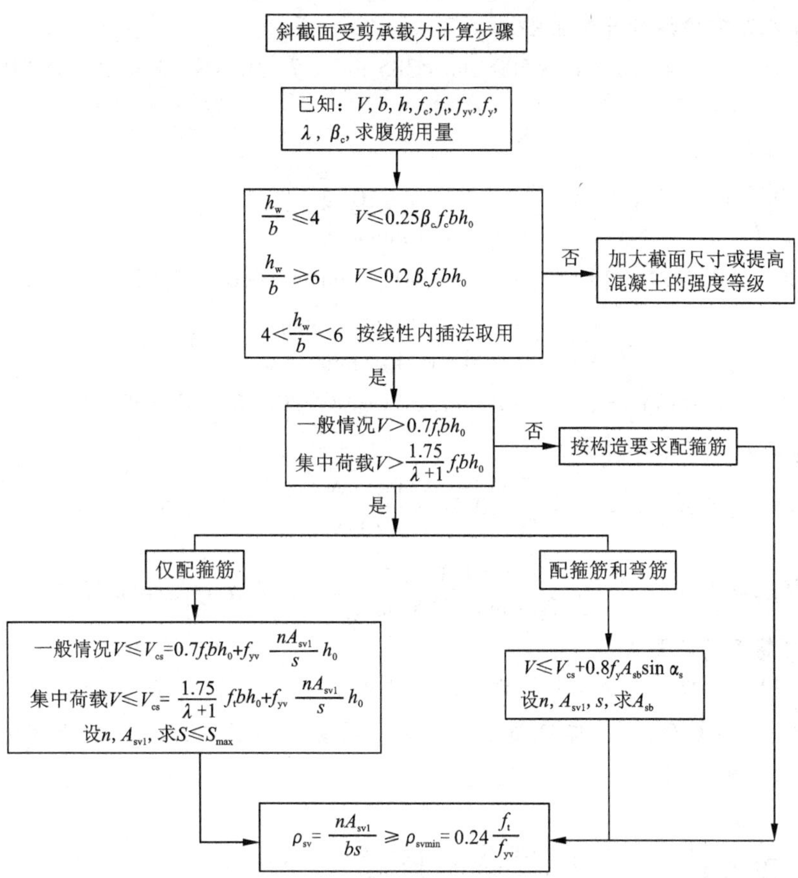

注：①集中荷载情况包括作用多种荷载，其中集中荷载对支座截面或节点边缘所产生的剪力占总剪力值75%以上的独立梁。

②当 $\lambda < 1.5$ 时，取 $\lambda = 1.5$；当 $\lambda > 3$ 时；取 $\lambda = 3$。

【例题5.1】 求例4.6所示次梁L3箍筋用量，箍筋采用HPB300级。

【解】 (1)计算剪力设计值

取支座边缘处的截面为计算截面，计算时用净跨。

$$V = \frac{1}{2}ql_n = \frac{1}{2} \times 43\ \text{kN/m} \times 5.7\ \text{m} = 122.55\ \text{kN}$$

(2)材料强度设计值等参数

由附表B.1查得，C30混凝土 $f_c = 14.3\ \text{N/mm}^2$，$f_t = 1.43\ \text{N/mm}^2$，$\beta_c = 1$。

由附表B.2查得，HPB300级钢筋，$f_{yv} = 270\ \text{N/mm}^2$

(3)复核梁的截面尺寸

$h_w = h_0 = h - a_s = 450\ \text{mm} - 65\ \text{mm} = 385\ \text{mm}$

$\frac{h_w}{b} = \frac{h_0}{b} = \frac{385\ \text{mm}}{200\ \text{mm}} = 1.925 < 4$

$$\begin{aligned}0.25\beta_c f_c b h_0 &= 0.25 \times 1 \times 14.3\ \text{N/mm}^2 \times 200\ \text{mm} \times 385\ \text{mm} \\ &= 275.28\ \text{kN} > V = 122.55\ \text{kN}\end{aligned}$$

截面尺寸符合要求。

(4)验算是否需要按计算配箍筋

$0.7f_tbh_0=0.7\times1.43\ \text{N/mm}^2\times200\ \text{mm}\times385\ \text{mm}=77.07\ \text{kN}<V=122.55\ \text{kN}$

应按计算配置箍筋。

(5)计算箍筋用量

$\frac{A_{sv}}{s}=\frac{V-0.7f_tbh_0}{f_{yv}h_0}=\frac{122.55\times10^3\ \text{N}-77.07\times10^3\ \text{N}}{270\ \text{N/mm}^2\times385\ \text{mm}}=0.438\ \text{mm}^2/\text{mm}$

按构造要求选箍筋双肢Φ8($n=2$，$A_{sv1}=50.3\ \text{mm}^2$)，则箍筋间距为

$$s=\frac{A_{sv}}{0.438}=\frac{nA_{sv1}}{0.438}=\frac{2\times50.3\ \text{mm}^2}{0.438\ \text{mm}^2/\text{mm}}=230\ \text{mm}$$

取箍筋间距 $s=200\ \text{mm}=s_{max}=200\ \text{mm}$，记作Φ8@200沿全梁等距布置

(6)验算箍筋的最小配筋率

箍筋最小配筋率 $\rho_{sv,\min}=0.24\frac{f_t}{f_{yv}}=0.24\times\frac{1.43\ \text{N/mm}^2}{270\ \text{N/mm}^2}=0.127\%$

实际箍筋配筋率 $\rho_{sv}=\frac{nA_{sv1}}{bs}=\frac{2\times50.3\ \text{mm}^2}{200\ \text{mm}\times200\ \text{mm}}=0.25\%>\rho_{sv,\min}=0.127\%$

箍筋的配筋率满足要求。

【例题5.2】 矩形截面简支梁，其跨度及荷载设计值(包括自重)如图5.7所示，截面尺寸 $b\times h=250\ \text{mm}\times600\ \text{mm}$，环境类别为一类，安全等级为二级，混凝土为C25，箍筋为HPB300级，试求箍筋用量。

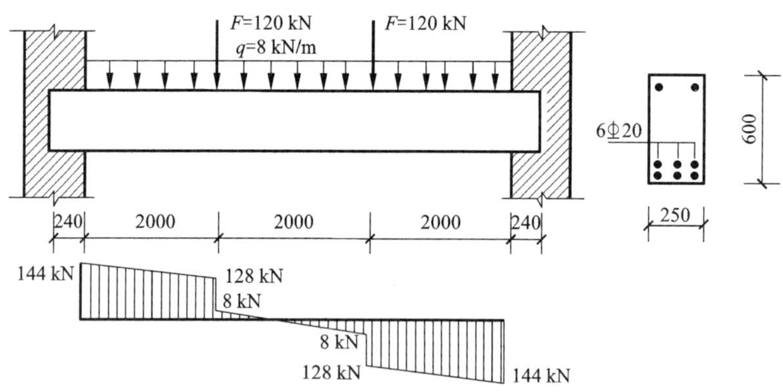

图5.7　例题5.2附图

【解】 (1)材料强度设计值

由附表B.1查得 $f_c=11.9\ \text{N/mm}^2$，$f_t=1.27\ \text{N/mm}^2$，C25混凝土 $\beta_c=1$，由附表B.2查得 $f_{yv}=270\ \text{N/mm}^2$。

(2)计算剪力设计值

均布荷载在支座边缘处产生的剪力设计值为：

$$V_q=\frac{1}{2}ql_n=\frac{1}{2}\times8\ \text{kN/m}\times6\ \text{m}=24\ \text{kN}$$

集中荷载在支座边缘处产生的剪力设计值为：

$$V_F = 120\ \text{kN}$$

支座边缘处总剪力设计值为：

$$V = V_q + V_F = 24\ \text{kN} + 120\ \text{kN} = 144\ \text{kN}$$

集中荷载在支座边缘处产生的剪力设计值与该截面总剪力设计值的百分比：120 kN/144 kN = 83.3% >75%，按集中荷载作用下相应公式计算受剪承载力。

(3)复核梁的截面尺寸

纵向受拉钢筋二排布置 $h_0 = 600\ \text{mm} - 70\ \text{mm} = 530\ \text{mm}$，则

$$\frac{h_w}{b} = \frac{h_0}{b} = \frac{530\ \text{mm}}{250\ \text{mm}} = 2.12 < 4$$

$0.25\beta_c f_c bh_0 = 0.25 \times 1 \times 11.9\ \text{N/mm}^2 \times 250\ \text{mm} \times 530\ \text{mm} = 394.19\ \text{kN} > V = 144\ \text{kN}$（截面尺寸符合要求）

(4)验算是否需要按计算配置腹筋

剪跨比 $\lambda = \dfrac{a}{h_0} = \dfrac{2000\ \text{mm}}{530\ \text{mm}} = 3.77 > 3$，取 $\lambda = 3$，则

$\dfrac{1.75}{\lambda+1} f_t bh_0 = \dfrac{1.75}{3+1} \times 1.27\ \text{N/mm}^2 \times 250\ \text{mm} \times 530\ \text{mm} = 73.6\ \text{kN} < V = 144\ \text{kN}$（需要按计算配置腹筋）

(5)计算箍筋用量

$$\frac{A_{sv}}{s} = \frac{V - \dfrac{1.75}{\lambda+1} f_t bh_0}{f_{yv} h_0} = \frac{144 \times 10^3\ \text{N} - 73.6 \times 10^3\ \text{N}}{270\ \text{N/mm}^2 \times 530\ \text{mm}} = 0.492\ \text{mm}^2/\text{mm}$$

按构造要求选箍筋双肢Φ8（$n = 2$，$A_{sv1} = 50.3\ \text{mm}^2$），则箍筋间距

$$s \leqslant \frac{A_{sv}}{0.492} = \frac{nA_{sv1}}{0.492} = \frac{2 \times 50.3\ \text{mm}^2}{0.492} = 204.5\ \text{mm}$$

取箍筋间距 $s = 200\ \text{mm} < s_{max} = 250\ \text{mm}$，记作Φ8@200沿全梁等距布置。

(6)验算箍筋的最小配筋率

箍筋最小配筋率 $\rho_{sv,min} = 0.24 \dfrac{f_t}{f_{yv}} = 0.24 \times \dfrac{1.27\ \text{N/mm}^2}{270\ \text{N/mm}^2} = 0.112\%$

实际箍筋配筋率 $\rho_{sv} = \dfrac{nA_{sv1}}{bs} = \dfrac{2 \times 50.3\ \text{mm}^2}{250\ \text{mm} \times 200\ \text{mm}} = 0.201\% > \rho_{sv,min} = 0.112\%$

箍筋的配筋率满足要求。

【例题5.3】 一矩形截面简支梁，净跨 $l_n = 5.3$ m，承受均布荷载。结构的安全等级为二级。梁截面尺寸 $b \times h = 250\ \text{mm} \times 550\ \text{mm}$，混凝土强度等级C25（$f_c = 11.9\ \text{N/mm}^2$，$f_t = 1.27\ \text{N/mm}^2$），混凝土保护层厚度为25 mm。箍筋为HPB300级钢筋（$f_{yv} = 270\ \text{N/mm}^2$）。若沿梁全长配置双肢Φ8@150箍筋，试计算该梁的斜截面受剪承载力，并推算梁所能负担的均布荷载设计值（不包括梁自重）。

【解】 取 $a_s = 40$ mm，则 $h_0 = h - a_s = 550 - 40 = 510$ mm，最小配箍率为

$$\rho_{sv,\ min} = 0.24 \frac{f_t}{f_{yv}} = 0.24 \times \frac{1.27}{270} = 0.113\%$$

$$\rho_{sv}=\frac{A_{sv}}{bs}=\frac{2\times 50.3}{250\times 150}=0.0027>\rho_{sv,\min}=0.00113\text{(满足要求)}$$

由式(5.5)可得

$$V_u=\alpha_{cv}f_t bh_0+f_{yv}\frac{A_{sv}}{s}h_0$$

$$=0.7\times 1.27\times 250\times 510+270\times\frac{101}{150}\times 510=206066\ \text{N}=206.066(\text{kN})$$

$$<0.25\beta_c f_c bh_0=0.25\times 1\times 11.9\times 250\times 510=379313\ \text{N}=379.313(\text{kN})$$

设梁所能承受的均布荷载设计值为 q，梁单位长度上的自重标准值为 g_k，则有 $V_u=\frac{1}{2}(q+1.2g_k)l_n$，于是得

$$q=\frac{2V_u}{l_n}-1.2g_k=\frac{2\times 206.066}{5.3}-1.2\times 0.25\times 0.55\times 25=73.636(\text{kN/m})$$

这就是根据梁斜截面受剪承载力 V_u 值求得的梁所能承受的均布荷载设计值。

5.3 保证斜截面受弯承载力的构造要求

受弯构件斜截面承载力必须满足 $V\leqslant V_u$ 和 $M\leqslant M_u$ 两个条件。在实际工程设计中，通过计算配置腹筋来保证第一个条件，而通过采取构造措施来保证第二个条件。采用的构造措施有纵向钢筋的截断和弯起等。为了理解这些构造要求，必须先建立抵抗弯矩图的概念。

5.3.1 抵抗弯矩图(M_u 图)

抵抗弯矩图也叫材料图，是实际配置的纵向钢筋在梁的各正截面所能承受的弯矩图。它与构件的截面尺寸、纵向钢筋的数量及布置有关。

图 5.8 为均布荷载作用下的简支梁，跨中最大弯矩 $M_{\max}=\frac{1}{8}ql^2$，其弯矩图形为二次抛物线，称设计弯矩图。该梁配有 2Φ18 +2Φ22 的纵向受拉钢筋，当截面尺寸和材料强度确定后，其抵抗弯矩值可由下式确定：

$$M_u=f_yA_s\left(h_0-\frac{f_yA_s}{2\alpha_1 f_c b}\right)\tag{5.14}$$

如果全部纵向钢筋沿梁全长布置，既不弯起也不截断，则每个截面的抵抗弯矩相等，抵抗弯矩图为矩形 $abcd$。

这样做虽然构造简单，而且能保证所有截面的正截面和斜截面承载力，但除跨中截面外，纵向钢筋均没有得到充分利用，因而不经济。为了节约钢材，可将一部分纵筋在受弯承载力不需要处截断或弯起作为受剪的弯起钢筋。下面介绍一下钢筋截断或弯起时抵抗弯矩图的画法。

首先按一定比例给出梁的设计弯矩图(即 M 图)，再求出跨中截面纵筋(2Φ18 +2Φ22)所能承担的抵抗弯矩 M_u。并近似地按钢筋截面面积的比例划分出每根钢筋所能抵抗的弯矩。

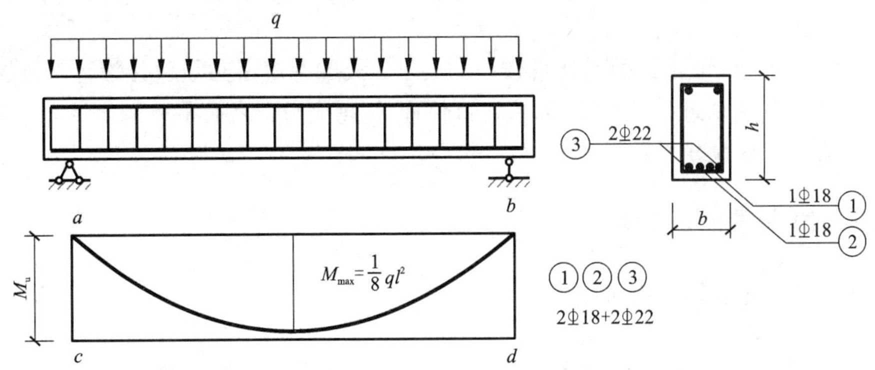

图 5.8　纵筋全部伸入支座时的抵抗弯矩图

$$M_{ui}=\frac{A_{si}}{A_s}M_u \tag{5.15}$$

式中，M_{ui}——第 i 根钢筋的抵抗弯矩；

A_{si}——第 i 根钢筋的截面面积。

再按与绘制设计弯矩图相同的比例，将每根钢筋在各正截面上的抵抗弯矩绘在设计弯矩图上。如图 5.9 中 1、2、3 各点，$n-3$、$3-2$、$2-m$ 各代表①号、②号、③号（两根）钢筋所抵抗的弯矩。

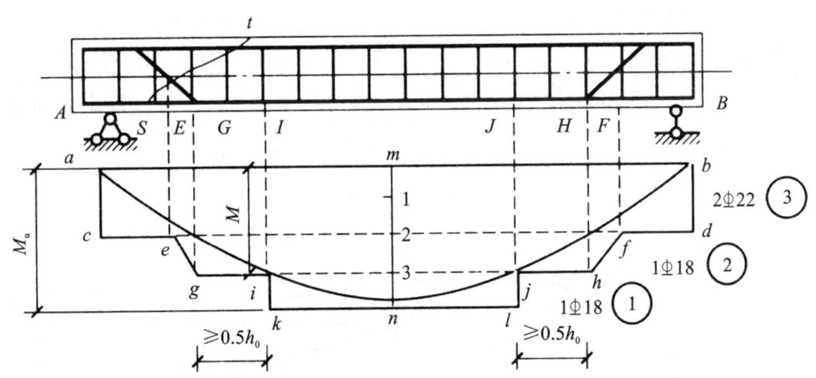

图 5.9　钢筋截断和弯起时的抵抗弯矩图

如果要把①号钢筋截断，过 3 点画水平线与设计弯矩图相交于 i、j 点，这说明在 I、J 处正截面承载力已不再需要①号钢筋了，可以把它截断。i、j 称为①号钢筋的“理论截断点”，同时 i、j 也是②号钢筋的“充分利用点”，因为在 i、j 处抵抗弯矩恰好与设计弯矩相等，②钢筋需要充分发挥作用。可见①号钢筋在 i、j 处截断时，在 M_u 图上就会形成台阶 ik 和 jl，表明抵抗弯矩的突变。

如果将②号钢筋在 G 和 H 截面处开始弯起，弯起后由于力臂逐渐减小，该钢筋的正截面抵抗弯矩也将逐渐降低，直到穿过与梁轴相交的 E、F 截面，弯筋进入压区，其抵抗弯矩才消失。因此，在梁上沿 E、F 作垂线与抵抗弯矩图中过 2 点的水平线交于 e、f 点，沿 G、H 作垂线与抵抗弯矩图中过3点的水平线交于 g、h 点，斜线 ge 及 hf 可反映了②号钢筋抵抗弯矩的变化。

可以看出，为了保证正截面受弯承载力的要求，抵抗弯矩图必须包住设计弯矩图（即 $M_u \geqslant M$），抵抗弯矩图越贴近设计弯矩图，纵筋利用也就越充分，因而也就越经济。当然，也应考虑施工方便配筋不宜过于复杂。

5.3.2 纵向钢筋的弯起位置

梁中纵向钢筋的弯起必须满足三个要求：

（1）满足斜截面受剪承载力的要求。

（2）满足正截面受弯承载力的要求。设计时必须使梁的抵抗弯矩图包住设计弯矩图。

（3）满足斜截面受弯承载力的要求。弯起钢筋应伸过其充分利用点至少 $0.5h_0$ 后才能弯起（图5.9），同时弯起钢筋与梁中心线的交点，应在不需要该钢筋的截面（即理论截断点）之外。

5.3.3 纵向钢筋的截断位置

梁跨中承受正弯矩的纵向受拉钢筋一般不宜在受拉区截断，这是因为钢筋截断处钢筋截面面积骤减，混凝土内的拉力骤增，引起纵筋截断处过早地出现裂缝，使构件承载力下降。而对连续梁、外伸梁和框架梁支座承受负弯矩的纵向受拉钢筋，可以根据弯矩图的变化将计算不需要的钢筋进行截断。

图5.10为连续梁的中间支座，设 a 点为①号钢筋的理论截断点，若设钢筋在 a 处截断，当出现斜裂缝 ac 时，斜截面承担的弯矩为 c 处对应的弯矩 M_c，由于 M_c 大于理论截断点 a 处对应的弯矩 M_a，因而未截断的剩余钢筋将不能承受斜截面弯矩 M_c，会发生斜截面受弯破坏。

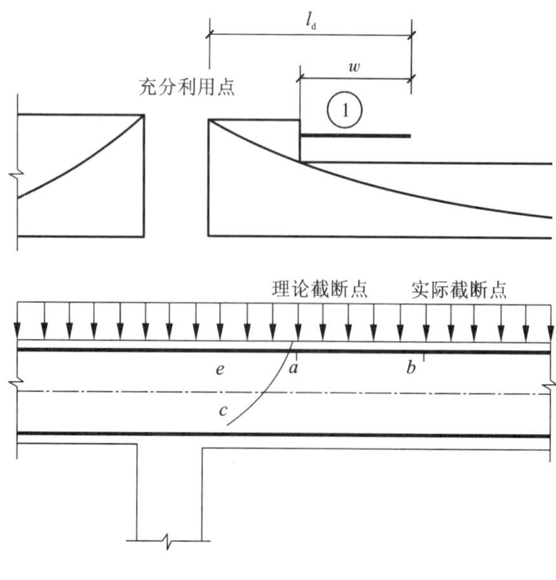

图5.10 纵筋的截断

设计时为了避免这种斜截面受弯破坏的发生，纵筋应从理论截断点延伸一定长度 w 后截断。这时在实际截断点 b 处如出现斜裂缝，则由于该处未截断的钢筋强度尚未被充分利用，还能承受一部分由斜裂缝出现而增加的弯矩，此外和斜裂缝相交的箍筋对剪压区中心取矩，也能补偿部分斜裂缝出现而增加的弯矩，使斜截面承载力得到保证。同时为了避免钢筋与混凝土之间的黏结裂缝出现，使纵筋强度能够充分利用，还要求应自钢筋充分利用点向外伸出一定长度 l_d 后截断。设计时应在 w 和 l_d 之间选用较大的伸出数值。

《规范》规定：梁支座截面负弯矩纵向受拉钢筋不宜在受拉区截断，如必须截断，应符合表 5.1 的规定：

表 5.1　负弯矩钢筋实际截断点的延伸长度　mm

截面条件	l_d	w
$V \leqslant 0.7f_t bh_0$	$\geqslant 1.2l_a$	$\geqslant 20d$
$V > 0.7f_t bh_0$	$\geqslant 1.2l_a + h_0$	$\geqslant h_0$，且 $\geqslant 20d$
$V > 0.7f_t bh_0$，且断点仍在负弯矩受拉区内	$\geqslant 1.2l_a + 1.7h_0$	$\geqslant 1.3h_0$，且 $\geqslant 20d$

上式中 d 为纵向钢筋直径，l_a 为受拉钢筋的锚固长度，按式(5.16)确定。

在钢筋混凝土悬臂梁中，应有不少于两根上部钢筋伸至悬臂梁外端，并向下弯折不小于 $12d$；其余钢筋不应在梁的上部截断，而应按规定的弯起点位置向下弯折，并按弯起钢筋的锚固长度在梁的下边锚固。

5.4　受弯构件钢筋构造要求的补充

5.4.1　钢筋的锚固长度

为了避免纵筋在受力过程中产生滑移，甚至从混凝土中拔出，造成锚固破坏，纵向受力钢筋必须伸过其受力截面一定长度，这个长度称为锚固长度。

1. 受拉钢筋的锚固长度

受拉钢筋的锚固长度又称为受拉锚固长度，当计算中充分利用纵向钢筋的抗拉强度时，受拉普通钢筋的锚固长度 l_a 可按下式计算：

$$l_a = \zeta_a \cdot l_{ab} \tag{5.16}$$

式中，l_a——受拉钢筋的锚固长度，当 $l_a < 200$ mm 时取 $l_a = 200$ mm；

l_{ab}——受拉钢筋的基本锚固长度，按表 5.2 确定；

ζ_a——锚固长度修正系数，按表 5.3 确定，当 ζ_a 多于一项时，可按连乘计算，但不应小于 0.6。

表 5.2　非抗震受拉钢筋的基本锚固长度 l_{ab}/mm

钢筋种类	混凝土强度等级								
	C20	C25	C30	C35	C40	C45	C50	C55	≥C60
HPB300	39d	34d	30d	28d	25d	24d	23d	22d	21d
HRB335 HRBF335	38d	33d	29d	27d	25d	23d	22d	21d	21d
HRB400 HRBF400 RRB400	—	40d	35d	32d	29d	28d	27d	26d	25d
HRB500 HRBF500	—	48d	43d	39d	36d	34d	32d	31d	30d

注：1. 表中 d 为钢筋的公称直径。

2. 光面钢筋（HPB300 级）受拉时，其末端应做 180°弯钩，弯后平直段长度不应小于 3d，但作受压钢筋时可不做弯钩。

3. 当锚固钢筋的保护层厚度不大于 5d 时，锚固钢筋长度范围内应设置横向构造钢筋，其直径不应小于 d/4（d 为锚固钢筋的最大直径）；对梁、柱等构件间距不应大于 5d，对板、墙等构件间距不应大于 10d，且均不应大于 100 mm（d 为锚固钢筋的最小直径）。

表 5.3　受拉钢筋锚固长度修正系数 ζ_a

锚固条件		ζ_a	
带肋钢筋的公称直径大于 25		1.10	
环氧树脂涂层带肋钢筋		1.25	
施工过程中易受扰动的钢筋		1.10	
锚固区保护层厚度	3d	0.80	注：中间时按内插值，d 为锚固钢筋直径
	4d	0.70	

2. 末端采用机械锚固措施时钢筋的锚固长度

在钢筋末端配置弯钩和机械锚固是减小锚固长度的有效方式，其原理是利用受力钢筋端部锚头（弯钩、贴焊锚筋、焊接锚板或螺栓锚头等）对混凝土的局部抵压作用加大锚固承载力。因此，当纵向受拉钢筋末端采用弯钩或机械锚固措施时，包括弯钩或锚固端头在内的锚固长度（投影长度）可取受拉钢筋基本锚固长度 l_{ab} 的 60%。机械锚固形式（图 5.11）及技术要求应符合表 5.4 的规定。

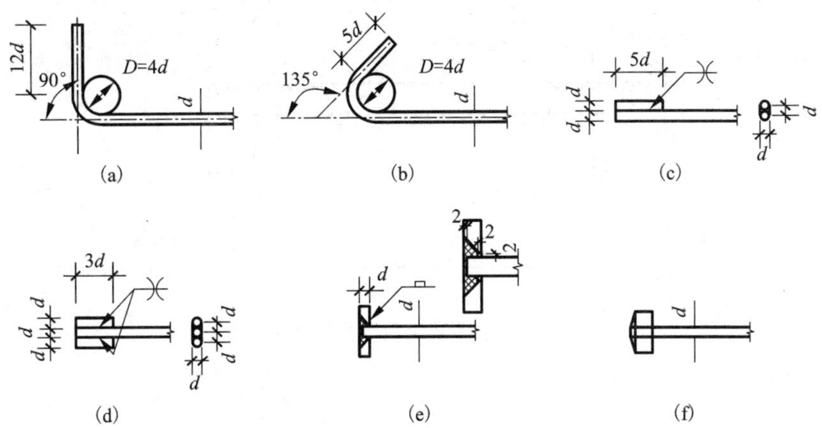

图 5.11　钢筋机械锚固的形式

(a)末端带 90°弯钩；(b)末端带 135°弯钩；(c)末端一侧贴焊锚筋；
(d)末端两侧贴焊锚筋；(e)末端与钢板穿孔塞焊；(f)末端带螺栓锚头

表 5.4　钢筋弯钩和机械锚固的形式和技术要求

锚固形式	技术要求
90°弯钩	末端 90°弯钩，弯钩内径 $4d$，弯后直段长度 $12d$
135°弯钩	末端 135°弯钩，弯钩内径 $4d$，弯后直段长度 $5d$
一侧贴焊锚筋	末端一侧贴焊长 $5d$ 同直径钢筋
两侧贴焊锚筋	末端两侧贴焊长 $3d$ 同直径钢筋
焊端锚板	末端与厚度 d 的锚板穿孔塞焊
螺栓锚头	末端旋入螺栓锚头

注：1. 焊缝和螺纹长度应满足承载力要求。
2. 螺栓锚头和焊接锚板的承压净面积不应小于锚固钢筋截面积的 4 倍。
3. 锚栓锚头的规格应符合相关标准的要求。
4. 螺栓锚头和焊接锚板的钢筋间距不宜小于 $4d$，否则应考虑群锚效应的不利影响。
5. 截面角部的弯钩和一侧贴焊锚筋的布筋方向宜向截面内侧偏置。

3. 纵向受压钢筋的锚固长度

当计算中充分利用纵向钢筋的抗压强度时，其锚固长度不应小于受拉钢筋锚固长度的 70%。

受压钢筋不应采用末端弯钩和一侧贴焊锚筋的锚固措施。

4. 钢筋在支座处的锚固

1)对板端

简支板或连续板下部纵向受力钢筋伸入支座的锚固长度不应小于 $5d$，d 为下部纵向受力钢筋的直径(图 5. 12)。当连续板内温度、收缩应力较大时，伸入支座的锚固长度宜适当增加。

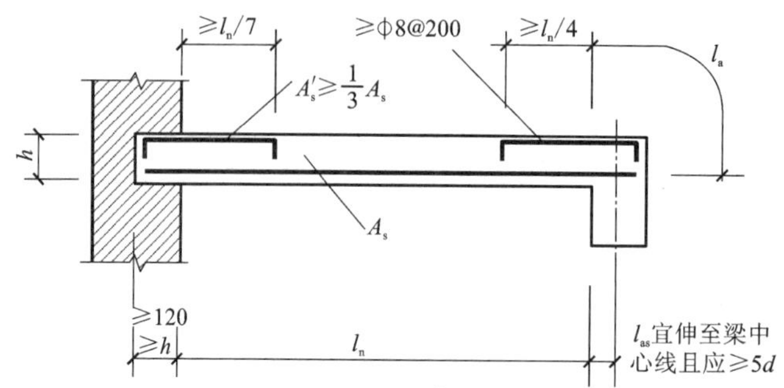

图 5.12　板端下部纵向受力钢筋的锚固

2）对梁端

简支梁或连续梁简支端的下部纵向受力钢筋，其伸入梁支座范围内的锚固长度 l_{as}（图 5.13）应符合下列要求：

当 $V \leqslant 0.7f_t bh_0$ 时，取 $l_{as} \geqslant 5d$；

当 $V > 0.7f_t bh_0$ 时，带肋钢筋取 $l_{as} \geqslant 12d$；光面钢筋取 $l_{as} \geqslant 15d$。

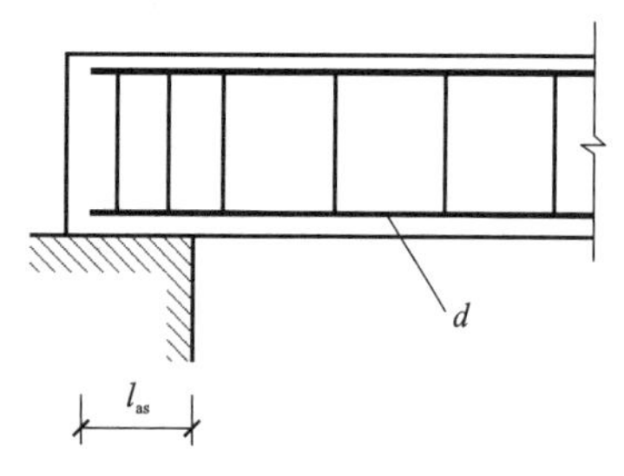

图 5.13　简支支座的锚固

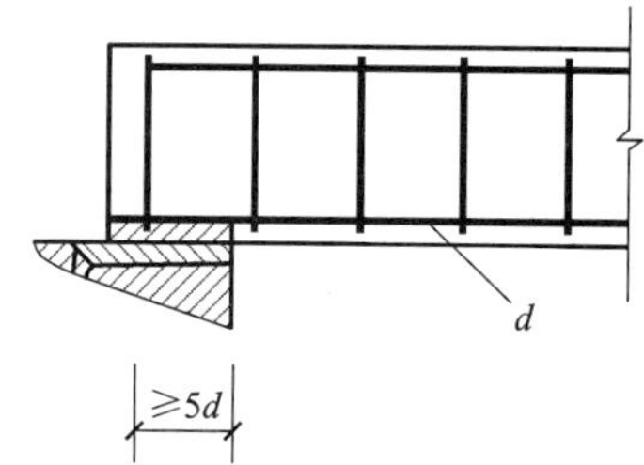

图 5.14　受力钢筋焊在预埋件上

此处 d 为纵向受力钢筋的直径。如纵向钢筋伸入梁支座范围内的锚固长度不符合上述要求时，应采取将受力钢筋焊在梁端支座的预埋件上（图 5.14）或其他机械锚固措施（图 5.15）。

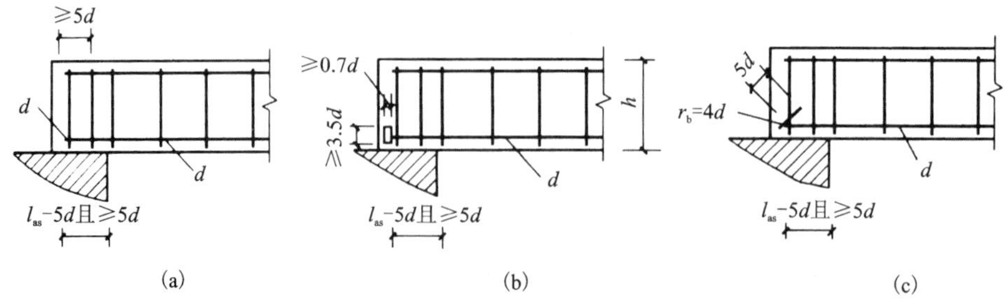

图 5.15　钢筋末端采用机械锚固措施

（a）加焊锚固钢筋；（b）加焊锚固钢板；（c）135°弯钩

对支承在砌体结构上的钢筋混凝土独立梁和采用（图 5.15）中机械锚固措施时的梁，在纵向受力钢筋的锚固长度 l_{as} 范围内应配置不少于两个箍筋，其直径不宜小于纵向受力钢筋最大直径的 0.25 倍，间距分别不宜大于纵向受力钢筋最小直径的 10 倍和 5 倍。

对混凝土强度等级不高于 C25 的简支梁和连续梁的简支端，当距支座边 1.5h 范围内作用有集中荷载，且 $V>0.7f_t bh_0$ 时，对带肋钢筋宜采取附加锚固措施，或取锚固长度 $l_{as}\geqslant 15d$。

3)对梁的中间支座

框架梁和连续梁的上部纵向钢筋应贯穿中间节点或中间支座范围，下部纵向钢筋当计算中不利用其钢筋强度时，其伸入中间支座和节点的锚固长度应符合上述简支座当 $V>0.7f_t bh_0$ 的规定(图 5.16)。

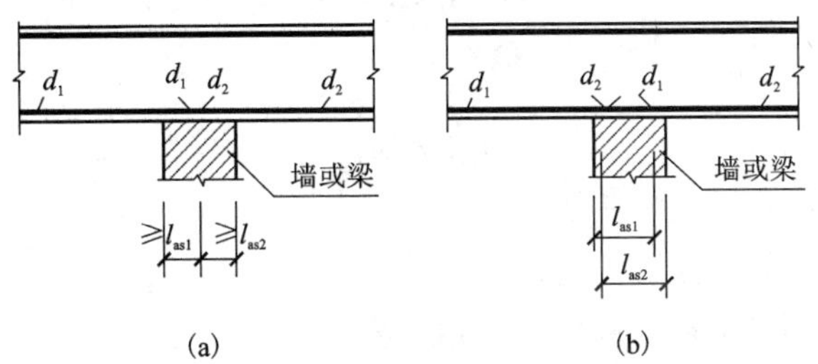

图 5.16　中间支座下部受力钢筋的锚固

(a)宽支座；(b)窄支座

5.4.2　钢筋的连接

当构件内钢筋长度不够时，宜在钢筋受力较小处进行钢筋的连接。钢筋的连接可分为两类：绑扎搭接，机械连接和焊接。

1. 绑扎搭接

对轴心受拉及小偏心受拉杆件的纵向受力钢筋不得采用绑扎搭接接头。其他构件中的钢筋采用绑扎搭接时，受拉钢筋直径不宜大于 25 mm，受压钢筋直径不宜大于 28 mm。

钢筋的连接

同一构件中相邻纵向受力钢筋的绑扎搭接接头宜相互错开。钢筋绑扎搭接接头的区段长度为 1.3 倍搭接长度，凡搭接接头中点位于该连接区段长度内的搭接接头均属于同一连接区段(图 5.17)。同一连接区段内受力钢筋搭接接头面积百分率为该区段内有搭接接头的纵向受力钢筋截面面积与全部纵向受力钢筋截面面积的比值。当直径不同的钢筋搭接时，按直径较小的钢筋计算。

位于同一连接区段内的受拉钢筋搭接接头面积百分率：对于梁类、板类及墙类构件，不宜大于 25%，对于柱类构件，不宜大于 50%。当工程中确有必要增大受拉钢筋搭接接头面积百分率时，对梁类构件不应大于 50%；对板类、墙类、柱及预制构件的拼接处，可根据实际情况放宽。

并筋采用绑扎连接时，应按每根单筋错开搭接方式连接。接头面积百分率应按同一连接区段内所有的单根钢筋计算。并筋中钢筋的搭接长度应按单筋分别计算。

纵向受拉钢筋绑扎搭接接头的搭接长度，应根据位于同一连接区段内的钢筋搭接接头面积百分率按下式计算，且在任何情况下不应小于 300 mm。

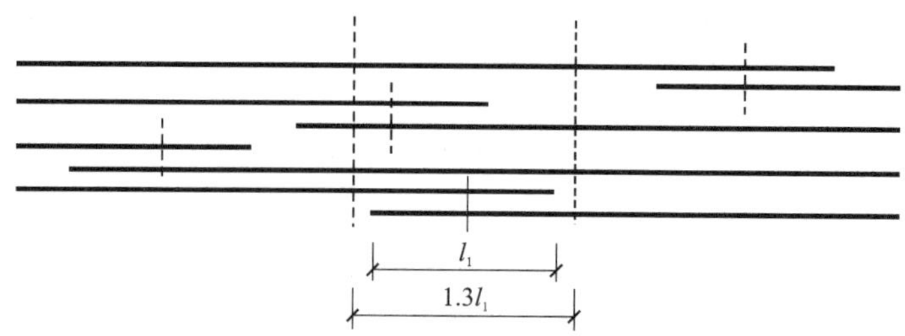

图 5.17　同一连接区段内的纵向受拉钢筋绑扎搭接接头

（注：图中所示同一连接区段内的搭接接头钢筋为两根，当钢筋直径相同时，钢筋搭接接头面积百分率为50%）

$$l_l = \zeta_l \cdot l_a \tag{5.17}$$

式中，l_l——纵向受拉钢筋的搭接长度；

l_a——纵向受拉钢筋的锚固长度；

ζ_l——纵向受拉钢筋搭接长度修正系数，按表 5.5 取用。

表 5.5　纵向受拉钢筋搭接长度修正系数

纵向搭接钢筋接头面积百分率/%	≤25	50	100
ζ_1	1.2	1.4	1.6

构件中的受压钢筋当采用搭接连接时，其受压搭接长度不应小于纵向受拉钢筋搭接长度的 0.7 倍，且在任何情况下不应小于 200 mm。

在纵向受力钢筋搭接长度范围内应配置箍筋，其直径不应小于搭接钢筋较大直径的 0.25 倍。对梁、柱等构件，搭接钢筋为受压时，箍筋间距不应大于搭接钢筋较小直径的 5 倍，且均不应大于 100 mm；搭接钢筋为受拉时，箍筋间距不应大于搭接钢筋较小直径的 10 倍，且均不应大于 200 mm。当受压钢筋直径大于 25 mm 时，尚应在搭接接头两个端面外 100 mm 范围内各设置两道箍筋。

2. 机械连接和焊接接头

纵向受力钢筋机械连接和焊接接头的位置宜相互错开。钢筋机械连接和焊接连接接头连接区段的长度为 35d（d 为连接钢筋的较小直径，当为焊接连接时区段的长度还应不小于 500 mm），凡接头中点位于该连接区段长度内的机械连接和焊接接头均属于同一连接区段。位于同一连接区段内的纵向受拉钢筋接头面积百分率不宜大于 50%。但对板、墙、柱及预制构件连接处，可根据实际情况放宽。纵向受压钢筋的接头面积百分率可不受限制。

细晶粒热轧带肋钢筋以及直径大于 28 mm 的带肋钢筋，其焊接应经试验确定；余热处理钢筋不宜焊接。

机械连接套筒的保护层厚度宜满足有关钢筋最小保护层厚度的规定。机械连接套筒的横向净间距不宜小于 25 mm，套筒处箍筋的间距仍应满足相应的构造要求。

5.4.3　箍筋的构造要求

1. 箍筋的布置

对 $V \leqslant 0.7 f_t b h_0$（或 $V \leqslant \frac{1.75}{\lambda+1} f_t b h_0$）按计算不需要箍筋的梁，当截面高度 $h > 300$ mm 时，应沿全梁设置箍筋；当截面高度 $h = 150 \sim 300$ mm 时，可仅在构件端部各四分之一跨度范围内设置箍筋；但当在构件中部二分之一跨度范围内有集中荷载作用时，则应沿梁全长设置箍筋；当截面高度 $h < 150$ mm 时，可不设箍筋。

2. 箍筋的形式和肢数

箍筋形式有封闭式和开口式两种（图 5.18），对 T 形截面梁，当不承受动荷载和扭矩时，在承受正弯矩的区段内可以采用开口式箍筋，除上述情况外，一般梁中均采用封闭式。箍筋的两个端头应作成 135°弯钩，弯钩端部平直段长度不应小于 $5d$（d 为箍筋直径）和 50 mm。

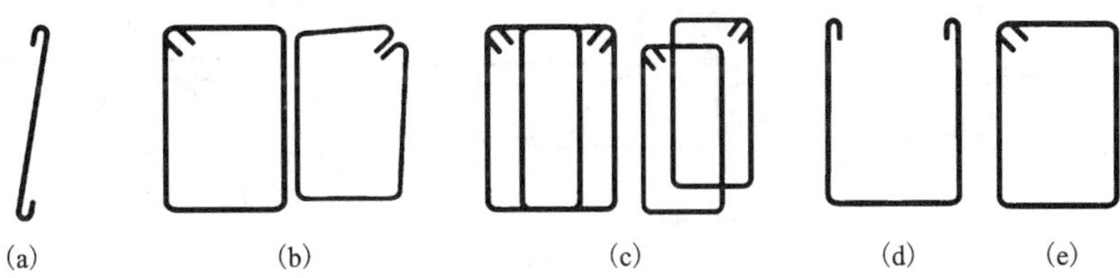

图 5.18　箍筋的肢数和形式

(a)单支箍筋；(b)双支箍筋；(c)四肢箍筋；(d)开口式箍筋；(e)封闭式箍筋

箍筋的肢数有单肢、双肢和四肢。当梁宽 $b < 350$ mm 箍筋一般采用双肢箍筋，当梁宽 $b > 400$ mm，且一层的纵向受压钢筋多于 3 根，或梁宽 $b \leqslant 400$ mm，且一层内纵向受压钢筋多于 4 根时，应采用四肢箍筋。当梁的截面宽度特别小时，也可采用单肢箍筋。

3. 箍筋的直径

为了使箍筋与纵筋联系形成的骨架具有一定刚性，箍筋的直径不能太小。《规范》规定：对于高度 $h > 800$ mm 的梁，其箍筋直径不宜小于 8 mm；对截面高度 $h \leqslant 800$ mm 的梁，其箍筋直径不宜小于 6 mm；当梁中配有计算需要的纵向受压钢筋时，箍筋直径尚不应小于纵向受压钢筋最大直径的 0.25 倍，在受力钢筋搭接长度范围内，箍筋直径不应小于搭接钢筋较大直径的 0.25 倍。

4. 箍筋的间距

梁中箍筋间距在满足计算要求的同时，还应符合最大间距的要求。这是为了防止箍筋间距过大，出现不与箍筋相交的斜裂缝[图 5.20(a)]，并控制斜裂缝的宽度。箍筋最大间距见表 5.6 规定。

当梁中配有按计算所需的纵向受压钢筋时，箍筋应做成封闭式；此时，箍筋的间距在绑扎骨架中不应大于 $15d$，在焊接骨架中不应大于 $20d$（d 为纵向受压钢筋的最小直径），同时在任何情况下不应大于 400 mm；当一层内的纵向受压钢筋多于 3 根时，应设置复合箍筋；当一层内的纵向受压钢筋多于 5 根且直径大于 18 mm 时，箍筋间距不应大于 $10d$；当梁的宽度不大于 400 mm，且一层内的纵向受压钢筋不多于 4 根时，可不设置复合箍筋。

表 5.6　梁中箍筋最大间距 s_{max}　　mm

梁高 h/mm	$150 < h \leqslant 300$	$300 < h \leqslant 500$	$500 < h \leqslant 800$	$h > 800$
$V \leqslant 0.7 f_t b h_0$	200	300	350	400
$V > 0.7 f_t b h_0$	150	200	250	300

5.4.4　弯起钢筋的构造要求

在钢筋混凝土梁中，承受剪力的钢筋宜优先选用箍筋。当设置弯起钢筋时，弯起钢筋的弯终点处应留有平行于轴线方向的锚固长度，其长度在受拉区不应小于 $20d$，在受压区不应小于 $10d$（d 为弯起钢筋的直径）对光面钢筋末端还应设置弯钩（图 5.19）。

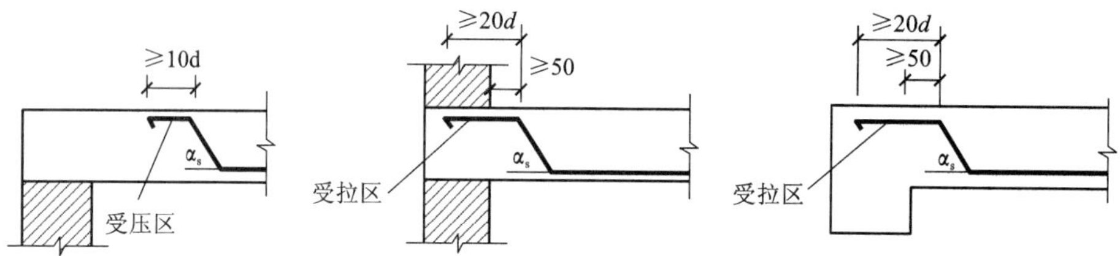

图 5.19　弯起钢筋端部构造

位于梁底层钢筋中的角部钢筋不应弯起，梁顶层钢筋中的角部钢筋不应弯下。弯起钢筋的弯起角度在板中为 30°，在梁中宜取 45°或 60°。

弯起钢筋的间距是指前一排弯起钢筋弯起点至后一排弯起钢筋弯终点之间的水平距离，这个距离不应大于表 5.6 中 $V > 0.7 f_t b h_0$ 规定的箍筋最大间距 s_{max}，以避免在两排弯起钢筋之间出现不与弯起钢筋相交的斜裂缝，如图 5.20(b)所示。

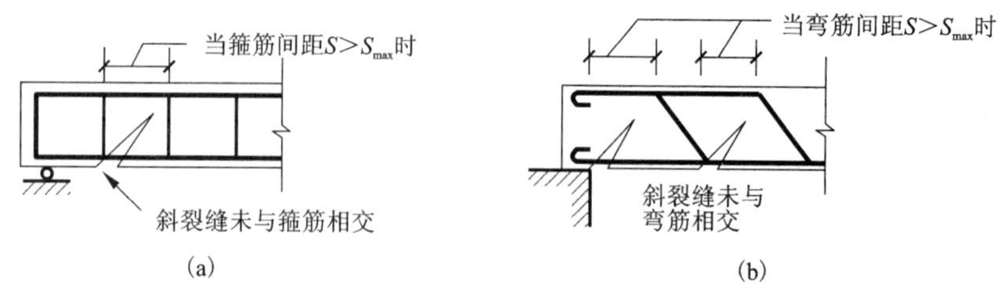

图 5.20　梁端斜裂缝

弯起钢筋一般是由纵向受力钢筋弯起而成，当纵向钢筋弯起不能满足正截面和斜截面抗弯要求，而按斜截面受剪承载力又必须设置弯筋时，可单独设置只承受剪力的弯筋，并做成“鸭筋”的形式（图 5.21），此时鸭筋的两端均锚固在受压区内，禁止采用一端在受拉区而锚固性能较差的“浮筋”。吊筋构造及计算详见第 11 章 11.2.7 第 2 点。

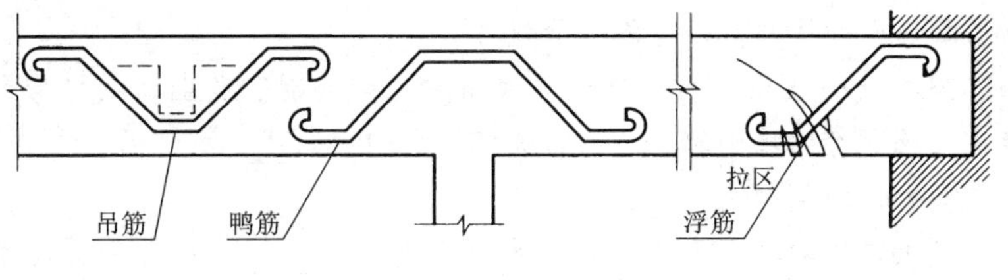

图 5.21　鸭筋与浮筋

小　结

(1)根据剪跨比和箍筋用量的不同，斜截面受剪的破坏形态有三种：斜压破坏、斜拉破坏和剪压破坏。其中斜压和斜拉破坏在工程中不允许出现，应通过限制截面尺寸和控制箍筋的最小配筋率来防止这两种破坏，而对剪压破坏则是通过计算来防止的。

(2)斜截面受剪承载力计算公式是以剪压破坏为依据建立的。其受剪承载力由三部分组成：$V_u = V_c + V_{sv} + V_{sb}$，其中 $V_c = \alpha_{cr} f_t b h_0$，$V_{sv} = f_{yv}\dfrac{A_{sv}}{s}h_0$，$V_{sb} = 0.8 f_y A_{sb} \sin\alpha_s$，对一般受弯构件 $\alpha_{cr} = 0.7$，对集中荷载作用的独立梁(包括作用有多种荷载，其中集中荷载对支座截面或节点边缘产生的剪力值大于总剪力75%的情况)，$\alpha_{cr} = \dfrac{1.75}{\lambda + 1}$。

(3)斜截面承载力计算包括斜截面受剪承载力和斜截面受弯承载力两个方面，斜截面受剪承载力是经过计算在梁中配置足够的腹筋来保证的，而斜截面受弯承载力则是通过构造措施来保证的。这些构造措施有纵向钢筋的截断和弯起等。

(4)抵抗弯矩图是实际配置的钢筋在梁的各正截面所承受的弯矩图。通过抵抗弯矩图可以确定钢筋弯起和截断的位置。抵抗弯矩 M_u 图必须包住设计弯矩 M 图，M_u 与 M 图越贴近，钢筋利用越充分。同一根梁、同一个设计弯矩图，可以有不同的纵筋布置方案，不同的抵抗弯矩图。

习　题

一、填空题

1. 斜裂缝产生的原因是：由于支座附近的弯矩和剪力共同作用，产生________超过了混凝土的极限抗拉强度而开裂的。

2. 斜裂缝破坏的主要形态有：________、________、________，其中属于材料充分利用的是________。

3. 梁的斜截面承载力随着剪跨比的增大而________。

4. 梁的斜截面破坏形态主要有三种，其中，以________破坏的受力特征为依据建立斜截面承载力的计算公式。

5. 随着混凝土强度的提高，其斜截面承载力________。

6. 随着纵向配筋率的提高，其斜截面承载力________。

7. 当梁的配箍率过小或箍筋间距过大并且剪跨比较大时，发生的破坏形式为________；当梁的配箍率过大或剪跨比较小时，发生的破坏形式为________。

8. 设置弯起筋的目的是________、________。

9. 为了防止发生斜压破坏，梁上作用的剪力应满足________；为了防止发生斜拉破坏，梁内配置的箍筋应满足________。

10. 梁内设置鸭筋的目的是________，它不能承担弯矩。

二、判断题

1. 剪压破坏时，与斜裂缝相交的腹筋先屈服，随后剪压区的混凝土压碎，材料得到充分利用，属于塑性破坏。(　　)

2. 斜拉、斜压、剪压破坏均属于脆性破坏，但剪压破坏时，材料能得到充分利用，所以斜截面承载力计算公式是依据剪压破坏的受力特征建立起来的。(　　)

3. 梁内设置箍筋的主要作用是保证形成良好的钢筋骨架，保证钢筋的正确位置。(　　)

4. 当梁上作用有均布荷载和集中荷载时，应考虑剪跨比 λ 的影响，取 $\lambda = \dfrac{M}{Vh_0}$(　　)

5. 梁内设置多排弯起筋抗剪时，应使前排弯起筋在受压区的弯起点距后排弯起筋受压区的弯起点之距满足：$s \leqslant s_{\max}$(　　)

6. 箍筋不仅可以提高斜截面抗剪承载力，还可以约束混凝土，提高混凝土的抗压强度和延性，对抗震设计尤其重要。(　　)

7. 影响斜截面抗剪承载力的主要因素包括混凝土强度等级，截面尺寸大小，纵筋配筋率，翼缘尺寸的大小。(　　)

8. 鸭筋与浮筋的区别在于其两端锚固部是否位于受压区，两锚固端都位于受压区者称为鸭筋。(　　)

9. 材料图又称为抵抗弯矩图，理论上只要是材料图全部外包住弯矩图，该梁就安全。(　　)

10. 梁的斜截面抗剪承载力公式中没有考虑梁的受力纵筋用量对斜截面抗剪承载力的影响。(　　)

三、选择题

1. 受弯构件产生斜裂缝的原因是(　　)。

A. 支座附近的剪应力超过混凝土的抗剪强度

B. 支座附近的正应力超过混凝土的抗剪强度

C. 支座附近的剪应力和拉应力产生的复合应力超过混凝土的抗拉强度

D. 支座附近的剪应力产生的复合应力超过混凝土的抗压强度

2. 关于混凝土斜截面破坏形态的下列论述中，(　　)项是正确的。

A. 斜截面弯曲破坏和剪切破坏时，钢筋应力可达到屈服

B. 斜压破坏发生在剪跨比较小(一般 $\lambda < 1$)或腹筋配置过少的情况

C. 剪压破坏发生在剪跨比适中(一般 $\lambda=1\sim3$)或腹筋配置适当的情况

D. 斜拉破坏发生在剪跨比较大(一般 $\lambda>3$)或腹筋配置过多的情况

3. 受弯构件的剪跨比过大会发生(　　)。

A. 斜压破坏　　B. 斜拉破坏　　C. 剪压破坏　　D. 受扭破坏

4. 受弯构件箍筋间距过小会(　　)。

A. 斜压破坏　　B. 斜拉破坏　　C. 剪压破坏　　D. 受扭破坏

5. 抗剪设计时，规定：$V\leqslant0.25\beta_c f_c bh_0$ 是为了防止(　　)。

A. 斜拉破坏　　B. 斜压破坏　　C. 受拉纵筋屈服　　D. 脆性破坏

6. 下列影响混凝土梁斜面截面受剪承载力的主要因素中,(　　)项所列有错?

A. 剪跨比　　B. 箍筋配筋率和箍筋抗拉强度

C. 混凝土强度　　D. 纵筋配筋率和纵筋抗拉强度

7. 受弯构件中配置一定量的箍筋，其箍筋的作用(　　)是不正确的。

A. 提高斜截面抗剪承载力　　B. 形成稳定的钢筋骨架

C. 固定纵筋的位置　　D. 防止发生斜截面抗弯不足。

8. 钢筋混凝土板不需要进行抗剪计算的原因是(　　)。

A. 板上仅作用弯矩不作用剪力

B. 板的截面高度太小无法配置箍筋

C. 板内的受弯纵筋足以抗剪

D. 板的计算截面剪力值较小，满足 $V\leqslant V_c$

9. 计算第二排弯起筋用量时，取用的剪力的设计值为(　　)。

A. 前排弯起筋受压区弯起点处对应的剪力值

B. 支座边缘处对应的剪力值

C. 前排弯起筋受拉区弯起点处对应的剪力值

D. 该排弯起筋受拉区弯起点处对应的剪力值

10. 设置抗剪腹筋时，一般情况下优先采用仅配箍筋的方案，其原因是(　　)。

A. 经济　　B. 便于施工和设计

C. 防止脆性破坏　　D. 保证抗剪箍筋能够屈服

11. 梁的斜截面承载力计算时，若采用既配箍筋又设弯起筋共同抗剪的方案，则应先选定箍筋用量，再计算弯起筋的用量，选定箍筋的用量时，应满足(　　)。

A. $\rho_{sv}\geqslant\rho_{svmin}$　　B. $s\leqslant s_{max}$

C. $d\geqslant d_{min}$　　D. 同时满足 $\rho_{sv}\geqslant\rho_{svmin}$，$s\leqslant s_{max}$，$d\geqslant d_{min}$

12. 矩形截面梁上同时作用有均布荷载 q 和集中荷载 p 时，当属于以集中荷载为主的情况时，其剪跨比的计算公式为(　　)。

A. $\lambda=\dfrac{M}{Vh_0}$　　B. $\lambda=\dfrac{a}{h_0}$　　C. $\lambda=\dfrac{p}{q}$　　D. $\lambda=\dfrac{a}{l_0}$

13. 梁内设置鸭筋的目的是(　　)。

A. 满足斜截面抗弯　　B. 满足正截面抗弯

C. 满足斜截面抗剪　　D. 使跨中受力纵筋充分利用

14. 设计受弯构件时，如果出现 $V>0.25\beta_c f_c bh_0$ 的情况，应采取的最有效的措施是(　　)。

A. 加大截面尺寸　　　　　　　　　　　B. 增加受力纵筋

C. 提高混凝土强度等级　　　　　　　　D. 增设弯起筋

15. 矩形、T 形和工字形截面的一般受弯构件，仅配置箍筋，当 $V \leqslant 0.7 f_t b h_0$ 时，(　　)。

A. 可直接按最小配箍率 $\rho_{sv,\ min} = 0.24 \dfrac{f_t}{f_{yv}}$ 配箍筋

B. 可直接按构造要求的箍筋最小直径及最大间距配箍筋

C. 按构造要求的箍筋最小直径及最大间距配箍筋，并验算最小配箍率

D. 按受剪承载力公式计算箍筋用量

四、简答题

1. 为什么一般梁在跨中产生垂直裂缝，而在支座产生斜裂缝？

2. 钢筋混凝土梁斜截面破坏有几种类型？它们的特点是什么？

3. 斜压破坏、斜拉破坏、剪压破坏都属于脆性破坏，为何却以剪压破坏的受力特征为依据建立基本公式？

4. 对多种荷载作用下的钢筋混凝土受弯构件进行斜截面受剪承载力计算，什么情况下应采用集中荷载作用下的受剪承载力计算公式？对剪跨比有何限制？

5. 梁内箍筋的形式有哪几种？梁内箍筋的肢数如何确定？

6. 钢筋混凝土梁斜截面承载力应验算哪些截面？

7. 什么叫抵抗弯矩图（材料弯矩图）？有什么作用？

8. 什么叫腰筋？有何作用？如何设置？

9. 什么叫鸭筋、浮筋，说明它们起什么作用？为什么不能设计成浮筋？

10. 伸入梁支座的纵向受力筋的数量有何要求？

五、计算题

1. 如图 5.23 所示，某矩形截面简支梁，截面尺寸 250 mm × 500 mm，承受均布荷载设计值为 90 kN/m（包括梁自重），C25 混凝土，箍筋为 HRB335 级钢筋，纵筋为 HRB400 级钢筋。2⌀25 + 2⌀18（$A_s = 982 + 509 = 1491\ \text{mm}^2$），环境类别为一类。要求：

(1) 当仅配箍筋时，计算箍筋数量；

(2) 当即配箍筋又配弯起筋时，计算腹筋数量；

(3) 将以上两种方案进行配筋比较。

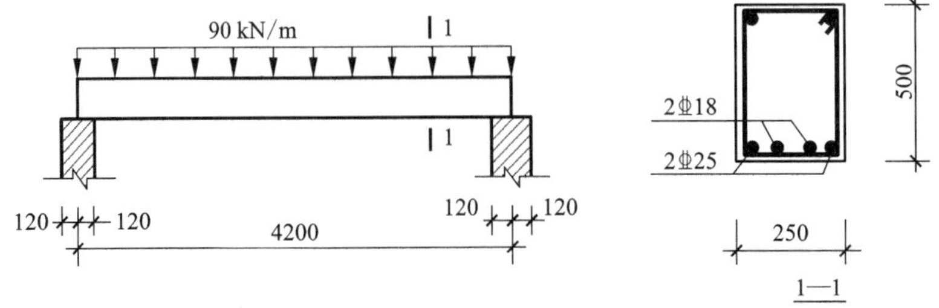

图 5.23　计算题 1 附图

2. 某矩形截面简支梁承受荷载设计值如图5.24所示。采用C25混凝土，配有纵筋4Φ25，箍筋为HPB300级钢筋，梁的截面尺寸$b \times h = 250\ \text{mm} \times 600\ \text{mm}$，环境类别为一类，取$a_s = 40\ \text{mm}$，试计算箍筋数量。

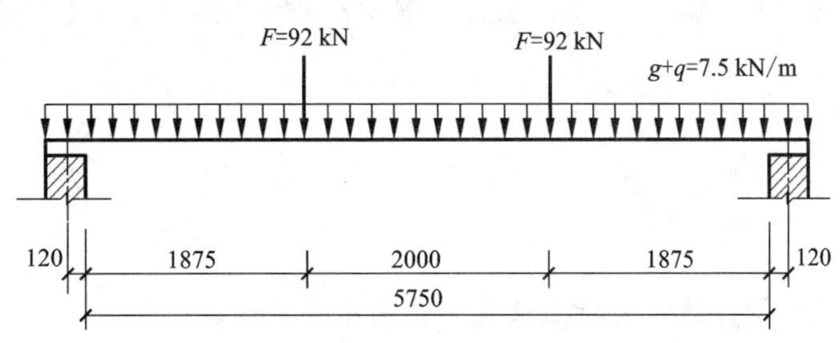

图5.24　计算题2附图

第 6 章　受拉构件承载力计算

【学习目标】

(1)了解轴心受拉构件的受力特点及其正截面承载力计算；

(2)掌握大小偏心受拉构件的判别及受拉构件正截面承载力计算方法；

(3)了解偏心受拉构件斜截面抗剪承载力计算。

【本章导读】

承受纵向拉力的构件，称为受拉构件。受拉构件按照轴向拉力作用位置的不同，分为轴心受拉构件和偏心受拉构件。本章学习受拉构件受力的基本原理及受拉构件的正截面承载力计算方法。

当轴向拉力作用线与构件截面形心轴线重合时，称为轴心受拉构件。在钢筋混凝土结构中，屋架和桁架的下弦杆、拱的拉杆、承受内压力的圆管管壁、以及圆形水池环向池壁等，可近似按照轴心受拉构件计算，如图 6.1(a)所示。

当轴向拉力作用线与构件截面形心轴线不重合(截面上既有拉力作用又有弯矩作用)时，称为偏心受拉构件。如：矩形水池的池壁、埋在地下的压力水管、单层工业厂房双肢柱的肢杆等，如图 6.1(b)所示。

6.1　轴心受拉构件正截面承载力计算

在轴心受拉构件中，混凝土开裂前，混凝土与钢筋共同承担拉力。开裂后，开裂截面混凝土退出工作，拉力全部由钢筋承担。当钢筋应力达到屈服强度时，构件即将破坏，所以，轴心受拉构件承载力计算公式为：

$$N \leqslant f_y A_s \tag{6.1}$$

式中，N——轴向拉力设计值；

f_y——钢筋抗拉强度设计值；

A_s——纵向受拉钢筋的全部截面面积。

由式(6.1)可知，轴心受拉构件正截面承载力只与纵向受力钢筋有关，与构件的截面尺寸及混凝土的强度等级无关。为避免配筋过少引起的脆性破坏，轴心受拉构件一侧的受拉钢筋配筋率不应小于 0.20% 和 $45\dfrac{f_t}{f_y}\%$ 中的较大值。钢筋混凝土轴心受拉构件配筋示意如图 6.2所示。

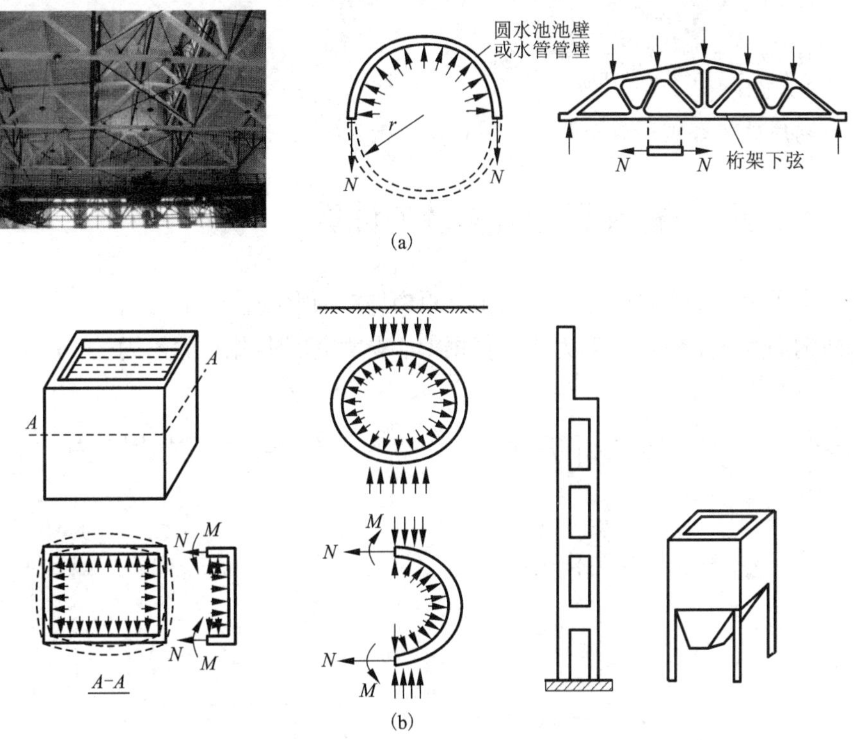

图 6.1　受拉构件工程实例

(a)按轴心受拉构件计算的构件；(b)按偏心受拉构件计算的构件

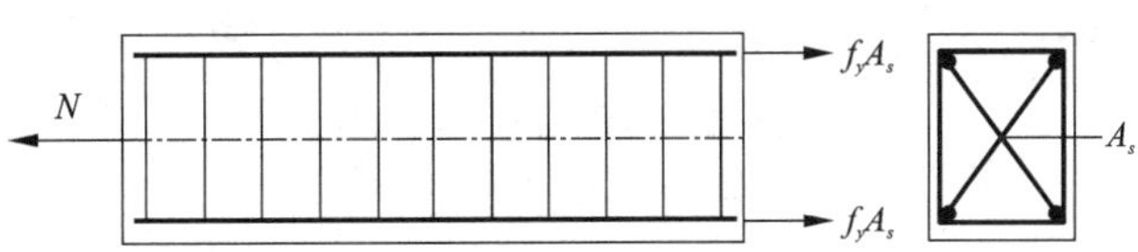

图 6.2　轴心受拉构件配筋示意图

【例题 6.1】 某钢筋混凝土屋架下弦，截面尺寸 $b\times h=220\text{ mm}\times200\text{ mm}$，承受轴心拉力设计值 $N=285\text{ kN}$，混凝土强度等级为 C30，纵向受力钢筋为 HRB400 级，求下弦杆截面纵向受力钢筋截面面积，并选择钢筋。

【解】 查表可知：$f_y=360\text{ N/mm}^2$；$f_t=1.43\text{ N/mm}^2$

(1)计算所需纵向受拉钢筋面积 A_s

$$A_s=\frac{N}{f_y}=\frac{285\times10^3}{360}=792(\text{mm}^2)$$

选配 4⌀16 钢筋($A_s=804\text{ mm}^2$)。

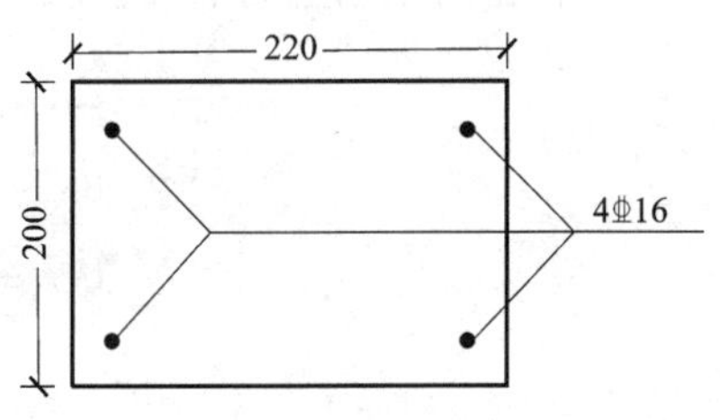

图 6.3　例题 6.1 配筋图

(2)验算最小配筋率

$$\rho_{\min}=\left\{0.2\%\,;\,45\frac{f_t}{f_y}\%\right\}_{\max}$$

$$=\left\{0.2\%;\ 45\times\frac{1.43}{360}\%=0.179\%\right\}_{\max}=0.2\%$$

$$\rho_{侧}=\frac{804/2}{220\times200}=0.9\%>\rho_{\min}=0.2\%$$

故受力钢筋选用合理，截面配筋如图 6.3 所示。

6.2 偏心受拉构件正截面承载力计算

如图 6.4 所示，设轴向拉力 N 的作用点距构件截面形心轴的距离为 e_0，靠近偏心拉力 N 一侧的纵向钢筋为 A_s，较远一侧为 A'_s。根据偏心拉力 N 的作用位置不同，可分为大偏心受拉和小偏心受拉两种情况：

当 $e_0\leqslant\frac{h}{2}-a_s$，即轴向拉力作用在 A_s 合力点与 A'_s 合力点之间时[图 6.4(a)]，属于小偏心受拉情况；

当 $e_0>\frac{h}{2}-a_s$，即轴向拉力作用在 A_s 合力点与 A'_s 合力点范围之外时[图 6.4(b)]，属于大偏心受拉情况。

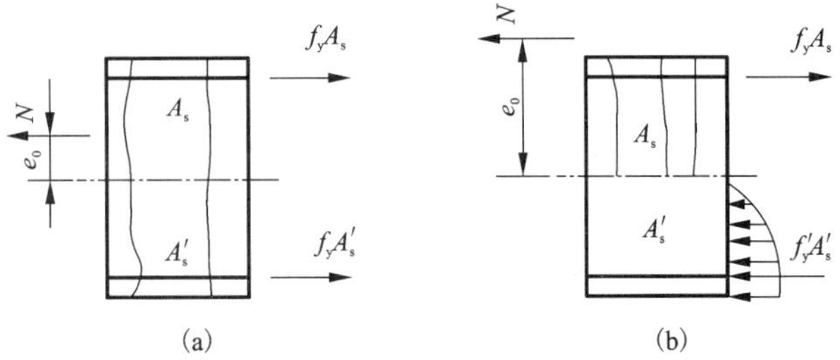

图 6.4 两种偏心受拉构件

(a)小偏心受拉；(b)大偏心受拉

6.2.1 计算公式及适用条件

1. 小偏心受拉

一般情况下，小偏心受拉构件在破坏时，截面全部裂通，混凝土退出工作，拉力全部由钢筋承担。假定构件达到破坏时，钢筋 A_s 及 A'_s 的拉应力都达到屈服强度，其计算简图如图 6.5 所示。根据对钢筋合力点分别取矩的平衡条件，可得小偏心受拉构件的计算公式：

$$\sum N=0 \quad N\leqslant f_yA_s+f_yA'_s \tag{6.2}$$

$$\sum M_{A_s}=0 \quad Ne\leqslant f_yA'_s(h_0-a'_s) \tag{6.3}$$

$$\sum M_{A'_s}=0 \quad Ne'\leqslant f_yA_s(h'_0-a_s) \tag{6.4}$$

式中，$e=\frac{h}{2}-a_s-e_0$；$e'=\frac{h}{2}-a'_s+e_0$；

h'_0——纵向受压钢筋合力至截面远边的距离；

a'_s——受压区纵向普通钢筋合力点至截面受压边缘的距离。

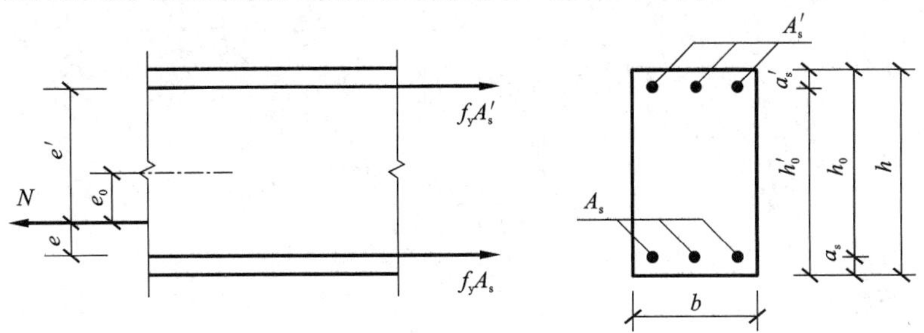

图 6.5　小偏心受拉构件计算简图

若采用对称配筋，则离轴向拉力较远一侧的钢筋 A'_s 并未达到屈服强度，设计时，可按式(6.3)、式(6.4)算得的偏大的钢筋截面面积配置钢筋，即取：

$$A_s = A'_s = \frac{Ne'}{f_y(h'_0 - a_s)} \tag{6.5}$$

2. 大偏心受拉

在大偏心拉力作用下，钢筋 A_s 受拉，钢筋 A'_s 受压。大偏心受拉构件破坏时，截面开裂，但不会形成贯通整个截面的通缝，仍有混凝土受压区存在。

当采用非对称配筋时，钢筋 A_s 及 A'_s 都能达到屈服，受压区混凝土压碎破坏，截面上的受力情况如图 6.6 所示。根据平衡条件，可得到大偏心受拉构件正截面承载力的计算公式为：

$$\sum N = 0 \qquad N \leqslant f_yA_s - f'_yA'_s - \alpha_1 f_c bx \tag{6.6}$$

$$\sum M_{A_s} = 0 \quad Ne \leqslant f'_yA'_s(h_0 - a'_s) + \alpha_1 f_c bx\left(h_0 - \frac{x}{2}\right) \tag{6.7}$$

式中，$e = e_0 - \frac{h}{2} + a_s$

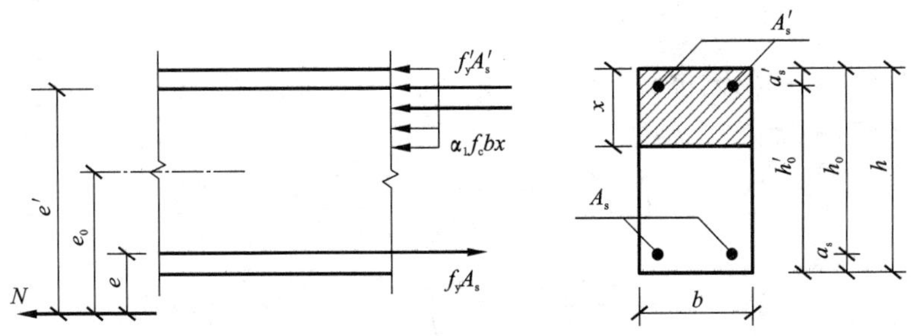

图 6.6　大偏心受拉构件计算简图

公式的适用条件为：

$$2a'_s \leqslant x \leqslant \xi_b h_0 \tag{6.8}$$

且 A_s 和 A'_s 都应满足“规范”规定的最小配筋率的要求：受拉一侧纵向钢筋的配筋率应满足 $\rho = A_s/bh \geqslant \rho_{min} = \left\{0.2\%；45\frac{f_t}{f_y}\%\right\}_{max}$；受压一侧纵向钢筋的配筋率应满足 $\rho = A'_s/bh \geqslant \rho'_{min} = 0.002$。

当 $x<2a_s'$时，截面破坏时受压钢筋 A_s'达不到屈服强度，此时可取 $x=2a_s'$，并对 A_s'合力点取矩得到：

$$Ne' \leqslant f_y A_s (h_0' - a_s) \tag{6.9}$$

则 A_s 为：

$$A_s = \frac{Ne'}{f_y (h_0' - a_s)} \tag{6.10}$$

式中，$e' = \frac{h}{2} - a_s' + e_0$。

若大偏心受拉选用对称配筋，由于 $A_s = A_s'$，$f_y = f_y'$，代入式(6.6)后，求得 x 值必为负值，属 $x<2a_s'$的情况，截面设计可按式(6.10)确定。

6.2.2 公式的应用

1. 截面设计

已知截面尺寸 $b \times h$，材料强度(f_c、f_t、f_y、f_y')，轴向拉力和弯矩设计值 N、M，求纵向钢筋截面面积 A_s 和 A_s'。

1)小偏心受拉构件($e_0 \leqslant \frac{h}{2} - a_s$)

截面采用非对称配筋设计时，可直接由式(6.3)和式(6.4)分别求出 A_s 和 A_s'，并满足最小配筋率的要求。

$$A_s' = \frac{Ne}{f_y (h_0 - a_s')} \tag{6.11}$$

$$A_s = \frac{Ne'}{f_y (h_0 - a_s')} \tag{6.12}$$

截面采用对称配筋设计时，$A_s = A_s'$可按式(6.5)确定。

2)大偏心受拉构件($e_0 > \frac{h}{2} - a_s$)

截面采用非对称配筋设计时，为了使($A_s + A_s'$)的钢筋总用量最少，可取 $x = \xi_b h_0$，代入式(6.6)、式(6.7)可得：

$$A_s' = \frac{Ne - \alpha_1 f_c b h_0^2 \xi_b (1 - 0.5\xi_b)}{f_y' (h_0 - a_s')} \tag{6.13}$$

$$A_s = \frac{f_y' A_s' + \alpha_1 f_c b \xi_b h_0 + N}{f_y} \tag{6.14}$$

若由式(6.13)算出的 $A_s' < \rho_{\min}' bh$，则取 $A_s' = \rho_{\min}' bh$，然后将 A_s'代入式(6.7)求出 x 值：当 $x \geqslant 2a_s'$，A_s 按式(6.6)确定；当 $x<2a_s'$，则取 $x=2a_s'$，A_s 按式(6.10)确定。

截面采用对称配筋设计时，$A_s = A_s'$可按式(6.10)确定。

【例题 6.2】 偏心受拉构件截面尺寸 $b \times h = 300\ \text{mm} \times 450\ \text{mm}$，$a_s = a_s' = 35\ \text{mm}$，承受轴向拉力设计值 $N = 750\ \text{kN}$，弯矩设计值 $M = 72\ \text{kN} \cdot \text{m}$，混凝土强度等级为 C30，采用 HRB335 级钢筋，试求钢筋截面面积 A_s 和 A_s'。

【解】 查附表 B.1 和 B.2 可知：$f_y = f_y' = 300\ \text{N/mm}^2$；$f_t = 1.43\ \text{N/mm}^2$；$f_c = 14.3\ \text{N/mm}^2$；$\xi_b = 0.550$

(1)判断大小偏心受拉情况

$$e_0=\frac{M}{N}=\frac{72\times10^6}{750\times10^3}=96(\text{mm})<\frac{h}{2}-a_s=\frac{450}{2}-35=190(\text{mm})$$

属于小偏心受拉。

(2)计算 A_s 和 A_s'

$$h_0=h-a_s=450-35=415(\text{mm})$$

$$e=\frac{h}{2}-a_s-e_0=\frac{450}{2}-35-96=94(\text{mm})$$

$$e'=\frac{h}{2}-a_s'+e_0=\frac{450}{2}-35+96=286(\text{mm})$$

$$A_s'=\frac{Ne}{f_y(h_0-a_s')}=\frac{750\times10^3\times94}{300\times(415-35)}=618(\text{mm}^2)$$

$$A_s=\frac{Ne'}{f_y(h_0-a_s')}=\frac{750\times10^3\times286}{300\times(415-35)}=1882(\text{mm}^2)$$

(3)验算最小配筋率

$$\rho_{\min}=\left\{0.2\%;45\frac{f_t}{f_y}\%\right\}_{\max}=\left\{0.2\%;45\times\frac{1.43}{300}\%=0.215\%\right\}_{\max}=0.215\%$$

$$A_s'=618\ \text{mm}^2>\rho_{\min}bh=0.215\%\times300\times450=290(\text{mm}^2)$$

$$A_s=1882\ \text{mm}^2>\rho_{\min}bh=0.215\%\times300\times450=290(\text{mm}^2)$$

(4)选用钢筋

A_s 一侧选用 4Φ25，$A_s=1964\ \text{mm}^2$，A_s'一侧选用 2Φ20，$A_s'=628\ \text{mm}^2$。

【例题 6.3】 偏心受拉构件截面尺寸 $b\times h=200\ \text{mm}\times400\ \text{mm}$，$a_s=a_s'=45\ \text{mm}$，承受轴向拉力设计值 $N=450\ \text{kN}$，弯矩设计值 $M=100\ \text{kN}\cdot\text{m}$，混凝土强度等级为 C25，采用 HRB335 级钢筋，试求钢筋截面面积 A_s 和 A_s'。

【解】 查附表 B.1 和表 B.2 可知：$f_y=f_y'=300\ \text{N/mm}^2$；$f_c=11.9\ \text{N/mm}^2$；$f_t=1.27\ \text{N/mm}^2$；$\xi_b=0.55$

(1)判断大小偏心受拉情况

$$e_0=\frac{M}{N}=\frac{100\times10^6}{450\times10^3}=222(\text{mm})>\frac{h}{2}-a_s=\frac{400}{2}-45=155(\text{mm})$$

属于大偏心受拉。

(2)计算 A_s'

$$h_0=h-a_s=400-45=355(\text{mm})$$

$$e=e_0-\frac{h}{2}+a_s=222-\frac{400}{2}+45=67(\text{mm})$$

取 $x=\xi_b h_0$

$$A_s'=\frac{Ne-\alpha_1 f_c bh_0^2\xi_b(1-0.5\xi_b)}{f_y'(h_0-a_s')}$$

$$=\frac{450\times10^3\times67-1\times11.9\times200\times355^2\times0.55\times(1-0.5\times0.55)}{300\times(355-45)}=-946(\text{mm}^2)<0$$

故，受压钢筋按最小配筋率配置：

$A_s' = \rho_{min}' bh = 0.002 \times 200 \times 400 = 160(mm^2)$

选用2Φ10，则 $A_s' = 157\ mm^2$（满足要求）。

(3) 计算 A_s

将以上确定的 A_s' 代入式(6.7)得：

$$Ne = f_y' A_s'(h_0 - a_s') + \alpha_1 f_c bx\left(h_0 - \frac{x}{2}\right)$$

$$450 \times 10^3 \times 67 = 300 \times 157 \times (355 - 45) + 1 \times 11.9 \times 200x \times \left(355 - \frac{x}{2}\right)$$

解得 $x = 18\ mm < 2a_s' = 90\ mm$；取 $x = 2a_s' = 90\ mm$

$$e' = \frac{h}{2} - a_s' + e_0 = \frac{400}{2} - 45 + 222 = 377(mm)$$

$$A_s = \frac{Ne'}{f_y(h_0 - a_s')} = \frac{450 \times 10^3 \times 377}{300 \times (355 - 45)} = 1824(mm^2)$$

选用4Φ25，则 $A_s = 1964\ mm^2$。

$$\rho_{min} = \left\{0.2\%;\ 45\frac{f_t}{f_y}\%\right\}_{max} = \left\{0.2\%;\ 45 \times \frac{1.27}{300}\% = 0.191\%\right\}_{max} = 0.2\%$$

$$A_s = 1964\ mm^2 > \rho_{min} bh = 0.002 \times 200 \times 400 = 160\ mm^2\text{（满足要求）}$$

2. 截面复核

已知截面尺寸 $b \times h$，材料强度（f_c、f_t、f_y、f_y'），钢筋截面面积 A_s 和 A_s'，荷载偏心距 e_0，求偏心受拉构件正截面承载能力 N_u。

对小偏心受拉构件，由式(6.3)、(6.4)分别求出截面可能承受的纵向拉力 N，其中较小者即为小偏心受拉构件正截面承载力 N_u 值。

对大偏心受拉构件，由式(6.6)、(6.7)联立求解 x 值：

(1) 若 $2a_s' \leqslant x \leqslant \xi_b h_0$ 时，由式(6.6)计算截面承载力 N_u 值；

(2) 若 $x > \xi_b h_0$ 时，取 $x = \xi_b h_0$ 代入式(6.6)计算截面承载力 N_u 值；

(3) 若 $x < 2a_s'$ 时，由式(6.9)计算截面承载力 N_u 值。

6.3 偏心受拉构件斜截面承载力计算

偏心受拉构件，在承受弯矩和拉力的同时，也存在着剪力的作用，当剪力较大时，需进行斜截面承载力的计算。试验表明，轴向拉力的存在将使斜裂缝提前出现，裂缝宽度加大，构件截面的受剪承载力明显降低，且受剪能力降低的程度随轴向拉力值的增大而增大。

对矩形、T型和I型截面的钢筋混凝土偏心受拉构，《规范》规定按下式进行其斜截面受剪承载力的计算：

$$V \leqslant \frac{1.75}{\lambda + 1} f_t bh_0 + f_{yv}\frac{A_{sv}}{s}h_0 - 0.2N \tag{6.15}$$

式中，N——与剪力设计值 V 相应的轴向拉力设计值；

λ——计算截面的剪跨比，λ 的取值与偏心受压构件相同。

当式(6.15)右侧的计算值小于 $f_{yv}\frac{A_{sv}}{s}h_0$ 时，应取等于 $f_{yv}\frac{A_{sv}}{s}h_0$，且 $f_{yv}\frac{A_{sv}}{s}h_0$ 值不应小于 $0.36 f_t bh_0$。

小　结

(1)轴心受拉构件在破坏时混凝土已经被拉裂，拉力全部由钢筋承担，且全部受拉钢筋达到屈服。

(2)偏心受拉构件根据偏心拉力 N 的作用位置不同，可分为大偏心受拉($e_0 > \frac{h}{2} - a_s$)和小偏心受拉($e_0 \leqslant \frac{h}{2} - a_s$)。

(3)偏心受拉构件斜截面受剪承载力公式是在无轴向力作用受剪承载力计算公式基础上，减去一项由于轴向拉力存在对构件受剪承载力产生的不利影响。

习　题

一、填空题

1. 钢筋混凝土受拉构件可分为__________和__________两类。

2. 钢筋混凝土小偏心受拉构件破坏时，全截面__________，拉力全部由__________承担。

3. 钢筋混凝土偏心受拉构件，__________的存在，对构件抗剪承载力不利。

4. 钢筋混凝土大偏心受拉构件正截面承载力计算公式的适用条件是__________，如果出现了 $x < 2a_s'$ 的情况，则说明____________，此时可假定__________。

5. 偏心受拉构件的配筋方式有__________、__________两种。

二、判断题

1. 对于小偏心受拉构件，无论对称配还是非对称配筋，纵筋的总用钢量和轴心抗拉构件总用钢量相等。(　　)

2. 轴向拉力作用在 A_s 合力点与 A_s' 合力点之间时，属于小偏心受拉情况。(　　)

3. 轴向拉力作用在 A_s 合力点与 A_s' 合力点之外时，属于小偏心受拉情况。(　　)

4. 轴向拉力的存在将使构件的抗剪能力有所提高。(　　)

三、选择题

1. 偏心受拉构件破坏时，(　　)。

A. 远边钢筋屈服　　B. 近边钢筋屈服　　C. 远边、近边都屈服 D. 无法判定

2. 在受拉构件中，由于纵向拉力的存在，构件的抗剪能力将(　　)。

A. 提高　　B. 降低　　C. 不变　　D. 难以测定

3. 下列关于钢筋混凝土受拉构件的叙述中，(　　)是错误的。

A. 钢筋混凝土轴心受拉构件破坏时，混凝土已被拉裂，全部外力由钢筋来承担

B. 当轴向拉力作用在 A_s 合力点与 A_s' 合力点之间时，属于小偏心受拉情况

C. 小偏心受拉破坏时，钢筋混凝土偏心受拉构件截面存在受压区

D. 大偏心受拉破坏时，钢筋混凝土偏心受拉构件截面存在受压区

4. 在小偏心受拉构件设计中，计算出的钢筋用量为(　　)。

A. $A_s = A_s'$　　B. $A_s > A_s'$　　C. $A_s < A_s'$　　D. 难以确定

四、简答题

1. 举例说明在实际工程中，哪些结构构件可按轴心受拉构件计算，哪些应按偏心受拉构件计算？

2. 大小偏心受拉构件如何？这两种受拉构件破坏特征有何不同？

3. 大偏心受拉构件正截面承载力计算公式的适用条件是什么？

4. 轴向拉力对钢筋混凝土偏心受拉构件斜截面抗剪承载力有什么影响？

五、计算题

1. 某钢筋混凝土屋架下弦，处于一类环境，截面尺寸 $b \times h = 250\ \text{mm} \times 250\ \text{mm}$，承受轴心拉力设计值 $N = 350\ \text{kN}$，混凝土强度等级为 C25，纵向受力钢筋为 HRB335 级，求下弦杆截面纵向受力钢筋截面面积，并选择钢筋。

2. 某钢筋混凝土矩形截面偏心受拉杆件，$b \times h = 250\ \text{mm} \times 250\ \text{mm}$，$a_s = a_s' = 35\ \text{mm}$，截面承受轴向拉力设计值 $N = 500\ \text{kN}$，弯矩设计值 $M = 62\ \text{kN} \cdot \text{m}$，混凝土强度等级为 C25，采用 HRB335 级钢筋，试确定截面中所需配置的纵向钢筋。

第 7 章　受压构件承载力计算

【学习目标】

(1)掌握受压构件的工程应用，熟悉受压构件的构造要求；

(2)熟悉轴心受压构件的破坏特征，熟练掌握轴心受压柱配置普通箍筋时承载力的计算方法；

(3)熟悉偏心受压构件的破坏类型，理解其判别方法；熟练掌握对称配筋矩形截面偏心受压构件承载力的计算方法；

(4)了解偏心受压构件斜截面受剪承载力的计算。

【本章导读】

在工程结构中，以承受纵向压力为主的构件称为受压构件。钢筋混凝土受压构件可分为轴心受压和偏心受压构件。当轴向压力的作用线与构件截面形心轴重合(只有轴向力作用)时，称为轴心受压构件[图 7.1(a)]；当轴向压力的作用线与构件截面形心不重合(既有压力作用，又有弯矩作用)时，称为偏心受压构件。如果当轴向压力作用线仅对构件截面一个主轴有偏心距时，称为单向偏心受压构件[图 7.1(b)]；如果轴向压力对构件截面的两个主轴都有偏心距时，称双向偏心受压构件[图 7.1(c)]。

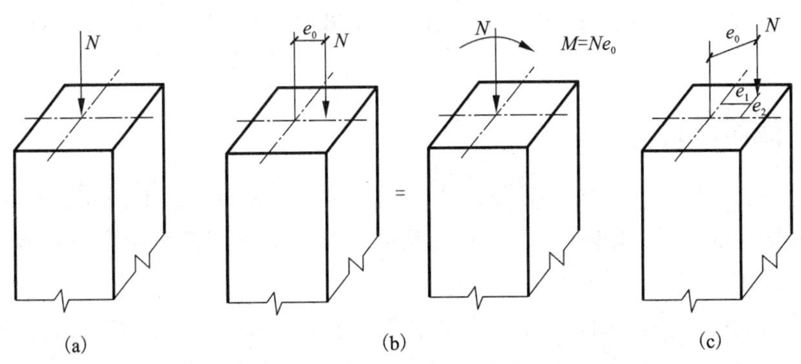

图 7.1　受压构件的分类

(a)轴心受压；(b)单向偏心受压；(c)双向偏心受压

在实际工程中，由于混凝土本身非均质性，施工时截面尺寸和钢筋位置的误差，荷载作用位置的偏差等原因，理想的轴心受压构件是很难找到的，但为了简化计算，多层房屋的内柱、屋架受压腹杆[图 7.2(a)]等可视为轴心受压构件，多层房屋的边柱和角柱、单层工业厂房柱[图 7.2(b)]等可视为偏心受压构件。

(a)

(b)

图 7.2　受压构件的工程实例

(a)屋架上弦杆；(b)单层工业厂房柱

7.1　受压构件的构造要求

7.1.1　材料选用

框架柱的三维钢筋平法结构识图

在受压构件中，混凝土的强度对构件的承载力影响较大，选择强度高的混凝土可节约钢材，减小构件截面尺寸。因此，受压构件宜采用高强度等级的混凝土。一般设计中应采用 C20 及以上强度等级的混凝土。

因为在受压构件中，高强度钢筋不能充分发挥作用，故受压构件中不宜采用高强度等级的钢筋。一般设计中纵向受力钢筋采用 HRB400 级、HRB500、HRBF400 和 HRBF500，箍筋采用 HPB300 级、HRB335、HRB400，也可采用 HRB500 级钢筋。

7.1.2　截面形式及尺寸

为了方便施工，轴心受压构件截面形式一般为方形、矩形、圆形或正多边形等，偏心受压构件的截面形式为矩形、I 形等，但为避免房间内柱子突出墙面影响美观和使用，受压构件截面形式也可采用 T 形、L 形、十字形等异型柱。

对矩形截面的柱，一般截面尺寸不应小于 250 mm × 250 mm。为避免构件长细比过大而降低承载力，常取 $l_0/h \leq 25$ 及 $l_0/b \leq 30$（l_0 为构件的计算长度，h 和 b 分别为构件截面的高度和宽度）。I 形截面的柱，翼缘厚度不宜小于 120 mm，腹板厚度不宜小于 100 mm。为了方便施工，当柱的截面高度 $h \leq 800$ mm 时，以 50 mm 为模数；当 $h > 800$ mm 时，以 100 mm 为模数。同时，在确定柱截面尺寸时，为了保证柱的延性，需考虑轴压比的限制。

7.1.3　纵向钢筋

设置纵向受力钢筋的目的是协助混凝土承受压力和弯矩，防止构件发生脆性破坏，同时还可以承受混凝土收缩、徐变、温度变化等因素引起的拉应力等。

按照纵向钢筋的截面配置形式，钢筋混凝土柱可分为对称配筋柱和非对称配筋柱。轴心受压构件中纵向受力钢筋沿截面均匀对称布置[图 7.3(a)]。偏心受压构件中则在于弯矩作用方向垂直的两个侧边布置，两侧边布置钢筋数量相同时，称为对称配筋柱[图 7.3(b)]；当两侧边布置钢筋的数量不同时，称为非对称配筋[图 7.3(c)]。考虑实际工程中对称配筋柱较常见，本章主要介绍对称配筋柱。

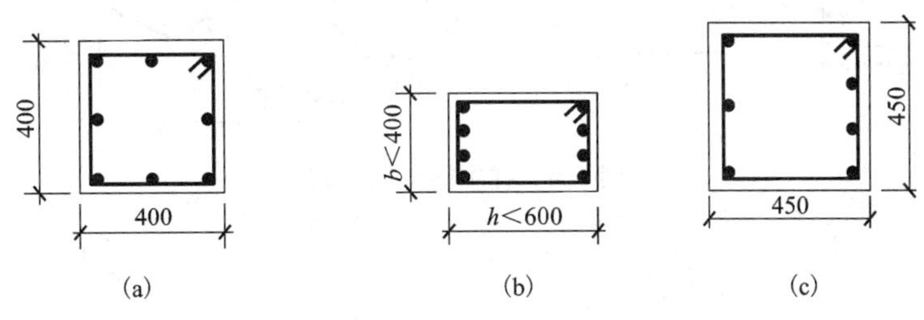

图 7.3　截面配筋形式

(a)轴心受压对称配筋；(b)偏心受压对称配筋；(c)偏心受压非对称配筋

柱中纵向钢筋的配置应符合下列规定：

(1)纵向受力钢筋的直径不宜小于 12 mm，通常采用 12 ~ 32 mm；

(2)矩形截面柱中纵向钢筋的根数不应少于 4 根，圆形截面柱中不应少于 6 根，不宜少于 8 根，且宜沿周边均匀布置；

(3)柱中纵向钢筋的净间距不应小于 50 mm，且不宜大于 300 mm；

(4)在偏心受压柱中，垂直于弯矩作用平面的侧面上的纵向受力钢筋及轴心受压柱中各边的纵向受力钢筋，其中距不宜大于 300 mm；

(5)全部纵向钢筋的配筋率不宜大于 5%，且不应小于最小配筋率的要求(附表 C.3 纵向受力钢筋的最小配筋百分率)；

(6)偏心受压柱的截面高度 $h \geqslant 600$ mm 时，在柱的侧面应布置直径为 10 ~ 16 mm 的纵向构造钢筋，同时设置相应的复合箍筋或拉筋。

7.1.4　箍筋

箍筋不仅可以保证纵向钢筋的位置，还可以防止纵向钢筋压屈，约束混凝土的横向变形，从而提高受压构件的承载力。同时，在偏心受压柱中剪力较大时，承担剪力。

柱中箍筋的配置应符合下列规定：

(1)箍筋直径不应小于 $d/4$，且不应小于 6 mm，d 为纵向钢筋的最大直径；

(2)箍筋间距不应大于 400 mm 及构件截面的短边尺寸，且不应大于 $15d$，d 为纵向钢筋的最小直径；

(3)柱及其他受压构件中的周边箍筋应做成封闭式；

(4)当柱截面短边尺寸大于 400 mm 且各边纵向钢筋多于 3 根时，或当柱截面短边尺寸不大于 400 mm，但各边纵向钢筋多于 4 根时，应设置复合箍筋(图 7.4)。

(5)柱中全部纵向受力钢筋的配筋率大于 3% 时，箍筋直径不应小于 8 mm，间距不应大于 $10d$，且不应大于 200 mm。箍筋末端应做成 135°弯钩，且弯钩末端平直段长度不应小于

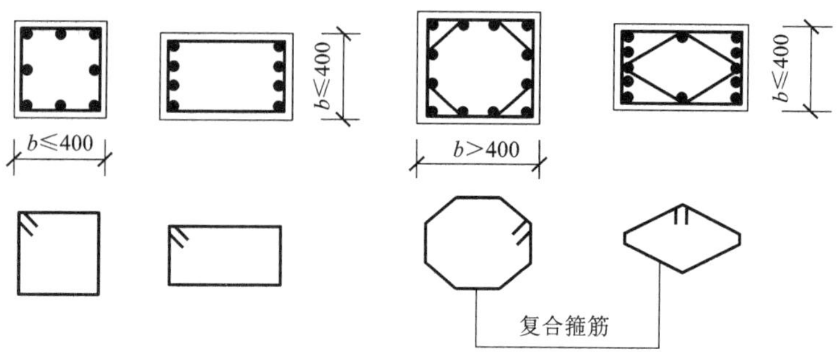

图 7.4　柱中的箍筋形式

$10d$，d 为纵向受力钢筋的最小直径；

（6）在配有螺旋式或焊接环式箍筋的柱中，如在正截面受压承载力计算中考虑间接钢筋的作用时，箍筋间距不应大于 80 mm 及 $d_{cor}/5$（d_{cor} 为按间接钢筋内表面确定的核心截面直径），且不宜小于 40 mm。

7.2　轴心受压构件承载力计算

轴心受压构件按箍筋形式的不同可分为两类，一类为配有纵筋和普通箍筋的受压构件，另一类为配有纵筋和螺旋式箍筋（或焊接环式箍筋）的受压构件，如图 7.5 所示。

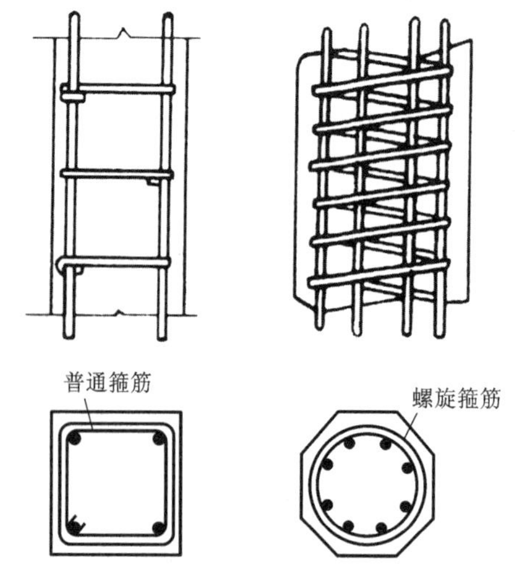

图 7.5　普通箍筋柱和螺旋箍筋柱

7.2.1　配有普通箍筋的轴心受压柱

1. 破坏特征

钢筋混凝土柱按长细比的大小可分为“短柱”和“长柱”。当矩形截面柱长细比 $l_0/b \leqslant 8$ 时、圆形截面柱长细比 $l_0/d \leqslant 7$、其他截面柱 $l_0/i \leqslant 28$ 时，称为“短柱”，反之称为“长柱”。式中 l_0 为柱的计算长度，b 为矩形截面的短边尺寸，d 为圆形截面的直径，i 为任意截面的最小回转半径。其中柱的计算长度 l_0 与柱两端的支撑情况及有无侧移等因素有关，《规范》对一般多层现浇钢筋混凝土框架柱的计算长度作了具体规定：底层柱：$l_0 = 1.0H$；其余各层柱：$l_0 = 1.25H$（H 对底层柱为从基础顶面到一层楼盖顶面的高度；对于其余各层柱为上、下两层楼盖顶面之间的高度）。

钢筋混凝土轴心受压短柱试验表明：压力较小时，钢筋和混凝土共同承受压力，且变形相同。随着荷载的增加，钢筋应力增加较快，对配置普通热轧钢筋的受压构件，钢筋先达到屈服强度，继续增加的荷载由混凝土承担。临近破坏时，柱子出现纵向裂缝，混凝土保护层剥落，混凝土侧向膨胀挤压纵向钢筋，使得箍筋间的纵筋向外凸出，构件因混凝土被压碎而破坏，破坏形态见图 7.6。

试验研究还表明：对长细比较大的长柱，在轴向压力作用下，易产生侧向弯曲，最终构件可能发生失稳破坏，而非材料破坏，如图 7.7 所示。因此在截面尺寸、材料强度、配筋相同的条件下，长柱的承载力低于短柱的承载力。

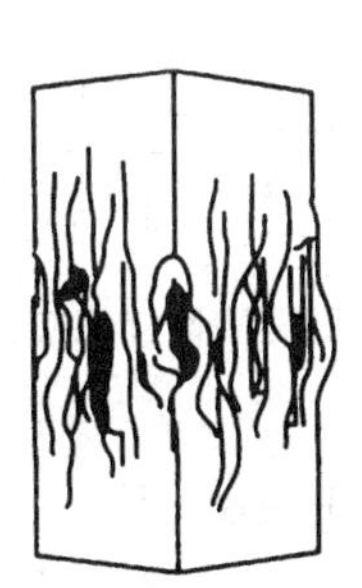

图 7.6　轴心受压短柱的破坏形态

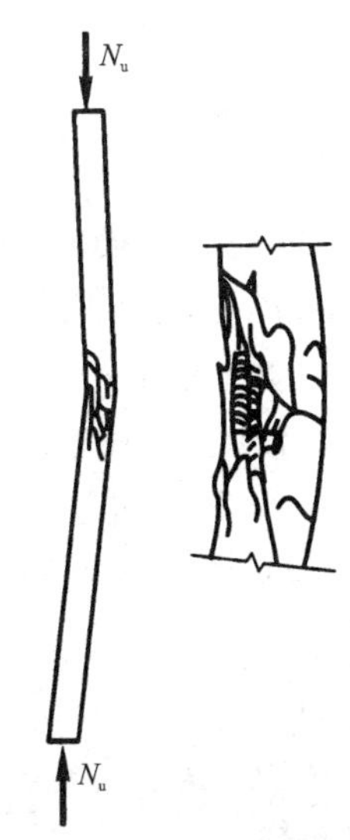

图 7.7　轴心受压长柱的破坏

为反映长柱承载力的降低程度，《规范》引入稳定系数 φ 来折减。《规范》依据试验结果，确定了不同长细比条件下钢筋混凝土轴心受压构件的稳定系数。从表 7.1 中可看出，长细比 l_0/b 越大，φ 值越小；长细比 l_0/b 越小，φ 值越大。当长细比 $l_0/b \leqslant 8$ 时，φ 值取 1.0，因为短柱的侧向挠度很小，对构件承载力的影响可以忽略。

表 7.1　钢筋混凝土轴心受压构件的稳定系数 φ

l_0/b	≤8	10	12	14	16	18	20	22	24	26	28
l_0/d	≤7	8.5	10.5	12	14	15.5	17	19	21	22.5	24
l_0/i	≤28	35	42	48	55	62	69	76	83	90	97
φ	1.0	0.98	0.95	0.92	0.87	0.81	0.75	0.70	0.65	0.60	0.56
l_0/b	30	32	34	36	38	40	42	44	46	48	50
l_0/d	26	28	29.5	31	33	34.5	36.5	38	40	41.5	43
l_0/i	104	111	118	125	132	139	146	153	160	167	174
φ	0.52	0.48	0.44	0.40	0.36	0.32	0.29	0.26	0.23	0.21	0.19

注：l_0 为构件计算长度；b 为矩形截面的短边尺寸；d 为圆形截面的直径；i 为截面最小回转半径。

2. 正截面承载力计算公式

根据以上分析，普通箍筋柱轴心受压的计算应力图形如图 7.8 所示，列出竖向力的平衡方程，可得普通箍筋柱正截面承载力计算公式：

$$N \leqslant N_u = 0.9\varphi(f_y'A_s' + f_cA) \tag{7.1}$$

式中，N——轴向压力设计值；

N_u——构件的受压承载力设计值；

0.9——可靠度调整系数，保证与偏压构件可靠度相近；

φ——钢筋混凝土轴心受压构件的稳定系数，见表 7.1；

f_y'——纵向受力钢筋抗压强度设计值，当 $f_y' \leqslant 400\ \text{N/mm}^2$，按实取值，当 $f_y' > 400\ \text{N/mm}^2$，取 $f_y' = 400\ \text{N/mm}^2$；

A_s'——全部纵向受压钢筋的截面面积；

f_c——混凝土轴心抗压强度设计值，见附表 B.1；

A——构件的截面面积，当纵向钢筋配筋率大于 0.03 时，A 改用 $A_c = A - A_s'$。

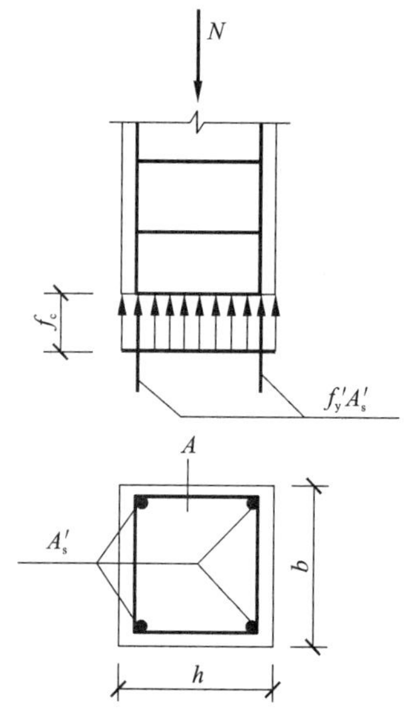

图 7.8　轴心受压构件计算应力图形

3. 计算方法

1）截面设计

已知：N、l_0、$b \times h$、f_c、f_y'

求：截面配筋

（1）计算受压构件的长细比 l_0/b，查表确定稳定系数 φ；

（2）根据公式 7.1 求纵向受压钢筋截面面积 A_s'；

（3）查附表选配钢筋并验算配筋率是否满足最小和最大配筋率的要求；

（4）按构造配置箍筋。

2）截面复核

已知：l_0、$b \times h$、f_c、f_y'、A_s'

求：N_u

(1)计算受压构件的长细比 l_0/b，查表确定稳定系数 φ；

(2)验算配筋率是否满足最大和最小配筋率要求；

(3)根据公式7.1计算 N_u。

【例题7.1】 已知某多层现浇钢筋混凝土框架结构，首层中柱按轴心受压构件计算。该柱截面尺寸 $b \times h = 300\ \text{mm} \times 300\ \text{mm}$，轴向压力设计值 $N = 1400\ \text{kN}$，计算长度 $l_0 = 5\ \text{m}$，纵向钢筋采用HRB400级($f_y' = 360\ \text{N/mm}^2$)，混凝土强度等级为C30($f_c = 14.3\ \text{N/mm}^2$)。求该柱纵向受压钢筋的截面面积。

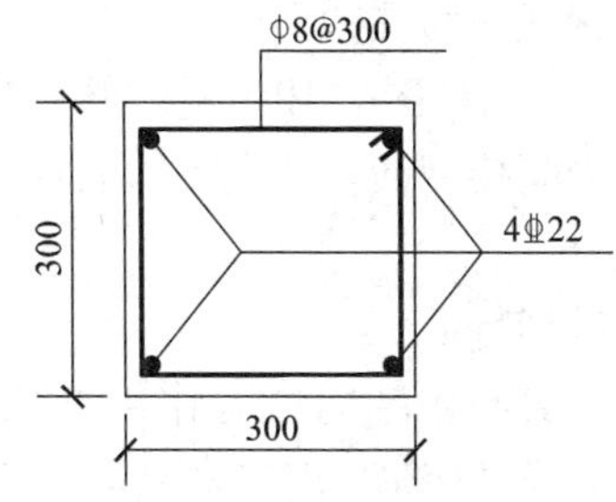

图7.9 例题7.1附图

【解】 (1)计算长细比，确定稳定系数 φ

$l_0/b = 5000/300 = 16.7$，查表7.1得稳定系数 $\varphi = 0.849$

(2)计算纵向受压钢筋截面面积 A_s'

由公式7.1可得：$$A_s' = \frac{\dfrac{N}{0.9\varphi} - f_c A}{f_y'} = \frac{\dfrac{1400 \times 10^3}{0.9 \times 0.849} - 14.3 \times 300 \times 300}{360} = 1515(\text{mm}^2)$$

(3)纵筋选用4Φ22(1520 mm²)，验算配筋率

配筋率 $$\rho' = \frac{A_s'}{A} = \frac{1520}{300 \times 300} = 1.69\% \begin{cases} > \rho'_{\min} = 0.6\% \\ < \rho'_{\max} = 5\% \\ \text{且} < 3\% \end{cases}$$

(4)确定箍筋

根据纵向钢筋直径，按照箍筋配置的构造要求，箍筋选用Φ8@300，截面配筋图如图7.9所示。

【例题7.2】 某现浇底层钢筋混凝土轴心受压柱，截面尺寸 $b \times h = 400\ \text{mm} \times 400\ \text{mm}$，纵向受力钢筋采用4Φ20的钢筋($f_y' = 300\ \text{N/mm}^2$，$A_s' = 1256\ \text{mm}^2$)，采用C25级混凝土($f_c = 11.9\ \text{N/mm}^2$)，计算长度 $l_0 = 4.5\ \text{m}$，承受轴向压力设计值为1000 kN，试校核此柱是否安全。

【解】

(1)计算长细比 l_0/b，确定稳定系数 φ；

$l_0/b = 4500/400 = 11.3$，查表7.1得 $\varphi = 0.96$。

(2)验算配筋率

$$\rho' = \frac{A_s'}{A} = \frac{1256}{400 \times 400} = 0.8\% \begin{cases} > \rho'_{\min} = 0.6\% \\ < \rho_{\max} = 5\% \\ \text{且} < 3\% \end{cases}$$

(3)确定柱截面承载力

$N_u = 0.9\varphi(f_y' A_s' + f_c A) = 0.9 \times 0.96 \times (300 \times 1256 + 11.9 \times 400 \times 400) \times 10^{-3} = 1970.6(\text{kN})$

故 $N_u = 1970.6\ \text{kN} > 1000\ \text{kN}$

因此该柱安全。

7.2.2 配有螺旋式间接钢筋的轴心受压柱

当轴向压力较大，且柱的截面尺寸受到限制时，普通箍筋柱的承载力有可能不满足要求，可采用螺旋式箍筋柱提高其抗压承载力。

螺旋式箍筋柱的箍筋有两种形式，螺旋式钢筋和焊接环式钢筋，如图7.10所示，螺旋式钢筋和焊接环式钢筋可称为间接钢筋。这两种箍筋柱性能相同，以下叙述不再区分。

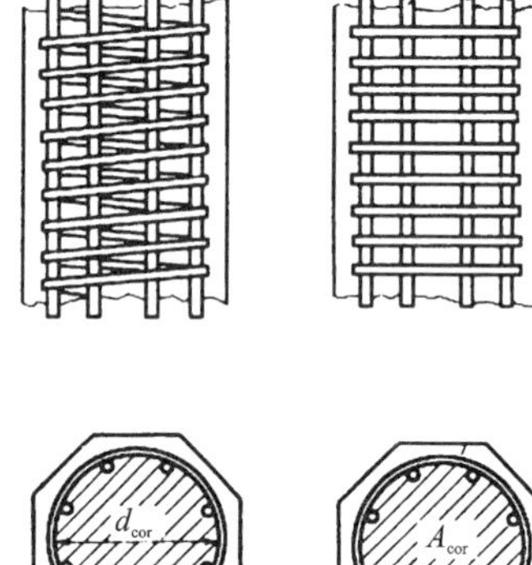

图7.10 螺旋式箍筋柱

1. 破坏特征

试验表明在轴向压力作用下螺旋式箍筋可以约束混凝土的横向变形，间接提高混凝土的抗压强度。随着轴向压力较大时，混凝土纵向微裂缝开始迅速发展，螺旋式箍筋可约束其侧向变形，产生环向拉力，当荷载增加到混凝土压应变超过无约束时的极限压应变后，箍筋外部的混凝土将被压坏并开始剥落，而箍筋以内即核心部分的混凝土能继续承载，当箍筋达到抗拉屈服强度时，就不能约束混凝土横向变形了，柱被压坏。

2. 正截面承载力计算公式

配置螺旋式箍筋的轴心受压柱，其核心混凝土的抗压强度应按三向受压的强度考虑，可按下式近似计算：

$$f_{c1}=f_c+4\sigma_2 \tag{7.2}$$

式中，f_{c1}——被约束核心混凝土轴心抗压强度设计值；

f_c——混凝土的抗压强度设计值；

σ_2——核心混凝土受到的径向压应力。

根据箍筋间距 s 范围内 σ_2 的合力与箍筋拉力相平衡的条件（图7.11）得：

$$\sigma_2=\frac{2f_{yv}A_{ss1}}{sd_{cor}}=\frac{2f_{yv}A_{ss1}d_{cor}\pi}{4\cdot\frac{\pi d_{cor}^2}{4}\cdot s}=\frac{A_{ss0}f_{yv}}{2A_{cor}} \tag{7.3}$$

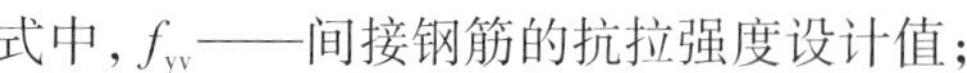

$$A_{ss0}=\frac{\pi d_{cor}A_{ss1}}{s} \tag{7.4}$$

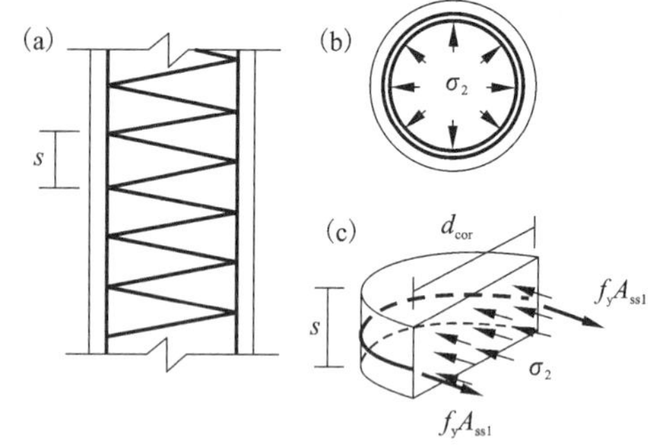

图7.11 隔离体的受力情况

式中，f_{yv}——间接钢筋的抗拉强度设计值；

A_{ss1}——单根间接钢筋的截面面积；

s——沿构件轴线方向间接钢筋的间距；

d_{cor}——构件的核心直径，即间接钢筋内表面之间的距离；

A_{cor}——构件核心截面面积，即间接钢筋内表面范围内的混凝土面积；

A_{ss0}——间接钢筋的换算截面面积。

根据轴向力的平衡条件：

$$N_u = (f_c + 4\sigma_2) A_{cor} + f_y' A_s' \tag{7.5}$$

将公式 7.3 代入上式，并进行必要的修正，可得螺旋式或焊接环式间接钢筋轴心受压柱的正截面受压承载力公式：

$$N \leqslant N_u = 0.9(f_c A_{cor} + f_y' A_s' + 2\alpha f_{yv} A_{ss0}) \tag{7.6}$$

式中，α ——间接钢筋对混凝土约束的折减系数。当混凝土强度等级不超过 C50 时，取 1.0；当混凝土强度等级为 C80 时，取 0.85；其他按线性内插法确定。

当利用公式 7.6 对螺旋式或焊接环式箍筋柱计算配筋时，应注意以下问题：

(1) 为了防止混凝土保护层过早剥落，按式 7.6 算得的构件受压承载力设计值不应大于按式 7.1 算得的构件受压承载力设计值的 1.5 倍。

(2) 当遇到下列任意一种情况时，不应计入间接钢筋的影响，而应按公式 7.1 算得的受压承载力：

①当 $l_0/d > 12$ 时。因长细比较大，构件发生侧向弯曲使得间接钢筋不能充分发挥作用；

②当按公式 7.6 算得的受压承载力小于按公式 7.1 算得的受压承载力时。当外围混凝土较厚时，按公式 7.6 算得的承载力可能小于按公式 7.1 算得的受压承载力；

③当间接钢筋的换算截面面积 A_{ss0} 小于纵向钢筋的全部截面面积的 25% 时，因间接钢筋配置太少时，对核心混凝土约束作用不明显。

【例题 7.3】 某大厅的钢筋混凝土圆形截面柱，计算长度 $l_0 = 4.6$ m，直径 $d = 400$ mm，一类环境，承受的轴向压力设计值为 2800 kN，混凝土强度等级为 C30（$f_c = 14.3\ \text{kN/mm}^2$），纵向受力钢筋采用 HRB335 级（$f_y' = 300\ \text{N/mm}^2$），螺旋式间接钢筋采用 HPB300 级（$f_{yv} = 270\ \text{N/mm}^2$），直径为 10 mm，柱的保护层厚度取 20 mm，求柱的配筋。

【解】

(1) 计算核心区截面面积 A_{cor}

$d_{cor} = d - 2 \times 30 = 400 - 60 = 340(\text{mm})$

$$A_{cor} = \frac{\pi d_{cor}^2}{4} = \frac{\pi \times 340^2}{4} = 90746(\text{mm}^2)$$

(2) 计算间接钢筋的换算截面面积 A_{ss0}

选用箍筋间距为 60 mm，

$$A_{ss0} = \frac{\pi d_{cor} A_{ss1}}{s} = \frac{\pi \times 340 \times 78.5}{60} = 1397(\text{mm}^2)$$

(3) 计算纵向受压钢筋截面面积 A_s'

由公式 7.6 得；

$$A_s' = \frac{\dfrac{N}{0.9} - f_c A_{cor} - 2\alpha f_{yv} A_{ss0}}{f_y'} = \frac{\dfrac{2800 \times 10^3}{0.9} - 14.3 \times 90746 - 2 \times 1 \times 270 \times 1397}{300} = 3530(\text{mm}^2)$$

选用 8Φ25，实际配筋 $A_s' = 3927\ \text{mm}^2$

(4) 验算

①$l_0/d = 4600/400 = 11.5 < 12$

②按式 7.1 计算构件抗压承载力，查表 7.1 得稳定系数 $\varphi = 0.93$

$$\rho' = \frac{A_s'}{A} = \frac{3927}{\frac{\pi \times 400^2}{4}} = 3.127\% > 3\%$$

$$N_1 = 0.9\varphi(f_y'A_s' + f_cA_c) = 0.9 \times 0.93 \times \left[300 \times 3927 + 14.3 \times \left(\frac{\pi}{4} \times 400^2 - 3927\right)\right] \times 10^{-3} = 2443(\text{kN})$$

按式 7.6 计算构件的抗压承载力：

$$N_2 = 0.9(f_cA_{cor} + f_y'A_s' + 2\alpha f_{yv}A_{ss0}) = 0.9 \times (14.3 \times 90746 + 300 \times 3927 + 2 \times 1 \times 270 \times 1397) \times 10^{-3} = 2907(\text{kN})$$

由上式计算可知：$N_2 > N_1$ 且 $N_2 < 1.5N_1 = 3664.5\ \text{kN}$

③$A_{ss0} = 1397\ \text{mm}^2 > 0.25A_s' = 0.25 \times 3927 = 982(\text{mm}^2)$

因此，可按上述结果配筋。

(5) 构件截面配筋图如图 7.12 所示。

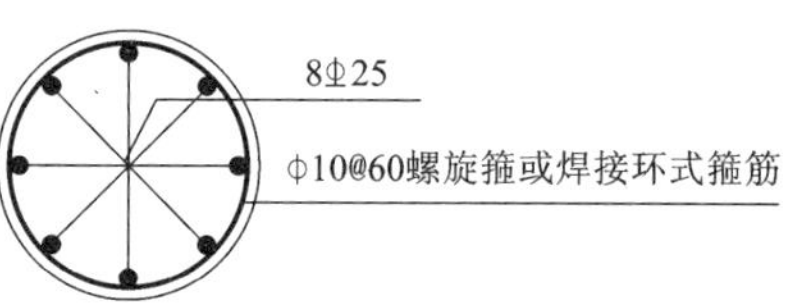

图 7.12　例题 7.3 附图

7.3　矩形截面偏心受压构件正截面承载力计算

7.3.1　偏心受压构件正截面破坏形态

偏心受压构件指承受轴向压力和弯矩的构件，也可以相当于偏心距 $e_0 = M/N$ 的偏心压力作用。根据偏心受压柱正截面的受力特点和破坏特征，可将偏心受压构件的正截面破坏分为大偏心受压破坏和小偏心受压破坏。

1. 大偏心受压破坏

柱大偏心破坏试验

当偏心距较大，离轴向力较远一侧的钢筋配置适量时会出现大偏心受压破坏。在轴向压力作用下，截面靠近轴向力一侧受压，另一侧受拉。随着荷载的增加，受拉区混凝土首先产生横向裂缝，继续增加荷载，裂缝不断延伸，与裂缝相交的纵向钢筋受拉屈服，变形急剧增大，受压区混凝土高度迅速减小，压应变增加，当受压区混凝土的压应变达到极限压应变时，受压区混凝土压碎破坏，此时，受压区钢筋也达到受压屈服强度。这种破坏有明显预兆，属于延性破坏，与适筋梁正截面双筋矩形梁破坏相似，破坏时的应力状态如图 7.13 所示。

2. 小偏心受压破坏

柱小偏心受压破坏试验

当偏心距较小，或者偏心距较大但是配置受拉钢筋过多时会发生小偏心受压破坏。在轴向压力作用下，构件截面大部分受压或全部受压，轴向压力一侧混凝土的压应力大于另一侧压应力，首先达到混凝土的极限压应变，混凝土压碎，该侧的钢筋达到受压屈服强度，构件破坏。破坏时远离压力一侧的钢筋无论是受拉还是受压都没有达到屈服强度。当截面大部分受压时，其受拉区可能会出现细微的横向裂缝，而当截面全部受压时，构件无横向裂缝，破坏时的应力状态如图 7.14 所示。这种破坏无明显预兆，属于脆性破坏。

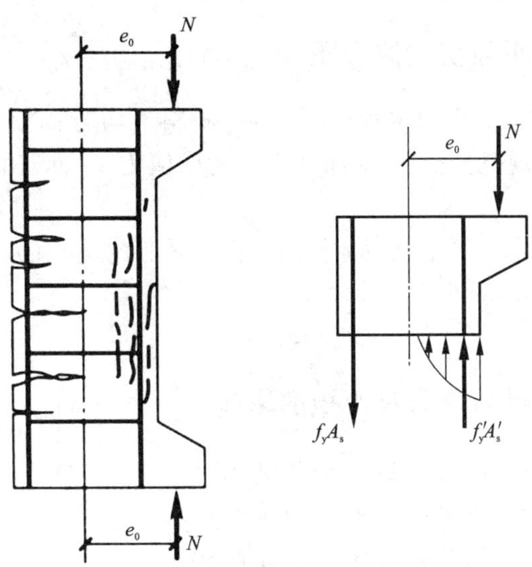

图 7.13　大偏心破坏形态及截面应力状态

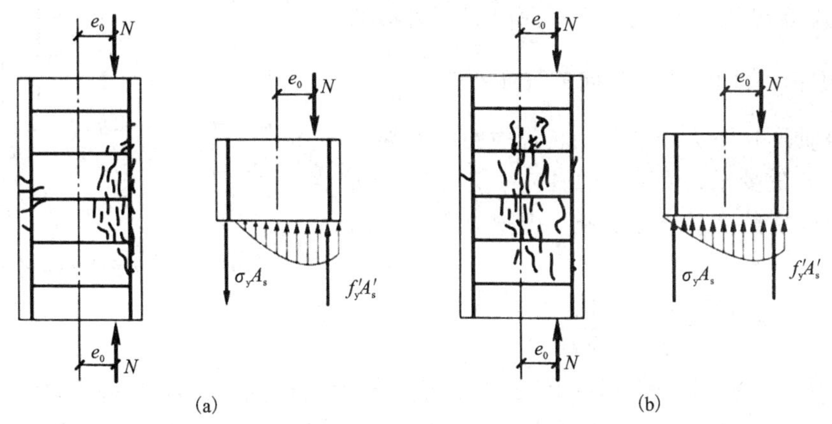

图 7.14　小偏心破坏形态及截面应力状态

此外，当偏心距较小，且轴向压力近侧的纵筋多于远侧的纵筋时，构件的破坏有可能先发生在压力的远侧，称为反向破坏。采用对称配筋，可避免这种情况的发生。

3. 界限破坏

在大偏心受压破坏和小偏心受压破坏之间理论上还存在一种界限破坏，即在受拉钢筋屈服的同时，受压区混凝土压碎破坏，受压区钢筋屈服，因此界限状态下的平衡方程：$N_b = \alpha_1 f_c b h_0 \xi_b + f_y' A_s' - f_y A_s$，此时混凝土受压区高度称为界限受压区高度，用 x_b 表示。大小偏心的界限情况与钢筋混凝土适筋梁和超筋梁的界限情况相似，因此大小偏压界限破坏时截面的相对受压区高度仍采用 $\xi_b = \dfrac{x_b}{h_0}$，可按表 4.7 采用。

当 $\xi \leqslant \xi_b$ 时，为大偏心受压破坏；当 $\xi > \xi_b$ 时，为小偏心受压破坏。

7.3.2 附加偏心距和初始偏心距

在实际工程中，考虑荷载作用位置的不定性、材料不均匀、施工偏差等不利因素，可能会产生附加偏心距 e_a。《规范》规定：附加偏心距的取值为 20 mm 和偏心方向截面最大尺寸的 1/30 两者中的较大值。

在偏心受压构件截面设计中，将轴向压力对截面重心的偏心距 e_0（$=M/N$）与附加偏心距 e_a 之和称为初始偏心距 e_i，即

$$e_i = e_0 + e_a \tag{7.7}$$

7.3.3 受压构件侧向弯曲对弯矩的影响

偏心受压长柱在轴向力作用下容易发生侧向弯曲，如图 7.15 所示，使原来的偏心距 e_i 增加为 $e_i + f$，其中 f 为侧向挠度。截面弯矩由原来 Ne_i 增加为 $N(e_i + f)$，即 $Ne_i + Nf$，其中 Ne_i 称为一阶弯矩，Nf 称为二阶弯矩（二阶效应或附加效应）。由于二阶弯矩的存在会降低偏心受压构件的承载力，设计时须考虑二阶弯矩对受压构件承载力的影响。

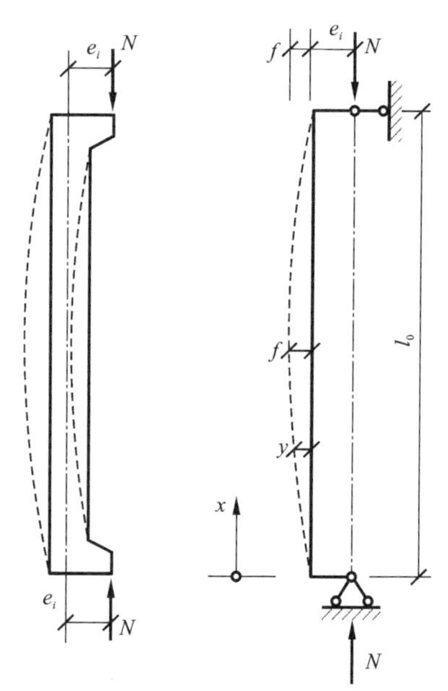

图 7.15 偏心受压构件的侧向挠度

我国《规范》规定，弯矩作用平面内截面对称的偏心受压构件，当同一主轴方向的杆端弯矩比 $\dfrac{M_1}{M_2}$ 不大于 0.9 且轴压比不大于 0.9 时，若构件的长细比满足公式 7.8 的要求，可不考虑轴向压力在该方向挠曲杆件中产生的附加弯矩影响，否则应考虑附加弯矩的影响。

$$\frac{l_0}{i} \leqslant 34 - 12\left(\frac{M_1}{M_2}\right) \tag{7.8}$$

式中，M_1、M_2——已考虑侧移影响的偏心受压构件两端截面按结构弹性分析确定的对同一主轴的组合弯矩设计值，绝对值较大端为 M_2，绝对值较小端为 M_1，当构件按单曲率弯曲时，$\dfrac{M_1}{M_2}$ 取正值，否则取负值；

l_0——构件的计算长度，可近似按偏心受压构件相应主轴方向上下支撑点之间的距离；

i——偏心方向的截面回转半径。

实际工程中大多是长柱，不满足公式 7.8 的要求，在确定偏心受压构件的弯矩设计值时，需考虑附加弯矩的影响。《规范》规定：除排架结构柱外，其他偏心受压构件考虑轴向压力在挠曲杆件中产生的二阶效应后控制截面的弯矩设计值，应按下列公式计算：

$$M = C_m \eta_{ns} M_2 \tag{7.9a}$$

$$C_m = 0.7 + 0.3\frac{M_1}{M_2} \tag{7.9b}$$

$$\eta_{ns}=1+\frac{1}{1300(M_2/N+e_a)/h_0}\left(\frac{l_0}{h}\right)^2\zeta_c \tag{7.9c}$$

$$\zeta_c=\frac{0.5f_cA}{N} \tag{7.9d}$$

当 $C_m\eta_{ns}$ 小于 1.0 时，取 1.0；对剪力墙及核心筒墙，可取 $C_m\eta_{ns}$ 等于 1.0。

式中，C_m——构件端截面偏心距调节系数，当小于 0.7 时取 0.7；

η_{ns}——弯矩增大系数；

N——与弯矩设计值 M_2 相应的轴向压力设计值；

e_a——附加偏心距；

h_0——截面有效高度；

h——截面高度；对环形截面，取外直径；对圆形截面，取直径；

ζ_c——截面曲率修正系数，当计算值大于 1.0 时取 1.0；

A——构件截面面积。

7.3.4　正截面受压承载力基本公式及适用条件

1. 大偏心受压

1）基本公式

参照适筋梁的配筋设计思路与设计方法，把受压区混凝土的曲线应力图形等效为矩形应力图形，应力值大小取 $\alpha_1 f_c$，混凝土受压区高度为 x，因此大偏心受压破坏的计算应力图形如图 7.16 所示，

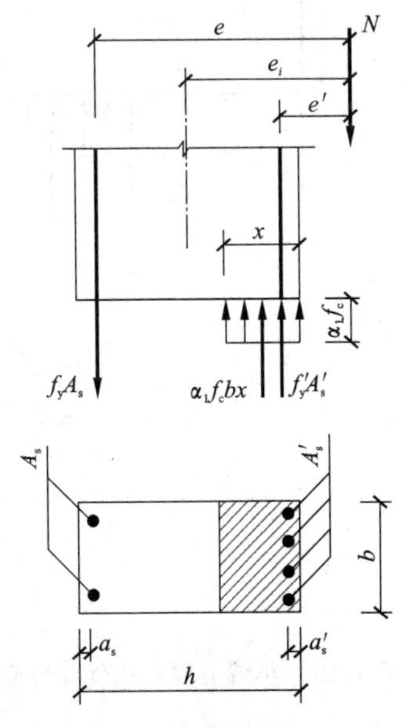

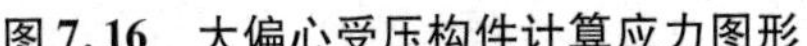

图 7.16　大偏心受压构件计算应力图形

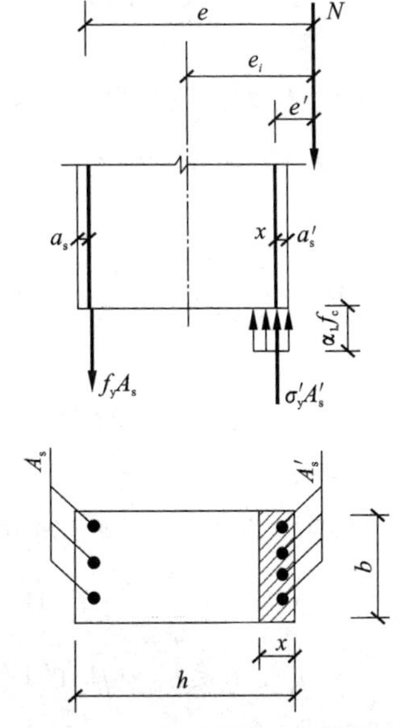

图 7.17　$x<2a_s'$ 时大偏心受压构件计算应力图形

由平衡条件可列出大偏心受压构件正截面承载力的计算公式：

$$\sum N = 0 \quad N \leqslant N_u = \alpha_1 f_c bx + f'_y A'_s - f_y A_s \tag{7.10}$$

$$\sum M = 0 \quad Ne \leqslant \alpha_1 f_c bx\left(h_0 - \frac{x}{2}\right) + f'_y A'_s (h_0 - a'_s) \tag{7.11}$$

式中，e——轴向力作用点至受拉钢筋合力点的距离，大小为：$e = e_i + \dfrac{h}{2} - a_s$；

a_s——受拉钢筋的合力点至截面受拉边缘的距离；

a'_s——受压钢筋的合力点至截面受压边缘的距离。

2)适用条件

(1)$\xi \leqslant \xi_b (x \leqslant \xi_b h_0)$　构件破坏时，保证受拉钢筋屈服；

(2)$\dfrac{2a'_s}{h_0} \leqslant \xi (x \geqslant 2a'_s)$　构件破坏时，保证受压钢筋屈服。

若 $x < 2a'_s$，取 $x = 2a'_s$，即假定受压混凝土合力作用线与受压钢筋所承担的压力作用线重合，如图 7.17 所示。对受压钢筋的压力作用线取矩，建立平衡方程：

$$Ne' = f_y A_s (h_0 - a'_s) \tag{7.12}$$

式中，e'——轴向压力作用点至受压钢筋合力点的距离，取值为 $e' = e_i - \dfrac{h}{2} + a'_s$。

2. 小偏心受压

1)基本公式

按照受弯构件的处理方法，把受压区混凝土的曲线应力图形等效为矩形，应力值大小取 $\alpha_1 f_c$，混凝土受压区高度为 x，小偏心受压的计算应力图形如图 7.18 所示：

根据平衡条件列出其正截面承载力计算公式：

$$\sum N = 0 \quad N \leqslant N_u = \alpha_1 f_c bx + f'_y A'_s - \sigma_s A_s \tag{7.13}$$

$$\sum M = 0 \quad Ne \leqslant \alpha_1 f_c bx\left(h_0 - \frac{x}{2}\right) + f'_y A'_s (h_0 - a'_s) \tag{7.14}$$

式中，x——受压区混凝土计算高度，当 $x > h$ 时，取 $x = h$；

σ_s——远离轴向力一侧钢筋的应力值，近似按公式 $\sigma_s = \dfrac{\xi - \beta_1}{\xi_b - \beta_1} f_y$ 计算，其取值范围：$-f'_y \leqslant \sigma_s \leqslant f_y$。($\beta_1$ 的取值可参考第 4 章)

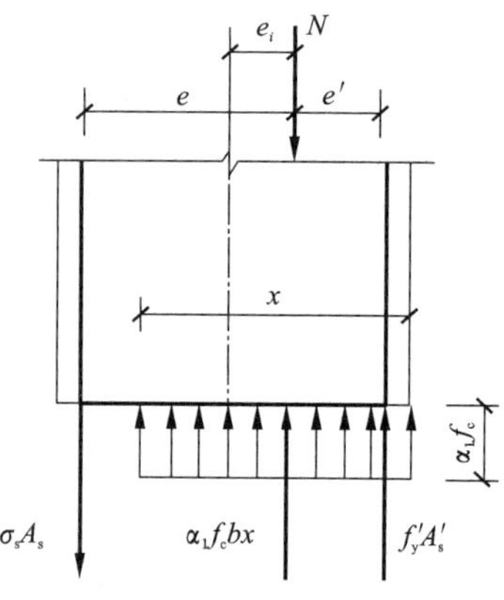

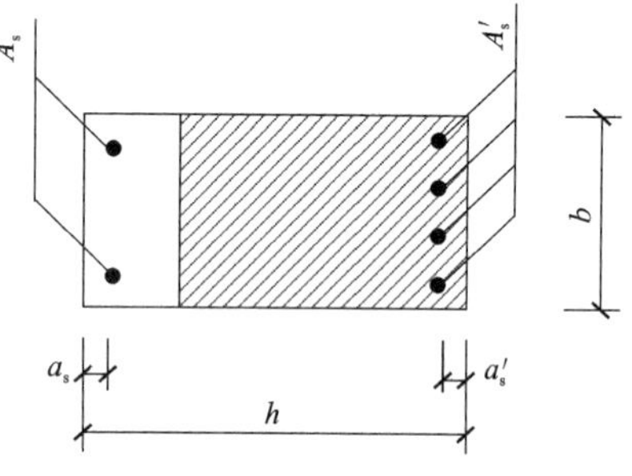

图 7.18　小偏心受压构件计算应力图形

2)适用条件

(1)$\xi > \xi_b (x > \xi_b h_0)$

(2)$x \leqslant h$

当轴向力设计值较大且偏心距较小时，若垂直于弯矩作用平面的长细比较大，则有可能由垂直于弯矩作用平面的轴心受压承载力起控制作用。因此《规范》规定：偏心受压构件除应计算弯矩作用平面的受压承载力外，尚应按轴心受压构件验算垂直于弯矩作用平面的受压承载力。

7.3.5　对称配筋矩形截面偏心受压构件正截面承载力计算

偏心受压构件的截面配筋形式有两种，分别为对称配筋和非对称配筋。在实际工程中，受压构件常承受变号弯矩作用，同时为了避免施工时出现差错，所以常采用对称配筋。本书主要介绍对称配筋矩形截面偏心受压构件承载力的计算。

采用对称配筋时，将 $A_s = A'_s$、$f_y = f'_y$、$a_s = a'_s$ 代入大小偏心的基本公式即为对称配筋矩形截面偏心受压构件承载力的计算公式。

对称配筋的计算包括截面设计和截面复核两方面的内容。大偏心受压计算公式参照式(7.10)，式(7.11)，小偏心受压计算公式参照式(7.13)，式(7.14)。

1. 截面设计

已知：弯矩设计值 M，轴心力设计值 N，截面尺寸 $b \times h$，材料强度等级 f_y, f'_y, f_c, f_t，计算长度 l_0。

求：纵向受力钢筋截面面积 $A_s = A'_s$。

1)判断是否需要考虑附加偏心距影响

当同一主轴方向的杆端弯矩比 $\dfrac{M_1}{M_2} \leqslant 0.9$，且轴压比 $\lambda_N = \dfrac{N}{Af_c} \leqslant 0.9$，且构件长细比满足式(7.8)要求时，取 $M = M_2$ 不考虑附加弯矩的影响；当不满足式(7.8)时，取 $M = C_m \eta_{ns} M_2$，考虑附加弯矩影响。

2)判别大小偏心

在对称配筋的情况下，由界限状态下的平衡方程：$N_b = \alpha_1 f_c b h_0 \xi_b + f'_y A'_s - f_y A_s$，可得界限破坏荷载 $N_b = \alpha_1 f_c b h_0 \xi_b$，当 $N \leqslant N_b$，即 $\xi \leqslant \xi_b$ 时，为大偏心受压构件；当 $N > N_b$，即 $\xi > \xi_b$ 时为小偏心受压构件。由于界限破坏时受拉钢筋屈服，故将其归类到大偏心受压构件中。

3)计算截面所需钢筋截面面积

(1)大偏心受压

把 $x = \xi h_0$ 代入大偏心受压构件正截面受压承载力公式(7.10)得

$$\xi = \frac{N}{\alpha_1 f_c b h_0} \tag{7.15}$$

若 $\dfrac{2a'_s}{h_0} \leqslant \xi \leqslant \xi_b$，即满足 $2a'_s \leqslant x \leqslant \xi_b h_0$，把 $x = \xi h_0$ 代入公式(7.11)得

$$A_s = A'_s = \frac{Ne - \alpha_1 f_c b h_0^2 \xi(1 - 0.5\xi)}{f'_y(h_0 - a'_s)} \tag{7.16}$$

若 $\xi < \dfrac{2a'_s}{h_0}$，即 $x < 2a'_s$，取 $x = 2a'_s$，由公式(7.12)得

$$A_s = A'_s = \frac{Ne'}{f_y(h_0 - a'_s)} \tag{7.17}$$

(2)小偏心受压

将 $\sigma_s = \dfrac{\xi - \beta_1}{\xi_b - \beta_1} f_y$ 和 $x = \xi h_0$ 代入公式(7.13)和公式(7.14)，两个方程两个未知数 $A_s(=A'_s)$、

ξ 可解，但是解方程比较复杂，因此《规范》给出 ξ 的近似计算公式：

$$\xi=\frac{N-\xi_b\alpha_1 f_c bh_0}{\dfrac{Ne-0.43\alpha_1 f_c bh_0^2}{(\beta_1-\xi_b)(h_0-a_s')}+\alpha_1 f_c bh_0}+\xi_b \tag{7.18}$$

将计算出的 ξ 值代入公式(7.14)，求出截面所需的纵向钢筋截面面积 $A_s(A_s')$。

4)按轴心受压构件验算垂直于弯矩作用平面的承载力

5)选配钢筋

无论是大偏心受压构件还是小偏心受压构件，最终一侧纵向受力钢筋的截面面积应满足受压构件最小配筋率的要求，即满足 $A_s(A_s')\geqslant 0.002bh$。

【例题 7.4】 某矩形截面钢筋混凝土柱，设计使用年限 50 年，环境类别为一类。该柱的计算长度 $l_0=3$ m，截面尺寸 $b\times h=400$ mm $\times 600$ mm，取 $a_s=a_s'=40$ mm。承受的截面轴向压力设计值 $N=1000$ kN，考虑二阶效应后的杆端弯矩设计值 $M=500$ kN · m。采用 C30 级混凝土，纵向受力钢筋级别为 HRB400。若采用对称配筋，试求纵向受力钢筋的截面面积。

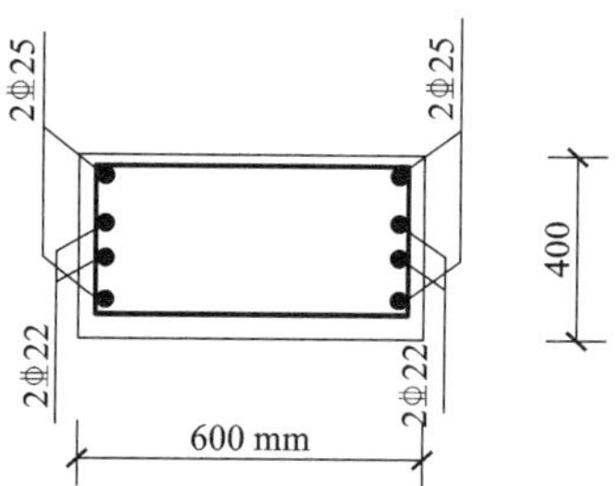

图 7.19　例题 7.4 附图

【解】

查附表 B.1 和 B.2 得：$f_c=14.3$ N/mm^2，$f_y=f_y'=360$ N/mm^2，$\alpha_1=1.0$，$\xi_b=0.518$

(1)判别大小偏心

$h_0=h-a_s=600-40=560(\text{mm})$

$$\xi=\frac{N}{\alpha_1 f_c bh_0}=\frac{1000\times10^3}{1.0\times14.3\times400\times560}=0.312\begin{cases}<\xi_b=0.518\\ >\dfrac{2a_s'}{h_0}=\dfrac{2\times40}{600-40}=0.143\end{cases}$$

因此属于大偏心受压构件。

(2)计算纵向受力钢筋的截面面积

$$e_0=\frac{M}{N}=\frac{500\times10^6}{1000\times10^3}=500(\text{mm})\qquad e_a=\max\left(20\text{ mm},\ \frac{h}{30}=\frac{600}{30}=20\text{ mm}\right)=20\text{ mm}$$

$$e_i=e_0+e_a=500+20=520(\text{mm})$$

$$e=e_i+\frac{h}{2}-a_s=520+\frac{600}{2}-40=780(\text{mm})$$

$$A_s=A_s'=\frac{Ne-\alpha_1 f_c bh_0^2\xi(1-0.5\xi)}{f_y'(h_0-a_s')}$$

$$=\frac{1000\times10^3\times780-1.0\times14.3\times400\times560^2\times0.312\times(1-0.5\times0.312)}{360\times(560-40)}$$

$$=1643(\text{mm}^2)>0.002bh=0.002\times400\times600=480(\text{mm}^2)$$

(3)选配钢筋

2Φ25 + 2Φ22，实际配筋面积为 1742 mm^2，截面配筋图如图 7.19 所示。

【例题 7.5】　一对称配筋的偏心受压构件，使用年限为 50 年，环境类别为一类。该柱的计算长度 $l_0=6$ m，截面尺寸 $b\times h=400$ mm $\times 600$ mm，取 $a_s=a_s'=40$ mm。承受的截面轴向压力设计值 $N=3000$ kN，两柱端弯矩设计值分别为 $M_1=100$ kN·m，$M_2=150$ kN·m，采用 C30 混凝土，纵向受力钢筋级别为 HRB400。若采用对称配筋，试求纵向受力钢筋的截面面积。

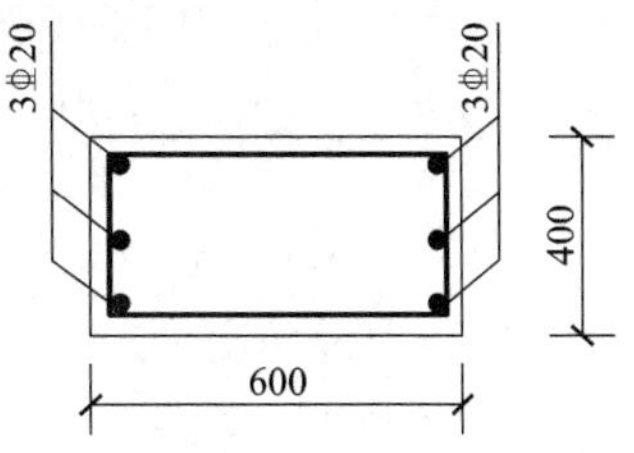

图 7.20　例题 7.5 附图

【解】

查附表 B.1 和 B.2 得：$f_c=14.3\ \text{N/mm}^2$，$f_y=f_y'=360\ \text{N/mm}^2$，$\alpha_1=1.0$，$\beta_1=0.8$，$\xi_b=0.518$

(1) 判断是否需要考虑二阶效应对弯矩设计值的影响。

$$\frac{M_1}{M_2}=\frac{100}{150}=0.67\leqslant 0.9$$

$$\lambda_N=\frac{N}{Af_c}=\frac{3000\times 10^3}{400\times 600\times 14.3}=0.87\leqslant 0.9$$

$$i=\sqrt{\frac{I}{A}}=\sqrt{\frac{\frac{bh^3}{12}}{bh}}=\frac{h}{\sqrt{12}}=\frac{600}{\sqrt{12}}=173.2(\text{mm})$$

$$\frac{l_0}{i}=\frac{6\times 10^3}{173.2}=34.6>34-12\frac{M_1}{M_2}=26$$　需考虑二阶弯矩的影响。

$$e_a=\max\left(20\ \text{mm},\ \frac{h}{30}=\frac{600}{30}=20\ \text{mm}\right)=20\ \text{mm}$$

$$C_m=0.7+0.3\frac{M_1}{M_2}=0.7+0.3\times\frac{100}{150}=0.9$$

$$\zeta_c=\frac{0.5f_cA}{N}=\frac{0.5\times 14.3\times 400\times 600}{3000\times 10^3}=0.572$$

$$\eta_{ns}=1+\frac{1}{1300(M_2/N+e_a)/h_0}\left(\frac{l_0}{h}\right)^2\zeta_c=1+\frac{1}{\frac{1300\left(\frac{150\times 10^6}{3000\times 10^3}+20\right)}{560}}\left(\frac{6\times 10^3}{600}\right)^2\times 0.572$$

$$=1.352$$

$$C_m\eta_{ns}=0.9\times 1.352=1.22$$

$$M=C_m\eta_{ns}M_2=1.22\times 150=183(\text{kN}\cdot\text{m})$$

(2) 判别大小偏心

$$h_0=h-a_s=600-40=560$$

$$\xi=\frac{N}{\alpha_1 f_c bh_0}=\frac{3000\times 10^3}{1.0\times 14.3\times 400\times 560}=0.937>\xi_b=0.518$$

因此属于小偏心受压构件。

(3) 计算纵向受力钢筋的截面面积

$$e_0=\frac{M}{N}=\frac{183\times 10^6}{3000\times 10^3}=61(\text{mm})$$

$e_i = e_0 + e_a = 61 + 20 = 81(\text{mm})$

$e = e_i + \frac{h}{2} - a_s = 81 + \frac{600}{2} - 40 = 341(\text{mm})$

$$\xi = \frac{N - \xi_b \alpha_1 f_c b h_0}{\frac{Ne - 0.43\alpha_1 f_c b h_0^2}{(\beta_1 - \xi_b)(h_0 - a_s')} + \alpha_1 f_c b h_0} + \xi_b$$

$$= \frac{3000 \times 10^3 - 0.518 \times 1.0 \times 14.3 \times 400 \times 560}{\frac{3000 \times 10^3 \times 341 - 0.43 \times 1.0 \times 14.3 \times 400 \times 560^2}{(0.8 - 0.518)(560 - 40)} + 1.0 \times 14.3 \times 400 \times 560} + 0.518$$

$= 0.79 > \xi_b = 0.518$

$$A_s = A_s' = \frac{Ne - \alpha_1 f_c b h_0^2 \xi(1 - 0.5\xi)}{f_y'(h_0 - a_s')}$$

$$= \frac{3000 \times 10^3 \times 341 - 1.0 \times 14.3 \times 400 \times 560^2 \times 0.79 \times (1 - 0.5 \times 0.79)}{360 \times (560 - 40)}$$

$= 885\ \text{mm}^2 > 0.002bh = 0.002 \times 400 \times 600 = 480(\text{mm}^2)$

(4)按轴心受压构件验算垂直于弯矩作用平面的承载力

$\frac{l_0}{b} = \frac{6000}{400} = 15 > 8$，查表得 $\varphi = 0.9$

$\rho = \frac{A_s + A_s'}{bh} = \frac{885 \times 2}{400 \times 600} = 0.7\% < 3\%$，

$N_u = 0.9\varphi[f_c A + f_y'(A_s + A_s')] = 0.9 \times 0.9 \times [14.3 \times 400 \times 600 + 360 \times 885 \times 2] \times 10^{-3} =$ 3296(kN) > 3000 kN 满足要求。

(5)选配钢筋

3⏀20，实际配筋面积为 942 mm²，截面配筋图如图 7.20 所示。

2. 截面校核

已知：l_0、$b \times h$、f_c、$f_y = f_y'$、$A_s(A_s')$、e_0。

求：N_u(或判断截面是否能承担某一给定的轴向力设计值 N)。

可先假定为大偏心受压，按照图 7.16 大偏心受压构件截面应力图对轴向力 N 的作用线求矩，弯矩的平衡方程为：

$$\sum M = 0 \quad \alpha_1 f_c bx\left(e - h_0 + \frac{x}{2}\right) + f'_y A'_s e' - f_y A_s e = 0 \tag{7.19}$$

式中，$e = e_i + \frac{h}{2} - a_s$；$e' = e_i - \frac{h}{2} + a_s'$

将式中的 x 用 ξh_0 代替，解得：

$$\xi = \left(1 - \frac{e}{h_0}\right) + \sqrt{\left(1 - \frac{e}{h_0}\right)^2 + \frac{2(f_y A_s e - f_y' A_s' e')}{\alpha_1 f_c b h_0^2}} \tag{7.20}$$

当 $\frac{2a_s'}{h_0} \leqslant \xi \leqslant \xi_b$ 时，为大偏心受压构件，将 $x = \xi h_0$ 代入大偏心受压构件承载力公式(7.10)得：

$$N_u = \alpha_1 f_c b \xi h_0 \tag{7.21}$$

当 $\xi < \frac{2a_s'}{h_0}$ 时，由公式(7.12)得：

$$N_u = \frac{f_y A_s (h_0 - a_s')}{e'} \tag{7.22}$$

当 $\xi > \xi_b$ 时，为小偏心受压构件，将 x 和 σ_s 换成 ξ 的表达式代入小偏心承载力公式(7.13)及(7.14)得：

$$N_u = \alpha_1 f_c b \xi h_0 + f_y' A_s' - \frac{\xi - \beta_1}{\xi_b - \beta_1} f_y A_s \tag{7.23}$$

$$N_u e = \alpha_1 f_c b \xi h_0^2 \left(1 - \frac{\xi}{2}\right) + f_y' A_s' (h_0 - a_s') \tag{7.24}$$

联立方程求出 ξ 和 N_u。

【例题 7.6】 已知一矩形截面柱，设计使用年限为 50 年，环境类别为一类。该柱截面尺寸 $b \times h = 300\ \text{mm} \times 600\ \text{mm}$，计算长度 $l_0 = 3\ \text{m}$，采用强度等级为 C30 混凝土，HRB335 级钢筋，每侧配置 4Φ20($A_s = A_s' = 1256\ \text{mm}^2$)。试求偏心距 $e_0 = 500\ \text{mm}$(沿截面长边方向)时柱的承载力设计值 N_u。

【解】

查附表 B.1 和 B.2 得：$f_c = 14.3\ \text{N/mm}^2$，$f_y = f_y' = 300\ \text{N/mm}^2$，$\alpha_1 = 1.0$，$\beta_1 = 0.8$，$\xi_b = 0.55$

(1)判别大小偏心

$e_0 = 500\ \text{mm}$

$e_a = \max\left(20\ \text{mm}, \frac{h}{30}\right) = \max\left(20\ \text{mm}, \frac{600}{30}\right) = 20\ \text{mm}$

$e_i = e_0 + e_a = 500 + 20 = 520(\text{mm})$

$e = e_i + \frac{h}{2} - a_s = 520 + \frac{600}{2} - 40 = 780(\text{mm})$

$e' = e_i - \frac{h}{2} + a_s = 520 - \frac{600}{2} + 40 = 260(\text{mm})$

$\frac{e}{h_0} = \frac{780}{560} = 1.4$

$$\xi = \left(1 - \frac{e}{h_0}\right) + \sqrt{\left(1 - \frac{e}{h_0}\right)^2 + \frac{2(f_y A_s e - f_y' A_s' e')}{\alpha_1 f_c b h_0^2}}$$

$$= (1 - 1.4) + \sqrt{(1 - 1.4)^2 + \frac{2(300 \times 1256 \times 780 - 300 \times 1256 \times 260)}{1.0 \times 14.3 \times 300 \times 560^2}}$$

$$= 0.27$$

满足 $\xi \begin{cases} > \frac{2a_s'}{h_0} = \frac{2 \times 40}{560} = 0.143 \\ < \xi_b = 0.55 \end{cases}$　属于大偏心受压构件

(2)计算截面轴向受压承载力设计值 N_u

$N_u = \alpha_1 f_c b \xi h_0 = 1.0 \times 14.3 \times 300 \times 0.27 \times 560 \times 10^{-3} = 649(\text{kN})$

7.4 偏心受压构件斜截面受剪承载力计算要点

实际工程中，偏心受压构件除受轴向力和弯矩作用外，还会受到剪力作用。一般情况下剪力值相对较小，可不进行斜截面承载力的验算，但是对于有较大水平力作用的框架柱（地震作用下）等，由于剪力影响较大，还需要验算其斜截面受剪承载力。

试验表明，在剪压复合应力状态下，当轴向压力不超过$(0.3\sim0.5)f_cA$时，轴向压力的存在，可以推迟裂缝的出现，限制裂缝的发展，减小纵向钢筋的拉力，提高斜截面受剪承载力。但当轴向压力超过$(0.3\sim0.5)f_cA$时，构件斜截面抗剪承载力反而会随着轴向压力的增大而逐渐下降。

考虑到上述受力特点，我国《规范》关于偏心受压构件斜截面承载力的计算公式规定：

矩形、T形和I形截面的钢筋混凝土偏心受压构件，其斜截面受剪承载力应满足下列公式：

$$V\leqslant\frac{1.75}{\lambda+1}f_tbh_0+f_{yv}\frac{A_{sv}}{s}h_0+0.07N \tag{7.25}$$

式中，λ——偏心受压构件计算截面的剪跨比，取为M/Vh_0；

N——与剪力设计值V相应的轴向压力设计值，当大于$0.3f_cA$时，取$0.3f_cA$，此处A为构件的截面面积。

为了避免发生斜压破坏，对矩形截面偏心受压构件其截面尺寸必须满足下式要求，否则需增大截面尺寸。

$$V\leqslant0.25\beta_cf_cbh_0 \tag{7.26}$$

此外，若符合下列条件时，钢筋混凝土偏心受压构件可不进行斜截面受剪承载力计算，按构造配置箍筋。

$$V\leqslant\frac{1.75}{\lambda+1}f_tbh_0+0.07N \tag{7.27}$$

小　结

(1) 受压构件截面尺寸、纵筋、箍筋的构造要求。

(2) 受压构件按照轴向压力的作用线与构件形心轴的关系分为轴心受压构件和偏心受压构件；

(3) 普通箍筋柱按照长细比的大小分为短柱和长柱，由于长柱受压时易发生侧向弯曲降低构件的抗压承载力，因此《规范》引入了稳定系数，普通箍筋柱正截面受压承载力公式为：$N\leqslant N_u=0.9\varphi(f_y'A_s'+f_cA)$；

(4) 螺旋式箍筋柱由于间接钢筋的作用，提高了混凝土的抗压强度，其正截面受压承载力公式为：$N\leqslant N_u=0.9(f_cA_{cor}+f_y'A_s'+2\alpha f_{yv}A_{ss0})$；

(5) 偏心受压构件按正截面的受力特点及破坏形态的不同，可分为大偏心受压破坏和小偏心受压破坏。不同形态下的配筋设计方法也不同，在配筋设计之前，应先判断大小偏心（当$\xi\leqslant\xi_b$时，为大偏心受压；当$\xi>\xi_b$时，为小偏心受压），然后采用相应公式计算。

(6)偏心受压构件截面设计或校核时，应考虑附加偏心距 e_a，同时按《规范》规定判断是否需要考虑二阶效应对弯矩设计值的影响。

(7)偏心受压构件斜截面抗剪承载力计算与受弯构件类似，只是压力的存在一定范围内可以提高抗剪承载力。

习 题

一、填空题

1. 钢筋混凝土受压构件按轴向压力作用线与构件形心轴是否重合可分为__________和__________两大类。

2. 螺旋箍筋柱中的箍筋像环箍一样有效地阻止了核心混凝土的横向变形，使得核心混凝土的抗压强度__________，从而间接提高了柱子的抗压承载力。

3. 轴心受压构件中，对长细比较小的短柱属于__________破坏，对长细比较大的细长柱，属于__________破坏。

4. 长柱在偏心压力作用下会发生纵向弯曲，产生二阶弯矩，会显著________构件的受压承载力。

5. 大小偏心受压的分界限是________，当________时为大偏心受压，当________时为小偏心受压。

6. 在大偏心设计校核时，当________时，说明受压区纵向受力钢筋不屈服。

7. 由于工程实际存在着荷载作用位置的不定性、_______及________等因素，在偏心受压构件正截面承载力计算中，可能会产生附加偏心距 e_a，其值取________和________两者中较大值。

二、判断题

1. 实际工程中没有真正的轴心受压构件。(　　)

2. 轴心受压构件的长细比越大，稳定系数值越高。(　　)

3. 截面尺寸、材料强度和纵筋配筋均相同时，螺旋箍筋柱的轴心受压承载力比普通箍筋柱的轴心受压承载力低。(　　)

4. 在偏心受压构件中，A_s'不大于0.2% bh。(　　)

5. 小偏心受压构件偏心距一定很小。(　　)

6. 在大小偏心受压的界限状态下，截面相对界限受压区高度 ξ_b 与受弯构件的 ξ_b 取值相同。(　　)

7. 附加偏心距随偏心距的增加而增加。(　　)

8. 稳定系数解决了偏心受压构件纵向弯曲的影响问题。(　　)

9. 在偏心受压构件中采用对称配筋主要是为了使材料充分发挥强度。(　　)

10. 偏心距不变，纵向压力越大，构件的抗剪承载能力越大。(　　)

11. 受压构件中的箍筋应作成封闭式的。(　　)

三、选择题

1. 轴心受压构件正截面承载力计算公式 $N \leqslant 0.9\varphi(f_c A + f_y' A_s')$ 中，0.9 的含义是(　　)

A. 分项系数　　B. 可靠度调整系数　　C. 经验系数　　D. 组合系数

2. 配有普通箍筋的钢筋混凝土轴心受压构件中，箍筋的作用是(　　)。

A. 抵抗剪力　　B. 约束核心混凝土

C. 形成钢筋骨架，约束纵筋，防止纵筋压曲外凸　　D. 以上三项作用均有

3. 与普通箍筋的柱相比，有间接钢筋的柱主要破坏特征是(　　)。

A. 混凝土压碎，纵筋屈服　　B. 混凝土压碎，钢筋不屈服

C. 保护层混凝土剥落　　D. 间接钢筋屈服，柱子才破坏

4. 螺旋箍筋柱的核心区混凝土抗压强度高于 f_c 是因为(　　)。

A. 螺旋箍筋参与受压

B. 螺旋箍筋使核心区混凝土密实

C. 螺旋箍筋约束了核心区混凝土的横向变形

D. 螺旋箍筋使核心区混凝土中不出现内裂缝

5. 对长细比大于 12 的柱不宜采用螺旋箍筋，其原因是(　　)。

A. 这种柱的承载力较高

B. 施工难度大

C. 抗震性能不好

D. 这种柱的强度将由于纵向弯曲而降低，螺旋箍筋作用不能发挥

6.《规范》规定：按螺旋箍筋柱计算的承载力不得超过普通柱的 1.5 倍，因为(　　)。

A. 在正常使用阶段外层混凝土不致脱落　　B. 不发生脆性破坏

C. 限制截面尺寸　　D. 保证构件的延性

7. 一圆形截面螺旋箍筋柱，若按普通钢筋混凝土柱计算，其承载力为 300 kN，若按螺旋箍筋柱计算，其承载力为 500 kN，则该柱的承载力应为(　　)。

A. 400 kN　　B. 300 kN　　C. 500 kN　　D. 450 kN

8. 大小偏心受压破坏特征的根本区别在于构件破坏时，(　　)。

A. 受压混凝土是否破坏　　B. 受压钢筋是否屈服

C. 混凝土是否全截面受压　　D. 远离作用力 N 一侧钢筋是否屈服

9. 轴向压力对偏心受压构件受剪承载力的影响是(　　)。

A. 轴向压力对受剪承载力没有影响

B. 轴向压力可使受剪承载力提高

C. 压力在一定范围内时，可提高受剪承载力，但压力过大时，反而会降低受剪承载力

D. 无法确定

10. 矩形、T 形和工字形截面的钢筋混凝土偏心受压构件，其斜截面受剪承载力应按下列公式计算：$V \leqslant V_u = \dfrac{1.75}{\lambda + 1} f_t b h_0 + f_{yv} \dfrac{A_{sv}}{s} h_0 + 0.07N$，计算公式中的 N(　　)。

A. 为与剪力设计值 V 相应的轴向压力设计值，当 $N > 0.3 f_c b h_0$ 时，取 $N = 0.3 f_c b h_0$

B. 没有限制

C. 为该截面组合的最大轴力

D. 为该截面组合的最大轴力，当 $N>0.3f_c bh_0$ 时，取 $N=0.3f_c bh_0$

11. 柱的长细比 l_0/b 中，l_0 为(　　)。

A. 柱的实际长度

B. 楼层中一层柱高

C. 视两端约束情况而定的柱计算长度

12. 钢筋混凝土大偏心受压构件的破坏特征是(　　)。

A. 远离轴向力一侧的钢筋先受拉屈服，随后另一侧钢筋压屈，混凝土压碎

B. 远离轴向力一侧的钢筋应力不定，而另一侧钢筋压屈，混凝土压碎

C. 靠近轴向力一侧的钢筋和混凝土应力不定，而另一侧钢筋受压屈服，混凝土压碎

D. 靠近轴向力一侧的钢筋和混凝土先屈服和压碎，另一侧的钢筋随后受拉屈服

13. 在钢筋混凝土大偏心受压构件的正截面承载力计算中，要求受压区计算高度 $x\geqslant 2a'$，是为了(　　)。

A. 保证受压钢筋在构件破坏时达到其抗压强度设计值 f_y'

B. 保证受拉钢筋屈服

C. 避免保护层剥落

D. 保证受压混凝土在构件破坏时能达到极限压应变

14. 对称配筋的混凝土受压柱，大小偏心受压的判别条件是(　　)。

A. $\xi\leqslant\xi_b$ 时为大偏心受压　　B. $\eta e_i>0.3h_0$ 时为大偏心受压

C. $\xi>\xi_b$ 时为大偏心受压　　D. 无法判别

四、简答题

1. 受压构件中为什么不宜采用高强度钢筋？

2. 受压构件中纵向受力筋的作用是什么？直径如何选择？纵筋布置有何要求？

3. 受压构件中箍筋有何作用？箍筋的间距和直径有何要求？

4. 如何划分受压构件中的长柱与短柱？

5. 什么叫大偏心受压破坏？其破坏的特征是什么？

6. 什么叫小偏心受压破坏？其破坏的特征是什么？

7. 偏心受压构件中，如何考虑侧向弯曲对弯矩设计值的影响？

8. 满足什么条件可不验算偏心受压构件的斜截面受剪承载力，直接按构造配置箍筋？

五、计算题

1. 某钢筋混凝土轴心受压框架柱，截面尺寸 $b\times h=350\ \text{mm}\times 350\ \text{mm}$，从基础顶面到一层楼盖顶面的高度 $H=4.5\ \text{m}$，承受轴向压力设计值为 $N=1840\ \text{kN}$，采用C25级混凝土，纵筋为HRB400级钢筋，求所需纵向受压钢筋的面积 A_s'(注：$f_c=11.9\ \text{N/mm}^2$，$f_y'=360\ \text{N/mm}^2$)。

2. 某钢筋混凝土轴心受压框架柱，柱截面尺寸 $b\times h=350\ \text{mm}\times 350\ \text{mm}$，从基础顶面到一层楼盖顶面的高度 $H=4.8\ \text{m}$，承受轴向压力设计值为 $N=2000\ \text{kN}$，C25混凝土，配有 8Φ25($A_s'=3927\ \text{mm}^2$)的纵向受力钢筋，复核此柱的承载力是否足够？(注：$f_c=11.9\ \text{N/mm}^2$，$f_y'=300\ \text{N/mm}^2$)

3. 一现浇圆形螺旋箍筋柱，承受压力设计值 $N=2000$ kN，直径 $d=400$ mm，计算长度 $l_0=4.5$ m，已配纵向受力钢筋 8Φ16（$A_s'=1608$ mm^2），螺旋箍筋为 HPB300 级，混凝土采用 C25，一类环境。求该柱所需螺旋箍筋的用量。（注：$f_c=11.9$ N/mm^2，$f_y'=300$ N/mm^2）

4. 某矩形截面钢筋混凝土柱，构件环境类别为一类，截面尺寸 $b\times h=400$ mm $\times 600$ mm，柱的计算长度 $l_0=7.2$ m。承受轴向压力设计值 $N=1000$ kN，柱两端弯矩设计值分别为 $M_1=400$ kN·m，$M_2=450$ kN·m。该柱采用 HRB400 级钢筋，混凝土强度等级为 C25。若采用对称配筋，试求纵向钢筋截面面积。（注：$f_c=11.9$ N/mm^2，$f_t=1.27$ N/mm^2，$f_y=f_y'=360$ N/mm^2）

第 8 章　受扭构件承载力计算

【学习目标】

(1) 了解受扭构件在实际工程中的应用;
(2) 了解平衡扭矩与协调扭矩的区别;
(3) 掌握受扭构件的破坏形态及开裂扭矩;
(4) 掌握钢筋混凝土纯扭构件的承载力计算;
(5) 掌握受扭构件承载力的计算方法和受扭构件的构造要求。

【本章导读】

构件截面中有扭矩作用的构件叫做受扭构件，其中扭矩又包括平衡扭矩和协调扭矩。本章学习受扭构件受力的基本原理，并掌握受扭构件的承载力计算方法以及构造要求。

扭转是结构承受的五种基本受力状态之一。凡在构件截面中有扭矩作用的构件，习惯上都叫做受扭构件。在实际工程中，单纯受扭矩作用的钢筋混凝土构件很少，大多数情况下都是处于弯矩、剪力和扭矩共同作用下的复合受力状态。图 8.1 是几种常见的受扭构件，一般来说，吊车梁，雨篷梁，平面曲梁或折梁以及现浇框架边梁，螺旋楼梯等都是复合受扭构件。

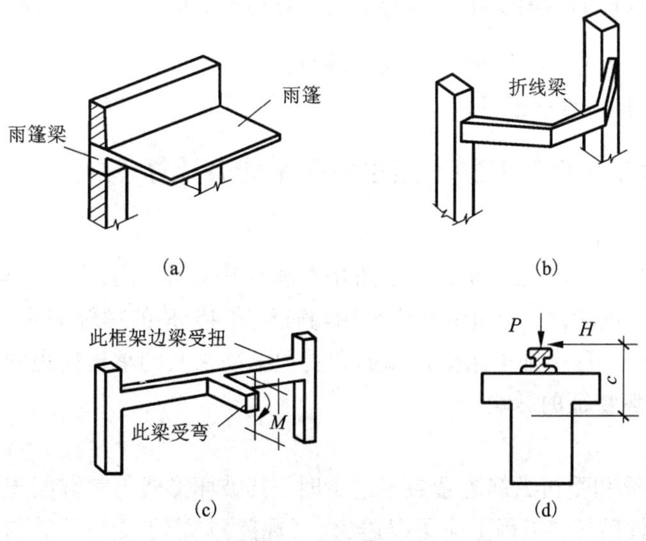

图 8.1　受扭构件示例

钢筋混凝土结构在扭矩作用下，根据扭矩形成的原因，可以分为两种类型：一是平衡扭转，二是协调扭转或附加扭转。雨篷构件的内扭矩是用以平衡其外扭矩，它满足静力平衡条件，这种扭矩叫做平衡扭矩。而边框架主梁的外扭矩，即作用在次梁的支座上的负弯矩，其大小由楼板次梁支撑点处的转角与该边框架主梁扭转角的协调条件所决定，这种扭转叫做协调扭转或附加扭转。

8.1 纯扭构件承载力计算

8.1.1 素混凝土纯扭构件的开裂扭矩

以纯扭矩作用下的钢筋混凝土矩形截面构件为例，研究纯扭构件的受力状态及破坏特征。矩形截面在扭矩 T 的作用下，截面将产生剪应力 τ，其中 τ_{max} 出现在截面长边中点处，与该点剪应力作用相对应的主拉应力 σ_{tp} 和主压应力 σ_{cp} 分别与轴线成45°和135°，其值大小为 τ_{max}（图8.2a）。由于混凝土的抗拉强度远小于它的抗压强度，因此，当 $\sigma_{tp} \geqslant f_t$ 时，混凝土将在长边中点处，垂直于主拉应力方向开裂，并很快向相临两边延伸，形成图8.2(b)所示三面受拉一面受压的斜向空间扭曲破坏面，其特征是突然性的脆性破坏。

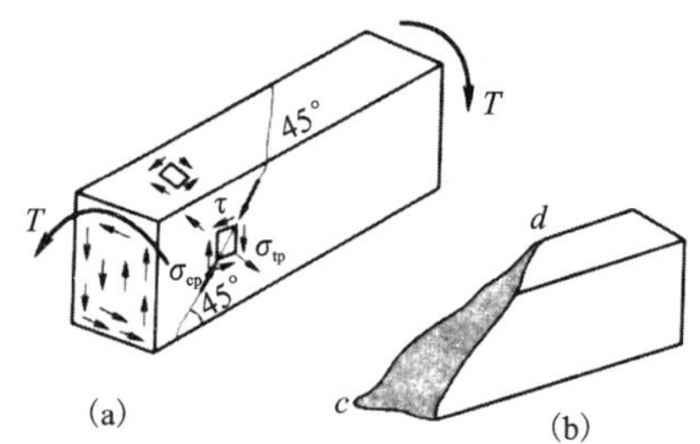

图8.2　素混凝土受扭破坏的截面形式

根据试验资料，素混凝土构件的开裂扭矩可用下式表达：

$$T_{cr} = 0.7 W_t f_t \tag{8.1}$$

式中，W_t——受扭构件的截面受扭塑性抵抗矩。对矩形截面，$W_t = \frac{b^2}{6}(3h - b)$，$b$ 为矩形截面的短边尺寸，h 为矩形截面的长边尺寸；

f_t——混凝土抗拉强度设计值。

8.1.2 矩形截面钢筋混凝土纯扭构件承载力计算

1. 纯扭构件的配筋

根据纯扭构件的受力特点分析，由于扭矩在构件中产生的主拉应力与构件成45°角，因此，从受力合理的观点考虑，受扭钢筋应采用与轴线成45°角的螺旋钢筋。但是，这会给施工带来不便。所以，在工程中都采用受扭箍筋和受扭纵筋来共同承担扭矩的作用。

2. 配筋量对破坏特征的影响

1）少筋破坏

当构件受扭箍筋和受扭纵筋配置数量过少时，其破坏形式与素混凝土构件受扭破坏没有本质的区别，属脆性破坏，工程上应予以避免。《规范》规定了受扭箍筋与受扭纵筋的最小配筋率限值，从而在设计上防止了少筋破坏的发生。

2）适筋破坏

当构件受扭箍筋和受扭纵筋的配置数量适当时，首先是截面长边其中一面混凝土开裂，随着扭矩加大，裂缝向相邻两短边延伸，与裂缝相交的受扭箍筋和受扭纵筋都将达到屈服强度，裂缝不断扩展，最后导致长边另一面混凝土被压碎而破坏。这种破坏形态属于塑性破坏，受扭构件应设计成这种具有适筋破坏特征的构件。

3）超筋破坏

当构件受扭箍筋和受扭纵筋的配置数量过多时，构件破坏时受扭箍筋和纵筋都没有达到屈服强度，而受压区混凝土被压碎，构件突然破坏，属脆性破坏，设计中应必须避免。《规范》规定了构件截面的限制尺寸，即在选择适宜的混凝土基础上，限制了钢筋的最大配筋率，从而避免了这种破坏的发生。

4）部分超筋破坏

当构件受扭箍筋和受扭纵筋的配置数量有一种配置过多时，破坏时配置适量的钢筋首先达到屈服强度，然后受压区混凝土被压碎，此时配置过多的钢筋未达到屈服，破坏时也具有一定的塑性性能。

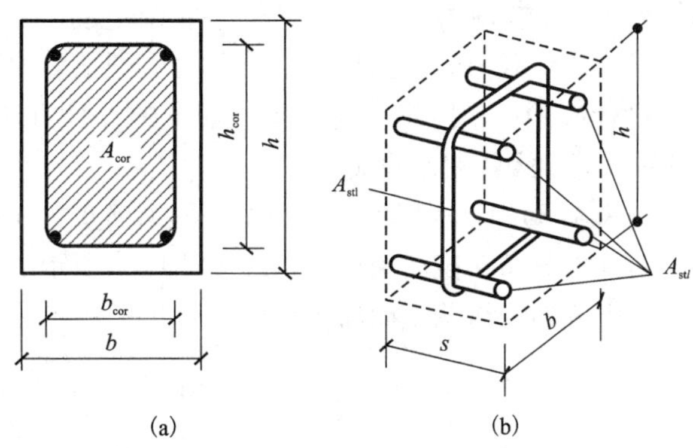

图 8.3 截面核心尺寸及纵筋与箍筋体积比尺寸示意图

为了保证受扭箍筋与受扭纵筋都能有效地发挥作用，应将两种钢筋的用量控制在某一范围内。试验表明，采用控制纵向钢筋与箍筋的配筋强度比 ζ 可以达到上述目的。截面核心尺寸及纵筋与箍筋体积比尺寸如图 8.3 所示。

受扭纵筋与箍筋的配筋强度比的计算公式如下：

$$\zeta=\frac{f_y}{f_{yv}}\frac{A_{stl}s}{A_{st1}u_{cor}} \tag{8.2}$$

式中，A_{stl}——对称布置在截面中的全部受扭纵筋的截面面积；

A_{st1}——沿截面周边配置的受扭箍筋单肢截面面积；

f_y——受扭纵向钢筋的抗拉强度设计值；

f_{yv}——受扭箍筋的抗拉强度设计值；

s——箍筋间距；

u_{cor}——截面核心部分的周长。$u_{cor}=2(b_{cor}+h_{cor})$，$b_{cor}$ 和 h_{cor} 分别为按箍筋内表面计算的截面部分的短边和长边尺寸。

试验表明，ζ 在 0.5～2.0 内，能够保证受扭构件破坏时纵筋和箍筋强度都得到充分利用。因此《规范》规定 $0.6\leqslant\zeta\leqslant1.7$，当 $\zeta>1.7$ 时，取 $\zeta=1.7$，一般设计中取 $\zeta=1.2$。

3. 计算公式

矩形截面钢筋混凝土纯扭构件的抗扭承载力可用下式计算：

$$T\leqslant0.35f_tW_t+1.2\sqrt{\zeta}\frac{f_{yv}A_{st1}}{s}A_{cor} \tag{8.3}$$

式中，T——扭矩设计值；

A_{cor}——截面核心的面积，$A_{cor}=b_{cor}h_{cor}$。

从表面上看，公式(8.3)中的第一项表示构件开裂后混凝土截面承担的扭矩，第二项表示受扭钢筋承担的扭矩，实际上在适筋范围内，随着受扭钢筋的增加，混凝土截面抵抗扭矩的能力也在提高，由于计算公式是从试验得到的，这种提高作用已隐含在其中。

8.2 弯剪扭构件承载力计算

8.2.1 扭矩对弯、剪构件承载力的影响

构件同时受到弯矩和扭矩作用时，扭矩的存在使构件受弯承载力降低。这是因为扭矩的作用使纵筋产生拉应力，加重了受弯构件纵向受拉钢筋的负担，使其应力提前达到屈服，因而降低了受弯承载力。弯扭构件的承载力受到很多因素的影响，精确计算是比较复杂的，且不便于设计应用，一种简单而且偏于安全的设计方法，就是将受弯所需纵筋与受扭所需纵筋，分别计算，然后进行叠加。

如图8.4(a)所示，将抵抗弯矩所需的纵筋布置在截面的受拉边，对抗扭所需的纵筋一般应均匀对称地分布在截面周边上，如图8.4(b)所示的选用六根直径相同的钢筋，则截面受拉边最后应配置的纵筋总截面面积为：

$$A_s = A_{sm} + \frac{A_{st}}{3} \tag{8.4}$$

式中，A_{sm}——为抗弯计算得出的纵筋截面面积；

A_{st}——为抗扭计算得出的纵筋总截面面积。

于是，经叠加后截面所需配置的纵筋总量及布置如图8.4(c)所示。

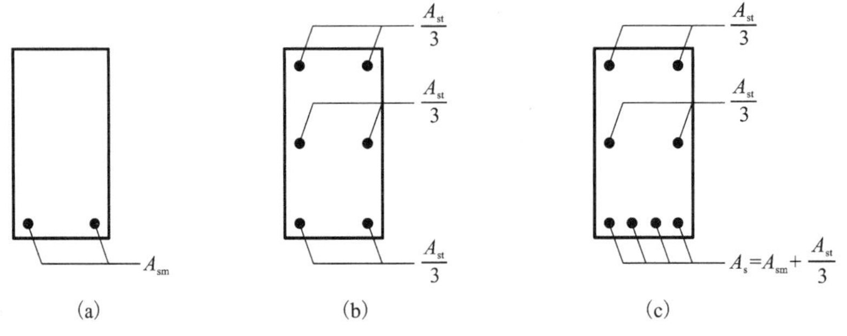

图8.4 弯扭构件纵向钢筋叠加

同时受到剪力和扭矩作用的构件，其承载力也是低于剪力和扭矩单独作用时的承载力，这是因为两者的剪应力在构件截面一个侧面上是叠加的，其受力性能也是非常复杂的，完全按照其相关关系对承载力进行计算是很困难的。由于受剪和受扭承载力中均包含有钢筋和混凝土两部分，其中箍筋可按受扭承载力和受剪承载力分别计算其用量，然后进行叠加。混凝土部分在剪扭承载力计算中，有一部分被重复利用，显然其抗剪和抗扭能力应予降低，我国《规范》采用剪扭构件混凝土受扭承载力降低系数 β_t 来考虑剪扭共同作用的影响。一般剪扭构件，β_t 的计算公式为：

$$\beta_t=\frac{1.5}{1+0.5\frac{VW_t}{Tbh_0}} \tag{8.5}$$

对集中荷载作用下的独立剪扭构件：

$$\beta_t=\frac{1.5}{1+0.2(\lambda+1)\frac{VW_t}{Tbh_0}} \tag{8.6}$$

式中，当 $\lambda<1.5$ 时，取 $\lambda=1.5$；当 $\lambda>3$ 时，取 $\lambda=3$。

计算 β_t 过程中，当 $\beta_t<0.5$ 时，取 $\beta_t=0.5$；当 $\beta_t>1$ 时，取 $\beta_t=1$。在考虑了降低系数后，剪扭构件承载力计算公式分别为：

1. 剪扭构件受剪承载力

1）一般剪扭构件

$$V\leqslant 0.7(1.5-\beta_t)f_t bh_0+f_{yv}\frac{A_{sv}}{s}h_0 \tag{8.7}$$

2）集中荷载作用下的独立剪扭构件

$$V\leqslant \frac{1.75}{\lambda+1}(1.5-\beta_t)f_t bh_0+f_{yv}\frac{A_{sv}}{s}h_0 \tag{8.8}$$

2. 剪扭构件的受扭承载力

$$T\leqslant 0.35\beta_t f_t W_t+1.2\sqrt{\zeta}f_{yv}\frac{A_{stl}A_{cor}}{s} \tag{8.9}$$

8.2.2 矩形截面弯、剪、扭构件承载力计算

对弯、剪、扭构件的承载力计算，《规范》规定可采用简便实用的“叠加法”进行设计：对于纵筋，先按剪扭计算抗扭纵筋，将受扭纵筋均匀的布置在截面周边上；再按受弯计算抗弯纵筋，将受弯纵筋布置在截面需要位置，最后将相同位置的两种纵向钢筋面积叠加，统一配置。对于箍筋，先按修正后的抗剪和抗扭承载力计算公式分别计算出抗扭箍筋数量和抗剪箍筋数量，然后叠加，统一配置。

8.2.3 公式的适用条件

1. 计算的简化

弯剪扭构件作用荷载较小时，可按下述方法简化计算：

（1）当均布荷载作用，构件满足条件：

$$V\leqslant 0.35f_t bh_0 \tag{8.10}$$

或集中荷载作用，构件满足条件：

$$V\leqslant \frac{0.875}{\lambda+1}f_t bh_0 \tag{8.11}$$

则不需对构件进行抗剪承载力计算，只需按构造要求配置抗剪箍筋，但要按弯扭构件进行受弯构件的正截面受弯和纯扭构件的受扭承载力计算。

（2）当构件满足条件：

$$T\leqslant 0.175f_t W_t \tag{8.12}$$

则不需对构件进行抗扭承载力计算，只需按构造要求配置抗扭纵筋和抗扭箍筋，但要按弯剪构件进行受弯构件的正截面受弯和斜截面受剪承载力计算。

(3)当构件满足条件：

$$\frac{V}{bh_0}+\frac{T}{W_t}\leqslant 0.7f_t \tag{8.13}$$

则不需对构件进行剪扭承载力计算，只需按构造配置抗扭纵筋和抗剪扭箍筋并按抗弯计算纵筋。

2. 截面尺寸限制条件

《规范》规定了构件截面承载力的上限，以避免受扭构件配筋较多，发生由于超筋造成的脆性破坏，对矩形、T形、工字形截面其截面应满足下列条件：

当 $h_w/b\leqslant 4$ 时：

$$\frac{V}{bh_0}+\frac{T}{0.8W_t}\leqslant 0.25\beta_c f_c \tag{8.14a}$$

当 $h_w/b=6$ 时：

$$\frac{V}{bh_0}+\frac{T}{0.8W_t}\leqslant 0.2\beta_c f_c \tag{8.14b}$$

当 $4\leqslant h_w/b\leqslant 6$ 时，按线性内插法确定。

式中，β_c——混凝土强度影响系数，当混凝土强度等级不超过C50时 β_c 取1；当混凝土强度等级为C80时 β_c 取0.8，期间按线性内插法确定。当式(8.14)不能满足时，应增大截面尺寸或提高混凝土强度等级。

3. 最小配筋率

为防止构件发生少筋性质的脆性破坏，在弯、剪、扭构件中，箍筋和纵筋的配筋率应满足下列要求：

(1)箍筋的配筋率：

$$\rho_{sv}=\frac{A_{sv}}{bs}\geqslant\rho_{sv,\min}=0.28\frac{f_t}{f_{yv}} \tag{8.15}$$

(2)纵向钢筋的配筋率：

$$\rho_{tl}=\frac{A_{stl}}{bh}\geqslant\rho_{tl,\min}=0.6\sqrt{\frac{T}{Vb}}\frac{f_t}{f_y} \tag{8.16}$$

式中，当 $\frac{T}{Vb}>2$ 时，取 $\frac{T}{Vb}=2$。

8.2.4 受扭构件的构造要求

受扭构件的构造要求

在受扭构件中，箍筋在整个周长中均受拉力。因此，抗扭箍筋必须采用封闭式，且应沿截面周边布置；当采用复合箍筋时，位于截面内部的箍筋不应计入受扭所需的箍筋面积。受扭箍筋末端应做成135°弯钩，弯钩的端头平直段长度不应小于10d(d为箍筋直径)。受扭箍筋的间距不应超过受弯构件抗剪要求的箍筋最大间距，在超静定结构中，考虑协调扭转而配置的箍筋，其间距且不大于0.75b(b为矩形截面的宽度)。

受扭纵筋在构件截面四角必须设置，并沿截面周边均匀对称布置，也可利用架立钢筋或侧面纵向钢筋作为受扭纵筋。

沿截面周边布置的受扭纵筋的间距不应大于 200 mm 和截面短边长度。受扭纵筋应按受拉钢筋锚固在支座内。

图 8.5 所示为受扭构件的配筋形式及构造要求。受扭钢筋在平法施工图中用"N"表示。

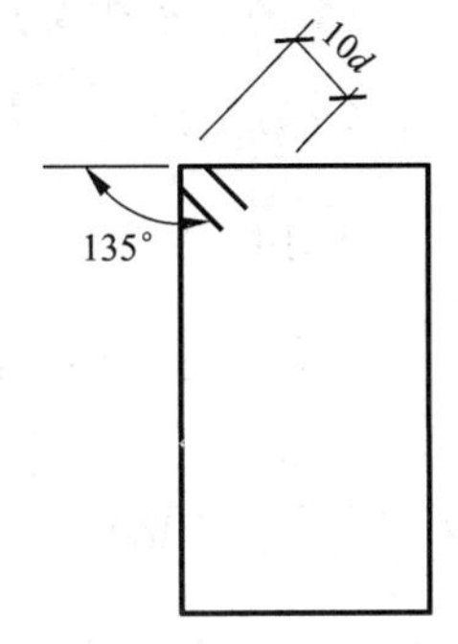

图 8.5　受扭构件箍筋的形式

【例题 8.1】　某雨棚如图 8.6 所示，雨篷板上承受均布荷载设计值 $q=4.8\ \mathrm{kN/m^2}$（包括自重），在雨篷自由端沿板宽方向每米承受活荷载设计值 $p=1.4\ \mathrm{kN}$，雨篷梁截面尺寸 $b\times h=360\ \mathrm{mm}\times 240\ \mathrm{mm}$，其净跨度 $l_n=1.8\ \mathrm{m}$。环境类别为一类，安全等级为二级，混凝土强度等级 C25（$f_c=11.9\ \mathrm{N/mm^2}$，$f_t=1.27\ \mathrm{N/mm^2}$，$\beta_c=1$），纵筋采用 HRB335 钢筋，箍筋采用 HPB300（$f_y=300\ \mathrm{N/mm^2}$，$f_{yv}=270\ \mathrm{N/mm^2}$）。经计算得：雨篷梁弯矩设计值 $M_{max}=24\ \mathrm{kN\cdot m}$，剪力设计值 $V_{max}=35\ \mathrm{kN}$。试确定雨篷梁的配筋。

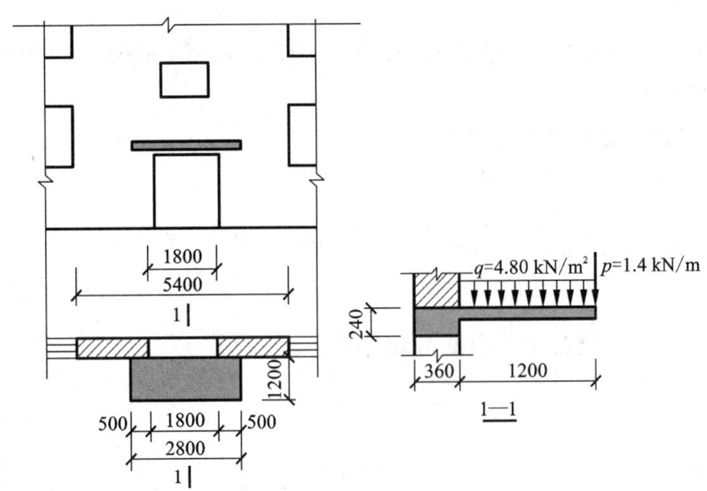

图 8.6　例题 8.1 附图

【解】　(1)计算雨篷梁的最大扭矩设计值

板上均布荷载 q 沿雨篷梁单位长度上产生的扭矩为：

$$m_q=4800\ \mathrm{N/m^2}\times 1.2\ \mathrm{m}\times\left(\frac{1.2\ \mathrm{m}+0.36\ \mathrm{m}}{2}\right)=4493(\mathrm{N\cdot m})/\mathrm{m}$$

板边缘处均布线荷载 p 沿雨篷梁单位长度上产生的扭矩为：

$$m_p=1400\ \mathrm{N/m}\times\left(1.2\ \mathrm{m}+\frac{0.36\ \mathrm{m}}{2}\right)=1932(\mathrm{N\cdot m})/\mathrm{m}$$

沿雨篷梁单位长度上的总扭矩为：

$$m=m_q+m_p=4493(\mathrm{N\cdot m})/\mathrm{m}+1932(\mathrm{N\cdot m})/\mathrm{m}=6425(\mathrm{N\cdot m})/\mathrm{m}$$

雨篷梁支座截面边缘的扭矩最大，其值为：

$$T=\frac{1}{2}ml_n=\frac{1}{2}\times 6425(\mathrm{N\cdot m})/\mathrm{m}\times 1.8\ \mathrm{m}=5782\times 10^3\ \mathrm{N\cdot mm}$$

(2)验算雨篷梁截面尺寸是否符合要求

$$W_t=\frac{b^2}{6}(3h-b)=\frac{(240\ \text{mm})^2}{6}\times(3\times360\ \text{mm}-240\ \text{mm})=8064\times10^3\ \text{mm}^3$$

由式(8.14)得:

$$h_0=h-45\ \text{mm}=195\ \text{mm}\quad \frac{h_w}{b}=\frac{195}{360}<4$$

$$\frac{V}{bh_0}+\frac{T}{0.8W_t}=\frac{35000\ N}{360\ \text{mm}\times195\ \text{mm}}+\frac{5782\times10^3\ \text{N}\cdot\text{mm}}{0.8\times8064\times10^3\ \text{N}\cdot\text{mm}^3}$$

$$=1.394\ \text{N/mm}^2<0.25\beta_c f_c=0.25\times1\times11.9\ \text{N/mm}^2$$

$$=2.975\ \text{N/mm}^2(\text{截面尺寸满足要求})$$

(3)验算是否考虑剪力

$$V=35000\ N>0.35f_tbh_0=0.35\times1.27\ \text{N/mm}^2\times360\ \text{mm}\times195\ \text{mm}=31204\ \text{N}$$

由式(8.10)可知,不能忽略剪力的影响。

(4)验算是否考虑扭矩

$$T=5782\times10^3\ \text{N}\cdot\text{mm}>0.175f_tW_t=0.175\times1.27\ \text{N/mm}^2\times8064\times10^3\ \text{mm}^3$$

$$=1.792.22\times10^3\ \text{N}\cdot\text{mm}$$

由式(8.12)可知不能忽略扭矩的影响。

(5)验算是否进行剪扭承载力计算

$$\frac{V}{bh_0}+\frac{T}{W_t}=\frac{35\times10^3}{360\times195}+\frac{5782\times10^3}{8064\times10^3}=1.2\ \text{N/mm}^2>0.7f_t=0.7\times1.27\ \text{N/mm}^2=0.889\ \text{N/mm}^2$$

由式(8.13)可知,需进行剪扭承载力的计算

(6)计算箍筋数量

由式(8.5)得:

$$\beta_t=\frac{1.5}{1+0.5\dfrac{V}{T}\cdot\dfrac{W_t}{bh_0}}=\frac{1.5}{1+0.5\dfrac{35000\ \text{N}\times8064\times10^3\ \text{mm}^3}{5782\times10^3\ \text{N}\cdot\text{mm}\times360\ \text{mm}\times195\ \text{mm}}}=1.11>1$$

取 $\beta_t=1$。

由式(8.7)计算单肢受剪箍筋数量,即

$$V\leqslant0.7(1.5-\beta_t)f_tbh_0+f_{yv}\frac{A_{sv}}{s}h_0$$

$$35000\ \text{N}=0.7\times(1.5-1.0)\times1.27\ \text{N/mm}^2\times360\ \text{mm}\times195\ \text{mm}+270\ \text{N/mm}^2\times\frac{2\times A_{sv1}}{s}\times195\ \text{mm}$$

则 $\dfrac{A_{sv1}}{s}=0.036\ \text{mm}^2/\text{mm}$

由式(8.9)得:$T\leqslant0.35\beta_tf_tW_t+1.2\sqrt{\zeta}f_{yv}\dfrac{A_{st1}A_{cor}}{s}$

取式中 $\zeta=1.2$,则

$A_{cor}=b_{cor}h_{cor}=(240\ \text{mm}-2\times35\ \text{mm})\times(360\ \text{mm}-2\times35\ \text{mm})=49300\ \text{mm}^2$

则

$$5782\times10^3\ \text{N}\cdot\text{mm}=0.35\times1.0\times1.27\ \text{N/mm}^2\times8064\times10^3\ \text{mm}^3+1.2\times\sqrt{1.2}\times\frac{270\ \text{N/mm}^2\times A_{st1}\times49300\ \text{mm}^2}{s}$$

解得：$\dfrac{A_{st1}}{s}=0.125\ \text{mm}^2/\text{mm}$

剪、扭箍筋总用量：

$$\frac{A_{sv1}^*}{s}=\frac{A_{sv1}}{s}+\frac{A_{st1}}{s}=0.036\ \text{mm}^2/\text{mm}+0.125\ \text{mm}^2/\text{mm}=0.161\ \text{mm}^2/\text{mm}$$

选用箍筋Φ8，$A_{sv1}^*=50.3\ \text{mm}^2$ 则其间距为：

$$s=\frac{50.3\ \text{mm}^2}{0.161\ \text{mm}^2/\text{mm}}=156\ \text{mm}$$

根据梁中箍筋最大间距限制，取 $s=150\ \text{mm}$。

(7)验算配筋率

Φ8@150的箍筋配筋率为：

$$\rho_{sv}=\frac{nA_{sv1}^*}{bs}=\frac{2\times50.3\ \text{mm}^2}{360\ \text{mm}\times150\ \text{mm}}=0.0019>\rho_{sv,\min}$$

$$=0.28\frac{f_t}{f_{yv}}=0.28\times\frac{1.27\ \text{N/mm}^2}{270\ \text{N/mm}^2}=0.0013$$

(箍筋满足要求)

(8)求受扭纵筋数量

由式(8.2)得：

$$A_{stl}=\frac{\zeta f_{yv}A_{st1}u_{cor}}{f_y\cdot s}$$

$u_{cor}=2(b_{cor}+h_{cor})=2\times(290\ \text{mm}+170\ \text{mm})=920\ \text{mm}$

$$A_{st1}=\frac{1.2\times270\ \text{N/mm}^2\times0.125\ \text{mm}^2/\text{mm}\times920\ \text{mm}}{300\ \text{N/mm}^2}=124\ \text{mm}^2$$

(9)验算受扭纵筋配筋率

由式(8.16)得：

$$\rho_{tl,\min}=0.6\sqrt{\frac{T}{Vb}}\frac{f_t}{f_y}=0.6\times\sqrt{\frac{5782\times10^3\ \text{N}\cdot\text{mm}}{35\times10^3\ \text{N}\times360\ \text{mm}}}\times\frac{1.27\ \text{N/mm}^2}{300\ \text{N/mm}^2}=0.0017$$

$$\rho_{tl}=\frac{A_{stl}}{bh}=\frac{124\ \text{mm}^2}{360\ \text{mm}\times240\ \text{mm}}=0.0014$$

$\rho_{tl}<\rho_{tl,\min}$

则

不满足要求，故需要增大受扭纵筋面积，现取6Φ10，$A_{st1}=471\ \text{mm}^2$，此时

$$\rho_{tl}=\frac{471\ \text{mm}^2}{360\ \text{mm}\times240\ \text{mm}}=0.0055>\rho_{tl,\min}=0.0017\text{(满足要求)}$$

(10)求受弯纵向钢筋截面面积

按正截面受弯承载力计算，雨篷梁跨中钢筋截面面积为 $A_s = 509.4\ mm^2$（计算从略）。故梁下部钢筋面积为：

$$A_s + \frac{A_{st1}}{2} = 509.4\ mm^2 + \frac{471\ mm^2}{2} = 744.9\ mm^2$$

现选用 3 Φ 18；$A_s = 763\ mm^2$ 上部钢筋选用 3 Φ 10，$A_s = 235.5\ mm^2$ 雨篷梁配筋如图 8.7 所示。

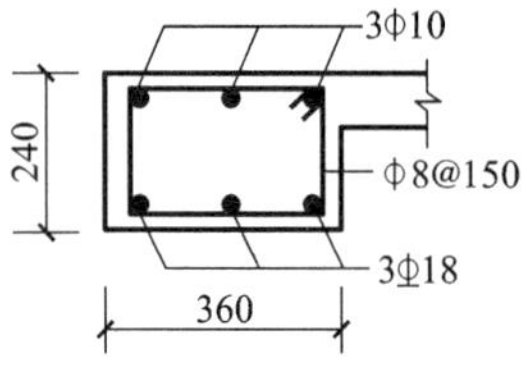

图 8.7　雨篷梁配筋

小　结

(1) 在实际工程中，钢筋混凝土构件的截面中只要有扭矩作用，就称为受扭构件，常见的受扭构件是弯矩，剪力和扭矩同时存在的构件。

(2) 钢筋混凝土受扭构件，由混凝土、抗扭箍筋和抗扭纵筋来抵抗由外荷载在构件截面产生的扭矩。

(3) 钢筋混凝土矩形截面纯扭构件的破坏形态分为少筋破坏、适筋破坏、超筋破坏和部分超筋破坏。其中适筋破坏是计算构件承载力的依据，少筋破坏和超筋破坏在工程中禁止出现。设计时通过最小箍筋配筋率和最小纵筋配筋率防止少筋破坏；通过限制截面尺寸防止超筋破坏；通过控制受扭纵向钢筋与箍筋的配筋强度比 ζ 防止部分超筋破坏。

(4) 构件抵抗某种内力的能力受其他同时作用内力影响的性质，称为构件承受各种内力能力之间的相关性，混凝土的抗剪能力随扭矩的增大而降低，而混凝土的抗扭能力随剪力的增大而降低，《规范》是通过抗扭承载力降低系数 β_t 来考虑剪扭构件混凝土抵抗剪力和扭矩之间的相关性。

(5) 弯剪扭构件的配筋可按“叠加法”进行计算，即纵向钢筋截面面积由受弯承载力和受扭承载力所需钢筋相叠加，其箍筋截面面积由受剪承载力和受扭承载力所需的箍筋相叠加。

习　题

一、填空题

1. 钢筋混凝土弯、剪、扭构件，剪力的增加将使构件的抗扭承载力________；扭矩的增加将使构件的抗剪承载力________。

2. 由于配筋量不同，钢筋混凝土纯扭构件将发生________、________、________、________四种破坏。

3. 抗扭纵筋应沿________布置，其间距________。

4. 钢筋混凝土弯、剪、扭构件箍筋的最小配筋率________，抗弯纵向钢筋的最小配筋率________，抗扭纵向钢筋的最小配筋率________。

5. 混凝土受扭构件的抗扭纵筋与箍筋的配筋强度比ζ应在________范围内。

6. 为了保证箍筋在整个周长上都能充分发挥抗拉作用，必须将箍筋做成________形状，且箍筋的两个端头应________。

二、判断题

1. 受扭构件中抗扭钢筋有纵向钢筋和横向钢筋，它们在配筋方面可以互相弥补，即一方配置少时，可由另一方多配置一些钢筋以承担少配筋一方所承担的扭矩。(　　)

2. 受扭构件设计时，为了使纵筋和箍筋都能较好地发挥作用，纵向钢筋与箍筋的配筋强度比值ζ控制在$0.6\leqslant\zeta\leqslant1.7$。(　　)

3. 在混凝土纯扭构件中，混凝土的抗扭承载力和箍筋与纵筋是完全独立的变量。(　　)

4. 矩形截面纯扭构件的抗扭承载力计算公式$T\leqslant0.35f_tW_t+1.2\sqrt{\zeta}A_{cor}\dfrac{A_{st1}f_{yv}}{s}$，只考虑混凝土和箍筋提供的抗扭承载力。(　　)

5. 对于承受弯、剪、扭的构件，为计算方便，规范规定：$T\leqslant0.175f_tW_t$时，不考虑扭矩的影响，可仅按受弯构件的正截面和斜截面承载力分别进行计算。(　　)

6. 对于承受弯、剪、扭的构件，为计算方便，规范规定：$V\leqslant0.35f_tbh_0$或$V\leqslant\dfrac{0.875}{\lambda+1}f_tbh_0$时，不考虑剪力的影响，可仅按受弯和受扭构件承载力分别进行计算。(　　)

7. 弯、剪、扭构件中，按抗剪和抗扭计算分别确定所需的箍筋数量后代数相加，便得到剪扭构件的箍筋需要量。(　　)

8. 对于弯、剪、扭构件，当$\dfrac{V}{bh_0}+\dfrac{T}{0.8W_t}\leqslant0.25\beta_cf_c$加大截面尺寸或提高混凝土强度等级。(　　)

9. 对于弯、剪、扭构件，当满足$\dfrac{V}{bh_0}+\dfrac{T}{W_t}\leqslant0.7f_t$时，箍筋和抗扭纵筋按其最小配筋率设置。这时只需对抗弯纵筋进行计算。(　　)

10. 钢筋混凝土弯、剪、扭构件中，剪力的存在对构件抗扭承载力没有影响(　　)

11. 钢筋混凝土弯、剪、扭构件中，弯矩的存在对构件抗扭承载力没有影响(　　)

三、选择题

1. 钢筋混凝土纯扭构件，抗扭纵筋和箍筋的配筋强度比$0.6\leqslant\zeta\leqslant1.7$，当构件破坏时，(　　)。

A. 纵筋和箍筋都能达到屈服强度　　B. 仅纵筋达到屈服强度

C. 仅箍筋达到屈服强度　　D. 纵筋和箍筋能同时达到屈服强度

2. 混凝土构件受扭承载力所需受扭纵筋面积A_{stl}，以下列(　　)项理解是正确的。

A. A_{stl}为对称布置的包括四角和周边全部受扭纵筋面积

B. A_{stl}为对称布置的四角受扭纵筋面积

C. A_{stl}为受扭纵筋加抗负弯矩的上边纵筋面积

D. A_{stl}为受扭纵筋加抗正弯矩的下边纵筋面积

3. 混凝土构件受扭承载力所需受扭箍筋面积A_{st1}，以下列(　　)项理解是正确的。

A. A_{st1}为沿截面周边布置的受扭箍筋单肢截面面积

B. A_{st1}为沿截面周边布置的全部受扭箍筋面积

C. A_{st1}为沿截面周边布置的受扭和受剪箍筋面积

D. A_{st1}为沿截面周边布置的受扭和受剪箍筋单肢截面面积

4. 设计钢筋混凝土受扭构件时，其受扭纵筋与受扭箍筋强度比ζ应(　　)。

A. >0.5　　　　B. >2.0　　　　C. 不受限制　　　　D. 在0.6~1.7之间

5. 受扭构件的配筋方式可为(　　)。

A. 仅配抗扭箍筋　　　　B. 配置抗扭纵筋和抗扭箍筋

C. 仅配置抗扭纵筋　　　　D. 仅配置与裂缝方向垂直的45°方向的螺旋状钢筋

6. 下列关于钢筋混凝土弯剪扭构件的叙述中，不正确的是(　　)。

A. 扭矩的存在对构件的抗弯承载力有影响

B. 剪力的存在对构件的抗扭承载力没有影响

C. 弯矩的存在对构件的抗扭承载力有影响

D. 扭矩的存在对构件的抗剪承载力有影响

7. 矩形截面抗扭纵筋布置首先是考虑角隅处，然后考虑(　　)。

A. 截面长边中点　　B. 截面短边中点　　C. 截面中心点　　D. 无法确定

8. 受扭构件中的抗扭纵筋(　　)的说法不正确。

A. 应尽可能均匀地沿周边对称布置

B. 在截面的四角可以设抗扭纵筋也可以不设抗扭纵筋

C. 在截面四角必设抗扭纵筋

D. 抗扭纵筋间距不应大于200 mm，也不应大于短边尺寸

9. 剪扭构件的承载力计算公式中(　　)。

A. 混凝土部分相关，钢筋不相关　　　　B. 混凝土和钢筋均相关

C. 混凝土和钢筋均不相关　　　　D. 混凝土不相关，钢筋相关

四、简答题

1. 受扭构件如何分类？

2. 简述受扭构件的配筋形式。

3. 钢筋混凝土纯扭构件有哪些破坏形态？以哪种破坏作为抗扭计算的依据？

4. 纯扭构件计算中如何避免少筋破坏和超筋破坏？

5. 受扭构件计算公式中，ζ的物理意义是什么？起什么作用？有何限制？

6. 钢筋混凝土剪扭构件混凝土受扭承载力降低系数β_t怎样计算？取值范围？

7. 受扭构件中对箍筋有哪些要求？

8. 受扭构件中，纵向抗扭钢筋应如何布置？

五、计算题

已知一均布荷载作用下钢筋混凝土矩形截面弯、剪、扭构件，环境类别为一类，截面尺寸 $b \times h = 200\ \text{mm} \times 500\ \text{mm}$，构件所承受的弯矩设计值 $M = 50\ \text{kN} \cdot \text{m}$，剪力设计值 $V = 55\ \text{kN}$，扭矩设计值 $T = 5\ \text{kN} \cdot \text{m}$。全采用 HPB300 级钢筋，采用 C25 混凝土，试设计其配筋。

第 9 章　构件的变形和裂缝宽度验算

【学习目标】

(1)了解钢筋混凝土构件挠度和裂缝宽度验算的目的;

(2)理解钢筋混凝土构件裂缝产生的原因;掌握短期刚度、长期刚度、裂缝宽度的定义;

(3)掌握受弯构件挠度和钢筋混凝土构件裂缝宽度的验算方法;

(4)掌握减小挠度和裂缝宽度的措施。

【本章导读】

钢筋混凝土受弯构件例如吊车梁、框架梁等,在使用时挠度不能太大,否则会影响正常使用。怎样计算挠度,挠度应满足什么要求才能保证构件的正常使用呢?钢筋混凝土梁、柱等,在正常使用时裂缝不能过大,否则会影响构件的耐久性,裂缝宽度如何计算?又应满足什么条件?当挠度和裂缝宽度不满足规定要求时,应采取哪些措施呢?这些都是本章讨论的主要内容。

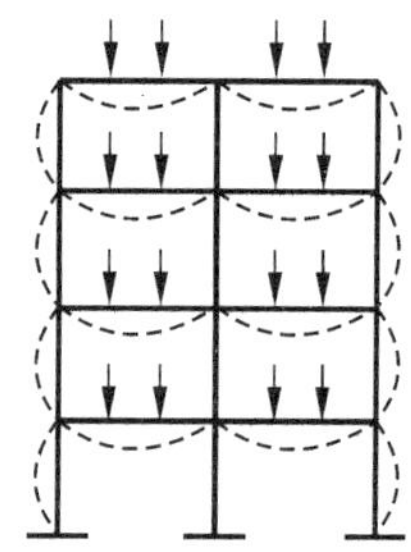

图 9.1　工程中的裂缝实例及框架结构的变形

9.1　概述

以上各章讨论的承载力计算主要解决的是结构构件安全性的问题,满足了承载能力极限状态的要求,但是某些构件还应进行正常使用极限状态下的变形和裂缝宽度验算。因为,过大的变形和裂缝不仅会影响结构的外观,使用户在心理上产生不安全感,而且还会降低结构的安全性和耐久性。例如,大跨度梁过大变形会导致非结构构件(如脆性隔墙)损失。在多层精密仪表车间中,过大的楼面变形不仅造成房屋粉刷层剥落,还有可能会影响到产品的质量;水池等结构的开裂会引起渗漏现象。

对此,《规范》做出如下规定:

(1)挠度控制要求:钢筋混凝土受弯构件的最大挠度应按荷载效应的准永久组合并考虑

荷载长期作用的影响进行计算，其计算值不应超过表 9.1 中规定的挠度限值。

表 9.1　受弯构件的挠度限值

构件类型		挠度限值
吊车梁	手动吊车	$l_0/500$
	电动吊车	$l_0/600$
屋盖、楼盖及楼梯构件	当 $l_0<7$ m 时	$l_0/200(l_0/250)$
	当 7 m$\leq l_0\leq$9 m 时	$l_0/250(l_0/300)$
	当 $l_0>9$ m 时	$l_0/300(l_0/400)$

注：1. 表中 l_0 为构件的计算跨度；计算悬臂构件的挠度限值时，其计算跨度 l_0 按实际悬臂长度的 2 倍取用。

2. 表中括号内的数值适用于使用上对挠度有较高要求的构件。

3. 如果构件制作时预先起拱，且使用上也允许，则在验算挠度时，可将计算所得的挠度值减去起拱值；对预应力混凝土构件，尚可减去预加力所产生的反拱值。

4. 构件制作时的起拱值和预加力所产生的反拱值，不宜超过构件在相应荷载组合作用下的计算挠度值。

(2)裂缝控制要求：混凝土构件正截面的受力裂缝控制等级分为三级，等级划分要求应符合下列规定：

一级——严格要求不出现裂缝的构件，按荷载标准组合计算时，构件受拉边缘混凝土不应产生拉应力。

二级——一般要求不出现裂缝的构件，按荷载标准组合计算时，构件受拉边缘混凝土拉应力不应大于混凝土轴心抗拉强度标准值。

三级——允许出现裂缝的构件，对钢筋混凝土构件，按荷载准永久组合并考虑长期作用影响计算时，对预应力混凝土构件，按荷载标准组合并考虑长期作用影响计算，构件的最大裂缝宽度不应超过表 9.2 中最大裂缝宽度限值。

表 9.2　结构构件的裂缝控制等级及最大裂缝宽度限值(mm)

<table>
<tr><th rowspan="2">环境类别</th><th colspan="2">钢筋混凝土结构</th><th colspan="2">预应力混凝土结构</th></tr>
<tr><th>裂缝控制等级</th><th>w_{lim}</th><th>裂缝控制等级</th><th>w_{lim}</th></tr>
<tr><td>一</td><td rowspan="4">三级</td><td>0.30(0.40)</td><td rowspan="2">三级</td><td>0.20</td></tr>
<tr><td>二 a</td><td rowspan="3">0.20</td><td>0.10</td></tr>
<tr><td>二 b</td><td>二级</td><td>—</td></tr>
<tr><td>三 a、三 b</td><td>一级</td><td>—</td></tr>
</table>

注：1. 对处于年平均相对湿度小于 60% 地区一类环境下的受弯构件，其最大裂缝宽度限值可采用括号内的数值。

2. 在一类环境下，对钢筋混凝土屋架、托架及需作疲劳验算的吊车梁，其最大裂缝宽度限值应取为 0.20 mm；对钢筋混凝土屋面梁和托梁，其最大裂缝宽度限值应取为 0.30 mm。

3. 在一类环境下，对预应力混凝土屋架、托架及双向板体系，应按二级裂缝控制等级进行验算；对一类环境下的预应力混凝土屋面梁、托梁、单向板，应按表中二 a 环境的要求进行验算；在一类和二 a 类环境下需作疲劳验算的预应力混凝土吊车梁，应按裂缝控制等级不低于二级的构件进行验算。

4. 表中规定的预应力混凝土构件的裂缝控制等级和最大裂缝宽度限值仅适用于正截面的验算；预应力混凝土构件的斜截面裂缝控制验算应符合本规范第 7 章的有关规定。

5. 对于烟囱、筒仓和处于液体压力下的结构，其裂缝控制要求应符合专门标准的有关规定；对于处于四、五类环境下的结构构件，其裂缝控制要求应符合专门标准的有关规定。

6. 表中的最大裂缝宽度限值为用于验算荷载作用引起的最大裂缝宽度。

9.2 受弯构件的变形验算

9.2.1 受弯构件抗弯刚度的特点

材料力学中介绍了匀质弹性材料受弯构件变形的计算方法，如简支梁跨中挠度的计算公式：

$$f=\alpha\frac{Ml_0^2}{EI} \tag{9.1}$$

式中，f——梁跨中的最大挠度值；

α——与荷载形式有关的荷载效应系数，如均布荷载作用时为5/48，跨中集中荷载作用时为1/12；

M——跨中最大弯矩值；

l_0——梁的计算跨度；

EI——匀质材料梁的截面抗弯刚度。

对匀质弹性材料，当梁的截面尺寸和材料确定后，EI为常数，挠度f与弯矩M为线性关系。而钢筋混凝土是非匀质弹性材料，钢筋混凝土受弯构件的抗弯刚度不是常量，是变量，如图9.2(a)所示。其挠度f与弯矩M的变化规律与匀质弹性材料梁不同，如图9.2(b)所示。

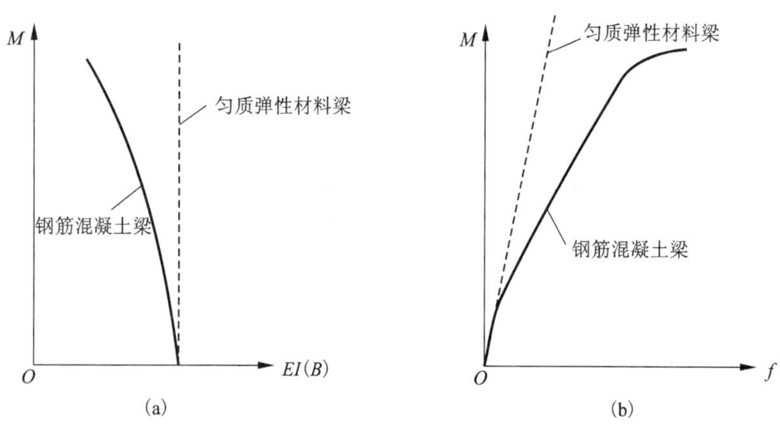

图9.2 匀质弹性材料梁和钢筋混凝土梁的刚度和挠度

(a)刚度曲线；(b)挠度曲线

为区别与匀质弹性材料梁的抗弯刚度，用B表示钢筋混凝土受弯构件的截面抗弯刚度，显然B为变量。由此可见，钢筋混凝土受弯构件的变形问题实质上是如何确定抗弯刚度的问题。

9.2.2 受弯构件的刚度计算公式

1. 受弯构件的短期刚度 B_s

钢筋混凝土受弯构件在荷载短期效应组合下的截面抗弯刚度值称为短期刚度(B_s)。

综合考虑截面刚度与曲率的理论关系、曲率与截面应变的几何关系、材料应变与应力的物理关系、截面内力的平衡关系，并根据经验对试验结果进行整理，最后《规范》给出钢筋混凝土受弯构件短期刚度的计算公式：

$$B_s = \frac{E_s A_s h_0^2}{1.15\psi + 0.2 + \dfrac{6\alpha_E \rho}{1 + 3.5\gamma_f'}} \tag{9.2}$$

式中，ψ——裂缝间纵向受拉钢筋应变不均匀系数，当 $\psi < 0.2$ 时，取 $\psi = 0.2$，当 $\psi > 1$ 时，取 $\psi = 1$；

$$\psi = 1.1 - 0.65 \frac{f_{tk}}{\rho_{te}\sigma_{sq}} \tag{9.3}$$

f_{tk}——混凝土轴心抗拉强度标准值；

ρ_{te}——按有效受拉混凝土面积 A_{te}（图 9.3）计算的配筋率：

$$\rho_{te} = \frac{A_s}{A_{te}} = \frac{A_s}{0.5bh + (b_f - b)h_f} \geqslant 0.01 \tag{9.4}$$

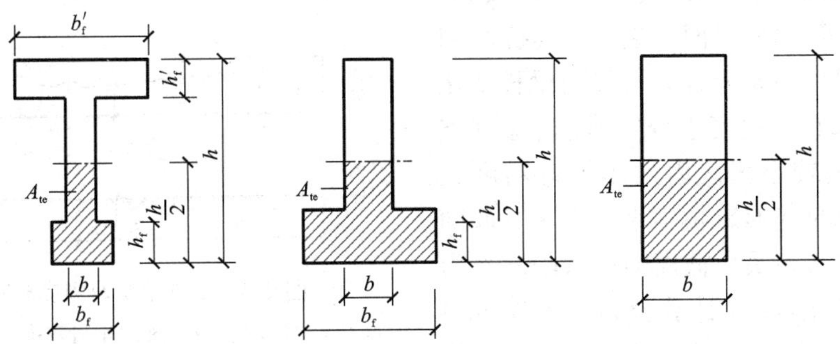

图 9.3　有效受拉混凝土截面面积（图中阴影部分面积）

σ_{sq}——按荷载效应准永久组合计算的受拉钢筋的应力，对钢筋混凝土受弯构件：

$$\sigma_{sq} = \frac{M_q}{0.87 h_0 A_s} \tag{9.5}$$

M_q——按荷载准永久组合计算的弯矩值；

α_E——钢筋弹性模量与混凝土弹性模量的比值，即$\dfrac{E_s}{E_c}$；

ρ——纵向受拉钢筋配筋率，$\rho = \dfrac{A_s}{bh_0}$；

γ_f'——受压翼缘截面面积与腹板有效截面面积的比值：

$$\gamma_f' = \frac{(b_f' - b)h_f'}{bh_0} \tag{9.6}$$

当 $h_f' > 0.2h_0$ 时，取 $h_f' = 0.2h_0$，当截面受压区为矩形时，$\gamma_f' = 0$。

2. 受弯构件的刚度 B

钢筋混凝土受弯构件在荷载的长期作用下，由于受压区混凝土的徐变、受拉钢筋和混凝土间的黏结滑移等因素使得混凝土压应变增大，曲率增加，受弯构件截面抗弯刚度将随时间增长而降低，这一过程往往持续数年之久。故挠度计算时须应采用考虑荷载长期作用下的刚

度 B 计算。

《规范》规定：矩形、T 形、倒 T 形和 I 形截面受弯构件按荷载准永久组合并考虑荷载长期作用影响的刚度 B 为：

$$B=\frac{B_s}{\theta} \tag{9.7}$$

式中，θ——考虑荷载长期作用对挠度增大的影响系数。

当 $\rho'=0$ 时，取 $\theta=2.0$；当 $\rho'=\rho$ 时，取 $\theta=1.6$；当 ρ'为中间数值时，按线性插值法计算 θ。此处 $\rho'=\frac{A_s'}{bh_0}$，$\rho=\frac{A_s}{bh_0}$；对翼缘位于受拉区的倒 T 形截面，θ 应增加 20%。

9.2.3 受弯构件的挠度验算

对于钢筋混凝土受弯构件，由于弯矩沿构件轴线方向是变化的，截面的抗弯刚度随弯矩的增大而减小。例如，承受均布荷载的简支梁，当中间部分截面开裂后，其抗弯刚度的分布如图 9.4(a)所示。若按沿梁长变化的抗弯刚度来计算挠度十分繁琐，考虑到支座附近的弯矩较小区段内虽然抗弯刚度较大，但对全梁的变形影响不大，故一般取同号弯矩区段内弯矩最大截面的抗弯刚度作为该区段的抗弯刚度来计算挠度，见图 9.4(b)，这就是“最小刚度原则”。对简支梁取最大正弯矩截面的抗弯刚度作为全梁的抗弯刚度；对于带悬挑的简支梁、连续梁或框架梁，则取最大正弯矩截面和最小负弯矩截面的刚度，分别作为相应弯矩区段的刚度。

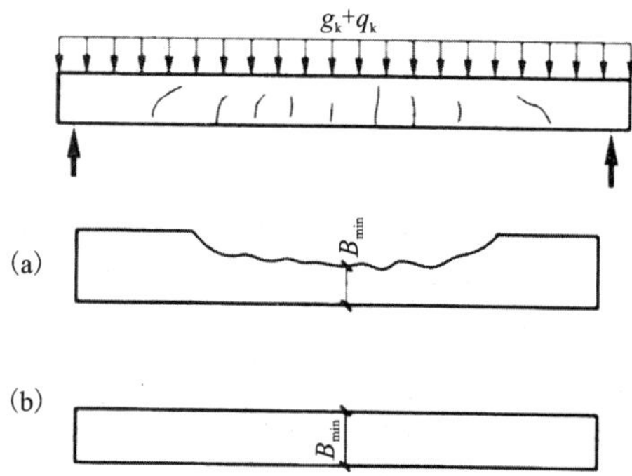

图 9.4　简支梁抗弯刚度分布图

(a)实际抗弯刚度分布图；(b)计算抗弯刚度分布图

钢筋混凝土受弯构件的刚度确定后，可按一般的材料力学公式进行挠度的验算，但抗弯刚度 EI 用 B 代替：

$$f=\alpha\frac{Ml_0^2}{B}\leqslant f_{\lim} \tag{9.8}$$

【例题 9.1】 某试验楼楼盖的钢筋混凝土简支梁，截面尺寸 $b\times h=250\ \text{mm}\times 700\ \text{mm}$，计算跨度 $l_0=6$ m，该梁承受均布荷载，永久荷载标准值(包括自重)$g_k=18$ kN/m，可变荷载标准值 $q_k=9$ kN/m，准永久值系数为 0.5，采用 C25 级混凝土，混凝土保护层厚度 25 mm，箍筋直径为 10 mm，通过正截面抗弯计算已选配受拉钢筋为 4⏀20，挠度限值 $f_{\lim}=\frac{l_0}{250}$，试验算其挠度能否满足最大挠度的要求。

【解】 查相关参数：

$f_{tk}=1.78\ \text{N/mm}^2$、$E_c=2.8\times10^4\ \text{N/mm}^2$、$A_s=1256\ \text{mm}^2$、$E_s=2\times10^5\ \text{N/mm}^2$

(1)计算弯矩准永久值

$$M_q=\frac{1}{8}g_kl_0^2+\frac{1}{8}\times\psi_q q_k l_0^2=\frac{1}{8}\times18\times6^2+\frac{1}{8}\times0.5\times9\times6^2=101.25(\text{kN}\cdot\text{m})$$

(2)计算受拉钢筋的应变不均匀系数ψ

$h_0=700-45=655$ mm，$\rho_{te}=\dfrac{A_s}{0.5bh}=\dfrac{1256}{0.5\times250\times700}=0.014$

按荷载效应准永久组合计算的钢筋应力：

$$\sigma_{sq}=\frac{M_q}{0.87h_0A_s}=\frac{101.25\times10^6}{0.87\times655\times1256}=141.46(\text{N/mm}^2)$$

钢筋应变不均匀系数为：

$$\psi=1.1-\frac{0.65f_{tk}}{\rho_{te}\sigma_{sq}}=1.1-\frac{0.65\times1.78}{0.014\times141.46}=0.516$$

(3)计算短期刚度B_s

钢筋弹性模量与混凝土弹性模量比值α_E：

$$\alpha_E=\frac{E_s}{E_c}=\frac{2\times10^5}{2.8\times10^4}=7.14$$

受拉纵筋配筋率ρ：

$$\rho=\frac{A_s}{bh_0}=\frac{1256}{250\times655}=0.00767$$

则短期刚度B_s：

$$B_s=\frac{E_sA_sh_0^2}{1.15\psi+0.2+\dfrac{6\alpha_E\rho}{1+3.5\gamma_f'}}=\frac{2\times10^5\times1256\times655^2}{1.15\times0.516+0.2+\dfrac{6\times7.14\times0.00767}{1+3.5\times0}}$$

$$=960\times10^{11}(\text{N}\cdot\text{mm}^2)$$

(4)计算考虑荷载长期作用影响的刚度B

因为$\rho'=0$，所以取$\theta=2$，$B=\dfrac{B_s}{\theta}=\dfrac{960\times10^{11}}{2}=480\times10^{11}(\text{N}\cdot\text{mm}^2)$

(5)计算跨中挠度

$$f=\frac{5M_ql_0^2}{48B}=\frac{5\times101.25\times10^6\times6000^2}{48\times480\times10^{11}}=7.91(\text{mm})$$

$$f_{lim}=\frac{l_0}{250}=\frac{6000}{250}=24(\text{mm})$$

即$f<f_{lim}$，挠度满足要求。

9.2.4　提高受弯构件抗弯刚度的措施

当钢筋混凝土受弯构件的挠度大于《规范》规定的限值时，可考虑提高受弯构件的抗弯刚度，根据刚度计算公式可从以下几个方面考虑：

(1)在受压区增加受压钢筋，增大ρ'，可使得θ减小，B增加；

(2)增大截面有效高度h_0，此法是最经济有效的方法；

(3)提高混凝土的强度等级或选择合理的截面形式(T 形、I 形)，效果不显著；

(4)采用预应力混凝土，可显著提高构件的刚度，减小挠度值。

综上所述，欲提高钢筋混凝土受弯构件的抗弯刚度，增大截面有效高度是最经济有效的方法，其次是采用预应力混凝土构件。

9.3 受弯构件裂缝宽度验算

9.3.1 裂缝的产生及开展

裂缝按其产生的原因可分为两类，一类是由荷载引起的裂缝，例如压力、拉力等；另一类是非荷载引起的裂缝，如温度变化、混凝土碳化、材料收缩及地基不均匀沉降等引起的裂缝。但很多裂缝往往是几种因素共同作用的结果。统计数据显示，工程实践中由非荷载引起的裂缝约占80%，荷载引起的裂缝约占20%。非荷载引起的裂缝影响因素十分复杂，主要从构造、施工、材料等方面采取措施加以控制，而由荷载引起的裂缝则通过验算裂缝宽度来控制。

现以一轴心受拉构件为例说明裂缝出现和开展的过程。如图9.5所示，当受拉构件混凝土的拉应力 σ_{ct} 达到其抗拉强度 f_t 时，在构件最薄弱的截面处出现第一批裂缝。由于混凝土开裂退出工作，裂缝处的拉力全部由钢筋承担，钢筋应力突然增加。由于钢筋与混凝土间存在黏结力，钢筋通过黏结力 τ 把部分拉力传递给混凝土，随着离裂缝距离的增加，混凝土的拉力逐渐增大，直到增大到抗拉强度 f_t，第二批裂缝出现。这个破坏截面距第一批裂缝的间距为 l。在第一批裂缝两侧的 l 范围内，则由于黏结应力传递长度不够，混凝土的拉应力不能达到抗拉强度，因此一般不会出现新的裂缝。试验表明裂缝的出现并不是无限的，裂缝间距一般在 $l \sim 2l$ 之间时裂缝基本出齐，其裂缝间距及裂缝分布情况趋于稳定。

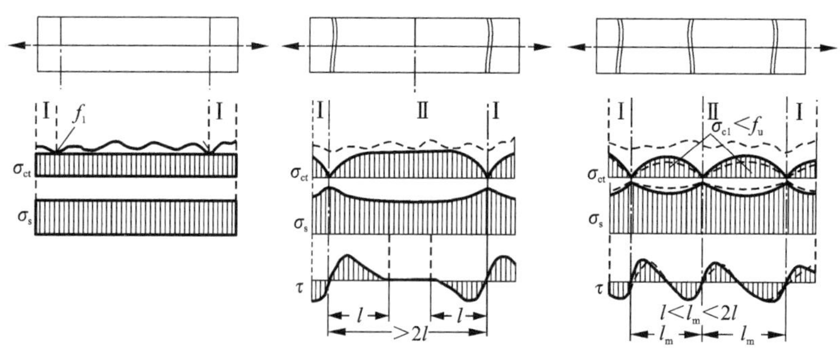

图9.5 裂缝的出现及开展

9.3.2 裂缝的平均间距 l_m

当构件的裂缝出齐后，裂缝间距的平均值称为裂缝的平均间距 l_m。试验分析表明，裂缝的平均间距与纵筋直径的大小、纵筋的配筋率、纵筋的表面形状及混凝土的保护层厚度等因素有关。

《规范》给出构件裂缝平均间距 l_m 的计算公式：

$$l_m = \beta\left(1.9c_s + 0.08\frac{d_{eq}}{\rho_{te}}\right) \tag{9.9}$$

式中，β——与构件受力状态有关的系数；对轴心受拉构件取 $\beta = 1.1$，对其他受力构件均取

$\beta=1.0$；

c_s——最外层纵向受拉钢筋外边缘至受拉区底边的距离，当 $c_s<20$ mm 时，取 $c_s=20$ mm；当 $c_s>65$ mm 时，取 $c_s=65$ mm；

ρ_{te}——按有效受拉混凝土面积 A_{te} 计算的纵向受拉钢筋配筋率；

$$\rho_{te}=\frac{A_s}{A_{te}}=\frac{A_s}{0.5bh+(b_f-b)h_f}\geqslant 0.01;$$

d_{eq}——纵向受拉钢筋的等效直径(mm)；

$$d_{eq}=\frac{\sum n_i d_i^2}{\sum n_i \nu_i d_i} \tag{9.10}$$

n_i——第 i 种纵向受拉钢筋的根数；

ν_i——第 i 种纵向受拉钢筋的相对黏结特性系数，光面钢筋 $\nu_i=0.7$，带肋钢筋 $\nu_i=1.0$；

d_i——第 i 种纵向受拉钢筋的直径(mm)。

9.3.3　平均裂缝宽度 ω_m

裂缝宽度是指受拉钢筋重心水平处构件侧表面上的混凝土的裂缝宽度。在裂缝出现的过程中，存在一个裂缝基本稳定的阶段。因此，对于某一特定的构件，可以用统计方法根据试验资料求得其平均裂缝间距 l_m，相应地也存在一个平均裂缝宽度 ω_m。

裂缝的开展是由于钢筋与混凝土之间的黏结破坏出现相对的滑移，引起裂缝处混凝土回缩引起的。因此平均裂缝宽度 ω_m 应等于平均裂缝间距 l_m 内钢筋的平均伸长值 $\varepsilon_{sm}l_m$ 与混凝土的平均伸长值 $\varepsilon_{cm}l_m$ 的差值。即

$$\begin{aligned}\omega_m&=\varepsilon_{sm}l_m-\varepsilon_{cm}l_m=\left(1-\frac{\varepsilon_{cm}}{\varepsilon_{sm}}\right)l_m\varepsilon_{sm}=\alpha_c l_m\varepsilon_{sm}\\&=\alpha_c\beta\psi\frac{\sigma_{sq}}{E_s}\left(1.9c_s+0.08\frac{d_{eq}}{\rho_{te}}\right)\end{aligned} \tag{9.11}$$

其中

$$\alpha_c=\left(1-\frac{\varepsilon_{cm}}{\varepsilon_{sm}}\right) \tag{9.12}$$

$$\varepsilon_{sm}=\psi\varepsilon_s=\psi\frac{\sigma_{sq}}{E_s} \tag{9.13}$$

根据试验结果分析，对偏心受压构件、受弯构件取 $\alpha_c=0.77$，其他构件取 $\alpha_c=0.85$。

9.3.4　最大裂缝宽度 ω_{max}

实际工程中，由于混凝土是非匀质材料，裂缝的间距有疏有密，裂缝的宽度也不尽相同，因此，构件裂缝宽度的验算应以最大裂缝宽度为依据。

最大裂缝宽度是在平均裂缝宽度的基础上乘以扩大系数得到的。扩大系数 τ 主要考虑以下两个方面；一是裂缝宽度的不均匀性，引入扩大系数 τ_s，对受弯构件和偏心受压构件，取 $\tau_s=1.66$，对轴心受拉构件和偏心受拉构件，取 $\tau_s=1.9$；二是在荷载长期作用下，由于混凝土的徐变等因素，裂缝会进一步增加，引入扩大系数 τ_l，取 $\tau_l=1.5$。将相关系数归并后，《规范》给出钢筋混凝土受拉、受弯和偏心受压构件按荷载准永久组合并考虑长期作用影响的最大裂缝宽度计算公式：

$$\omega_{max}=\tau_s\tau_l\omega_m=\alpha_{cr}\psi\frac{\sigma_{sq}}{E_s}\left(1.9c_s+0.08\frac{d_{eq}}{\rho_{te}}\right) \tag{9.14}$$

式中，α_{cr}——构件受力特性系数，轴心受拉构件取 $\alpha_{cr}=2.7$，偏心受拉构件取 $\alpha_{cr}=2.4$，受弯和偏心受压构件取 $\alpha_{cr}=1.9$；

σ_{sq}——按荷载效应准永久组合计算的受拉钢筋的应力。

(1)轴心受拉构件

$$\sigma_{sq}=\frac{N_q}{A_s} \tag{9.15}$$

(2)偏心受拉构件

$$\sigma_{sq}=\frac{N_q e'}{A_s(h_0-a_s')} \tag{9.16}$$

(3)受弯构件按公式(9.5)计算

(4)偏心受压构件

$$\sigma_{sq}=\frac{N_q(e-z)}{A_s z} \tag{9.17}$$

$$z=\left[0.87-.012(1-\gamma_f')\left(\frac{h_0}{e}\right)^2\right]h_0 \tag{9.18}$$

$$e=\eta_s e_0+y_s \tag{9.19}$$

$$\eta_s=1+\frac{1}{4000\frac{e_0}{h_0}}\left(\frac{l_0}{h}\right)^2 \tag{9.20}$$

式中，A_s——受拉区纵向钢筋截面面积：对轴心受拉构件，取全部纵向普通钢筋截面面积；对偏心受拉构件取受拉较大边的纵向普通钢筋截面面积；对受弯、偏心受压构件，取受拉区纵向普通钢筋截面面积；

N_q、M_q——按荷载准永久组合计算的轴向力值、弯矩值；

e'——轴向拉力作用点至受压区或受拉较小边纵向普通钢筋合力点的距离；

e——轴向压力作用点至纵向受拉普通钢筋合力点的距离；

e_0——荷载准永久组合下的初始偏心距，$e_0=\frac{M_q}{N_q}$；

z——纵向受拉普通钢筋合力点至截面受压区合力点的距离，且不大于 $0.87h_0$；

η_s——使用阶段的轴向压力偏心距增大系数，当$\frac{l_0}{h}\leqslant 14$ 时，取 1.0；

y_s——截面重心至纵向受拉普通钢筋合力点的距离；

γ_f'——受压翼缘截面面积与腹板有效截面面积的比值，按公式(9.6)计算；

b_f'、h_f'——分别为受压区翼缘的宽度、高度，当 $h_f'>0.2h_0$ 时，取 $0.2h_0$。

【例题9.2】 某屋架下弦为轴心受拉构件，截面尺寸为 200 mm×160 mm，最外层钢筋的混凝土保护层厚度 $c=25$ mm，纵向受拉钢筋采用 HRB400 级钢筋，配筋为 4⌀16，混凝土强度等级为 C30，环境类别为二 a 类，裂缝控制等级为三级，荷载准永久组合所产生的轴向拉力 $N_q=135$ kN。试验算该构件的最大裂缝宽度是否满足要求。

【解】 查相关参数：$E_s=2.0\times10^5\ \text{N/mm}^2$，$f_{tk}=2.01\ \text{N/mm}^2$；$\omega_{lim}=0.2$ mm；$A_s=$

804 mm^2(4Φ16)。

由式(9.15)可得裂缝截面处的钢筋应力，即

$$\sigma_{sq} = N_q/A_s = 135 \times 10^3/804 = 167.91 \text{ N/mm}^2$$

$\rho_{te} = A_s/A_{te} = 804/(220 \times 160) = 0.0251 > 0.01$，取 $\rho_{te} = 0.0251$ 计算。

由式(9.3)可求得纵向受拉钢筋应变不均匀系数，即

$$\psi = 1.1 - 0.65\frac{f_{tk}}{\rho_{te}\sigma_{sq}} = 1.1 - 0.65 \times \frac{2.01}{0.0251 \times 167.91} = 0.790 \begin{matrix} >0.2 \\ <1.0 \end{matrix}，取 \psi = 0.790$$

由于截面配置钢筋直径相同，且均为带肋钢筋($\nu_i = 1.0$)，则 $d_{eq} = 16$ mm；假定箍筋直径为 6 mm，则 $c_s = 25 + 6 = 31$ mm；对轴心受拉构件，$\alpha_{cr} = 2.7$。按式(9.14)可得最大裂缝宽度为

$$\omega_{max} = \alpha_{cr}\psi\frac{\sigma_{sq}}{E_s}\left(1.9c_s + 0.08\frac{d_{eq}}{\rho_{te}}\right)$$

$$= 2.7 \times 0.790 \times \frac{167.91}{2 \times 10^5} \times \left(1.9 \times 31 + 0.08 \times \frac{16}{0.0251}\right) = 0.197 \text{ mm} < \omega_{lim} = 0.2 \text{ mm}$$

满足要求。

【例题 9.3】　某简支梁条件同例题 9.1，裂缝宽度限值 $\omega_{lim} = 0.2$ mm，试验算该梁的裂缝宽度是否满足要求。

【解】

(1)计算钢筋的等效直径

$$d_{eq} = \frac{\sum n_i d_i^2}{\sum n_i \nu_i d_i} = \frac{1 \times 20^2 + 1 \times 20^2 + 1 \times 20^2 + 1 \times 20^2}{1 \times 1 \times 20 + 1 \times 1 \times 20 + 1 \times 1 \times 20 + 1 \times 1 \times 20} = \frac{4 \times 20^2}{4 \times 1 \times 20}$$

$$= 20(\text{mm})$$

(2)计算 ρ_{te}、σ_{sq}、ψ 的值

由例题 9.1 中可知：

$\rho_{te} = 0.014$，$\sigma_{sq} = 141.46$ N/mm^2，$\psi = 0.516$

(3)计算最大裂缝宽度

由已知条件，$c_s = 25 + 10 = 35$ mm

$$\omega_{max} = \alpha_{cr}\psi\frac{\sigma_{sq}}{E_s}\left(1.9c_s + 0.08\frac{d_{eq}}{\rho_{te}}\right)$$

$$= 1.9 \times 0.516 \times \frac{141.46}{2 \times 10^5}\left(1.9 \times 35 + 0.08\frac{20}{0.014}\right)$$

$$= 0.125 \text{ mm}$$

$\omega_{max} = 0.125 \text{ mm} < \omega_{lim} = 0.2$ mm

裂缝宽度满足要求。

9.3.5　提高受弯构件抗裂的措施

若构件裂缝宽度验算不满足要求时，根据公式(9.14)可从以下几个方面考虑采取相应措施：

(1)钢筋应力 σ_{sq}。钢筋应力越大，裂缝宽度越大。若采用高强度等级的钢筋，在荷载作

用下钢筋应力越大，裂缝就越宽，因此对普通钢筋混凝土构件不宜采用高强度钢筋。

(2)钢筋直径及表面特征。采用细直径的钢筋或变形钢筋是最经济有效的措施。因为同面积的钢筋，直径小的钢筋表面积大，提高钢筋与混凝土间的黏结力，可降低裂缝截面的钢筋应力，减小裂缝宽度。采用变形钢筋也是这个道理。

(3)有效配筋率ρ_{te}。增加有效配筋率，以减小钢筋的工作应力，减小裂缝宽度；

(4)纵向受拉钢筋的保护层厚度。裂缝宽度随着保护层厚度增加有所增大，但是保护层厚度是根据构件的类型、使用环境及耐久性确定，变化幅度小，因此一般不考虑调整保护层厚度的方法减小裂缝宽度；

(5)当采用普通钢筋混凝土构件裂缝宽度无法满足时，可采用预应力混凝土构件。

综上所述，减小裂缝宽度的最好方法是在不增加钢筋用量的情况下选用细直径的变形钢筋，其次增加配筋率也很有效，但不经济，必要时可采用预应力混凝土构件。

小　结

(1)变形和裂缝验算的目的是保证构件满足正常使用极限状态的要求。钢筋混凝土构件可按荷载准永久组合计算的内力进行验算，但要考虑荷载长期作用的影响。

(2)钢筋混凝土受弯构件的抗弯刚度不仅随弯矩增大而减小，同时也随荷载持续作用而减小。因此在挠度计算中引入了短期刚度和考虑荷载长期作用的刚度。构件挠度计算可以采用材料力学的方法，按照“最小刚度原则”进行计算。

(3)提高受弯构件截面刚度的有效措施是增加构件截面高度，也可采用预应力混凝土构件。

(4)由于混凝土材料的非匀质性，钢筋混凝土构件荷载裂缝的出现和开展均带有随机性，裂缝的间距和宽度具有不均匀性，但随着荷载的增加，裂缝不会无限的增加，存在裂缝基本稳定阶段，因此有了平均裂缝间距、平均裂缝宽度和最大裂缝宽度的概念，在最大裂缝宽度计算时引入扩大系数。

(5)减小裂缝宽度的有效措施是选择细直径的变形钢筋，或采用预应力混凝土构件。

(6)构件的最大挠度计算值和最大裂缝宽度计算值不应超过《规范》规定的限值。

习　题

一、填空题

1. 除考虑结构或构件的安全性要求进行承载能力极限状态计算外，还应考虑________和________要求进行正常使用极限状态的验算。

2.《规范》规定，根据使用要求，把构件在____________作用下产生的裂缝和变形控制在____________。

3. 钢筋混凝土受弯构件的截面抗弯刚度是一个________，它随着________和__________而变化。

4. 挠度验算时一般取同号弯矩区段内________截面抗弯刚度作为该区段的抗弯刚度。

5.《规范》用____________来考虑荷载长期效应对刚度的影响。

6. 平均裂缝间距就是指________________________的平均值。

7. 钢筋混凝土构件的平均裂缝间距随着混凝土保护层增大而____________，随纵筋配筋率增大而__________，随纵筋的等效直径的增大而__________。

8. 最大裂缝宽度等于平均裂缝宽度乘以扩大系数，这个系数是考虑裂缝宽度的________以及__________的影响。

二、判断题

1. 混凝土构件满足正常使用极限状态的要求是为了保证安全性的要求。(　　)

2. 构件中裂缝的出现和开展使构件的刚度降低、变形增大。(　　)

3. 减小钢筋混凝土受弯构件挠度的最有效措施是增加构件的截面高度。(　　)

4. 实际工程中一般采用限制最大跨高比来验算构件的挠度。(　　)

5. 裂缝按其形成的原因，可分为由荷载引起的裂缝和非荷载引起的裂缝两大类。(　　)

6. 实际工程中，结构构件的裂缝大部分由荷载引起。(　　)

7. 非荷载因素引起的裂缝包括材料收缩、温度变化、混凝土碳化及地基不均匀沉降等产生的裂缝。(　　)

8. 进行裂缝宽度验算就是将构件的裂缝宽度限制在《规范》允许的范围之内。(　　)

9.《规范》控制温度收缩裂缝采取的措施是规定钢筋混凝土结构伸缩缝最大间距。(　　)

10.《规范》控制由混凝土碳化引起裂缝采取的措施是规定受力钢筋混凝土结构保护层厚度。(　　)

11. 随着荷载的不断增加，构件上的裂缝会持续不断地出现。(　　)

12. 平均裂缝间距 l_m 主要取决于荷载的大小。(　　)

三、选择题

1. 钢筋混凝土梁截面抗弯刚度随荷载的增加及持续时间增加而(　　)。

A. 逐渐减小　　B. 逐渐增加　　C. 保持不变　　D. 先增加后减小

2 我国《规范》对受弯构件的变形进行验算时，采用(　　)

A. 平均刚度　　B. 实际刚度　　C. 最小刚度　　D. 最大刚度

3. 下列(　　)项不是进行变形控制的主要原因。

A. 构件有超过限值的变形，将不能正常使用

B. 构件有超过限值的变形，将引起隔墙等裂缝

C. 构件有超过限值的变形，将影响美观

D. 构件有超过限值的变形，将不能继续承载，影响结构安全

4. 提高受弯构件抗弯刚度最有效的措施是(　　)。

A. 提高混凝土强度等级　　B. 增加受拉钢筋的截面面积

C. 加大截面的有效高度　　D. 加大截面宽度

5.《规范》规定，通过计算控制的最大宽度裂缝指的是下列(　　)裂缝。

A. 由荷载直接引起的裂缝　　B. 由混凝土收缩引起的裂缝

C. 由温度变化引起的裂缝　　　　D. 由不均匀沉降引起的裂缝

6. 平均裂缝间距 l_m 与(　　)无关。

A. 钢筋混凝土保护层厚度　　　　B. 钢筋直径

C. 受拉钢筋的有效配筋率　　　　D. 混凝土的级别

7. 当其他条件完全相同时，根据钢筋面积选择钢筋直径和根数时，对裂缝有利的选择是(　　)。

A. 较粗的变形钢筋　　　　B. 较粗的光圆钢筋

C. 较细的变形钢筋　　　　D. 较细的光圆钢筋

8. 按规范所给的公式计算出的最大裂缝宽度是(　　)。

A. 构件受拉区外边缘处的裂缝宽度　　　　B. 构件受拉钢筋重心水平处侧表面的裂缝宽度

C. 构件中和轴处裂缝宽度　　　　D. 构件受压区外边缘和裂缝宽度

9. 进行挠度和裂缝宽度验算时，(　　)

A. 荷载用设计值，材料强度用标准值　　　　B. 荷载用标准值，材料强度用设计值

C. 荷载用标准值，材料强度用标准值　　　　D. 荷载用设计值，材料强度用设计值

四、简答题

1. 对钢筋混凝土构件进行裂缝和变形验算的目的是什么？

2. 什么是最小刚度原则？

3. 在荷载长期作用下，受弯构件的刚度如何变化？《规范》是怎样考虑的？

4. 当构件变形验算不满足要求时，可采取哪些措施使其变形满足要求？

5. 钢筋混凝土构件中裂缝的种类有哪些？它们是由什么原因引起的？各怎样控制？

6. 为什么裂缝宽度会随时间的增长而变宽？

7. 为什么钢筋混凝土受弯构件的裂缝条数不随荷载的增加而无限制地增加？

8. 当构件裂缝宽度不满足要求时，可采取哪些措施使其满足要求？

五、计算题

1. 已知一矩形截面简支梁，截面尺寸 $b \times h = 200\ \text{mm} \times 500\ \text{mm}$，该梁承受均布荷载，永久荷载标准值 $g_k = 18\ \text{kN/m}$，可变荷载标准值 $q_k = 9\ \text{kN/m}$，准永久值系数为0.5，配置4Φ16的纵向受拉钢筋，采用直径8 mm的HPB300级箍筋，混凝土强度等级为C30，保护层厚度为25 mm，梁的计算跨度为5.6 m，试验算其挠度是否满足要求。

2. 已知矩形截面梁截面尺寸 $b \times h = 250\ \text{mm} \times 500\ \text{mm}$，荷载效应准永久组合计算的弯矩值 $M_q = 150\ \text{kN·m}$，采用C30级混凝土，通过受弯构件正截面计算，已配有纵向受力钢筋4Φ20，箍筋采用Φ8，混凝土保护层厚度为25 mm，最大允许裂缝宽度 $w_{lim} = 0.3\ \text{mm}$，试验算裂缝宽度是否满足要求。

第 10 章　预应力混凝土结构简介

【学习目标】

(1)理解预应力混凝土的基本概念，了解施加预应力的方法，掌握预应力混凝土构件对材料的要求；

(2)掌握张拉控制应力的概念，了解预应力各项损失的计算及其组合；

(3)熟悉预应力混凝土构件的构造要求。

【本章导读】

如图 10.1 所示，在基础工程中的预应力方桩及管桩(a)，在一些高层建筑中一些大跨度的单、双向连续多跨曲线配筋梁板结构和屋盖(b)，在桥梁工程中的箱梁(c)以及一些大跨度的楼面梁(d)，这些都是常用的预应力混凝土构件。

图 10.1　常用的预应力混凝土构件

1. 上述构件为何会用预应力构件？与普通混凝土构件相比，预应力混凝土构件有什么优点？

2. 如何施加预应力？

10.1 概述

10.1.1 预应力混凝土的基本概念

由于普通钢筋混凝土构件的抗拉极限拉应变值只有0.0001～0.00015，即相当于每米只允许拉长(0.1～0.15)mm，超过此值，混凝土就会开裂。如果混凝土不开裂，构件内的受拉钢筋应力只能达到(20～30)N/mm^2。如果允许构件开裂，裂缝宽度限制在(0.2～0.3)mm时，构件内的受拉钢筋应力也只能达到250 N/mm^{2}左右。可见，普通钢筋混凝土构件若配置高强度钢筋，则钢筋的强度远不能被充分利用。同时，若构件开裂，将使构件刚度降低、变形增大。这样，对于处于恶劣环境中，或具有较高的密闭性或耐久性要求的结构，以及对裂缝控制要求较严的结构构件，均不能采用普通钢筋混凝土，而应采用预应力混凝土。

预应力混凝土构件是指在构件承受荷载之前，预先对外荷载作用时的受拉区混凝土施加压应力的构件。

以一根承受均布荷载的预应力混凝土简支梁为例，如图10.2所示。普通钢筋混凝土简支梁在均布荷载单独作用时梁的下边缘会产生拉应力，如图10.2(b)所示，若在构件承受外荷载之前，预先对受拉区混凝土施加一对偏心轴向压力N，使梁的下边缘产生压应力，如图10.2(a)所示，这样施加预应力的构件在外荷载作用下，运用截面法，其截面应力应是上述两者的叠加，如图10.2(c)所示。叠加后梁的下边缘可能是压应力，也可能是较小的拉应力，可见，构件施加预压应力后，将全部或部分抵消由外荷载引起的拉应力，因此可以通过调整预压应力的大小使构件不开裂或者延迟开裂。同时，施加了预压应力后，梁的挠度也减小了。

10.1.2 预应力混凝土的特点及适用领域

预应力混凝土与普通混凝土相比，有如下特点：

(1)良好的抗裂性能，使构件不开裂或延迟开裂。

通过对构件受拉区施加预压应力后，会使构件延迟产生或者不产生裂缝，因此，预应力混凝土构件的抗裂性能远高于普通钢筋混凝土构件，因而提高混凝土构件的耐久性，扩大了混凝土构件的应用范围，可用于有防水、抗渗透及抗腐蚀要求的环境。

(2)高强度的钢筋和高强度的混凝土能得到充分的利用。

普通钢筋混凝土构件由于裂缝宽度和挠度的限制，高强度的钢筋得不到充分的利用，由于预应力混凝土构件由于能够延迟产生或者不产生裂缝，所以能充分利用高强度的钢筋和混凝土。

(3)增大了构件的刚度、减少构件变形。

由于预应力混凝土构件能延迟产生或者不产生裂缝，同时挠度也减少，同时运用高强度的钢筋和混凝土，进而能提高构件刚度、减少构件变形，减少构件截面尺寸，减轻自重，降低工程造价，同时为大跨度结构创造良好的条件。

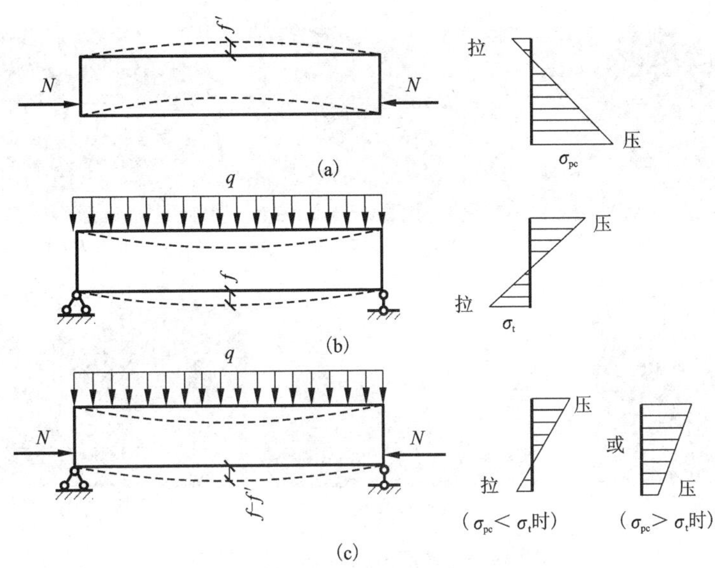

图10.2 预应力混凝土简支梁

(a)预应力作用下；(b)外荷载作用下；(c)预应力和外荷载共同作用下

预应力混凝土结构虽然具有一系列的优点，但是它也存在一定的局限性，如施工工序多，对施工技术要求高，且需要张拉设备、对质量要求较高及造价较高等。上述缺点正在不断地得以克服，这将使预应力混凝土的发展前景更为广阔。

目前预应力混凝土构件已在世界各国的房屋建筑、公路与铁道桥梁等工程中广泛应用。在工业与民用建筑中，有空心板、多孔板、槽形板、双T板、V形折板、托梁、檩条、槽瓦、屋面梁等；道路桥梁工程中的轨枕、桥面空心板、简支梁等。在基础工程中应用的预应力方桩及管桩等。还有吊车梁、屋面梁、屋架，桥梁中的T形梁、箱形梁等构件，且在大跨度的现浇结构及空间结构中的应用也日趋成熟；在特种结构如塔体的竖向预应力、筒体的环向预应力也有突破，尤其为桥梁工程的悬索结构、斜拉结构提供了丰富的发展空间。下面是部分实物图(图10.3)。

10.2 预应力混凝土构件的材料及构造要求

10.2.1 预应力混凝土构件的材料

1. 混凝土

预应力混凝土结构的混凝土强度等级不宜低于C40，且不应低于C30。

预应力混凝土结构对混凝土的要求如下：

(1)高强度。《规范》规定：预应力混凝土结构的混凝土强度等级不应低于C30，不宜低于C40。

(2)收缩、徐变小，这样可减少由于混凝土收缩、徐变而引起的预应力损失。

双T板　桥面预应力空心板　预应力方桩

竖向预应力　斜拉索张拉　预应力箱梁

图 10.3　预应力混凝土构件实物图

(3)快硬、早强。以便及早地施加预应力，加快施工进度，提高设备、模板等利用率，从而降低造价。

2. 预应力筋

预应力筋宜采用预应力钢丝、钢绞线和预应力螺纹钢筋，如图 10.4 所示。

预应力混凝土结构对预应力筋的要求如下：

(1)高强度。预应力筋具有较高的抗拉强度时，便可通过张拉钢筋对混凝土施加较大的预压应力，以保证在产生各项预应力损失后任能满足要求。

(2)具有较好的塑性。高强度的钢筋，为了保证结构物在破坏之前有较大的变形能力，必须保证预应力筋具有足够的塑性，不至于发生脆性破坏。

(3)与混凝土之间要有良好的黏结性能。先张法构件的预应力施加是通过钢筋和混凝土之间的黏结力来传递的，所以良好的黏结是其正常工作的保证。

(4)具有良好的加工性能。良好的加工性能(如焊接性能)则是保证钢筋加工质量的重要条件。

10.2.2　预应力混凝土构件的构造要求

1. 一般要求

(1)截面形式

常见的截面形式有矩形，T 形，工字形或者箱形。对于预应力混凝土梁和预应力混凝土板，当跨度较小时多采用矩形截面；当荷载或跨度较大，为了减轻构件自重，提高构件的承载能力和抗裂性能，常采用 T 形、工字形或箱形截面。

(2)截面尺寸

一般情况下，预应力混凝土梁的截面高度可取$(1/20 \sim 1/14)l$，翼缘宽度可取为$(1/3 \sim 1/2)h$，翼缘高度可取$(1/10 \sim 1/6)h$，腹板宽宜尽量小，可取为$(1/5 \sim 1/8)h$。

刻痕钢丝

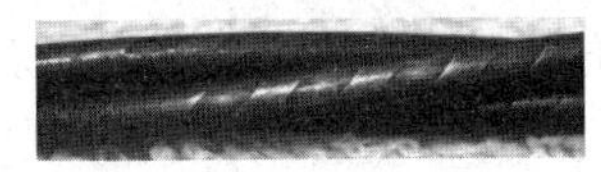

刻痕钢丝（放大之后的）

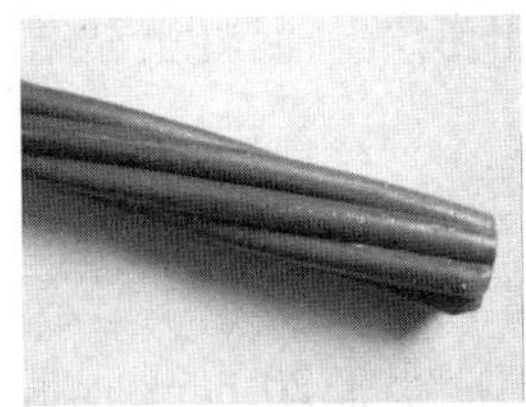

钢绞线

包装好的光面钢绞线

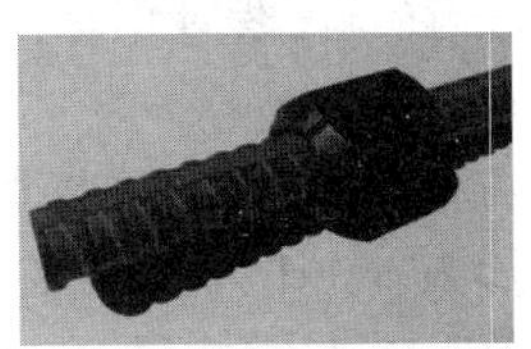

螺纹钢筋

图 10.4　预应力筋实物图

10.2.3　纵向预应力筋的布置

纵向预应力筋的布置方式有三种，即直线布置、曲线布置及折线布置。

主要承重构件和抵抗地震作用的构件(框架梁、门架、转换层大梁等)宜采用有黏结预应力，板类构件(包括扁梁和次梁)宜采用无黏结预应力。

预应力混凝土梁截面高度 $h>800$ mm 时箍筋直径不宜小于 8 mm，截面高度 $h\leqslant800$ mm 时箍筋直径不宜小于 6 mm，箍筋间距不大于 250 mm。在 T 形截面梁的翼缘中，应设闭合式箍筋。

预应力柱应符合下述规定：

(1)柱子的预应力筋宜采用直线、折线或局部曲线过渡的折线布置；

(2)预应力束长度不宜小于顶层层高，并宜延伸至下层柱的中部；

(3)柱受拉边采用普通钢筋和预应力筋混合配筋，受压边只配普通钢筋。

预应力混凝土单向板应符合下列规定：

(1)预应力筋沿连续平板受力方向宜采用多波连续抛物线布置。预应力筋一般沿板宽单根均匀布置，也可并筋均匀布置，每束预应力筋不宜超过 4 根，预应力束的间距不宜大于 1200 mm；

(2)预应力筋垂直方向需配置非预应力筋，配筋率不宜小于 0.2%。

预应力混凝土双向板应符合下列规定：

预应力筋宜采用抛物线布置，也可采用折线形布置，抛物线的参数取值应考虑双向普通钢筋及预应力筋交叉编网的影响。双向均沿板宽单根均匀布筋，也可并筋均匀布置。每束预应力筋不宜超过 4 根，预应力束的间距不宜大于 1200 mm。

封锚应符合下列规定：

(1)无黏结预应力筋外露锚具应采用注有防腐油脂的塑料帽封闭锚具端头，并应采用无收缩砂浆或细石混凝土封闭；

(2)对处于二 b、三 a、三 b 类环境条件下的无黏结预应力锚固系统，应采用全封闭的防腐蚀体系，其封锚端及各连接部位应能承受 10 kPa 的静水压力而不得透水；

(3)采用混凝土封闭时，其强度等级宜与构件混凝土强度等级一致，且不应低于 C30。封锚混凝土与构件混凝土应可靠黏结，如锚具在封闭前应将周围混凝土界面凿毛并冲洗干净，且宜配置 1 ~ 2 片钢筋网，钢筋网应与构件混凝土拉结。先张预应力混凝土构件宜采用有螺纹的预应力筋，以保证钢筋与混凝土之间有可靠的黏结力。当采用光面钢丝作预应力筋时，应采取适当措施，保证钢丝在混凝土中可靠地锚固，防止钢丝与混凝土黏结力不足而造成钢丝滑动。

先张预应力筋的净间距应根据浇筑混凝土、施加预应力及钢筋锚固等要求确定。预应力筋之间的净间距不应小于其公称直径的 2.5 倍和混凝土粗骨料的 1.25 倍，且应符合下列规定：对热处理钢筋及钢丝，不应小于 15 mm；三股钢绞线，不应小于 20 mm；七股钢绞线，不应小于 25 mm。当混凝土振捣密实性具有可靠保证时，净间距可放宽为最大粗骨料粒径的 1.0 倍。

对预应力筋在构件端部全部弯起的受弯构件或直线配筋的先张构件，当构件的端部与下部支承结构焊接时，应考虑混凝土收缩、徐变及温度变化所产生的不利影响，宜在构件端部可能产生裂缝的部位设置足够的非预应力纵向构造钢筋。

预应力钢丝束、钢绞线束的预留孔道应符合下列规定：

(1)预制构件中孔道之间的水平净距不宜小于 1 倍孔道直径，粗骨料粒径的 1.25 倍，和 50 mm 中的较大值，必要时可并排布置多孔道；孔道至构件边缘的净间距不宜小于 30 mm，且不宜小于孔道直径的 50%；

(2)现浇混凝土梁中预留孔道在竖直方向的净间距不应小于孔道外径，水平方向的净间距不应小于 1.5 倍孔道外径，且不应小于粗骨料粒径的 1.25 倍；使用插入式震动器捣实混凝土时，水平净距不宜小于 80 mm；

(3)裂缝控制等级为一、二级的梁，从孔道外壁至构件边缘的净间距，梁底不宜小于 50 mm，梁侧不宜小于 40 mm；裂缝控制等级为三级的梁，梁底、梁侧分别不宜小于 60 mm 和 50 mm；预留孔道的内径应比预应力束外径及需穿过孔道的连接器外径大 10 ~ 20 mm，且孔道的截面积宜为穿入预应力束截面积的 3.0 ~ 4.0 倍；

(4)当有可靠经验并能保证混凝土浇筑质量时，预留孔道可水平并列贴紧布置，但并排的数量不应超过 2 束；

(5)梁端预应力筋孔道的间距应根据锚具尺寸，千斤顶尺寸，预应力筋布置及局部承压等因素确定。相邻锚具的中心距离≥锚具下的承压钢板尺寸 + 20 mm；锚具中心至构件边缘距离≥锚具下承压钢板边缘 40 mm；

(6)在现浇楼板中采用扁形锚具体系时，穿过每个预留孔道的预应力筋数量宜为 3 ~ 5 根；在常用荷载情况下，孔道在水平方向的净间距不应超过 8 倍板厚及 1.5 m 中的较大值；凡制作时需要预先起拱的构件，预留孔道宜随构件同时起拱。

10.3　施加预应力的方法

对构件施加预应力的方法有很多，一般多采用张拉钢筋的方法。根据张拉钢筋与浇灌混凝土的先后顺序不同，施加预应力的方法可分为先张法和后张法。

10.3.1　先张法

先张法是指在浇灌混凝土前张拉钢筋的方法。其主要工序如图 10.5 所示。首先在台座或钢模上张拉钢筋至设计规定的拉力，用夹具临时固定钢筋，然后浇灌混凝土。当混凝土达到设计强度的 75% 及以上时切断钢筋。被切断的钢筋将产生弹性回缩，使混凝土受到预压压力。

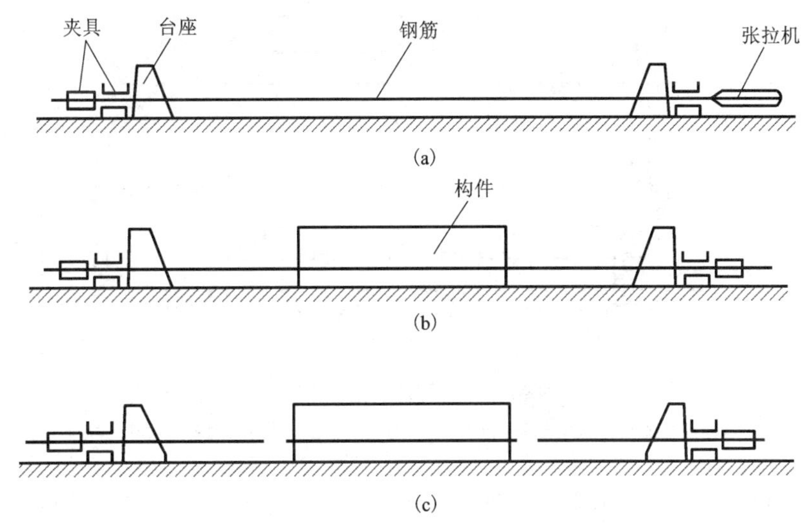

图 10.5　先张法主要工序示意图

(a)张拉钢筋；(b)支模并浇捣混凝土；(c)放松并截断预应力钢筋

先张法预应力的传递是依靠钢筋和混凝土之间的黏结强度完成的。

先张法适用于成批生产的中、小型构件，其工艺简单、成本较低，但需较大生产场地。

先张法主要应用于房屋建筑中的空心板、多孔板、槽形板、双 T 板、V 形折板、托梁、檩条、槽瓦、屋面梁等；道路桥梁工程中的轨枕、桥面空心板、简支梁等。在基础工程中应用的预应力方桩及管桩等。

10.3.2　后张法

后张法是指混凝土结硬后在构件上张拉钢筋的方法。其主要工序如图 10.6 所示。首先预留孔道并浇灌混凝土。当混凝土强度达到设计强度的 75% 及以上后，在孔道中穿过预应力钢筋并张拉钢筋至设计拉力。这样，在张拉钢筋的同时，混凝土受到预压。

张拉完毕后用锚具将钢筋张拉端锚紧。为防止钢筋锈蚀，并使预应力筋和混凝土形成整体共同工作。可通过灌浆孔对孔道进行压力灌浆，也可不灌浆形成无黏结预应力混凝土结构，后张法预应力的传递依靠构件两端的工作锚具完成，这种锚具将与构件形成整体共同工作。

后张法不但用于房屋建筑中的吊车梁、屋面梁、屋架，桥梁中的T形梁、箱形梁等构件，且在大跨度的现浇结构及空间结构中的应用也日趋成熟；在特种结构如塔体的竖向预应力、筒体的环向预应力也有突破，尤其为桥梁工程的悬索结构、斜拉结构提供了丰富的发展空间。

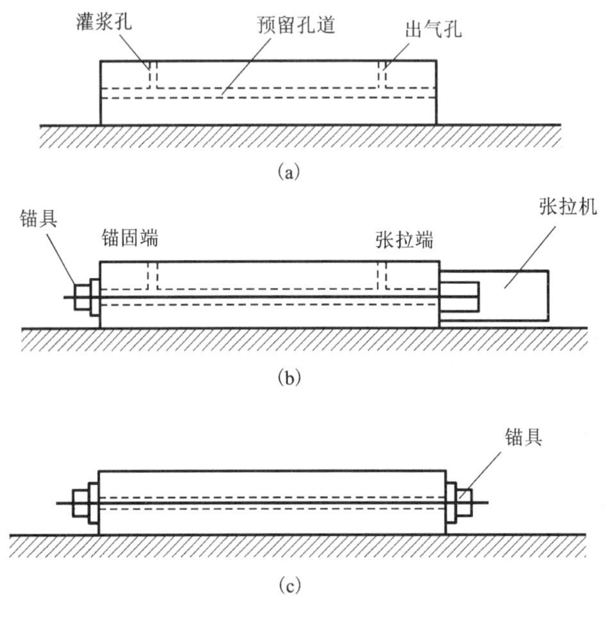

后张法

图 10.6　后张法施工工艺

(a)预留孔道并浇捣混凝土；(b)张拉钢筋；(c)用锚具锚固钢筋并对孔道灌浆

后张法构件既可在工厂预制，也可在现场施工，一般适用于运输不方便的大型预应力构件，操作较复杂且成本较高。

先张法中固定钢筋的工具，在构件制成后即可取下重复利用，这种工具称为夹具；夹具是先张法构件施工时为保持预应力筋拉力并将其固定在张拉台座(或钢模)上用的临时性锚固装置。根据夹具的工作特点分为锚固夹具和张拉夹具。锚固夹具有钢质锥形夹具和墩头夹具，其中钢质锥形夹具主要用来锚固直径 3 ~5 mm 的单根钢丝夹具，如图 10.7 所示；墩头夹具适用于预应力钢丝固定端的锚固，如图 10.8 所示。张拉夹具是将预应力筋与张拉机械连接起来进行预应力张拉的工具，常用的张拉夹具有月牙形夹具、偏心式夹具和楔形夹具等，如图 10.9 所示。

在后张法须留在构件端部，与构件形成整体共同工作、不可取下的固定钢筋的工具称为锚具。锚具是后张法结构或构件中为保持预应力筋拉力并将其传递到混凝土上用的永久性锚固装置。锚具应有足够的强度和刚度，以保证安全可靠，并尽可能不使钢筋产生滑移，尽可能使构造简单，降低造价。

目前，国内常用的锚具有：螺栓端杆锚具(适用于锚固单根直径不大于 36 mm 的热处理钢筋)，如图 10.10 所示；帮条锚具(一般用在单根钢筋做预应力筋的固定端)，如图 10.11 所示；夹片式锚具(后张法中应用最广的锚具，可锚固钢绞线)，如图 10.12 所示；以及墩头锚具(用于锚固多根平行钢筋束或平行钢丝束)，如图 10.13 所示。

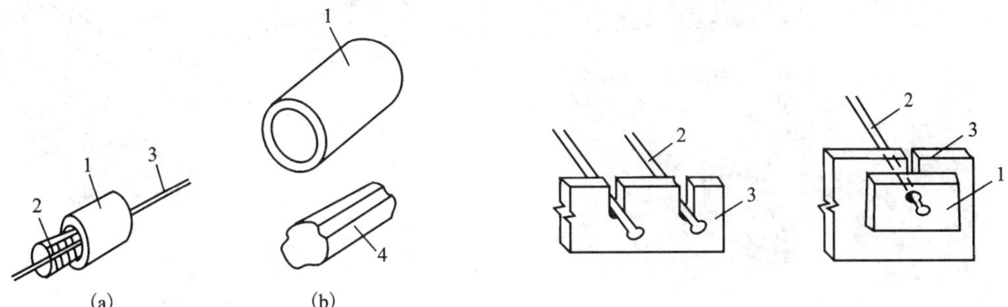

图 10.7　钢质锥形夹具

(a)圆锥齿板式；(b)圆锥式

1——套筒；2—齿板；3—钢丝；4—锥塞

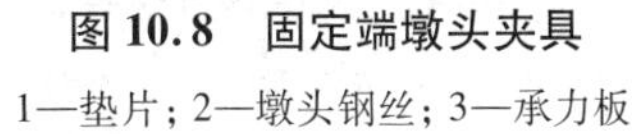

图 10.8　固定端墩头夹具

1—垫片；2—墩头钢丝；3—承力板

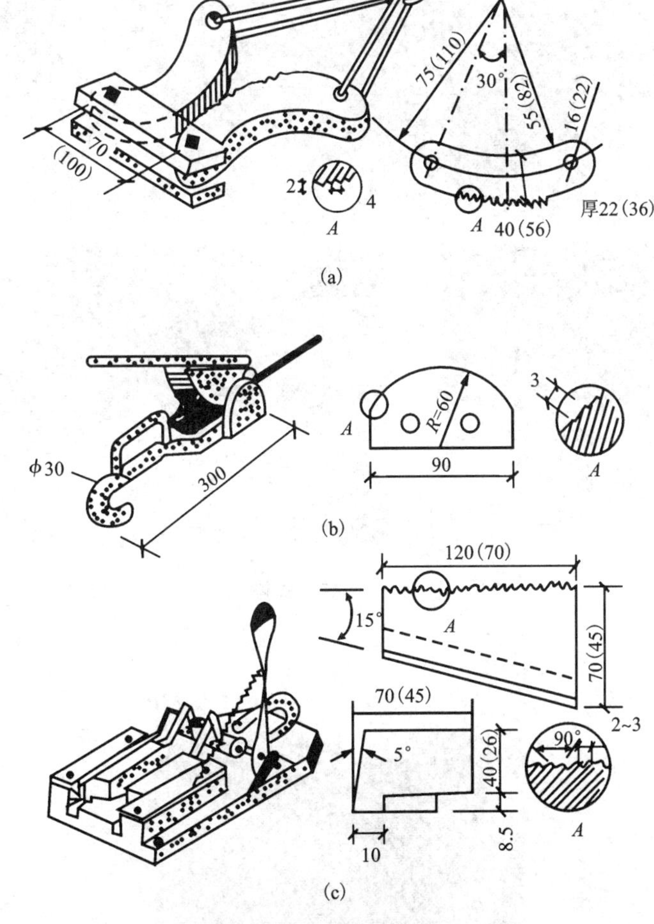

图 10.9　张拉夹具

(a)月牙形夹具；(b)偏心式夹具；(c)楔形夹具

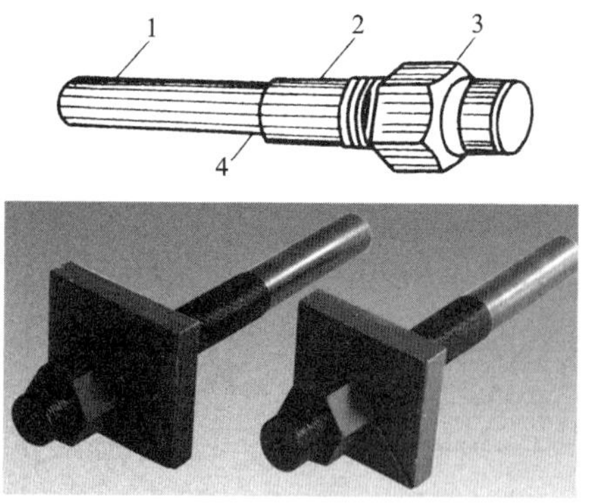

图 10.10　螺栓端杆锚具

1—钢筋；2—螺栓端杆；3—螺母

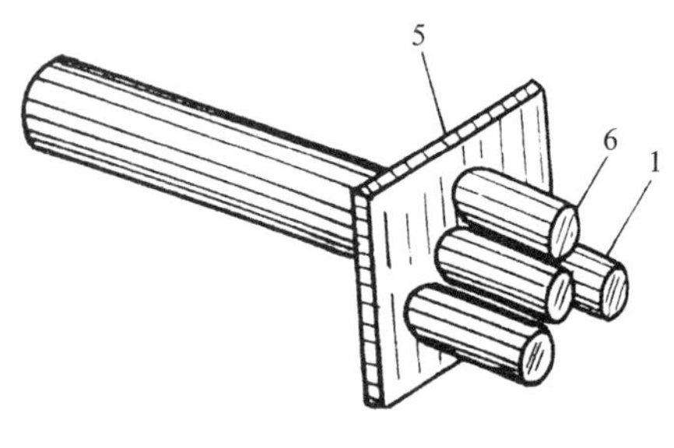

图 10.11　帮条锚具

1—钢筋；2—螺栓端杆；3—螺母；
4—焊接接头；5—衬板；6—帮条

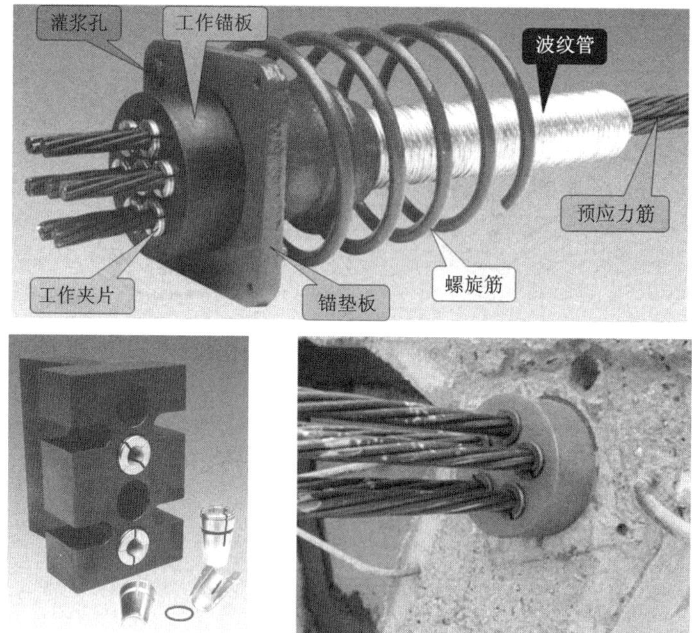

图 10.12　夹片式锚具

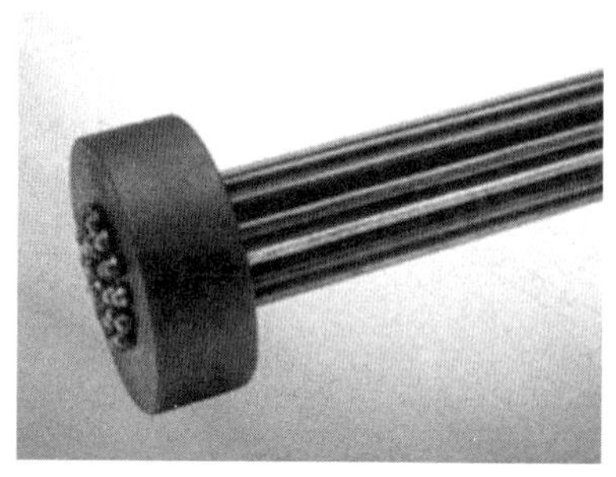

图 10.13　墩头锚具

10.4　张拉控制应力和预应力损失

10.4.1　张拉控制应力

张拉控制应力是指张拉钢筋时，张拉设备(如千斤顶)上的测力计所指示的总张拉拉力除以预应力钢筋横截面面积得出的应力值，用 σ_{con} 表示。

《规范》规定：预应力筋的张拉控制应力允许值有如下规定：

消除应力钢丝、钢绞线：$\sigma_{con} \leqslant 0.75 f_{ptk}$

中强度预应力钢丝：$\sigma_{con} \leqslant 0.7 f_{ptk}$

预应力螺纹钢筋：$\sigma_{con} \leqslant 0.85 f_{pyk}$

其中，f_{ptk} 为预应力筋极限强度标准值；f_{pyk} 为预应力螺纹钢筋屈服强度标准值。

张拉控制应力越高，建立的预应力值就越大，构件的抗裂性就越好。但是张拉控制应力过高，构件使用过程经常处于高应力状态，构件出现裂缝的荷载与破坏荷载很接近，往往构件破坏前没有明显预兆，而且当控制应力过高，构件混凝土预压应力过大而导致混凝土的徐变应力损失增加，因此控制应力应符合设计规定。在具体施工中，预应力筋需要超张拉时，可比设计要求提高 5%，但其最大张拉控制应力不得超过下表 10.1 的规定。

表 10.1　张拉控制应力值

钢种	张拉控制应力值 σ_{con}	钢种	张拉控制应力值 σ_{con}
消除应力钢丝、钢绞线	$\leqslant 0.8 f_{ptk}$	预应力螺纹钢筋	$\leqslant 0.9 f_{ptk}$
刻痕钢丝、中强度预应力钢丝	$\leqslant 0.75 f_{ptk}$		

10.4.2　预应力损失

预应力损失是指由于张拉工艺，材料性能和环境条件等影响，预应力混凝土构件从张拉钢筋开始直至整个构件的使用过程中，预应力筋的初始张拉应力逐渐降低的现象。由于预应力损失会降低混凝土构件的预压应力，从而降低构件的抗裂性和刚度。因此，正确分析、估算各种预应力损失并采取措施尽可能减少预应力损失是非常重要的。按《规范》介绍主要有以下几种预应力损失，如表 10.2 所示。下面主要论述这几种预应力损失产生的原因，预应力损失值的计算方法以及减少预应力损失值的措施。

表 10.2　预应力损失值　N/mm^2

引起损失的因素	符号	先张构件	后张构件
张拉端锚具变形和预应力筋内缩	σ_{l1}	按下面第 1 点规定或(10.1)计算	按下面第 1 点规定或式(10.1)计算

续表 10.2

<table>
<tr><th colspan="2">引起损失的因素</th><th>符号</th><th>先张构件</th><th>后张构件</th></tr>
<tr><td rowspan="3">预应力筋的摩擦</td><td>与孔道壁之间的摩擦</td><td rowspan="3">σ_{l2}</td><td>—</td><td>按下面第 2 点规定或式(10.2)和(10.3)规定计算</td></tr>
<tr><td>张拉端锚口损失</td><td colspan="2">按实测值和厂家提供的数据计算</td></tr>
<tr><td>在转向块处的摩擦</td><td colspan="2">按实际情况确定</td></tr>
<tr><td colspan="2">混凝土加热养护时，受张拉的钢筋与承受拉力的设备之间的温差</td><td>σ_{l3}</td><td>$2\Delta_t$</td><td>—</td></tr>
<tr><td colspan="2">预应力筋的应力松弛</td><td>σ_{l4}</td><td colspan="2">按下面第 4 点规定或式(10.5)计算</td></tr>
<tr><td colspan="2">混凝土的收缩和徐变</td><td>σ_{l5}</td><td colspan="2">按下面第 5 点规定或式(10.6)计算</td></tr>
<tr><td colspan="2">用螺旋式预应力筋作配筋的环形构件，当直径 $d \leqslant 3$ m 时，由于混凝土的局部挤压</td><td>σ_{l6}</td><td>—</td><td>30</td></tr>
</table>

注：当采用夹片式群锚体系时，尚应考虑张拉端锚环口摩擦损失，其值可根据实测数据确定，另外，当 $\sigma_{con}/f_{ptk} \leqslant 0.5$ 时，预应力筋的应力松弛损失值可取为零。

1. 预应力直线筋由于锚具变形和预应力筋内缩引起的预应力损失(σ_{l1})

预应力筋张拉完毕后，用锚具锚固后，由于锚具、垫板与构件三者之间的缝隙被挤紧以及钢筋在锚具内的滑移，使钢筋松动内缩而产生的预应力损失，其预应力损失值用 σ_{l1} 表示。对于预应力直线钢筋其计算公式为

$$\sigma_{l1} = \frac{a}{l}E_s \tag{10.1}$$

式中，a——张拉端锚具变形和钢筋内缩值，mm，可按表 10.3 采用；

l——张拉端至锚固端之间的距离，mm；

E_s——预应力筋的弹性模量，N/mm^2。

表 10.3 锚固变形和钢筋内缩值 a mm

<table>
<tr><th colspan="2">锚具类别</th><th>a</th></tr>
<tr><td rowspan="2">支承式锚具(钢丝束墩头锚具等)</td><td>螺帽缝隙</td><td>1</td></tr>
<tr><td>每块后加垫板的缝隙</td><td>1</td></tr>
<tr><td rowspan="2">夹片式锚具</td><td>有顶压时</td><td>5</td></tr>
<tr><td>无顶压时</td><td>6 ~ 8</td></tr>
</table>

注：1. 表中的锚具变形和钢筋内缩值也可以根据实测数据确定，其他类型的锚具变形和钢筋内缩值应根据实测数据确定。

2. 块体拼成的结构，其预应力损失尚应计及块体间填缝的预压变形。当采用混凝土或砂浆为填缝材料时，每条填缝的预压变形值可取为 1 mm。

为了减少此项预应力损失，应选用变形小，能使预应力筋内缩小的锚具或夹具，并尽量减少垫板数量(因为每增加一块垫板，a 值将增加 1 mm)。对先张法构件，还可以增加台座长度，如采用长线台座。

公式(10.1)中，a 越小或 l 越大，则 σ_{l1} 越小。为了减小锚具变形和预应力筋内缩引起的预应力损失 σ_{l1}，应尽量少用垫块，因为每增加一块垫板，a 值就增加 1 mm。先张法采用长线台张拉时 σ_{l1} 较小；而后张法构件长度越大则 σ_{l1} 越小。后张结构件中，为了减小预应力筋与孔道壁之间的摩擦引起的预应力损失 σ_{l2}（见后），常采用两端同时张拉预应力筋的方法，此时预应力筋的锚固端应认为是在构件长度的中点处，即公式(10.1)中 l 应取构件长度的一半。

2. 预应力筋摩擦引起的预应力损失(σ_{l2})

预应力筋的摩擦引起的预应力损失包括后张法构件预应力筋与孔道壁之间的摩擦引起的预应力损失、张拉端锚口摩擦引起的预应力损失以及构件中有转向装置时，预应力筋在转向装置处的摩擦引起的预应力损失三种。先张法构件只有在构件中设有转向装置时才有此项损失。

后张法构件采用直线孔道张拉预应力筋时，由于孔道轴线的局部偏差、孔道壁凹凸不平以及钢筋因自重下垂等原因，将使钢筋的某些部位贴紧孔道壁而产生摩擦损失；当采用曲线孔道张拉预应力筋时，预应力筋会产生对孔道壁的垂直压力而引起摩擦损失。此项预应力损失值用 σ_{l2} 表示，距离预应力筋张拉端越远，σ_{l2} 值越大。

σ_{l2} 宜按下列公式计算：

$$\sigma_{l2} = \sigma_{con}\left(1 - \frac{1}{e^{kx + \mu\theta}}\right) \tag{10.2}$$

当 $\mu\theta + kx \leqslant 0.3$ 时，σ_{l2} 可按下式近视计算：

$$\sigma_{l2} = (kx + \mu\theta)\sigma_{con} \tag{10.3}$$

注：当采用英片式群锚体系时，在 σ 中应扣除锚口摩擦损失。

式中，x——从张拉端至计算截面的孔道长度，可近视取该段孔道在纵轴上的投影长度，m；

θ——从张拉端至计算截面曲线孔道部分切线的夹角之和，rad；

k——考虑孔道每米长度局部偏差的摩擦系数，按表 10.4 采用；

μ——预应力筋与孔道壁之间的摩擦系数，按表 10.4 采用。

表 10.4　钢丝束、钢绞线与孔道壁的摩擦系数

孔道成型方式	k	μ	
		钢绞线、钢丝束	预应力螺纹钢筋
预埋金属波纹管	0.0015	0.25	0.50
预埋塑料波纹管	0.0015	0.15	—
预埋钢管	0.0010	0.30	—
橡胶管或钢管抽芯成型	0.0014	0.55	0.60
无黏结预应力筋	0.0040	0.09	—

为了减小摩擦损失 σ_{l2}，对于较长的构件可采用一端张拉另一端补拉，或两端同时张拉，也可采用超张拉。超张拉程序为 $0 \to 1.1\sigma_{con} \xrightarrow{2\ \min} 0.85\sigma_{con} \to \sigma_{con}$。

3. 混凝土加热养护时，预应力筋与承受拉力的设备之间的温差引起的预应力损失(σ_{l3})

对于先张法构件，为缩短生产周期，浇灌混凝土后常采用蒸汽养护。在台座生产的构件采用湿热法养护时，由于温度升高后，预应力筋膨胀而台座长度并无变化，因而预应力筋的应力减少。在这种情况下混凝土逐渐结硬，则在混凝土结硬前预应力筋由于温度升高而引起的应力降低将无法恢复，形成温差应力损失。此项预应力损失值以 σ_{l3} 表示，其值按下式(10.4)计算：

$$\sigma_{l3}=2\Delta t \tag{10.4}$$

式中，Δt——混凝土加热养护时预应力筋与承受拉力的设备之间的温差(℃)。

减少 σ_{l3} 的措施有：①采用两次升温养护，即先在常温下养护至混凝土的立方体抗压强度达到 7.5～10 N/mm^2 时，再逐渐升温至规定的养护温度；②采用钢模生产，由于钢模与构件一起加热养护无温差，所以，此项损失可以不考虑。

预应力筋与承受设备之间的温差引起的预应力损失只在采用加热养护的先张法构件中存在，后张法构件中没有此项损失。

4. 预应力筋应力松弛引起的预应力损失(σ_{l4})

预应力混凝土构件中，在高应力作用下钢筋长度保持不变，拉应力随时间的增长而逐渐降低的现象称为预应力钢筋应力松弛，所降低的拉应力值即为预应力钢筋应力松弛损失值，以 σ_{l4} 表示。

钢筋的应力松弛与下列因素有关：

(1)时间。钢筋应力松弛在开始阶段发展较快，以后逐渐变慢，最终趋于稳定。

(2)钢筋品种。钢丝、钢绞线的应力松弛值较大，热处理钢筋的应力松弛值较小。

(3)张拉控制应力。张拉控制应力值愈高，钢筋的应力松弛值愈大；反之，则愈小。

σ_{l4} 可按下式(10.5)计算：

消除应力钢丝、钢绞线

(1)普通松弛

$$\sigma_{l4}=0.4\left(\frac{\sigma_{con}}{f_{ptk}}-0.5\right)\sigma_{con}$$

(2)低松弛

①当 $\sigma_{con}\leqslant 0.7f_{ptk}$ 时，

$$\sigma_{l4}=0.125\left(\frac{\sigma_{con}}{f_{ptk}}-0.5\right)\sigma_{con}$$

②当 $0.7f_{ptk}<\sigma_{con}\leqslant 0.8f_{ptk}$ 时，

$$\sigma_{l4}=0.2\left(\frac{\sigma_{con}}{f_{ptk}}-0.575\right)\sigma_{con} \tag{10.5}$$

中强度预应力钢丝

$$\sigma_{l4}=0.08\sigma_{con}$$

预应力螺纹钢筋

$$\sigma_{l4}=0.03\sigma_{con}$$

根据应力松弛的上述性质，可以采用超张拉的方法减小松弛损失。超张拉时可采取以下两种张拉程度：第一种为 $0\rightarrow 1.03\sigma_{con}$；第二种为 $0\rightarrow 1.05\sigma_{con}\xrightarrow{2\ \text{min}}\sigma_{con}$。其原理是：高应力(超张拉)下短时间内发生的损失在低应力下需要较长时间；持荷 2 min 可使相当一部分松弛损失发生在钢筋锚固之前，则锚固后损失减小。

5. **混凝土收缩和徐变引起的预应力损失(σ_{l5})**

混凝土在空气中结硬时会产生收缩，在预压应力作用下会产生徐变。混凝土的收缩和徐变会使构件长度缩短，预应力筋也随之回缩而产生预应力损失，其预应力损失值以 σ_{l5} 表示，其值可分别按下列公式确定：

(1)先张法构件

$$\sigma_{l5}=\frac{60+340\dfrac{\sigma_{pc}}{f'_{cu}}}{1+15\rho}$$

$$\sigma'_{l5}=\frac{60+340\dfrac{\sigma'_{pc}}{f'_{cu}}}{1+15\rho'}$$

(2)后张法构件

$$\sigma_{l5}=\frac{55+300\dfrac{\sigma_{pc}}{f'_{cu}}}{1+15\rho} \tag{10.6}$$

$$\sigma'_{l5}=\frac{55+300\dfrac{\sigma'_{pc}}{f'_{cu}}}{1+15\rho'}$$

式中，σ_{pc}，σ'_{pc}——受拉区、受压区预应力钢筋在各自合力点处混凝土法向压应力。

f'_{cu}——施加预应力时的混凝土立方体抗压强度。

ρ，ρ'——受拉区、受压区预应力筋和普通钢筋的配筋率；对先张法构件，$\rho=(A_p+A_s)/A_0$，$\rho'=(A'_p+A'_s)/A_0$；对后张法构件，$\rho=(A_p+A_s)/A_n$，$\rho'=(A'_p+A'_s)/A_n$；对于对称配置预应力筋和普通钢筋的构件，配筋率 ρ，ρ' 应按钢筋总截面面积的一半计算。

A_p，A'_p——受拉区、受压区纵向预应力钢筋的截面面积。

A_s，A'_s——受拉区、受压区纵向普通钢筋的截面面积。

A_n——构件净截面面积。

A_o——换算截面面积。

当结构处于年平均相对湿度低于 40% 的环境下，σ_{l5} 和 σ'_{l5} 值应增加 30%。

另外，当采用泵送混凝土时，宜根据实际情况考虑混凝土收缩、徐变引起的预应力损失值的增大。由于此项损失在预应力总损失中所占比例较大，因此必须采取减少混凝土收缩和徐变的各种措施以设法减少此项损失。如采用高强度等级水泥、减少水泥用量、降低水灰比、搞好骨料颗粒级配、加强振捣及加强养护等。

6. **用螺旋式预应力筋作配筋的环形构件，由于混凝土的局部挤压引起的预应力损失(σ_{l6})**

后张法环形构件当采用螺旋式预应力筋时，由于预应力筋对混凝土的挤压，使环形构件的直径减少，使构件中的预应力筋的拉应力降低而产生预应力损失，其预应力损失值以 σ_{l6} 表示，其值的大小与环形构件的直径 d 成反比。即直径 d 越大，σ_{l6} 越小。因此，《规范》规定：当 $d>3$ m 时，$\sigma_{l6}=0$；当 $d\leqslant 3$ m 时，$\sigma_{l6}=30\ \text{N/mm}^2$。

减少 σ_{l6} 的措施有：搞好骨料颗粒级配、加强振捣、加强养护以提高混凝土的密实性。

除了上述 6 项损失外，当后张法构件的预应力筋采用分批张拉时，应考虑后批张拉预应力筋所产生的混凝土弹性压缩(或伸长)对于先批张拉预应力筋的影响，可将先批张拉预应力筋的张拉控制应力值 σ_{con} 增加(或减少) $\alpha_E\sigma_{pci}$，此处 σ_{pci} 为后批张拉预应力筋在先批张拉预应力筋重心处产生的混凝土法向应力。

10.4.3 预应力损失值的组合

由于预应力损失有上述 6 种损失，为了便于分析和计算预应力混凝土构件在各阶段的预应力损失值，按混凝土预压结束前和预压结束后，分别对先张法构件和后张法构件的预应力损失值进行组合，如表 10.5。

预应力构件在各阶段的预应力损失值宜按下列表 10.5 的规定进行组合。

表 10.5 各阶段预应力损失值的组合

预应力损失值的组合	先张构件	后张构件
混凝土预压前(第一批)损失	$\sigma_{l1}+\sigma_{l2}+\sigma_{l3}+\sigma_{l4}$	$\sigma_{l1}+\sigma_{l2}$
混凝土预压后(第二批)损失	σ_{l5}	$\sigma_{l4}+\sigma_{l5}+\sigma_{l6}$

由于各项预应力损失的计算值与实际值有一定偏差，那组合之后偏差会更大，因此，《规范》规定，当计算求得的预应力损失值小于下列数值时，应按下列数值取用，先张法构件 100 N/mm^2，后张法构件 80 N/mm^2。

小 结

(1)相对于普通钢筋混凝土结构，预应力混凝土结构由于在构件的受拉区预先施加压应力，因而抗裂性能得到改善，可以使混凝土构件不开裂或者延迟开裂，因而适用于有防水、抗渗要求的特殊环境以及大跨度、重荷载的结构。

(2)根据张拉预应力钢筋和浇灌构件混凝土两者的先后次序不同，施加预应力的方法分为先张法和后张法，先张法主要通过预应力筋与混凝土之间的黏结力传递预应力；而后张法是依靠锚具传递预应力。

(3)张拉控制应力是张拉预应力筋时，钢筋所达到的最大应力，其值既不能太高，也不能太低。

(4)预应力损失是预应力结构中特有的现象。预应力混凝土构件中，引起预应力损失的因素较多，不同预应力损失出现的时刻和延续的时间受许多因素制约，掌握损失的分析和计算方法以及减小各项损失的措施，由于损失的发生是有先后的，为了求出特定时刻的预应力损失，应进行预应力损失的分阶段组合计算。

习　题

一、填空题

1. 预应力混凝土构件是指在构件承受荷载之前，预先对外荷载作用时的受拉区混凝土施加________的构件。

2. 施加预应力的方法有先张法和______________。

3. 预应力损失是指____________________。

二、判断题

1. 预应力混凝土结构相对于普通钢筋混凝土结构抗裂性能得到很大改善，可以使混凝土构件不开裂或者延迟开裂。(　　)

2. 先张法中的预应力是通过预应力钢筋与混凝土的黏结力传递的。(　　)

3. 张拉控制应力是张拉预应力筋时，钢筋所达到的最大应力，其值既不能太高，也不能太低。(　　)

4. 后张法中的预应力是通过锚具进行传递的，而且锚具可以拆下来循环利用。(　　)

三、选择题

1. 后张法中施加预应力的损失有很多种，但是在后张法中没有的是？(　　)

A. σ_{l1}　　B. σ_{l2}　　C. σ_{l3}　　D. σ_{l4}

2. 先张法是指在浇灌混凝土前张拉钢筋的方法，当混凝土达到设计强度的(　　)及以上时才能切断钢筋。(　　)

A. 25%　　B. 50%　　C. 75%　　D. 100%

四、问答题

1. 何为预应力混凝土？与普通钢筋混凝土构件相比，预应力混凝土构件有何优缺点？

2. 为什么预应力混凝土构件必须采用高强钢材，且应尽可能采用高强度等级的混凝土？

3. 什么是张拉控制应力？为什么张拉控制应力不能过高也不能过低？

4. 何为预应力松弛？为何超张拉可以减少此项损失？

第 11 章　梁板结构

【学习目标】

(1)会选择钢筋混凝土楼盖的类型；

(2)会单向板肋梁楼盖各构件(单向板、次梁、主梁)的配筋计算，并能准确绘制和识读其结构施工图；

(3)会进行楼梯各构件的配筋计算。

【本章导读】

钢筋混凝土梁板结构是由钢筋混凝土受弯构件(梁、板)组成，被土建工程应用最广泛的一种结构。例如房屋中的楼盖和屋盖、筏式基础、贮液池的底板和顶盖、扶壁式挡土墙，桥的桥面以及楼梯、阳台、雨篷等，其中楼盖(屋盖)是最典型的梁板结构(如图 11.1 所示)。本单元主要介绍钢筋混凝土肋形楼盖、装配式楼盖和楼梯。

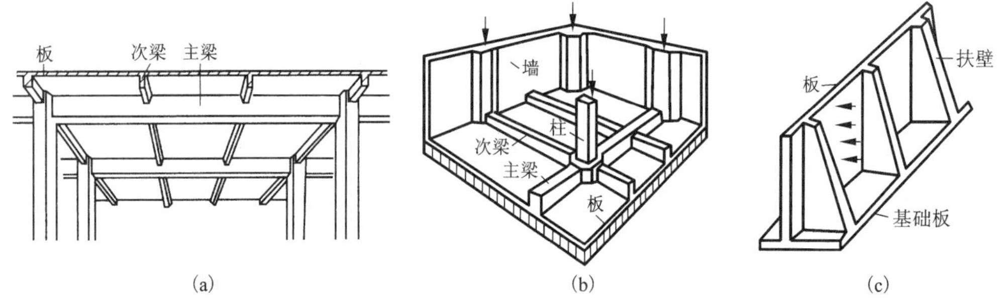

图 11.1　梁板结构的应用举例

(a)肋梁(形)楼盖；(b)基础底板；(c)挡土墙

11.1　概述

钢筋混凝土梁板结构如楼盖、屋盖、阳台、雨篷、楼梯等，在建筑中应用十分广泛。此外，在特种结构中，水池的顶板和底板、烟囱的板式基础也都是梁板结构。混凝土楼盖是建筑结构的主要组成部分，对于 6 ~ 12 层的框架结构，楼盖用钢量占全部结构用钢量的 50% 左右；对于混合结构，其用钢量主要在楼盖中。因此，楼盖结构选型和布置的合理性以及结构计算和构造的正确性，对建筑的安全使用和经济有着非常重要的意义。同时，对美观也有一定的影响。

11.1.1　钢筋混凝土楼盖的形式

钢筋混凝土楼盖按施工方法分为现浇整体式、装配式和装配整体式三种形式：

(1)现浇整体式楼盖，是指在现场整体浇筑的楼盖。它的优点是整体性好，刚度大，抗震性能强，防水性能好；缺点是耗费模板多，工期长，受施工季节影响大。随着施工技术的进步和抗震对楼盖整体性要求的提高，现浇整体式楼盖被广泛应用。

(2)装配式楼盖，采用预制构件，便于工业化生产，具有节省模板，工期短，受施工季节影响小等优点；缺点是整体性差，抗震性差，防水性差，不便开设洞口。

(3)装配整体式楼盖，优缺点介于上述两种楼盖之间。但这种楼盖需进行混凝土的二次浇灌，有时还增加焊接工作量。此种楼盖仅适用于荷载较大的多层工业厂房、高层民用建筑及有抗震设防要求的建筑。

11.1.2　单向板与双向板的划分

在整体式楼盖中，板被梁分成了许多区格，每个区格的板四周由梁或墙支承。对于四边支承板，竖向荷载通过板的双向弯曲向两个方向传递。传递到每个方向支承梁或墙上的荷载大小，主要取决于该区格两个方向跨度的比值。当板的长短边边长之比超过一定数值时，沿长边方向所传递的荷载可以忽略不计，荷载主要沿短边方向传递，这样的四边支承板叫做单向板。单向板长边方向的支承梁称为次梁，短边方向的支承梁称为主梁。反之，当沿板长边方向所传递的荷载不可忽略，荷载沿两个方向传递时，这种板叫做双向板。如图 11.2 所示。

《规范》规定：1. 两对边支承的板应按单向板计算；2. 四边支承的板：①当长边与短边长度之比 $l_2/l_1 \leqslant 2.0$ 时，应按双向板计算；②当长边与短边长度之比 $l_2/l_1 \geqslant 3.0$ 时，宜按沿短边方向受力的单向板计算，并应沿长边方向布置构造钢筋；③当长边与短边长度之比 $3.0 > l_2/l_1 > 2.0$ 时，宜按双向板计算。

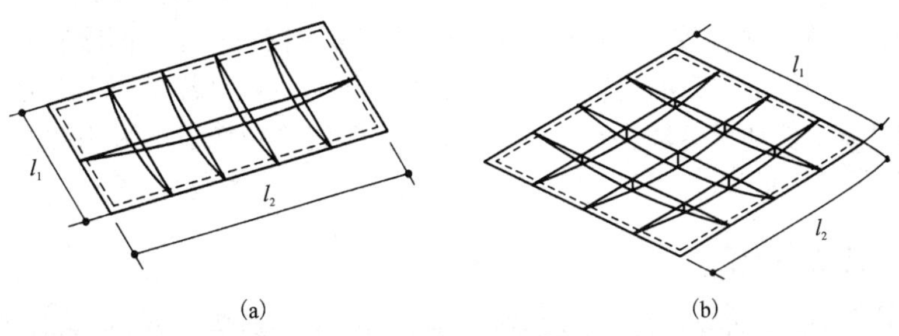

图 11.2　单向板与双向板

(a)单向板；(b)双向板

11.2 整体式单向板肋梁楼盖

由单向板及其支承梁组成的现浇楼盖，称为整体式单向板肋梁楼盖。

整体式单向板肋梁(形)楼盖的设计步骤如下：

(1)选择结构平面布置方案，并初步拟定板厚和主次梁截面尺寸；

(2)确定计算简图；

(3)荷载计算；

(4)板、次梁、主梁的内力计算；

(5)板、次梁、主梁的截面配筋计算；

(6)按计算和构造要求绘制结构施工图。

11.2.1 楼盖的结构布置

对结构平面进行合理的布置，即根据使用要求，在经济合理、施工方便前提下，合理地布置板与梁的位置、方向和尺寸，布置柱的位置和柱网尺寸等。

柱的布置：柱的间距决定了主、次梁的跨度，因此柱与承重墙的布置不仅要满足使用要求，还应考虑到梁格布置尺寸的合理与整齐，一般应尽可能不设或少设内柱，柱网尺寸宜尽可能大些。根据经验，柱的合理间距即梁的跨度最好为：次梁4 ~6 m，主梁5 ~8 m。另外柱网的平面应布置成矩形或正方形为好。

梁的布置：次梁间距决定了板的跨度，将直接影响到次梁的根数、板的厚度及材料的消耗量。从经济角度考虑，确定次梁间距时，应使板厚为最小值。据此并结合刚度要求，次梁间距即板跨一般取1.7 ~2.7 m为宜，最大一般不超过3 m。

单向板肋梁楼盖结构布置通常有下面三种布置方式：①当主梁沿横向布置，而次梁沿纵向布置时，如图11.3(a)所示，主梁与柱形成横向框架受力体系。各榀横向框架通过纵向次梁联系，形成整体，房屋的横向刚度较大。由于主梁与外纵墙垂直，外纵墙的窗洞高度可较大，有利于室内采光。②当横向柱距大于纵向柱距较多时，或房屋有集中通风的要求时，显然沿纵向布置主梁比较有如利，如图11.3(b)所示，由于主梁截面高度减小，可使房屋层高得以降低。但房屋横向刚度较差，而且常由于次梁支承在窗过梁上，而限制了窗洞高度。③对于中间为走道，两侧为房间的建筑物，其楼盖布置可利用内外纵墙承重，此种情况可仅布置次梁而不设主梁，例如病房楼、招待所、集体宿舍等建筑物楼盖可采用此种结构布置。如图11.3(c)所示。

11.2.2 计算简图

单向板肋梁形楼盖设计和内力计算

单向板肋梁(形)楼盖的传力途径为板上荷载传至次梁(墙)，次梁荷载传至主梁(墙)，最后总荷载由墙、柱传至基础和地基。结构计算简图是对实际结构的合理简化，包括构件的简化、支座的简化、构件计算跨数及计算跨度的确定等。

1)构件的简化

通常单向板肋梁楼盖中的板、次梁及主梁都可以看做是等截面的直杆，确

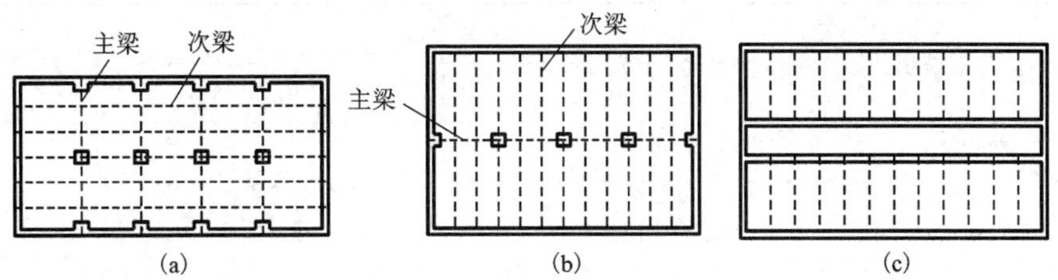

图 11.3　单向板肋梁(形)楼盖

(a)主梁沿横向布置；(b)主梁沿纵向布置；(c)只布置次梁

定计算简图时均可将构件用其轴线表示。

2)支座的简化

梁，板支承在砖墙或砖柱上时，可视为铰支座；当梁，板的支座与支承梁，柱整体连接时，为简化计算，仍可视为铰支座，并忽略支座宽度的影响。板，次梁、主梁均可简化为支承在相应的支座上的多跨连续梁。

3)构件计算跨数的确定。

对于跨数多于五跨的连续梁(板)，当其各跨度上的荷载相同、且跨度差不超过 10% 时，可按五跨等跨连续梁(板)计算。此时，除连续梁(板)两边的第一、第二跨外，其余的中间各跨跨中及中间支座的内力值均按五跨连续梁的中间跨跨中和中间支座采用；如图 11.4 所示。小于五跨的按实际跨数计算。当多跨的连续梁(板)各跨跨度相差超过 10% 时，应按实际跨数进行内力分析。

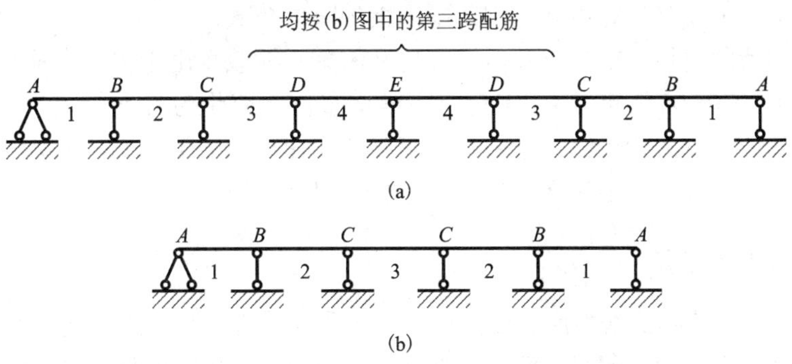

图 11.4　连续梁(板)的计算跨数确定

(a)实际简图；(b)计算简图

4)计算跨度的确定

连续板和连续梁各跨的计算跨度与支座形式、支座宽度、构件的截面尺寸以及内力计算方法有关，通常可按表 11.1 采用，计算弯矩时采用计算跨度，计算剪力时采用净跨。板、次梁和主梁截面尺寸可参照表 4.1 和表 4.2 确定。

表 11.1　板和梁的计算跨度

<table>
<tr><th rowspan="2">跨数</th><th rowspan="2" colspan="2">支座情形</th><th colspan="2">计算跨度 l_0</th><th rowspan="2">符号意义</th></tr>
<tr><th>板</th><th>梁</th></tr>
<tr><td rowspan="3">单跨</td><td colspan="2">两端简支</td><td>$l_0=l_n+h$</td><td rowspan="3">$l_0=l_n+a\leqslant 1.05l_n$</td><td rowspan="9">$l_n$ 为支座间净距；
l_c 为支座中心间的距离；
h 为板的厚度；
a 为边支座宽度；
b' 为中间支座宽度</td></tr>
<tr><td colspan="2">一端简支、
一端与梁整体连接</td><td>$l_0=l_n+0.5h$</td></tr>
<tr><td colspan="2">两端与梁整体连接</td><td>$l_0=l_n$</td></tr>
<tr><td rowspan="6">多跨</td><td rowspan="2" colspan="2">两端简支</td><td>当 $a\leqslant 0.1l_c$ 时，$l_0=l_c$</td><td>当 $a\leqslant 0.05l_c$ 时，$l_0=l_c$</td></tr>
<tr><td>当 $a>0.1l_c$ 时，$l_0=1.1l_n$</td><td>当 $a>0.05l_c$ 时，$l_0=1.05l_n$</td></tr>
<tr><td rowspan="2">一端入墙内另端与梁整体连接</td><td>按塑性计算</td><td>$l_0=l_n+0.5h$</td><td>$l_0=l_n+0.5a\leqslant 1.025l_n$</td></tr>
<tr><td>按弹性计算</td><td>$l_0=l_n+0.5(h+b')$</td><td>$l_0=l_c\leqslant 1.025l_n+0.5b'$</td></tr>
<tr><td rowspan="2">两端均与梁整体连接</td><td>按塑性计算</td><td>$l_0=l_n$</td><td>$l_0=l_n$</td></tr>
<tr><td>按弹性计算</td><td>$l_0=l_c$</td><td>$l_0=l_c$</td></tr>
</table>

11.2.3　荷载计算

板承受的荷载主要有板的自重(包括面层及粉刷)及板上的均布活荷载。当楼面板承受均布荷载时通常取 1 m 宽板带作为计算单元，如图 11.5(a)所示。板带可以用轴线代替，板支承在次梁或墙上，其支座按不动铰支座考虑，板按多跨连续板计算。

次梁的荷载计算单元可取相邻跨中线所分割出来的面积，如图 11.5(a)所示。次梁承受的荷载包括次梁自重及其计算单元面积范围内板传来的荷载。

主梁承受的荷载包括主梁自重及由次梁传来的集中荷载。由于主梁自重与次梁传来的荷载相比往往较小，为了简化计算，一般可将主梁均布自重简化为若干集中荷载，与次梁传来的集中荷载一起计算。次梁传给主梁的集中荷载负荷面积如图 11.5(a)所示。

板、次梁和主梁的荷载计算单元及计算简如图 11.5 所示。

11.2.4　内力计算

梁、板的内力计算应根据构件的重要程度、所受荷载情况及使用不同分别采用弹性计算法(如力矩分配法)和塑性计算法(弯矩调幅法)。一般单向板肋梁楼盖中的板和次梁的内力一般采用塑性计算法，不考虑活荷载的不利位置；主梁的内力采用弹性计算法，即按结构力学方法计算内力，此时要考虑活荷载的不利组合。

1. 弹性计算法

弹性计算方法是将钢筋混凝土梁、板视为理想弹性体，以结构力学的一般方法(如力矩分配法)来进行结构的内力计算。对于等跨连续梁、板且荷载规则的情况，其内力可通过查表计算；内力计算系数见附表 E.1。对于不等跨连续梁，可选用结构计算软件由计算机计算。

1)活荷载的最不利位置

梁、板所受的荷载既有恒荷载，又有活荷载。其中恒荷载的大小和位置均不变化，而活荷载的大小和位置是可变化的，其所引起的构件各截面的内力也是变化的。所以，要使构件

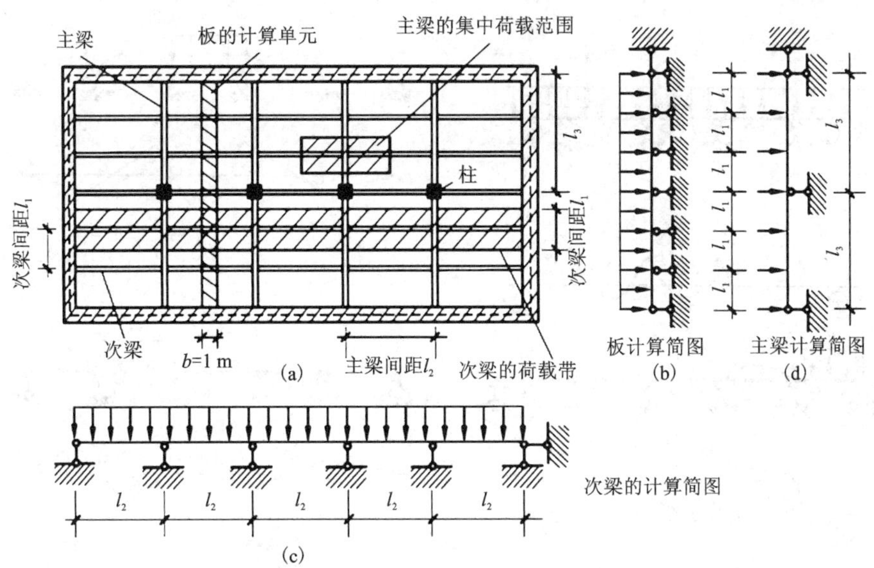

图 11.5　单向板肋梁(形)楼盖板、梁的计算简图

在各种情况下保证安全，就必须确定活荷载出现在哪些位置时，构件的控制截面(支座、跨中)可能产生最大内力。

对于五跨连续梁，当活荷载布置在不同位置上时梁(板)的弯矩图如图 11.6 所示。从图中可以看出，当活荷载分别作用于第 1 跨、第 3 跨和第 5 跨时，在第 1 跨、第 3 跨和第 5 跨各跨跨中都产生正弯矩。而当活荷载分别作用于第 2 跨和第 4 跨时，会使第 1 跨、第 3 跨和第 5 跨跨中弯矩减小。所以，在求第 1 跨、第 3 跨和第 5 跨跨中最大正弯矩时，应将活荷载同时布置在第 1 跨、第 3 跨和第 5 跨。同理可以分析出最不利活荷载的布置原则如下：

(1)当求连续梁某跨跨内最大正弯矩时，除应在该跨布置活荷载，然后向左右两边每隔一跨布置活荷载。

(2)当求某支座最大(绝对值)负弯矩时，除应在该支座左右两跨布置活荷载，然后每隔一跨布置活荷载。

(3)当求某跨跨内最大(绝对值)负弯矩时，则该跨不布置活荷载，而在左右相邻两跨布置活荷载，然后每隔一跨布置活荷载。

(4)求某支座截面最大剪力时，活荷载布置与求该截面最大负弯矩时相同。

2)应用查表法计算内力

活载的最不利位置确定后，对于等跨(包括跨差不大于 10%)的连续梁(板)，即可直接应用表格查得在恒载和各种活载最不利位置下的内力系数，并按下列公式求出连续梁(板)的各控制截面的内力值(弯矩 M 和剪力 V)，即

当均布荷载作用时：

$$M = K_1 g l_0^2 + K_2 q l_0^2 \tag{11.1}$$

$$V = K_3 g l_0 + K_4 q l_0 \tag{11.2}$$

当集中荷载作用时：

$$M = K_1 G l_0 + K_2 Q l_0 \tag{11.3}$$

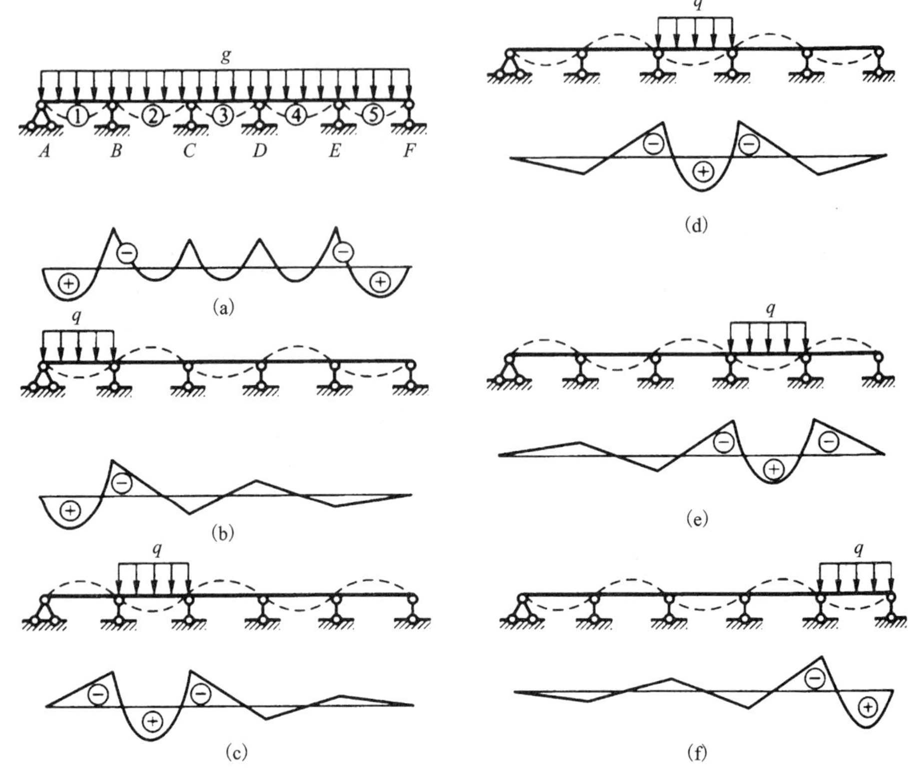

图 11.6　连续梁活荷载布置图

$$V = K_3 G + K_4 Q \tag{11.4}$$

式中，g，q———单位长度上的均布恒载与均布活载；

G，Q———集中恒载与集中活载；

$K_1 \sim K_4$———内力系数，见附表 E. 1；

l_0———梁的计算跨度，按表 11. 1 规定采用。若相邻两跨跨度不相等(不超过 10%)，在计算支座弯矩时，l_0 取相邻两跨的平均值；而在计算跨中弯矩及剪力时，仍用该跨的计算跨度。

3)内力包络图

对于连续梁，活荷载作用位置不同，各控制截面的内力也不相同，按照前述活荷载最不利位置布置后，可画出各控制截面最不利内力时的内力图，将这些内力图在同一基线上画出，这些内力图的外包线就是内力包络图。做内力包络图时要注意不要遗漏恒载。

内力包络图包括弯矩包络图和剪力包络图。做弯矩包络图的目的在于计算构件正截面配筋，合理确定纵向受力钢筋弯起和截断位置，做剪力包络图的目的在于计算构件斜截面的配筋，合理布置腹筋。

图 11.7 为两跨等跨连续梁，计算跨度 l_0 =7. 25 m，在每跨三分点处作用集中荷载，其中恒载 G =61. 48 kN，活载 Q =108. 86 kN。

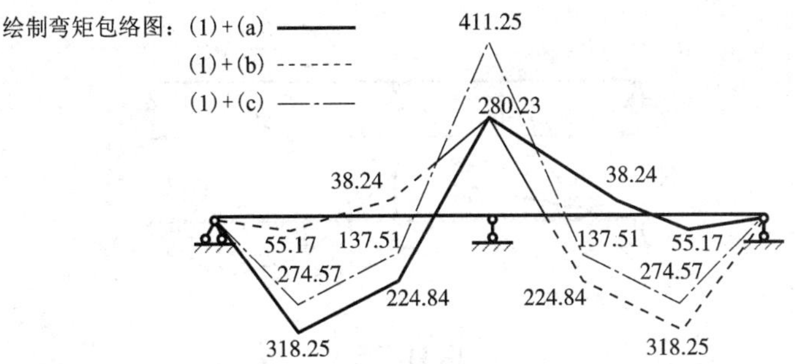

图 11.7　两等跨连续梁荷载分布及弯矩图

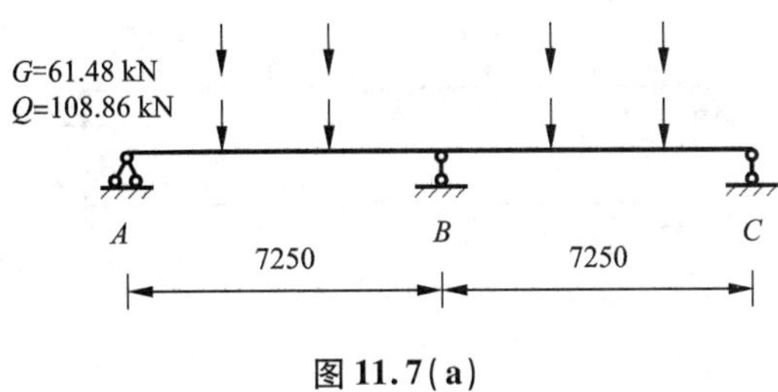

图 11.7(a)

1)恒载作用

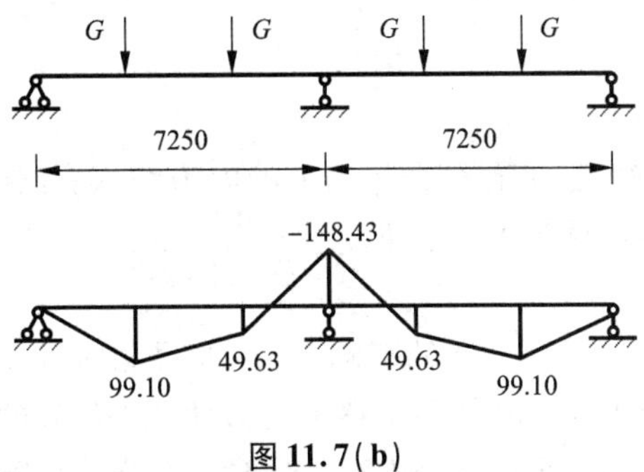

图 11.7(b)

2)活载作用

①M_1 跨中弯矩最大

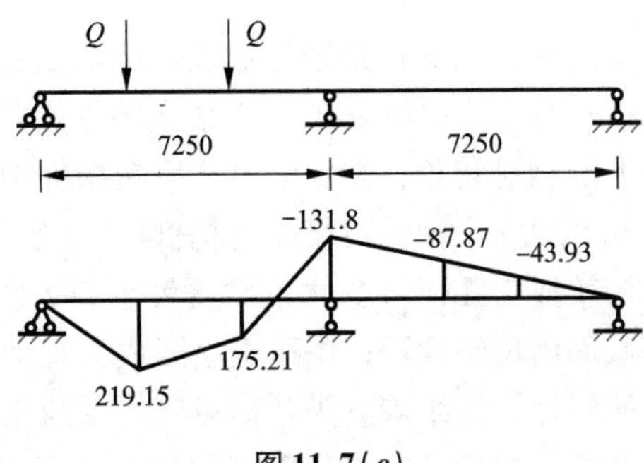

图 11.7(c)

②M_2 跨中弯矩最大

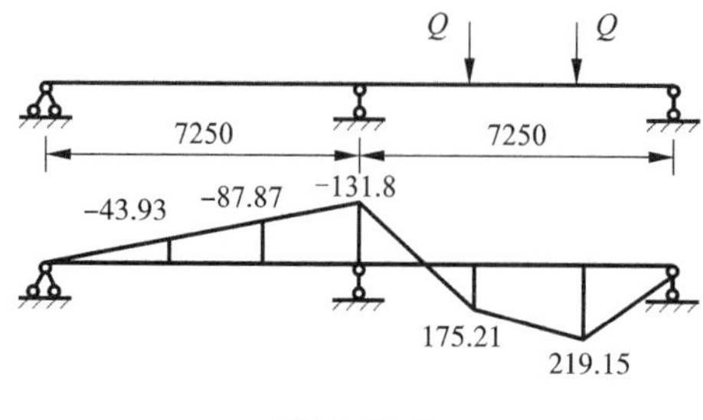

图 11.7(d)

③B 支座负矩最大

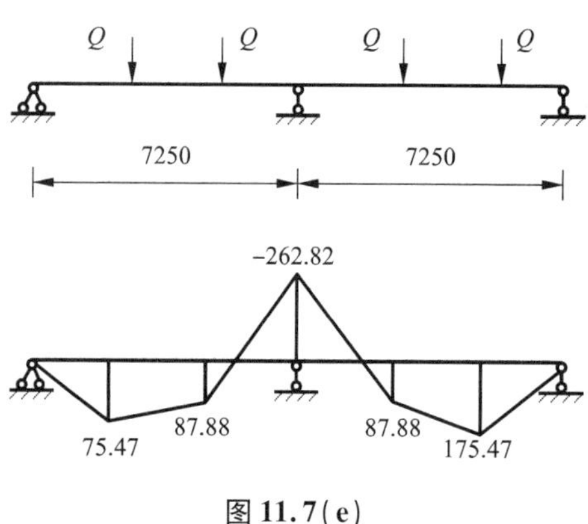

图 11.7(e)

将同一结构在各种荷载的最不利组合作用下的内力图(弯矩图或剪力图)叠画在同一张图上,其外包线所形成的图形称为内力包络图。

2. 塑性计算法

塑性计算法是在弹性理论计算方法的基础上,考虑了混凝土的开裂、受拉钢筋屈服、内力重分布的影响,进行内力调幅,降低和调整了按弹性理论计算的某些截面的最大弯矩。在设计混凝土连续次梁、板时尽量采用这种方法,对重要构件及使用中一般不允许出现裂缝的构件,如主梁及其他处于有腐蚀性、湿度大等环境中的构件,不宜采用塑性计算法,应采用弹性计算法。按弹性理论计算结构内力,显然没有考虑其非弹性性质,不能准确反映结构的真实内力。

对配筋适量的受弯构件,当受拉纵筋在某个弯矩较大的截面达到屈服后,再增加很少弯矩,会在钢筋屈服截面两侧很短长度内的钢筋中产生很大的钢筋应变,形成塑性变形集中区域,使区域两侧截面产生较大的相对转角,这个集中区域在构件中的作用,犹如一个能够转动的"铰",称之为塑性铰。可以认为,塑性铰是受弯构件的"屈服"现象。对于静定结构,在任一截面出现塑性铰后,结构就成为几何可变体系而丧失承载力,但对于超静定结构,由于存在多余的约束,构件某一截面出现塑性铰,并不能立即成为几何可变体系,仍能继续承受增加的荷载,直到不断增加的塑性铰使结构成为几何可变体系为止。

在钢筋混凝土超静定结构中,塑性铰的出现引起构件各截面间的内力发生了变化,即产生了塑性内力重分布。

下面以两跨等跨连续梁，在每跨三分点处作用集中荷载为例加以说明。如图 11.8(a)所示，两跨的跨度均为 l_0，跨中作用集中荷载 F_1。

1)塑性铰形成前

查本书末附表 E.1 可得该两跨梁的跨内较大弯矩和支座弯矩并绘出弯矩图，以中间支座截面 B 处弯矩的数值为最大。假定中间支座截面的荷载 F_1 作用下首先达到受弯承载力 M_{Bu} 而形成塑性铰，则 F_1 可由下式确定：

$$M_{Bu}=0.333F_1l_0$$

与此同时，荷载作用点第 1 跨、第 2 跨跨内较大弯矩为：

$$M_{\mathrm{I}}=M_{\mathrm{II}}=0.222F_1l_0$$

设荷载作用点第 1 跨、第 2 跨的受弯承载力为 $M_{\mathrm{I}u}$、$M_{\mathrm{II}u}$，且 $M_{\mathrm{I}u}>M_1$，$M_{\mathrm{II}u}>M_2$，则该截面的受弯承载力还有($M_{\mathrm{I}u}-M_1$)、($M_{\mathrm{II}u}-M_2$)的余量，所以此时该梁并未丧失承载力。

2)塑性铰形成后

在中间支座截面 B 处形成塑性铰后，两跨连续梁变成了两个简支梁[图 11.8(b)]。若继续增加荷载，在增量荷载 F_2 的作用下，第 1 跨、第 2 跨，Ⅰ、Ⅱ截面处引起的增量弯矩为$\frac{1}{3}F_2l_0$。

当第 1 跨、第 2 跨，Ⅰ、Ⅱ截面处也达到受弯承载力。

$M_{\mathrm{I}}+\frac{1}{3}F_2l_0=M_{\mathrm{I}u}$、$M_{\mathrm{II}}+\frac{1}{3}F_2l_0=M_{\mathrm{II}u}$时，整个结构形成几何可变体系而破坏。这样就可以求得相应的 F_2。

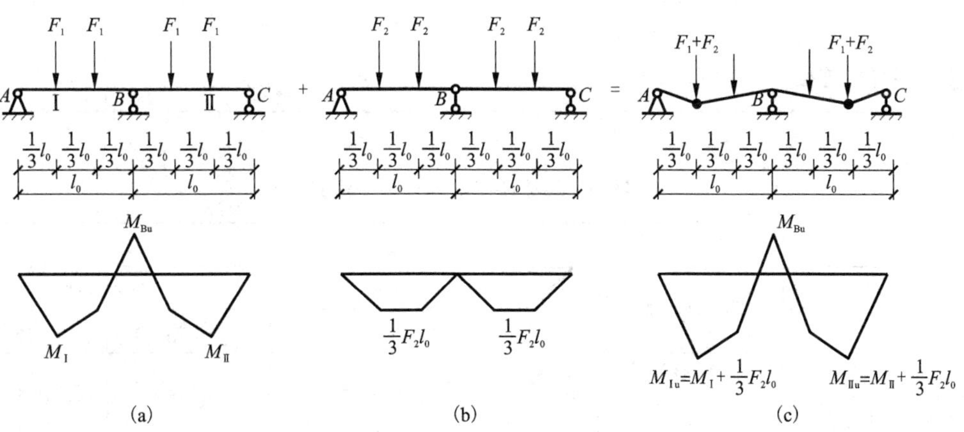

图 11.8　两跨连续梁 B 支座形成塑性铰的内力重分布图

由以上两阶段可以看出：塑性铰形成前，支座弯矩 M_B 和第 1 跨、第 2 跨较大弯矩 M_{I}、M_{II}随荷载 F_1 加大呈线性关系增加。塑性铰形成后，继续增加荷载 F_2，支座弯矩 M_B 不再随荷载加大而增加，而第 1 跨、第 2 跨较大弯矩 M_{I}、M_{II}仍随荷载加大而增加，荷载增量 F_2 引起的弯矩增量全部集中在第 1 跨、第 2 跨截面Ⅰ、Ⅱ，形成了结构的塑性内力重分布。

3)弯矩调幅法

对单向板肋梁楼盖中的连续板及连续次梁，当考虑塑性内力重分布而分析结构内力时，采用弯矩调幅法。即在按弹性方法计算所得的弯矩包络图的基础上，对首先出现的塑性铰截面的弯矩值进行调幅；将调幅后的弯矩值加于相应的塑性铰截面，再用一般力学方法分析对结构其他部分内力的影响；经过综合分析研究选取连续梁中各截面的内力值，然后进行配筋计算。

为计算方便，对工程中常见的承受均布荷载的等跨连续梁板的控制截面内力，可按下列公式计算：

$$M=\alpha_{\mathrm{M}}(g+q)l_0^2 \tag{11.5}$$

$$V=\beta_{\mathrm{V}}(g+q)l_{\mathrm{n}} \tag{11.6}$$

式中，α_{M}——考虑塑性内力重分布的弯矩系数，按表 11.2 取值；

β_{V}——考虑塑性内力重分布的剪力系数，按表 11.3 取值；

g，q——均布恒荷载与活荷载设计值；

l_0——计算跨度，按塑性理论方法计算时的计算跨度见表 11.1；

l_{n}——净跨。

表 11.2　连续梁和单向板的弯矩计算系数 α_{M}

<table>
<tr><th colspan="2" rowspan="2">支承情况</th><th colspan="5">截面位置</th></tr>
<tr><th>端支座</th><th>边跨跨中</th><th>离端第二支座</th><th>中间跨跨中</th><th>中间支座</th></tr>
<tr><td colspan="2">梁、板搁在墙上</td><td>0</td><td>$\frac{1}{11}$</td><td rowspan="4">两跨连续：
$-\frac{1}{10}$
三跨以上连续：
$-\frac{1}{11}$</td><td rowspan="4">$\frac{1}{16}$</td><td rowspan="4">$-\frac{1}{14}$</td></tr>
<tr><td>板</td><td rowspan="2">与梁整浇连接</td><td>$-\frac{1}{16}$</td><td rowspan="2">$\frac{1}{14}$</td></tr>
<tr><td>梁</td><td>$-\frac{1}{24}$</td></tr>
<tr><td colspan="2">梁与柱整浇连接</td><td>$-\frac{1}{16}$</td><td>$\frac{1}{14}$</td></tr>
</table>

表 11.3　连续梁的剪力计算系数 β_{V}

<table>
<tr><th rowspan="3">支承情况</th><th colspan="5">截面位置</th></tr>
<tr><th rowspan="2">端支座内侧</th><th colspan="2">离端第二支座</th><th colspan="2">中间支座</th></tr>
<tr><th>外侧</th><th>内侧</th><th>外侧</th><th>内侧</th></tr>
<tr><td>搁在墙上</td><td>0.45</td><td>0.60</td><td rowspan="2">0.55</td><td rowspan="2">0.55</td><td rowspan="2">0.55</td></tr>
<tr><td>与梁或柱整体连接</td><td>0.50</td><td>0.55</td></tr>
</table>

根据理论和试验研究结果及工程实践，对弯矩进行调幅时应遵循以下原则：

①必须保证塑性铰具有足够的转动能力，使整个结构或局部形成机动可变体系才丧失承载力。按照弯矩调幅法设计的结构，受力钢筋宜采用 HRB335 级、HRB400 级热轧钢筋；混凝土等级宜在 C20 ~ C45 范围内；弯矩调后的梁端截面的相对受压区高度系数 ξ 不应超过0.35，也不宜小于 0.10。

②为了避免塑性铰出现过早、转动幅度过大，致使梁的裂缝宽度及变形过大，应控制支座截面的弯矩调整幅度，以不超过 20% 为宜。

③结构的跨中截面弯矩值应取弹性分析所得的最不利弯矩值和按下式计算值中的较大值。

$$M = 1.02M_0 - \frac{M_l + M_r}{2}$$

式中，M_0——按简支梁计算的跨中弯矩设计值；

M_l，M_r——梁左、右支座截面弯矩调幅后的设计值。

④调幅后，支座及跨中控制截面的弯矩值均应不小于 M_0 的 1/3。

⑤各控制截面的剪力设计值按荷载最不利布置和调幅后的支座弯矩由静力平衡条件计算确定。

11.2.5　板的计算要点与构造要求

1. 板的计算要点

1）连续板弯矩的折减

连续板在四周与梁整体连接时，支座截面负弯矩使板上部开裂。跨中正弯矩使板下部开裂，使板的实际轴线形成拱形，在板面荷载作用下，板对次梁产生主动水平推力。次梁对板产生被动水平推力，对板的承载能力有利，见图 11.9。因此，可将四周与梁整体连接的板的中间跨板带的跨中截面及中间支座截面的计算弯矩折减 20%（边跨跨中及第一个内支座截面弯矩不折减）。

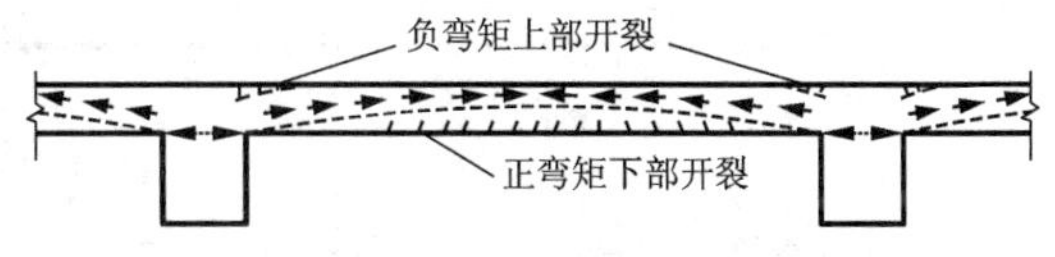

图 11.9　拱推力示意图

2）板的承载力计算

板的承载力计算可取 1 m 宽作为计算单元。单向板可根据跨中和支座截面的计算弯矩值分别进行正截面抗弯承载力计算，求得各个跨中截面和支座截面的纵筋。

单向板的斜截面承载力一般能满足要求，不进行受剪承载力计算。

2. 板的构造要求

板的厚度、支承长度、受力钢筋、分布钢筋已在第 4 章介绍过，现补充连续板的配筋构造。

（1）受力筋的配筋方式

连续板的配筋可采用分离式或弯起式，如图 11.10。弯起式配筋锚固和整体性好，节约钢筋，但施工较为复杂。分离式配筋锚固较差，钢筋用量较大，但施工简单方便，已成为工程中主要采用的配筋方式。

分离式配筋是将全部跨中钢筋伸入支座，支座上部负弯矩钢筋另外设置［图 11.10（b）］。弯起式配筋是将跨中的一部分正弯矩钢筋在支座附近适当位置向上弯起，在支座上方抵抗支座负弯矩。如数量不足，可另加直钢筋［图 11.10（a）］。剩余的钢筋伸入支座，间距不得大于 400 mm，截面面积不应小于跨中钢筋的 1/3。一般采用隔一弯一或隔一弯二。弯起式配筋应注意相邻跨中与支座钢筋间距的协调。一种板通常采用一种间距，然后通过调整钢筋直径来满足钢筋面积的要求。支座处的负弯矩钢筋，可在距支座边不小于 a 的距离截断。

当 $q/g \leq 3$ 时，$a = l_n/4$；

当 $q/g > 3$ 时，$a = l_n/3$

式中，g，q——恒荷载值、活荷载值；

l_n——板的净跨。

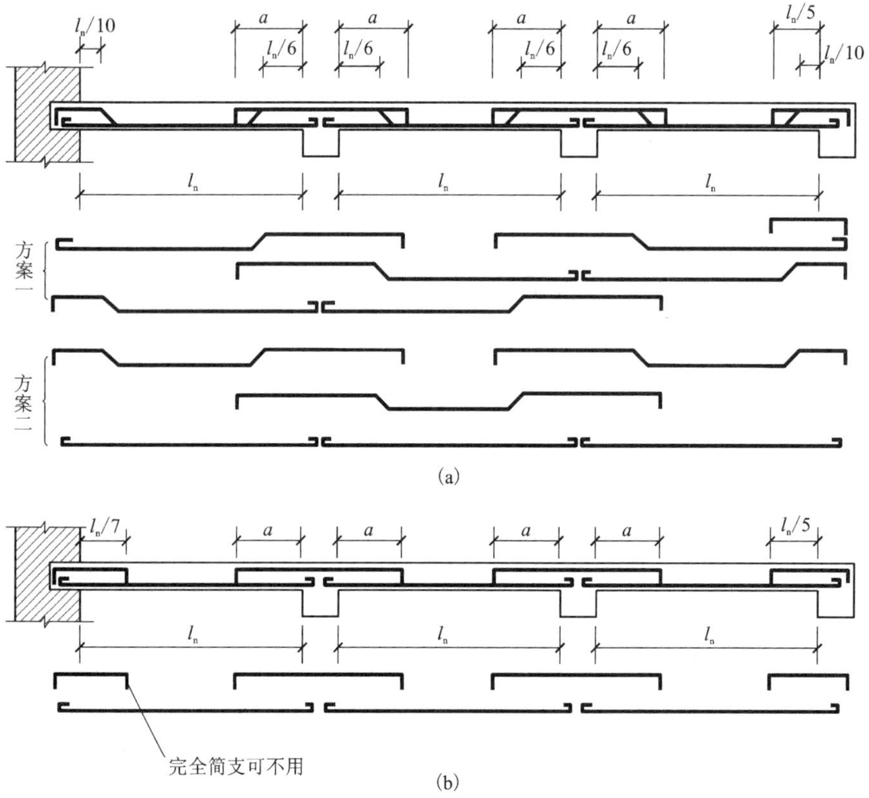

图 11.10　连续板的配筋

(a)弯起式;(b)分离式

(2)构造钢筋

①单向板长边方向的分布钢筋

单向板除沿短边方向布置受力钢筋外，还应沿长边方向布置分布钢筋，分布钢筋的间距不宜大于 250 mm，直径不宜小于 6 mm；集中荷载较大或露天构件，分布钢筋间距≤200 mm。单位长度上分布钢筋的截面面积不宜小于单位宽度上受力钢筋截面面积的 15%，且不宜小于该方向板截面面积的 15%。

②板中垂直于主梁的附加负钢筋

单向板上的荷载将主要沿短边方向传到次梁上，但由于板和主梁整体连接，在靠近主梁两侧一定宽度范围内，板内仍将产生一定大小与主梁方向垂直的负弯矩，为此，应在跨越主梁的板上部配置与主梁垂直的构造钢筋，其数量应不少于板中受力钢筋的 1/3，且直径不应小于 8 mm，间距不应大于 200 mm，伸出主梁边缘的长度不应小于板计算跨度 l_0 的 1/4，见图 11.11。

③嵌固在墙内板上部的构造钢筋

嵌固在承重墙内的板端，计算简图是按简支考虑的，而实际上由于墙的约束而产生负弯矩。因此对嵌固在承重砖墙内的现浇板，在板的上部应配置构造筋，其直径不应小于 8 mm，钢筋间距不应大于 200 mm，其截面面积不宜小于该方向跨中受力钢筋截面面积的 1/3，伸出墙边的长度不应小于短跨跨度 l_1 的 1/7。对两边嵌固在墙内的板角部分，应在板的上部双向配置上述构造钢筋，其伸出墙边的长度不应小于 $l_1/4$，见图 11.12。沿非受力方向配置的上部构造钢筋，可根据经验适当减少。

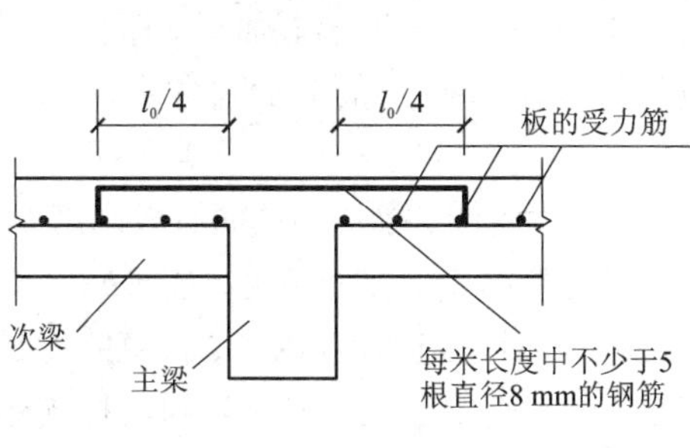

图 11.11　与主梁垂直的构造钢筋

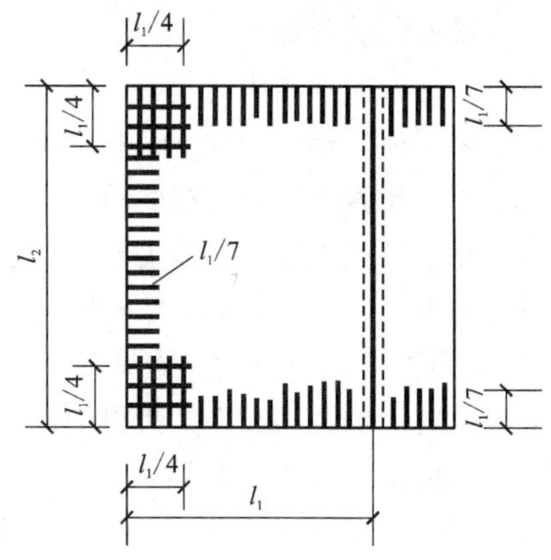

图 11.12　嵌固在墙内板顶的构造钢筋

11.2.6　次梁计算要点与构造要求

1. 次梁的配筋计算

单向板肋梁楼盖的次梁，应根据所求的内力进行正截面和斜截面承载力的配筋计算。由于板和次梁是整体连接，板作为梁的翼缘参加工作。正截面承载力计算中，跨中截面按 T 形截面考虑，支座截面按矩形截面考虑。在斜截面承载力计算中，当荷载、跨度较小时，一般可仅配置箍筋。否则，宜在支座附近设置弯起钢筋，以减少箍筋用量。

2. 次梁的构造要求

次梁中纵向受力钢筋的弯起与截断，原则上应按弯矩包络图确定。但对于相邻跨度不超过 20%，承受均布荷载且活荷载与恒荷载之比 $q/g \leqslant 3$ 时，可按图 11.13 确定钢筋弯起和截断的位置。

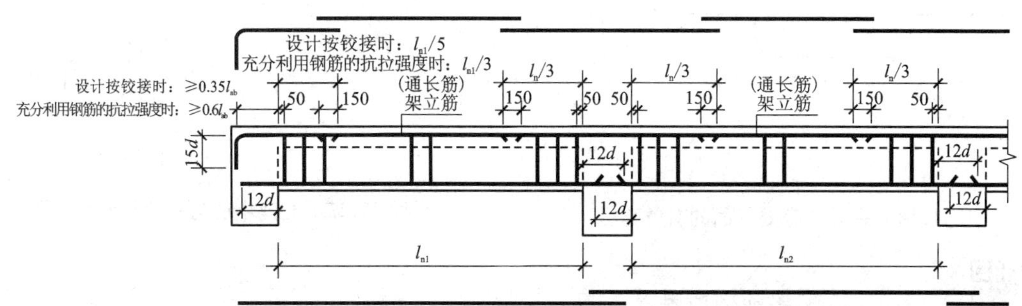

图 11.13　次梁配筋的构造要求

单向板肋形楼盖设计之次梁的计算和配筋

11.2.7 主梁的计算要点与构造要求

1. 主梁的配筋计算

主梁在正截面承载力计算时，截面选取和次梁相同。即跨中按 T 形截面，支座按矩形截面。对于出现负弯矩的跨中，也按矩形截面。当按构造要求选择梁的截面尺寸和钢筋直径时，一般可不做挠度和裂缝宽度验算。

由于支座处主次梁钢筋垂直交错，且主梁钢筋位于次梁内侧，故主梁截面有效高度 h_0 减小。当受力钢筋一排布置时，$h_0 = h - (60 \sim 70)$ mm。当受力钢筋二排布置时，$h_0 = h - (80 \sim 90)$ mm，h 为主梁截面高度，见图 11.14。由于主梁一般按弹性方法计算内力，计算跨度是取支座中心线之间的距离，计算所得的支座弯矩其位置是在支座中心处，但此处因与柱支座整体连接，梁的截面高度显著增大，故并不危险。最危险的支座截面应在支座边缘处，见图 11.15。因此，支座截面配筋的计算，应取支座边缘的弯矩 M_b'。M_b'值可近似地按下式计算：

$$M_b' = M_b - V_0 \times \frac{b}{2}$$

式中，M_b——支座中心处的弯矩；

V_0——该跨为简支梁时的支座剪力；

b——支座宽度。

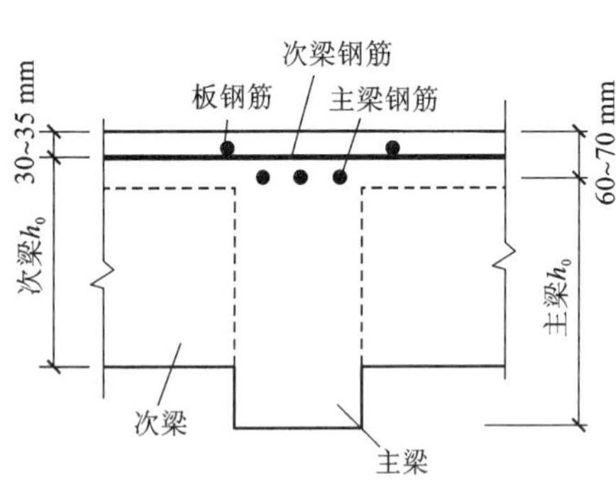

图 11.14 主梁支座处截面的有效高度

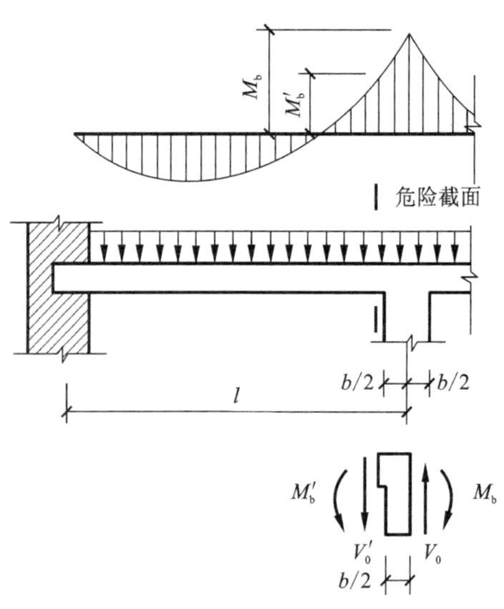

图 11.15 支座中心与柱边缘弯矩

2. 主梁的构造要求

主梁纵向受力钢筋的弯起和截断应根据弯矩包络图进行布置。

主梁主要承受集中荷载，剪力图呈矩形。如果在斜截面抗剪计算中利用弯起钢筋抵抗部分剪力，则应考虑跨中有足够的钢筋可供弯起，使抗剪承载力图完全覆盖剪力包络图。若跨中可供弯起的钢筋不够，则应在支座设置专门抗剪的鸭筋。

在次梁与主梁相交处，次梁顶部在负弯矩作用下，产生裂缝。次梁的集中荷载将通过剪压区传至主梁截面高度中下部，使其下部混凝土产生斜裂缝，见图 11. 16(a)。为了防止斜裂缝的发生而引起局部破坏，应在次梁两侧的主梁内设置附加横向钢筋。形式有箍筋和吊筋，一般宜优先采用箍筋。附加横向钢筋所需的总截面面积按下式计算：

$$F \leqslant mA_{sv}f_{yv} + 2A_{sb}f_y \sin\alpha_s$$

式中，F——次梁传给主梁的集中荷载设计值；

f_{yv}、f_y——附加箍筋、吊筋的抗拉强度设计值；

A_{sb}——附加吊筋的截面面积；

α_s——附加吊筋与梁纵轴线的夹角，一般为 45°，梁高大于 800 mm 时为 60°；

A_{sv}——每道附加箍筋的截面面积，$A_{sv} = nA_{sv1}$，n 为每道箍筋的肢数，A_{sv1} 为单肢箍的截面面积；

m——在宽度 s 范围内的附加箍筋道数。

附加钢筋应布置在如图 11. 16(b)所示的 $3b + 2h_1$ 的范围之内。

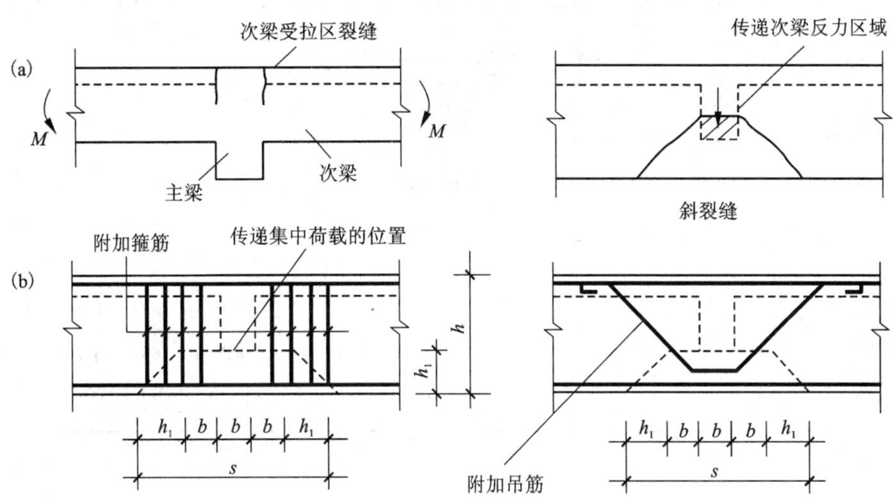

图 11. 16　附加横向钢筋的布置

11. 2. 8　单向板肋形楼盖设计例题

【例题 11. 1】　某多层工业建筑楼盖平面如图 11. 17 所示，采用多层砖混结构，内框架承重体系，材料选用：混凝土强度等级为 C30($f_c = 14.3$ N/mm^2，$f_t = 1.43$ N/mm^2)；梁中纵向受力钢筋为 HRB335($f_y = 300$ N/mm^2)，其他钢筋均用 HPB300($f_y = 270$ N/mm^2)。楼面面层为 20 mm厚水泥砂浆地面($\gamma = 20$ kN/m^3)，梁、板底面及侧面用石灰砂浆抹灰 15 mm($\gamma = 17$ kN/m^3)。楼面活荷载标准值为 7 kN/m^2。

【解】　因楼面活荷载标准值为 7 kN/m^2 > 4 kN/m^2，根据《建筑结构荷载规范》GB50009—2012，故活荷载分项系数应按 1. 3 采用。

(1)板的设计

取板厚 $h = 80$ mm $> l/40 = 2300$ mm/40 $= 57.5$ mm，取 1 m 宽板带为计算单元，按考虑塑性内力重分布方法计算内力。

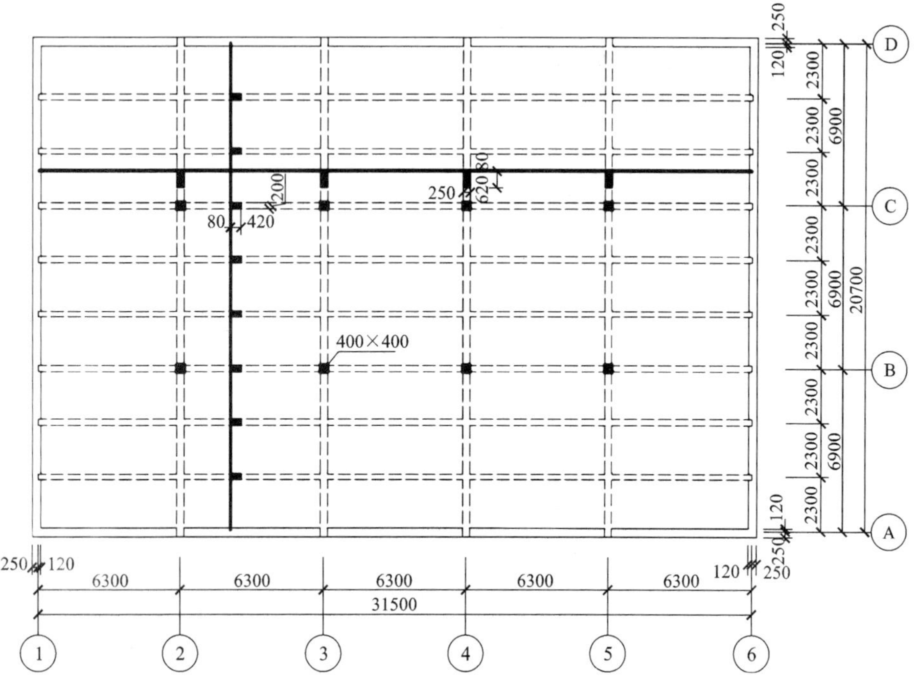

图 11.17

①荷载计算

楼面面层 $20\ kN/m^3 \times 0.02\ m = 0.4\ kN/m^2$

板自重 $25\ kN/m^3 \times 0.08\ m = 2.0\ kN/m^2$

板底抹灰 $17\ kN/m^3 \times 0.015\ m = 0.26\ kN/m^2$

恒荷载标准值 $2.66\ kN/m^2$

活荷载标准值 $7\ kN/m^2$

总荷载设计值 $q = (1.3 \times 2.66\ kN/m^2 + 1.3 \times 7\ kN/m^2) \times 1.0 = 12.558\ kN/m$

②计算简图

次梁截面高 $h = (1/18 \sim 1/12) \times 6300\ mm = (350 \sim 525)mm$，可取 $h = 500\ mm$。

$b = (1/3 \sim 1/2) \times 500\ mm = (167 \sim 250)mm$，取 $b = 200\ mm$。板的实际支承情况如图 11.18(a)所示。

计算跨度为：

中间跨：$l_0 = l_n = 2300\ mm - 200\ mm = 2100\ mm$

边跨：$l_0 = l_n + 0.5h = (2300\ mm - 100\ mm - 120\ mm) + 0.5 \times 80\ mm$

$= 2120\ mm$

由于边距与中间跨的跨度差$(2120 - 2100)/2100 = 0.95\% < 10\%$，故可按等跨连续板计算。板的计算简图见图 11.18(b)所示。

③弯矩计算

$$M_1 = -M_B = \frac{1}{11}ql_0^2 = \frac{1}{11} \times 12.558\ kN/m \times (2.12\ m)^2 = 5.13\ kN \cdot m$$

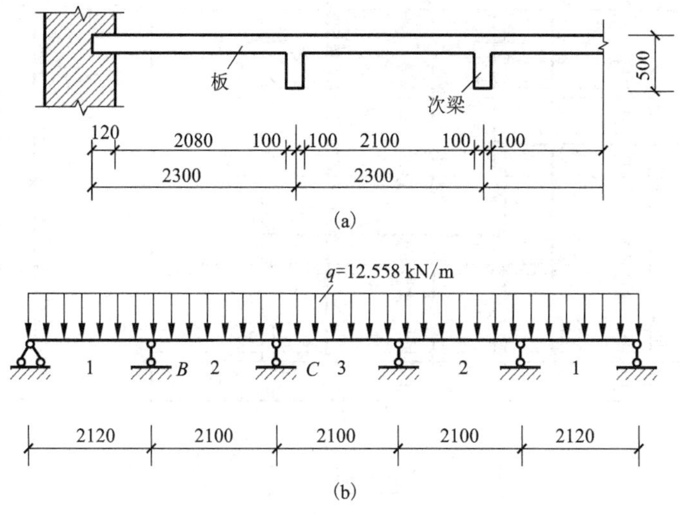

图 11.18　板的实际支承情况与计算简图

(a)板的实际支承示意图；(b)板的计算简图

$$M_c = -\frac{1}{14}ql_0^2 = -\frac{1}{14}\times 12.558\ \text{kN/m}\times(2.1\ \text{m})^2 = -3.96\ \text{kN}\cdot\text{m}$$

$$M_2 = M_3 = \frac{1}{16}ql_0^2 = \frac{1}{16}\times 12.558\ \text{kN/m}\times(2.1\ \text{m})^2 = 3.46\ \text{kN}\cdot\text{m}$$

④配筋计算

板截面有效高度 $h_0 = 80\ \text{mm} - 20\ \text{mm} = 60\ \text{mm}$。因中间板带(②~⑤轴线间)内区格板的四周与梁整体连接，考虑内拱卸荷作用，将 M_2 和 M_c 值降低20%。计算过程见表 11.4，板的配筋平面图如图 11.19 所示。

表 11.4　板的配筋计算

截面		1	B	2,3	C
$M/(\text{kN}\cdot\text{m})$		5.13	−5.13	3.46 (2.77)	−3.96 (3.17)
$\alpha_s = \frac{M}{\alpha_1 f_c b h_0^2}$		0.100	0.100	0.067 (0.054)	0.077 (0.062)
$\xi = 1 - \sqrt{1-2\alpha_s}$		0.106	0.106	0.069 (0.056)	0.080 (0.064)
$A_s = \alpha_1 f_c b h_0 \xi / f_y$		337	337	219 (178)	254 (203)
实配钢筋/mm²	边板带	Φ8@150 $A_s=335$	Φ8@150 $A_s=335$	Φ8@150 $A_s=335$	Φ8@150 $A_s=335$
	中间板带	Φ10@200 $A_s=393$	Φ10@200 $A_s=393$	Φ8@200 $A_s=251$	Φ8@200 $A_s=251$

注：括号内的数据为中间板带的数据。

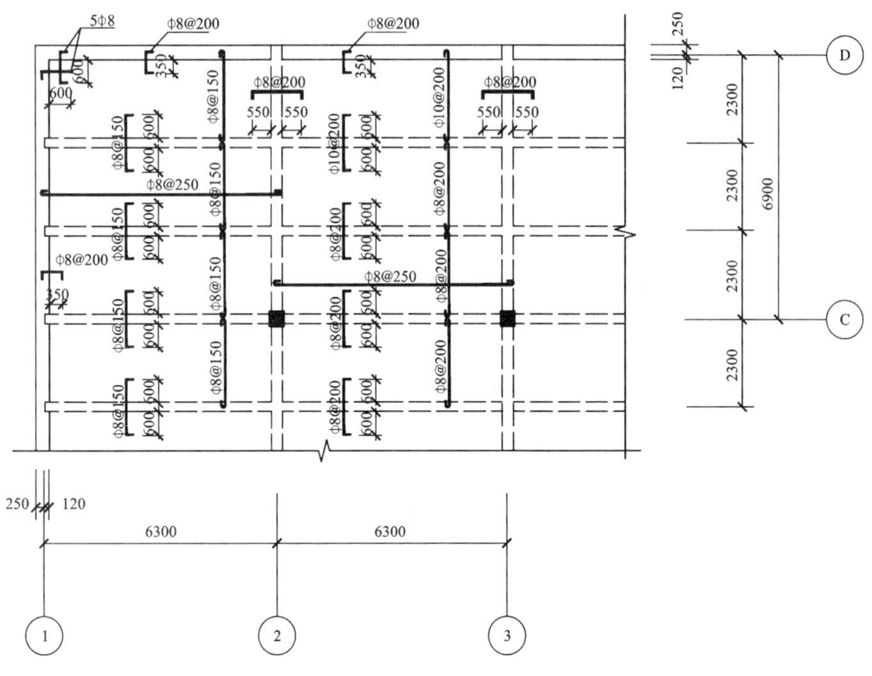

图 11.19　板配筋平面图

(2)次梁的设计

主梁截面高度 $h=\left(\frac{1}{8}\sim\frac{1}{14}\right)\times6900\ \text{mm}=(863\sim493)\ \text{mm}$，取 $h=700$ mm，主梁宽度取 250 mm。次梁的几何尺寸及支承情况如图 11.20(a)所示。

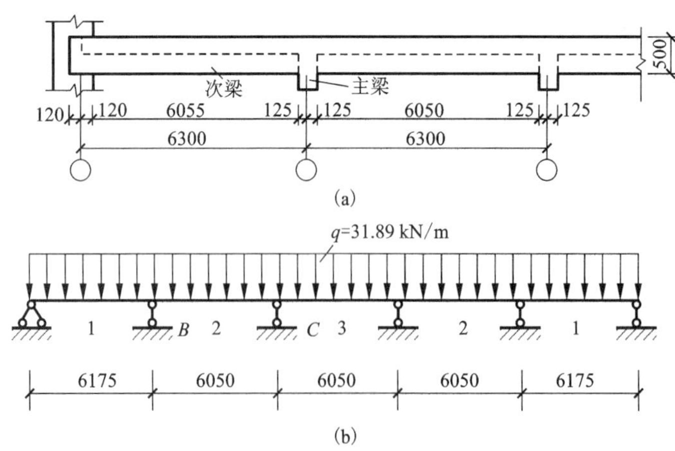

图 11.20　次梁的实际支承情况与计算简图

(a)次梁的实际支承示意图；(b)次梁的计算简图

①荷载计算

板传来的恒载　　$2.66\ \text{kN/m}^2\times2.3\ \text{m}=6.12\ \text{kN/m}$

次梁自重 $25\ kN/m^3 \times 0.2\ m \times (0.5-0.08)m = 2.1\ kN/m$

次梁侧面粉刷 $17\ kN/m^3 \times 0.015\ m \times (0.5-0.08)m \times 2 = 0.21\ kN/m$

恒荷载标准值 $8.43\ kN/m$

活荷载标准值 $7\ kN/m^2 \times 2.3\ m = 16.1\ kN/m$

总荷载设计值 $q = 1.3 \times 8.43\ kN/m + 1.3 \times 16.1\ kN/m = 31.89\ kN/m$

②计算简图

次梁按考虑塑性内力重分布方法计算内力。

计算跨度：中间跨 $l_0 = l_n = 6300\ mm - 250\ mm = 6050\ mm$

$$边跨\ l_0 = l_n + 0.5a = \left(6300\ mm - \frac{250}{2}mm - 120\ mm\right) + 0.5 \times 240\ mm$$

$$= 6175\ mm < 1.025l_n = 6206\ mm$$

故边跨取 $l_0 = 6175\ mm$

边跨与中间跨的计算跨度相差 $(6175-6050)/6050 = 2.1\% < 10\%$，故可按等跨连续梁计算内力。计算简图见图11.20(b)所示。

③内力计算

$$弯矩：M_1 = -M_B = \frac{1}{11}ql_0^2 = \frac{1}{11} \times 31.89\ kN/m \times (6.175\ m)^2 = 110.54\ kN \cdot m$$

$$M_c = -\frac{1}{14}ql_0^2 = -\frac{1}{14} \times 31.89\ kN/m \times (6.05\ m)^2 = -83.38\ kN \cdot m$$

$$M_2 = M_3 = \frac{1}{16}ql_0^2 = \frac{1}{16} \times 31.89\ kN/m \times (6.05\ m)^2 = 72.95\ kN \cdot m$$

剪力：$V_{Ar} = 0.45ql_n = 0.45 \times 31.89\ kN/m \times 6.055\ m = 86.89\ kN$

$V_{Bl} = 0.6ql_n = 0.6 \times 31.89\ kN/m \times 6.055\ m = 115.86\ kN$

$V_{Br} = V_{cl} = V_{cr} = 0.55ql_n = 0.55 \times 31.89\ kN/m \times 6.05\ m = 106.11\ kN$

④配筋计算

次梁跨中按T形截面进行正截面受弯承载力计算。

翼缘计算宽度确定：

$$边跨：b_f' = \frac{1}{3}l_0 = \frac{1}{3} \times 6175\ mm = 2058\ mm$$

$$b_f' = b + s_n = 200\ mm + 2100\ mm = 2300\ mm$$

故取 $b_f' = 2058\ mm$

$$中间跨：b_f' = \frac{1}{3}l_0 = \frac{1}{3} \times 6050\ mm = 2017\ mm$$

$$b_f' = b + s_n = 200\ mm + 2100\ mm = 2300\ mm$$

故取 $b_f' = 2017\ mm$。

跨中及支座截面均按一排钢筋考虑，故取 $h_0 = 460\ mm$，翼缘厚度 $h_f' = 80\ mm$，

$$\alpha_1 f_c b_f' h_f'\left(h_0 - \frac{h_f'}{2}\right) = 14.3\ N/mm^2 \times 2017\ mm \times 80\ mm \times \left(460\ mm - \frac{80\ mm}{2}\right)$$

$$= 969.13\ kN \cdot m$$

由于此值大于各跨跨中弯矩设计值 M_1、M_2、M_3，故各跨中截面均属于第一类 T 形截面，支座按矩形截面计算。次梁正截面受弯承载力计算见表 11.5。

表 11.5　次梁正截面受弯承载力计算

截面	1	B	2,3	C
M(kN·m)	110.54	-110.54	72.95	-83.38
b 或 b'_f(mm)	2058	200	2017	200
$\alpha_s=\dfrac{M}{\alpha_1 f_c bh_0^2}$	0.018	0.183	0.012	0.138
$\xi=1-\sqrt{1-2\alpha_s}$	$0.018<\xi_b$	$0.1<0.204<0.35$	$0.012<\xi_b$	$0.1<0.149<0.35$
$A_s=\alpha_1 f_c bh_0\xi/f_y$(mm²)	812	895	531	653
实配钢筋(mm²)	3⌀20 $A_s=942$	3⌀20 $A_s=942$	3⌀16 $A_s=603$	3⌀18 $A_s=763$

次梁斜截面受剪承载力计算见表 11.6。配筋率 ρ_{sv} 应大于或等于 $0.24\dfrac{f_t}{f_{yv}}=0.24\times\dfrac{1.43\ \text{N/mm}^2}{270\ \text{N/mm}^2}=0.0013$，各截面均满足要求。

表 11.6　次梁斜截面受剪承载力计算

截面	A_R	B_L	B_R、C_L、C_R
V(kN)	86.89	115.86	106.11
$0.25\beta_c f_c bh_0$(kN)	$328.9>V$	$328.9>V$	$328.9>V$
$0.7f_t bh_0$(kN)	$92.09>V$	$92.09<V$	$92.09<V$
$\dfrac{A_{sv}}{s}=\dfrac{V-0.7f_b bh_0}{f_{yv}\cdot h_0}$(mm²/mm)		$\dfrac{(115.86-92.09)\times10^3}{270\times460}=0.191$	$\dfrac{(106.11-92.09)\times10^3}{270\times460}=0.113$
实配箍筋$\left(\dfrac{A_{sv}}{s}\right)$	按构造要求选配双肢 ⌀6@200	双肢⌀6@200 (0.285)	双肢⌀6@200 (0.285)
配筋率 $\rho_{sv}=\dfrac{A_{sv}}{bs}$	$0.0014>\rho_{sv,min}$ $=0.0013$	$0.0014>\rho_{sv,min}=0.0013$	$0.0014>\rho_{sv,min}=0.0013$

由于次梁的 $\dfrac{q}{g}=\dfrac{16.1\ \text{kN/m}}{8.43\ \text{kN/m}}=1.91<3$，且跨差相差小于 20%，故可按图 11.13 所示的构造要求确定纵向受力钢筋的截断。次梁配筋图如图 11.21 所示。

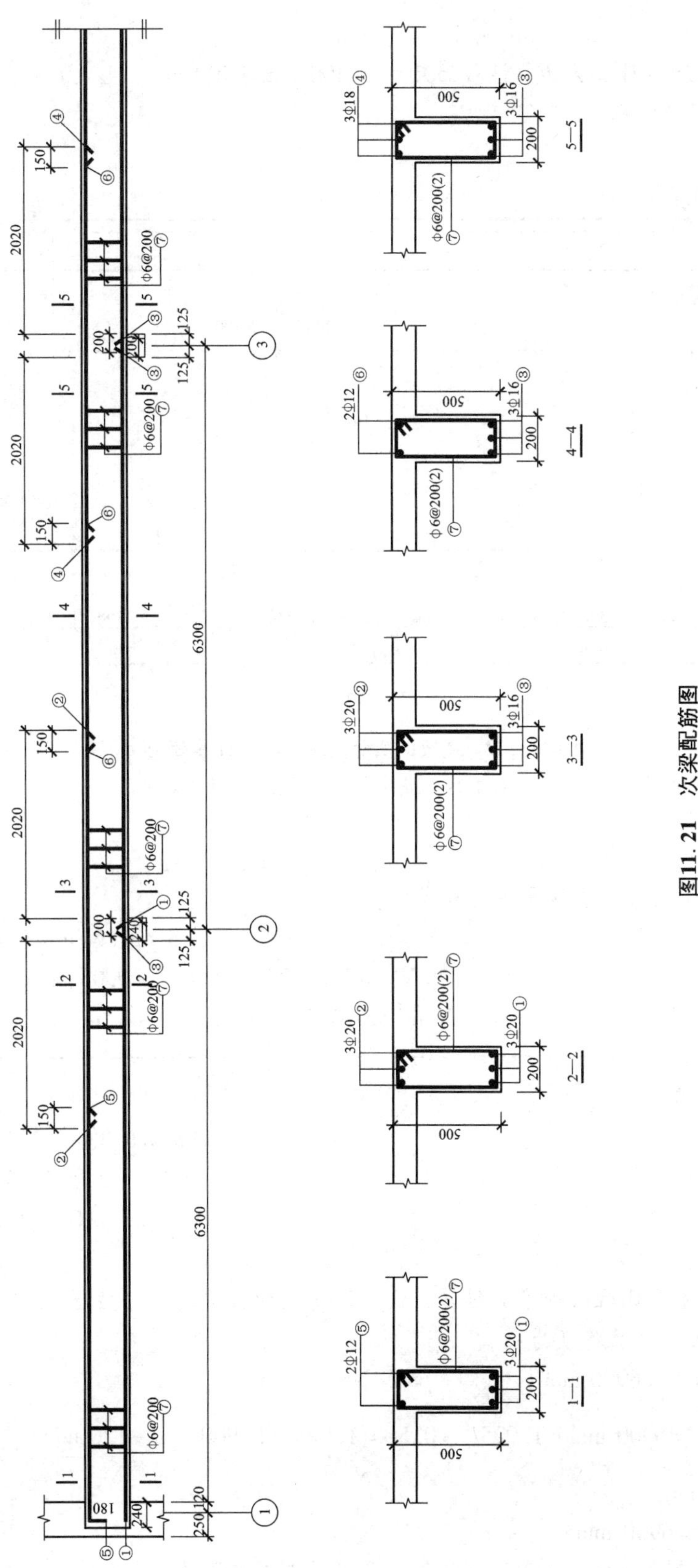
6300
6300
2020
150
125
200
240
180
250
120
Φ6@200
1—1
2—2
3—3
4—4
5—5
500
200
2Φ12
3Φ20
3Φ16
3Φ18
Φ6@200(2)

图11.21　次梁配筋图

(3)主梁设计

主梁按弹性理论计算内力，柱截面尺寸为400 mm×400 mm，主梁几何尺寸与支承情况如图11.22(a)所示。

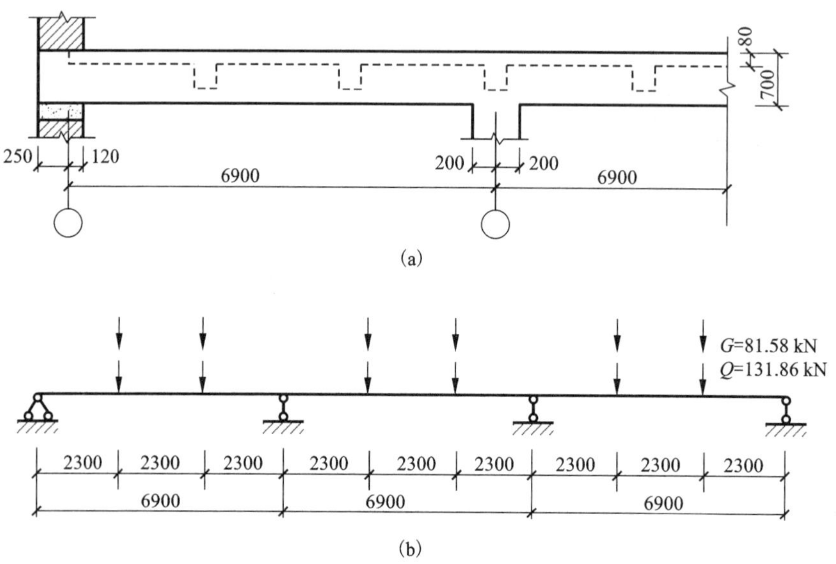

图11.22　主梁的实际支承情况与计算简图

(a)主梁的实际支承示意图；(b)主梁的计算简图

①荷载计算

为简化计算，主梁自重按集中荷载考虑。

次梁传来的恒载	$8.43\ \text{kN/m}\times 6.3\ \text{m}=53.11\ \text{kN}$
主梁自重	$25\ \text{kN/m}^3\times 0.25\ \text{m}\times(0.7-0.08)\text{m}\times 2.3\ \text{m}=8.91\ \text{kN}$
主梁侧面粉刷	$17\ \text{kN/m}^3\times 0.015\ \text{m}\times(0.7-0.08)\text{m}\times 2.3\ \text{m}\times 2=0.73\ \text{kN}$
恒荷载标准值	$62.75\ \text{kN}$
活荷载标准值	$7\ \text{kN/m}^2\times 6.3\ \text{m}\times 2.3\ \text{m}=101.43\ \text{kN}$
恒荷载设计值	$G=1.3\times 62.75\ \text{kN}=81.58\ \text{kN}$
活荷载设计值	$Q=1.3\times 101.43\ \text{kN}=131.86\ \text{kN}$

②计算简图

由于主梁线刚度比柱线刚度大很多，故中间支座按铰支考虑。主梁端部搁置在砖墙上，支承长度370 mm。计算跨度为：

中间跨：$l_0=l_c=6900\ \text{mm}$

边跨：$l_0=l_c=6900\ \text{mm}<1.025l_n+0.5b=1.025\times\left(6900\ \text{mm}-120\ \text{mm}-\dfrac{400}{2}\text{mm}\right)+0.5\times 400\ \text{mm}=6945\ \text{mm}$

故边跨取 $l_0=6900\ \text{mm}$

边跨与中间跨的计算跨度相等。计算时采用等跨连续梁的弯矩和剪力系数。计算简图如

图 11.22(b)所示。

③内力计算

弯矩：$M = k_1 G l_0 + k_2 Q l_0$

剪力：$V = k_3 G + k_4 Q$

式中 k_1、k_2、k_3、k_4 为内力计算系数，由附表 E.1 查取。

边跨、中间跨、支座 B：

$Gl_0 = 81.58\ \text{kN} \times 6.9\ \text{m} = 562.87\ \text{kN} \cdot \text{m}$

$Ql_0 = 131.86\ \text{kN} \times 6.9\ \text{m} = 909.83\ \text{kN} \cdot \text{m}$

主梁弯矩计算见表 11.7，剪力计算见表 11.8。

表 11.7　主梁弯矩计算

项次	荷载简图	$\frac{K}{M_1}$	$\frac{K}{M_B}\left(\frac{K}{M_c}\right)$	$\frac{K}{M_2}$
1	G G G G G G; A B C D; 1 2 3	$\frac{0.244}{137.34}$	$\frac{-0.267}{-150.29}$	$\frac{0.067}{37.71}$
2	Q Q Q Q	$\frac{0.289}{262.94}$	$\frac{-0.133}{-121}$	$\frac{-0.133}{-121}$
3	Q Q	$\frac{-0.044}{-40.03}$	$\frac{-0.133}{-121}$	$\frac{0.200}{181.97}$
4	Q Q Q Q	$\frac{0.229}{208.35}$	$\frac{-0.311(-0.089)}{-283.96(-80.97)}$	$\frac{0.170}{154.67}$
M_{min} (kN·m)	组合项	①+③	①+④	①+②
	组合值	97.31	-434.25(-231.26)	-83.29
M_{max} (kN·m)	组合项	①+②		①+③
	组合值	400.28		219.68

表 11.8　主梁剪力计算

项次	荷载简图	$\frac{K}{V_A}$	$\frac{K}{V_{B左}}$	$\frac{K}{V_{B右}}$
1	G G G G G G; A B C D; 1 2 3	$\frac{0.733}{59.80}$	$\frac{-1.267}{-103.36}$	$\frac{1.00}{81.58}$
2	Q Q Q Q	$\frac{0.866}{114.19}$	$\frac{-1.134}{-149.53}$	$\frac{0}{0}$

续上表

项次	荷载简图	$\dfrac{K}{V_A}$	$\dfrac{K}{V_{B左}}$	$\dfrac{K}{V_{B右}}$
4	Q Q Q Q	$\dfrac{0.689}{90.85}$	$\dfrac{-1.311}{-172.87}$	$\dfrac{1.222}{161.13}$
V_{min} (kN)	组合项	①+④	①+②	①+②
	组合值	150.65	-252.89	81.58
V_{max} (kN)	组合项	①+②	①+④	①+④
	组合值	173.99	-276.23	242.71

④内力包络图

将各控制截面的组合弯矩和组和剪力分别绘于同一坐标轴上，即得弯矩叠合图和剪力叠合图，如图 11.23 所示，叠和图的外包线分别为弯矩包络图和剪力包络图。

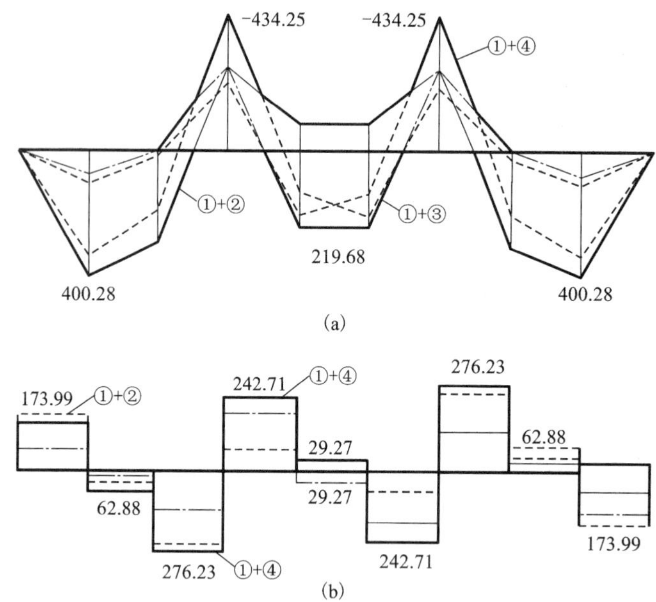

图 11.23 主梁弯矩包络图和剪力包络图

(a)弯矩包络图；(b)剪力包络图

⑤配筋计算

主梁跨中截面在正弯矩作用下按 T 形截面梁计算，边跨及中间跨的翼缘宽度均按下列两者较小值取用。

$$b_f' = \frac{1}{3}l_0 = \frac{1}{3} \times 6900\ \text{mm} = 2300\ \text{mm}$$

$$b_f' = b + s_n = 250\ \text{mm} + (6300\ \text{mm} - 250\ \text{mm}) = 6300\ \text{mm}$$

故取 $b_f' = 2300$ mm，并取跨中 $h_0 = 700\ \text{mm} - 40\ \text{mm} = 660$ mm

$$\alpha_1 f_c b_f' h_f' \left(h_0 - \frac{h_f'}{2}\right) = 14.3\ \text{N/mm}^2 \times 2300\ \text{mm} \times 80\ \text{mm} \times \left(660\ \text{mm} - \frac{80\ \text{mm}}{2}\right)$$

$= 1631.34\ \text{kN} \cdot \text{m}$

此值大于 M_1 和 M_2，故属于第一类 T 形截面。

主梁支座截面及负弯矩作用下的跨中截面按矩形截面计算，设主梁 B 支座受力筋按两排布置 $h_0 = 700\ \text{mm} - 90\ \text{mm} = 610\ \text{mm}$。

$V_0 = 81.58\ \text{kN} + 131.86\ \text{kN} = 213.44\ \text{kN}$，$b = 400\ \text{mm}$，故支座 B 边缘弯矩 $M_B = 434.25\ \text{kN} \cdot \text{m} - 213.44\ \text{kN} \times \dfrac{0.4\ \text{m}}{2} = 391.56\ \text{kN} \cdot \text{m}$。主梁正截面及斜截面承载力计算结果分别见表 11.9 和表 11.10。

表 11.9　主梁正截面受弯承载力计算

截面	边跨跨中	支座 B	中间跨跨中	
$M(\text{kN} \cdot \text{m})$	400.28	−391.56	219.68	−83.29
$\alpha_s = \dfrac{M}{\alpha_1 f_c b h_0^2}$	0.028	0.294	0.015	0.053
$\xi = 1 - \sqrt{1 - 2\alpha_s}$	0.028	$0.358 < \xi_b = 0.55$	0.015	0.054
$A_s = \alpha_1 f_c b h_0 \xi / f_y (\text{mm}^2)$	2026	2602	1085	425
实配钢筋(mm^2)	4Φ28 $A_s = 2463$	3Φ25 + 3Φ22 $A_s = 2613$	3Φ22 $A_s = 1140$	2Φ25 $A_s = 982$

表 11.10　主梁斜截面受剪承载力计算

截面	边支座 A	B 支座(左)	B 支座(右)
$V(\text{kN})$	179.33	276.23	242.71
$0.25\beta_c f_c b h_0 (\text{kN})$	$589.88 > V$	$545.19 > V$	$545.19 > V$
$0.7 f_t b h_0 (\text{kN})$	$165.17 < V$	$152.65 < V$	$152.65 < V$
$\dfrac{A_{sv}}{s} = \dfrac{V - 0.7 f_t b h_0}{f_{yv} \cdot h_0} \left(\dfrac{\text{mm}^2}{\text{mm}}\right)$	0.049	0.750	0.547
箍筋选用	双肢Φ8@200	双肢Φ8@100	双肢Φ8@150
$V_{cs} = 0.7 f_t b h_0 + f_{yv} \dfrac{A_{sv}}{S} \cdot h_0 (\text{kN})$	$255.16 > V$	$319 > V$	$263.55 > V$
$\rho_{sv} = \dfrac{A_{sv}}{b \cdot s}$	$0.2\% > \rho_{sv,min} = 0.13\%$	$0.4\% > \rho_{sv,min} = 0.13\%$	$0.27\% > \rho_{sv,min} = 0.13\%$

由次梁传递给主梁的全部集中荷载设计值为：

$$F = 1.3 \times 53.11\ \text{kN} + 1.3 \times 101.43\ \text{kN} = 200.90\ \text{kN}$$

所需的主梁内支承次梁处附加吊筋钢筋面积为：

$$A_{sb} = \frac{F}{2 f_y \sin\alpha} = \frac{200900\ \text{N}}{2 \times 300\ \text{N/mm}^2 \times \sin 45^\circ} = 474\ \text{mm}^2$$

选用 2Φ18 吊筋($A_{sb} = 509\ \text{mm}^2$)

主梁配筋图如图 11.24 所示。

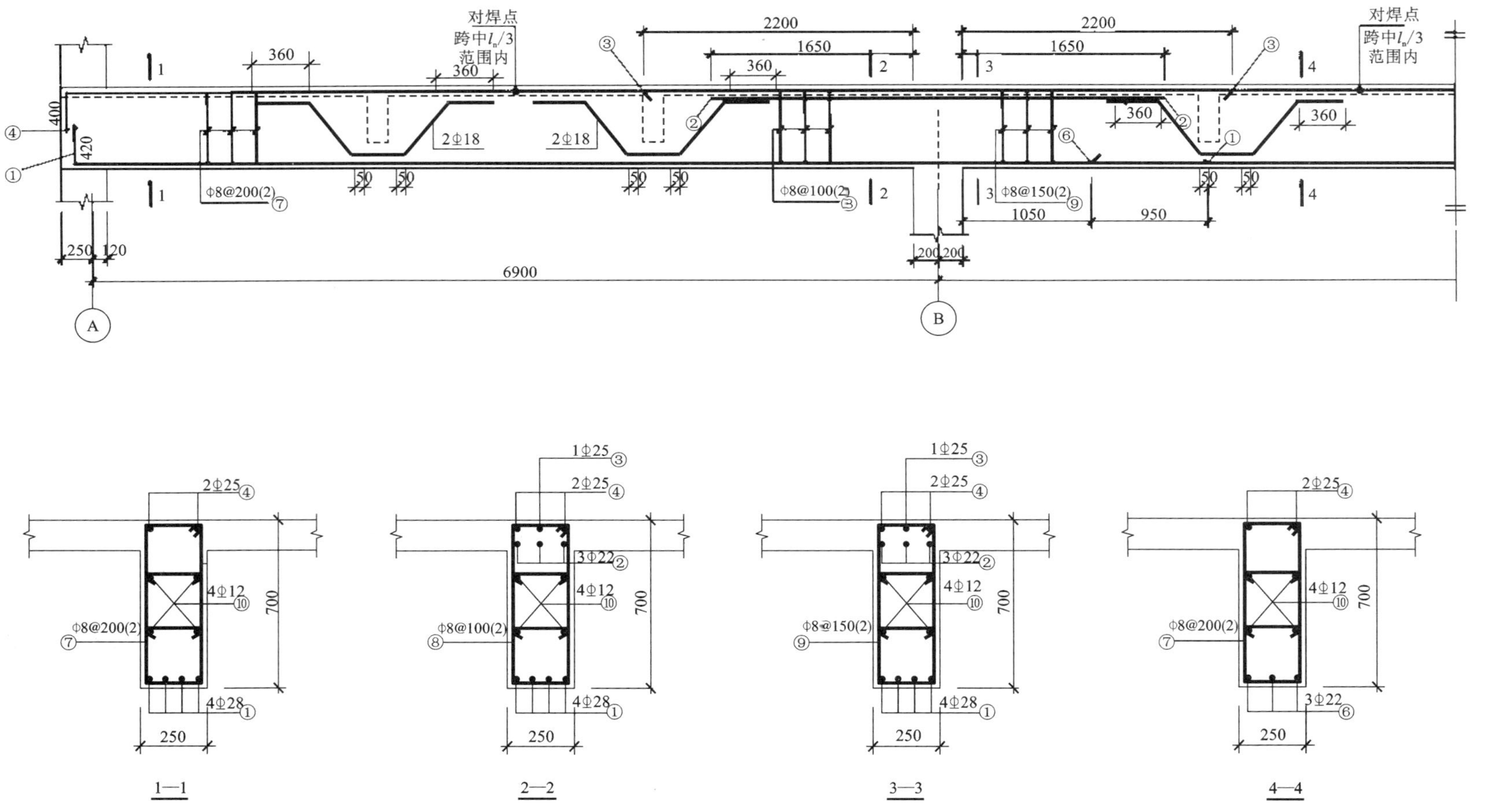
对焊点
跨中$l_n/3$
范围内
2200
1650
360
2Φ18
Φ8@200(2)
Φ8@100(2)
Φ8@150(2)
1050
950
6900
1Φ25
2Φ25
3Φ22
4Φ12
4Φ28
700
250
1—1
2—2
3—3
4—4

图11.24 主梁配筋图

11.3　整体式双向板肋梁楼盖

在肋梁楼盖中，由双向板和支承梁组成的楼盖称双向板肋梁楼盖。双向板肋梁楼盖与单向板肋梁楼盖的主要区别是双向板上的荷载沿两个方向传递，除了传给次梁，还有一部分直接传给主梁。板在两个方向产生弯曲，产生内力。双向板常用于工业建筑楼盖，公共建筑门厅部分以及横墙较多的民用建筑。

11.3.1　破坏特征及受力特点

对于四边简支的双向板，在均布荷载作用下试验结果表明，当荷载增加时，第一批裂缝出现在板底中间部分(图 11.25)，随后沿着对角线的方向向四角扩展。当荷载增加到板接近破坏时，板面的四角附近出现垂直于对角线方向而大体上成圆形的裂缝(图 11.25)。这种裂缝的出现，促使板对角线方向裂缝的进一步发展，最后跨中钢筋达到屈服，整个板即告破坏。

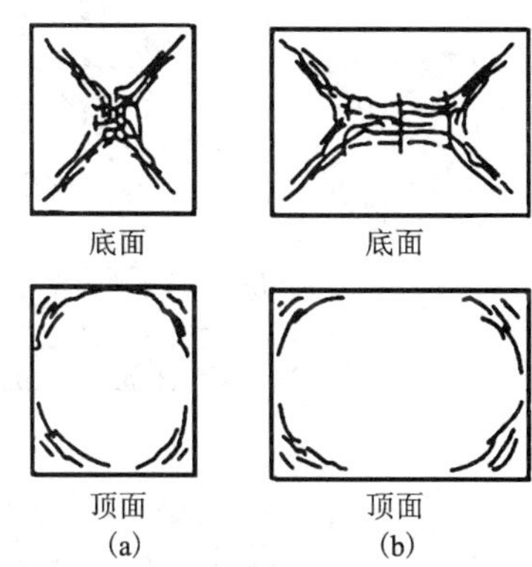

图 11.25　双向板的裂缝示意图

(a)正方形四边简支双向板；(b)矩形四边简支双向板

不论是简支的正方形板或矩形板，当受到荷载作用时，板的四角均有翘起的趋势。此外，板传给四边支座的压力，并不是沿边长均匀分布的，而是各边的中部较大，两端较小。

11.3.2　内力计算

双向板的内力计算方法有弹性理论和塑性理论两种，但塑性计算方法存在局限性，在工程中很少采用，这里介绍弹性计算法。

弹性计算法是假定板为匀质弹性板，按弹性薄板理论为依据而进行计算的一种方法。荷载在两个方向上的分配与板两个方向跨度的比值和板周边的支承条件有关。板周边的支承条件分为七种情况：四边简支；一边固定，三边简支；两对边固定，两对边简支；两邻边固定，两邻边简支；三边固定，一边简支；四边固定；三边固定，一边自由。

1. 单跨板的计算

单块矩形双向板按弹性薄板小挠度理论计算是相当复杂的，为了实用方便，根据板四周的支承情况和板两个方向跨度的比值，将按弹性理论的计算结果制成数字表格，供设计时查用。(见附表 E. 2)

单位板宽内弯矩计算方法：

$$m = \text{表中弯矩系数} \times pl^2$$

2. 多跨连续双向板的计算

对于多跨的连续双向板，计算弯矩时需要考虑活荷载的不利位置，精确计算相当复杂，需要进行简化。当在同一方向区格的跨度差不超过 20% 时，可通过荷载分解将多跨连续板化为单跨板进行计算。

1)求跨中最大弯矩

求连续区格板某跨跨中最大弯矩时，其活荷载的最不利位置如图 11.26 所示，即在某区格及其前后左右每隔一区格布置活荷载(棋盘式布置)，则可使该区格跨中弯矩为最大。为了求此弯矩，可将活荷载 q 与恒荷载 g 分解为 $g+q/2$ 与 $\pm q/2$ 两部分，分别作用于相应区格，其作用效果是相同的。

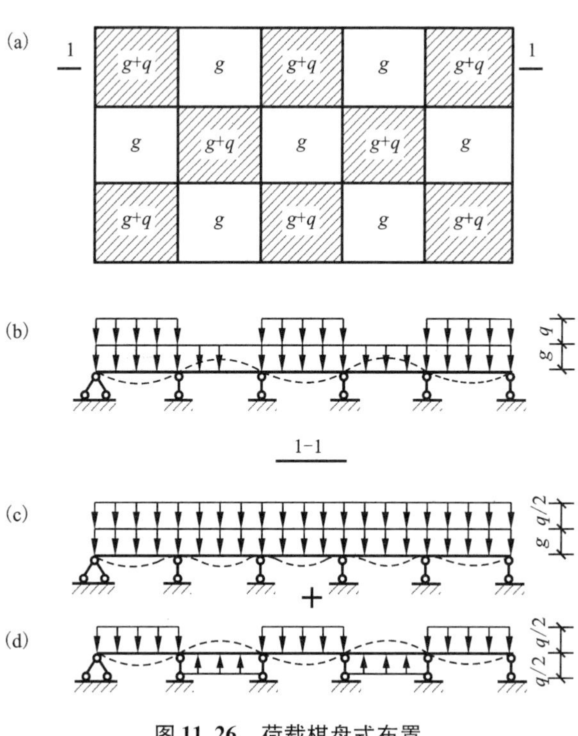

图 11.26　荷载棋盘式布置

当双向板各区格均作用有 $g+q/2$ 时，由于板的各内支座上转动变形很小，可近似地认为转动角为零。故内支座可近似地看作嵌固边，因而所有中间区格板可按四边固定的单跨双向板计算其跨中弯矩。如果边支座为简支，则边区格为三边固定、一边简支的支承情况；而角区格为两邻边固定、两邻边简支的情况。

当双向板各区格作用有 $\pm q/2$ 时，板在中间支座处转角方向一致，大小相等接近与简支板的转角，即内支座处为板带的反弯点，弯矩为零，因而所有内区格均可按四边简支的单跨双向板来计算其跨中弯矩。

最后，将以上两种结果叠加，即可得到连续双向板的最大跨中弯矩。

2)求支座最大弯矩

求支座最大弯矩时，活荷载最不利布置与单向板相似，应在该支座两侧区格内布置活荷载，然后再隔跨布置。但考虑到布置方式复杂，计算繁琐，为了简化化计算，可近似地假定活荷载布满所有区域时所求得的支座弯矩，即为支座最大弯矩。这样，对所有中间区格即可按四边固定的单跨双向板计算其支座弯矩。对于边区格按该板四周实际支承情况来计算其支座弯矩。

11.3.3　计算要点与构造要求

1. 双向板的配筋计算

双向板内两个方向的钢筋均为受力钢筋，其中沿短向的受力钢筋应配置在长向受力钢筋外侧。计算时跨中截面的有效高度在短跨方向按一般板取用，$h_0 = h - 20$ mm，在长跨方向再减去板中受力钢筋的直径，通常取 $h_0 = h - 30$ mm。

对于四边与梁整体连接的板，分析内力时应考虑周边支承梁的被动水平推力对板承载能力的有利影响。其计算弯矩可按双向板区格位置予以折减。

(1)中间区格：中间跨的跨中截面及中间支座截面，计算弯矩可减少 20%。

(2)边区格：边跨的跨中截面及离板边缘的第二支座截面；当 $l_b/l < 1.5$ 时，计算弯矩可减少 20%；当 $1.5 \leqslant l_b/l \leqslant 2$ 时，计算弯矩可减少 10%。其中 l 为垂直于板边缘方向的计算跨度，l_b 为沿板边缘方向的计算跨度。

(3)角区格：计算弯矩不应减少。

2. 双向板的构造

双向板应有足够的刚度，其厚度应按表 4.2 确定，通常取 80 ~ 160 mm。

按弹性理论分析内力时，由于跨度中部范围比周边范围弯矩大，跨中配筋时可将板在两个方向上各划分成三个板带(图 11.27)。边缘板带宽度为短跨的 1/4，其余为中间板带。中间板带按最大弯矩配筋，边缘板带配筋减少一半，但每米宽度内不得少于 4 根。支座配筋时，则在全部范围均匀布置，而不在边缘板带内减少。嵌固在承重墙内板上部的构造钢筋的要求同整体式单向板肋形楼盖。

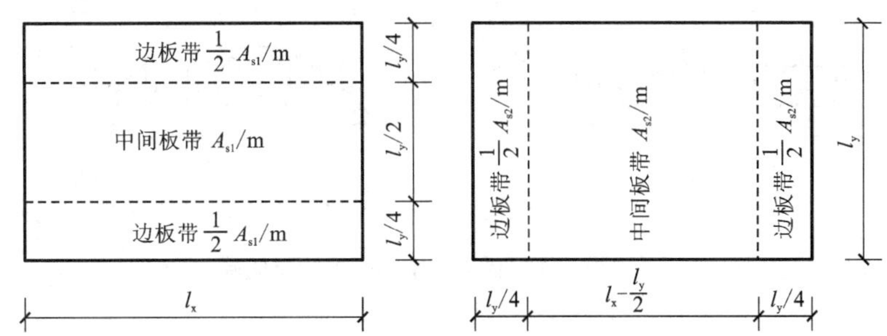

图 11.27　按弹性理论计算正弯矩配筋板带

11.3.4　支承梁的计算特点

1. 双向板支承梁的荷载

当双向板承受均布荷载作用时，传给支承梁的荷载一般可按下述近似方法处理，即从每区格的四角分别作 45°线与平行于长边的中线相交，将整个板块分成四块面积，作用每块面积上的荷载即为分配给相邻梁上的荷载。因此，传给短跨梁上的荷载形式是三角形，传给长跨梁上的荷载形式是梯形，见图 11.28。若双向板为正方形，则两个方向支承梁上的荷载均为三角形荷载。

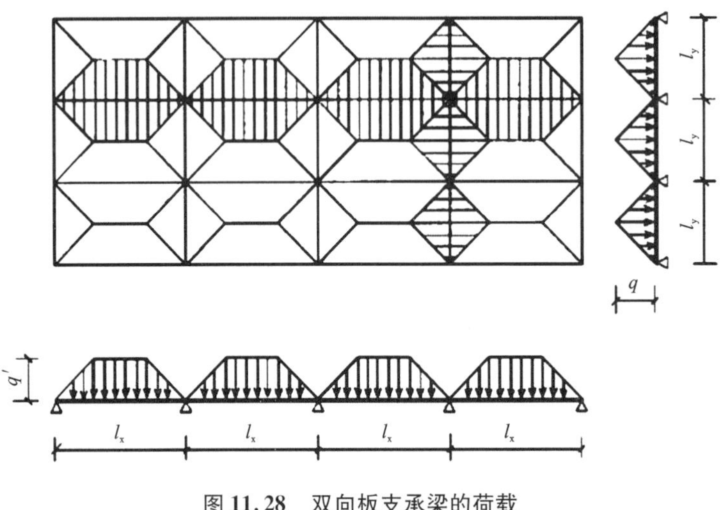

图 11.28　双向板支承梁的荷载

2. 双向板支承梁的内力

梁上荷载确定后，可以求得梁控制截面的内力。当支承梁为单跨简支时，可按实际荷载直接计算支承梁的内力。当支承梁为连续的，且跨度差不超过10%时，可将梁上的三角形或梯形荷载根据支座弯矩相等的条件折算成等效均布荷载 p_{eq}（见图 11.29）。利用附表 E.1 查得支座弯矩系数，求出支座弯矩，然后，再按实际荷载求出跨中内力。

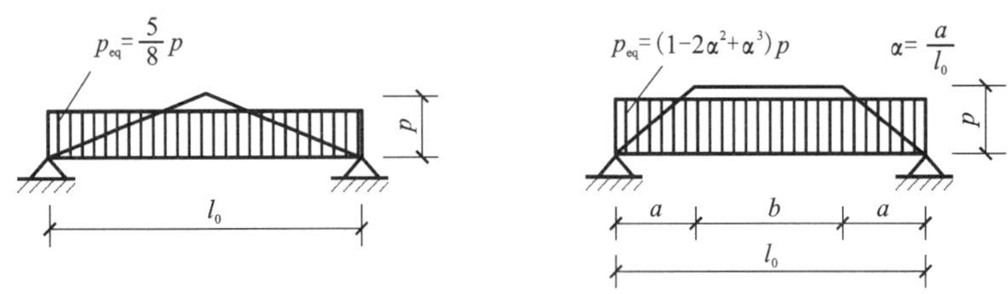

图 11.29　双向板支承梁的等效均布荷载

11.4　装配式楼盖

图 11.30　装配式楼盖施工图

装配式楼盖，即采用预制混凝土板、预制混凝土梁在施工现场起吊拼装而成的一种楼盖结构，如图 11.30 所示。装配式楼盖具有施工进度快、构件尺寸误差较小、工业化程度高，相对于现浇混凝土楼盖，成本较低等优点，但也存在楼盖整体性较差，对建筑平面规整性要求较高等缺点。目前，在多层住宅建筑中还有应用。

装配式楼盖主要有铺板式、密肋式、无梁式(如图 11.31 所示)。其中，应用最为广泛的为铺板式，即预制板两端支承在砖墙或楼面梁上密铺而成。对于预制板的规格以及相适用的荷载条件，我国各省一般均有相应的标准图集，供设计、施工选用。

图 11.31　密肋楼盖

11.4.1　装配式楼盖的构件形式

装配式楼盖所采用的预制板主要有以下几种：实心板、空心板、槽形板等。为了节约材料，提高构件刚度，预制板尽可能做成预应力板。

1. 实心板

实心板构造简单、施工方便，但用料较多、自重较大，一般用于跨度较小的铺板，如图 11.32 所示，如：走道板、卫生间底板、管沟盖板、楼梯平台板等。实心板跨度一般在 1.2 ~ 2.4 m，厚度应符合单向板的厚度要求($h \geqslant l/30$)，板厚一般为 50 ~ 80 mm，板宽 B = 500 ~ 800 mm。

图 11.32　预制实心板

2. 空心板

实际工程中，空心板在装配式楼盖中应用最为广泛，它具有自重轻、受力性能好、刚度较大等优点。空心板的孔洞有圆形、方形、矩形等孔型，以圆形孔较为常见，如图 11.33 所示。

空心板分为普通钢筋混凝土板和预应力混凝土板。为保证空心板的刚度，普通混凝土空心板厚度取(1/25 ~ 1/20)l，预应力混凝土空心板厚度取(1/35 ~ 1/30)l，通常有 120 mm、180 mm和 240 mm 几种，空心板的宽度一般为 500 mm、600 mm、900 mm、1200 mm。空心板长度按房间开间或进深选用，一般有 3.0 m、3.3 m、3.6 m 等，普通混凝土空心板最大长度为 4.8 m，预应力混凝土空心板最大长度为 7.5 m。

3. 槽形板

槽形板的混凝土用量较省，槽形板有肋向下(正槽板)和肋向上(倒槽板)两种，如图 11.34所示。正槽板可以较充分利用板面混凝土抗压，但不能直接形成平整的顶棚，倒槽板则反之。槽形板由面板、纵肋和横肋组成，横肋除在板的两端设置外，在板的中间附近也

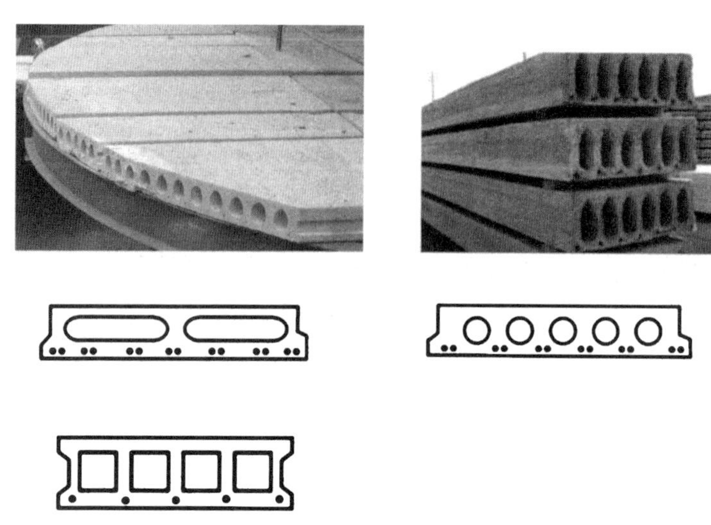

图 11.33　预制空心板

要设置 2～3 道，以提高板的整体刚度。面板厚度一般不小于 25 mm。

槽形板除了可用于普通楼盖外，由于板上开洞较自由，在工业建筑中应用较多。此外也用于对顶棚要求不高的民用建筑屋盖和楼面结构。槽形板用于民用楼面时，板高一般为 120 mm 或 180 mm，用于工业楼面时，板高一般为 180 mm，肋宽 100 mm 左右。

图 11.34　预制槽形板

4. 预制梁

在装配式混凝土楼盖中，有时需设置楼盖梁。楼盖梁可为预制或现浇，视梁的尺寸和吊装能力而定。对于预制梁而言，常见的截面形式有矩形、T 形、L 形、十字形截面和花篮形，如图 11.35 所示，由于 L 形和十字形截面的梁在支承楼板时，可以减少楼盖的结构高度，所以这种形式的梁在楼盖中应用较广。梁的截面尺寸及配筋，根据计算及构造要求确定。

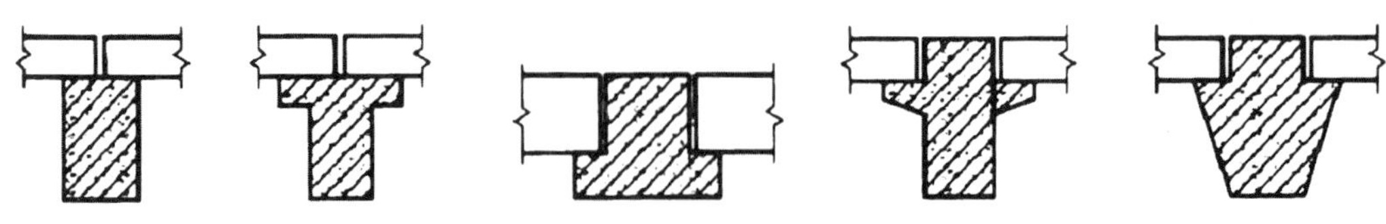

图 11.35　常见截面形式的预制梁

11.4.2　装配式楼盖构件的计算特点

装配式楼盖构件的计算分使用阶段的计算和施工阶段的验算。

使用阶段的计算跟现浇构件一样，应按规定进行承载力极限状态的计算和正常使用条件下的变形和裂缝宽度验算。但是，这种构件在制作、运输和吊装阶段的受力与使用阶段不同，故还需要进行施工阶段的验算（包括吊环、吊钩的计算）。如当吊点或堆放点设在距构件端部某位置时，则该位置截面会产生负弯矩，应该对该截面进行验算。

进行施工吊装验算时应注意以下问题：

（1）计算简图应按运输、堆放的实际情况吊点位置确定。

（2）对预制构件自身进行吊装验算时，应将自重乘以动力系数 1.5。

（3）结构重要性系数可较使用阶段降低一级，但不得低于三级。

（4）对于预制板、挑檐板、雨篷板等构件，应考虑在其最不利位置作用 1 kN 的施工集中荷载（当计算挑檐、雨篷承载力时，沿板宽每隔 1 m 考虑一个集中荷载，在验算其整体倾覆时，沿板宽每隔 2.5 ~ 3 m 考虑一个集中荷载），该集中荷载与使用荷载不同时考虑。

（5）吊环应采用 HPB300 钢筋，并严禁冷拉。吊环埋入构件深度不应小于 $30d$（d 为吊环钢筋直径），并应焊接或绑扎在构件的钢筋骨架上。每个吊环可按两个截面计算；在构件的自重标准值作用下，吊环应力不应大于 50 N/mm^2。当一个构件上设有四个吊环时，计算中仅考虑三个同时发挥作用。

11.4.3　装配式楼盖的构造要求

1. 板与板的连接

预制板的板缝常采用灌缝方法处理，如图 11.36 所示，为了能使板缝灌注密实，缝的上口宽度不宜小于 30 mm，缝的下端宽度以 10 mm 为宜，当下口缝宽大于 20 mm 时，一般宜用细石混凝土（不应低于 C15）灌注，当缝宽小于或等于 20 mm，宜用水泥砂浆（不低于 M15）灌注，当板缝宽度大于 50 mm，可采用现浇板带处理。

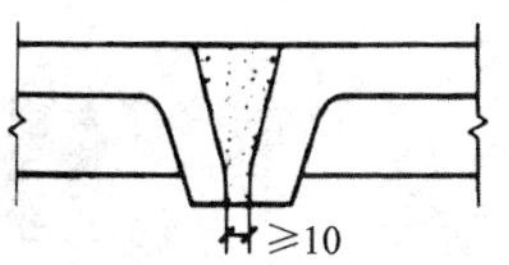

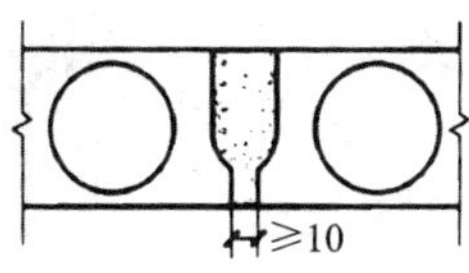

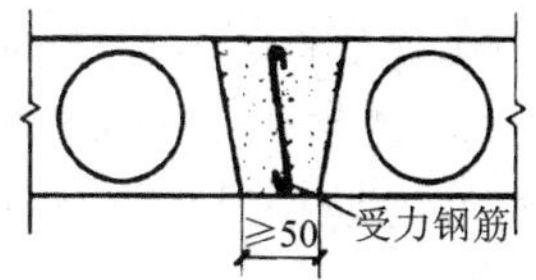

图 11.36　预制板的板缝处理方法

2. 板与墙、梁的连接

一般情况下，预制板搁置与墙、梁上，仅在搁置前，支承面铺设一层 10 ~ 15 mm 厚的水泥砂浆。预制板在墙上的支承长度，不宜小于 100 mm，在钢筋混凝土梁上不宜小于 80 mm。空心板搁置在墙上时，为防止嵌入墙内的端部被压碎及保证板端部填缝材料能灌注密实，则两端需用混凝土将孔洞堵塞密实，如图 11.37 所示。

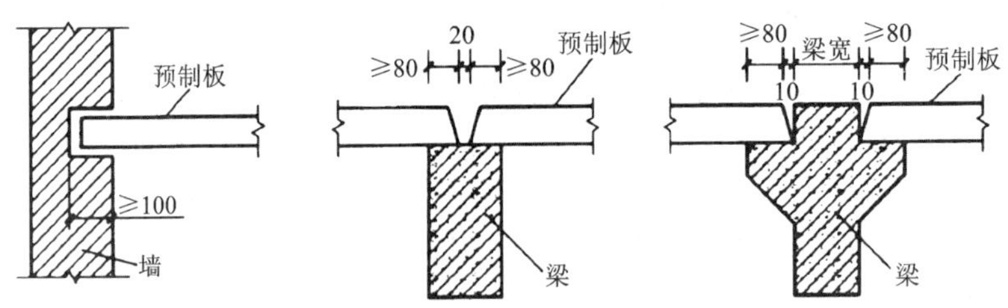

图 11.37　预制板与梁的连接方式

3. 梁与墙的连接

梁在砖墙的支承长度应满足梁内受力钢筋在支座处的锚固要求，并满足支座处砌体局部抗压强度承载力的要求，梁在砖墙上的支承长度不小于 180 mm，当梁跨度较大时，应在梁下设混凝土或钢筋混凝土梁垫，其下均应坐浆 10～20 mm，必要时，可在梁端设置拉结钢筋。

11.5　楼梯

11.5.1　楼梯的类型

楼梯作为建筑物垂直交通设施之一，如图 11.38 所示，首要的作用是联系上下交通通行；其次，楼梯作为建筑物主体结构还起着承重的作用。

按结构形式和受力特点，楼梯形式可分为板式楼梯、梁式楼梯、折板悬挑式楼梯和螺旋式楼梯。

板式楼梯是由梯段板、平台板和平台梁组成，如图 11.39 所示。梯段板是一块带踏步的斜板，斜板支承于上、下平台梁上，底层下端支承在地垄墙上，平台梁支撑于楼梯间墙体上或梯柱上。板式楼梯的优点是梯段板下表面平整，支模简单；缺点是梯段板跨度较大时，斜板厚度较大，结构材料用量较多。因此，板式楼梯适用于可变荷载较小，梯段板跨度一般不大于 3 m 的情况。

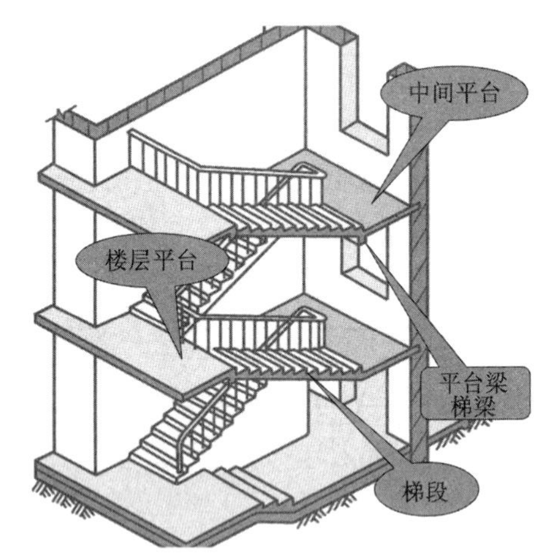

图 11.38　楼梯各部位名称示意图

梁式楼梯是由踏步板、梯段斜梁、平台板和平台梁组成，如图 11.40 所示。踏步板支承于梯段斜梁上，梯段斜梁支承于上、下平台梁上，斜梁可位于踏步板的下面或上面。当梯段板的跨度大于 3 m 时，采用梁式楼梯较为经济，其缺点是施工时支模比较复杂，外观也显得笨重。

当建筑中不宜设置平台梁和平台板的支承时，可以采用折线形楼梯如图 11.41 所示；当建筑中有特殊要求，不便设置平台，或需要特殊建筑造型时，可以采用螺旋楼梯如图 11.42 所示。

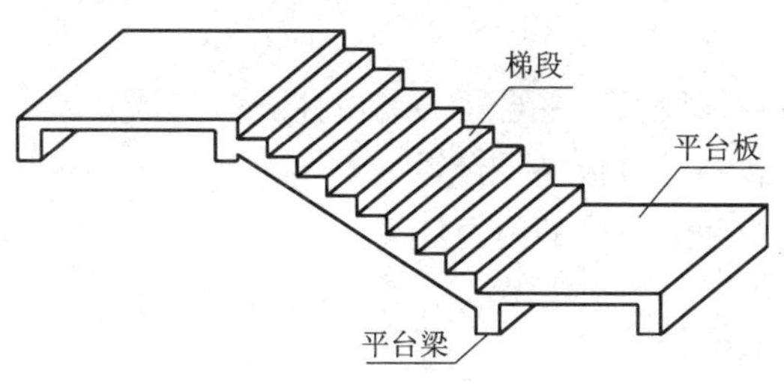

图 11.39　板式楼梯示意图和实物图

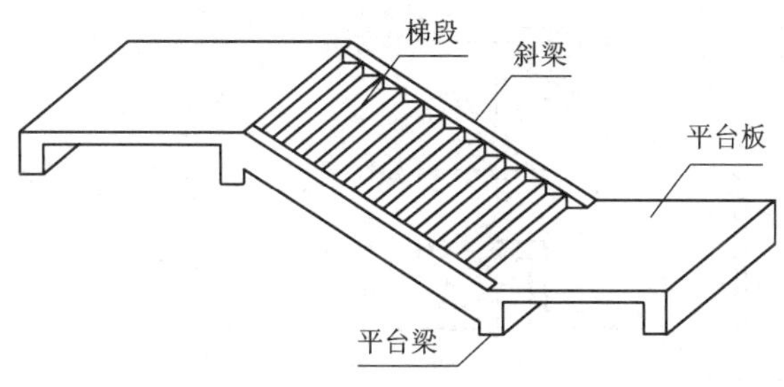

图 11.40　梁式楼梯示意图和实物图

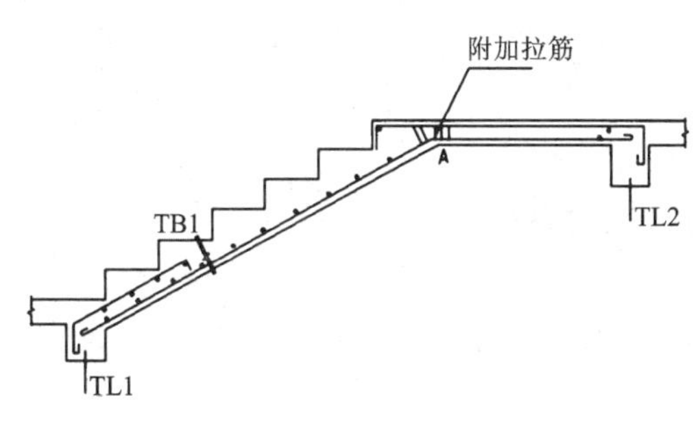

图 11.41　折线形楼梯示意图和实物图

图 11.42　螺旋楼梯实物图

11.5.2 板式楼梯的计算与构造

板式楼梯传力路线：踏步上的竖向荷载→梯段板→平台梁→墙或柱。

平台板上的竖向荷载→平台板→平台梁。

板式楼梯的内力计算包括梯段板、平台板和平台梁的内力计算。

1. 梯段板的设计

1）荷载计算

楼梯的荷载有恒荷载和活荷载两种，都是竖向作用的重力荷载。其中恒荷载包括楼梯栏杆、踏步面层、锯齿形斜板、板底粉刷的自重，如图 11.43 所示。

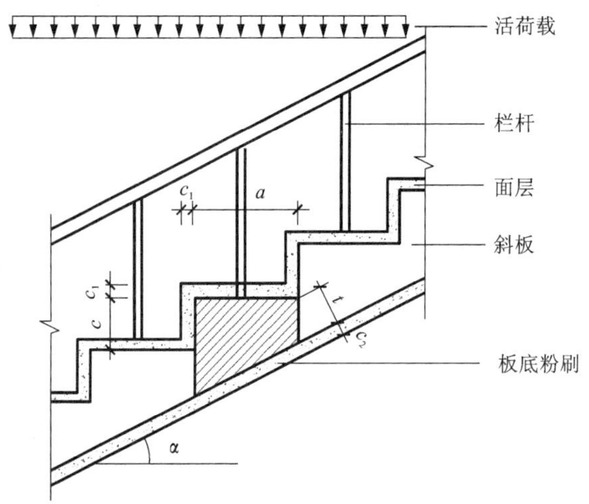

图 11.43 楼梯恒荷载

活荷载按《建筑结构荷载规范》(GB50009—2012)取用，如表 11.11 所示。

表 11.11 民用建筑楼面均布活荷载标准值及其组合值、频遇值和准永久值系数

项次	类　别	标准值 (kN/m^2)	组合值系数 Ψ_c	频遇值系数 Ψ_f	准永久值系数 Ψ_q
9	厨房(1)一般的 (2)餐厅的	2.0 4.0	0.7 0.7	0.6 0.7	0.5 0.7
10	浴室、厕所、洗室： (1)第 1 项中的民用建筑 (2)其他民用建筑	 2.0 2.5	 0.7 0.7	 0.5 0.6	 0.4 0.5
11	走廊、门厅、楼梯： (1)宿舍、旅馆、医院病房托儿所、幼儿园、住宅 (2)办公楼、教室、餐厅，医院门诊部 (3)消防疏散楼梯，其他民用建筑	 2.0 2.5 3.5	 0.7 0.7 0.7	 0.5 0.6 0.5	 0.4 0.5 0.3
12	阳台： (1)一般情况 (2)当人群有可能密集时	 2.5 3.5	0.7	0.6	0.5

2）计算简图的确定

梯段板计算时，一般取 1 m 宽的板带作为计算单元，并将板带简化为斜向简支板。作用在斜板计算单元上的荷载均为均布线荷载，包括均布活荷载 q 和均布恒荷载 g，如图 11.44 所示。

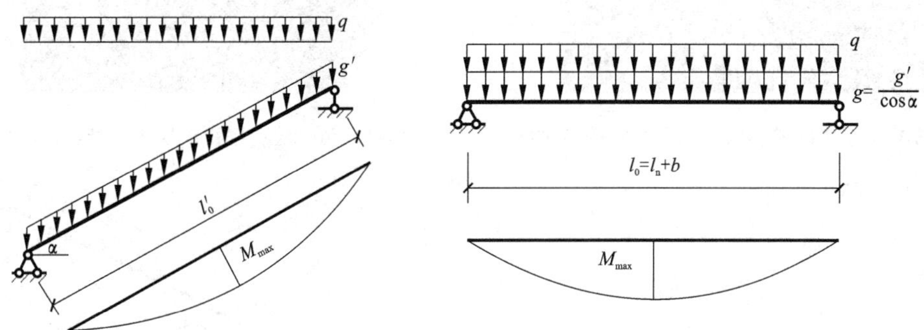

图 11.44　板式楼梯计算简图

3）内力计算

由结构力学，可计算出：

简支斜板跨中截面最大正弯矩 $M=\frac{1}{8}(g+q)l_0^2$

简支斜板的支座截面最大剪力 $V=\frac{1}{2}(g+q)l_n\cos\alpha$

式中，g、q——作用于梯段上沿水平投影方向恒载、活荷载的设计值；

l_0、l_n——梯段板沿水平投影方向的计算跨度和净跨；

α——梯段板的倾角。

考虑到斜板的两端实际上是与平台梁和楼层梁整浇的，支座有部分嵌固作用，故斜板跨中正弯矩的设计弯矩通常近似取：

$$M=\frac{1}{10}(g+q)l_0^2$$

同一般板一样，梯段斜板不进行斜截面承载力计算。竖向荷载在梯段板产生的轴向力，对结构影响很小，设计中不作考虑。

4）截面设计及构造要求

斜板的正截面承载力是按最小的正截面高度 t_1 来计算的，三角形踏步在正截面承载力计算中是不予考虑的。梯段板的厚度一般取 $t_1=(1/30\sim1/25)l_0$，l_0 为斜板水平方向的跨度。

根据跨中正截面受弯承载力的要求，算出斜板内底部纵向受力钢筋的截面面积，并选配纵向受力钢筋，如图 11.45 所示。支座处截面负弯矩钢筋的用量不用再计算，如图 11.46 所示，一般取与跨中钢筋相同。板式楼梯斜板配筋构造图如图 11.47 所示。

图 11.45　板式楼梯斜板纵向受力钢筋实物图

图 11.46　板式楼梯斜板支座处钢筋实物图

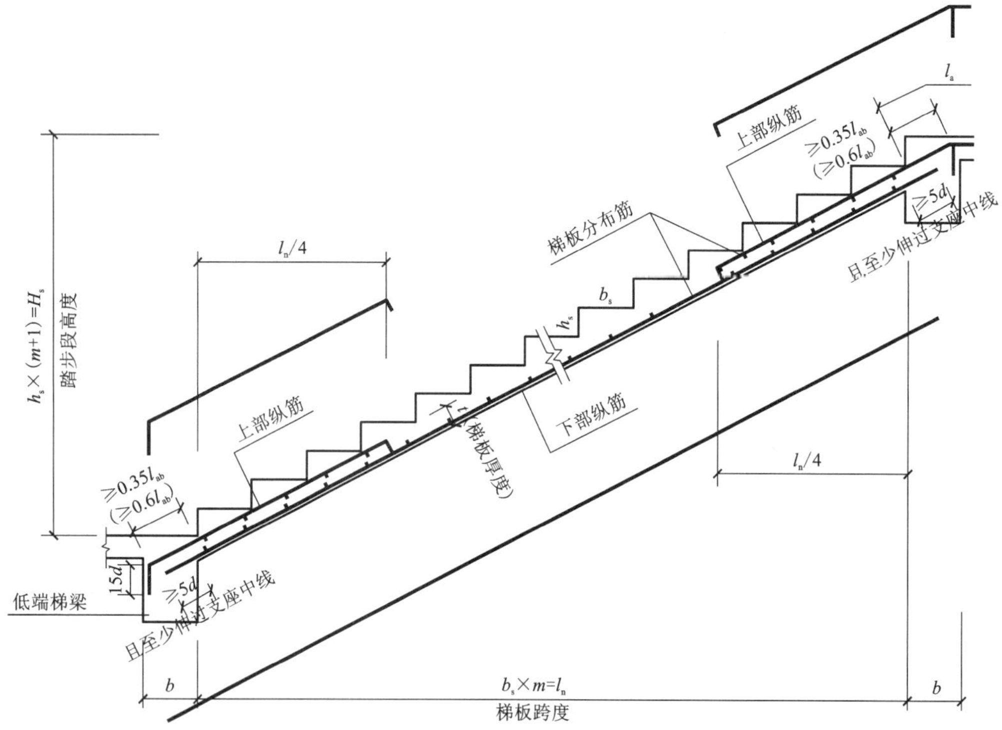

图 11.47　板式楼梯斜板配筋构造图

2. 平台板设计

平台板通常是四边支承板。一般近似地按短跨方向的简支单向板来设计，如图 11.48 所示。在短跨方向，当平台板内端与平台梁整浇，外端简支在砖墙上时，跨中弯矩可近似按 $M=\frac{1}{8}(g+q)l_0^2$ 计算；当平台板的两端均与梁整体连接时，考虑支座部分的嵌固作用，跨中弯矩按 $M=\frac{1}{10}(g+q)l_0^2$

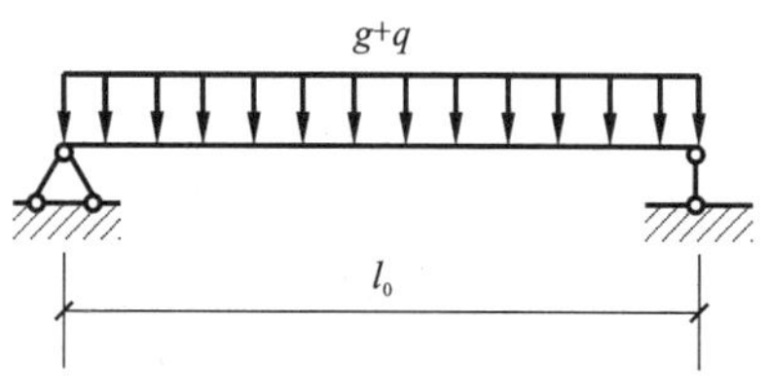

图 11.48　板式楼梯平台板计算简图

计算，l_0 为平台板的计算跨度。

平台板与平台梁整体连接时，支座处有一定的负弯矩作用，在平台板端部附近的上部应配置承受负弯矩的钢筋，其数量一般取与平台板跨中钢筋相同。伸出梁边 $l/4$ 板的短跨。当平台板的跨度远小于梯段板的水平跨度时，平台板跨度内可能全部出现负弯矩，应按计算通长布置负弯矩钢筋。在平台板跨度大的方向，考虑支座处的部分嵌固作用，在板面需配置构造钢筋，采用ϕ6@200，如图 11.49 所示。

3. **平台梁**

平台梁两端支承在楼梯间两侧的砖墙上，或与梯柱整体现浇。

平台梁按简支梁设计，承受平台板和斜板传来的均布线荷载，计算时忽略上、下梯段之间的间隙，按荷载满布全跨考虑，如图 11.50 所示。

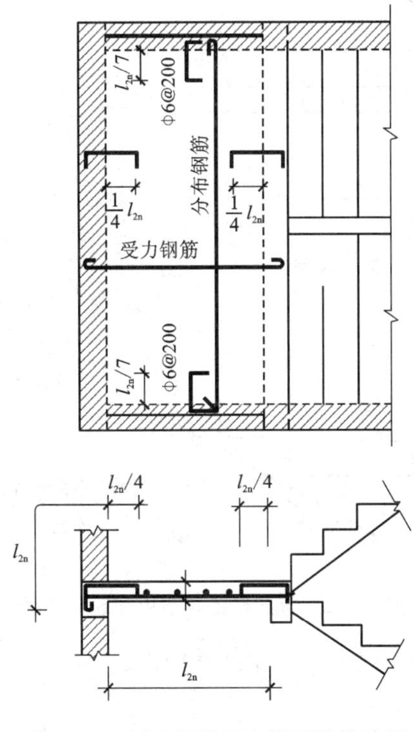

图 11.49　板式楼梯平台板配筋构造图

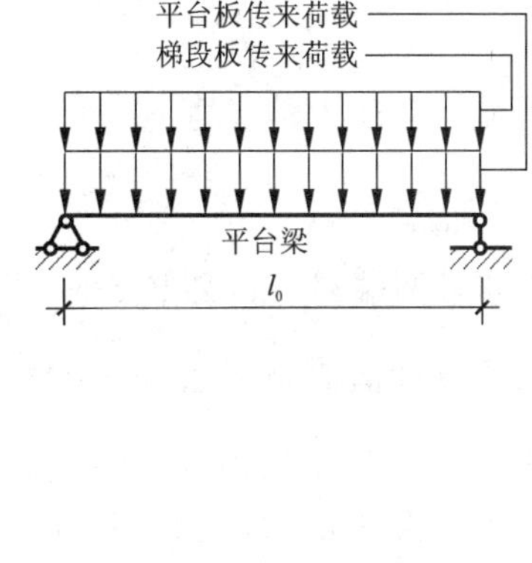

图 11.50　板式楼梯平台梁计算简图

平台梁的计算方法与构造要求同受弯构件。截面高度一般取$\frac{1}{12}l_0$，l_0 为平台梁的计算跨度，当平台板与平台梁整体连接时，平台梁的正截面为倒 L 形。同时，考虑到平台梁两侧的荷载不相同，会使平台梁受扭，宜酌量增加纵筋和箍筋用量。

11.5.3　梁式楼梯的计算与构造

梁式楼梯传力路线：楼梯板上的荷载→踏步板→斜梁→平台梁→墙或柱。

平台板上的荷载→平台板→平台梁。

梁式楼梯的设计包括踏步板、梯段斜梁、平台板和平台梁设计四部分。

1. **踏步板设计**

踏步板时支承在斜梁上的单向板，计算时可取一个踏步作为计算单元。踏步板为梯形截面，可按面积相等的原则折算为矩形截面进行承载力计算，如图 11.51 所示。

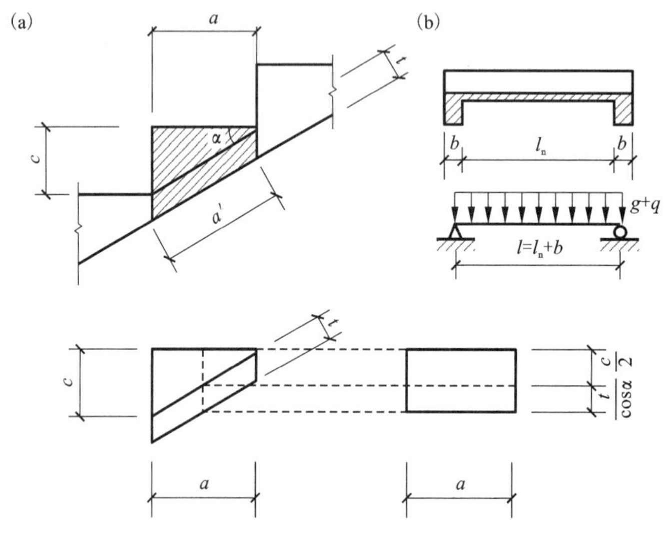

图 11.51　梯段踏步板计算截面及简图

矩形截面宽度为踏步宽 b，高度为折算高度 $h=\frac{c}{2}+\frac{t}{\cos\alpha}$。

当踏步板两端都与斜梁整浇时，踏步板跨中最大弯矩设计值取 $M=\frac{1}{10}(g+q)l_0^2$（l_0 为踏步板沿水平投影方向的计算跨度）。

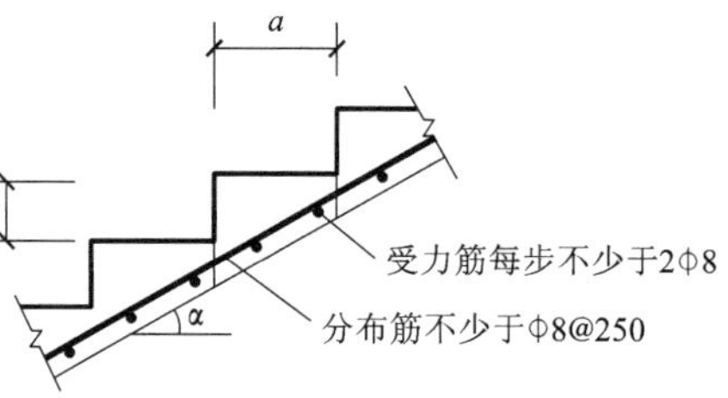

现浇踏步板的最小厚度 $t=40$ mm，每阶踏步配筋不少于 2Φ8，整个梯段内布置分布筋不少于Φ8@250，如图 11.52 所示。

a
c
α
受力筋每步不少于2Φ8
分布筋不少于Φ8@250

图 11.52　梁式楼梯踏步板配筋示意图

2. **梯段斜梁设计**

梯段斜梁承受踏步板传来的荷载和斜梁自重。内力与板式楼梯的梯段斜板相同。

截面设计时，斜梁的截面形状，视其与踏步板的相对位置而定，一般有两种情况：

（1）踏步板在斜梁的上部，如图 11.53 所示，计算截面取倒 L 形截面梁计算，翼缘高度取踏步板斜板的厚度，翼缘计算宽度按 T 形截面受弯构件的规定取用。

（2）踏步板在斜梁的下部，即斜梁向上翻，如图 11.54 所示，此时斜梁截面按矩形截面计算。

梯段梁的配筋同一般梁，如图 11.55 所示。

3. **平台梁及平台板设计**

梁式楼梯的平台板的计算与板式楼梯完全相同。梁式楼梯的平台梁与板式楼梯的平台梁计算方法相同，所不同的是梁上的荷载形式不同。板式楼梯中平台梁承受自重、平台板和梯段板传来的均布荷载。而梁式楼梯承受的是自重、平台板传来的均布荷载和斜梁传来的集中荷载，如图 11.56 所示。

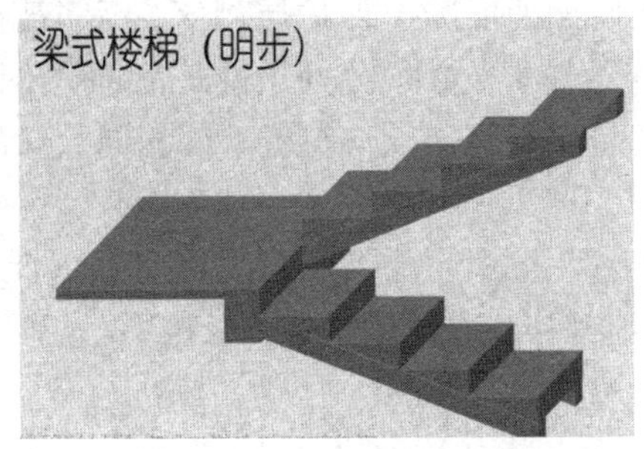

图 11.53　踏步板在斜梁上部

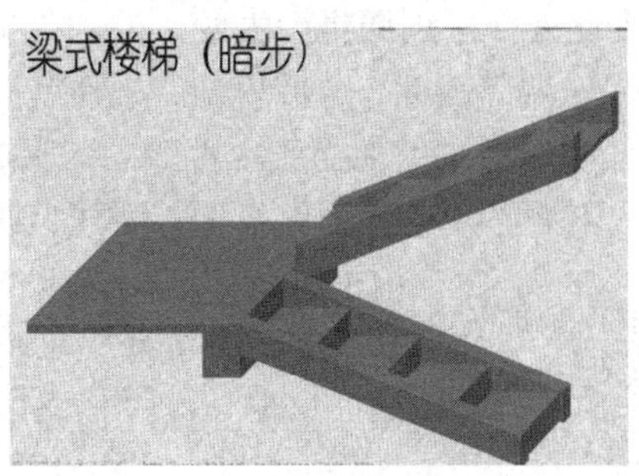

图 11.54　踏步板在斜梁下部

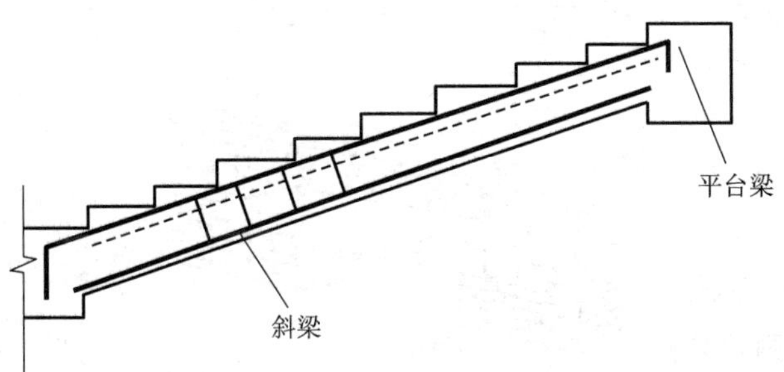

图 11.55　梯段梁配筋示意图

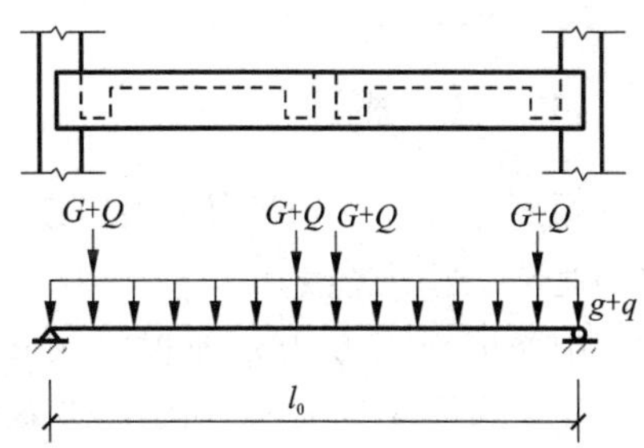

图 11.56　梁式楼梯平台梁计算简图

11.5.4　折线形楼梯的计算与构造

在楼梯设计中，有时为满足楼梯的净空要求，当楼梯进深不大时，可做成折线形楼梯，即将锯齿形斜板与平台板合并成折板。

折线形板式楼梯的计算方法与一般斜板式楼梯相同，计算简图如图 11.57 所示。

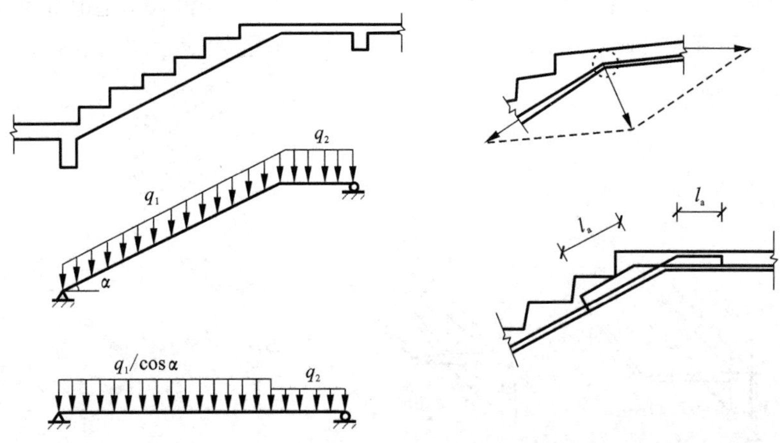

图 11.57　折线形板式楼梯的荷载和弯折处的配筋

由于折线形板式楼梯在梁板曲折处形成的内折角，在配筋时，若钢筋沿内折角连续配置，则此处受拉钢筋将产生较大的向外的合力，可能使该处混凝土保护层剥落，钢筋被拉出而失去作用。因此，内折角处的板底受拉钢筋不能连续设置，必须分开，斜板底部受拉钢筋应延伸到水平段上部受压区再转向水平，而水平段的板底则应加设与斜板下部相同数量的钢筋，该钢筋必须延伸到斜板上部受压区再弯折。如图 11.57 所示。

楼梯案例

由于折角处可能产生负弯矩，故上部纵筋需伸至支座对边再向下弯折，上部纵筋有条件时可伸入平台板内锚固，斜板伸入水平段的锚固长度不小于 l_a，水平板伸入斜板的锚固长度不小于 l_a。

11.6 雨篷

11.6.1 概述

雨篷是设置在建筑物进出口或顶部阳台上部的遮雨、遮阳篷。

雨篷按施工方法分为现浇雨篷和预制雨篷；按支承条件分为板式雨篷和梁板式雨篷；按材质分为玻璃钢结构雨篷、全钢结构雨篷、PC 板材雨篷和钢筋混凝土结构雨篷。

雨篷是一种悬挑构件，当悬挑长度不大于 1.5 m 时，常用整体板式雨篷，如图 11.61 所示，它由雨篷板和雨篷梁组成，雨篷板支承在雨篷梁上，雨篷板是受弯构件，雨篷梁是弯剪扭构件。当悬挑长度在 1.5 ~ 3.0 m 时，常采用带有悬挑梁的整体梁式雨篷，它由雨篷板、雨篷梁、边梁组成，其雨篷板是四边支承的板。当悬挑长度大于 3 m 时，常采用设有外柱的梁板式雨篷。下面介绍整体板式雨篷的计算与构造。

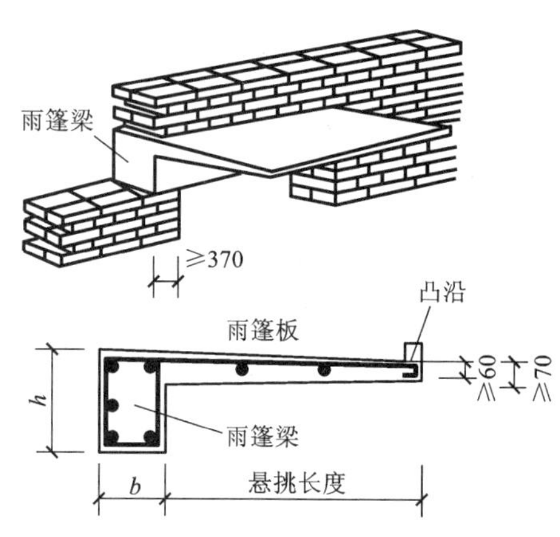

图 11.61 整体板式雨篷示意图

整体板式雨篷有三种破坏形态：雨篷板根部断裂，雨篷梁受弯剪扭破坏，雨篷整体倾覆破坏，如图 11.62 所示。

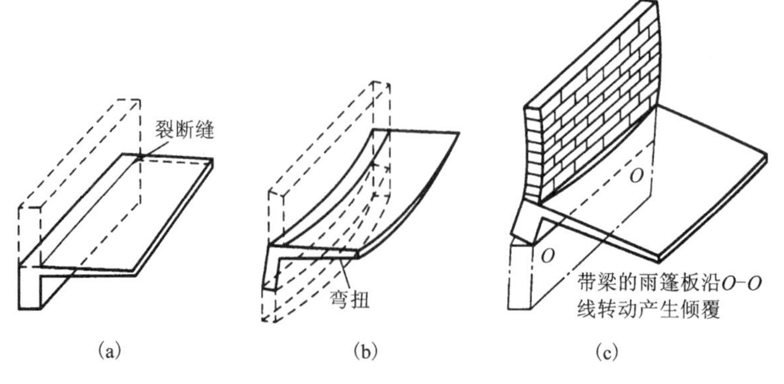

图 11.62 雨篷可能的破坏形式

(a)沿雨篷板根部断裂；(b)雨篷梁受弯剪扭破坏；(c)雨篷倾覆

11.6.2 雨篷板的设计

1. 作用在雨篷板上的荷载

(1)永久荷载：包括板自重、面层及抹灰。

(2)均布活荷载或雪载，取较大值。

(3)作用在板端的施工或检修集中荷载 $F_k = 1$ kN。当进行雨篷板承载力计算时，沿板宽每隔1 m取一个集中荷载；在当进行雨篷抗倾覆验算时，沿板宽每隔2.5～3.0 m取一个集中荷载。施工集中荷载与均布活荷载不同时考虑，按不利情况采用。

2. 内力计算及截面设计

雨篷板通常取1 m宽板带按悬臂板进行内力计算，取其根部弯矩值进行正截面承载力计算。雨篷板一般不进行斜截面承载力计算。

3. 构造要求

雨篷板厚度可取悬挑长度的1/12，板外悬挑长度一般为0.6～1.5 m，若现浇雨篷板做成变截面的，其根部厚度可取悬挑长度的1/10，端部厚度不小于50 mm。当悬挑长度不大于500 mm时，其根部厚度应不小于60 mm；悬挑长度为1200 mm时，其根部厚度应不小于100 mm。

11.6.3 雨篷梁的设计

1. 作用在雨篷梁上的荷载

(1)雨篷梁自重；

(2)雨棚板传来的荷载；

(3)雨篷梁上墙体自重；

(4)可能计入的楼盖传来的荷载。

2. 内力计算

雨篷板传来荷载可以简化为竖向均布线荷载和均布线扭矩。当雨篷板上作用有均布荷载 $(g+q)$ 时，雨篷梁的线扭矩为 $m_T = (g+q)l\left(\frac{l}{2}+\frac{b}{2}\right)$，如图11.63所示。

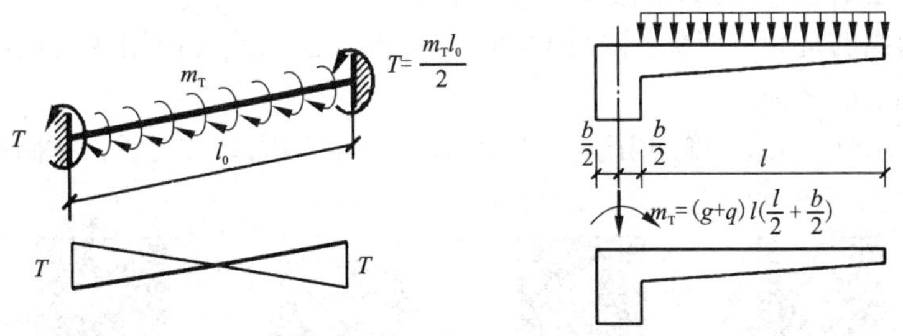

图11.63 雨篷梁受力情况图

雨篷梁在竖向荷载作用下，按简支梁计算弯矩和剪力。在线扭矩作用下，简化为两端固定单跨梁，最大扭矩出现在支座截面，数值为 $T=\frac{1}{2}m_T l_0$，如图11.63所示。

3. **构造要求**

雨篷梁的宽度一般与墙厚相同，截面高度一般取计算跨度的1/10。两端支承于墙体内的长度不宜小于370 mm。雨篷梁除支承雨篷板外，还兼有门窗洞口过梁作用。

11.6.4 雨篷抗倾覆验算

雨篷板上荷载使整个雨篷绕雨篷梁底的倾覆点转动倾倒，产生倾覆力矩 M_{ov}，雨篷梁上自重、梁上墙体自重会阻止雨篷倾覆的稳定作用，这些荷载称为抗倾覆荷载，产生的力矩称为抗倾覆力矩 M_r，如图11.64所示。

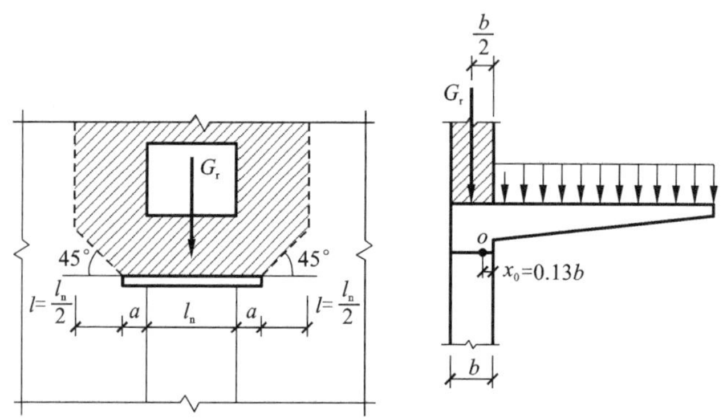

图11.64 雨篷的倾覆及抗倾覆荷载

为保证结构整体不丧失平衡，结构抗倾覆验算应满足下式要求：

$$M_{ov} \leqslant M_r$$

式中，M_{ov}——按雨篷板上最不利荷载组合计算的结构绕 O 点倾覆力矩设计值；

M_r——按抗倾覆荷载计算的结构绕 O 点的抗倾覆力矩设计值：

$$M_r = 0.8G_r\left(\frac{b}{2} - x_0\right)$$

式中，0.8——抗倾覆验算时的永久荷载分项系数；

G_r——雨篷的抗倾覆荷载，按图11.64阴影部分所示范围内墙体与楼、屋面永久荷载标准值之和。

当不满足要求时，可适当增加雨篷梁的支承长度，用以增加墙体自重，或采用其他拉结措施。

小　结

(1) 钢筋混凝土楼盖按施工方法分为现浇楼盖和装配式楼盖等；现浇楼盖结构按受力和支承条件不同又分为单向板肋形楼盖和双向板肋形楼盖。

(2) 四边支承的板，当长边与短边的比例大于 2 时，为单向板，否则为双向板。单向板主要沿短边方向受力，则沿短向布置受力钢筋；双向板须沿两个方向布置受力钢筋。单向板肋形楼盖构造简单，施工方便，应用较多。

(3) 连续板、梁设计计算前，首先要明确计算简图。当连续板、梁各跨计算跨度相差不超过 10% 时，可按等跨计算。五跨以上可按五跨计算。对于多跨连续板、梁要考虑活载的不利位置。

(4) 连续板的配筋方式有弯起式和分离式两种。板和次梁可按构造规定确定钢筋的弯起和截断。主梁纵向受力钢筋的弯起和截断，则应按弯矩包络图和抵抗弯矩图确定。次梁与主梁的交接处，应设主梁的附加横向钢筋。

(5) 双向板配置受力筋时，应把短向受力钢筋放在长向受力钢筋外侧。多跨连续双向板的配筋也有弯起式和分离式。双向板传给四边支承梁上的荷载按自每一个区格四角做 450 线分布，因此四边支承板传到短边支承梁上的荷载为三角形荷载，传给长边支承梁的荷载为梯形荷载。

(6) 装配式楼盖由预制板、梁组成，不仅应按使用阶段计算，还应进行施工阶段的验算和吊环计算，从而保证构件在运输、堆放、吊装中的安全。

(7) 整体式现浇楼梯主要有梁式和板式两种。二者的主要区别在于楼梯段是梁承重还是板承重。前者受力较合理，用材较省，但施工复杂且欠美观，宜用于荷载较大、梯段较长的楼梯。后者相反。装配式楼梯一般不需自行设计，可按通用图集施工。

习　题

一、填空题

1. 钢筋混凝土结构的楼盖按施工方式可分为________、________、________三种形式。

2. 现浇整体式钢筋混凝土楼盖结构按楼板受力和支承条件不同，又可分为__________、________、________、________等四种形式。

3. 从受力角度考虑，两边支承的板为________板。

4. 现浇整体式单向板肋梁楼盖是由________、________、________组成的。

5. 单向板肋梁楼盖设计中，板和次梁采用________计算方法，主梁采用________计算方法。

6. 多跨连续梁、板采用塑性理论计算时的适用条件有两个，一是______________，二是______________。

7. 对于现浇混凝土楼盖，次梁和主梁的计算截面的确定，在跨中处按________，在支座处按________。

8. 多跨连续双向板按弹性理论计算时，当求某一支座最大负弯矩时，活荷载按________

考虑。

9. 无梁楼盖的计算方法有________、________两种。

10. 双向板支承梁的荷载分布情况，由板传至长边支承梁的荷载为________分布；传给短边支承梁上的荷载为________分布。

11. 当楼梯板的跨度不大(≤3 m)，活荷载较小时，一般可采用__________。

12. 板式楼梯在设计中，由于考虑了平台对梯段板的约束的有利影响，在计算梯段板跨中最大弯矩的时候，通常将$\frac{1}{8}$改成________。

13. 钢筋混凝土雨篷需进行三方面的计算，即__________、__________、__________。

二、判断题

1. 两边支承的板一定是单向板。(　　)

2. 四边支承的板一定是双向板。(　　)

3. 为了有效地发挥混凝土材料的弹塑性性能，在单向板肋梁楼盖设计中，板、次梁、主梁都可采用塑性理论计算方法。(　　)

4. 当求某一跨跨中最大正弯矩时，在该跨布置活载外，其他然后隔跨布置。(　　)

5. 当求某一跨跨中最大正弯矩时，在该跨不布置活载外，其他然后隔跨布置。(　　)

6. 当求某跨跨中最小弯矩时，该跨不布置活载，而在相邻两跨布置，其他隔跨布置。(　　)

7. 当求某支座最大负弯矩，在该支座左右跨布置活载，然后隔跨布置。(　　)

8. 当求某一支座最大剪力时，在该支座左右跨布置活载，然后隔跨布置。(　　)

9. 在单向板肋梁楼盖截面设计中，为了考虑"拱"的有利影响，要对所有板跨中截面及支座截面的内力进行折减，其折减系数为0.8。(　　)

10. 对于次梁和主梁的计算截面的确定，在跨中处按在支座处T形截面，在支座处按矩形截面。(　　)

11. 对于次梁和主梁的计算截面的确定，在跨中处按矩形截面，在支座处按T形截面。(　　)

12. 多跨连续双向板按弹性理论计算时，当求某一支座最大负弯矩时，活荷载按满布考虑。(　　)

13. 当梯段长度大于3 m时，结构设计时，采用梁板式楼梯。(　　)

三、选择题

1. 混凝土板计算原则的下列规定中(　　)不完全正确。

A. 两对边支承板应按单向板计算

B. 四边支承板当$\frac{l_2}{l_1} \leqslant 2$时，应按双向板计算

C. 四边支承板当$\frac{l_2}{l_1} \geqslant 3$时，可按单向板计算

D. 四边支承板当$2 < \frac{l_2}{l_1} < 3$，宜按双向板计算

2. 以下(　　)种钢筋不是板的构造钢筋。

A. 分布钢筋　　　　B. 箍筋或弯起筋

C. 与梁(墙)整浇或嵌固于砌体墙的板，应在板边上部设置的扣筋

D. 现浇板中与梁垂直的上部钢筋

3. 当梁的腹板 h_w 高度是下列(　　)项值时，在梁的两个侧面应沿高度配纵向构造筋(俗称腰筋)。

A. $h_w \geqslant 700$ mm　　B. $h_w \geqslant 450$ mm　　C. $h_w \geqslant 600$ mm　　D. $h_w \geqslant 500$ mm

4. 承提梁下部或截面高度范围内集中荷载的附加横向钢筋应按下面(　　)配置。

A. 集中荷载全部由附加箍筋或附加吊筋，或同时由附加箍筋和吊筋承担

B. 附加箍筋可代替剪跨内一部分受剪箍筋

C. 附加吊筋如满足弯起钢筋计算面积的要求，可代替一道弯起钢筋

D. 附加吊筋的作用如同鸭筋

5. 简支楼梯斜梁在竖向荷载设计值 q 的作用下，其承载力计算的下列原则(　　)项不正确。

A. 最大弯矩可按斜梁计算跨度 l_0' 的水平投影 l_0 计算

B. 最大剪力为按斜梁水平投影净跨度 l_n 计算，即 $V=\frac{1}{2}ql_n\cos\alpha$

C. 竖向荷载 ql_0 沿斜梁方向产生轴向压力 $N=ql_0\sin\alpha$ 可忽略，近似按受弯构件计算，并偏于安全

D. 斜梁应按竖向截面进行配筋计算

6.《规范》规定：塑性铰截面中混凝土受压区相对高度满足(　　)。

A. $\xi \leqslant 0.35$　　B. $\xi \leqslant 0.518$　　C. $\xi \leqslant 0.550$　　D. $\xi \leqslant 0.614$

7. 在单向板肋梁楼盖截面设计中，为了考虑“拱”的有利影响，要对板的中间跨跨中截面及中间支座截面的内力进行折减，其折减系数为(　　)。

A. 0.9　　B. 0.8　　C. 0.85　　D. 0.95

8. 对于次梁和主梁的计算截面的确定，正确的是(　　)。

A. 在跨中处和支座处均矩形截面

B. 在跨中处及支座处矩形截面，均按T形截面

C. 在跨中处按处矩形截面，在支座处按T形截面

D. 在跨中处T形截面，在支座处按矩形截面

9. 双向板支承梁的荷载分布情况为(　　)。

A. 长边梯形分布，短边三角形分布。

B. 长边三角形分布，短边梯形分布

C. 长边、短边均为矩形分布

D. 长边、短边均为梯形分布

四、简答题

1. 何谓单向板？何谓双向板？

2. 现浇整体式单向板肋梁楼盖结构布置时，板、次梁、主梁的经济跨度有何要求？

3. 单向板肋梁楼盖的结构布置要求有哪些?

4. 多跨连续梁(板)的内力计算方法有哪两种?

5. 单向板肋梁楼盖的板、次梁、主梁的计算方法是如何确定的?

6. 绘图表示多跨连续单向板肋梁楼盖的计算单元和计算简图，并说明荷载的传递路线。

7. 在单向板肋梁楼盖中，对板、梁的支座是如何简化的?

8. 按弹性理论计算多跨连续梁、板的内力时，如何考虑活荷载的最不利位置?

9. 如何确定多跨连续梁、板的计算跨数? 阐述其原因。

10. 如何确定多跨连续板、梁计算跨度 l_0?

11. 多跨连续梁、板采用塑性理论计算时的适用条件是什么?

12. 如何按弹性理论进行肋梁楼盖内力计算?

13. 如何用塑性理论计算多跨连续梁、板内力?

14. 在单向板肋梁楼盖截面设计中，为什么要对板的内力进行折减? 怎么折减的?

15. 多跨连续单向板受力钢筋的布置形式有哪两种? 各有何特点? 绘图表示其构造要求。

16. 嵌入墙内的板面构造上如何处理? 为什么?

17. 垂直于主梁的板面为何要配置附加筋? 如何配置?

18. 对于现浇楼盖次梁和主梁的计算截面形状如何确定? 如跨中处? 支座处?

19. 按弹性计算的单向板肋梁楼盖的主梁的内力，是配筋计算时所取的内力吗? 为什么?

20. 次梁的配筋构造有哪些要求? 绘图表示。

21. 雨篷板可能发生哪几种破坏? 需要做哪些计算?

22. 某 5 跨连续板，绘图表示:

(1)当求第 2 跨、第 3 跨跨中最大弯矩时的活荷载布置情况。

(2)当求第 1 内支座，第 3 个支座的支座最大负弯矩时的活载布置情况。

五、综合设计题

整体式钢筋混凝土单向板肋梁楼盖设计

1. 某工业仓库，采用多层砖混结构，内框架承重体系，外墙厚 370 mm，钢筋混凝土柱截面尺寸为 400 mm×400 mm，楼盖为现浇钢筋混凝土肋梁楼盖，平面示意如图 11.65 所示。

2. 楼面活载 $q_k=7.0\ kN/m^2$，活载分项系数为 $r_Q=1.3$。

3. 楼面做法: 20 mm 厚水泥砂浆地面(重度为 20 kN/m^3)，天棚为 15 mm 厚石灰砂浆抹灰(17 kN/m^3)。

4. 混凝土强度等级为 C30，钢筋除梁中纵向受力筋采用 HRB335 级钢外，其他均用 HPB300 级钢筋。

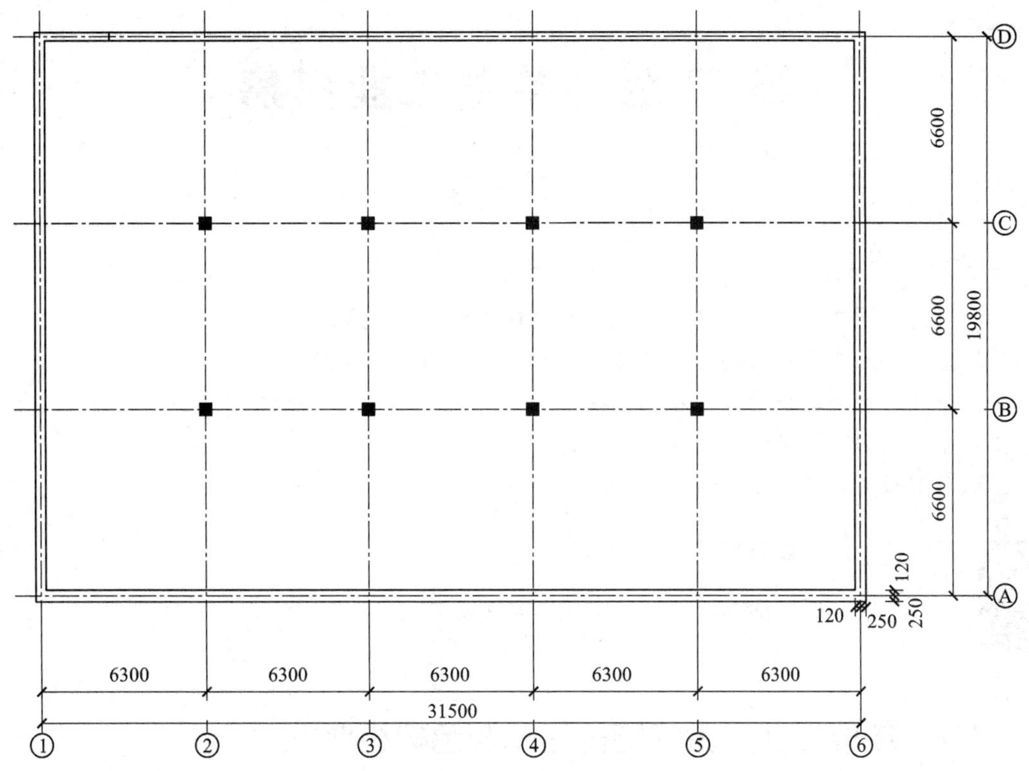

图 11.65　楼盖平面示意图

第 12 章　单层工业厂房

【学习目标】

(1)熟悉单层工业厂房的结构形式、结构布置及受力特点;
(2)掌握单层工业厂房的结构计算简图及主要内力计算方法;
(3)熟悉排架柱的设计方法及构造要求;
(4)了解屋架的设计方法及构造要求;
(5)了解柱下独立基础的设计方法。

单层工业厂房简介

【本章导读】

通过本章学习试设计下述单层工业厂房。

12.1　单层工业厂房的结构形式及结构组成

12.1.1　单层工业厂房的结构形式

单层工业厂房对各种类型的工业生产有较大的适应性，因而其应用范围比较广泛。例如，冶金或机械厂的炼钢、轧钢、铸造、锻压、金工、装配等车间，一般因有大型机器或设备，产品较重且轮廓尺寸较大，故宜直接在地面上生产而设计成单层厂房。

单层工业厂房依据其跨度、高度和吊车起重量等因素的不同可采用混合结构、混凝土结构或钢结构。本书所涉及到的钢筋混凝土结构单层工业厂房主要适用于跨度 15 m 以上 36 m 以下，吊车吨位 150 t 以下的中型工业厂房。单层工业厂房的结构形式，有排架结构和刚架结构两种。其中，装配式钢筋混凝土排架结构是目前单层工业厂房结构的基本形式，应用比较广泛。

装配式钢筋混凝土排架结构主要由屋架(或屋面梁)、柱和基础所组成，柱顶与屋架(或屋面梁)铰接，柱底与基础固接。根据生产工艺和使用要求的不同，排架结构可以设计成等高或不等高、单跨、多跨或锯齿形等多种形式，如图 12.1 所示。后者通常用于单层采光的纺织厂。排架结构传力明确，构造简单，施工较方便。

装配式钢筋混凝土刚架结构是由横梁、柱和基础所组成。与排架结构不同，刚架结构中的柱与横梁刚接为一个构件，而柱与基础一般为铰接，也有时采用刚接。当门架的顶点做成铰接时，即成为三绞门架，见图 12.2(a)；当门架的顶点做成刚接时，即成为二绞门架，见图 12.2(b)；前者是静定结构，后者是超静定结构。当门架跨度较大时，为便于吊装，可将门架做成三段，在横梁弯矩较小的截面处设置接头，用焊接或螺栓连接成整体。刚架顶部也有做

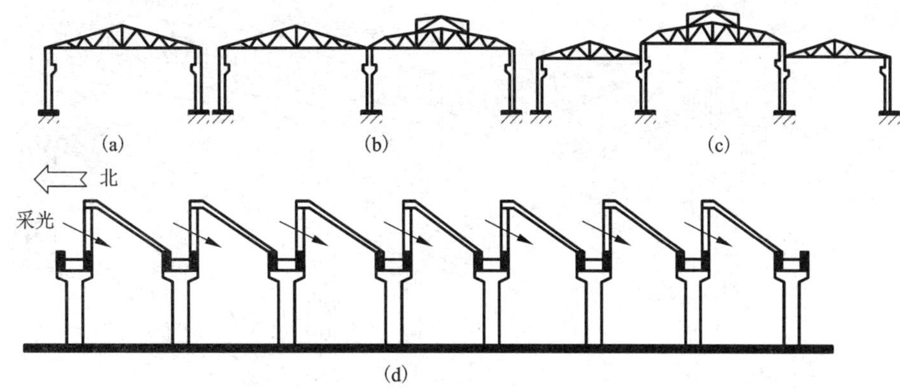

图 12.1　钢筋混凝土单层工业厂房排架结构示意图

(a)单跨排架；(b)双跨等高排架；(c)多跨不等高排架；(d)锯齿形排架

成弧形的，见图 12.2(c)、(d)。刚架立柱和横梁的截面高度都是随内力(主要是弯矩)的增减沿轴力方向做成变高度的，以节约材料。

我国于 20 世纪 60 年代初期开始在轻型厂房中采用混凝土刚架结构，目前已很少使用，但钢的刚架仍广泛使用。本章主要介绍单层厂房排架结构。

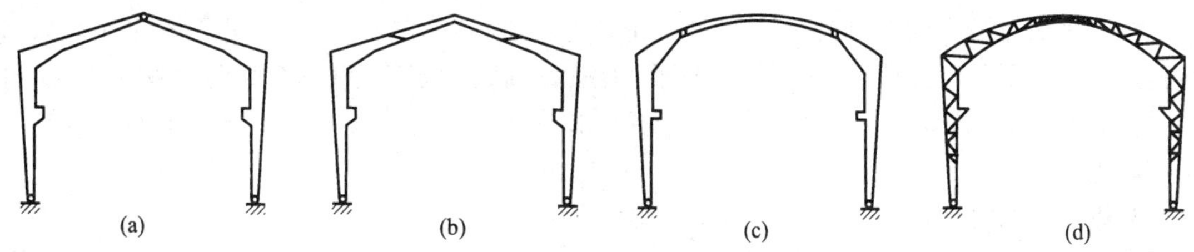

图 12.2　门式刚架结构

(a)三绞刚架；(b)两绞刚架；(c)弧形刚架；(d)弧形或工字形空腹刚架

12.1.2　单层工业厂房的结构组成

单层工业厂房通常由屋盖结构、吊车梁、柱、支撑、基础及围护结构等结构构件组成一个复杂的空间受力体系，如图 12.3 所示。

1. 屋盖结构

屋盖结构由排架柱顶以上部分各构件(包括屋面板、天窗架、屋架、托架等)组成，其主要作用是围护和承重(承受屋盖结构的自重、屋面活荷载、雪荷载和其他荷载，并将这些荷载传给排架柱)，以及采光和通风。

屋盖结构分无檩和有檩两种体系。无檩体系由大型屋面板、屋架或屋面梁及屋盖支撑组成，有时还包括天窗架和托架等构件。这种屋盖的屋面刚度大、整体性好、构件数量和种类较少，施工速度快，是单层工业厂房中应用较广的一种屋盖结构形式。有檩体系是由小型屋面板、檩条、屋架及屋盖支撑所组成。这种屋盖的构造和荷载传递都比较复杂，整体性和刚度也较差，适用于一般中、小型厂房。

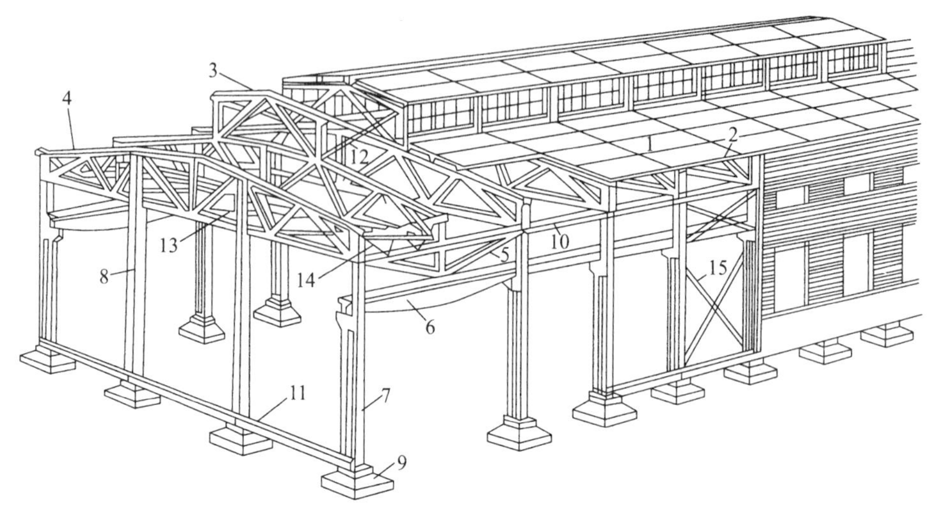

图 12.3　单层工业厂房结构组成

1—屋面板；2—天沟板；3—天窗架；4—屋架；5—托架；
6—吊车梁；7—排架柱；8—抗风柱；9—基础；10—连系梁；
11—基础梁；12—天窗架垂直支撑；13—屋架下弦横向水平支撑；14—屋架端部垂直支撑；15—柱间支撑

2. 横向平面排架

横向平面排架由横梁（屋架或屋面梁）和横向柱列（包括基础）组成，是厂房的基本承重结构。厂房承受的竖向荷载（包括结构自重、屋面活荷载、雪荷载和吊车竖向荷载等）及横向水平荷载（包括风荷载、吊车横向制动力、横向水平地震作用等）主要通过横向平面排架传至基础和地基。

3. 纵向平面排架

纵向平面排架由连系梁、吊车梁、纵向柱列（包括基础）和柱间支撑等作用，其作用是保证厂房结构的纵向稳定性和刚度，承受吊车纵向水平荷载、纵向水平地震作用、温度应力及作用在山墙及天窗架端壁并通过屋盖结构传来的纵向水平风荷载等。如图 12.4 所示。

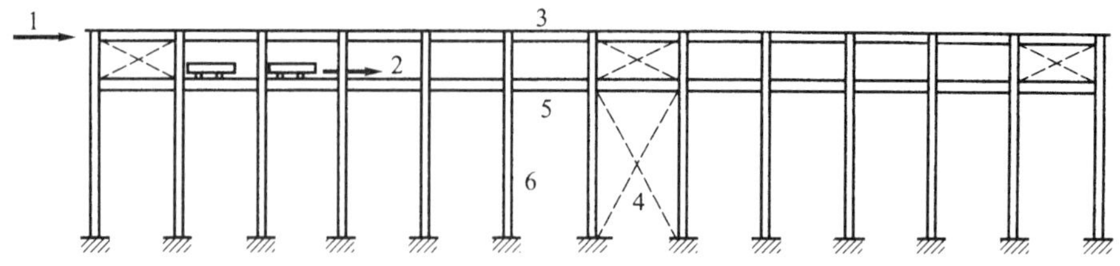

图 12.4　单层工业厂房纵向排架示意图

1—风力；2—吊车纵向制动力；3—连系梁；4—柱间支撑；5—吊车梁；6—柱

4. 吊车梁

吊车梁一般为装配式的，简支在柱的牛腿上，主要承受吊车竖向荷载、横向或纵向水平荷载，并将它们分别传至横向或纵向平面排架。吊车梁是直接承受吊车动力荷载的构件。

5. 支撑

单层厂房的支撑包括屋盖支撑和柱间支撑两种，其作用是加强厂房结构的空间刚度，保证结构构件在安装和使用阶段的稳定和安全，同时起着把风荷载、吊车水平荷载或水平地震作用等传递到相应承重构件的作用。

6. **基础**

基础承受柱和基础梁传来的荷载并将它们传至地基。

7. **围护结构**

围护结构包括纵墙、横墙（山墙）、抗风柱、连系梁、基础梁等构件。其中，外纵墙和山墙承受风荷载，并传递给柱子；抗风柱承受山墙风荷载并传给屋盖或地基；连系梁和基础梁承受外纵墙和山墙自重，并传给基础。

12.1.3　单层工业厂房的受力特点及传力路线

作用在纵、横向平面排架上的荷载包括永久荷载和可变荷载。永久荷载（或称为恒载）包括各种构件、围护结构及固定设备的自重；可变荷载（或称为活载）包括屋面活荷载、雪荷载、积灰荷载、风荷载、吊车荷载等。吊车荷载是单层工业厂房结构的主要荷载，按照国家标准《起重机设计规范》（GB/T3811）的规定，吊车工作级别分为 A1 ~ A8 八个级别和轻级、中级、重级、超重级四个工作制。上述荷载按其作用方向可分为竖向荷载、横向水平荷载和纵向水平荷载三种。前两种荷载主要通过横向平面排架传至地基，后一种荷载则通过纵向平面排架传至地基，如图 12.5 所示。

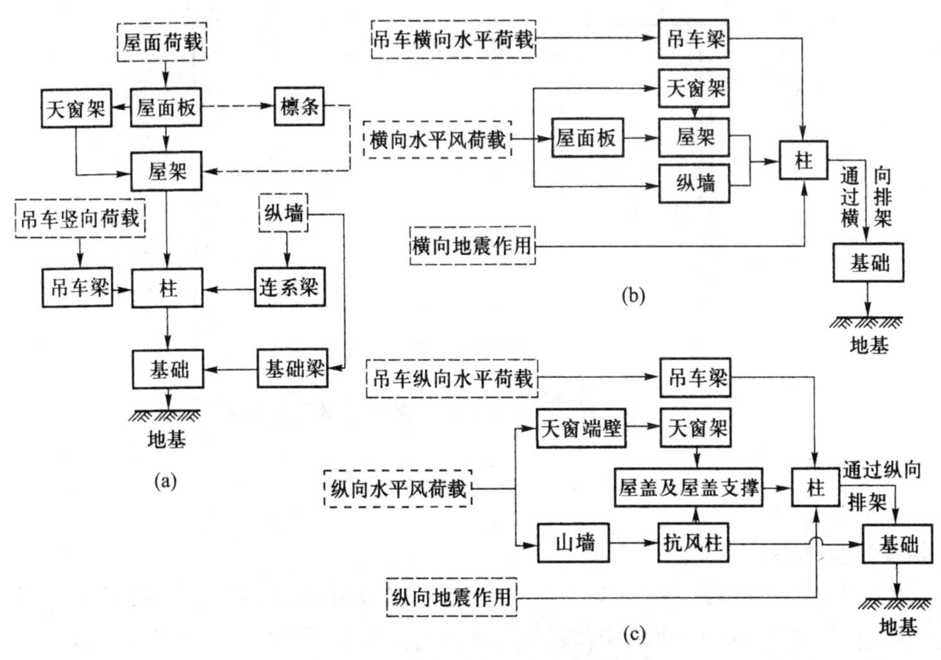

图 12.5　单层工业厂房荷载传递路径

(a)竖向荷载；(b)横向水平荷载；(c)纵向水平荷载

由上图可知，单层厂房结构所承受的竖向荷载和水平荷载，基本上都先传递给排架柱，再由柱传至基础及地基。因此，屋架（或屋面梁）、柱、基础是单层厂房的主要承重构件。在有吊车的厂房中，吊车梁也是主要承重构件。

12.2 单层工业厂房的结构布置

12.2.1 柱网与定位轴线

1. 柱网

由厂房承重柱的纵向和横向定位轴线所形成的网络称为柱网。柱网布置就是确定纵向定位轴线之间(跨度)和横向定位轴线之间(柱距)的尺寸。柱网尺寸确定后，承重柱的位置、屋面板、屋架、吊车梁和基础梁等构件的跨度和位置也随之确定。柱网布置的原则，首先应满足生产工艺及使用要求，在此前提下力求建筑平面和结构方案经济合理；另外，还应遵守《厂房建筑模数协调标准》(GBJ6)规定的统一模数制，以 100 mm 为基本单位，用 M 表示。

当厂房跨度小于或等于 18 m 时，应采用 30M 数列(3 m 的倍数)，即 9 m，12 m，15 m 和 18 m；当厂房跨度大于 18 m 时，应采用 60M 数列(6 m 的倍数)，即 24 m，30 m，36 m 等。如图 12.6 所示。但当工艺布置及技术经济指标有明显优势时，也可采用 21 m，27 m，33 m 等跨度。厂房柱距一般采用 6 m 较为经济，当工艺有特殊要求时，可局部抽柱，即柱距为 12 m，对于某些有扩大柱距要求的厂房也可采用 9 m 及 12 m 柱距。此外，柱网布置还应适当考虑施工条件，以及今后一定时期内的生产发展及技术革新要求。

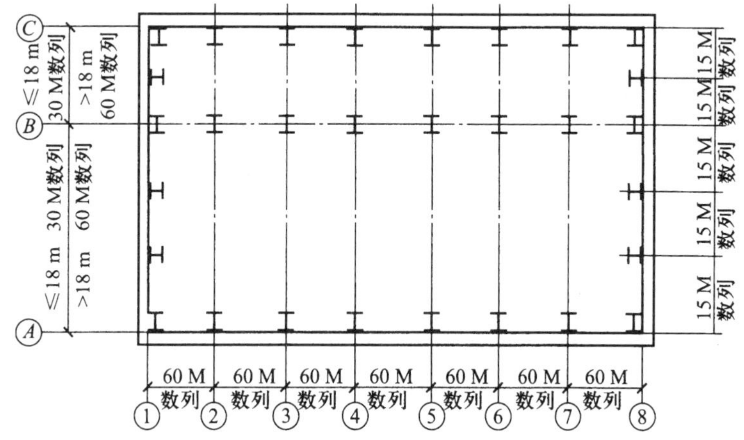

图 12.6 单层工业厂房柱网布置

2. 纵向定位轴线

纵向定位轴线一般用编号 A、B、C、…表示。对于无吊车或吊车起重量不大于 30t 的厂房，边柱外边缘、纵墙内缘、纵向定位轴线三者重合，形成封闭组合，如图 12.7(a)所示。纵向定位轴线之间的距离(即跨度 L)与吊车轨距 L_K 之间一般有如下关系：

$$L = L_K + 2e \qquad e = B_1 + B_2 + B_3 \tag{12.1}$$

式中，L_K——吊车跨度，即吊车轨道中心线间的距离，可由吊车规格查得；

e——吊车轨道中心线至纵向定位轴线间的距离，一般取 750 mm；

B_1——吊车轨道中心线至吊车桥架外边缘的距离，可由吊车规格查得；

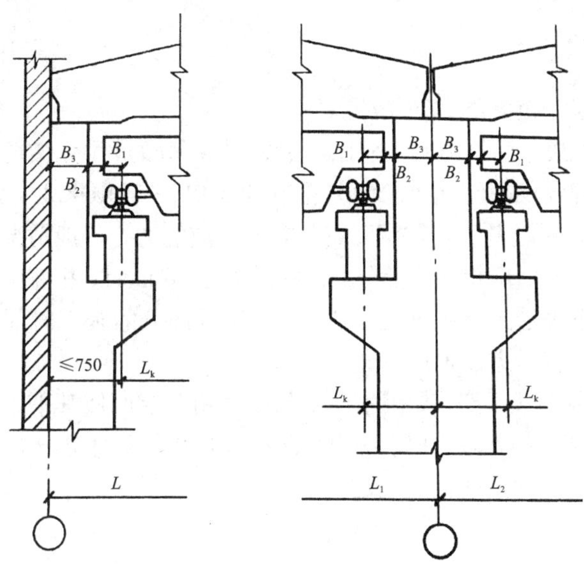

图 12.7　单层工业厂房柱网布置

(a)边柱时；(b)中柱时

B_2——吊车桥架外边缘至上柱内边缘的净空宽度，当吊车起重量不大于 $50t$ 时，取 $B_2 \geqslant 80$ mm，当吊车起重量大于 50 t 时，取 $B_2 \geqslant 100$ mm；

B_3——边柱的上柱截面高度或中柱边缘至其纵向定位轴线的距离。

对边柱，当按计算 $e \leqslant 750$ mm 时，取 $e = 750$ mm，如图 12.7(a)所示；对中柱，当为多跨等高厂房时，按计算 $e \leqslant 750$ mm 时，也取 $e = 750$ mm，纵向定位轴线与上柱中心线重合，如图 12.7(b)所示。

3. 横向定位轴线

横向定位轴线一般通过柱截面的几何中心，用编号①、②、③…表示。在厂房纵向尽端处，横向定位轴线位于山墙内边缘，并把端柱中心线内移 600 mm，同样在伸缩缝两侧的柱中心线也须向两边各移 600 mm，使伸缩缝中心线与横向定位轴线重合，如图 12.8 所示。

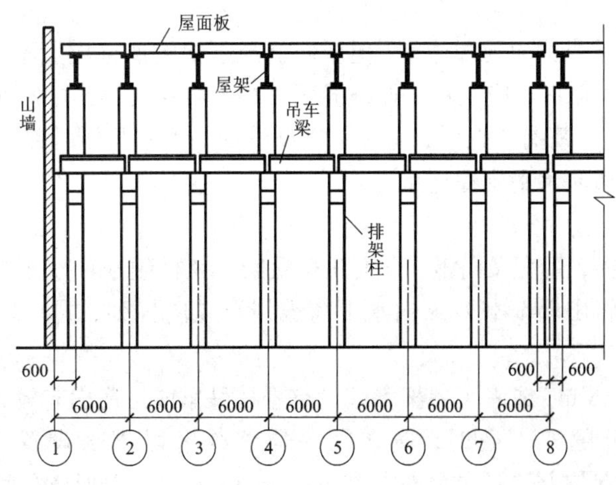

图 12.8　厂房的横向定位轴线

12.2.2 变形缝

变形缝包括伸缩缝、沉降缝和防震缝。

温度区段的长度取决于结构类型、施工方法和结构所处的环境，装配式钢筋混凝土排架结构伸缩缝最大间距应符合《混凝土结构设计规范》(GB50010—2010)8.1.1条、8.1.2条的规定。

单层厂房排架结构对地基不均匀沉降有较好的适应能力。一般情况下，单层工业厂房可以不设沉降缝。但是，当厂房相邻两部分高度相差大于10 m时，相邻两跨间吊车起重量相差悬殊，地基承载力或下卧层土质有较大差别，或厂房各部分的施工时间先后相差很长，土壤压缩程度不同等情况，应考虑设置沉降缝。

位于地震区的单层工业厂房，如因生产工艺或使用要求而使其平、立面布置复杂或结构相邻两部分的刚度和高度相差较大时，应设置防震缝将相邻两部分分开。防震缝宽根据抗震烈度和缝两侧中较低一侧房屋的高度确定。

12.2.3 支撑

由于排架结构除柱与基础连接采用刚接外，其余构件均采用铰接。一方面，这一特点便于施工且对地基不均匀沉降有较强的适应性；另一方面，厂房的整体刚度和稳定性都较差，不能有效传递水平荷载。因此，必须设置各种支撑以保证排架结构的可靠性。

单层工业厂房的支撑可分为屋盖支撑和柱间支撑两类。下面扼要介绍屋盖支撑和柱间支撑的作用和布置原则，至于具体布置方法及构造细节可参阅有关标准图集或参考文献。

1.屋盖支撑

屋盖支撑包括上、下弦横向水平支撑、纵向水平支撑、垂直支撑与纵向水平系杆、天窗架支撑等。

1)上弦横向支撑

上弦横向水平支撑是沿厂房跨度方向用交叉角钢、直腹杆和屋架上弦杆共同构成的水平桁架。其作用是保证屋架上弦杆在平面外的稳定和屋盖纵向水平刚度，同时还作为山墙抗风柱顶端的水平支座，承受由山墙传来的风荷载和其他纵向水平荷载，并将其传至厂房的纵向柱列。

当屋盖为有檩体系或虽为无檩体系，但屋面板与屋架的连接质量不能保证，且山墙抗风柱将风荷载传至屋架上弦时，应在每一伸缩缝区段端部第一或第二柱间布置上弦横向水平支撑(图12.9所示)。当厂房有天窗时，应在屋脊点设置一道水平刚性系杆(压杆)，将天窗区段内各榀屋架与上弦横向水平支撑连系起来。

2)下弦横向支撑

在屋架下弦平面内，由交叉角钢、直腹杆和屋架下弦杆组成的水平桁架，称为下弦横向水平支撑。其作用是将山墙荷载及纵向水平荷载传至纵向柱列，同时防止屋架下弦的侧向振动。

当厂房跨度大于18 m，或者当屋架下弦设有悬挂吊车或厂房内有较大的振动以及山墙风荷载通过抗风柱传至屋架下弦时，应在每一伸缩缝区段端部设置下弦横向水平支撑(图12.10所示)，并宜与上弦横向水平支撑设置在同一柱间，以形成空间桁架体系。

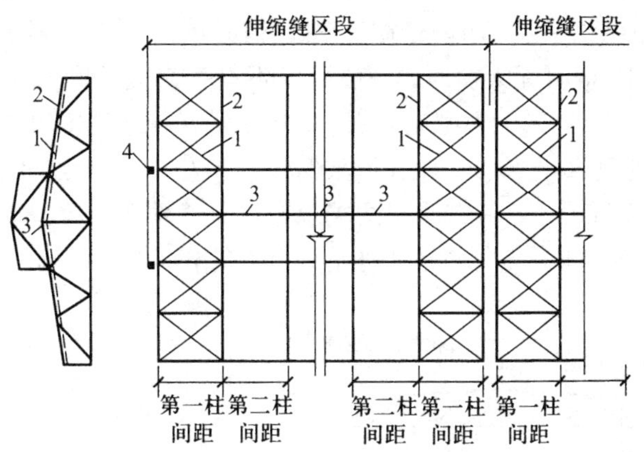

图 12.9　上弦横向水平支撑

1—上弦支撑；2—屋架上弦；3—水平刚性支撑；4—抗风柱

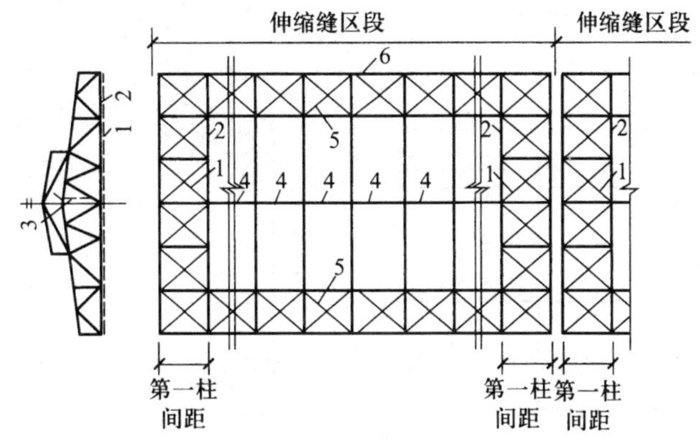

图 12.10　下弦横向及纵向水平支撑

1—下弦横向水平支撑；2—屋架下弦；3—垂直支撑；4—水平系杆；5—下弦纵向水平支撑；6—托架

3）纵向水平支撑

由交叉角钢、直腹杆和屋架下弦第一节间组成的纵向水平桁架称为下弦纵向水平支撑，其作用是加强屋盖结构的横向水平刚度。

当厂房内设有软钩桥式吊车但厂房高度大、吊车吨位较重（如等高多跨厂房柱高度大于 15 m，吊车工作级别为 A4 ~ A5，起重量大于 50 t），或者厂房内设有硬钩桥式吊车，或者设有大于 5 t 悬挂吊车，或者设有较大振动设备及厂房内因抽柱或柱距较大而需设置托架时，应在屋架下弦端节间沿厂房纵向通长或局部设置一道下弦纵向水平支撑（图 12.10 所示）。当设置下弦纵向水平支撑时，为保证厂房空间刚度，必须同时设置相应的下弦横向支撑，形成封闭的水平支撑系统。

4）垂直支撑和水平系杆

由角钢杆件与屋架直腹杆组成的垂直桁架称为屋盖垂直支撑，其形式为十字交叉形或 W 形。垂直支撑的作用是保证屋架承受荷载后在平面外的稳定并传递纵向水平力，因而应与下弦横向水平支撑布置在同一柱间内。水平系杆分为上、下弦水平系杆可保证屋架上弦或屋面梁受压翼缘的侧向稳定，下弦水平系杆可防止在吊车或有其他水平振动时屋架下弦发生侧向颤动。

当厂房跨度小于 18 m 且无天窗时，一般可以不设垂直支撑和水平系杆；当厂房跨度为 18 ~ 30 m，屋架间距为 6 m，采用大型屋面板时，应在每一伸缩缝区段端部第一或第二柱间设置一道垂直支撑；当跨度大于 30 m，应在屋架跨度 1/3 左右的节点处设置两道垂直支撑；当屋架端部高度大于 1.2 m 时，还应在屋架两端各布置一道垂直支撑；当厂房伸缩缝区段大于 90 m 时，还应在柱间支撑柱距内增设一道垂直支撑(图 12.11 所示)。

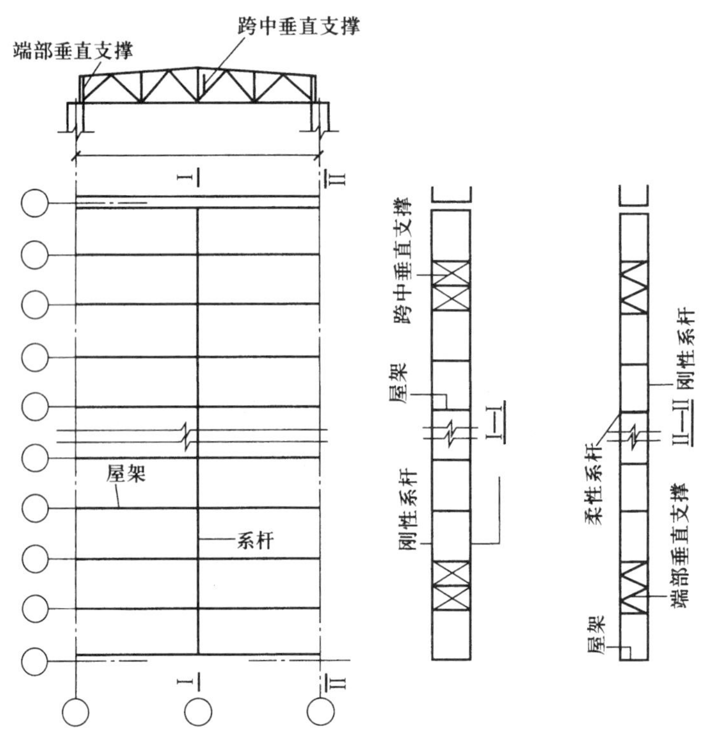

图 12.11　垂直支撑和水平系杆布置图

当屋架设置垂直支撑时，应在未设置垂直支撑的屋架间，在相应于垂直支撑平面内的屋架上弦和下弦节点处，设置通长的水平系杆。凡设在屋架端部柱顶处和屋架上弦屋脊节点处的通长水平系杆，均应采用刚性系杆，其余均可采用柔性系杆。

5)天窗架支撑

天窗架支撑包括天窗架上弦横向水平支撑和天窗架间的垂直支撑，用以保证天窗架上弦的侧向稳定和将天窗端壁上的风荷载传给屋架。

天窗架上弦横向水平支撑和垂直支撑一般均设置在天窗端部第一柱间内。当天窗区段较长时，还应在区段中部设有柱间支撑的柱间内设置垂直支撑。垂直支撑一般设置在天窗的两侧，当天窗架跨度大于或等于 12 m 时，还应在天窗中间竖杆平面内设置一道垂直支撑。天窗有挡风板时，在挡风板立柱平面内也应设置垂直支撑。在未设置上弦横向水平支撑的天窗架间，应在上弦节点设置柔性系杆。如图 12.12 所示。

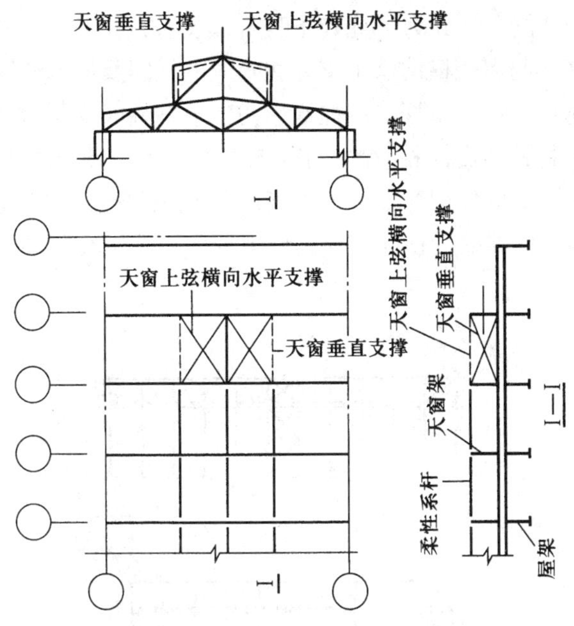

图 12.12　天窗架支撑布置图

2. 柱间支撑

纵向平面排架是由纵向柱列、柱间支撑、连系梁和吊车梁等所构成。其中柱间支撑是纵向平面排架中最主要的抗侧力构件，其作用是承受由抗风柱和屋盖横向水平支撑传来的山墙风荷载，由屋盖结构传来的纵向水平地震作用及由吊车梁传来的吊车纵向水平制动力，并将它们传给基础。另外，柱间支撑还能提高厂房结构的纵向刚度。

柱间支撑的形式见图 12.13 所示。当柱距 l 与柱间支撑的高度 h 的比值 $l/h \geqslant 2$ 时可采用人字形支撑；$l/h \geqslant 2.5$ 时可采用八字形支撑；当柱距为 15 m 且 h 较小时，采用单斜撑比较合理。

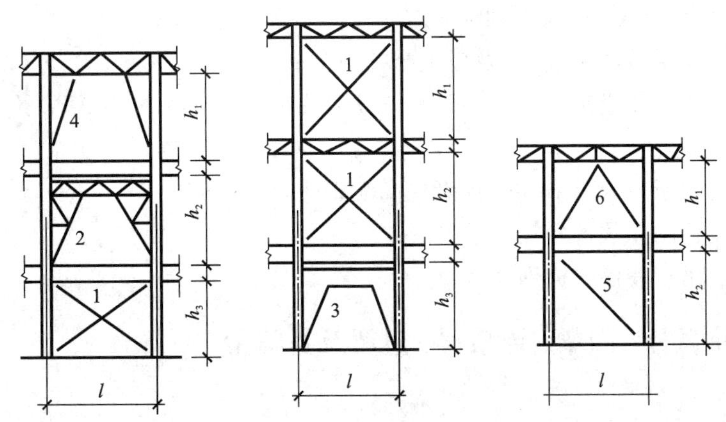

图 12.13　柱间支撑形式

1—十字交叉支撑；2—空腹门形支撑；3—大八字形支撑；4—小八字形支撑；5—单斜撑；6—人字撑

柱间支撑一般由交叉型钢杆件(型钢或钢管)组成，交叉杆件的倾角通常为35°~50°。对于有吊车的厂房，按其位置可分为上柱和下柱柱间支撑。上柱柱间支撑位于吊车梁上部，它设置在伸缩缝区段两端与屋盖横向水平支撑相对应的柱间及伸缩缝区段中央或临近中央的柱间，并在柱顶设置通长的刚性系杆以传递水平力。下柱柱间支撑位于吊车梁下部，它设置在伸缩缝区段中部与上柱柱间支撑相应的位置[图2.14(a)]。若下柱柱间支撑布置在伸缩缝区段的一端[图2.14(b)]，则伸缩变形增大1倍；若下柱柱间支撑布置在伸缩缝区段的两端[图2.14(c)]，则厂房纵向伸缩受柱间支撑的约束较大。后两种布置方式都会引起结构较大温度应力，应予以避免。

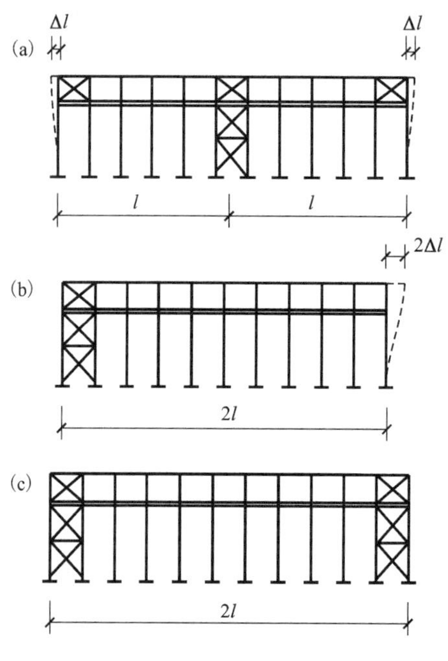

图12.14　柱间支撑与伸缩变形的关系

规范规定，单层工业厂房有下列情况之一时，应设置柱间支撑：

(1)厂房内设有悬臂吊车或3 t及以上悬挂吊车；

(2)厂房内设有工作级别为A6~A8工作级别的吊车，或者A1~A5工作级别的吊车且起重量在10 t及以上；

(3)厂房跨度大于或等于18 m，或者柱高大于或等于8 m；

(4)厂房纵向柱的总数每列在7根以下；

(5)设有露天吊车栈桥的柱列。

12.2.4　抗风柱、圈梁、连系梁、过梁及基础梁

1)抗风柱

当厂房高度及跨度不大时，可在山墙设置砖壁柱作为抗风柱；当厂房高度和跨度较大时，一般都采用钢筋混凝土抗风柱，柱外侧再贴砌山墙；当厂房高度很大时，山墙所受的风荷载很大，为减小抗风柱的截面尺寸，可在山墙内侧设置水平抗风梁或钢抗风桁架[图12.15

(a)所示]，作为抗风柱的中间支座。一部分风荷载将通过抗风梁或抗风桁架直接传给柱列。

抗风柱一般与基础刚接，与屋架上弦铰接；当屋架设有下弦横向水平支撑时，也可与下弦铰接或同时与上、下弦铰接。抗风柱与屋架的连接方式应满足两个要求：一是在水平方向必须与屋架有可靠的连接以保证有效地传递风荷载；二是在竖向应允许二者之间产生一定的相对位移，以防止抗风柱与屋架沉降不均匀而产生不利影响。通常，二者之间可采用弹簧板连接[图 12.15(b)所示]；若厂房沉降量较大时，宜采用槽形孔螺栓连接[图 12.15(c)所示]。

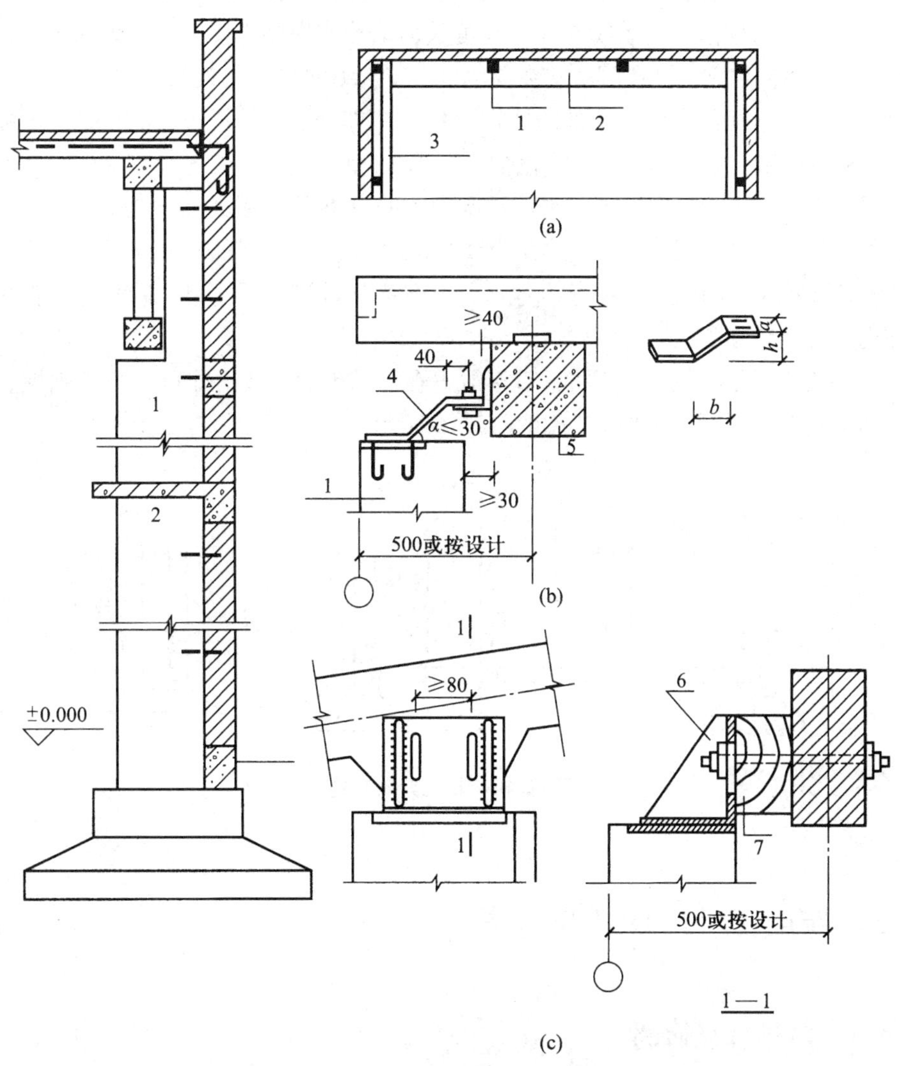

图 12.15　抗风柱及其连接

1—抗风柱；2—抗风梁；3—吊车梁；4—弹簧板；5—屋架上弦；6—加劲板；7—硬木板

2)圈梁、连系梁、过梁及基础梁

当用砌体作为厂房的围护结构时，一般要设置圈梁、连系梁、过梁和基础梁。

圈梁的布置与墙体高度、对厂房刚度的要求及地基情况有关。对无吊车厂房，当檐口标高小于8 m时，应在檐口附近设置一道圈梁；当檐口标高大于8 m时，宜增设一道。对于有桥式吊车的厂房，除在檐口附近或窗口附近或窗顶处设置一道圈梁外，尚应在吊车梁标高处或墙体适当部位增设一道圈梁；当外墙高度大于15 m时还应增设。对于有振动设备的厂房，沿墙高的圈梁间距不应超过4 m。圈梁应连续设置在墙体内同一水平面上，并尽可能沿整个厂房形成封闭状。

当厂房高度较大(15 m以上)、墙体的砌体强度不足以承受本身自重时，或者设置有高侧悬墙时，需在墙下布置连系梁。连系梁一般为预制构件，两端支撑在柱外侧的牛腿上，通过牛腿将墙体荷载传给柱子。连系梁与柱之间可采用螺栓或焊接连接。连系梁除承受墙体荷载外，还起到连系纵向柱列、增强厂房的纵向刚度、传递纵向水平荷载的作用。

过梁的作用是承托门窗洞口上部的墙体重量。在进行维护结构布置时，应尽可能地将圈梁、连系梁和过梁结合起来布置，以简化构造，节约材料、方便施工。

在单层厂房中，一般采用基础梁来承托围护墙的自重而不另设基础。外墙基础梁一般设置在边柱的外侧，梁顶面至少低于室内地面50 mm，底面距土层的表面应预留100 mm左右的空隙，使梁可随柱一同沉降。在寒冷地区，应在梁下敷设一层干砂、砂渣等松散材料，防止冬季冻土上升将梁顶裂。

基础梁一般不要求与柱连接，将梁直接放置在柱基础的杯口上即可。当基础埋置较深时也可将基础梁放置在混凝土垫块上。如图12.16所示。

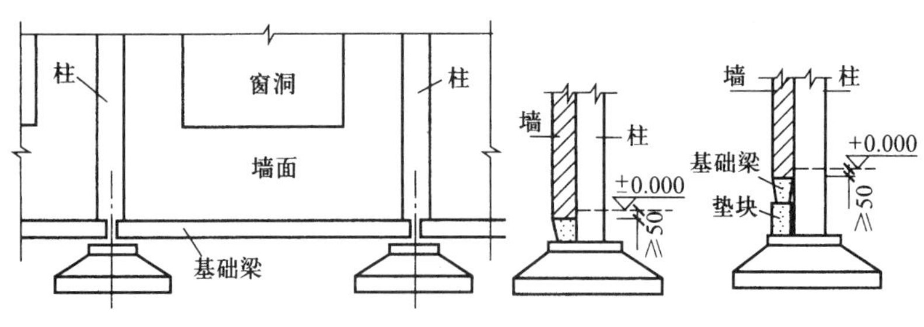

图12.16　基础梁的布置

12.3　单层工业厂房排架计算

12.3.1　结构计算简图

1. 计算单元

单层厂房排架结构实际上是空间结构，一般可简化为平面结构进行计算。在横向(跨度方向)按横向平面排架计算，在纵向(柱距方向)按纵向平面排架计算。而且，近似认为各个横向平面排架之间以及各个纵向平面排架之间都是互不影响，各自独立工作。由于纵向平面排架的柱较多，抗侧刚度较大，每根柱承受的水平力不大，因此往往不必计算，仅当抗侧刚度较差、柱较少、需要考虑水平地震作用或温度内力时才进行计算。本节介绍的排架计算无特殊说明一般指横向排架。

单层工业厂房的计算单元一般是根据排架的受力状况选取的，如果各榀排架的几何尺寸相同，则可直接根据其负载情况确定。例如，对于图12.17所示的厂房结构平面，如果各榀排架的几何尺寸完全相同，作用于厂房上的屋面荷载、雪荷载和风荷载都是均匀分布的，则应选取四种计算单元，分别为①轴、③轴、⑥轴、⑩轴。一般地，如果厂房各处的屋盖结构相同，各柱列柱距相等且无局部抽柱，则可通过纵向柱距的中线截取计算单元。

2. 基本假定

计算单元选定后，为了简化计算，还要根据厂房结构的实际构造和实践经验确定计算简图，对于钢筋混凝土排架结构可作如下假定：

(1)一般情况下，考虑柱下端嵌固于基础中，固定端位于基础顶面。只有当厂房地基较差，变形较大或有较重的大面积地面荷载时应考虑基础转动和位移对排架内力的影响。

(2)柱顶与屋架或屋面梁为铰接，只能传递竖向轴力和水平剪力，不能传递弯矩。

(3)横梁(屋架或屋面梁)为轴向刚度很大(轴向变形可以忽略)的刚性连杆。

3. 计算简图

在上述基本假定下，确定计算简图时，横梁及柱均以轴线表示。当柱为变截面时，牛腿顶面以上为上柱，其高度为 H_u，全柱高度为 H。双跨排架结构各榀排架计算单元选取、负载面积及其计算简图如图12.17所示。

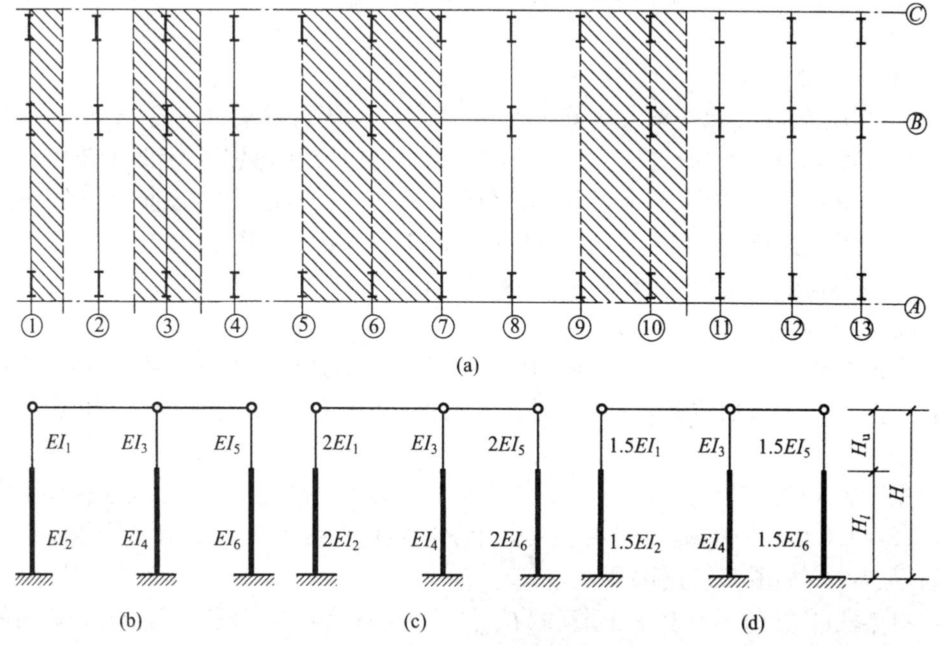

图12.17 计算单元和计算模型

(a)厂房结构平面布置图；(b)3#轴线计算简图；(c)6#轴线计算简图；(d)10#轴线计算

12.3.2 结构上的荷载

作用在横向排架结构上的荷载有恒载、屋面活荷载、雪荷载、吊车荷载和风荷载等，除吊车荷载外，其他荷载均取自计算单元范围之内。横向排架结构上所受荷载如图 12.18 所示。

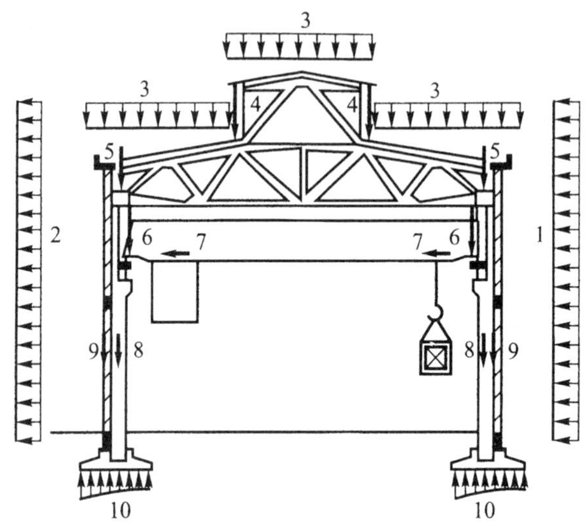

图 12.18 单层工业厂房横向排架示意图

1—风压力；2—风吸力；3—屋面荷载；4—天窗荷载；5—屋架荷载；6—吊车竖向轮压；7—吊车水平制动力；8—柱自重；9—墙自重；10—地基反力

1. 恒载

恒载包括屋盖、柱、吊车梁及轨道连接件、围护结构等自重重力荷载，其值可根据构件的设计尺寸和材料重度计算。若选用标准构件，则可直接从相应的构件标准图集中查得。

(1) 屋盖恒载(G_1)包括屋面构造层(找平层、保温层、防水层等)、屋面板、天窗架、屋架或屋面梁、屋盖支撑及与屋架连接的各种管道等的重力荷载。其作用点如图 12.19(a)所示，位于上、下弦几何中心线交汇处(或屋面梁梁端垫板中心线处)，对上柱存在偏心距 e_1，对下柱存在偏心距 e_1+e_0。

(2) 悬墙自重荷载(G_2)以竖向集中力的形式通过连系梁传给支撑连系梁的柱牛腿顶面，其作用点通过连系梁或墙体截面的形心轴，距下柱截面几何中心的距离为 e_2，如图 12.19(b)所示。

(3) 吊车梁及轨道自重荷载(G_3)可从有关标准图集中直接查得，轨道及连接件重力荷载也可按 0.8～1.0 kN/m 估算。其作用点一般距纵向定位轴线 750 mm，对下柱截面几何中心线的偏心距为 e_3，如图 12.19(b)所示。

(4) 排架柱自重(G_4/G_5)上柱自重荷载 G_4 和下柱自重荷载 G_5 分别作用于各自截面的几何中心线上。因此，上柱自重 G_4 对下柱截面几何中心线存在一个偏心距 e_0。如图 12.19(c)所示。

应当说明，柱、连系梁、吊车梁及轨道等构件吊装就位后，屋架尚未安装，此时还未形成完整的排架结构。因此，柱在其自重、连系梁、吊车梁及轨道等自重重力荷载作用下，应按竖向悬臂柱进行内力分析。考虑到此种受力状态比较短暂，且不会对柱控制截面内力产生较

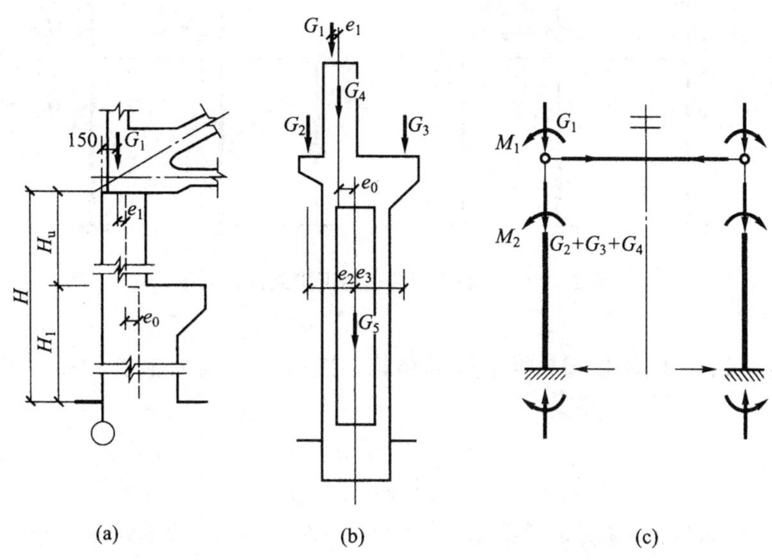

图 12.19　恒载作用位置及相应的排架计算简图

大影响，此种工况不参与内力组合。

2. 屋面可变荷载

屋面可变荷载包括均布活荷载、屋面雪荷载和屋面积灰荷载三部分。

1)屋面均布活荷载

屋面水平投影面上的屋面均布活荷载标准值，按下列情况取值：不上人屋面为 0.5 kN/m^2；上人屋面为 2.0 kN/m^2。

2)屋面雪荷载

屋面水平投影面上的雪荷载标准值按式 $S_K=\mu_r S_0$(kN/m^2)确定。其中，S_0 为基本雪压；μ_r 为屋面积雪分部系数。均可由《荷载规范》查得。

3)屋面积灰荷载

对某些工业企业的厂房及其邻近厂房，应考虑由生产所产生的积灰落于屋面而形成的荷载。

应当注意，上述屋面荷载同时出现的可能性较低。《荷载规范》规定，屋面均布活荷载不与雪荷载同时考虑，取两者中的较大值；当有屋面积灰荷载时，积灰荷载应与雪荷载或不上人的屋面均布活荷载两者中的较大值同时考虑。

三种屋面可变荷载均以竖向集中力的形式作用于柱顶，作用点同屋盖恒载。对于两跨排架来说，可按照图 12.20 确定屋面活荷载的计算简图。

3. 风荷载

作用在排架上的风荷载，是由计算单元这部分墙面及屋面传来的，其作用方向垂直于建筑物表面，有压力和吸力两种作用之分，均沿建筑物表面均匀分布。当厂房较高时，风荷载对排架内力往往起控制作用。

进行排架结构内力分析时，通常将作用在厂房上的风荷载作如下简化：

(1)作用在排架柱顶以下墙面上的水平风荷载近似按均布荷载计算，其风压高度系数按

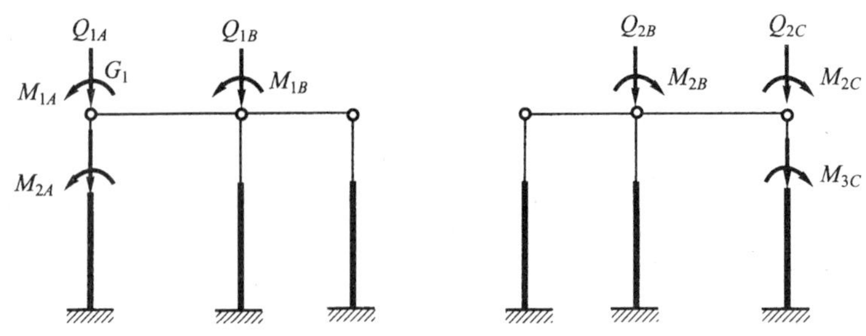

图 12.20　屋面活荷载作用下排架计算简图

柱顶标高确定。如对于图 12. 21 所示排架结构，柱顶以下墙面上的均布风荷载可按下式计算：

$$q_1 = w_{k1}B = \mu_{s1}\mu_z w_0 B \tag{12.2}$$
$$q_2 = w_{k2}B = \mu_{s2}\mu_z w_0 B$$

式中，w_0——基本风压值，按《荷载规范》中 50 年一遇的"全国基本风压分布图"查取，但不得小于 0. 3 kN/m^2；

μ_s——风压体型系数，一般垂直于风向的迎风面 $\mu_s = 0.8$，背风面 $\mu_s = -0.5$。各种外形不同的厂房，其风压体型系数见附表 A.6；

μ_z——风压高度变化系数，其值与地面粗糙度有关，地面粗糙度分为 A、B、C、D 四类，详见规范说明。

其中，w_{ki} 为按《荷载规范》计算的垂直于建筑物表面上的风荷载标准值(单位 kN/m^2)，B 为排架结构计算单元的宽度。

(2)作用在排架柱顶的屋盖上的风荷载仍取为垂直于屋面的均布荷载，但仅考虑其水平分力对排架的作用，且以水平集中荷载的形式作用在排架柱顶，其风压高度系数按屋顶标高确定。按上述方法对图 12. 21 所示排架结构，作用在柱顶的水平集中荷载 F_W 可按下式计算：

$$F_w = \sum_{i=1}^{n} w_{ki} Bl\sin\theta = [(\mu_{s1} + \mu_{s2})h_1 + (\mp \mu_{s3} \pm \mu_{s4})h_2]\mu_z w_0 B \tag{12.3}$$

其中，l 为屋面斜长。对于 μ_s 前有正负号的情况，上面符号用于左风吹时，下面符号用于右风吹时，μ_s 本身取绝对值(排架内力分析时，一般应考虑左风和右风两种情况)。

4. 吊车荷载

吊车按生产工艺要求和本身构造特点有不同的型号和规格。不同型号的吊车当起重量和跨度均相同时，作用在厂房结构上的荷载是不同的。因此，设计时应以吊车制造厂当时的产品规格来确定吊车的荷载。对于一般的桥式吊车，作用在厂房横向排架上的吊车荷载有吊车竖向荷载和横向水平荷载；作用在厂房纵向排架结构上的荷载为吊车纵向水平荷载。

1)吊车竖向荷载

桥式吊车由大车(即桥架)和小车组成，大车在吊车轨道上沿厂房纵向运行，小车在大车的轨道上沿厂房横向运行。当小车满载(吊有额定起重量)运行至大车一侧的极限位置时，小车所在一侧轮压将出现最大值 P_{max}，称最大轮压；另一侧则必然出现最小轮压 P_{min}，如图 12. 22所示。显然，P_{max} 和 P_{min} 与吊车桥架重量 G，吊车的额定起重量 Q 及小车重量 g 三者之间满足下列关系：

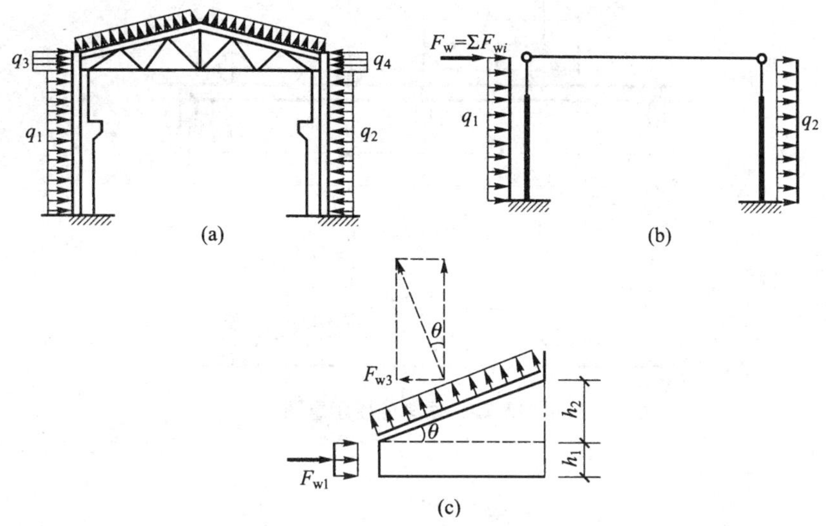

图 12.21　风荷载作用下排架计算简图

$$n(p_{max}+p_{min})=G+Q+g \tag{12.4}$$

式中，n 为吊车每一侧的轮数。

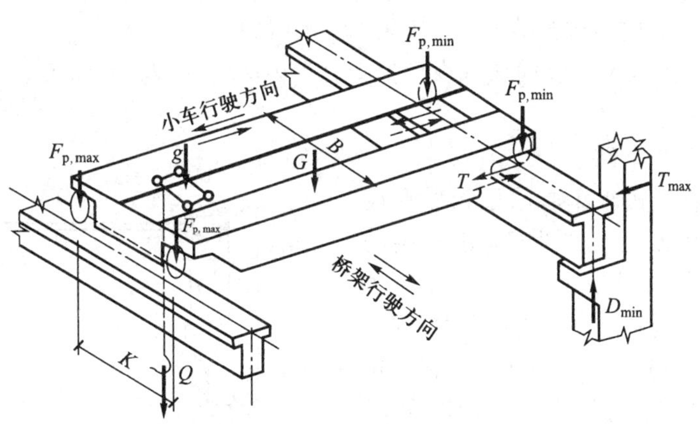

图 12.22　吊车轮压示意图

吊车竖向荷载是指吊车在运行过程中，对排架柱牛腿顶面产生的最大或最小的竖向压力设计值，分别以 D_{max} 和 D_{min} 表示。由于吊车荷载为移动荷载，因此其 D_{max} 和 D_{min} 应根据吊车梁支座反力影响线求得。计算表明，当两台吊车靠紧并行时，其中一台吊车的内轮正好位于排架柱牛腿顶面位置时，作用于最大轮压一侧排架柱上的竖向荷载最大，即为 D_{max}。如图 12.23 所示。

同时，作用于最小轮压一侧的排架柱上的竖向荷载最小，即为 D_{min}。因此，当厂房有多台吊车工作时，其 D_{max} 和 D_{min} 可按下式计算：

$$D_{max,k}=\beta P_{max,k}\sum y_i$$

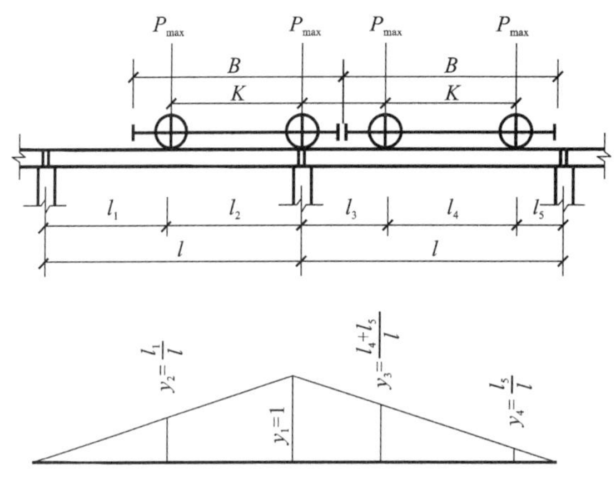

图 12.23　吊车轮压示意图

$$D_{min,k} = \beta P_{min}\sum y_i = D_{max,k}\frac{P_{min}}{P_{max}} \quad (12.5)$$

式中，$P_{max,k}$、$P_{min,k}$——吊车的最大、最小轮压标准值，可从吊车制造厂提供的吊车产品说明书中查得；

$D_{max,k}$、$D_{min,k}$——吊车最大、最小竖向荷载标准值；

$\sum y_i$——吊车运行至最不利位置时，吊车各轮压下吊车梁反力影响线坐标之和。

β——多台吊车的荷载折减系数，按表 12-1 取用。

故作用在排架上的吊车竖向荷载设计值 $D_{max}=\gamma_Q D_{max,k}$，$D_{min}=\gamma_Q D_{min,k}$，$\gamma_Q$ 为吊车荷载分项系数，取 1.4。

2）吊车横向水平荷载

桥式吊车的卷扬机小车起吊重物后在启动或制动时将产生惯性力，即横向水平制动力，其值为 $\alpha(Q+g)$（其中 α 为横向水平制动力系数，Q 为吊车的额定起重量的重力荷载，g 为小车的重力荷载）。此力通过小车制动轮与钢轨间的摩擦传给排架结构（如图 12.24 所示）。《荷载规范》规定，横向水平荷载应等分于大车桥架两端，分别由轨道上的车轮平均传至轨道，且方向垂直于轨道，并考虑正反两个方向的刹车情况。即每边轨道上的横向水平制动力为 $1/2\alpha(Q+g)$。对于一般四轮桥式吊车，每一轮子作用在轨道上的横向水平制动力标准值 T_k 为：

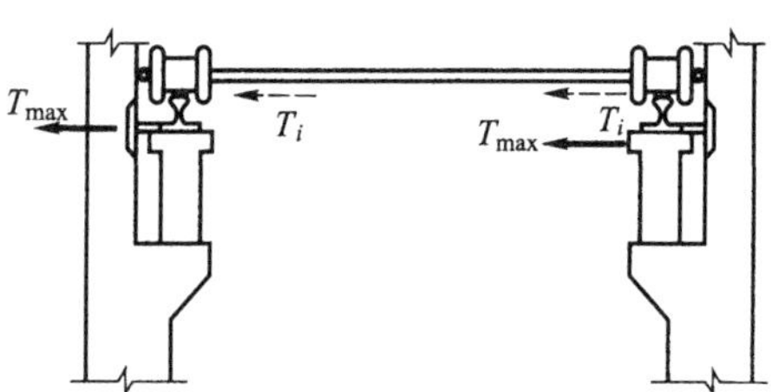

图 12.24　吊车水平荷载示意图

$$T_k = 1/4\alpha(Q+g) \quad (12.6)$$

式中的横向水平制动力系数 α 按下列规定取值：

软钩吊车：

当额定起重量不大于 10 t 时，应取 0.12；

当额定起重量为 16 ~ 50 t 时，应取 0.10；

当额定起重量不小于 75 t 时，应取 0. 08；

硬钩吊车：取 0. 20。

《荷载规范》规定，考虑多台吊车水平荷载时，每个排架参与组合的吊车台数不应多余 2 台。由于产生 T_{max} 的横向水平制动力作用位置与吊车的竖向轮压相同，因此，由每个轮子的横向水平荷载标准值对排架柱产生的最大横向水平荷载标准值 $T_{max,k}$，应按反力影响线求得：

$$T_{max,k} = \beta T_k \sum y_i \tag{12.7}$$

式中，β——多台吊车的荷载折减系数，按表 12. 1 取用。

注意，小车是沿横向左、右运行的，有正反两个方向的刹车情况，因此对 T_{max} 既要考虑它向左作用又要考虑它向右作用。这样，对单跨排架就有两种荷载情况，对双跨排架有四种荷载情况，如图 12. 25 所示。

3）吊车纵向水平荷载

吊车纵向水平荷载是桥式吊车在沿厂房纵向启动或制动时由吊车自重和吊重的惯性力在纵向排架上所产生的水平制动力。它通过吊车两端的制动轮与吊车轨道的摩擦力由吊车梁传给纵向柱列或柱间支撑。

吊车纵向水平荷载标准值 T_0，按作用在一边轨道上所有刹车轮的最大轮压之和的 10% 采用，即：

$$T_0 = nP_{max}/10 \tag{12.8}$$

式中，n——施加在一边轨道上所有刹车轮数之和，对于一般的四轮吊车，$n = 1$。

吊车纵向水平荷载作用于刹车轮与轨道的接触点，方向与轨道一致，由纵向平面排架承受。

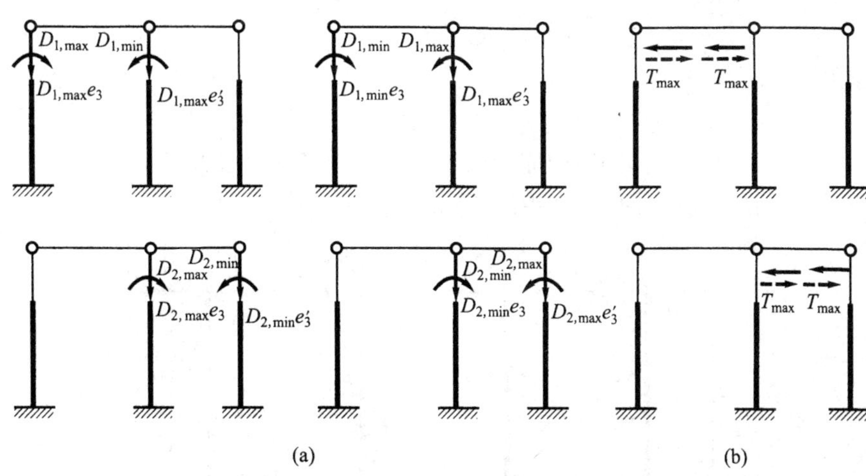

图 12. 25　吊车荷载作用下计算简图

当厂房纵向有柱间支撑时，全部吊车纵向水平荷载由柱间支撑承受；当厂房无柱间支撑时，全部吊车纵向水平荷载由同一伸缩缝区段内的全部柱承受。在计算吊车纵向水平荷载引起的厂房纵向结构的内力时，无论单跨或多跨厂房，参与组合的吊车台数不应多于 2 台。

表 12.1　多台吊车的荷载折减系数 β

参与组合的吊车台数	吊车工作级别	
	A1 ~ A5	A6 ~ A8
2	0.9	0.95
3	0.85	0.90
4	0.8	0.85

注：对于多层吊车的单跨或多跨厂房，计算排架时，参与组合的吊车台数及荷载的折减系数，应按实际情况考虑。

12.3.3　排架内力计算

排架内力分析就是求排架结构在各种荷载作用下柱各截面的弯矩和剪力，而只要求得排架柱顶剪力，问题就变为静定悬臂柱的内力计算。求柱顶剪力有两种基本方法：一是先求横梁内力，再求柱顶剪力，这就是力法，此法可用来计算各种排架结构的内力；另一种是直接求柱顶剪力，即剪力分配法，它只适用于计算等高排架的内力。

1. 等高排架内力分析

等高排架是指在荷载作用下各柱柱顶侧移全部相等的排架。用剪力分配法分析任意荷载作用下等高排架内力时，需要用到单阶超静定柱在各种荷载作用下的柱顶反力。

1）单阶一次静定柱在任意荷载作用下的柱顶反力

以图 12.26 所示变截面柱为例，求在变截面处作用一力偶 M（如吊车竖向荷载作用下 D_{max} 对下柱截面形心产生的力偶 $D_{max}e_3$）时的柱顶反力 R。取基本体系如图 12.26(b) 所示，由柱顶处的变形条件可得：

$$R\delta - \Delta_p = 0 \tag{12.9}$$

由上式可得：

$$R = \Delta_p / \delta \tag{12.10}$$

式中，δ——悬臂柱在柱顶单位水平力作用下柱顶处的侧移值，也称形常数；

Δ_p——悬臂柱在荷载作用下柱顶处的侧移值，也称载常数。

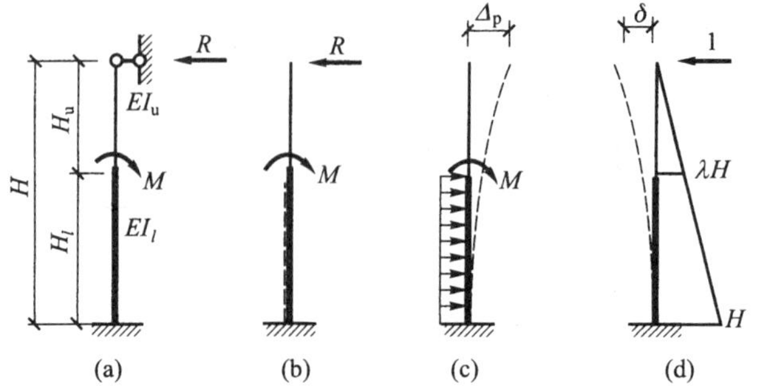

图 12.26　单阶一次超静定排架柱分析

显然，柱顶不动铰支座反力 R 等于柱顶处的载常数除以该处的形常数。令 $\lambda = H_1/H_2$，$n = I_1/I_2$，则由结构力学方法可得：

$$\delta = \frac{H^3}{C_0 EI_l} \tag{12.11}$$

$$\Delta_p = (1 - \lambda^2)\frac{H^2}{2EI_l}M \tag{12.12}$$

将式(12.11)和式(12.12)代入式(12.10)，得：

$$R = C_M \frac{M}{H} \tag{12.13}$$

式中，C_0——单阶变截面柱的柱顶位移系数，按式(12.14)计算

C_M——单阶变截面柱在变阶处集中力矩作用下的柱顶反力系数，按式(12.15)计算。

$$C_0 = \frac{3}{1 + \lambda^3\left(\frac{1}{n} - 1\right)} \tag{12.14}$$

$$C_M = \frac{3}{2}\ \frac{1 - \lambda^2}{1 + \lambda^3\left(\frac{1}{n} - 1\right)} \tag{12.15}$$

按照上述方法，可得到单阶变截面柱在各种荷载作用下的柱顶反力系数，附录 F 中的公式及附图可用于计算上述参数，供设计时参考。

2)柱顶水平集中力作用下等高排架内力分析

等高排架的内力一般可采用剪力分配法。在柱顶水平集中力 F 作用下，等高排架各柱顶将产生侧移 Δ_i 和剪力 V_i，如图 12.27 所示。

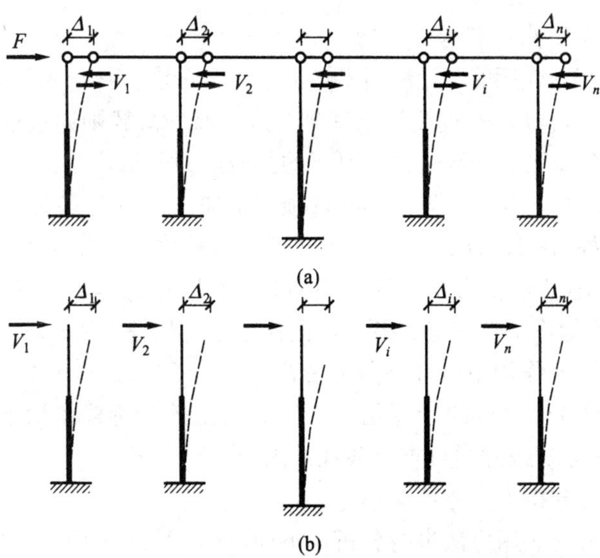

图 12.27　柱顶水平集中力作用下的等高排架

如取出横梁为脱离体，则有下列平衡条件：

$$F = V_1 + V_2 + \cdots + V_i + \cdots + V_n = \sum_{i=1}^{n} V_i \tag{12.16}$$

由于假定横梁为无轴向变形的刚性连杆，故有下列变形条件：

$$\Delta_1 = \Delta_2 = \cdots = \Delta_i = \Delta_n = \Delta \tag{12.17}$$

此外，根据形常数 δ_i 的物理意义，可得下列物理条件(图 12.27)：

$$V_i \delta_i = \Delta_i \tag{12.18}$$

求解联立方程(12.16)和(12.17)，并利用式(12.18)的关系，可得：

$$V_i = \frac{1/\delta_i}{\sum_{i=1}^{n} 1/\delta_i} F = \eta_i F \tag{12.19}$$

式中，$1/\delta_i$——第 i 根排架柱的抗侧移刚度(或抗剪刚度)，即悬臂柱柱顶产生单位侧移所需施加的水平力；

η_i———第 i 根排架柱的剪力分配系数，按下式计算：

$$\eta_i = \frac{1/\delta_i}{\sum_{i=1}^{n} 1/\delta_i} \tag{12.20}$$

按式(12.19)求得柱顶剪力 V_i 后，用平衡条件可求得排架柱各截面的弯矩和剪力。

由式(12.20)可见：

(1)当排架结构柱顶作用水平集中力 F 时，各柱的剪力按其抗剪刚度与各柱抗剪刚度总和的比例关系进行分配，故称为剪力分配法。

(2)剪力分配系数必满足 $\sum \eta_i = 1$。

(3)各柱的柱顶剪力 V_i 仅与 F 的大小有关，而与其作用位置无关，但 F 的作用位置对横梁内力有影响。

3)任意荷载作用下等高排架内力分析

等高排架受任意荷载作用时，无法用上述的剪力分配法直接求解柱顶剪力。考虑到受荷载柱将一部分荷载通过自身受力直接传至基础，另一部分荷载则通过柱顶横梁传给其它柱。因此，可采用以下三个步骤来进行这种情况下的排架内力分析。

(1)对图 12.28(a)所示排架，先在排架柱顶部附加一个不动铰支座以阻止其侧移，则各柱为单阶一次超静定柱[图 12.28(b)]，应用柱顶反力系数可求得各柱反力 R_i 及相应的柱端剪力，柱顶假想的不动铰支座反力 $R = \Sigma R_i$。在图 12.28(b)中，$R = R_1 + R_4$，因为 R_2 和 R_3 为零。

(2)撤除假想的附加不动铰支座，将 R 反向作用于排架柱顶[图 12.28(c)]，应用剪力分配法可求出柱顶水平力 R 作用下各柱顶剪力 $\eta_i R$。

(3)叠加图 12.28(b)，(c)的计算结果，可得到在任意荷载作用下排架柱顶剪力 $R_i + \eta_i R$，如图 12.28(d)所示，按此图可求出各柱的内力。

2. 不等高排架内力分析

不等高排架的内力一般用力法进行分析。下面以图 12.29(a)所示两跨不等高排架为例，说明分析方法。将低跨和高跨处的横梁切开，代以相应的基本未知力 X_1 和 X_2，则得不等高排架的基本结构[图 12.29(b)]。基本结构在未知力 X_1，X_2 以及低跨牛腿顶面处的集中矩 M_1，M_2 共同作用下，将产生内力和变形。由每根横梁两端水平位移相等的变形条件，可得下列力法方程：

$$\delta_{11} X_1 + \delta_{12} X_2 + \Delta_{1P} = 0 \tag{12.21}$$
$$\delta_{21} X_1 + \delta_{22} X2 + \Delta_{2P} = 0$$

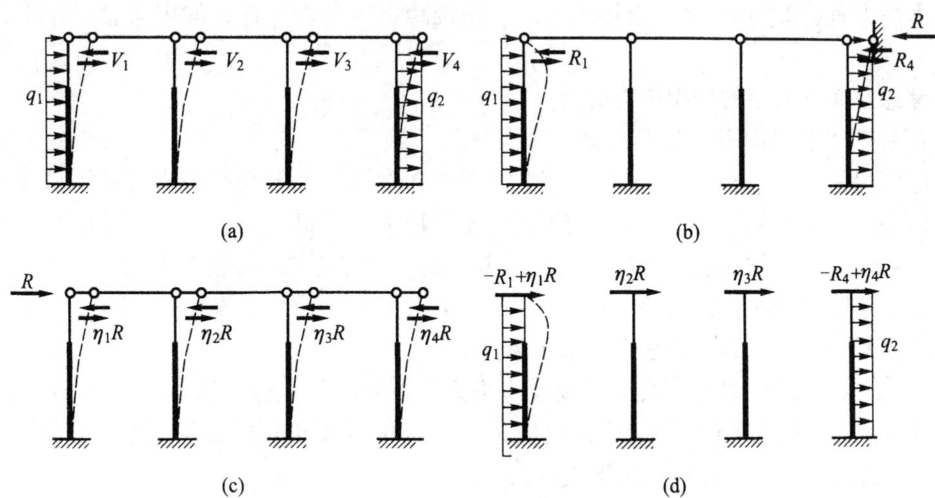

图 12.28　任意荷载作用下等高排架内力分析

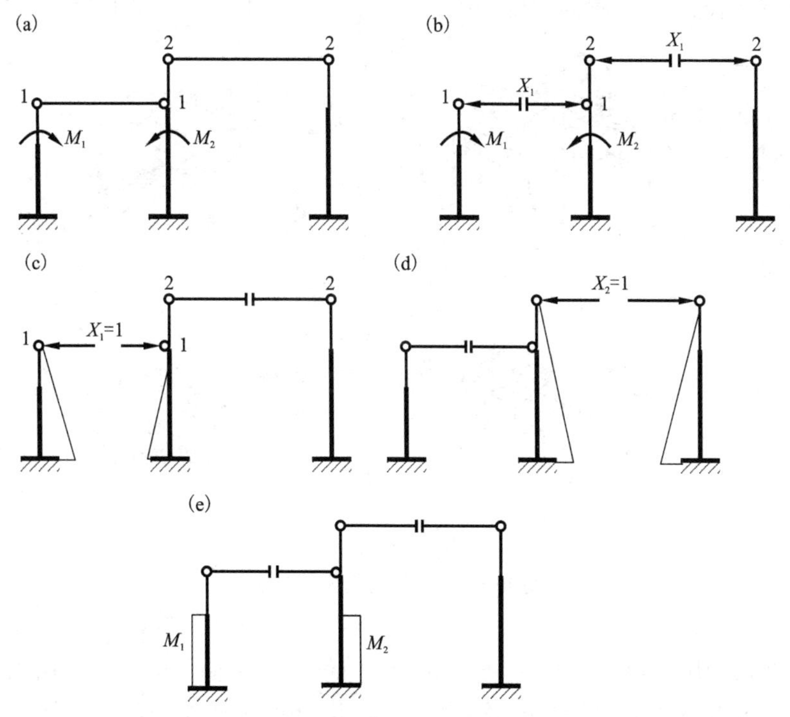

图 12.29　两跨不等高排架内力分析

(a)原结构；(b)基本结构；(c)$\overline{M}_1$ 图；(d)$\overline{M}_2$ 图；(e)M_p 图

式中，δ_{11}，δ_{12}，δ_{13}，δ_{14}——基本结构的柔度系数，可由图 12.29(c)，(d)的单位内力图图乘得到；

Δ_{1P}，Δ_{2P}——载常数，可分别由图 12.29(c)，与图 12.29(e)以及图 12.29(d)与图 12.29(e)图乘得到。

解力法方程(12.21)，就可求得 X_1，X_2。该两跨不等高排架各柱的内力就可用平衡条件求得。

3. 考虑空间作用下的排架内力分析

1)厂房整体空间作用的基本概念

单层厂房是一个空间结构，将实际的空间结构抽象成平面排架结构进行计算可使计算简化。这样处理，对于沿厂房纵向均匀分布的恒载、屋面活荷载、雪荷载以及风荷载作用基本上可以反映厂房的工作性能。但当厂房在吊车荷载作用时则和实际情况有出入。

为了便于说明问题，图12.30示出了单层单跨厂房在柱顶水平荷载作用下，由于结构或荷载情况的不同所产生的四种水平位移示意图。

在图12.30(a)中，各排架柱顶均受有水平集中力 R，且厂房两端无山墙。此时各排架的受力情况相同，柱顶水平位移亦相同(设柱顶水平位移为 Δ_a)，各榀排架之间互不制约。因此，该厂房结构可视作平面排架结构进行内力计算。

在图12.30(b)中，各排架的受荷情况与情况 a 相同，但厂房两端有山墙。由于山墙在平面内的刚度比平面排架的刚度大很多，故厂房在山墙处的水平位移很小，山墙则通过屋盖等纵向联系构件对其他排架有不同程度的约束作用，故柱顶水平位移呈曲线，且 $\Delta_b < \Delta_a$。

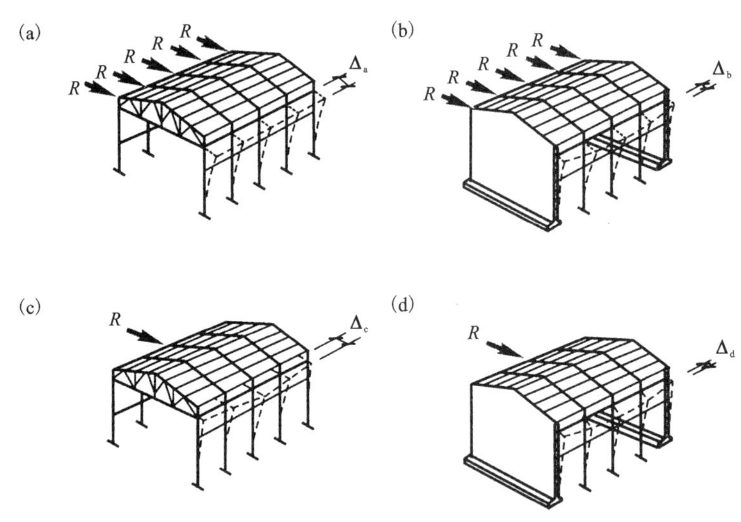

图12.30　厂房空间作用分析

在图12.30(c)中，厂房结构与情况 a 相同，但仅其中一榀排架柱顶作用水平集中力 R。这时，直接受荷排架通过屋盖等纵向联系构件，将其所受荷载的一部分传给其他排架，使其柱顶的水平位移减小，即 $\Delta_c < \Delta_a$，同时其他排架柱顶也产生水平位移。

在图12.30(d)中，厂房受荷载情况与情况 c 相同，但厂房两端有山墙。这时，直接受荷排架受到非受荷排架和山墙两种约束，故各榀排架的柱顶水平位移比情况 c 时小，即 $\Delta_d < \Delta_c$。

在上述后三种情况中，由于屋盖等纵向联系构件将各榀排架或山墙联系在一起，故各榀排架或山墙不能单独变形，而是相互制约。这种排架与排架，排架与山墙之间的相互制约作用，称为厂房的整体空间作用。一般来说，在有纵向联系构件的单层厂房中，当沿厂房纵向的各榀抗侧力结构（排架或山墙）的刚度不同或者是承受的外荷载不同时，厂房就存在整体空间作用。显然，无檩屋盖比有檩屋盖局部荷载比均布荷载的厂房的整体空间作用要大些。由于山墙的侧向刚度大，对与它相邻的一些排架水平位移的约束亦大，故在厂房整体空间作用中起着相当大的作用。

单层厂房整体空间作用的大小主要取决于屋盖刚度、山墙刚度、山墙间距、荷载类型等因素。由于厂房内的吊车荷载为局部荷载，故在吊车荷载作用下，可按考虑厂房空间作用的方法计算排架内力。

2）吊车荷载作用下考虑厂房整体空间作用的排架内力分析

图 12.31（a）所示的单层厂房，当某榀排架的柱顶上作用一水平集中力 R 时，由于厂房的空间作用，水平集中力 R 不仅由直接受荷排架承受，而且将通过屋盖等纵向联系构件传给相邻的其他排架，使整个厂房共同受荷。如果把屋盖看作一根在水平面内受力的梁，而各榀横向排架作为梁的弹性支座（图 12.31b），则各支座反力 R_i 即为相应排架所分担的水平力。如直接受荷排架对应的支座反力为 R_0，则 $R_0 < R$，我们把 R_0 与 R 之比称为单个荷载作用下的空间作用分配系数，以 μ 表示。即：

$$\mu = \frac{R_0}{R} = \frac{\Delta_0}{\Delta} < 1.0 \tag{12.22}$$

由于在弹性阶段，排架柱顶的水平位移与其所受荷载成正比，故空间作用分配系数又可表示为两种情况下柱顶水平位移之比 Δ_0/Δ。其中 Δ_0 为考虑空间作用时（图 12.31a）直接受荷排架的柱顶位移；Δ 为按平面排架计算时（图 12.31c）的柱顶位移。

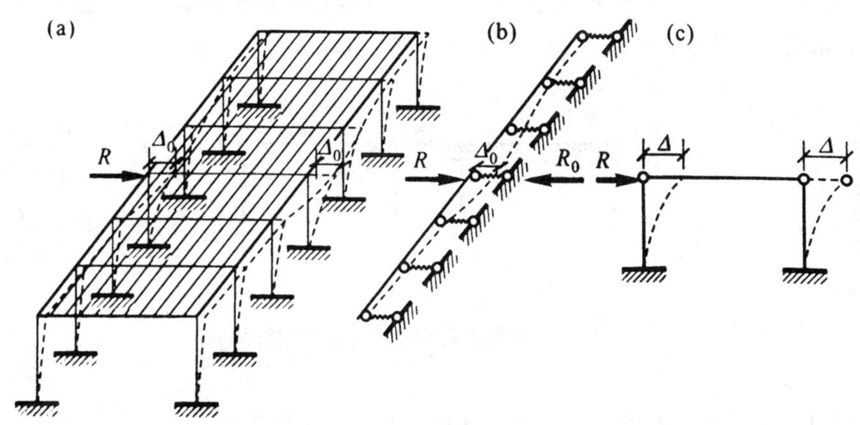

图 12.31　厂房空间作用示意图

由上述可见，μ 表示当水平荷载作用于排架柱顶时，由于厂房结构的空间作用，该排架所分配到的实际水平荷载与按平面排架计算时的水平荷载的比值。因此，如果已知 μ，则考虑厂房空间作用时计算排架所承受的荷载（μR）就可方便地求出。

上述的空间作用分配系数 μ，只考虑厂房承受一个集中荷载时的情况。实际上，厂房在吊车荷载作用下，并不是只有单个荷载作用，而是同时有多个荷载作用。因此，在确定多个荷载作用下的 μ 值时，需要考虑各榀排架之间的相互影响。表 12.2 所给的 μ 值，考虑了这个问题并留有一定的安全储备，可供设计时参考。

表 12.2　单跨厂房空间作用分配系数 μ

<table>
<tr><td colspan="2" rowspan="2">厂房情况</td><td rowspan="2">吊车起重量
/kN</td><td colspan="4">厂房长度/m</td></tr>
<tr><td colspan="2">≤60</td><td colspan="2">>60</td></tr>
<tr><td rowspan="2">有檩屋盖</td><td>两端无山墙或一端有山墙</td><td>≤300</td><td colspan="2">0.90</td><td colspan="2">0.85</td></tr>
<tr><td>两端有山墙</td><td>≤300</td><td colspan="4">0.85</td></tr>
<tr><td rowspan="4">无檩屋盖</td><td rowspan="3">两端无山墙或一端有山墙</td><td rowspan="3">≤750</td><td colspan="4">厂房跨度/m</td></tr>
<tr><td>12~27</td><td>>27</td><td>12~27</td><td>>27</td></tr>
<tr><td>0.90</td><td>0.85</td><td>0.85</td><td>0.80</td></tr>
<tr><td>两端有山墙</td><td>≤750</td><td colspan="4">0.80</td></tr>
</table>

注：1. 厂房山墙应为实心砖墙，如有开洞，洞口对山墙水平截面面积的削弱应不超过50%，否则应视为无山墙情况。

2. 当厂房设有伸缩缝时，厂房长度应按一个伸缩缝区段的长度计，且伸缩缝处应视为无山墙。

3）考虑厂房整体空间作用时排架内力计算步骤

对于图 12.32（a）所示排架，当考虑厂房整体空间作用时，可按下述步骤计算排架内力：

（1）先假定排架柱顶无侧移，求出在吊车水平荷载 T_{max} 作用下的柱顶反力 R（或 R_A，R_B）以及相应的柱顶剪力（图 12.32b）；

（2）将柱顶反力 R 乘以空间作用分配系数 μ，并将它反方向施加于可侧移的平面排架上，求出各柱顶剪力 $\eta_A\mu R$，$\eta_B\mu R$（图 12.32c）；

（3）将上述两项计算求得的柱顶剪力叠加，即为考虑空间作用的柱顶剪力；根据柱顶剪力及柱上实际承受的荷载，可求出各柱的内力，如图 12.32（d）所示。

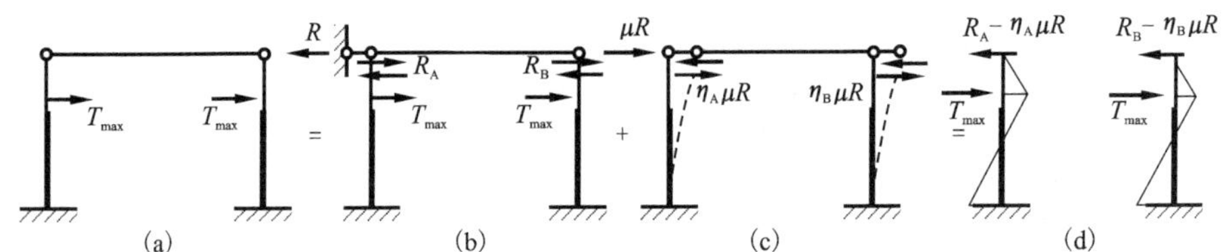

图 12.32　考虑空间作用时排架内力计算

由图 12.32（d）可见，考虑厂房整体空间作用时，柱顶剪力为：

$$V_i' = R_i - \eta_i\mu R \tag{12.23}$$

而不考虑厂房整体空间作用时（$\mu = 1.0$），柱顶剪力为：

$$V_i = R_i - \eta_i R \tag{12.24}$$

由于 $\mu < 1.0$，故 $V_i' > V_i$。因此，考虑厂房整体空间作用时，上柱内力将增大；又因为 V_i' 与 T_{max} 方向相反，所以下柱内力将减小。由于下柱的配筋量一般比较多，所以考虑空间作用后，柱的钢筋总用量有所减少。

12.3.4　内力组合

所谓内力组合就是根据各种荷载可能同时出现的情况，求出在某些荷载作用下柱控制截面可能产生的最不利内力，作为柱和基础配筋计算的依据。因此，内力组合时需要确定柱的控制截面和相应的最不利内力，并进行荷载效应组合。

1. 柱的控制截面

在荷载作用下柱的内力是沿长度变化的。控制截面是指构件某一区段内对截面配筋起控制作用的那些截面。因此，排架计算应致力于求出控制截面的内力而不是所有截面的内力。

在一般单阶柱中(如图 12.33 所示)，通常整个上柱各截面的配筋是相同的，整个下柱截面的配筋也相同，故应分别找出上柱和下柱的控制截面。

对上柱来说，底部截面Ⅰ—Ⅰ的弯矩和轴力都比其他截面大，故通常取上柱底作为上柱的控制截面(图 12.33)。对下柱来说，在吊车竖向荷载作用下，一般在牛腿面处的弯矩最大；在风荷载和吊车横向水平荷载作用下，柱底截面的弯矩最大。因此，对下柱通常取牛腿面(Ⅱ—Ⅱ截面)和柱底(Ⅲ—Ⅲ截面)这两个截面作为控制截面。截面Ⅰ—Ⅰ与Ⅱ—Ⅱ虽在一处，但截面及内力值却不相同，分别代表上、下柱截面，在设计截面Ⅱ—Ⅱ时，不计牛腿对其截面承载力的影响。

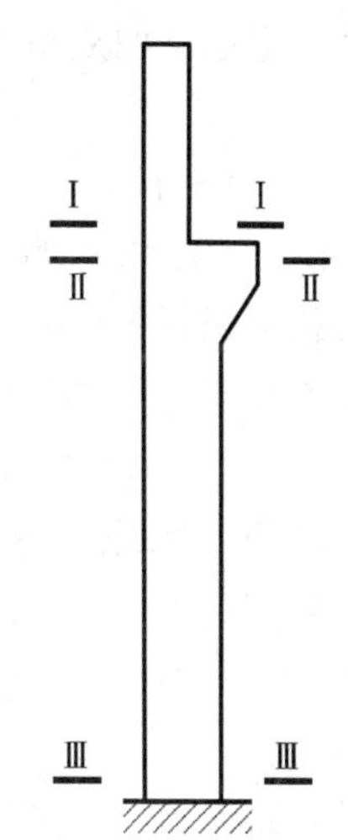

图 12.33　柱的控制截面

若截面Ⅱ—Ⅱ的内力较小，需要的配筋较少，或者当下柱高度较大，下柱的配筋也可以是沿高度变化的。这时应在下部柱的中部再取一个控制截面，以便控制下部柱中纵向钢筋的变化。

2. 内力组合

内力组合是在荷载组合的基础上，组合出控制截面的最不利内力。其中，按承载能力极限状态计算时，应采用荷载效应的基本组合或偶然组合；按正常使用极限状态验算时，应根据不同情况分别采用荷载效应的标准组合、频遇组合或准永久组合。

1)内力组合项目

一般情况下，排架柱均为偏心受压构件，因此应进行下述四种内力组合。其中，组合 A、B 及组合 D 是为了防止大偏心受压破坏，而组合 C 是为了防止小偏心受压破坏。

(1) $+M_{max}$及其相应的 N、V。

(2) $-M_{max}$及其相应的 N、V。

(3)N_{max}及其相应的 M、V。

(4)N_{min}及其相应的 M、V。

通常，按上述四项内力组合已能满足设计要求，但在某些情况下，他们可能都不是最不利的。例如，对大偏心受压的柱截面，偏心距 $e_0 = M/N$ 越大(即 M 越大，N 越小)时，配筋量往往越多。因此，有时 M 虽然不是最大值而比最大值略小，而它所对应的 N 若减小很多，那么这组内力所要求的配筋量反而会更大些。

2)内力组合注意事项

(1)在任何情况下，都必须考虑恒荷载产生的内力。

(2)在吊车竖向荷载中，D_{max}或D_{min}可能作用在同一跨厂房的左柱上，也可能作用在右柱上，两者只能选择一种(取不利内力)参加组合。

(3)吊车横向水平荷载T_{max}作用在同一跨内的两个柱子上，向左或向右，只能选取其中一种参加组合。

(4)在同一跨内D_{max}和D_{min}与T_{max}不一定同时发生，故组合D_{max}或D_{min}产生的内力时，不一定要组合T_{max}产生的内力。考虑到T_{max}既可向左又可向右作用的特性，所以若组合了D_{max}或D_{min}产生的内力，则同时组合相应的T_{max}产生的内力(多跨时只取一项)才能得到最不利的内力组合。但是，如果组合时取用了T_{max}产生的内力，则必须取用相应的D_{max}或D_{min}产生的内力。

(5)风荷载有向左、向右吹两种情况，只能选择一种参加组合。

(6)由于多台吊车同时满载的可能性较小，所以当多台吊车参与组合时，其内力应乘以相应的荷载折减系数(按表12.1取用)。

3. 对内力组合值的评价

图12.34给出了对称配筋矩形截面偏心受压柱的截面承载力N_U—M_U的两条相关曲线，它们的截面尺寸及材料都相同，但每一侧纵向受力钢筋的数量不同，A_{S2}—A_{S1}。

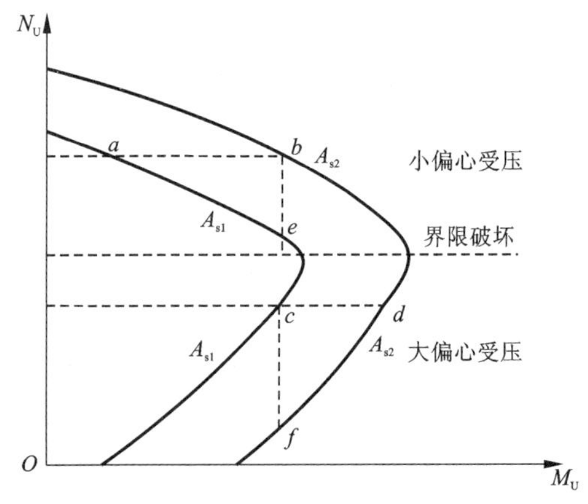

图12.34 对称配筋矩形截面偏心受压构件内力组合值的评判

由图中的a点与b点及c点与d点可知，N_U相同，M_U大的配筋多；由图中的b点与e点及c点与f点可知，M_U相同，小偏心受压时，N_U大的配筋多，而大偏心受压时，N_U大的配筋少。也就是说，不论大偏心受压，还是小偏心受压，弯矩对配筋总是不利的；而轴力则在大偏心受压时对配筋有利，而在小偏心受压时对配筋不利。因此可按以下规则评判内力的组合值：

(1)N相差不多时，M大的不利；

(2)M相差不多时，凡$M/N>0.3h_0$的，N小的不利；$M/N\leqslant 0.3h_0$的，N大的不利。

如果评判筛选后，同一控制截面尚有二组或二组以上不利内力组合值时，只能通过截面设计才能最后确定其配筋。

12.4 单层工业厂房排架柱

预制钢筋混凝土排架柱的设计，包括选择柱的形式、确定截面尺寸、配筋计算、吊装验算、牛腿设计等。关于柱的形式及截面尺寸确定可查阅相关设计手册，本节重点讨论柱截面设计、牛腿设计、施工验算三个问题。

1. 截面设计

1）考虑二阶效应（$P-\Delta$ 效应）的弯矩设计值

轴向压力对偏心受压构件侧移产生附加弯矩和附加曲率的二阶荷载相应称之为 $P-\Delta$ 效应。排架柱是偏心受压构件，在荷载作用下，例如在柱顶不动支点水平反力 F 作用下，使各截面产生水平位移，其柱顶的水平位移为 Δ，见图 12.35（a）；在水平力 F 作用下，柱的各截面将产生一阶弹性弯矩，图 12.35（b）是其一阶弹性弯矩图，柱底弯矩为 M_0。

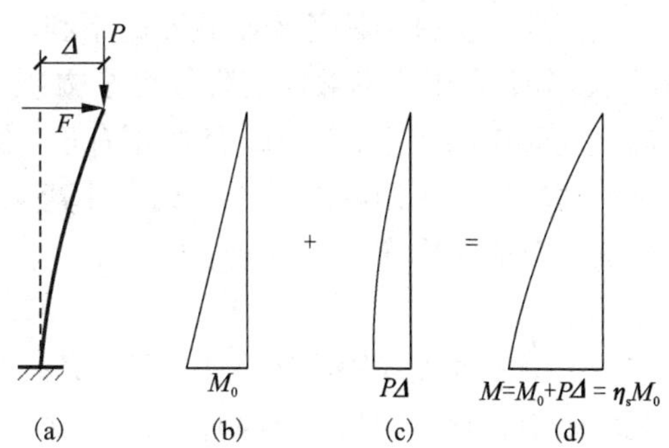

图 12.35　排架柱的 $P-\Delta$ 二阶效应

由于排架柱顶处作用有轴向压力 P，则由侧移对柱的各个截面产生的附加弯矩就等于 P 与各截面处水平位移的乘积，对柱底截面就是 $P\Delta$，见图 12.35（c）。

排架结构柱考虑二阶效应的弯矩设计值可按下列公式计算：

$$M = \eta_s M_0 \tag{12.25}$$

$$\eta_s = 1 + \frac{1}{1500 e_i / h_0}\left(\frac{l_0}{h}\right)^2 \zeta_c \tag{12.26}$$

$$\zeta_c = \frac{0.5 f_c A}{N} \tag{12.27}$$

$$e_i = e_0 + e_a \tag{12.28}$$

式中，ζ_c——截面曲率修正系数当 $\zeta_c > 1.0$ 时，取 $\zeta_c = 1.0$；

e_i——初始偏心距；

M_0——一阶弹性分析柱端弯矩设计值；

e_0——轴向压力对截面重心的偏心距，$e_0 = M_0 / N$；

e_a——附加偏心距；

h，h_0——所考虑弯曲方向柱的截面高度和截面有效高度；

l_0——排架柱的计算长度，可按表 12.3 确定。

表 12－3　采用刚性屋盖的单层工业厂房、露天吊车柱和栈桥柱的计算高度

项次	柱的类型		排架方向	垂直排架方向	
				有柱间支撑	无柱间支撑
1	无吊车厂房柱	单跨	$1.5H$	1.0	$1.2H$
		两跨及多跨	$1.25H$	$1.0H$	$1.2H$
2	有吊车厂房柱	上柱	$2.0H_u$	$1.25H_u$	$1.5H_u$
		下柱	$1.0H_l$	$0.8H_l$	$1.5H_l$
3	露天吊车柱和栈桥柱		$2.0H_l$	$1.0H_l$	—

注：1. H_u 为从装配式吊车梁底面或从现浇式吊车梁顶面至柱顶的上柱高度。

2. 对于有吊车厂房柱的计算长度，当计算中不考虑吊车荷载时，可按无吊车厂房取值。但上柱仍应按有吊车厂房取值。

3. 对于有吊车厂房，在排架柱方向上柱的计算长度仅适用于 $H_u/H_l \geq 0.3$ 的情况；当 $H_u/H_l < 0.3$ 时，宜采用 $2.5H_u$。

2)截面配筋计算

单层工业厂房排架柱各控制截面的不利内力组合值(M, N, V)是柱配筋计算的依据。一般情况下，矩形、工字形截面实腹柱可按构造要求配置箍筋，不必进行受剪承载力计算。因柱截面上同时作用弯矩和轴力，且弯矩有正、负两种情况，故这种柱应按对称配筋偏心受压截面进行弯矩作用平面内的受压承载力计算，还应按轴心受压截面进行平面外受压承载力验算。配筋计算应考虑弯矩二阶效应的影响。

3)构造要求

柱的混凝土强度等级不宜低于C25，纵向受力钢筋直径d不宜小于12 mm，全部纵向钢筋的配筋率不宜超过5%。当偏心受压柱的截面高度$h \geqslant 600$ mm时，在侧面应设置直径为10~16 mm的纵向构造钢筋，并相应地设置复合箍筋或拉筋。柱内纵向钢筋的净距不应小于50 mm；对水平浇筑的预制柱，其上部纵向钢筋的净距不应小于30 mm和$1.5d$(d为钢筋的最大直径)，下部纵向钢筋的净距不应小于25 mm和d。偏心受压柱中垂直于弯矩作用平面的纵向受力钢筋以及轴心受压柱中各边的纵向受力钢筋，其中距不应大于300 mm。

柱中的箍筋应为封闭式。箍筋间距不应大于400 mm，且不应大于构件截面的短边尺寸；同时，在绑扎骨架中不应大于$15d$，在焊接骨架中不应大于$20d$，d为纵向钢筋的最小直径。箍筋直径不应小于$d/4$，且不应小于6 mm，d为纵向钢筋有最大直径。当柱中全部纵向受力钢筋的配筋率超过3%时，箍筋直径不宜小于8 mm，间距不应大于$10d$(d为纵向钢筋的最小直径)，且不应大于200 mm。

2. 牛腿设计

在厂房结构中屋架、托架、吊车梁和连系梁等构件，常由设置在柱上的牛腿来支承。牛腿承受很大的竖向荷载，有时也承受地震作用和风荷载引起的水平荷载，所以它是一个比较重要的结构构件，在设计柱时必须重视牛腿的设计。

牛腿按承受的竖向荷载合力作用点至牛腿根部柱边缘水平距离a的不同分为两类(如图12.36所示)。当$a > h_0$时为长牛腿，按悬臂梁进行设计；当$a \leqslant h_0$时为短牛腿，是一变截面悬臂深梁，按本节所述方法设计。此处，h_0为牛腿根部的有效高度。

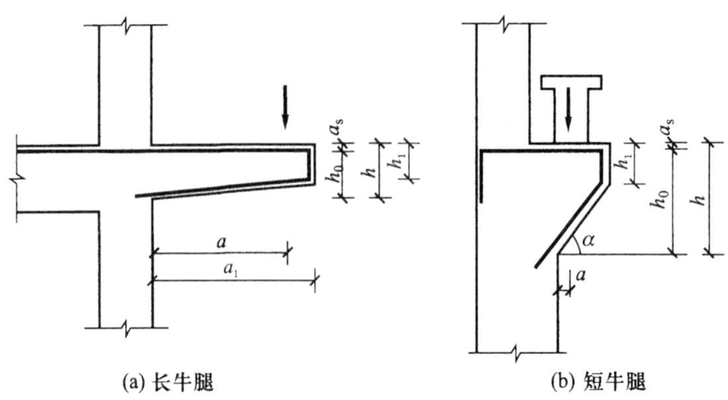

图12.36 柱的控制截面

(a)长牛腿；(b)短牛腿

1)牛腿截面尺寸的确定

牛腿的截面宽度与柱宽相同，故确定牛腿的截面尺寸主要是确定其截面高度。牛腿在使用阶段一般要求不出现斜裂缝或仅出现少量微细裂缝，所以一般以不出现斜裂缝作为控制条件来确定牛腿的截面尺寸。

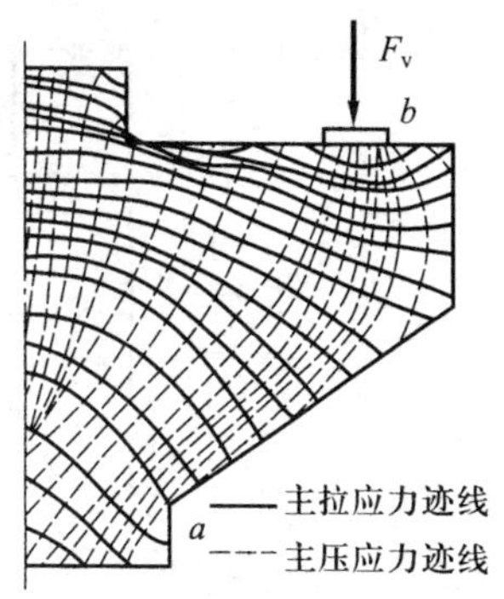

图12.37　牛腿的应力状态

试验表明，牛腿顶部在竖向荷载作用下随着 a/h_0 值增大，主拉应力增加，竖向开裂荷载 F_{vk} 减小；如图12.37所示。当牛腿面同时作用水平拉力 F_{hk} 时，随着 F_{hk} 加大，F_{vk} 也减小。可见，牛腿斜截面的抗裂性能除与截面尺寸 bh_0 和混凝土抗拉强度标准值 f_{tk} 有关外，还与 a/h_0 以及水平拉力 F_{hk} 值有关。规范规定，设计时应以下式作为裂缝控制条件来确定牛腿截面高度：

$$F_{vk} \leqslant \beta\left(1-0.5\frac{F_{hk}}{F_{vk}}\right)\frac{f_{tk}bh_0}{0.5+a/h_0} \tag{12.29}$$

式中，F_{vk}，F_{hk}——作用于牛腿顶部按荷载效应标准组合计算的竖向力和水平拉力值；

β——裂缝控制系数，对支承吊车梁的牛腿，取 $\beta=0.65$，其他牛腿，取 $\beta=0.80$；

a——竖向力的作用点至下柱边缘的水平距离，此时应考虑安装偏差20 mm，当考虑20 mm安装偏差后的竖向力作用线仍位于下柱截面以内时，取 $a=0$；

b——牛腿宽度；

h_0——牛腿与下柱交接处的竖向截面有效高度，取 $h_0=h_1-a_s+a_1\tan\alpha$，当 $\alpha>45°$ 时，取 $\alpha=45°$。

为了防止牛腿顶面加载垫板下混凝土的局部受压破坏，垫板下的局部压应力应满足：

$$\sigma_c=\frac{F_{vk}}{A}\leqslant 0.75f_c \tag{12.30}$$

式中，A——局部受压面积；

f_c——混凝土轴心抗压强度设计值。

当上式不满足时，应采取加大受压面积、提高混凝土强度等级或设置钢筋网等有效措施。

2)牛腿的配筋设计

根据牛腿的弯压和斜压两种破坏形态，在一般情况下，可近似地把牛腿看作是一个以顶部纵向受力钢筋为水平拉杆(拉力为 f_yA_s)，以混凝土斜向压力带为压杆的三角形桁架，如图12.38所示。通过对A点取力矩平衡可得下式：

$$F_va+F_h(\gamma_sh_0+a_s)\leqslant f_yA_s\gamma_sh_0 \tag{12.31}$$

规范近似取 $\gamma_s=0.85$，$(\gamma_sh_0+a_s)/\gamma_sh_0=1.2$，则由上式可得纵向受拉钢筋总截面面积 A_s 为：

$$A_s\geqslant\frac{F_va}{0.85f_yh_0}+1.2\frac{F_h}{f_y} \tag{12.32}$$

式中，F_v——作用在牛腿顶部的竖向力设计值；

F_h——作用在牛腿顶部的水平拉力设计值；

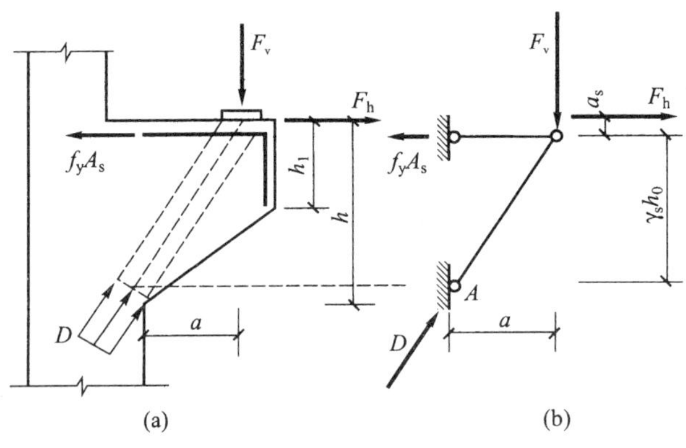

图 12.38　牛腿计算简图

a——竖向力 F_v 作用点至下柱边缘的水平距离，应考虑 20 mm 的安装偏差，当 $a < 0.3h_0$ 时，取 $a = 0.3h_0$。

纵向受拉钢筋宜采用 HRB335 或 HRB400 级钢筋。承受竖向力所需的纵向受拉钢筋的配筋率，按牛腿的有效截面计算不应小于 0.2% 及 $0.45f_t/f_y$，也不宜大于 0.6%，且根数不宜少于 4 根，直径不应小于 12 mm。

3）水平箍筋和弯筋的构造要求

在牛腿的截面尺寸满足式（12.29）的抗裂条件后，一般不再进行斜截面受剪承载力计算，只需按下述构造要求设置水平箍筋和弯筋。

水平箍筋的直径应取 6 ~ 12 mm，间距 100 ~ 150 mm，且在上部 $2h_0/3$ 范围内的水平箍筋总截面面积不应小于承受竖向力的受拉钢筋截面面积的 1/2。

当牛腿的剪跨比 $a/h_0 \geqslant 0.3$ 时，宜设置弯起钢筋。弯起钢筋宜采用 HRB335 或 HRB400 级钢筋，并宜设置在牛腿上部 $l/6$ 至 $l/2$ 之间的范围内（如图 12.39 所示），其截面面积不宜小于承受竖向力的受拉钢筋截面积的 1/2，其根数不宜小于 2 根，直径不宜小于 12 mm，并不得采用纵向受力钢筋兼作弯起钢筋。

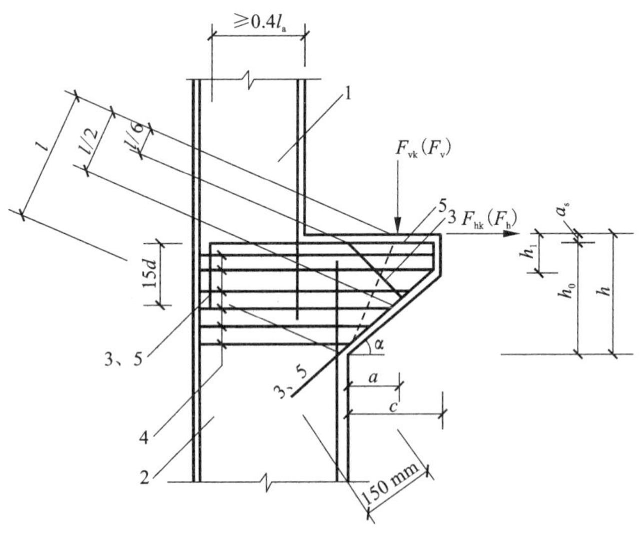

图 12.39　牛腿尺寸和钢筋配置

1—上柱；2—下柱；3—弯起钢筋；4—箍筋；5—水平钢筋

全部纵向受力钢筋及弯起钢筋宜沿牛腿外边缘向下伸入柱内 150 mm 后截断（如图 12.39 所示）。纵向受力钢筋及弯起钢筋伸入上柱的锚固长度，不应小于受力钢筋的锚固长度 l_a；当上柱尺寸不足时，应伸至上柱外边并向下作90°弯折，其水平投影长度不应小于$0.4l_a$，竖向投影长度应取为$15d$，此时锚固长度应从上柱内边算起。

3. **施工吊装验算**

排架柱在施工吊装过程中的受力状态与使用阶段不同，而且此时混凝土的强度可能未达到设计强度，因此还应根据柱在吊装阶段的受力特点和材料实际强度，对柱进行承载力和裂缝宽度验算。

柱在吊装验算时的计算简图应根据具体吊装方法来确定。吊装方法有平吊和翻身吊两种(如图12.40所示)。平吊较为方便，当采用平吊不满足承载力或裂缝宽度限值要求时，可采用翻身吊。当采用一点起吊时，吊点设置在牛腿的根部。吊装过程中的最不利受力阶段为吊点刚离开地面时，此时柱子底端搁置在地面上，柱为在其自重作用下的受弯构件，其计算简图和弯矩图如图12.40(c)所示，一般取上柱柱底、牛腿根部和下柱跨中三个控制截面。

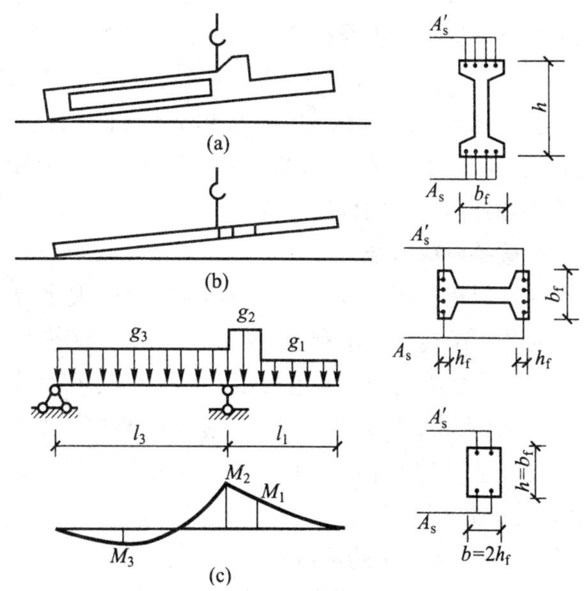

图12.40　柱的吊装方式及简图

在进行吊装阶段受弯承载力验算时，柱重力荷载分项系数取1.2，考虑到起吊时的动力作用，还应乘以动力系数1.5。由于吊装阶段时间与使用阶段相比较短，故结构重要性系数γ_0降低一级采用(一般取0.9)。混凝土强度取吊装时的实际强度，一般要求大于70%的设计强度。当采用平吊时，工字形截面可简化为宽度为$2h_f$，高度为b_f的矩形截面，且只考虑两翼缘四角的钢筋参与工作，如翼缘内还有纵向构造钢筋时，也可考虑其作用。

钢筋混凝土柱在吊装阶段的裂缝宽度验算，可按受弯构件考虑，并取使用阶段允许出现裂缝的控制等级。当承载力或裂缝宽度验算不满足要求时，应优先采用调整或增设吊点以减小弯矩的方法或采取临时加固措施来解决。当采用这些方法或措施有困难时，可采用增大混凝土强度等级或增加纵筋数量的方法来解决。

12.5　单层工业厂房屋架

屋架是单层工业厂房中的重要构件。屋架将单层厂房的屋面荷载传至排架柱，同时还作为排架结构中的横梁使两侧排架柱共同工作。屋架设计可能遇到两种情况：对按标准图选定的屋架进行复核；根据使用要求自行设计屋架。

1. **屋架的外形和杆件截面尺寸**

屋架的外形应与厂房的使用要求、跨度以及屋面结构相适应。屋架高跨比一般取1/10～

1/6。屋架节间长度要有利于改善杆件受力条件和便于天窗架。上弦节间长度一般采用3 m，屋架跨度大时，为减少节点和腹杆数，可用4.5 ~6 m。下弦节点长度一般采用4.5 m和6 m。腹杆截面一般不小于120 mm×100 mm。此外，腹杆长度(中心线之间距离)与截面短边之比不应大于40(拉杆)或35(压杆)。

屋架宽度取决于上弦杆截面宽度，它应满足：上弦顶面安放屋面板、天窗架或檩条所必需的支撑长度；屋架扶直、吊装时的受弯承载力；屋架平面外上弦的稳定等。18 ~30 m跨度屋架的上弦截面宽度一般取200 ~240 mm，下弦杆截面宽度与上弦杆相同。上、下弦杆截面高度分别不小于180 mm和140 mm。当为预应力混凝土屋架时，下弦杆高度尚应满足预应力钢筋孔道和锚具尺寸的构造要求。

2. 荷载及荷载组合

作用于屋架上的荷载有恒载与活荷载。一般来说，屋架各杆件并不都是在全跨恒载和活荷载同时作用下达到最不利受力状态。因此，应考虑荷载的不利组合。

作用于屋架上的荷载，包括屋面板传来的恒荷载与活荷载(屋面使用荷载、雪荷载或灰荷载)、屋架及其支撑自重，有时还有天窗架立柱传来的集中荷载、悬挂吊车或其他悬吊设备重量。设计屋架时应考虑以下三种荷载组合(如图12.41所示)。

(1)全跨恒载+全跨活载；

(2)全跨恒载+半跨活载；

(3)屋架(包括屋盖支撑)自重重力荷载+半跨屋面板重力荷载+半跨屋面安装活载。

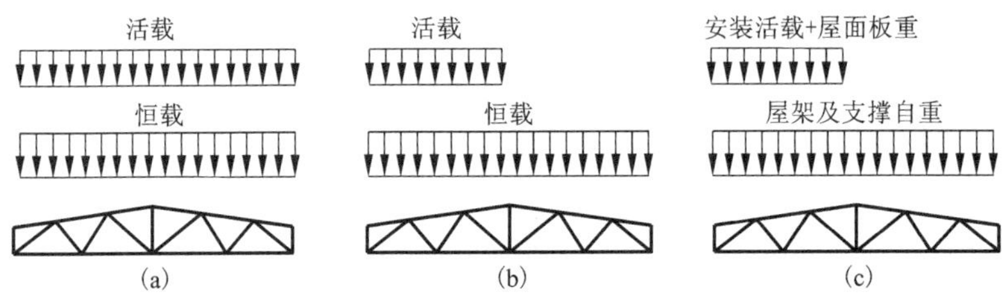

图12.41　屋架荷载组合

3. 计算简图和内力计算

钢筋混凝土屋架属于平面桁架，其实际受力情况如图12.42所示。由于屋面板施加于屋架上弦的集中力不一定作用在节点，故屋架上弦杆一般处于偏心受力状态；屋架的腹杆及下弦杆则可简化为轴心受力杆件(不考虑自重)。可按下述方法简化计算屋架内力。

(1)屋架上弦杆承受屋面板传来的集中荷载以及均布荷载，假定屋架各节点为折线形连续梁的不动铰支座，如图12.42所示，可用弯矩分配法或其他方法计算内力。

(2)将上弦杆的支座反力反向作用于屋架，其腹杆件可按铰接桁架计算各杆件的轴力，如图12.42所示，可用数解法或图解法计算内力，也可利用内力系数表计算。

(3)下弦杆一般不考虑自重引起的弯矩，按轴心拉杆计算内力。当有节间荷载时，可按上弦杆那样计算。

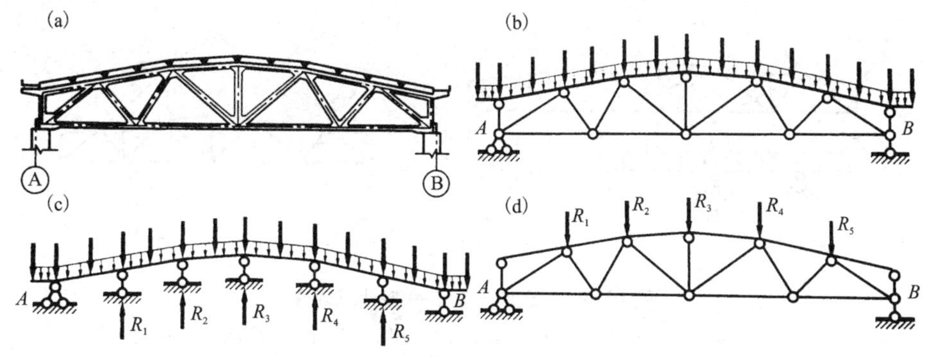

图 12.42 屋架计算简图

4. 杆件截面设计和配筋构造

屋架混凝土一般采用 C30，预应力混凝土屋架则采用 C30 ~ C40。预应力钢筋宜采用预应力钢绞线或钢丝，也可采用热处理钢筋；非预应力纵筋应优先采用 HRB335、HRB400 级钢筋，也可采用 HPB300 级钢筋，横向钢筋宜采用冷拔低碳钢丝或 HPB300 级钢筋。

屋架有节间荷载时，在屋架平面内上弦杆同时承受轴向力和弯矩，应选取内力的不利组合，按偏心受压构件进行配件计算。此时，上弦杆的跨中截面应考虑在弯矩作用平面内挠曲对弯矩增大的影响，其计算长度可取节间长度；计算节点处截面时，可不考虑挠曲对弯矩增大的影响。在屋架平面外上弦杆只承受轴向力，可按轴心受压构件验算其承载力。此时，计算长度可取 3 m（当屋面板的宽度不大于 3 m 且每块板与屋架有三点焊接时）或取横向支撑与屋架上弦连接点之间的距离（当为有檩体系，且连接点有檩条拉通时）。

下弦杆当不考虑自重弯矩的影响时，可按轴心受拉构件设计，否则应按偏心受拉构件设计。

腹杆在不同荷载组合作用下，同一杆件可能受拉或受压，应按轴心受拉或受压构件设计。轴压腹杆在屋架平面内的计算长度 l_0 取 $0.8l$，但梯形屋架端斜压杆取 $l_0=l$；在屋架平面外取 $l_0=l$，以上 l 为腹杆实际长度，按杆件轴心线交点之间的距离计算。

屋架各杆件的配筋构造按《混凝土结构设计规范》（GB50010—2010）有关规定或参考屋架标准图集。

5. 屋架的扶直和吊装验算

屋架一般平卧预制，施工时须先扶直后吊装，其受力状态与使用阶段不同，故须进行施工阶段的扶直与吊装验算。

翻身扶直的受力情况与吊装方法有关。一般地，翻身扶直时下弦不离地面，整个屋架绕下弦杆转动。此时，屋架平面外受力最不利，可近似地将上弦视为连续梁计算其平面外弯矩（如图 12.43 所示），并按此验收上弦杆的承载力和抗裂性。翻身扶直时的荷载，除上弦自重外，还应将腹杆重量的一半传给上弦相应节点。动力系数一般可取为 1.5。

屋架吊装时，其吊点设在上弦节点处，如图 12.43 所示。一般假定屋架重力荷载作用于下弦节点，屋架上弦受拉，故需对上弦杆进行轴心受拉承载力和抗裂验算。

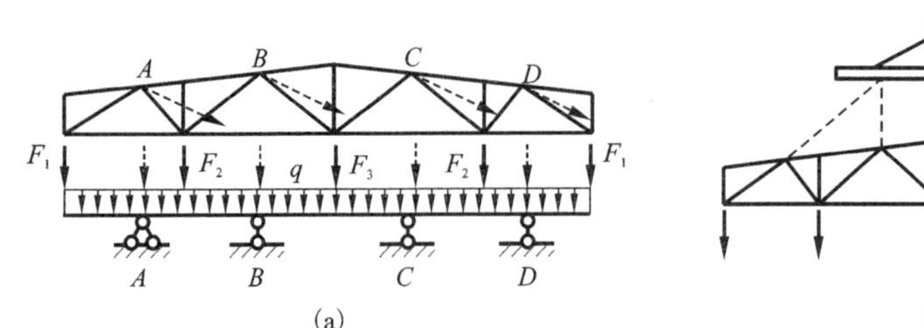

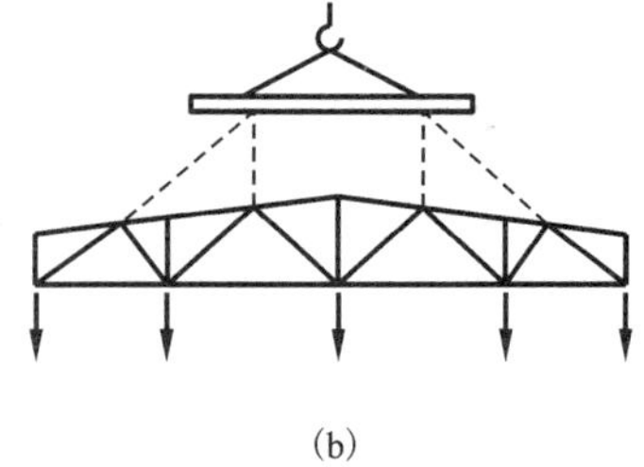

图 12.43　屋架扶直和吊装计算简图

虚线表示屋架扶直和吊装时用的钢缆；虚箭头表示屋架起吊时钢缆的作用线

12.6　柱下钢筋混凝土独立基础

单层工业厂房柱下基础通常采用杯形基础。按受力性能，杯形基础可分为轴心受压基础和偏心受压基础，在基础形式和埋置深度确定后，基础设计的主要内容为：确定基础底面尺寸和基础高度；计算基础底板配筋并采用必要的构造措施等。

1. 基础底面尺寸

1）轴心受压基础

当基础承受轴心压力时，基础底面处的土压力为均匀分布，如图12.44所示，其基础底面的压力应符合下式要求：

$$P_K = \frac{F_k + G_k}{A} \leqslant f_a \tag{12.33}$$

式中，P_K——相应于荷载效应标准组合时基础底面处的平均压力值；

N_K——相应于荷载效应标准组合时，上部结构传至基础顶面的竖向力值；

G_K——基础自重和基础上的土重；

A——基础底面面积，$A = l \times b$。其中，l 为基础底面长度；b 为基础底面宽度（当轴心受压时为最小边长，当偏心受压时为力矩作用方向的基础底面边长）；

f_a——修正后的地基承载力特征值。

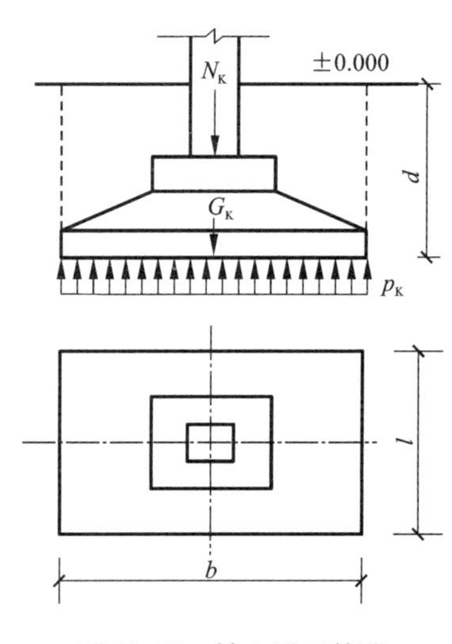

图 12.44　轴心受压基础

若取基础及其上填土的平均重度为 γ_G（一般可近似取 $\gamma_G = 20\ kN/m^3$），基础埋置深度为 d，则 $G_K = \gamma_G A d$，可得基础底面面积计算公式：

$$A \geqslant \frac{N_k}{f_a - \gamma_G d} \tag{12.34}$$

轴心受压基础底面一般采用正方形。按上式确定底面积 A，再选定基础底面宽度 b，即可求得另一边长 l。

2)偏心受压基础

当基础偏心受压时，在弯矩和轴力的共同作用下，假定其底面的压力为直线分布(如图12.45所示)，基础边缘的压力按下式计算：

$$p_{k,\max}=\frac{N_{bk}}{A}+\frac{M_{bk}}{W} \tag{12.35}$$

$$p_{k,\min}=\frac{N_{bk}}{A}-\frac{M_{bk}}{W} \tag{12.36}$$

式中，$P_{k,\max}$，$P_{k,\min}$——相应于荷载相应标准组合时，基础底面的最大、最小压力值；

W——基础底面的抵抗矩；

N_{bk}，M_{bk}——相应于荷载效应标准组合时，基础底面处的轴向压力和弯矩值分别按下式计算：

$$N_{bk}=N_k+G_k+N_{wk}$$

$$M_{bk}=M_k\pm V_k h\pm N_{wk}e_w \tag{12.37}$$

式中，M_k，N_k，V_k——相应于荷载相应标准组合时，由上部结构传至基础顶面处的弯矩，轴向压力和剪力值；

N_{wk}，e_w——基础梁传来的竖向力标准值及基础梁中心线至基础底面中心线的距离；

令 $e=M_{bk}/N_{bk}$，$A=bl$，$W=lb^2/6$，式(12.35)和式(12.36)可变换为：

$$p_{\substack{k,\max\\k,\min}}=\frac{N_{bk}}{bl}\left(1\pm\frac{6e}{b}\right) \tag{12.38}$$

当 $e\leqslant b/6$ 时，$p_{k,\min}\geqslant 0$，基底压力分布为梯形或三角形(图12.45a，b)，基础底面全截面受压；当 $e>b/6$ 时，$p_{k,\min}<0$，由于基础底面与地基的接触面间不能承受拉力，说明部分基础底面不与地基土接触，此时基底压力分布为三角形(图12.45c)，其最大基底压力按下式计算：

$$p_{k,\max}=\frac{2N_{bk}}{3la} \tag{12.39}$$

式中，a——基底压合力作用点(或 N_{bk} 作用点)至基础底面最大压力边缘的距离。

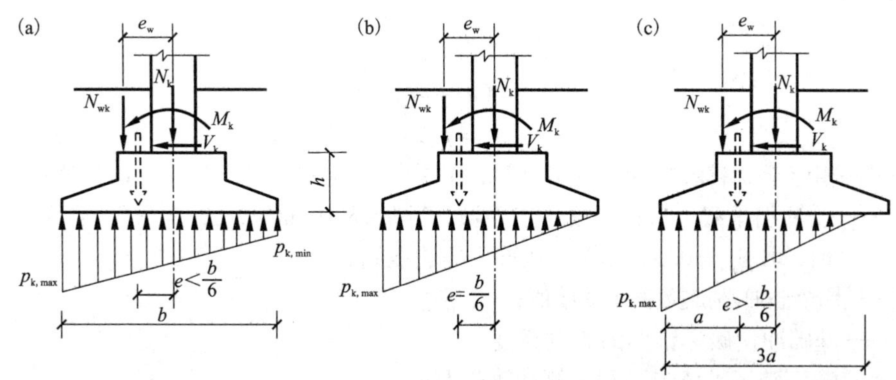

图 12.45　偏心受压基础基底压力分布

根据规范规定，偏心受压基础地基承载力验算应满足下列要求：

$$p=\frac{P_{k,max}+p_{k,min}}{2}\leqslant f_a \tag{12.40}$$

$$p_{k,max}\leqslant 1.2f_a \tag{12.41}$$

由于地基土的可压缩性，在长期不均匀压力作用下基础可能倾斜。因此，基底压力还应满足下列规定：对于有吊车的厂房，宜使 $p_{k,min}\geqslant 0$；对于无吊车的厂房，当基础荷载中计入了风荷载效应时，允许基础与地基局部脱开(即允许 $e>b/6$)，但要求 $e\leqslant b/4$，以防止基础转动过大。如不满足上述要求，则应调整基础底面尺寸重新验算。

2. 基础高度验算

确定基础高度 H_0 时，应满足抗冲切承载力、抗剪承载力及相关构造规定。

1)受冲切承载力验算

规范规定，对矩形截面柱的矩形基础，应验算柱与基础交接处以及基础变阶处的抗冲切承载力，其抗冲切承载力均应按下列公式验算：(如图 12.46 所示)

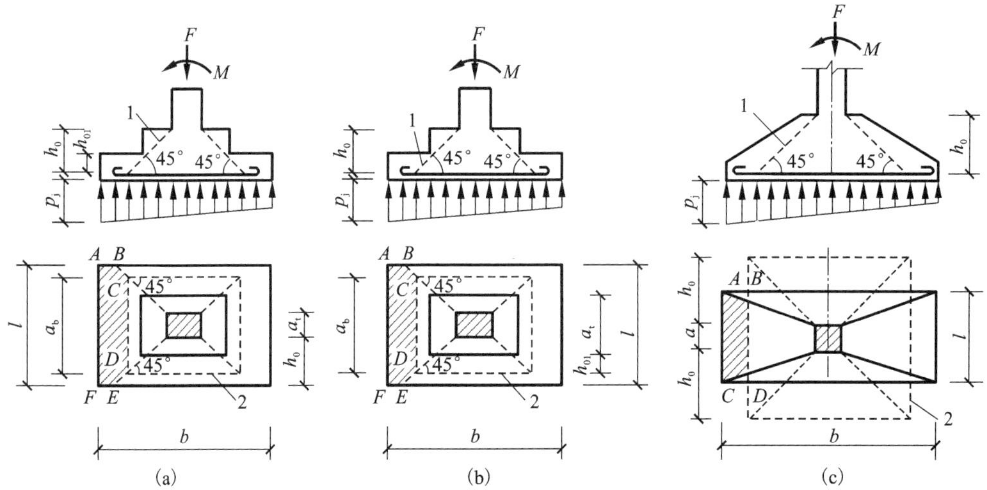

图 12.46　基础受冲切承载力截面位置

$$F_l\leqslant 0.7\beta_{hp}f_t a_m h_0 \tag{12.42}$$

$$a_m=(a_t+a_b)/2 \tag{12.43}$$

$$F_l=p_j A_l \tag{12.44}$$

式中，F_l——相应于荷载效应的基本组合时，作用在 A_1 上的地基土净反力设计值；

β_{hp}——受冲切承载力截面高度影响系数，当 $h\leqslant 800$ mm 时，$\beta_{hp}=1.0$；当 $h\geqslant 2000$ mm 时，取 $\beta_{hp}=0.9$，其间按线性内插法取用；

f_t——混凝土轴心抗拉强度设计值；

h_0——基础冲切破坏锥体的有效高度；

a_m——冲切破坏锥体最不利一侧计算长度；

a_t——冲切破坏锥体最不利一侧斜截面的上边长，当计算柱与基础交接处的受冲切承载力时，取柱宽；当计算基础变阶处的受冲切承载力的，取上阶宽；

a_b——冲切破坏锥体最不利一侧斜截面在基础底面积范围内的下边长，当冲切破坏锥体的底面落在基础底面以内[如图12.46(a)、(b)所示]，计算柱与基础交接处的受冲切承载力时，取柱宽加2倍的基础有效高度。当冲切破坏锥体的底面在l方向落在基础底面以外，即$a+2h_0 \geqslant l$时[如图12.46(c)所示]，取$a_b=l$；

p_j——扣除基础自重及其上土重后，相应于荷载效应基本组合时的地基土单位面积净反力，对轴心受压基础，取$p_j=F_k/lb$；对偏心受压基础，可取基础边缘处最大地基土单位面积净反力；

A_l——冲切验算时取用的部分基底面积(如图12.46a、b中的阴影面积$ABCDEF$，或图12.46(c)中的阴影面积$ABCD$)。

2)受剪承载力验算

当基础底面短边尺寸小于或等柱宽加两倍基础有效高度时，应按下列公式验算柱与基础交接处截面及变阶处截面的受剪承载力：

$$V_s \leqslant 0.7\beta_{hs} f_t A_0 \tag{12.45}$$

$$\beta_{hs} = \left(\frac{800}{h_0}\right)^{1/4} \tag{12.46}$$

式中，V_s——柱与基础交接处的剪力设计值，如图12.47中的阴影面积$ABCD$乘以基底平均净反力；

β_{hs}——受剪切承载力截面高度影响系数，当$h_0<800$ mm时，取$h_0=800$ mm；当$h_0>2000$ mm时，取$h_0=2000$ mm；

A_0——验算截面处基础的有效截面面积。

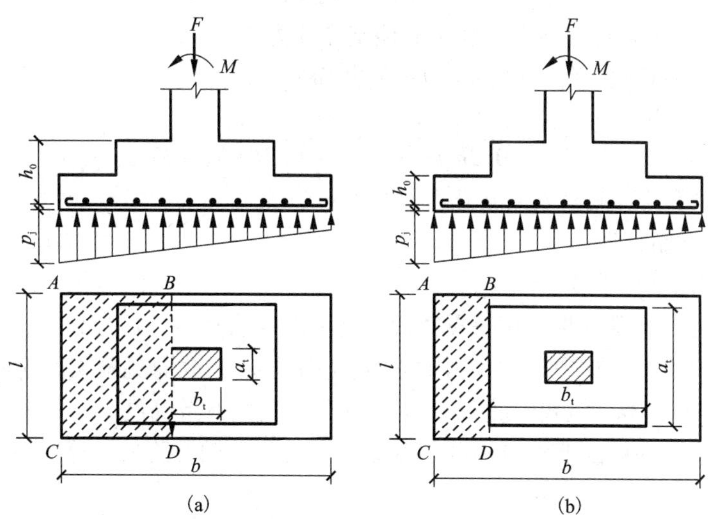

图12.47　验算阶形基础受剪切承载力示意图

(a)柱与基础交接处；(b)基础变阶处

3. 基础底板配筋计算

基础底板在地基净反力作用下，两个方向均产生弯矩，因此需要在底板下部双向配置受力钢筋。配筋计算的控制截面一般取柱与基础交接处和变阶处(对阶形基础)。计算两个方向的弯矩时，将基础底板划分为相互没有关系的四个区块，每个区块都视为固定于柱周边

(或台阶周边)的倒置的变截面悬臂板，如图 12.48 所示。

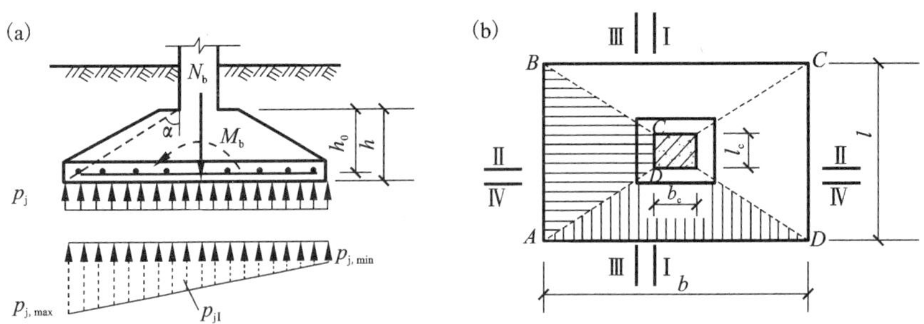

图 12.48　基础配筋计算简图

1)轴心受压基础

沿长边 b 方向的截面Ⅰ—Ⅰ处的弯矩 M_I，等于作用在梯形面积 $ABCD$ 上的总地基净反力与该面积形心到柱边截面(Ⅰ—Ⅰ截面)距离的乘积，则得：

$$M_{\mathrm{I}}=\frac{1}{24}p_j(b-b_c)^2(2l+l_c) \tag{12.47}$$

$$M_{\mathrm{II}}=\frac{1}{24}p_j(l-l_c)^2(2b+b_c) \tag{12.48}$$

同理，可得沿短边 l 方向的截面Ⅱ—Ⅱ处的弯矩。

式中，M_{I}，M_{II}——截面Ⅰ—Ⅰ、Ⅱ—Ⅱ处相应于荷载效应基本组合的弯矩设计值；

p_j——相应于荷载效应基本组合时的地基净反力。

Ⅰ—Ⅰ和Ⅱ—Ⅱ截面所需要的受力钢筋截面面积按下列近似公式计算：

$$A_{s\mathrm{I}}=\frac{M_{\mathrm{I}}}{0.9h_0f_y}\qquad A_{s\mathrm{II}}=\frac{M_{\mathrm{II}}}{0.9f_y(h_0-d)} \tag{12.49}$$

式中，h_0——Ⅰ—Ⅰ计算截面处的基础有效高度；

d——受力钢筋直径；

f_y——钢筋的抗拉强度设计值。

当计算基础变阶处Ⅲ—Ⅲ和Ⅳ—Ⅳ截面由地基净反力产生的弯矩设计值时，应用台阶长度和宽度代替式(12.47)和或(12.48)中的柱截面高度 b_c 和截面宽度 l_c。这两个截面的钢筋面积仍按式(12.49)计算，但式中的 h_0 应为变阶处的截面有效高度。

基础底板两个方向的配筋均应取柱与基础交接处和基础变阶处计算所得钢筋截面面积的较大者。

2)偏心受压基础

偏心受压基础基底配筋计算的方法原则上与轴心受压的相同，只是控制截面上的弯矩(M_{I}与M_{II}或M_{III}与M_{IV})的计算有所不同，土壤净反力也应考虑不均匀分布的影响。在计算 M_{I}时，式(12.47)中的土壤反力设计值可按下式确定：

$$p_j=(p_{j,\max}+p_{j,\mathrm{I}})/2 \tag{12.50}$$

在计算 M_{II}时，式(12.48)中的土壤净反力可按下式计算：

$$p_j=(p_{j,\max}+p_{j,\min})/2 \tag{12.51}$$

基础变阶处的配筋计算也与轴心受压基础相同，只是在 $M_{Ⅲ}$ 和 $M_{Ⅳ}$ 时，要分别用 $(p_{j,\max}+p_{j,Ⅲ})/2$ 和 $(p_{j,\max}+p_{j,\min})/2$ 代替轴心受压中的 p_j 即可。

4. 杯型基础构造要求

(1)基础混凝土强度等级应不低于 C20，通常采用 C20～C25。当环境等级为二 b、三 a 和三 b 级时最低强度等级应分别为 C30、C35、C40。

(2)当基础设于比较干燥且土质好的土层上时，如取消垫层，基础钢筋的保护层厚度不小于 70 mm；当基础设于湿、软土层上时，应设置厚度不小于 100 mm 的素混凝土垫层，其混凝土强度等级常用 C10，此时最外层受力钢筋的混凝土保护层厚度从垫层顶面算起应不小于 40 mm。

(3) 基底受力钢筋一般采用 HPB300 级或 HRB335、HRB400 级钢筋，其直径不宜小于 10 mm，间距不宜大于 200 mm，但也不宜小于 100 mm。当基础底面尺寸大于或等于 2.5 m 时，为节约钢材，受力钢筋的长度可缩短 10%，并按图 12.49 交错布置。

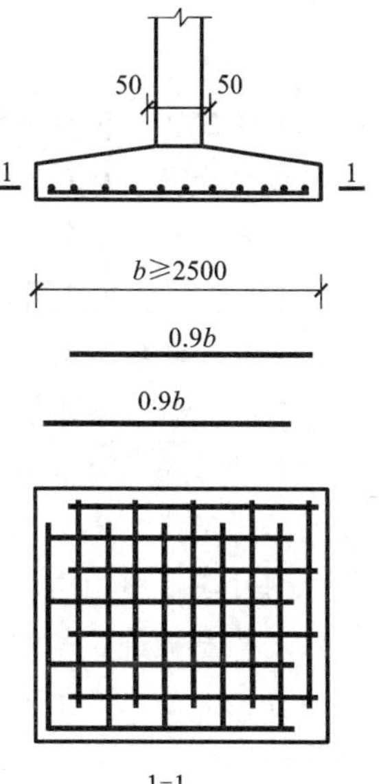

图 12.49　基础底板受力钢筋布置

(4)预制钢筋混凝土柱插入杯型基础的深度可按表 12.4 选用，并应满足钢筋在基础内的锚固长度的要求及吊装时柱的稳定性。

表 12.4　柱的插入深度 h_1/mm

矩形或工字形柱				双肢柱
$h<500$	$500\leqslant h<800$	$800\leqslant h\leqslant 1000$	$h>1000$	
$h\sim 1.2h$	h	$0.9h$，且 $\geqslant 800$	$0.8h$，且 $\geqslant 1000$	$(1/3\sim 2/3)h$， $(1.5\sim 1.8)h_b$

注：1. h 为柱截面长边尺寸；h_a 为双肢柱全截面长边尺寸；h_b 为双肢柱全截面短边尺寸。

2. 柱轴心受压或小偏心受压时 h_1 可适当减小，偏心矩大于 $2h$ 时，h_1 应适当加大。

(5)当预制钢筋混凝土柱为轴心受压或小偏心受压且 $t/h_2\geqslant 0.65$ 时，或大偏心受压且 $t/h_2\geqslant 0.75$ 时，杯壁可不配加强筋；当柱为轴心受压或小偏心受压且 $0.5\leqslant t/h_2<0.65$ 时，杯壁可按表 12.5 设置加强筋[如图 12.50(a)所示]；其他情况下应按计算配筋。对于双杯口基础(如伸缩缝处的基础)，当两个杯口之间的宽度 $a<400$ mm 时，该处宜按图 12.50(b)的要求设置加强钢筋。

表 12.5　杯壁构造配筋

柱截面长边尺寸/mm	$h<1000$	$1000\leqslant h<1500$	$1500\leqslant h\leqslant 2000$
钢筋直径/mm	8～10	10～12	12～16

注：表中钢筋置于杯口顶部，每边两根。

小 结

(1)单层工业厂房的结构形式有两种：排架结构和刚架结构。其中，排架结构应用较普遍。排架的特点是：柱顶与横梁铰接，柱底与基础刚接。

(2)单层工业厂房由屋盖结构、吊车梁、柱、支撑、基础及围护结构等组成。

(3)支撑包括屋盖支撑及柱间支撑两大类，其主要作用是：增强厂房的整体性及空间刚度、保证结构构件出平面稳定、传递纵向风荷载、吊车纵向水平荷载及水平地震作用等。

(4)单层工业厂房排架计算的步骤：

①确定计算单元及排架计算简图；

②计算排架上的各种荷载；

③分别计算各种荷载单独作用下的排架内力；

④确定控制截面，并考虑可能同时出现的荷载，对每一个控制截面进行内力组合，确定最不利内力，作为柱及基础设计的依据。

(5)单层工业厂房排架柱设计的步骤：

①确定柱的形式及截面尺寸；

②确定柱的计算长度、计算柱内配筋并进行吊装验算；

③牛腿设计。包括确定牛腿尺寸、计算牛腿配筋、验算局部受压承载力。

④预埋件设计；

⑤绘制柱施工图。

(6)单层工业厂房屋架设计的步骤：

①确定屋架的外形和杆件截面尺寸；

②确定屋架荷载及结构计算简图；

③进行荷载组合并计算内力；

④对构件进行配筋及构造设计；

⑤对屋架进行扶直和吊装验算。

(7)柱下独立钢筋混凝土基础常采用杯形基础。杯形基础可分为锥形和阶梯形两种。杯形基础的设计步骤：

①确定基础底面尺寸。轴心受压基础底面一般采用正方形；偏心受压基础常取 $b=(1.5\sim2.0)l$；

②确定基础高度。基础高度通常由抗冲切承载力控制；

③计算基础底板配筋。一般沿短边方向布置底板受力钢筋，当底板边长 b(或 l)$\geqslant$2.5 m 时，底板受力钢筋的长度可取 $0.9b$(或 $0.9l$)，并宜交错布置；

④绘制基础施工图。

习 题

一、填空题

1. 单层工业厂房按结构体系可分为刚架结构和____________。
2. 厂房跨度大于18 m时，柱网布置应采用____________，如24 m，30 m，36 m等。
3. 纵向排架柱多，抗侧刚度大。因此，一般将厂房简化成____________计算。
4. 计算吊车竖向荷载(D_{max}/D_{min})时，将一个吊车轮位于排架柱正上方，其余车轮按吊车型号排列，再用____________原理，计算多个车轮同时对该柱的影响。
5. 等高排架内力计算时的显著特征是各柱有相同的____________。
6. 排架柱的控制截面包括上柱底和____________，____________。
7. 确定牛腿截面高度的控制条件是____________。

二、判断题

1. 屋盖结构的组成构件包括屋面板、天窗架、屋架、吊车梁。(　　)
2. 排架厂房的基本承重结构是纵向平面排架。(　　)
3. 对边柱，吊车轨道中心线到柱轴线的距离最小按750 mm计算。(　　)
4. 柱间支撑设置在中部比设置在两端产生的温度应力小。(　　)
5. 不等高排架内力计算一般采用剪力分配法求得。(　　)
6. 对排架柱进行内力组合应考虑最小轴力及其相应的弯矩和剪力这种情况。(　　)
7. 排架柱的$P-\Delta$效应是竖向荷载在水平位移Δ上产生的附加弯矩这一现象。(　　)

三、选择题

1. 下列关于排架厂房竖向荷载传递路径说法正确的是(　　)。

A. 天窗架→屋架→柱→基础　　B. 屋面板→屋架→吊车梁→柱→基础

C. 山墙→抗风柱→屋盖支撑→柱→基础　　D. 纵墙→连系梁→基础梁→基础

2. 当厂房相邻两部分高度相差(　　)时，应考虑设置沉降缝。

A. 8 m　　B. 10 m　　C. 12 m　　D. 无此要求

3. 下列关于上弦横向支撑的作用的说法错误的是(　　)。

A. 提高屋盖纵向水平刚度　　B. 提高上弦杆平面外稳定性

C. 将山墙荷载传至柱列　　D. 传递纵向风荷载

4. 下列关于排架结构空间作用的说法错误的是(　　)。

A. 排架的空间作用与有无山墙有关　　B. 排架的空间作用与屋盖结构刚度有关

C. 排架的空间作用与厂房长度无关　　D. 考虑排架空间作用将使上柱内力增加

5. 下列不是设计屋架时应考虑的荷载组合形式(　　)。

A. 全跨恒载＋全跨活载

B. 全跨恒载＋半跨活载

C. 屋架自重 + 半跨屋面板自重 + 半跨安装活载

D. 屋架自重 + 半跨屋面板自重 + 半跨活载

四、简答题

1. 单层厂房结构设计包括哪些内容？简述结构方案设计的主要内容及设计原则。

2. 单层厂房的结构形式有哪几种？各自的特点分别是什么？

3. 简述横向平面排架承受的纵向荷载和水平荷载的传力途径以及纵向平面排架承受的水平荷载的传力途径。

4. 单层厂房结构中应设置哪些支撑？简述这些支撑的作用和设置原则。

5. 抗风柱与屋架的连接应满足哪些要求？连系梁、圈梁、基础梁的作用各是什么？它们与柱是如何连接的？

6. 确定单层厂房排架结构的计算简图时做了哪些假定？试分析其适用条件。

7. 作用在单层厂房上的主要荷载有哪些？如何计算这些荷载？

8. 什么事等高排架？如何用剪力分配法计算等高排架内力？试述其计算步骤。

9. 排架柱应选取哪些控制截面进行内力组合？简述内力组合原则、组合项目及注意事项。

10. 简述柱牛腿的三种主要破坏形态？牛腿设计有哪些内容？

11. 如何设计排架柱下钢筋混凝土杯形基础？

五、计算题

1. 某单跨厂房排架结构，跨度为 24 m，柱距为 6 m。设计时考虑两台同型号、工作级别均为 A4 级的桥式软钩吊车，额定起重量均为 10 t，桥架跨度为 22.5 m，吊车总重为 240 kN，小车重 $g=39$ kN，吊车最大宽度 $B=5290$ mm，大车轮距 $K=4050$ mm，$P_{max}=133$ kN，$P_{min}=37$ kN，求 $D_{max,k}$、$D_{min,k}$ 及 $F_{h,k}$。

2. 某单跨厂房，在各种荷载标准值作用下 A 柱Ⅲ—Ⅲ截面内力如下表所示，有两台吊车，吊车工作级别为 A_5 级，试对该截面进行内力组合。

简图及正、负号规定	荷载类型		序号	M/kN·m	N/kN	V/kN
	恒载		①	29.32	346.45	6.02
	屋面活载		②	8.70	54.00	1.84
	吊车竖向荷载	D_{max} 在 A 柱	③	16.40	290.00	−3.74
		D_{max} 在 B 柱	④	−42.90	52.80	−3.74
	吊车水平荷载		⑤、⑥	±110.35	0	±8.89
	风荷载	右吹风	⑦	459.45	0	52.96
		左吹风	⑧	−422.55	0	−42.10

第 13 章　多层框架结构

【学习目标】

(1) 了解框架结构的特点和适用范围；
(2) 熟悉框架结构的布置原则与方法；
(3) 熟悉梁、柱截面尺寸及框架结构计算简图的确定方法；
(4) 掌握框架结构在竖向和水平荷载作用下的内力近似计算方法；
(5) 掌握框架结构的内力组合原则；
(6) 熟悉框架结构在水平荷载作用下的侧移验算方法；
(7) 熟悉梁、柱的配筋计算和构造要求。

框架结构简介

【本章导读】

通过本章学习试设计下述框架结构。

多层房屋中钢筋混凝土框架结构应用非常广泛。框架结构是由梁和柱为主要构件组成的承受竖向和水平作用的结构。框架结构具有平面布置灵活，易于设置较大空间，使用方便等优点。但框架的侧向刚度较小，抵抗水平荷载的能力较差。常用于办公楼、旅馆、学校、商店和住宅等建筑。

根据《高层建筑混凝土结构技术规程》的规定，一般地，将 10 层及 10 层以下或房屋高度不大于 28 m 的住宅建筑，以及房屋高度不大于 24 m 的其他民用建筑混凝土框架结构房屋，称之为多层框架结构。

13.1　多层框架结构的分类与结构布置

13.1.1　多层框架结构的分类

钢筋混凝土框架结构按施工方式不同可分为现浇整体式、装配式和装配整体式等。

1. 现浇整体式框架

在现场支模并整体浇筑而成的钢筋混凝土框架结构。一般是先浇筑好每层框架柱至框架梁底，再对其上部梁、板同时支模、绑扎钢筋，然后一次浇捣混凝土，自基础顶面逐层向上施工。因此，现浇整体式框架结构整体性好，抗震性能较好，建筑布置灵活性大。如果配合泵送混凝土等施工技术，在结构性能及经济性上都具有一定的优势，是目前钢筋混凝土框架结构的主要应用形式。其缺点是现场施工工期长，劳动强度大，而且需要大量的模板，而且在我国寒冷地区不便于冬季施工。

2. 装配式框架

装配式框架是指梁、柱、楼板均为预制，然后进行吊装，通过预埋件焊接拼装连接成整体的框架结构。这种框架的主要优点是构件可以做到标准化、定型化，可进行机械化生产，与全现浇式框架相比可节约模板60%左右，缩短工期40%左右，节约劳动力约20%，还可以大量采用预应力混凝土构件。但由于我国目前运输吊装所需的机械费用昂贵，且在焊接接头处必须预埋连接件，增加了用钢量，造价较高，且整体性不好，抗震性能差，目前已经很少采用。

3. 装配整体式框架

装配整体式框架是指采用预制或现浇钢筋混凝土柱、预制预应力混凝土叠合梁板，通过键槽节点连接形成的装配整体式框架结构。采用预制构件，减少了现场浇捣混凝土的工作量和模板支拆工作量，整体性较好，它兼有现浇式与装配式框架的优点，在非抗震地区和抗震设防烈度为6、7度地区也得到较为广泛的应用，但键槽节点区现场浇筑混凝土施工复杂。

除上述三种框架结构类型外，还有梁、柱为现浇，楼板为预制或柱为现浇、梁板为预制的半现浇式框架结构。目前国内外大多采用现浇混凝土框架，本章着重介绍现浇钢筋混凝土框架结构。

13.1.2 框架结构布置

结构布置情况是用图纸来表达的。结构布置上要将房屋中每一结构构件的类型、编号、平面和空间的位置等明确地表示出来。结构布置图主要包括基础平面布置图、各层结构平面布置图及屋面结构平面布置图。进行构件设计计算之前，先要将结构布置简图绘出，这样才能了解有多少结构构件需要设计计算、各结构构件的相互关系如何。

1. 框架结构布置的一般原则

结构布置在建筑的平、立、剖面和结构的形式确定以后进行。对于建筑剖面不复杂的结构，只需进行结构平面布置；对于建筑剖面复杂的结构，除应进行结构平面布置外，还须进行结构的竖向布置。进行结构布置时，应满足以下一般原则：

(1)满足使用要求，并尽可能地与建筑的平、立、剖面划分相一致；

(2)满足人防、消防要求，使水、暖、电各专业的布置能有效地进行；

(3)结构应尽可能简单、规则、均匀、对称，构件类型少；

(4)妥善地处理温度、地基不均匀沉降以及地震等因素对建筑的影响；

(5)施工简便；

(6)经济合理。

结构选型和结构布置是否合理，对结构的安全性、适用性、经济性影响很大。因此，设计者应根据房屋的高度，荷载情况以及建筑的使用和造型等要求，确定一个合理的结构布置方案。

2. 框架(竖向承重结构)的组成和布置

多层框架由横梁和立柱组成[如图13.1(a)所示]。框架可以是等跨或不等跨的，也可以是等层高的或不等层高的，有时因工艺和使用要求，也可能在某层缺柱或某跨缺梁[如图13.1(b)所示]。

一般情况下，柱在两个方向均应有梁拉结，亦即沿房屋纵横方向均应布置梁系。因此，实际的框架结构是一个空间受力体系。但为计算分析方便起见，可把实际框架结构看成纵横两个方向的平面框架。沿建筑物长向的称为纵向框架，沿建筑物短向的称为横向框架。纵向

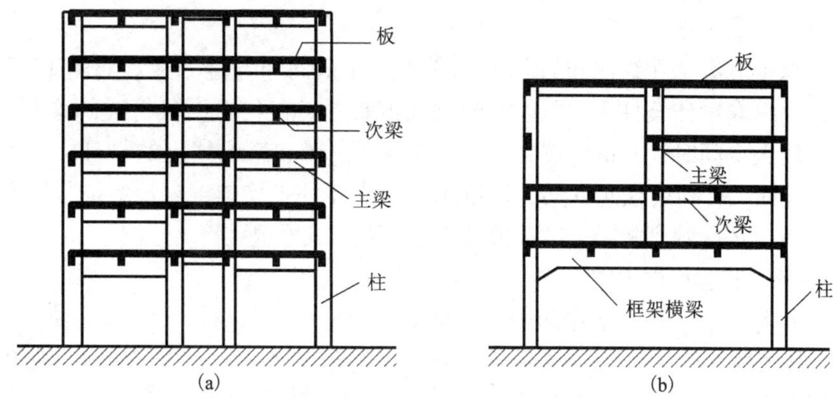

图 13.1　框架竖向承重结构示意图

(a)多层多跨框架的组成;(b)缺梁缺柱的框

框架和横向框架分别承受各自方向上的水平力，而楼面竖向荷载则依据楼盖结构布置方式的不同而按不同的方式传递：如为现浇平板楼盖，则竖向荷载向距离较近的梁上传递；对于预制板楼盖，则传至搁置预制板的梁上。一般应该在承受较大楼面竖向荷载的方向布置框架承重梁，而另一方向则布置较小的连系梁。

框架结构有横向承重布置、纵向承重布置和双向承重布置三种常用的结构布置方法(如图 13.2 所示)。

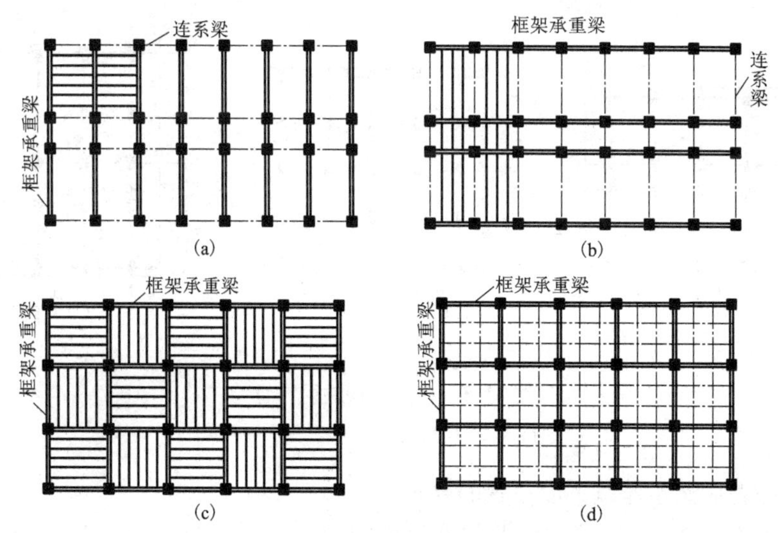

图 13.2　框架结构的布置

(a)横向承重；(b)纵向承重；(c)、(d)双向承重

1)横向框架承重方案

横向框架承重方案是在横向布置框架承重梁，楼面竖向荷载由横向梁传至柱，而在纵向布置连系梁，如图 13.2(a)所示。横向框架往往跨数少，主梁沿横向布置有利于提高建筑物的横向抗侧刚度。而纵向框架则往往仅按构造要求布置较小的连系梁。这也有利于房屋室内的采光与通风。

2)纵向框架承重方案

纵向框架承重方案是在纵向布置框架承重梁，在横向布置连系梁，如图 13.2(b)所示。因为楼面荷载由纵向梁传至柱子，所以横向梁高度较小，有利于设备管线的穿行；当在房屋开间方向需要较大空间时，可获得较高的室内净高；另外，当地基土的物理力学性能在房屋纵向有明显差异时，可利用纵向框架的刚度来调整房屋的不均匀沉降。纵向框架承重方案的缺点是房屋的横向抗侧刚度较差，进深尺寸受预制板长度的限制。

3)纵横向框架混合承重方案

纵横向框架混合承重方案是在两个方向均需布置框架承重梁以承受楼面荷载。当采用预制板楼盖时，其布置如图 13.2(c)所示，当采用现浇板楼盖时，其布置如图 13.2(d)所示。当楼面上作用有较大荷载，或楼面有较大开洞，或当柱网布置为正方形或接近正方形时，常采用这种承重方案。纵横向框架混合承重方案具有较好的整体工作性能，对抗震有利。

3. 柱轴线尺寸

1)柱轴网布置

框架结构的柱网布置既要满足生产工艺和建筑平面布置的要求，又要使结构受力合理，施工方便。

(2)柱网布置应满足生产工艺要求

在多层工业厂房设计中，生产工艺的要求是厂房平面设计的主要依据，建筑平面布置主要有内廊式、统间式、大宽度式等几种。与此相应，柱网布置方式可分为内廊式、等跨式、对称不等跨式等几种，如图 13.3 所示。

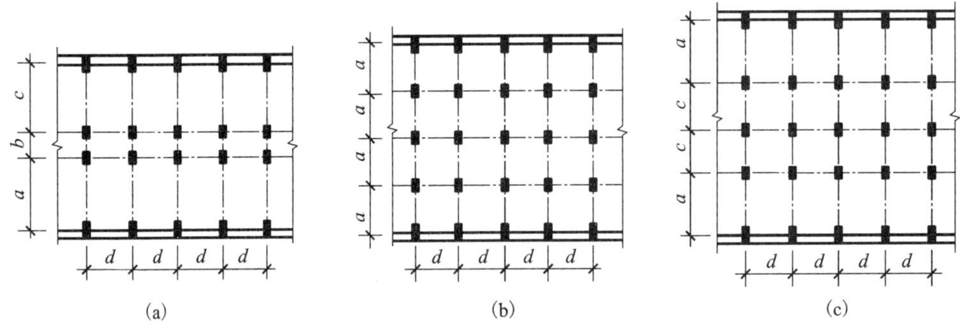

图 13.3　多层厂房柱网布置

(a)内廊式；(b)等跨式；(c)对称不等跨式

(2)柱网布置应满足建筑平面布置的要求

在旅馆、办公楼等民用建筑中，柱网布置应与建筑分隔墙布置相协调，一般常将柱子设在纵横建筑隔墙交叉点上，以尽量减少柱子对建筑使用功能的影响。柱网的尺寸还受梁跨度的限制，梁跨度一般在 6 ~9 m 之间为宜。

在旅馆建筑中，建筑平面一般布置成两边为客房，中间为走道。这时，柱网布置可有两种方案：一种是布置成走道为一跨，客房与卫生间为一跨[图 13.4(a)所示]；另一种是将走道与两侧的卫生间并为一跨，边跨仅布置客房[图 13.4(b)所示]。而在办公楼建筑中，一般是两边为办公室，中间为走道，这时可将中柱布置在走道两侧，如图 13.5(a)所示。亦可取消一排柱子，布置成两跨框架，如图 13.5(b)所示。

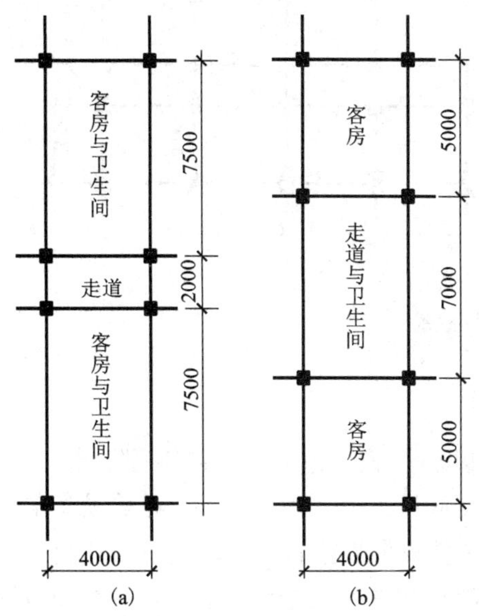

图 13.4　旅馆横向柱列布置

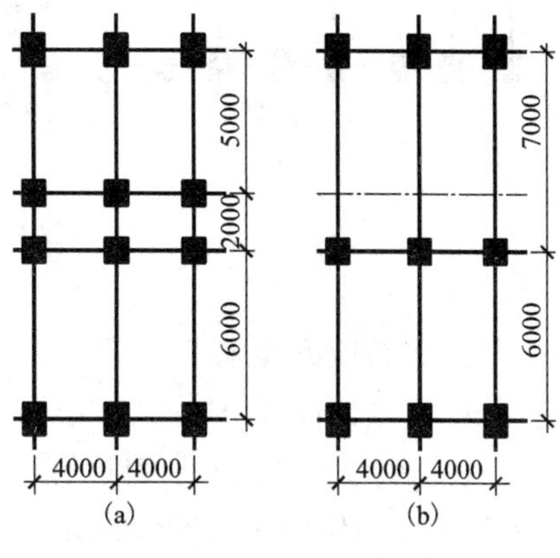

图 13.5　办公楼横向柱列布置

(3)柱网布置要使结构受力合理

多层框架主要承受竖向荷载。柱网布置时，应考虑到结构在竖向荷载作用下内力分布均匀合理，各构件材料强度均能充分利用。如图 13.6 所示的两种框架结构，显然地，在竖向荷载作用下框架 A 的梁跨中最大弯矩、梁支座最大负弯矩及柱端弯矩均比框架 B 大；再如图 13.5 所示的两种框架结构，尽管由力学分析可知：图(b)所示框架的内力比图(a)所示框架大(梁跨比(a)图大)，但当结构跨度较小、层数较少时，图(a)框架往往为按构造要求确定截面尺寸及配筋量，而图(b)框架则在抽调了一排柱子以后，其他构件的材料用量并无多大增加。

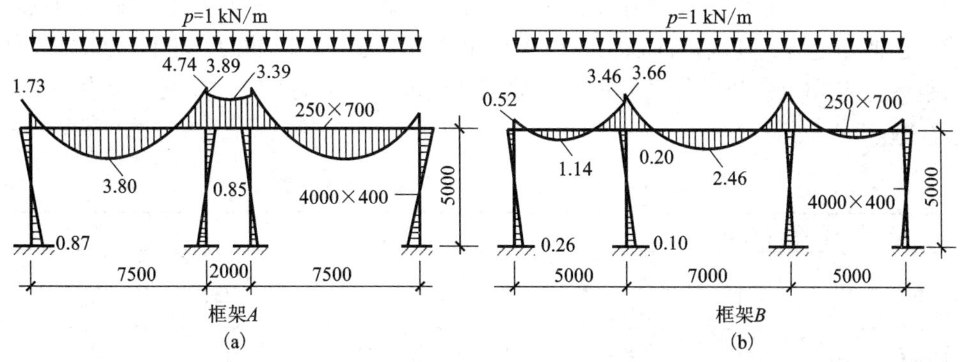

图 13.6　框架弯矩图(kN · m)

纵向柱列的布置对结构受力也有影响，框架柱距一般可取建筑开间，如图 13.7(a)所示。但当开间小、层数又少时，柱截面设计时常按构造配筋，材料强度不能充分利用。同时，过小的柱距也使建筑平面难以灵活布置，为此可考虑柱距为两个开间，如图 13.7(b)所示。

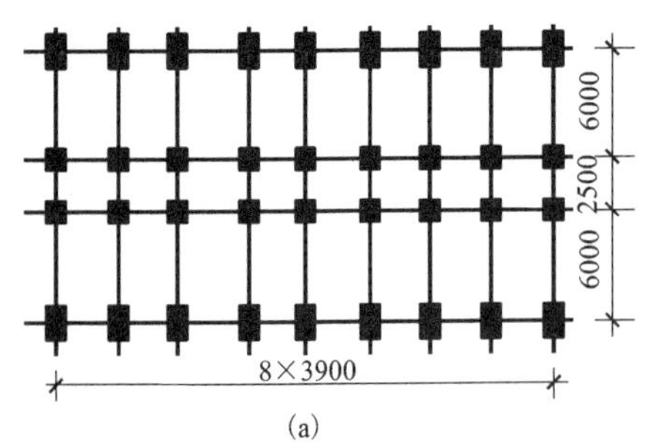

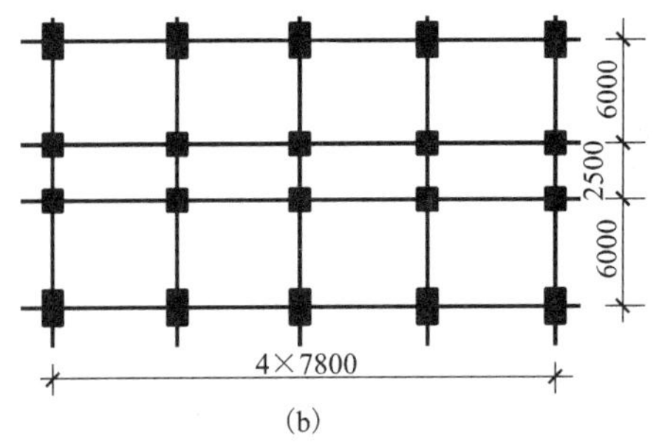

图 13.7　纵向柱列布置

(4)柱网布置应方便施工

建筑设计及结构布置时均应考虑到施工因素，以加快施工进度，降低工程造价。例如，对于装配式结构，既要考虑到构件的最大长度和最大重量，使之满足吊装、运输设备的限制条件；又要考虑到构件尺寸的模数化、标准化，并尽量减少规格种类，以满足工业化生产的要求，提高生产效率。现浇框架结构可不受建筑模数和构件标准的限制，但在结构布置时亦应尽量使梁板布置简单规则，以方便施工。

4. 变形缝的设置

变形缝分为伸缩缝和沉降缝，在地震区还需按规定设置防震缝。在多层及高层建筑结构中，应尽量少设缝或不设缝，这有利于简化构造、方便施工、降低造价、增强结构整体性和空间刚度。为此，在建筑设计时，应通过调整平面形状、尺寸、体型等措施，在结构设计时，应通过选择节点连接方式、配置构造钢筋、设置刚性层等措施；在施工方面，应通过分阶段施工、设置后浇带、做好保温隔热层等措施，来防止由于混凝土收缩、不均匀沉降、地震作用等因素所引起的结构或非结构构件的损坏。当建筑物平面较狭长，或形状复杂、不对称，或各部分刚度、高度、重量相差悬殊，且上述措施都无法解决时，则设置伸缩缝、沉降缝、防震缝是必要的。

伸缩缝的设置与结构的长度有关，主要是为了避免温度应力和混凝土收缩应力使房屋产生裂缝。在伸缩缝处，基础顶面以上的结构和建筑全部分开。钢筋混凝土框架结构的伸缩缝最大间距参见表 13.1。当结构的长度超过规范规定的容许值时，应验算温度应力并采取相应的构造措施。

表 13.1　钢筋混凝土结构伸缩缝最大间距　　m

结构类别		室内或土中	露天
框架结构	装配式	75	50
	现浇式	55	35
剪力墙结构	装配式	65	40
	现浇式	45	30

沉降缝的设置与基础受到的上部荷载及场地的地质条件有关。主要是为了避免地基不均匀沉降在房屋构件中产生裂缝。沉降裂缝一般发生在下述部位：①土层变化较大处；②地基基础处理方法不同处；③房屋平面形状变化的凹角处；④房屋高度、重量、刚度有较大变化处；

⑤新建部分与原有建筑的结合处等。针对上述情况，在必要时须设置沉降缝将建筑物从屋顶到基础全部断开。沉降缝可利用挑梁或搁置的预制板、预制梁等方法实现，如图 13.8 所示。

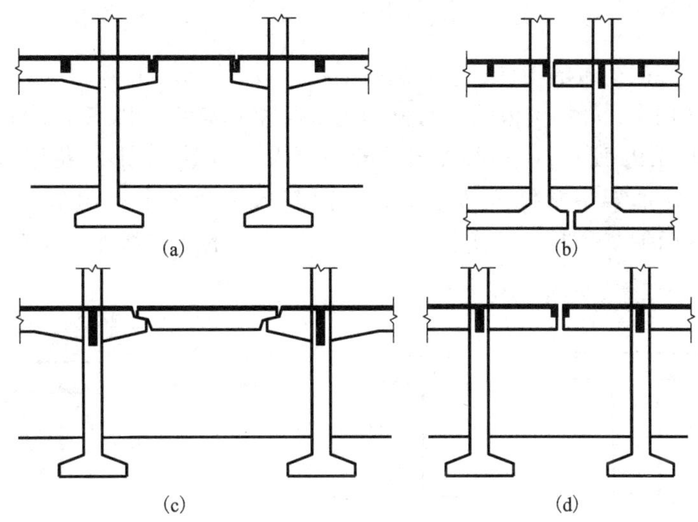

图 13.8　沉降缝构造

(a)简支板式；(b)单悬挑式；(c)简支梁式；(d)双悬挑式

在既需设伸缩缝又需设沉降缝时，伸缩缝应与沉降缝合并设置，以使整个房屋的缝数减少。其缝宽与地质条件和房屋的高度有关，一般不小于 50 mm，当房屋高度超过 10 m 时，缝宽应不小于 70 mm。

防震缝的设置主要与建筑平面形状、高差、刚度、质量分布等因素有关。防震缝的设置，应使各结构单元简单、规则，刚度和质量分布均匀，以避免地震作用下的扭转效应。为避免各单元之间的结构在地震发生时互相碰撞，防震缝的宽度不得小于 100 mm，同时对于框架结构房屋，当高度超过 15 m 时，6 度、7 度、8 度和 9 度相应每增加高度 5 m、4 m、3 m 和 2 m，防震缝宽度宜加宽 20 mm。

在非地震区的沉降缝，可兼作伸缩缝；在地震区的伸缩缝或沉降缝应符合防震缝的要求。当仅需设置防震缝时，则基础可不分开，但在防震缝处基础应加强构造和连接。

13.2　框架结构计算简图及荷载取值

13.2.1　构件的截面尺寸

框架结构属于超静定结构。框架的内力和变形除取决于荷载的形式与大小之外，还与构件的截面刚度有关，而构件或截面的刚度又取决于构件的截面尺寸，因此要先确定构件的截面尺寸。反过来，构件的截面尺寸又与内力的大小有关，在构件内力没有计算出来以前，很难准确地确定构件的截面尺寸大小。因此，只能先估算构件的截面尺寸，等构件的内力和结构的变形计算好后，如果估算的截面尺寸符合要求，便以估算的截面尺寸作为框架的最终截面尺寸。如果所需的截面尺寸与估算的截面尺寸相差很大，则要重新估算和重新进行计算。

事实上，构件的实际截面尺寸都需要经过多次试验与调整才能找到最合适值。

下面介绍根据结构构件最小刚度条件、轴压比以及实际工程经验等因素确定的截面尺寸估算方法。

1. 框架梁

框架梁是承受竖向荷载的构件，它的截面形状一般有矩形、T 形、L 形、倒 T 形和倒 L 形等。在现浇框架结构中，可将楼板的一部分作为框架梁的翼缘予以考虑，即框架梁截面为 T 形或倒 L 形（如图 13.9a 所示）。在装配式框架中可采用矩形、T 形和花篮形（如图 13.9c 所示）。在装配整体式框架中常做成叠合梁，由预制部分及叠合层组成，预制部分采用如图 13.9(b)所示的两种花篮形。花篮形与矩形相比，房屋的净空增加，吊装重量减轻。

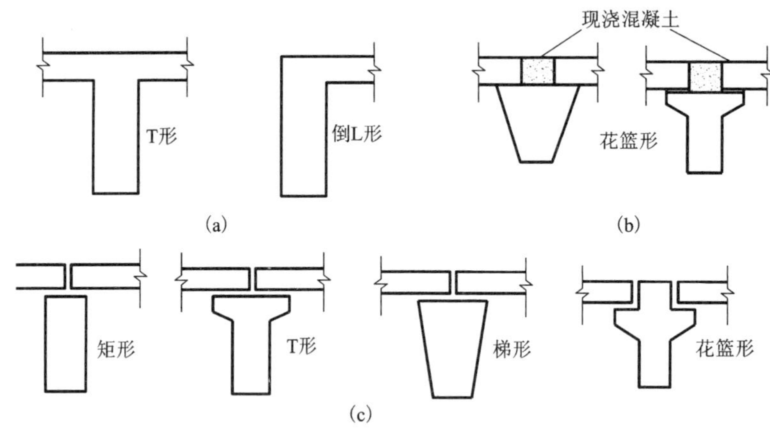

图 13.9　框架梁的截面形式

框架梁的截面尺寸应该根据承受竖向荷载的大小、梁的跨度、框架的间距、是否考虑抗震设防要求以及选用的混凝土材料强度（等级）等诸多因素综合考虑确定。

一般地，框架梁的截面尺寸可按以下两式估算：

$$h_b=\left(\frac{1}{8}\sim\frac{1}{18}\right)l_0 \tag{13.1}$$

$$b_b=\left(\frac{1}{2}\sim\frac{1}{4}\right)h_b \tag{13.2}$$

式中，l_0——梁的计算跨度，mm；

h_b——梁的截面高度，mm；

b_b——梁的截面宽度，mm；

梁跨度与截面高度之比不宜小于 4，梁的截面宽度不宜小于 200 mm。为了统一模板尺寸以便施工，梁宽度 b 和高度 h 在 200 mm 以上时取 50 mm 为模数。非预应力梁的混凝土强度等级常采用 C20 ~ C30。

为了获得较大的使用空间，有时将框架梁设计成扁梁。扁梁对的截面尺寸可按以下两式估算：

$$h_b=\left(\frac{1}{18}\sim\frac{1}{25}\right)l_0 \tag{13.3}$$

$$b_b = (1 \sim 3)h_b \tag{13.4}$$

扁梁除应满足承载力要求外，还应特别注意其变形和裂缝是否满足有关要求。

现浇楼面中，楼面板的钢筋与框架梁的钢筋交织在一起，混凝土同时浇筑，整体性好；装配整体式楼面中，将预制的楼面板搁置在框架梁上后，在预制板上做一层刚性的钢筋混凝土面层，整体性比现浇楼面弱；装配式楼面是将楼面板直接搁置在框架梁上，整体性差。在计算框架梁的截面惯性矩时，要考虑楼面板与梁连接使梁的惯性矩增加的有利影响，其值可按表 13.2 计算。

表 13.2 框架梁惯性矩取值

楼板类型	边框架梁	中框架梁
现浇楼板	$I=1.5I_0$	$I=2.0I_0$
装配整体式楼板	$I=1.2I_0$	$I=1.5I_0$
装配式楼板	$I=I_0$	$I=I_0$

注：1. I_0 为梁按矩形截面计算的惯性矩，$I_0=\frac{1}{12}b_b h_b^3$。

2. 梁的线刚度为 $i_b=E_c I/l_0$。

当框架梁是有支托的加腋梁时，若 $I_m/I<4$ 或 $h_m/h<11.6$，则可以不考虑支托的影响，简化为无支托的等截面梁。其中，I_m、h_m 分别是支托端最高截面的惯性矩和高度，而 I、h 则是跨中截面的惯性矩和高度。

2. 框架柱

框架柱截面一般都采用矩形或方形截面。在多层建筑中，框架柱的截面尺寸可按以下两式估算：

$$b_c = \left(\frac{1}{12} \sim \frac{1}{18}\right)H_i \tag{13.5}$$

$$h_c = (1 \sim 2)b_c \tag{13.6}$$

式中，H_i——第 i 层层高，mm；

b_c——柱截面宽度，mm；

h_c——柱截面高度，mm；

对非抗震设计时的框架柱，也可按下式估算：

$$N/Af_c \leqslant (0.9 \sim 0.95) \tag{13.7}$$

式中，A——要确定的柱截面面积；

f_c——混凝土轴心抗压强度设计值；

N——柱的轴向压力设计值，可近似取 $N=1.25A_c q$，1.25 为竖向荷载标准组合转化为设计值系数；

n——柱承受层数；

q——竖向荷载标准值，包含恒载与可变荷载，框架结构可取 14 kN/m^2；

A_c——柱受荷面积大小。

对抗震设计时的框架柱，柱的截面面积应考虑延性要求的轴压比限值，具体计算参照《抗震规范》。

一般柱截面宽度和高度取 50 mm 的倍数，根据经验，框架柱截面不能太小，非抗震设计时，矩形截面柱的边长不宜小于 300 mm，圆柱截面直径不宜小于 350 mm，且柱净高与截面长度(或直径)之比宜大于 4。柱子所用的混凝土不应低于 C20，为了获得较好的经济性和更大的建筑使用空间，采用混凝土强度等级一般不低于 C30。

为减少构件类型，以简化施工，多层房屋中柱截面沿房屋高度不宜改变。当柱截面沿房屋高度变化时，中间柱宜使上、下柱轴线重合，边柱和角柱宜使截面外边线重合。

框架柱截面惯性矩为：

$$I=\frac{1}{12}b_c h_c^3 \tag{13.8}$$

框架柱的线刚度为：

$$i_c=\frac{E_c I}{H_i} \tag{13.9}$$

13.2.2 框架结构的计算简图

框架结构是一个空间受力体系，如图 13.10 所示。结构分析时有按空间结构分析和简化成平面结构分析两种方法。20 世纪末期以来，框架结构分析可利用计算机技术根据结构力学位移法的基本原理按空间理论编制软件，可直接得到结构的变形、内力，乃至于截面配筋。

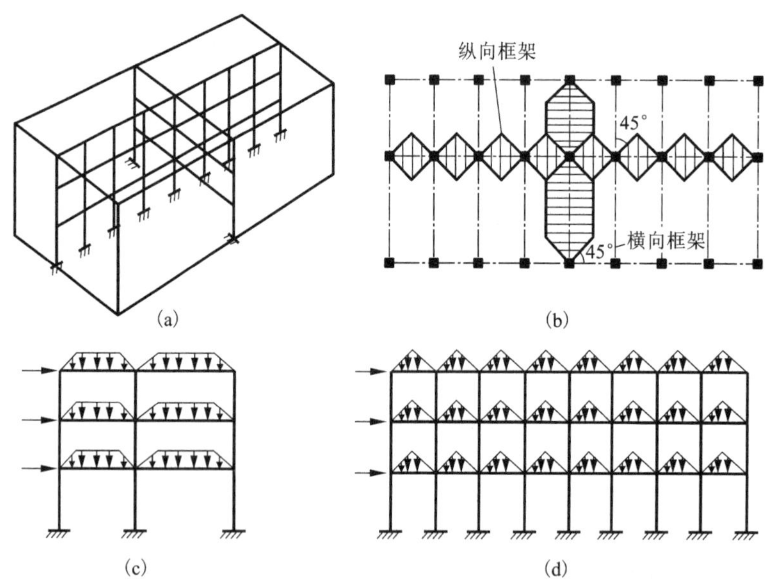

图 13.10 框架结构计算简图

(a)空间框架计算模型;(b)横向框架、纵向框架的竖向荷载负荷面积;
(c)横向框架计算简图;(d)纵向框架计算简图

但在初步设计阶段，为确定结构布置方案或构件截面尺寸，还是需要采用一些简单的近似计算方法进行估算，以求既快又省地解决问题。另外，近似手算方法因其概念明确，能够直观地反映框架结构的受力特点，对于初学者掌握框架结构受力分析是十分必要的。同时，近似手算方法还可用来判断电算结构的合理性。

本章仍着重介绍现浇平面框架结构按弹性理论的近似手算方法。

1. 计算单元的确定

框架结构体系的近似手算方法常为简化计算常忽略结构纵向框架和横向框架之间的空间联系，忽略各构件的抗扭作用，将横向框架和纵向框架分别按平面框架进行分析计算，如图 13.10(c)、(d)所示。

横向平面框架可以选取中间有代表性的一榀横向框架作为计算单元。纵向平面框架的计算单元常有中列柱和边列柱的区别，中列柱纵向框架的计算宽度可取为两侧跨距的一半，边列柱纵向框架的计算宽度可取一侧跨距各一半。取出的平面框架所承受的竖向荷载与楼盖结构的布置情况有关，当采用现浇楼盖时，楼面均布荷载一般可按马蹄形分布或解分线分布传至两侧相应的梁上(详相第 11 章相关章节)，水平荷载则简化成等效节点集中力。

2. 节点简化

按平面框架进行结构分析时，框架节点可简化为刚接节点、铰接节点和半铰接节点。现浇框架结构中，梁和柱内的纵向受力钢筋都将穿过节点或锚入节点区(如图 13.11 所示)，显然这时应简化为刚接节点。

而装配式框架结构的节点可简化成铰接节点[如图 13.12(a)所示]或半铰接节点[如图 13.12(b)所示]。在装配整体式框架结构中，梁(柱)中的钢筋在节点处或为焊接或为搭接，并将现场浇筑部分混凝土，节点左右梁端可有效地传递弯矩，因此可认为是刚接节点，当然这种节点的刚性不如现浇式框架好。

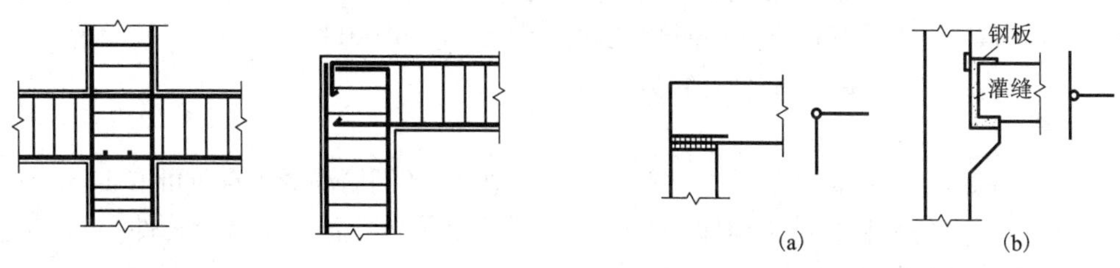

图 13.11　现浇框架节点　　**图 13.12　装配式框架节点**

框架支座可分为固定支座和铰支座。当为现浇钢筋混凝土柱时，一般按固定支座考虑[如图 13.13(a)]；当为预制柱杯形基础时，则应视构造措施不同分别简化为固定支座[如图 13.13(b)]和铰支座[如图 13.13(c)]。

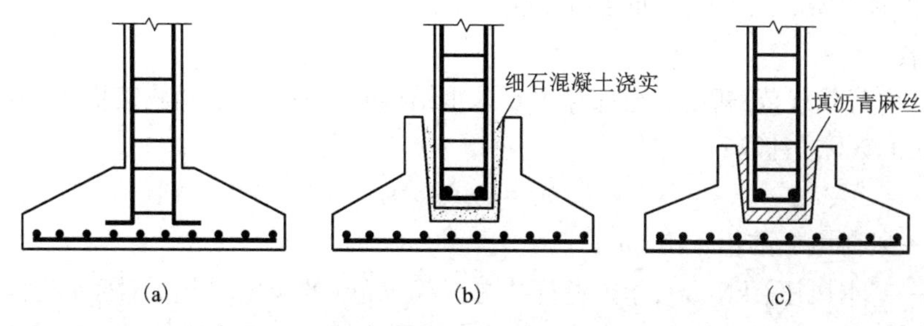

图 13.13　框架柱与基础的连接

3. **计算简图的确定**

框架结构各构件在计算简图中均用单线条表示(如图13.14所示)。各单线条代表各构件形心轴所在位置线。因此,梁的跨度等于该跨左、右两边柱截面形心轴线之间的距离。为简化起见,底层柱高可从基础顶面(或嵌固处)算至楼面标高处,中间层柱高可从下一层楼面标高算至上一层楼面标高,顶层柱高可从顶层楼面标高算至屋面标高。

当上、下柱截面发生改变时,取截面较小的截面形心轴线作为计算简图上的柱单元,待框架内力计算完成后,计算杆件内力时,要考虑荷载偏心的影响。

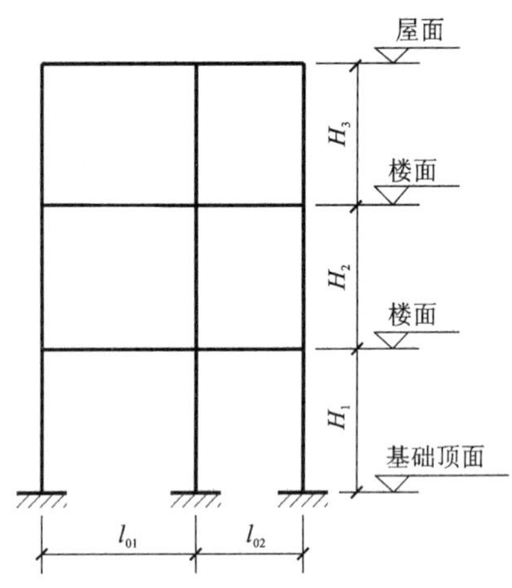

图13.14 框架结构计算简图

当框架梁的坡度 $i \leqslant 1/8$ 时,可近似按水平梁计算。

当各跨跨度相差不大于10%时,可近似按等跨框架计算。

13.2.3 框架结构荷载取值

作用于多层框架结构上的荷载,除恒荷载、常规活荷载、雪荷载、风荷载外,在某些厂房中还有吊车荷载。恒荷载、活荷载、雪荷载的取值,可直接从《建筑结构荷载规范》(GB50009)查得;地震荷载可查阅《建筑抗震设计规范》(GB50011)。

下面简要介绍几种主要荷载的计算方法。

1. **恒载**

恒荷载的标准值可按设计尺寸与材料自重标准值计算(钢筋混凝土自重可取24 kN/m^3)。对于自重变异较大的材料或结构构件(如现场制作的保温材料、混凝土薄壁构件等),自重的标准值应根据对结构的不利状态,取上限值或下限值。

2. **楼(屋)面活载**

多层框架结构上的楼(屋)面活荷载,可根据房屋及房间的不同用途按《建筑结构荷载规范》取用。例如,一般民用建筑的室内房间标准值通常取2.0 kN/m^2。应该指出,《荷载规范》规定的楼面活荷载值,是根据大量调查资料所得的等效均布活荷载标准值,且以楼板的等效均布活荷载作为楼面活荷载。因此,在设计楼板时可以直接取用;而在设计梁、柱及基础时应乘以折减系数,以考虑楼面活荷载的满布程度。

3. **风荷载**

《建筑结构荷载规范》规定,当计算主要承重结构时,垂直于建筑物表面上的风荷载标准值 ω_k(kN/m^2)按下式计算:

$$\omega_k = \beta_Z \mu_S \mu_Z \omega_0 \tag{13.10}$$

式中,ω_k——风荷载标准值,kN/m^2;

ω_0——基本风压,kN/m^2,按《建筑结构荷载规范》的规定采用,对于特别重要或对风荷载比较敏感的高层建筑,其基本风压应按100年重现期的风压值采用;

μ_S——风荷载体型系数,详见附表A.6;

μ_Z——风压高度变化系数，详见附表 A.7；

β_Z——z 高度处的风振系数，对于基本自振周期 T_1 大于 0.25 s 的工程结构，以及高度大于 30 m 且高宽比大于 1.5 的高柔房屋需要考虑，其余可取 1.0。

4. 雪荷载

屋面水平投影面上的雪荷载标准值按下式计算：

$$S_K = \mu_r S_0 \tag{13.11}$$

式中，S_K——雪荷载标准值，kN/m²；

μ_r——屋面积雪分布系数，详见附表 A.5；

S_0——基本雪压，kN/m²，按《建筑结构荷载规范》的规定采用。

13.3　内力与位移近似计算

框架结构的内力计算可分为竖向荷载下的内力计算和水平荷载(作用)下的内力计算。竖向荷载包括恒载、楼面和屋面活荷载、雪荷载、施工荷载等。水平作用包括风荷载，在抗震设计中还包括地震作用。

下面就介绍几种框架结构内力与位移计算的近似方法。

13.3.1　竖向荷载作用下的内力近似计算——分层法

在竖向荷载作用下，多层框架结构的内力可用力法、位移法、矩阵位移法等结构力学方法计算。工程计算中，如采用手算则可以采用迭代法、分层法、弯矩二次分配法及系数法等近似方法。现就分层法作以下介绍。

1. 分层法的计算假定

在竖向荷载作用下，多层多跨框架的受力特点是：侧移对内力的影响较小(如图 13.15a 所示)。当忽略侧移后将使计算大为简化；此外，如果在框架的某一层施加外荷载，在整个框架中只有直接受荷的梁及与它相连的上、下层柱弯矩较大，其他各层梁柱的弯矩均很小，尤其是当梁的线刚度大于柱的线刚度时，这一特点更加明显(如图 13.15b 所示)。根据弯矩分配法很容易得出上述相同结论，因此近似地忽略其他楼层梁和与本楼层不相连的其他楼层柱的内力是合理的。

基于以上分析，分层法作下列假设：

(1)在竖向荷载作用下，多层多跨框架的侧移忽略不计；

(2)每层梁上的荷载对其他各层梁的影响忽略不计。

根据这两个假定，可将框架的各层梁及其上、下柱作为独立的计算单元分层进行计算(如图 13.16 所示)。分层计算所得的梁内弯矩即为梁在该荷载下的最后弯矩；而每一柱的柱端弯矩则取上、下两层计算所得弯矩之和。

在分层计算时，假定上、下柱的远端为固定端，而实际上是弹性嵌固(有转角)。为了减少计算误差，除底层柱外，其他层各柱的线刚度在计算前均乘以折减系数 0.9，并取相应的传递系数为 1/3(底层柱不折减，且传递系数为 1/2)。

由于分层法计算的近似性，框架节点处的最终弯矩可能不平衡，但通常不会很大。如需进一步修正，可对节点的不平衡弯矩再进行一次分配。

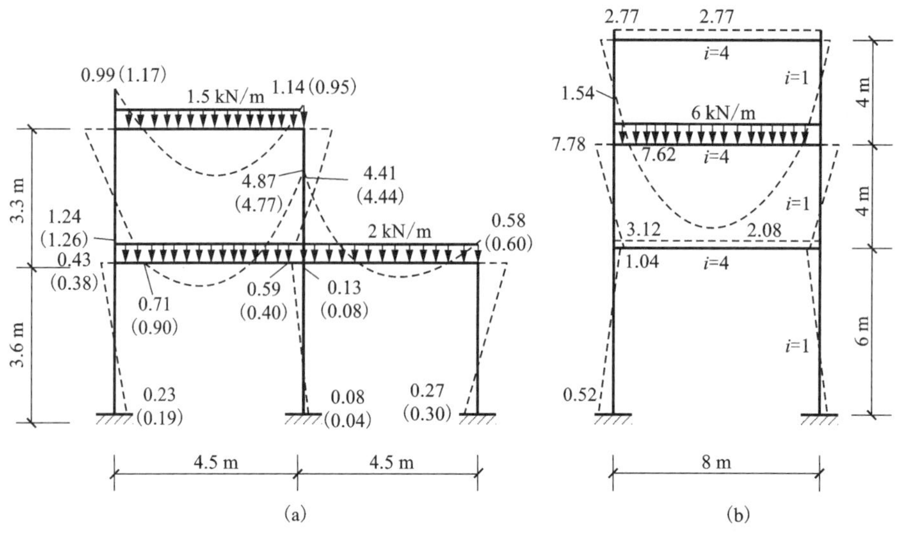

图 13.15　竖向荷载作用下的框架内力(单位：kN·m)

(a)侧移影响(括号内数字未考虑侧移)；(b)荷载影响

分层法适用于节点梁柱线刚度比 $\sum i_b / \sum i_c \geqslant 3$，且结构与荷载沿高度比较均匀的多层框架的计算。

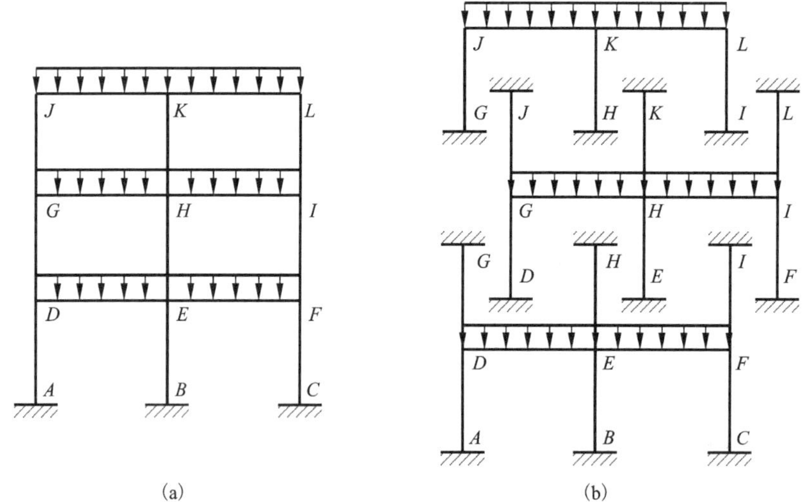

图 13.16　竖向荷载作用下分层计算示意图

2. 分层法计算步骤

用分层法计算竖向荷载作用下的框架内力时，其一般步骤是：

(1)画出框架的计算简图(表明轴线尺寸、节点编号、所受荷载等)；

(2)按规定计算梁、柱的线刚度及相对线刚度；

(3)除底层柱外，其他各层柱的线刚度(或相对线刚度)应乘以 0.9；

(4)计算各节点处的弯矩分配系数，用弯矩分配法从上至下分层计算各个计算单元(每层横梁及相应的上、下柱组成一个计算单元)的杆端弯矩。计算可从不平衡弯矩较大的节点开始，一般每节点分配 1 ~2 次即可；

(5)叠加相同杆对应杆端弯矩，得出最后弯矩图(如节点弯矩不平衡值较大，可在节点重新分配一次，但不进行传递)；

(6)以框架弯矩图的基础，取梁、柱隔离体按静力平衡条件求出框架的其他内力图(轴力及剪力图)。

13.3.2　水平荷载作用下的内力近似计算——反弯点法和 D 值法

水平荷载作用下框架结构的内力和侧移同样可用结构力学一般方法计算。在工程设计中，可采用简化方法计算。常用的简化方法有迭代法、反弯点法、D 值法和门架法等。本小节主要介绍反弯点法和 D 值法。

1. 反弯点法

多层多跨框架受风荷载或其他水平作用(如地震作用)时，可简化为框架受节点水平力的作用。由精确分析方法可知，各杆的弯矩图都是直线形，每杆都有一个零弯矩点即为反弯点(如图 13.17 所示)，在水平荷载作用下框架的变位如图 13.18 所示，梁的轴向变形可以忽略，故同一层内的各节点具有相同的侧向位移，同一层内的各柱具有相同的层间位移。如果能够求出各柱反弯点处的剪力及反弯点位置，则框架柱的柱端弯矩就可很容易确定，并进而由节点平衡条件求得梁端弯矩及整个框架结构的其他内力。

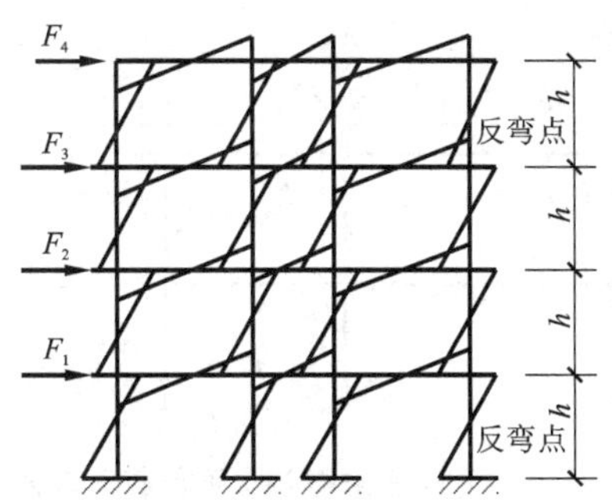

图 13.17　水平荷载作用下的框架弯矩图

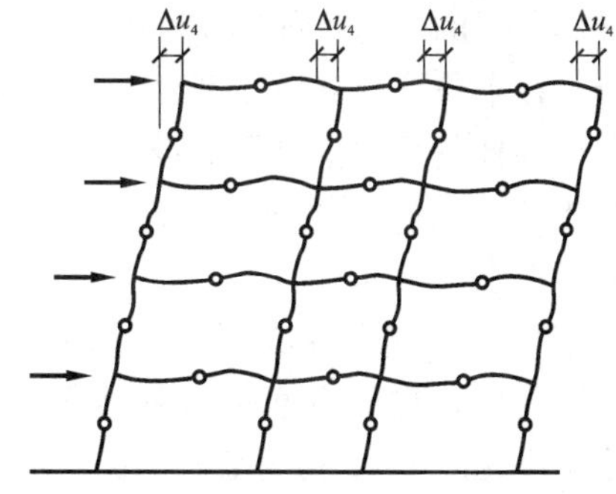

图 13.18　在水平力作用下框架的变位图

(图中的“○”表示反弯点)

1)反弯点法基本假定

为了方便地求得上述反弯点位置和该处剪力，作如下假定：

(1)在进行各柱间的剪力分配时，假定各柱上、下端都不发生角位移，即认为梁与柱的线刚度之比为无穷大；

(2)在确定各柱的反弯点位置时，认为除底层柱以外的其余各层柱受力后上、下两端的转角相等；

(3)梁端弯矩可由节点平衡条件(中间节点尚需考虑梁的变形协调条件)求出，再按节点左右梁的线刚度进行分配。

对于层数较少、楼面荷载较大的框架结构，柱的刚度较小，梁的刚度较大，上述假定的吻合度较高。一般认为，当梁的线刚度与柱的线刚度之比大于 3 时，由上述假定所引起的误差能够满足工程设计的精度要求。

2)反弯点高度 $\bar{y}$

反弯点高度 $\bar{y}$ 指反弯点处至该层柱下端的距离。对上层各柱，根据假定②，各柱的上、下端转角相等，柱上、下端弯矩也相等，故反弯点在柱中央，即 $\bar{y}=h/2$；对底层柱，当柱脚固定时柱下端转角为零，上端弯矩比下端弯矩小，反弯点偏离柱中央而上移，根据分析可取 $\bar{y}=2h_1/3$(h_1 为底层柱高)。

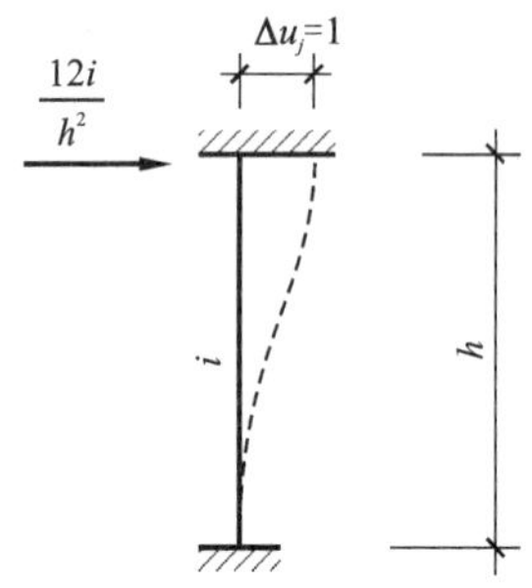

图 13.19　两端固定等截面柱的侧向刚度

3)侧移刚度 D

侧移刚度 D 表示要使两端固定的等截面柱上、下两端产生单位侧向位移时，在柱顶需要施加的水平力。按照假定①，横梁刚度为无限大时，则各柱端转角为零，由位移方程可求得柱的侧移刚度：

$$D_i=\frac{12i_c}{h_i^2} \tag{13.12}$$

式中，h_i——第 i 层某柱的柱高；

i_c——第 i 层某柱的线刚度。

4)同层各柱的剪力

根据反弯点位置和柱的侧移刚度，可求得同层各柱的剪力。如图 13.20 所示框架为例。在求得同层各柱的剪力时，将框架沿该层各柱的反弯点切开，设各柱剪力分别为 V_{31}、V_{32}、V_{33}(如图 13.20a 所示)，由平衡条件有：

$$V_{31}+V_{32}+V_{33}=F_3 \tag{13.13}$$

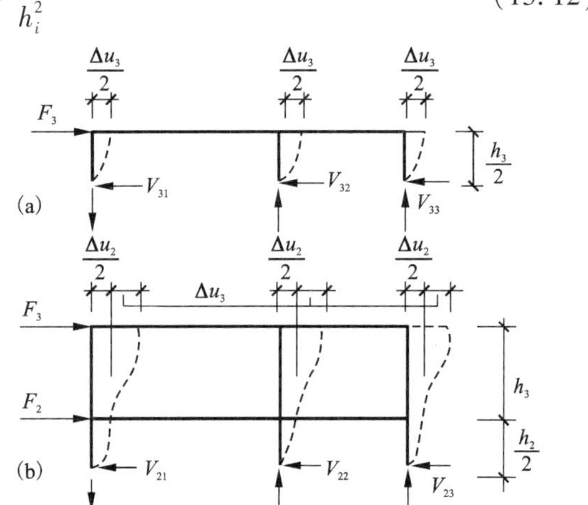

图 13.20　反弯点法求框架水平荷载下剪力

由于同层各柱柱端水平位移相等(假定横梁刚度无限大)，均为 Δu_3，故按侧移刚度定义，有：

$$\begin{aligned}V_{31}&=D_{31}\Delta u_3\\V_{32}&=D_{32}\Delta u_3\\V_{33}&=D_{33}\Delta u_3\end{aligned} \tag{13.14}$$

式中，D_{31}、D_{32}、D_{33} 为第三层各柱的侧移刚度。将式(13.14)代入式(13.13)有：

$$\Delta u_3=\frac{F_3}{D_{31}+D_{32}+D_{33}}=\frac{F_3}{\sum D_3} \tag{13.15}$$

其中，$\sum D_3$ 为第三层各柱侧移刚度总和。将式(13.15)代入式(13.14)有：

$$V_{31} = D_{31}\frac{F_3}{\sum D_3} = \frac{D_{31}}{\sum D_3}F_3$$

$$V_{32} = D_{32}\frac{F_3}{\sum D_3} = \frac{D_{32}}{\sum D_3}F_3 \tag{13.16}$$

$$V_{33} = D_{33}\frac{F_3}{\sum D_3} = \frac{D_{33}}{\sum D_3}F_3$$

同理，在求第二层各柱剪力时，沿第二层各柱的反弯点切开，考虑上部隔离体的水平力平衡(如图 13.20b 所示)，可得：

$$V_{21} = \frac{D_{21}}{\sum D_2}(F_3 + F_2)$$

$$V_{22} = \frac{D_{22}}{\sum D_2}(F_3 + F_2) \tag{13.17}$$

$$V_{23} = \frac{D_{23}}{\sum D_2}(F_3 + F_2)$$

式中，D_{21}、D_{22}、D_{23}为第二层各柱的侧移刚度。

一般情况下，有：

$$\sum D_i = D_{i1} + D_{i2} + D_{i3} + \cdots + D_{in} \tag{13.18}$$

$$V_{in} = \frac{D_{in}}{\sum D_i}\sum F \tag{13.19}$$

式中，D_{in}——计算第 i 层第 n 柱的侧移刚度；

$\sum D_i$——第 i 层各柱侧移刚度总和；

$\sum F$——计算层以上所有水平荷载总和；

V_{in}——计算第 i 层第 n 柱的剪力。

可见，在反弯点法中，水平荷载作用下框架每层中各柱所承担的剪力与它提供的侧移刚度成比例。

5)柱端及梁端弯矩

柱反弯点位置及该点的剪力确定后，即可求出柱端弯矩：

$$M_{is} = V_i(h_i - \bar{y}_i) \tag{13.20a}$$

$$M_{ix} = V_i\bar{y}_i \tag{13.20b}$$

式中，M_{ix}、M_{is}——分别为柱下端弯矩和上端弯矩；

$\bar{y}_i$——某层 i 柱的反弯点高度；

h_i——该层 i 柱的高度；

V_i——该层 i 柱的剪力。

根据节点平衡，即可求出同一节点处梁端弯矩(如图 13.21 所示)。对边柱节点有：

$$M_b = M_{c1} + M_{c2} \tag{13.21}$$

对于中柱节点有：

$$M_{b1}=\frac{i_{b1}}{i_{b1}+i_{b2}}(M_{c1}+M_{c2})$$

$$M_{b2}=\frac{i_{b2}}{i_{b1}+i_{b2}}(M_{c1}+M_{c2}) \qquad (13.22)$$

式中，M_{c1}、M_{c2}——节点上、下柱端弯矩；

M_{b1}、M_{b2}——节点左、右(线刚度为 i_{b1} 及 i_{b2})梁端弯矩；

M_b——边节点梁弯矩。

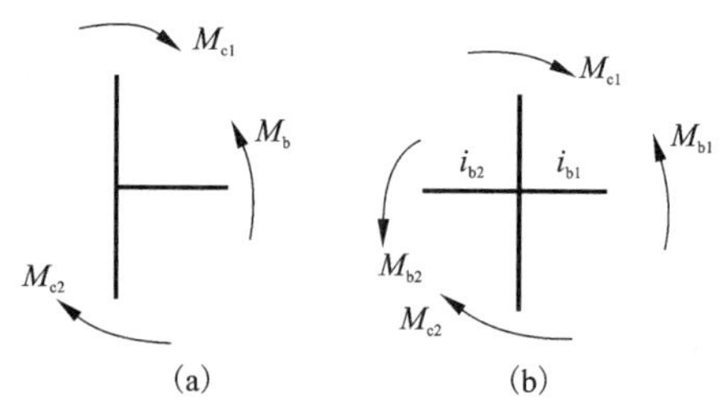

图 13.21　节点平衡法求梁端弯矩

取梁为隔离体，将梁的左、右端弯矩之和除以该梁的跨长，便得梁端剪力。自上而下逐层叠加节点左右的梁端剪力，即可得到柱内轴向力。

综上所述，反弯点法计算的要点是：直接确定反弯点高度 $\bar{y}$；计算各柱的侧移刚度 D(由式(13.12)可知，当同层各柱的高度相等时，D 还可以直接用柱的线刚度表示)；各柱剪力按该层各柱的侧移刚度比例分配；按节点力的平衡条件及梁线刚度比例求梁端弯矩。

2. D 值法

反弯点法首先假定梁柱线刚度之比为无穷大，柱的侧移刚度仅与本身的线刚度有关；其次又假定各柱的反弯点高度为一个定值，从而使框架结构在侧向荷载作用下的内力计算大为简化。但这样同时也带来一定的误差，尤其对梁柱线刚度比小于 3 的框架误差较大。

首先当梁柱线刚度较为接近时，特别是在高层框架结构或抗震设计时，梁的线刚度可能小于柱的线刚度，框架节点对柱的约束应为弹性支承，即框架梁线刚度可能小于柱的线刚度，框架节点对柱的约束应为弹性支承，即框架柱的侧向刚度不能由图 13.19 求得，柱的侧向刚度不仅与柱的线刚度和层高有关，而且还与梁的线刚度等因素有关。另外，柱的反弯点高度也与梁柱线刚度比、上下层横梁的线刚度比、上下层层高的变化等因素有关。

日本武腾清教授针对多层多跨框架受力和变形持点，在分析了上述影响因素的基础上，对反弯点法中的抗侧移刚度和反弯点高度进行了修正。修正后的柱侧移刚度延用字母“D”表示，故称此法为“D 值法。

1)修正后的柱侧移刚度 D

在反弯点法中认为梁柱线刚度比为无限大，上下柱端只有侧移没有转角，柱的侧移刚度为 $D=12i_c/h^2$，考虑梁柱线刚度比后(即考虑梁的线刚度)，框架节点产生转角位移(如图 13.22 所示)。则修正后的柱侧移刚度为：

$$D=\alpha_c\frac{12i_c}{h^2} \qquad (13.23)$$

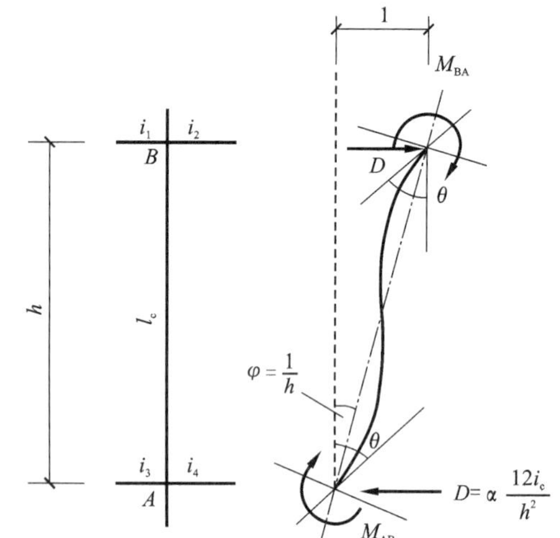

图 13.22　框架节点转角位移

式中，α_c——节点转动影响系数，或称两端嵌固时柱的侧移刚度($12i_c/h^2$)的修正系数。

根据柱所在位置及支撑条件以及 D 值法的计算假定，由转角位移方程可导出 α_c 的表达式，见表 13.3。

求出 α_c 后，代入式(13.23)即可求得各柱的抗侧移刚度(D 值)；再将各柱 D 值代入式(13.24)即可求得计算层各柱剪力。

表 13.3　节点转动影响系数 α_c

楼层		简图	$\overline{K}$	α
一般层		i_2, i_c, i_4；i_1, i_2, i_c, i_3, i_4	$\overline{K}=\dfrac{i_1+i_2+i_3+i_4}{2i_c}$	$\alpha=\dfrac{\overline{K}}{2+\overline{K}}$
底层	固接	i_2, i_c；i_1, i_2, i_c	$\overline{K}=\dfrac{i_1+i_2}{i_c}$	$\alpha=\dfrac{0.5+\overline{K}}{2+\overline{K}}$
	铰接	i_2, i_c；i_1, i_2, i_c	$\overline{K}=\dfrac{i_1+i_2}{i_c}$	$\alpha=\dfrac{0.5\overline{K}}{1+2\overline{K}}$

注：i_1、i_2、i_3、i_4 为梁的线刚度，i_c 为柱的线刚度。

求得框架柱侧向刚度 D 值以后，与反弯点法相似，由同一层内各柱的层间位移相等的条件，可把层间剪力 V_j 按下式分配给该层的各柱：

$$V_{jk}=\frac{D_{jk}}{\sum_{k=1}^{m}D_{jk}}V_j \tag{13.24}$$

式中，V_{jk}——第 j 层第 k 柱所分配到的剪力；

D_{jk}——第 j 层第 k 柱的侧向刚度 D 值；

m——第 j 层框架柱数；

V_j——第 j 层框架柱所承受的层间总剪力。

2)修正后的柱反弯点高度

柱的反弯点位置取决于该柱上、下端的转角。如果柱两端转角相同，反弯点就在柱高的中央；如果柱上、下端转角不同，则反弯点偏向转角较大的一端，亦即偏向约束刚度较小的一端。当横梁线刚度与柱线刚度之比不很大时，柱的两端转角相差较大，尤其是最上层和最下基层更是如此。影响柱两端转角大小的因素有：梁柱线刚度比、结构总层数及该柱所在楼层的位置、柱上下层梁线刚度比、上下层层高变化以及水平荷载的形式等。

当上述影响因素逐一发生变化时，可分别求出柱底端至柱反弯点的距离(反弯点高度)，并制成相应的表格，以供查用。

各层柱修正后的反弯点高度可由下式计算：

$$yh=(y_0+y_1+y_2+y_3)h \tag{13.25}$$

式中，yh——反弯点高度，即反弯点到柱下端的距离；

h——计算层层高(柱高)；

y——反弯点高度比，表示反弯点高度与柱高的比值；

y_0——标准反弯点高度比；

y_1——考虑上下梁线刚度不同时的修正值；

y_2、y_3——考虑上下层层高不同时的修正值。

以下对 y_0—y_3 进行简单说明，注意反弯点位置总是向柱约束刚度较小的方向移动：

(1)标准反弯点高度比 y_0。

假定框架各层横梁的线刚度、框架柱的线刚度和层高沿框架高度保持不变，可求得各层柱的反弯点高度 y_0h[如图 13.23(a)所示]，y_0 值与结构总层数 n，该柱所在的层数 j，梁柱线刚度比 $\bar{k}$ 以及水平荷载的形式等因素有关。可由附录 G.1 或附录 G.2 查取。

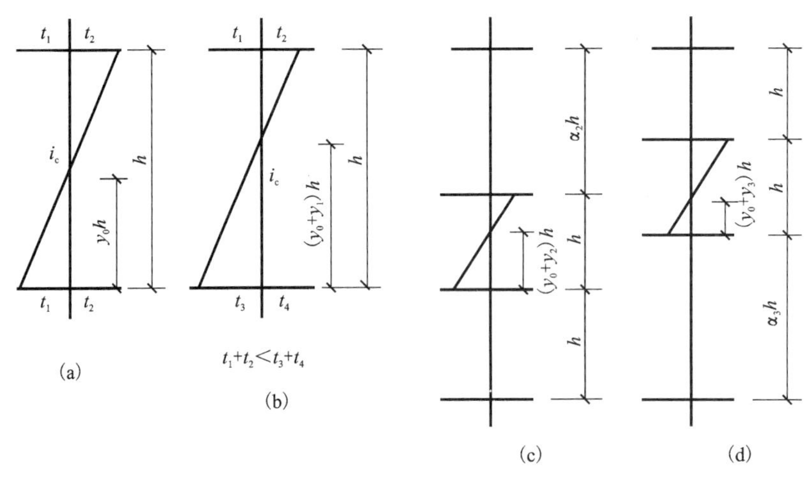

图 13.23　柱的反弯点修正值示意图

(2)上、下横梁线刚度不同时的修正值 y_1。

若某层柱的上下横梁线刚度不同，则该层柱的反弯点位置将向横梁刚度较小的一端移动，因此必须对标准反弯点进行修正，其值为 y_1h[如图 13.23(b)所示]。y_1 可根据上下横梁线刚度比 α_1 及 $\bar{k}$ 由附录 G.3 查得。其中 $i_1+i_2<i_3+i_4$ 时，令 $\alpha_1=\dfrac{i_1+i_2}{i_3+i_4}$，$y_1$ 取正值，即反弯点上移；当 $i_1+i_2>i_3+i_4$ 时，令 $\alpha_1=\dfrac{i_3+i_4}{i_1+i_2}$，$y_1$ 取负值，即反弯点下移。对于底层柱，当无基础梁时可不考虑修正值 y_1，即取 $y_1=0$。

(3)层高变化的修正值 y_2 和 y_3。

若某层柱位于层高变化的楼层中，则该柱的反弯点位置不同于标准反弯点位置而需要修正。当上层层高较高时，反弯点向上移动 y_2h[如图 13.23(c)所示]，此时令上层层高与本层层高之比为 α_2，查附录 G.4 得修正值 y_2；当下层层高较高时，反弯点又向下移动 y_3[如图 13.23(d)所示]，此时令下层层高与本层层高之比为 α_3，查附录 G.4 得修正值 y_3。对顶层柱可不考虑修正值 y_2，对底层柱可不考虑修正值 y_3。

在按式 13.23 求得框架柱的侧向刚度 D、按式 13.24 求得各柱的剪力、按式 13.25 求得各柱的反弯点高度 yh 后，与反弯点法一样，就可求出各柱的杆端弯矩。然后，即可根据节点平衡条件求得两端弯矩，并进而求得各梁端的剪力和柱的轴力，在此不再赘述。

13.3.3　水平荷载作用下框架结构侧移的近似计算

框架结构在水平荷载标准值作用下的侧移可以看做是梁柱弯曲变形和轴向变形所引起侧移的叠加。由梁柱弯曲变形(梁和柱本身的剪切变形较小，可以忽略)所导致的层间相对侧移具有越靠下越大的特点，其侧移曲线与悬臂梁的剪切变形曲线相一致，故称这种变形为总体剪切变形(如图 13.24 所示)；而由框架轴力引起柱的伸长和缩短所导致的框架变形，与悬臂梁的弯曲变形曲线类似，故称其为总体弯曲变形(如图 13.25 所示)。

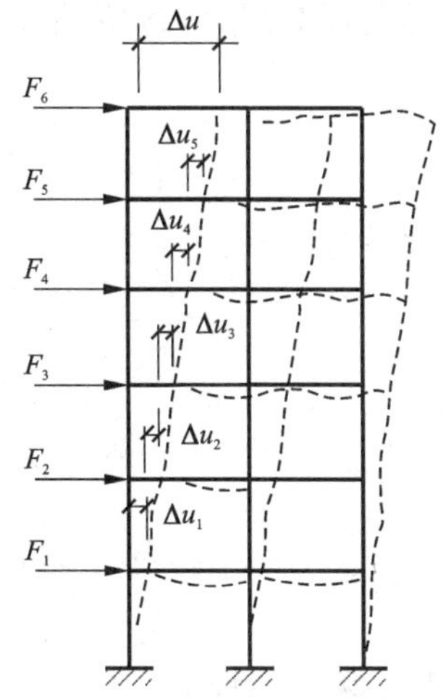

图 13.24　框架总体剪切变形

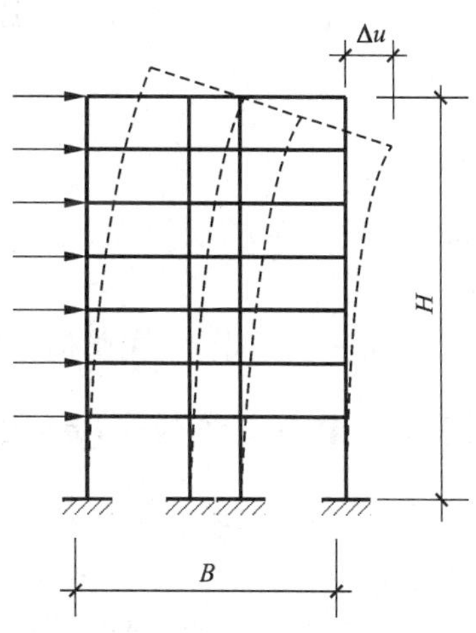

图 13.25　框架总体弯曲变形

对于一般框架结构，其侧移主要是由梁、柱的弯曲变形所引起的，即主要发生总体剪切变形，在计算时考虑该项变形已足够精确。但对于房屋高度大于 50 m 或房屋高宽比 H/B 大于 4 的框架结构，则需考虑柱轴力引起的总体弯曲变形。本节只介绍由梁柱剪切变形引起的位移计算。

1. 层间位移的计算

框架层间位移是指第 i 层柱上下节点的相对位移。为了保证建筑结构具有必要的刚度，应对其层间位移加以控制。限值层间位移的主要目的有两方面：

(1)保证主体结构基本处于弹性受力状态，对钢筋混凝土框架结构要避免柱出现裂缝；同时，将混凝土梁等楼面构件的裂缝数量、宽度和高度限制在规范允许范围内。

(2)保证填充墙、隔墙和幕墙等非结构构件的完好，避免产生明显损伤。

用 D 值法计算水平荷载作用下的框架内力时，需要算出任意柱的侧移刚度 D_{jk}，则第 j 层各柱侧移刚度之和为 $\sum_{k=1}^{n} D_{jk}$。按照侧移刚度的定义可求得第 j 层框架上、下节点的相对侧移 Δu_j 为：

$$\Delta u_j = \frac{V_j}{\sum_{k=1}^{m} D_{ik}} \tag{13.26}$$

式中，Δu_j——按弹性方法计算的楼层层间位移；

V_j——第 j 层楼层剪力标准值；

D_{jk}——第 j 层第 k 根柱的抗侧移刚度；

这样便可逐层求得各层的层间水平位移。框架顶点的总侧移为各层相对侧移之和，即：

$$\Delta u = \sum_{j=1}^{n} \Delta u_j \tag{13.27}$$

2. 框架结构层间位移的限值

为防止因层间位移过大导致框架中的隔墙等非承重填充墙构件开裂，《建筑抗震设计规范》（GB50011）规定，按弹性方法计算的楼层层间最大位移与层高之比 $\Delta u/h$ 宜小于其限制 $[\Delta u/h]$，即：

$$\frac{\Delta u}{h} \leqslant \left[\frac{\Delta u}{h}\right] \tag{13.28}$$

式中，Δu——按弹性方法计算的最大楼层层间位移；

h——层高；

$[\Delta u/h]$——层间位移角限值，对框架结构取 1/550。

13.3.4 重力二阶效应($p-\Delta$ 效应)计算

框架结构在水平荷载作用下会产生侧移，如果侧移量比较大，由结构重力荷载产生的附加弯矩也将较大，严重时甚至危及结构的安全与稳定。

《混凝土结构设计规范》（GB50010）规定，在框架结构中，偏压构件的侧移二阶效应可采用增大系数法近似计算。当采用增大系数法近似计算结构因侧移产生的重力二阶效应（$p-\Delta$ 效应）时，应对引起结构侧移的荷载或作用所产生的一阶弹性分析所得的柱和梁端弯矩以及层间位移，分别乘以增大系数 η_s：

$$M = M_{ns} + \eta_s M_s \tag{13.29}$$

$$\Delta u_j = \eta_s \Delta u_{js} \tag{13.30}$$

式中，M——考虑 $p-\Delta$ 效应后的柱端、梁端弯矩设计值；

M_s——引起结构侧移的荷载或作用所产生的按一阶弹性分析得到的柱端、梁端弯矩设计值，例如在水平力作用下按 D 值法得到的柱端、梁端弯矩设计值；

M_{ns}——由不引起结构侧移的荷载产生的按一阶弹性分析得到的柱端、梁端弯矩设计值，例如在对称竖向荷载作用下按分层法计算得到的柱端、梁端弯矩设计值；

Δu_j——考虑 $p-\Delta$ 效应后楼层 j 的层间水平位移值；

Δu_{js}——一阶弹性分析的楼层 j 的层间水平位移值；

η_s——$p-\Delta$ 效应增大系数，梁端作取为相应节点处上、下柱端 η_s 的平均值。计算结构中的弯矩增大系数 η_s 时，宜对构件的弹性抗弯刚度 E_cI 乘以折减系数：对梁取 0.4，对柱取 0.6。当计算结构的位移增大系数 η_s 时，不对刚度进行折减。

框架结构中 η_s 按楼层为单位进行考虑，即同一计算楼层中的所有柱上、下端都采用同一

个 $p-\Delta$ 效应增大系数，楼层 j 的 $p-\Delta$ 效应增大系数为：

$$\eta_{s,j}=\frac{1}{1-\frac{\sum N_j}{DH_0}} \tag{13.31}$$

式中，D——所计算楼层的侧向刚度。

N_j——楼层 j 中所有柱子的轴向力设计值之积。

H_0——所计算楼层的层高。

梁端的 $p-\Delta$ 效应增大系数 η_s 取相应节点处上、下柱端 $p-\Delta$ 效应增大系数的平均值，即楼层 j 上方的框架梁端，其 $p-\Delta$ 效应增大系数 $\eta_s=1/2(\eta_{s,j}+\eta_{s,j+1})$。

重力二阶效应与结构稳定对高层框架结构的影响较大，对多层框架结构的影响较小。

13.3.5　多层框架内力组合

框架在各种荷载作用下的内力确定后，在进行框架梁柱截面配筋设计之前，必须找出构件的控制截面及其最不利内力，以其作为梁、柱配筋的依据。对于每一控制截面，要分别考虑各种荷载作用下最不利的作用状态及其组合的可能性，从几种组合中选取最不利组合，求出最不利内力。

1. 控制截面及最不利内力类型

1）框架梁

框架梁的控制截面是支座截面和跨中截面。在支座截面处，一般产生最大负弯矩和最大剪力（在水平荷载作用下还有正弯矩产生，故还要注意组合可能出现的正弯矩）；跨中截面则是最大正弯矩作用处（在活荷载隔跨布置时也要注意组合可能出现的负弯矩）。

由于内力分析的结果是轴线位置处的内力，而梁支座截面的最不利位置应是柱边缘处，因此在求该处的最不利内力时，应根据梁轴线处的弯矩和剪力算出柱边截面的弯矩和剪力（如图13.26所示）。即：

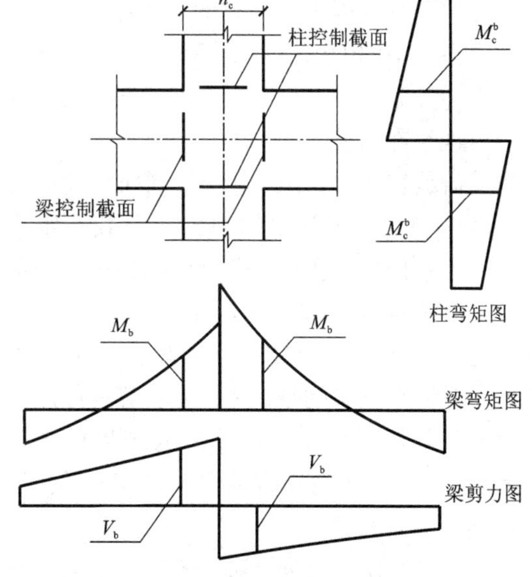

图13.26　控制截面及设计内力

$$V_b=V_{b0}-q\frac{h_c}{2} \tag{13.32a}$$

$$M_b=M_{b0}-V_b\frac{h_c}{2} \tag{13.32b}$$

式中，V_b、M_b——梁端控制截面的剪力和弯矩；

V_{b0}、M_{b0}——内力分析得到的柱轴线处的梁端剪力和弯矩；

q——梁上作用的均布荷载；

h_c——柱截面高度。

2）框架柱

对于框架柱，由弯矩图可知，弯矩最大值出现在柱的两端，剪力和轴力通常在一层内无变化或变化很小，因此柱的控制截面是柱的上、下端。随着 M 和 N 的比值不同，柱的破坏形态将发生变化。无论是大偏心受压或小偏心受压破坏，M 愈大对柱愈不利；而小偏心破坏时，N 愈大对柱愈不利；在大偏心受压时，N 愈小对柱愈不利。此外，柱的正负弯矩绝对值也不相同，因此最不利内力有多种情况。但一般的框架柱都采用对称配筋，因此，只须选择绝对值最大的弯矩来考虑即可，从而柱的最不利内力组合可归结为如下四种类型：

（1）最大弯矩 $|M|_{max}$ 及相应的轴力 N 和剪力 V；

（2）最大轴力 N_{max} 及相应的弯矩 M 和剪力 V；

（3）最小轴力 N_{min} 及相应的弯矩 M 和剪力 V；

（4）$|M|$ 比较大（但不是最大），而 N 比较小或比较大（也不是绝对最小或最大）。这是因为：偏心受压柱的截面承载力不仅取决于 N 和 M 的大小，还与偏心距 $e_0 = M/N$ 的大小有关。在多层框架的一般情况下，只考虑前三种最不利内力即可满足工程要求。

2. 竖向活荷载最不利布置

永久荷载是长期作用于结构上的竖向荷载，结构内力分析时应按荷载的实际分布和数值作用于结构上，计算其效应。

活荷载是随机作用的竖向荷载，对于框架结构的某跨梁来说，它有时作用对结构不利，有时不作用对结构不利。这与 11 章所述连续梁应通过活荷载的不利布置确定其支座截面或跨中截面的最不利内力是一致的。一般来说，结构构件的不同截面或同一截面的不同种类的最不利内力有不同的活荷载最不利布置。因此，活荷载的最不利布置需要根据截面位置及最不利内力种类分别确定。下面介绍几种常见的框架结构楼面活荷载的最不利布置方式：

1）一次性布置法

当活荷载较小时（如民用建筑楼面活荷载标准值 $\leqslant 2.5\ kN/m^2$），它所产生的内力比恒载及水平荷载产生的内力小得多，这样我们可以把各层各跨的活荷载作一次性布置按满载计算（如图 13.27 所示）。这种方法与考虑活荷载的最不利影响算得的内力值相差不大。但特别强调的是，这种方法算得的跨中弯矩比考虑活荷载最不利布置计算出的结果稍微有些偏低；为此算出的跨中弯矩宜乘以 1.1～1.2 的增大系数以修正其影响。

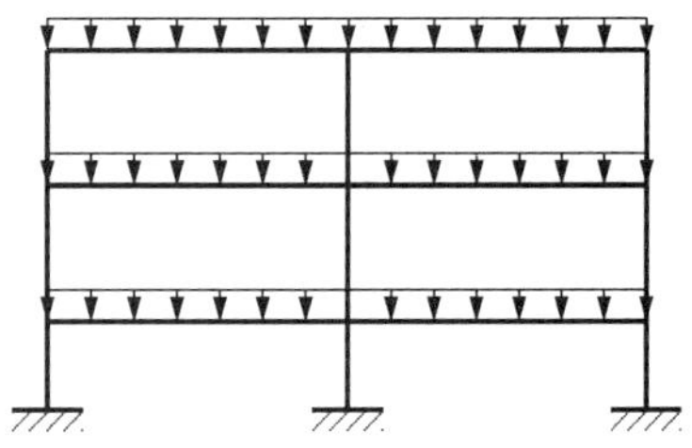

图 13.27　活荷载一次性布置法

2）逐层逐跨布置法

这种方法适用于竖向活荷载较大时，与恒载、水平荷载产生的内力相比，它产生的内力比较大。此方法是将活荷载逐层逐跨单独作用在框架结构上，求出每一种布置的结构的内力，根据控制截面最不利内力的几种类型，分别进行有选择的叠加组合（如图 13.28 所示）。这种方法思路清晰，但工作量较大，适用于计算机计算。

3）最不利荷载位置法

为求某一指定截面的最不利内力，可以根据影响线方法，直接确定产生此最不利内力的活荷载布置。以图 13.29(a) 所示的四层四跨框架为例，欲求某跨梁 AB 的跨中 C 截面最大正弯矩 M_C 的活荷载最不利布置，可先作 M_C 的影响线，即解除 M_C 相应的约束（将 C 点改为

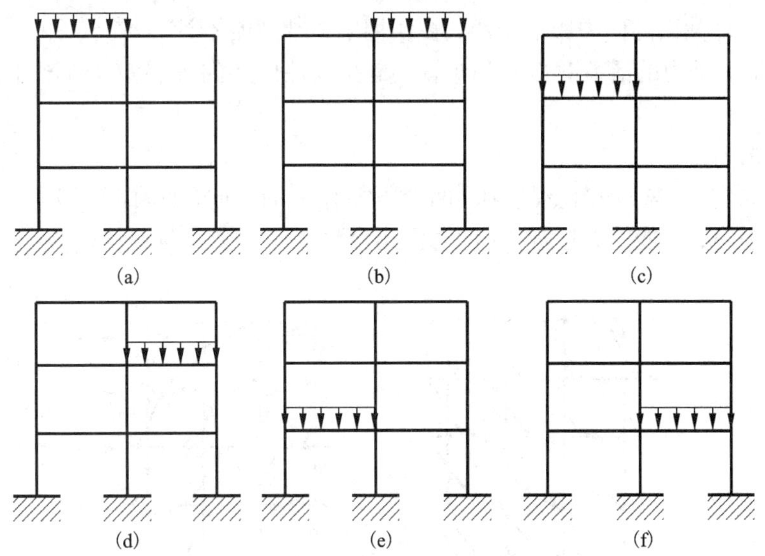

图 13.28　逐层逐跨布置法

铰），并使结构沿约束力的正向产生单位虚位移 $\theta_C = 1$，由此可得到整个结构的虚位移图，如图 13.29(b)所示。

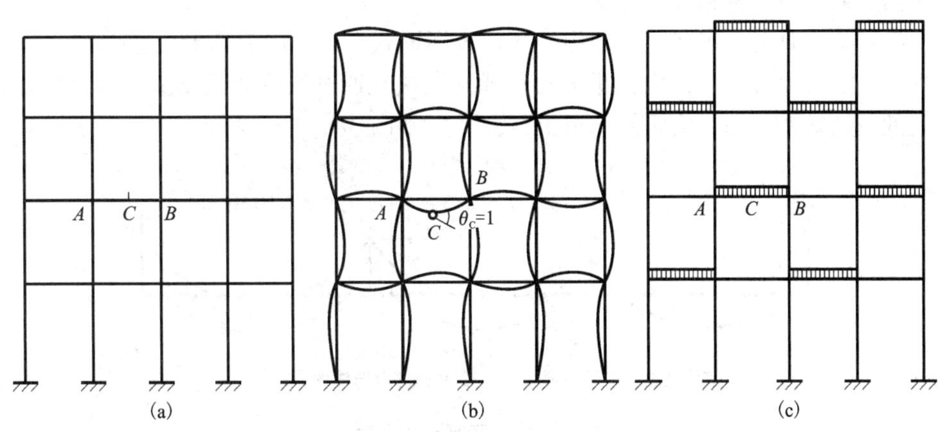

图 13.29　最不利荷载的布置

根据虚位移原理，为求梁 AB 跨中 C 截面最大正弯矩，则须在图 13.29(c)中凡产生正向虚位移的跨间均布置活荷载，亦即除该跨必须布置活荷载外，其他各跨应相间布置，同时在竖向亦相间布置，形成棋盘形间隔布置，如图 13.29(c)所示。可以看出，当 AB 跨达到跨中弯矩最大时的活荷载最不利布置，也正好使其他布置活荷载跨的跨中弯矩达到最大值。因此，只要进行二次棋盘形活荷载布置，便可求得整个框架中所有梁的跨中最大弯矩。

梁端最大负弯矩或柱端最大弯矩的活荷载最不利布置，亦可用上述方法得到。但对于各跨各层梁柱线刚度均不一致的多层多跨框架结构，要准确地作出其影响线是十分困难的。对于远离计算截面的框架节点往往难以准确地判断其虚位移(转角)的方向，好在远离计算截面处的荷载对于计算截面的内力影响很小，在实用中往往忽略不计。

显然，柱最大轴力的活荷载最不利布置，是在该柱以上的各层中，与该柱相邻的梁跨内都满布活荷载。

3. 风荷载的布置

风荷载有向右(左风)和向左(右风)两个可能作用的方向(如图 13.30 所示)，考虑风荷载作用下的内力时，只能二者择其一(即每次组合只考虑一个方向)。

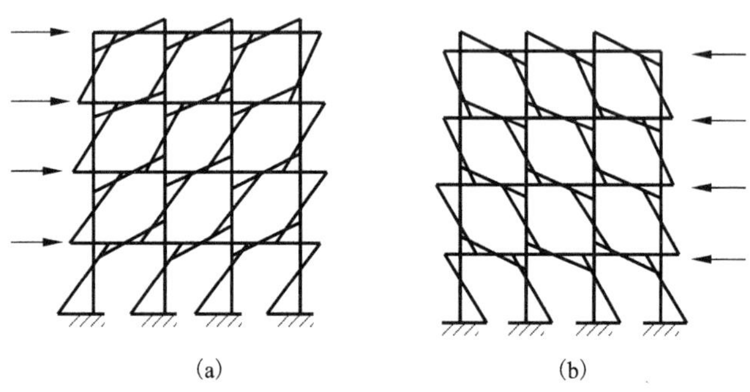

图 13.30　水平荷载作用下的框架弯矩图

(a)左风；(b)右风

4. 竖向荷载作用下的梁端弯矩调幅

在框架结构设计时，按照框架结构的合理破坏形式，允许在梁端出现塑性铰。一旦梁端出现塑性铰，则必须考虑塑性内力重分布。通常做法是通过调幅降低支座处的负弯矩，以减少支座处的负弯矩钢筋量，从而便于施工，如图 13.31 所示。

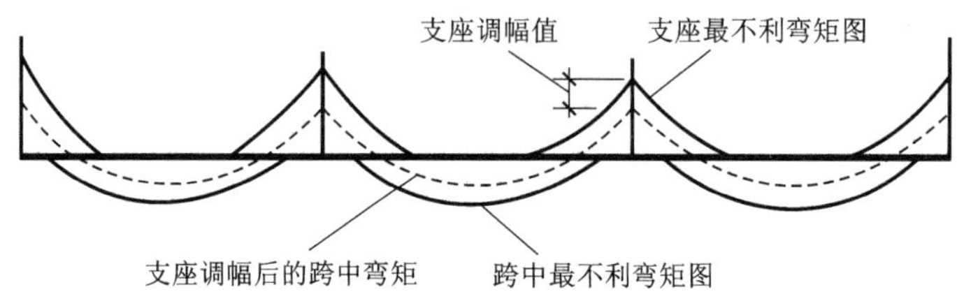

图 13.31　支座弯矩条幅

调幅的方法是将竖向荷载作用下的支座负弯矩乘以调幅系数。对于现浇框架，支座弯矩的调幅系数为 0.8 ~0.9；对于装配整体式框架，支座弯矩调幅系数为 0.7 ~0.8。

由于支座弯矩的减少，考虑到塑性内力重分布，则梁跨中弯矩应按平衡条件相应增加弯矩。且调幅后的跨中正弯矩设计值不应小于按简支梁计算的跨中弯矩的一半。

还需指出，由于只有竖向荷载作用下的梁端弯矩可以以调幅。水平荷载作用下的梁端弯矩不调幅。因此，必须先将竖向荷载作用下的梁端弯矩调幅后，再与水平荷载产生的梁端弯矩进行组合。

5. **荷载效应组合**

由于框架结构通常不考虑竖向荷载对侧移的影响，因此荷载效应组合实际上是指内力组合。这是将各种荷载单独作用时所产生的内力按照不利与可能的原则进行挑选与叠加，得到控制截面的最不利内力。

对于框架结构，基本组合可采用简化规则，并按下列组合值确定最不利设计值：

1) 由可变荷载控制的组合

$$S = \gamma_G S_{GK} + \gamma_{Q1} S_{Q1K} \tag{13.33}$$

$$S = \gamma_G S_{GK} + 0.9 \sum_{i=1}^{n} \gamma_{Qi} S_{QiK} \tag{13.34}$$

2) 由永久荷载控制的组合

$$S = \gamma_G S_{GK} + \sum_{i=1}^{n} \gamma_{Qi} \psi_{ci} S_{QiK} \tag{13.35}$$

式中符号见第二章。对于式 13.34，参与组合的可变荷载仅限于竖向荷载，此时取 $\gamma_G = 1.35$。对于一般民用建筑的框架结构，有恒荷载标准值的荷载效应 S_{GK}，竖向活荷载标准值的荷载效应 S_{QK}，风荷载标准值的荷载效应 S_{WK}，则由式 13.33 ~ 式 13.35 可写成：

$$S_1 = 1.2S_{GK} + 1.4S_{QK} \tag{13.36a}$$

$$S_2 = 1.2S_{GK} + 1.4S_{WK} \tag{13.36b}$$

$$S_3 = 1.2S_{GK} + 0.9 \times 1.4(S_{QK} + S_{WK}) \tag{13.36c}$$

$$S_4 = 1.35S_{GK} + 1.4 \times 0.7S_{QK} \tag{13.36d}$$

取 $S_1 \sim S_4$ 中的最大值确定为承载力计算中的内力设计值。

13.4　框架结构构件设计(非抗震)

13.4.1　截面配筋

1. **框架梁配筋**

框架梁的纵向钢筋及腹筋的配置，按受弯构件正截面承载力和斜截面承载力的计算和构造确定，此外还应满足裂缝宽度的要求；纵向钢筋的弯起和截断位置，一般应根据弯矩包络图用作材料图的方法进行。但当均布活荷载与恒荷载的比例不很大($q/g \leqslant 3$，q 为活荷载设计值，g 为恒荷载设计值)或考虑塑性内力重分布对支座弯矩进行调幅时，可参照图 13.31 的配筋方式配筋。下部纵向钢筋一般不在跨内截断而全部伸入支座。次梁传来的集中荷载应由主梁内次梁两侧的附加箍筋或次梁底部的吊筋承受。

2. **框架柱配筋**

框架柱属于偏心受压构件。一般在中间轴线上的框架柱按单向偏心受压考虑；位于边轴线的角柱则应按双向偏心受压考虑。框架柱除进行正截面受压承载力计算外，还应进行斜截面受剪承载力计算；计算方法详见第 7 章受压构件承载力计算。对框架的边柱，当偏心距 $e_0 > 0.5h_0$ 时，尚应进行裂缝宽度验算。

在通常情况下，框架边柱为大偏心受压构件，框架中柱为小偏心受压构件。在进行内力组合时，考虑这一特点可更容易找到最不利内力组合值。

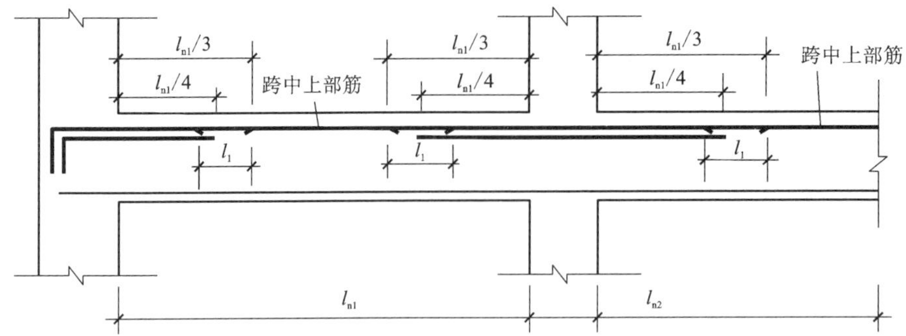

图 13.32　框架梁纵向钢筋布置示意图

13.4.2　构造要求

1. 一般构造要求

(1)钢筋混凝土框架的混凝土强度等级不应低于 C20；纵向钢筋可采用 HRB335 级、HRB400、HRB500、HRBF500 钢筋；箍筋一般采用 HPB300 级或 HRB335 级钢筋。

(2)混凝土保护层：应根据框架所处的环境类别确定。例如，设计使用年限为 50 年、环境类别为一类时，框架梁和柱的纵向受力钢筋的混凝土保护层厚度不小于 20 mm(混凝土的强度等级≥C30)或 25 mm(混凝土的强度等级≤C25)。

(3)框架梁柱应分别满足受弯构件和受压构件的构造要求；地震区的框架还应满足抗震设计要求。

(4)配筋形式：框架柱一般采用对称配筋，柱中全部纵向钢筋配筋率不宜大于 5%。当钢筋的强度为 300 MPa 和 335 MPa 时，最小配筋率为 0.6%；框架梁一般不采用弯起钢筋抗剪。

2. 中间层梁与柱连接构造

现浇框架的梁柱连接节点按计算假定都做成刚性节点。在节点处，柱的纵向钢筋应连续穿过中间层节点，梁的纵向钢筋应有足够的锚固长度。

(1)梁上部纵向钢筋伸入节点的锚固：

①当采用直线锚固形式时，锚固长度不应小于 l_a，且应伸过柱中心线，伸过的长度不宜小于 $5d$，d 为梁上部纵向钢筋的直径。

②当柱截面尺寸不满足直线锚固要求时，梁上部纵向钢筋可采用钢筋端部加机械锚头的锚固方式。梁上部纵向钢筋宜伸至柱外侧纵向钢筋内边，包括机械锚头在内的水平投影锚固长度不应小于 $0.4l_{ab}$，如图 13.33(a)所示。

③梁上部纵向钢筋也可采用 90°弯折锚固的方式，此时梁上部纵向钢筋应伸至柱外侧纵向钢筋内边并向节点内弯折，其包含弯弧在内的水平投影长度不应小于 $0.4l_{ab}$，包含弯弧段的竖直投影长度不应小于 $15d$，如图 13.33(b)所示。

(2)梁下部纵向钢筋伸入节点的锚固：

①当计算中充分利用该钢筋的抗拉强度时，钢筋的锚固方式及长度应与上部钢筋的规定相同。

②当计算中不利用该钢筋的强度或仅利用该钢筋的抗压强度时，伸入节点的锚固长度应

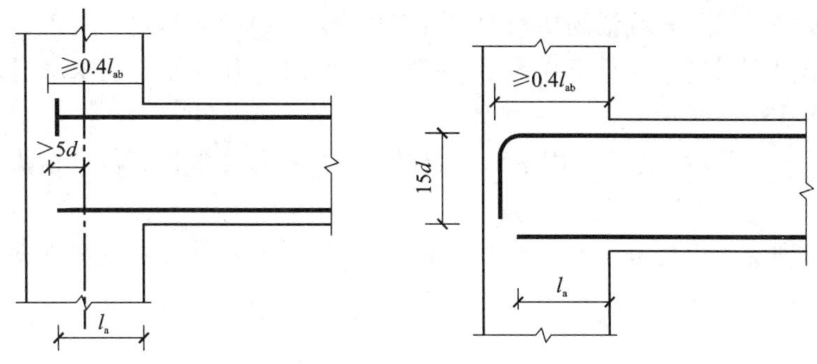

图13.33　梁纵向钢筋在中间层端节点内的锚固

(a)钢筋端部加锚头锚固;(b)钢筋末端90°弯折锚固

分别符合(3)中间节点梁下部纵向钢筋锚固的规定。

(3)框架中间层中间节点或连续梁中间支座，梁的上部纵向钢筋应贯穿节点或支座。梁的下部纵向钢筋宜贯穿节点或支座。当需锚固时，应符合下列锚固要求：

①当计算中不利用该钢筋的强度时，其伸入节点或支座的锚固长度对带肋钢筋不小于$12d$，对光圆钢筋不小于$15d$，d为钢筋的最大直径。

②当计算中充分利用钢筋的抗压强度时，钢筋应按受压钢筋锚固在中间节点或中间支座内，其直线锚固长度不应小于$0.7l_a$。

③当计算中充分利用钢筋的抗拉强度时，钢筋可采用直线方式锚固在节点或支座内，锚固长度不应小于钢筋的受拉锚固长度l_a，如图13.34(a)所示。

④当柱截面尺寸不足时，采用钢筋端部加锚头的机械锚固措施，也可采用90°弯折锚固的方式，钢筋伸入节点或支座的水平投影长度$\geq 0.4l_a$，90°弯折长度不小于$15d$。如图13.34(b)所示。

⑤钢筋可在节点或支座外梁中弯矩较小处设置搭接接头，搭接长度的起始点至节点或支座边缘的距离不应小于$1.5h_0$，如图13.34(c)所示。

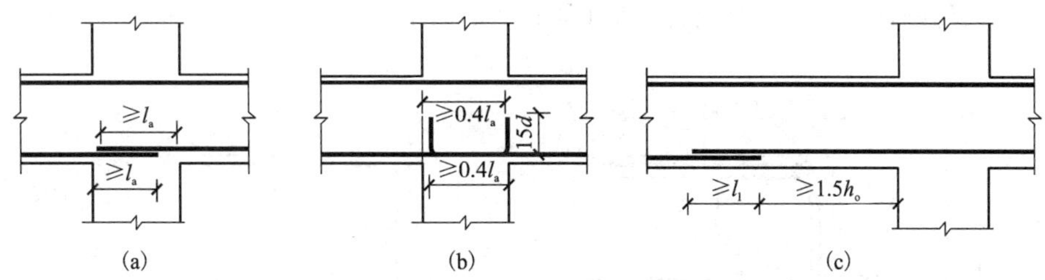

图13.34　梁纵向钢筋在中间层中间节点内的锚固

(a)钢筋直线锚固;(b)节点中的弯折锚固;(c)钢筋在节点外梁中弯矩较小处搭接

3. 顶层梁与柱连接构造

(1)柱纵向钢筋应贯穿中间层的中间节点或端节点，接头应设在节点区以外。柱纵向钢筋在顶层中节点的锚固应符合下列要求：

①柱纵向钢筋应伸至柱顶，且自梁底算起的锚固长度不应小于l_a。

②当截面尺寸不满足直线锚固要求时，可采用90°弯折锚固措施。此时，包括弯弧在内的钢筋垂直投影锚固长度不应小于0. 5l_{ab}，在弯折平面内包含弯弧段的水平投影长度不宜小于12d，如图13. 35(a)所示。

③当截面尺寸不足时，也可采用带锚头的机械锚固措施。此时，包含锚头在内的竖向锚固长度不应小于0. 5l_{ab}，如图13. 35(b)所示。

④当柱顶有现浇楼板且板厚不小于100 mm时，柱纵向钢筋也可向外弯折，弯折后的水平投影长度不宜小于12d。

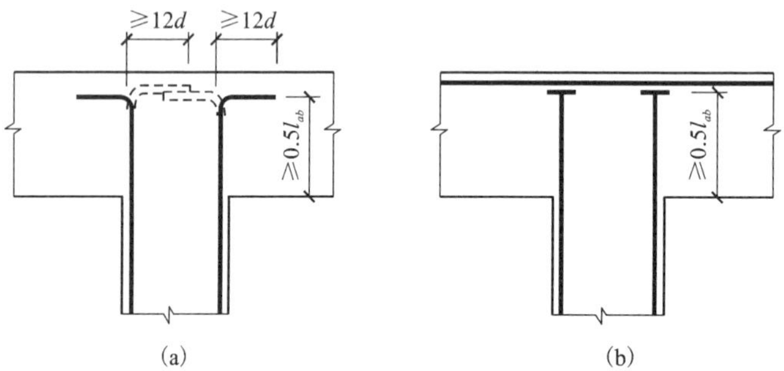

图13.35 顶层节点中柱纵向钢筋在节点内的锚固

(a)柱纵向钢筋90°弯折锚固；(b)柱纵向钢筋端头加锚板锚固

(2)顶层端节点柱外侧纵向钢筋可弯入梁内作梁上部纵向钢筋；也可将梁上部纵向钢筋与柱外侧纵向钢筋在节点及附近部位搭接，搭接可采用下列方式：

①搭接接头可沿顶层端节点外侧及梁端顶部设置，搭接长度不应小于1. 5l_{ab}，如图13. 36(a)所示。其中，伸入梁内的柱外侧钢筋截面面积不宜小于其全部面积的65%；梁宽范围以外的柱外侧钢筋宜沿节点顶部伸至柱内边锚固。当柱外侧纵向钢筋位于柱顶第一层时，钢筋伸至柱内边后宜向下弯折不小于8d后截断，如图13. 36(a)所示。当柱外侧纵向钢筋位于柱顶第二层时，可不向下弯折。当现浇板厚度不小于100 mm时，梁宽范围以外的柱外侧纵向钢筋也可伸入现浇板内，其长度与伸入梁内的柱纵向钢筋相同。

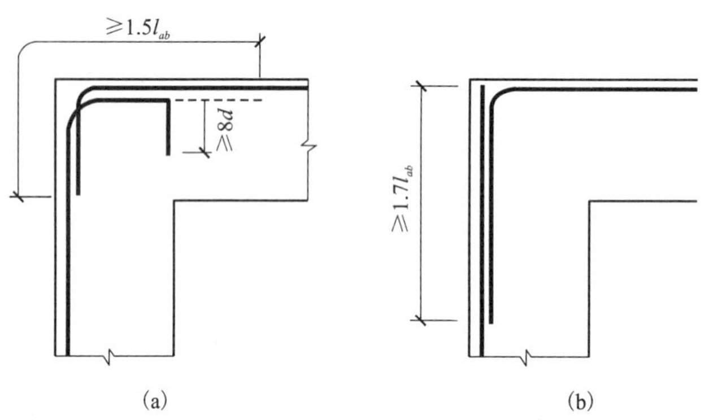

图13.36 顶层端节点梁、柱纵向钢筋在节点内的锚固与搭接

(a)搭接接头沿顶层端节点外侧及梁端顶部布置；(b)搭接接头沿节点外侧直线布置

②当柱外侧纵向钢筋配筋率大于1.2%时，伸入梁内的柱纵向钢筋应满足第①条规定且宜分两批截断，截断点之间的距离不宜小于$20d$，d为梁上部纵向钢筋的直径。梁上部纵向钢筋应伸至节点外侧并向下弯至梁下边缘高度位置截断。

③纵向钢筋搭接接头也可沿节点柱顶外侧直线布置，如图13.36(b)所示，此时，搭接长度自柱顶算起不应小于$1.7l_{ab}$。当梁上部纵向钢筋的配筋率大于1.2%时，弯入柱外侧的梁上部纵向钢筋应满足第①条规定的搭接长度，且宜分两批截断，其截断点之间的距离不宜不小于$20d$，d为梁上部纵向钢筋的直径。

④当梁的截面高度较大，梁、柱纵向钢筋相对较小，从梁底算起的直线搭接长度未延伸至柱顶即已满足$1.5l_{ab}$的要求时，应将搭接长度延伸至柱顶并满足搭接长度$1.7l_{ab}$的要求；或者从梁底算起的弯折搭接长度未延伸至柱内侧边缘即已满足$1.5l_{ab}$时，其弯折后包括弯弧在内的水平段长度不应小于$15d$，d为梁上部纵向钢筋的直径。

⑤柱内侧纵向钢筋的锚固应符合有关顶层中节点的规定。

⑥梁上部纵向钢筋与柱外侧纵向钢筋在节点角部的弯弧内半径，当钢筋直径不大于25 mm时，不宜小于$6d$；大于25 mm时，不宜小于$8d$。钢筋弯弧外的混凝土中应配置防裂、防剥落的构造钢筋。

4. 节点内的水平箍筋

节点内应设置水平箍筋，其要求不低于柱中箍筋，且间距不宜大于250 mm。对于四边均有梁与之相连的中间节点，节点内可只设置沿周边的矩形箍筋；对顶层端节点，当设有梁上部纵向钢筋与柱外侧纵向钢筋的搭接接头时，节点内水平箍筋设置应满足钢筋搭接接头处的箍筋要求。

5. 上、下柱连接构造

上、下柱的钢筋宜采用焊接，也可采用搭接($d \leqslant 22$ mm时)。一般在楼板面(对现浇楼板)或梁顶面(对装配式楼板)设施工缝，下柱钢筋伸出搭接长度l_1(当偏心距$e_0 \leqslant 0.2h$时，l_1按受压钢筋取用；当偏心距$e_0 \geqslant 0.2h$时，l_1按受拉钢筋取用)。在搭接长度范围内的箍筋应满足搭接处箍筋要求。当柱每边钢筋不多于4根时，可在一个水平面上接头；柱每边钢筋为5~8根时，应在两个水平面上接头，搭接长度为l_1(如图13.37所示)。

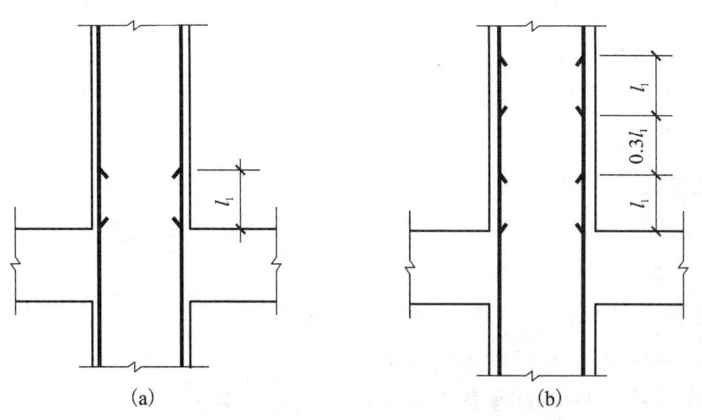

图13.37　上、下柱钢筋的连接

(a)柱每边钢筋≤4根；(b)柱每边钢筋5~8根

当有抗震要求时，接头必须在柱箍筋加密区之外。

下柱伸入上柱搭接钢筋的根数及直径应满足上柱要求；当上、下柱钢筋直径不同时，搭接长度 l_b 应按上柱钢筋直径计算。当上、下柱截面不同时，若纵向钢筋折角不大于1/6，钢筋可弯折伸入上柱搭接[如图13.38(a)所示]；当钢筋折角大于1/6且层高 $h>2.5$ m时，应设置锚固在下柱内的插筋与上柱钢筋搭接[如图13.38(c)所示]；当钢筋内折角大于1/6，且 $h\leqslant2.5$ m时，可取消插筋，直接将上柱钢筋锚固在下柱内，即将上柱钢筋作为插筋(如图13.38b所示)。

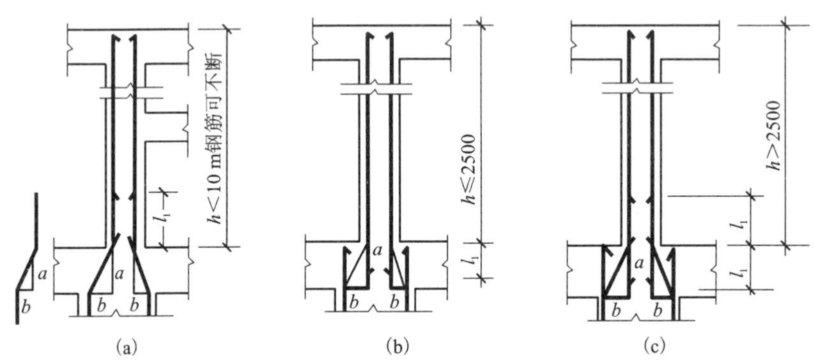

图13.38　上、下柱变截面时的接头

(a) $b/a\leqslant1/6$ 时；(b) $b/a>1/6$ 时且 $h\leqslant2.5$ m；(c) $b/a>1/6$ 时且 $h>2.5$ m时

小　结

(1)多层与高层是一个相对的概念。目前，世界各国没有统一划分多层与高层界限的标准。我国《高层建筑混凝土结构技术规程》(JGJ3)将10层及10层以上或房屋高度大于28 m的住宅建筑，以及房屋高度大于24 m的其他民用建筑混凝土结构房屋称之为高层建筑。

(2)框架结构是由横梁和立柱组成的杆系体系，具有结构轻巧，便于布置，可形成较大的使用空间，整体性较好，施工较方便和较为经济等特点，适合在70 m以下的办公楼、图书馆、商业性建筑等一类房屋中采用。但是，其侧向刚度较小，在水平荷载较大和层数较多的房屋中，应注意验算是否要考虑重力二阶效应及结构稳定性，验算其层间相对位移，并采取有效的结构措施。大跨度楼盖结构尚应验算其舒适度要求。

(3)房屋设计要注重整体性设计。整体性设计可以通过结构布置和构件截面尺寸及构造来反映。进行框架结构设计时，要合理地进行结构布置，恰当地估算构件截面尺寸并有可靠的构造措施。

(4)框架在竖向和水平荷载作用下的内力计算与内力组合是本章中的重点内容。本章详细地介绍了框架结构在竖向和水平水平荷载作用下的各种近似内力计算方法，这些算法对加深初学者对框架结构受力特点的理解十分重要，应切实掌握。

(5)结构的受力性能只有在有可靠的构造保证的情况下才能充分发挥，结构设计中除了荷载以外，温度、收缩、徐变、地基不均匀沉降等也将对结构的内力与变形产生影响，这些影响目前主要是通过构造措施进行控制。因此，在框架结构设计时，除了按计算配置各种钢筋以外，还必须满足各种构造上的要求。

习　题

一、填空题

1. 框架结构按传力路径的不同可分为横向承重方案、__________、__________。

2. 估算框架梁截面尺寸时，可取 h_b = __________，b_b = __________。

3. 估算框架柱截面尺寸时，可取 b_c = __________，h_c = __________。

4. 用分层法计算得框架节点不平衡弯矩过大时可以__________________________。

5. 两端固定的等截面柱上下两端产生单位侧向位移时，柱顶需施加的水平力称____________________。

6. 规范规定按弹性方法计算的楼层层间最大位移与层高之比宜小于__________。

7. 竖向荷载作用下进行梁端弯矩调幅目的是______________________________。

二、判断题

1. 考虑到梁跨度的限制，柱距一般在 6 ~9 m 之间为宜。(　　)

2. 现浇框架结构的节点只能简化为刚接节点。(　　)

3. 风振系数 β_z 只对基频周期大于 0.25 s 及高度大于 30 m 且高宽比大于 1.5 的工程结构需考虑。(　　)

4. 分层法假设每层梁上的荷载对其他各层梁的影响忽略不计。(　　)

5. 在确定反弯点位置时，反弯点法假定所有梁柱的线刚度之比为无穷大。(　　)

6. 梁上部纵向钢筋采用 90°弯折锚固时，包含弯弧在内的水平投影长度不应小于 $0.4l_{ab}$ 且过柱子中线。(　　)

三、选择题

1. 下列关于框架结构沉降缝设置位置的说法错误的是(　　)。

A. 地基基础处理方法不同处　　B. 房屋高度、重量、刚度较大变化处

C. 新建部份与原有建筑的结合处　　D. 房屋长度超过 55 m 处

2. 下列关于现浇框架住宅荷载取值(标准值)错误的是(　　)。(长沙地区)

A. 钢筋混凝土自重取 24 kN/m^3　　B. 室内房间活荷载取 2.0 kN/m^2

C. 楼梯活荷载取 3.5 kN/m^2　　D. 走廊活荷载取 2.0 kN/m^2

3. 下列关于分层法的说法错误的是(　　)。

A. 适用于梁柱线刚度比大于等于 3 的框架

B. 所有柱的线刚度在计算前均乘以折减系数 0.9

C. 底层柱的传递系数应取 1/2

D. 柱端弯矩应取上、下两层计算所得弯矩之和

4. 下列关于反弯点法与 D 值法的区别说法正确是(　　)。

A. D 值法将柱的侧移刚度在反弯点法基础上进行了修正

B. D 值法与反弯点法定义了相同的柱反弯点高度

C. 某层柱的总侧移刚度计算两种方法是不同的

D. 已知柱端弯矩计算梁端弯矩两种方法是不同的

5. 下列适合计算机计算的楼层活荷载布置方法是(　　)。

A. 一次性布置法　　　　B. 逐层逐跨布置法

C. 最不利荷载法　　　　D. 上述均不合适

四、简答题

1. 框架结构有哪些类别，分别有哪些特点？适用于何种房屋中？
2. 框架结构有哪些布置方法？每种布置有什么特点？
3. 框架梁、柱截面尺寸如何影响结构内力？如何估算框架梁和框架柱的截面尺寸？
4. 如何确定框架结构的计算简图？
5. 框架结构在竖向荷载及水平荷载作用下的近似内力计算方法分别有哪些？
6. 简述分层法采用了哪些假设及计算步骤。
7. 简述反弯点法和 D 值法的区别及计算步骤。
8. 为什么要进行竖向荷载作用下的梁端弯矩条幅？如何条幅？
9. 框架结构梁、柱的控制截面在何处？控制截面处内力如何组合？
10. 为什么要进行框架结构的侧移验算？如何验算？
11. 对框架梁、柱和节点的主要构造要求有哪些？

五、计算题

1. 试用分层法计算下图所示框架的弯矩，并绘制弯矩图。括号内数值为相对线刚度。

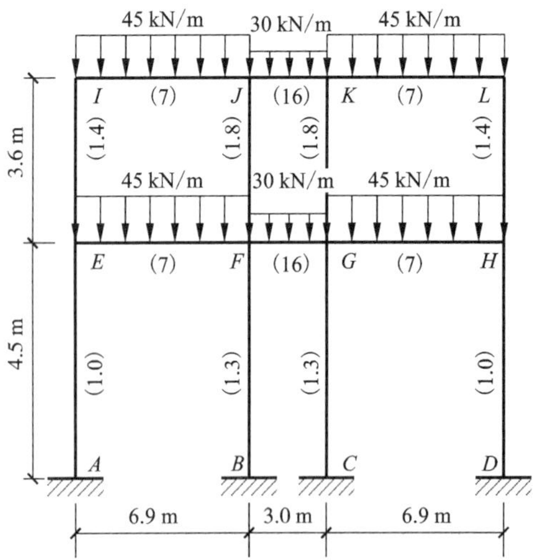

2. 试分别用反弯点法及 D 值法计算下图所示框架的弯矩，并绘制弯矩图。括号内数值为相对线刚度。

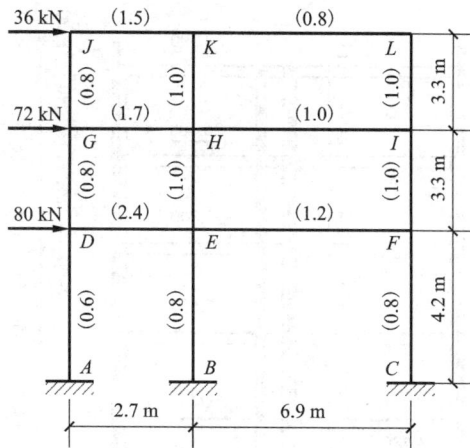

3. 某学生宿舍采用框架结构设计，其建筑平面图和剖面图如下两图所示。建筑地点位于某城市郊区，底层为食堂，层高5.0 m，2~7层为学生宿舍，层高4.2 m，室内外高差为0.6 m。基本风压 $w_0=0.35\ \mathrm{kN/m^2}$，基本雪压 $s_0=0.35\ \mathrm{kN/m^2}$。试对该框架结构进行设计，不考虑抗震设防。

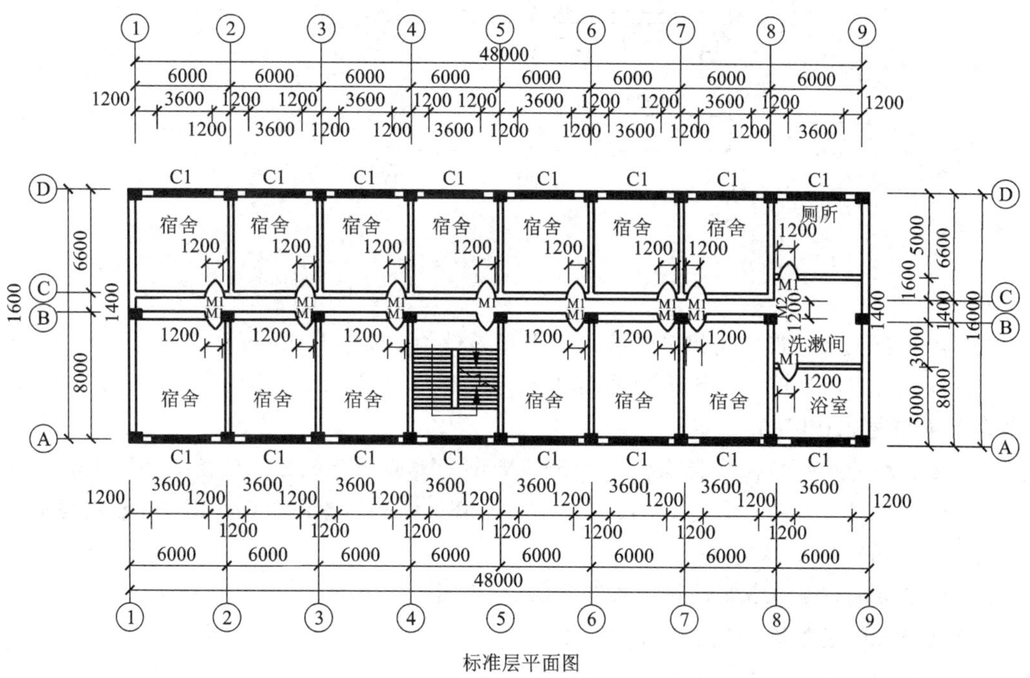

标准层平面图

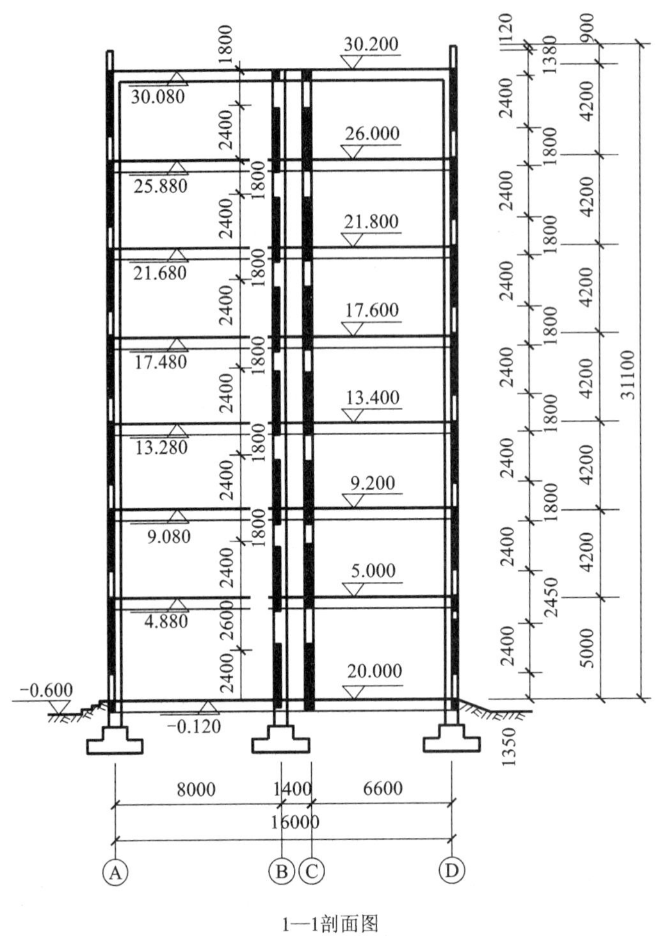

1—1剖面图

说明：

(1)楼面和屋面采用现浇钢筋混凝土肋形楼盖结构，板厚 120 mm。

(2)屋面采用柔性防水，屋面构造层的恒荷载标准值为 3.24 kN/m^2，屋面为上人屋面，活荷载标准值为 2.0 kN/m^2。

(3)楼面构造层的恒荷载标准值为 1.56 kN/m^2，楼面活荷载标准值为 2.0 kN/m^2。

(4)墙体采用灰砂砖，重度 $\gamma=18$ kN/m^3；外墙贴瓷砖，墙面重 0.5 kN/m^2；内墙面采用水泥粉刷，墙面重 0.36 kN/m^2。

(5)木框玻璃窗重 0.3 kN/m^2，木门重 0.2 kN/m^2。

(6)混凝土强度等级和钢筋级别请自行选择。

第 14 章　混凝土高层建筑结构体系简介

【学习目标】

(1)熟悉高层建筑的结构体系及其受力特点；
(2)了解高层建筑结构布置的一般原则；
(3)了解作用在高层建筑结构上的荷载。

【本章导读】

通过本章学习试计算第 13 章习题 3 所示框架结构在风荷载作用下的结构内力。

14.1　混凝土高层建筑概况

14.1.1　高层建筑发展概况

广义地说，高层建筑在很早以前就出现了。在古巴伦比王朝，就建有数百英尺的高塔；在古罗马时期，也有过一些高达十几层的房屋；在我国古代，曾建造了许多高层塔楼，有的还经受了地震与战火的考验，至今仍保存完好。

现代高层建筑作为城市现代化的象征，只有一百多年的历史，主要用于住宅、旅馆和办公楼等。18 世纪末的产业革命带来了生产力的发展和经济的繁荣，人口向城市集中，材料不断更新，设备逐步完善，技术日益发展，使得高层建筑的兴建成为必要与可能。1883 年美国芝加哥建成 11 层的保险公司大楼首先采用了框架结构承重体系(外墙为砖墙自承重)。1905 年美国纽约建成了高达 50 层的大楼。1931 年在纽约又建成了帝国大厦，有 102 层，高达 381 m。二次世界大战以后，世界政治与经济格局相对稳定，使建筑业有了较大的发展。特别是最近一段时期，由于轻质、高强材料的研制成功，抗侧力结构体系的发展，电子计算机的广泛应用，服务设施和技术设备的完善，使得高层、超高层建筑大量涌现出来，不但出现在北美、欧洲的一些发达国家，而且也出现在亚洲、拉丁等地的许多发展中国家。

图 14.1 是世界著名高层建筑的若干代表，图 14.1(a)是位于阿拉伯联合酋长国迪拜市的哈利法塔，2009 年建成，160 层，桅杆顶高度为 828 m，是目前世界上最高的建筑；图 14.1(b)是上海中心，2015 年建成，建筑主体为 118 层，总高度 632 m，是目前中国第一高楼。图 14.1(c)是上海环球金融中心，2008 年建成，101 层，平屋顶高度为 492 m；图 14.1(d)是台北 101 大厦，2004 年建成，101 层，450 m，桅杆顶高度为 508 m；图 14.1(e)是位于马来西亚吉隆坡的石油大厦，1996 年建成，88 层，桅杆顶高度 452 m；图 14.1(f)是位于芝加哥的西尔斯大厦，1974 年建成，110 层，442 m，桅杆顶高度为 527 m。

(a)　(b)　(c)　(d)　(e)　(f)

图 14.1　世界著名的高层建筑

(a)哈利法塔；(b)上海中心；(c)上海环球金融中心；(d)台北 101 大楼；
(e)吉隆坡双子星大厦；(f)希尔斯大厦

我国的高层建筑首先出现在 20 世纪 20 年代的上海。我国自行设计建造的高层建筑则始于 20 世纪 50 年代。20 世纪 80 年代以后，我国高层建筑的发展极为迅猛，不但出现在大城市，而且还出现在一些中小城市，并且高度不断增长，造型日益新颖，结构体系丰富多样，建筑材料、施工技术、服务设施都得到了发展和提高。

14.1.2　高层建筑结构特点及高度分级

1. 高层建筑结构特点

高层建筑结构的受力特点与多层建筑结构的主要区别是，侧向力(风或水平地震作用)成为影响结构内力、结构变形及建筑物土建造价的主要因素。在一般多层建筑结构中，影响结构内力的主要是竖向荷载，在结构变形方面主要是考虑梁在竖向荷载作用下的挠度，一般不考虑结构侧向位移对建筑物使用功能或结构可靠性的影响。在高层建筑结构中，竖向荷载的作用与多层建筑相似，柱内轴力随着层数的增加而增大，可近似地认为轴力与层数呈线性关系，见图 14.2(a)；而水平向作用的风荷载或地震作用力可近似地认为呈倒三角分布，见图 14.2(b)，水平力作用下结构顶点的侧向位移与高度的四次方成正比，见图 14.2(c)。上述弯矩和侧向位移常常成为决定结构方案、结构布置及构件截面尺寸的控制因素。因此，对高层建筑结构考虑水平力的作用比竖向力的作用更为重要。

2. 高层建筑结构高度分级

我国《高层建筑混凝土结构技术规程》(JGJ3)(以下简称《高规》)规定，10 层及 10 层以上或房屋高度超过 28m 的建筑物称为高层建筑，并按结构形式和高度的不同分为 A 级和 B 级两类，在设计中采用不同的抗震等级、计算方法和构造措施。高度不超过表 14.1 限值的钢筋混凝土高层建筑为 A 级，高度超过 A 级高度限值的高层建筑称为 B 级高层建筑。B 级高度钢筋混凝土高层建筑的最大适用高度见表 14.2。上述两表对于甲类建筑宜按设防烈度提高一度后查用，对于平面和竖向均不规则的结构，其适用高度宜适当降低。

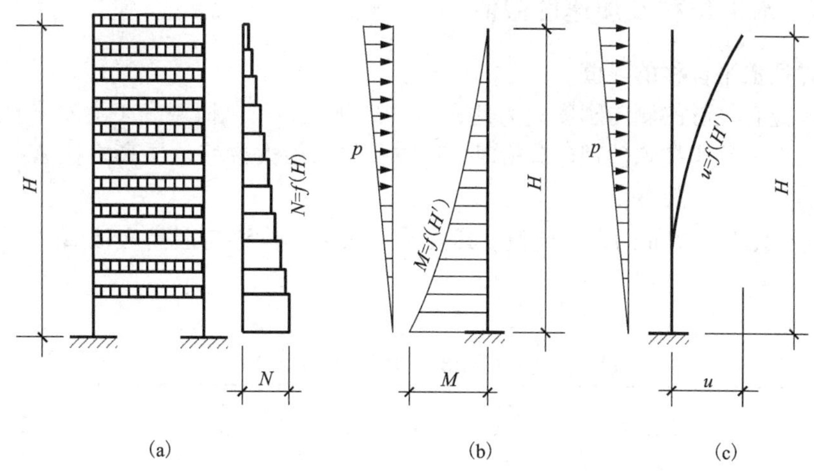

图 14.2 高层建筑结构的受力特点

(a)轴力与高度的关系；(b)弯矩与高度的关系；(c)侧移与高度的关系

表 14.1 A 级高度钢筋混凝土高层建筑的最大适用高度 m

结构体系		非抗震设计	抗震设防烈度				
			6 度	7 度	8 度		9 度
					0.20 g	0.30 g	
框架		70	60	50	40	35	—
框架 - 剪力墙		150	130	120	100	80	50
剪力墙	全部落地	150	140	120	100	80	60
	部分框支	130	120	100	80	50	不应采用
筒体	框架 - 核心筒	160	150	130	100	90	70
	筒中筒	200	180	150	120	100	80
板柱 - 剪力墙		110	80	70	55	40	不应采用

表 14.2 B 级高度钢筋混凝土高层建筑的最大适用高度 m

结构体系		非抗震设计	抗震设防烈度			
			6 度	7 度	8 度	
					0.20 g	0.30 g
框架 - 剪力墙		170	160	140	120	100
剪力墙	全部落地	180	170	150	130	110
	部分框支	150	140	120	100	80
筒体	框架 - 核心筒	220	210	180	140	120
	筒中筒	300	280	230	170	150

14.1.3　水平位移及加速度限值

1. 层间弹性水平位移的限值

高层建筑应有足够的侧向刚度。为此，《高规》规定，在风荷载和多遇水平地震作用下，高层建筑的水平位移当按弹性理论分析时，其楼层层间最大位移与层高之比 $\Delta u/h$ 不宜大于以下限值：

(1)高度不大于 150 m 的高层建筑，其楼层层间最大位移与层高之比 $\Delta u/h$ 不宜大于表 14.3 的限值。

表 14.3　楼层层间最大位移与层高之比的限值

结构类型	$[\Delta u/h]$	结构类型	$[\Delta u/h]$
框架	1/550	筒中筒、剪力墙	1/1000
框架 - 剪力墙、框架 - 核心筒、板柱 - 剪力墙	1/800	除框架结构外的转换层	1/1000

注：楼层层间最大位移 Δu 以楼层最大的水平位移差计算，不扣除整体弯曲变形。

(2)高度不小于 250 m 的高层建筑，楼层层间最大的位移与层高之比 $\Delta u/h$ 的限值为 1/500。

(3)高度为(150 ~ 250) m 之间的高层建筑，楼层层间最大位移与层高之比 $\Delta u/h$ 的限值按限值线性插入取用。

2. 罕遇水平地震作用下薄弱层(部位)的抗震变形验算

为了实现“大震不倒”，应对某些高层建筑结构进行罕遇地震作用下的薄弱层(部位)的抗震变形验算，具体规定见《高规》。

3. 结构风振加速度的限制

高层建筑物在风荷载作用下将水平振动。过大的水平振动加速度将使在高楼居住的人们感觉不舒适，甚至不能忍受。研究表明，当建筑物的水平加速度小于 0.005 g 时，居住者没有感觉；当建筑物的加速度为(0.005 ~ 0.05) g 时，便会干扰居住者；当建筑物的加速度大于 0.15 g时，则居住者不能忍受。

对照国外的研究成果和有关标准，与我国现行行业标准《高层民用建筑钢结构技术规程》(JGJ99—1998)相协调，《高规》规定，高度超过 150 m 的高层建筑混凝土结构应具有更好的使用条件，满足舒适度的要求。按现行国家标准《建筑结构荷载规范》(GB5009)规定的 10 年一遇的风荷载取值计算或专门风洞试验确定的结构顶点最大加速度，对住宅、公寓 α_{max} 不应大于 0.15 m/s^2，对办公楼、旅馆不应大于 0.25 m/s^2。

高层建筑风振反应水平加速度包括顺风向最大加速度、横风向最大加速度和扭转角加速度。关于顺风向最大加速度和横向最大加速度的研究工作虽然较多，但各国的计算方法并不统一，互相之间也存在明显的差异。建议可按现行行业标准《高层民用建筑钢结构技术规程》(JGJ99—1998)的规定计算。

14.2　高层混凝土结构体系与布置原则

高层建筑结构体系包括竖向结构体系和水平结构体系。对于高层建筑结构来说，侧向力（如水平风荷载和水平地震作用）对结构内力及变形的影响加大，因此，竖向承重结构体系不但要承受与传递竖向荷载，还要抵抗侧向力的作用，故竖向承重结构也称为抗侧力结构。水平结构即日常所说的楼盖及屋盖结构，在高层建筑中，楼（屋）盖结构除了承受与传递楼（屋）面竖向荷载以外，还要协调各榀抗侧力结构的变形与位移，对结构的空间整体刚度的发挥和抗震性能有直接的影响。

14.2.1　常用高层混凝土结构体系

1. 高层建筑的竖向结构体系

常用的钢筋混凝土高层建筑竖向结构类型有：框架结构体系、剪力墙结构体系、框架－剪力墙结构体系、筒体结构体系等。

1）框架结构

高层建筑采用框架结构时，框架梁应纵横向布置，形成双向抗侧力结构，使之具有较强的空间整体性，以承受任意方向的侧向力。框架结构具有建筑平面布置灵活、造型活泼等优点，可以形成较大的使用空间，易于满足多功能的使用要求。在结构受力性能方面，框架结构属于柔性结构，自振周期长，地震反应较小，经过合理的结构设计，可以具有较好的延性性能。其缺点是结构侧向刚度较小，在地震作用下水平位移较大，容易使填充墙产生裂缝，并引起建筑装修、玻璃幕墙等非结构构件的损坏。地震作用下的大变形还将在框架柱内引起 $P-\Delta$ 效应，严重时会引起整个结构的倒塌。同时，当建筑层数较多或荷载较大时，框架柱截面尺寸较大，既减少了建筑使用面积，又会给室内办公用品或家具的布置带来不便。因此，框架结构体系一般适用于非地震区或层数较少的高层建筑。在抗震设防烈度较高的地区，其建筑高度应严格控制。否则，其技术经济效果和建筑物的抗震性能受到影响。

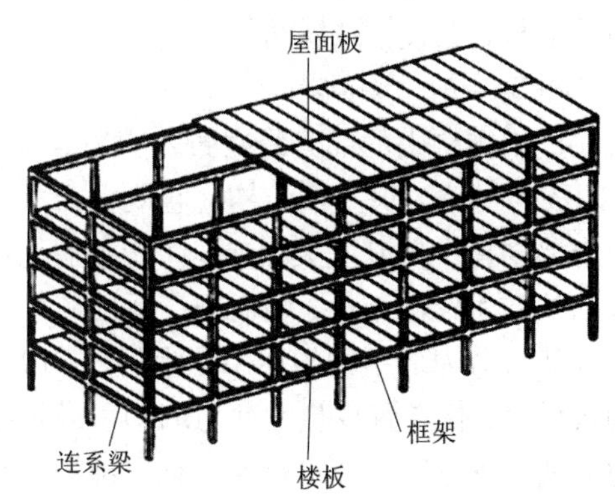

图 14.3　框架结构体系

高层框架结构柱网或梁系的布置要求与多层框架相似，但随着层数的增加和高度的提高，水平力对结构受力和变形的影响加大，结构布置时应特别注意增强结构在各个方向的侧向刚度，以保证结构的整体性和空间的工作性能。

2）剪力墙结构

剪力墙结构是由剪力墙同时承受竖向荷载和侧向力的结构。剪力墙是利用建筑外墙和内隔墙位置布置钢筋混凝土结构墙，属于下端固定在基础顶面上的竖向悬臂板。竖向荷载在墙体内主要产生向下的压力，侧向力在墙体内产生水平剪力和弯矩。因这类墙体具有较大的承受水平力（水平剪力）的能力，故被称之为剪力墙。在地震区，水平力主要为水平地震作用力，因此把抗震结构中的剪力墙称为抗震墙。

剪力墙结构的适用范围较大，从十几层到三十几层都很常见，在四五十层及更高的建筑中也很适用。它常被用于高层住宅和高层旅馆建筑中，因为这类建筑物的隔墙位置较为固定，布置剪力墙不会影响各个房间的使用功能，而且在房间内没有柱、梁等外凸构件，既整齐美观，又便于室内家具布置。早期的剪力墙结构多为小开间，全部建筑隔墙均为剪力墙，因而可以采用较薄的楼板，但墙体太多，混凝土和钢筋用量增多，材料强度得不到充分利用，既增加了结构自重，又限制了建筑上的灵活多变。目前剪力墙结构多采用大开间，横墙间距为6～8 m，中间采用轻质隔墙支承在楼板上，便于建筑上灵活布置，又可充分利用剪力墙的材料强度、减轻结构自重。

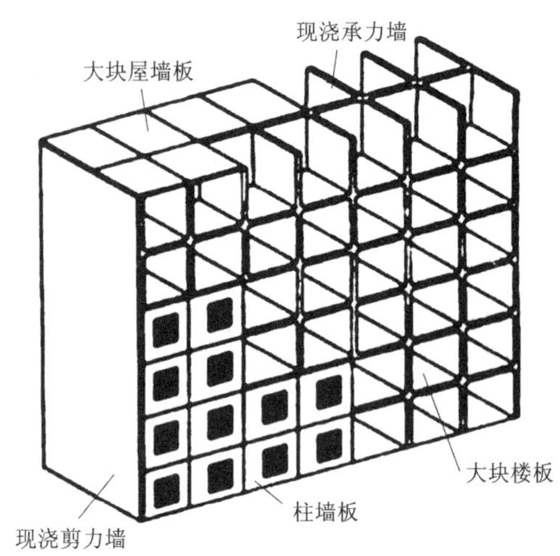

图 14.4　剪力墙结构体系

3）框架－剪力墙结构

在框架结构中的部分跨间布置剪力墙，或把剪力墙结构中的部分剪力墙抽掉改成框架承重，即成为框架－剪力墙结构。它既保留了框架结构建筑布置灵活、使用方便的优点，又具有剪力墙结构抗侧刚度大、抗震性能好的优点，同时还可以充分发挥材料的强度作用，具有较好的的技术经济指标，因而被广泛的应用于高层办公楼建筑和旅馆建筑中。

框架－剪力墙结构的使用范围很广，10～40层的高层建筑均可采用这类结构体系。当建筑物较低时，仅布置少量的剪力墙即可满足结构抗侧要求；而当建筑物较高时，则要由较多的剪力墙，并通过合理的布置使整个结构具有较大的抗侧刚度和整体抗震性能。

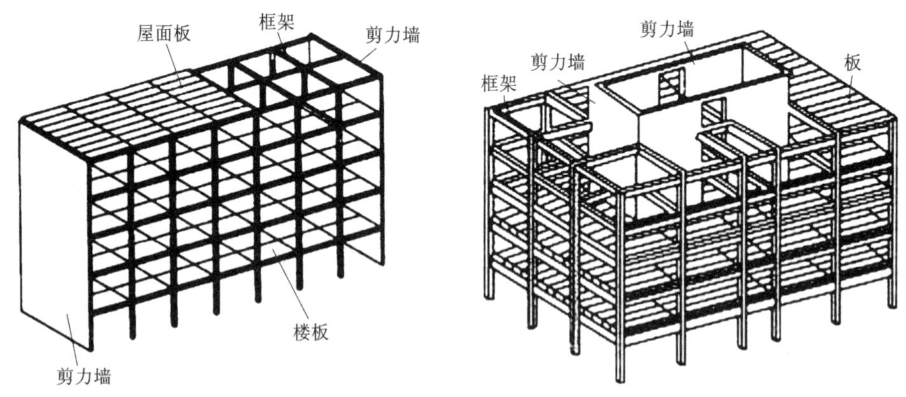

图 14.5　框架剪力墙结构体系

4）筒体结构

筒体结构的主要形式有框筒结构、核心筒结构、筒中筒结构、框架－核心筒结构、束筒结构和多重筒体结构。有时也可在上述结构的基础上辅助地布置一些框架或剪力墙，与筒体结构整体共同工作，形成各种独特的结构方案。筒体结构抗侧刚度大，整体性好；建筑布置灵活，能够提供很大的、可以自由分隔的使用空间，特别适用于 30 层以上甚至 100 m 以上的超高层办公楼建筑。

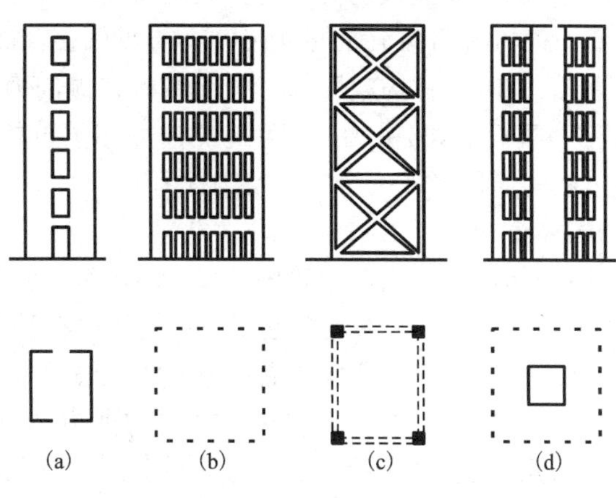

图 14.6　筒体结构体系

(a)实腹筒;(b)空腹筒;(c)桁架筒;(d)筒中筒

下面以筒中筒中的核心筒—框筒结构体系为例介绍筒体结构的受力特征。

核心筒一般由布置在电梯间，由楼梯间及设备管线井道四周的钢筋混凝土墙所组成。为底端固定、顶端自由、竖向放置的薄壁筒状结构，其水平截面为单孔或多孔的箱型截面，如图 14.7 所示。它既可以承受竖向荷载，又可承受任意方向上的侧向力作用，是一空间受力结构。在高层建筑平面布置中，为充分利用建筑物四周作为景观和采光，电梯等服务性设施的用房常常位于房屋的中部，核心筒也因此而得名。因筒壁上仅开有少量洞口，故有时也称为实腹筒。

图 14.7　核心筒

图 14.8　框筒(外围部分)

核心筒的侧向刚度除与筒壁厚度有关外，与筒的平面尺寸有很大的关系，核心筒平面尺寸越大，其侧向刚度越大，但从建筑使用的角度看，核心筒越大，则服务性用房面积就加大，建筑使用面积就越少。

框筒是由布置在房屋四周的密集立柱与高跨比很大的窗间梁所组成的一个多孔筒体，如图 14.8 所示。从形式上看，犹如由四榀平面框架在房屋的四角黏合而成，故称为框筒结构。因其立面上开有很多窗洞，故有时也称为空腹筒。框筒结构在侧向力作用下，不但与侧向力平行的两榀平面框架(常称为腹板框架)受力，而且与侧向力相垂直的两榀框架(常称为翼缘框架)也参加工作，通过角柱的连接形成一个空间受力体系。

2. 高层建筑的水平结构体系

水平结构是指楼盖及屋盖结构。在高层建筑中，水平结构除承受作用于楼面或屋面上的竖向荷载外，还要担当将各个竖向承重构件整合起来，并把作用在整个结构上的水平力传递或分配给各个竖向承重构件的任务，特别是当各榀框架、剪力墙结构的侧向刚度不等时，或当建筑物发生整体扭转时，楼盖结构中将产生楼板平面内的剪力和轴力，以实现各榀框架、剪力墙结构变形协调、共同工作。这就是所谓的空间协同工作或空间整体工作。另外，楼盖结构也是竖向承重结构的支承，使各榀框架、剪力墙不致产生平面外失稳。

在高层建筑结构分析时，常常采用楼盖结构在其自身平面内刚度为无穷大的假定。因此，高层建筑楼盖结构形式的选择和楼盖结构的布置，首先应考虑到使结构的整体性好，楼盖平面内刚度大，使楼盖在实际结构中的作用与在计算分析时平面内刚度无穷大的假定相一致。因此，高层建筑中的楼盖一般宜采用现浇楼盖结构。其次，楼盖结构的选型应尽量使结构高度少、重量轻。因为高层建筑层数多，楼盖结构的高度和重量对建筑物的总高度、总荷重影响较大。建筑总高度大，则相应的结构材料、装饰材料、设备管线材料、电梯提升高度都将增大。建筑总荷重则影响到墙柱截面尺寸、地基处理费用及基础造价等。另外，楼盖结构的选型和布置还要考虑到建筑使用要求、建筑装饰要求、设备布置要求及施工技术条件等。

在高层建筑特别是超高层建筑结构的布置中，常常会在某些高度设置刚性层。这时需要将楼盖结构与刚性桁架或刚性大梁连成整体。在某些转换层，例如框支剪力墙的转换层，楼盖结构的布置也应与转换层大梁结构的布置相协调，以增强转换层结构的刚度。同时也应将楼盖加强加厚，以实现各抗侧力结构之间水平力的有效传递。

14.2.2 高层混凝土结构一般布置原则

1. 高层建筑的结构平面布置

一般认为，高层建筑平面外形宜简单、规则、对称。结构布置宜对称、均匀，并尽量使结构抗侧刚度中心、建筑平面形心、建筑物质量中心三者重合，以减少扭转的影响。高层建筑一般可设计成矩形、方形、圆形、Y 形、L 形、十字形、井字形等平面形式，从抗风的角度看，圆形、正多边形、椭圆形、鼓形等凸形平面并具有流线型周边的建筑物所受到的风荷载较小。从抗震的角度看，平面对称、长宽比较为接近、结构抗侧刚度均匀，则其抗震性能好。对于设有变形缝的建筑，各个独立的结构单元都应满足上述结构布置要求。如图 14.9 所示，当结构平面上有局部凸出区段时，突出部分的长度不宜过大，图中 L、l 的尺寸宜满足表 14.4 的要求。当结构平面局部凸出部分的尺寸 $l/b \leqslant 1$ 且 $l/B_{max} \leqslant 0.3$ 质量与刚度平面分布基本均匀对称时，可认为属于平面布局规则的结构，否则应按平面不规则结构进行抗震分析，以充分考虑结构整体性扭转等不利因素。对于矩形平面，当平面过于狭长时，由于两端地震波输入有位相差而容易产生不规则振动，产生较大震害，也应对 L/B 进行限制。在实际工程中，L/B在 6、7 度抗震设计时最好不超过 4；在 8、9 度抗震设计时最好不超过 3。

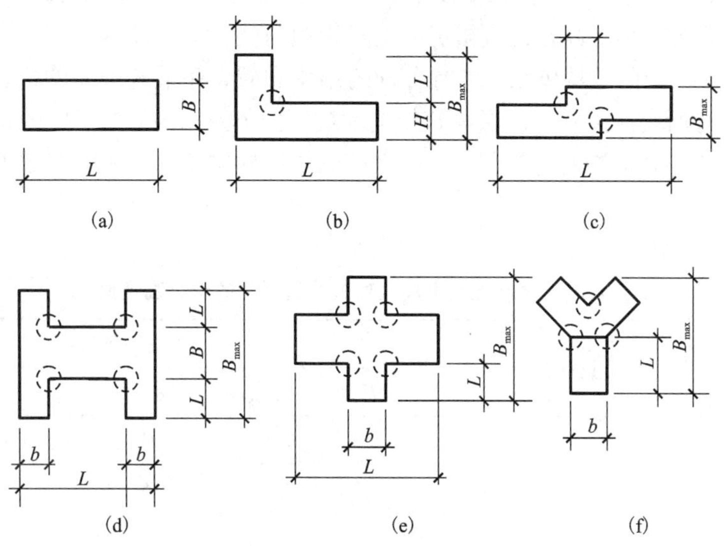

图 14.9　高层建筑平面

表 14.4　建筑平面尺寸的限值

设防烈度	L/B	l/B_{max}	l/b
6 度和 7 度	≤6.0	≤0.35	≤2.0
8 度和 9 度	≤5.0	≤0.30	≤1.5

在结构平面的凹角处（见图 14.9 中虚线圈出来）容易造成应力集中，宜采取加强措施。在结构单元的两端或凹角部位应尽量避免设置楼梯间或电梯间，因为结构单元的两端往往受力复杂，凹角处应力集中。布置楼梯间、电梯间会消弱楼盖结构，不利于各侧力结构的整体受力。如果建筑布置中必须在上述部位布置楼梯间、电梯间时，一般应用钢筋混凝土墙将其围起来形成核心井筒，并对核心井筒的墙体配筋进行加强。

2. 高层建筑的结构竖向布置

高层建筑竖向体型应力求规则、均匀，避免有过大的外挑和内收，避免错层和局部夹层，同一层的楼面应尽量设置在同一标高处。高层建筑结构沿竖向的强度和刚度下大上小，逐渐均匀变化，不应采用竖向布置严重不规则的结构。抗震设计时，结构竖向抗侧力构件宜上下连续贯通。当某楼层抗侧刚度小于上层较多时，除应采用三维结构模型的振动型分解反应谱和弹性时程分析法进行计算外，除应对薄弱部位采用有效的抗震构造措施。当在建筑底部、中部或顶部由于建筑使用要求而布置大空间、部分剪力墙被取消时，应进行弹性动力时程分析计算并采取有效的构造措施，防止由于刚度和承载力变化而产生的不利影响。

3. **建筑高宽比的限制**

高层建筑结构可以近似地看做是固定于基础上的竖向悬臂结构，因此增加建筑平面尺寸对减少其侧向位移是十分有效的。控制高层建筑的高宽比，可以宏观上控制结构抗侧刚度、整体稳定性、承载能力和经济合理性。《高规》规定，钢筋混凝土高层建筑结构的高宽比不宜超过表 14.5 的限值。表中，当主体结构与裙房相连且裙房部分面积和刚度相对于上部塔楼的面积和刚度大得较多时，高宽比按裙房以上建筑的高度和宽度计算。

当然，如选择适当的结构体系，进行合理的结构布置，并采取可靠的构造措施，上述高宽比的限制可以有所突破。对于高层建筑结构的抗侧力体系来说，更重要的是如何进行竖向承重构件的布置并将其适当的连接起来，使之形成整体共同工作，才能有效地提高建筑物的抗侧刚度。

表 14.5　钢筋混凝土高层建筑结构适用的最大高宽比

结构类型	非抗震设计	抗震设防烈度		
		6 度、7 度	8 度	9 度
框架	5	4	3	—
板柱 - 剪力墙	6	5	4	—
框架 - 核心筒	8	7	6	4
框架 - 剪力墙、剪力墙	7	6	5	4
筒中筒	8	8	7	5

4. **变形缝的设置**

在高层建筑结构中，应尽量少设缝或不设缝，其基本原则与多层框架相似。

当高层建筑结构未采取特别措施时，其伸缩缝间距不宜超过表 13.1 的限制。否则，应采取以下构造措施和施工措施以减少温度和收缩应力：在顶层、底层、山墙和内纵墙端开间等温度变化影响较大的部位增加配筋；在顶层加强保温隔热措施，外墙设置外保温层；每隔 30 ~40 mm 间距留出施工后浇带，后浇带宽 800 ~ 1000 mm，钢筋可采用搭接接头，后浇带混凝土宜在两个月后浇灌，后浇带混凝土浇灌时温度宜低于主体混凝土浇灌时的温度。此外，也可采取改善混凝土配方，对楼板施加预应力等措施。

高层建筑中一般设有裙房。因主楼与裙房的高度、重量都相差悬殊，因此常常设沉降缝。但设置沉降缝会给建筑构造、地下室防水等带来不便。因此，当采用一些措施，主楼部分与裙房部分之间可连为整体而不设沉降缝。这些措施是：采用桩基，将桩基支承在基岩上，使主体的沉降量极少；调整土压力，主楼与裙房采用不同的基础形式，使主楼与裙房的土压力和沉降量基本一致；预留沉降差，在施工时先施工主楼，后施工裙房，或在主楼与裙房之间留出后浇带，待沉降基本稳定后再连为整体。

在地震区，遇有下列情况之一时，宜设置防震缝：结构平面尺寸超过限值而无加强措施；房屋有较大的错层；房屋各部分结构的刚度或荷载相差悬殊而又未采取有效措施。防震缝应沿房屋全高设置，地下室、基础可不设防震缝，但在缝下应加强构造和连接。

伸缩缝与沉降缝的宽度一般不宜小于 50 mm。防震缝的宽度不得小于 100 mm，同时对于框架结构房屋，当高度超过 15m，6 度、7 度、8 度和 9 度相应每增加高度 5 m、4 m、3 m 和 2 m，防震缝宽度宜加宽 20 mm。框架－剪力墙结构房屋的防震缝宽度不应小于以上针对框架结构规定值得 70%，剪力墙结构房屋的防震缝宽度不应小于以上针对框架结构规定值的 50%，且二者均不宜小于 100 mm。防震缝两侧结构体系不同时，宜按需要较宽防震缝的结构类型和较低房屋高度确定缝宽。

5. 基础埋置深度

基础应有一定的埋置深度。在确定基础埋置深度时，应综合考虑建筑物的高度、体型、地基土质、抗震设防烈度等因素。埋置深度可从室外地坪算至基础底面，并宜符合下列要求：

(1)天然地基或复合地基，可取房屋高度的 1/15；

(2)桩基础，可取房屋高度的 1/18(桩长不计在内)。

14.3　高层混凝土结构上的作用

高层建筑结构设计中荷载及作用的计算方法与其他结构设计一样，这里不再重复。下面主要介绍风荷载、地震作用、温度作用计算中的一些问题。

14.3.1　风荷载

1. 风荷载的特点

风荷载是指风遇到建筑物时在建筑物表面上产生的一种压力或吸力。如果在建筑物的某个特定的高度上作风压记录，如图 14.10 所示。从图中的风压时程曲线可以看出，风压的变化可分为两部分：一是长周期部分，其值常在 10 min 以上；二是短周期部分，常常只有几秒钟左右。为了便于分析，常把实际风压分解为平均风压(由平均风速产生的稳定风压)与脉动风压(不稳定风压)两部分。考虑到风的长周期大大地大于一般结构自振周期，因此平均风压对结构的作用相当于静力作用。脉动风压周期短，其强度随时间而变化，其作用性质是动力的，将引起结构振动，因此风荷载具有静态和动态两种特性。在单层建筑和高耸结构，则必须考虑风压脉动对结构的作用与影响。

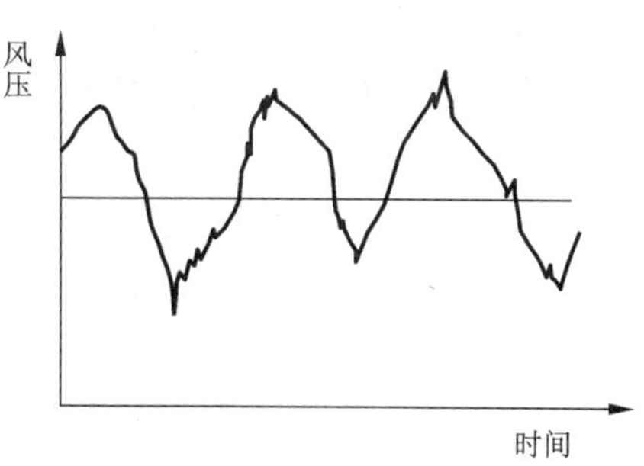

图 14.10　风压时程曲线

风荷载的大小及其分布非常复杂，除与风速、风向有关外，还与建筑物的高度、形状、表面状况、周围环境等因素有关。作用于建筑物上风压值及其分布规律，一般可通过实测和风洞试验来获得。对于重要的未建成的建筑物，为得到与实际更吻合的风荷载值，不但要以建筑物本身为模型进行风洞试验，而且还要做以所设计建筑物为中心的一定范围内的包括邻近建筑物及地面粗糙度的模型试验。

2. **风荷载计算**

高层建筑物表面风荷载标准值的定义与计算公式与前述章节中相同，现将不同的方面简述如下。

1）基本风压（ω_0）

基本风压的定义和取值在第13章中已有介绍。对于一般情况下高度不超过60 m的高层建筑，直接采用由《建筑结构荷载规范》中“全国基本风压分布图”查得的基本风压值。对风荷载比较敏感的高层建筑，承载力设计应将查得的基本风压提高10%采用。

2）风荷载体形系数（μ_s）

在建筑体积相同的情况下，合理的选择高层建筑体型，将能降低风对结构作用，取得经济的效果。图14.11给出了几种常见建筑平面的风荷载体形系数。对于正多边形平面也可取$\mu_s = 0.8 + 1.2/\sqrt{n}$。式中，$n$为多边形边数。很显然，圆形或椭圆形平面的建筑所受到的风压力最小。此外如对矩形平面的角隅处进行适当的平滑处理（如削去其直角），也可得到减少风压力的效果。其他体形系数可能见附表A.6。

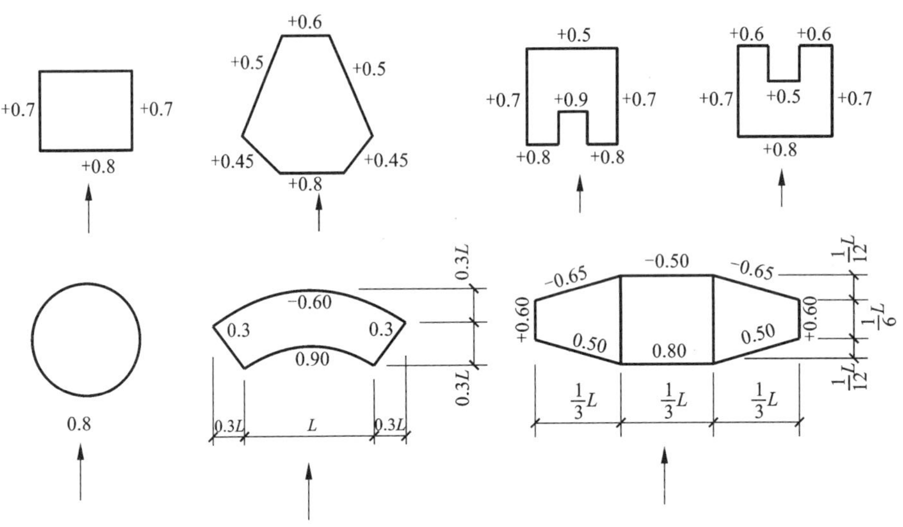

图14.11　高层建筑的荷载体形系数

3）风振系数（β_z）

对于高度大于30 m且高宽比大于1.5的高层建筑结构，应采用风振系数来考虑风压脉动的影响，风振系数β_z按下式计算：

$$\beta_z = 1 + 2gI_{10}B_z\sqrt{1 + R^2}$$

式中，g——峰值因子，可取2.5；

I_{10}——10 m高度名义湍流强度，对应A、B、C和D类地面粗糙度，可分别取0.12、0.14、0.23和0.39；

R——脉动风荷载的共振分量因子；

β_z——脉动风荷载的背景分量因子。

3. 风荷载计算中的几个问题

(1)对同一幢建筑，不同的风向，有不同的风荷载体形系数。即使对于矩形平面的高层建筑，当风向与建筑物边长方向的两端产生压力和吸力，对结构产生扭转的作用。

(2)当建筑物立面上有竖线条、横线条、遮阳板、阳台等时，其风荷载体型系数将比平整墙表面为大，尤其当表面有竖线条时更为明显，一般要增大 6% ~8% 。

(3)由于风压在建筑物表面是不均匀分布的，因此，应对围护构件、连接部件、悬挑构件进行局部风压作用下的强度验算，并应采用局部风荷载体型系数，详见《建筑结构荷载规范》的有关规定。

(4)当多栋或群集的高层建筑相互间距较近时，宜考虑风力相互干扰的群体效应。一般可将单栋建筑的体型系数 μ_s 乘以相互干扰增大系数，该系数可参考类似条件的实验资料确定；必要时宜通过风洞实验来确定。

(5)房屋高度大于 200 m 时宜采用风洞实验来确定建筑物的风荷载。当建筑平面形状不规则、立面形状复杂，或当立面有开洞时，或连体建筑，或当周围地形和环境较复杂时，宜进行风洞实验并经分析判断确定建筑物的风荷载。

(6)当结构高宽比较大，结构顶点风速大于临界风速时，可能引起比较明显的结构横风向振动，甚至出现横风向振动效应大于顺风向作用效应的情况。这时考虑横风向风振或扭转风振的影响，并验证其最大层间位移小于表 14.3 的限值。

14.3.2　地震作用

由于地震作用的复杂性和人类对地震与结构抗震规律认识的局限性，目前对建筑物的抗震设计水平还处于一个初步阶段，尚无法作出精确的定量计算，现有的地震作用力计算和结构抗震设计的计算大都是近似方法。因此，结构设计中对抗震的设计内容应当包括概念设计两个方面。

地震作用力实际上是建筑物对地面运动的反应，它与许多因素有关。高层建筑地震作用力的计算宜采用振型分解反应谱法。对质量和刚度不对称、不均匀的结构以及高度超过 100 m 的高层建筑结构应采用考虑扭转耦连振动影响的振动分解反应谱法。对于一般的高度不超过 40 m，以剪切变形为主，且质量和刚度沿高度分布均匀的高层建筑结构，可采用底部剪力法计算。对于甲类高层建筑，较高的高层建筑、复杂的高层建筑，及刚度和质量分布特别不均匀的高层建筑，还要采用时程分析法进行多遇和罕遇水平地震作用下的计算。

14.3.3　温度作用

高层建筑结构是高次超能静定结构。超静定结构受到温度变化的影响时会在结构内产生内力与变形，高度较高的高层建筑的温度应力较为明显。引起高层建筑结构温度内力的温度变化有三种：室内外温差、日照温差和季节温差。

一般说来，由于温度变化引起的结构内约束力与结构楼层的数量成正比。温度变化引起的结构变形一般有以下几种：

(1)柱弯曲。由于室内外的温差作用，引起外柱的一侧膨胀或另一侧收缩，柱截面内应变不均而引起弯曲。

(2)内、外柱之间的伸缩差。外柱柱列受室外温度的影响，内柱柱列受室内空调温度控制，二者的轴向伸缩不一致，便引起楼盖结构的平面外剪切变形。

(3)屋面结构与下部楼面结构的伸缩差。暴露的屋面结构随季节日照的影响，热胀冷缩变化较大，而下部楼面结构的温度变化较小，由于上、下层水平构件的伸缩不等，就会引起墙体的剪切变形和剪切裂缝。

一般来说，对于10层以下的建筑物，且当建筑平面长度在60 m以下时，温度变化的作用可以忽略不计。对10～30层的建筑物，温差引起的变形逐渐加大。温度作用的大小主要取决于结构外露的程度、楼盖结构的刚度及结构高度。只要在建筑隔热构造和结构配筋构造上适当的处理，在内力计算中仍可不考虑温度的作用。对于30层以上或100 m以上的超高层建筑，则在设计中必须注意温度作用，以防止建筑物的结构和非结构的破坏。

目前在我国，对高层建筑结构设计中如何考虑温度作用尚无具体规定。精确而实用的内力计算方法和具体而有效的构造措施都有待于进一步研究。

小　结

(1)高层建筑结构的受力特点较多层建筑结构的显著区别是除承受竖向荷载作用外还必须承受水平荷载(或作用)对高层建筑结构产生的效应。

(2)《高层建筑混凝土结构技术规程》(JGJ3)按结构形式和高度不同分为A级和B级两类，在设计中应采用不同的抗震等级、计算方法和构造措施。

(3)高层建筑结构应具有足够的侧向刚度，高层建筑的层间弹性水平位移限值、罕遇水平地震作用下的薄弱层(部位)的抗震变形值、结构风振加速度应符合规范要求。

(4)常用钢筋混凝土高层建筑竖向结构类型有：框架结构体系、剪力墙结构体系、框架—剪力墙结构体系、筒体结构体系等。高层建筑水平结构(楼盖及屋盖结构)除承受楼面和屋面上的竖向荷载外，还要将各个竖向结构构件联系起来，共同承担水平荷载(或作用)。水平结构的这种功能称为空间工作或空间整体工作。

(5)高层建筑平面外形宜简单、规则、对称；结构布置宜对称、均匀，并尽量使结构抗侧刚度中心、建筑平面形心、建筑物质量中心三者重合，以减少扭转的影响。高层建筑竖向体型应力求规则、均匀，避免有过大的外挑和内收，避免错层和局部夹层，同一层的楼面应尽量设置在同一标高处；同时结构沿竖向的强度和刚度下大上小，逐渐均匀变化，不应采用竖向布置严重不规则的结构。

(6)高层建筑结构设计中一般荷载及作用的计算方法与其他结构设计一样，特别要注意结构在风荷载、地震作用、温度作用下的计算问题。具体计算方法参阅其他相关专业书籍。

习　题

一、填空题

1. A 级高度部分框支剪力墙结构最大适用高度为__________。(7 度设防)

2. 建筑高度为 120 m 的剪力墙结构层间最大位移与层高之比限值为__________。

3. 高层建筑结构布置宜对称、均匀，并尽量使结构刚度中心与质量中心重合，以减少__________效应。

二、判断题

1. 高度超过 150 m 的商业高层建筑，其结构顶点最大加速度不应大于 0.25 m/s^2。(　　)

2. 7 度抗震设防的板柱－剪力墙结构最大高宽比为 5。(　　)

3. 高层建筑采用桩基础时，埋置深度可取房屋高度的 1/18。(　　)

三、选择题

1. 一栋 30 层的住宅高层建筑优先选用的竖向结构体系为(　　)。

A. 框架结构　　B. 剪力墙结构

C. 框架－剪力墙结构　　D. 筒体结构

2. 一栋 30 层的商业高层建筑进行地震作用分析应优先选用(　　)。

A. 底部剪力法　　B. 振型分解反应谱法

C. 时程分析法　　D. 上述均不适合

四、简答题

1. 如何理解高层建筑结构考虑水平作用比竖向作用更为重要?

2. 控制高层建筑层间位移有何重要意义? 对不同高度的建筑结构，规范分别作了哪些规定?

3. 不同高度的高层建筑必须选择与之相适应的建筑结构体系，分别说明这些结构体系的结构构成和受力特点?

4. 合理的平面结构布置和竖向结构布置对于高层建筑结构受力有哪些重要影响?

5. 风荷载的大小与哪些因素有关? 如何计算作用在高层建筑结构上的风荷载?

6. 温度变化将对高层建筑结构产生何种影响?

附录 A

附表 A.1　民用建筑楼面均布活荷载标准值及其组合值、频遇值和准永久值系数

项次	类别	标准值 /(kN·m^{-2})	组合值系数 ψ_c	频遇值系数 ψ_f	准永久值系数 ψ_q
1	(1)住宅、宿舍、旅馆、办公楼、医院病房、托儿所、幼儿园 (2)试验室、阅览室、会议室、医院门诊室	2.0 2.0	0.7 0.7	0.5 0.6	0.4 0.5
2	教室、食堂、餐厅、一般资料档案室	2.5	0.7	0.6	0.5
3	(1)礼堂、剧场、影院、有固定座位的看台 (2)公共洗衣房	3.0 3.0	0.7 0.7	0.5 0.6	0.3 0.5
4	(1)商店、展览厅、车站、港口、机场大厅及其旅客等候室 (2)无固定座位的看台	3.5 3.5	0.7 0.7	0.6 0.5	0.5 0.3
5	(1)健身房、演出舞台 (2)运动场、舞厅	4.0 4.0	0.7 0.7	0.6 0.6	0.5 0.3
6	(1)书库、档案室、储藏室 (2)密集柜书库	5.0 12.0	0.9 0.9	0.9 0.9	0.8 0.8
7	通风机房、电梯机房	7.0	0.9	0.9	0.8
8	汽车通道及停车库: (1)单向板楼盖(板跨不小于2 m)和双向板楼盖(板跨不小于3 m×3 m) 客车 消防车 (2)双向板楼盖(板跨不小于6 m×6 m)和无梁楼盖(柱网尺寸不小于6 m×6 m) 客车 消防车	 4.0 35.0 2.5 20.0	 0.7 0.7 0.7 0.7	 0.7 0.5 0.7 0.5	 0.6 0.0 0.6 0.0
9	厨房:(1)其他 (2)餐厅	2.0 4.0	0.7 0.7	0.6 0.7	0.5 0.7
10	浴室、卫生间、盥洗室:	2.5	0.7	0.6	0.5
11	走廊、门厅: (1)宿舍、旅馆、医院病房、托儿所、幼儿园、住宅 (2)办公楼、餐厅、医院门诊部 (3)教学楼及其他可能出现人员密集情况	 2.0 2.5 3.5	 0.7 0.7 0.7	 0.5 0.6 0.5	 0.4 0.5 0.3

续上表

项次	类别	标准值/(kN·m^{-2})	组合值系数 ψ_c	频遇值系数 ψ_f	准永久值系数 ψ_q
12	楼梯：(1)多层住宅 (2)其他	2.0 3.5	0.7 0.7	0.5 0.5	0.4 0.3
13	阳台：(1)可能出现人员密集的情况 (2)其他	3.5 2.5	0.7 0.7	0.6 0.6	0.5 0.5

注：1. 本表所给各项活荷载适用于一般使用条件，当使用活荷载较大、情况特殊或有专门要求时，应按实际情况采用。

2. 第 6 项书库活荷载当书架高度大于 2 m 时，书库活荷载尚应按每米书架高度不小于 2.5 kN/m^2 确定。

3. 第 8 项中的客车活荷载只适用于停放载人少于 9 人的客车；消防车活荷载是适用满载总重为 300 kN 的大型车辆，当不符合本表要求时，应将车轮的局部荷载按局部效应的等效原则，换算为等效均布荷载。

4. 第 8 项中的消防车活荷载，当双向板楼盖板跨介于 3 m×3 m～6 m×6 m 之间时，应按跨度线性插值确定。

5. 第 12 项楼梯活荷载，对预制楼梯踏步平板，尚应按 1.5 kN 集中荷载验算。

6. 本表各项荷载不包括隔墙自重和二次装修荷载；对固定隔墙的自重应按永久荷载考虑，当隔墙位置可灵活自由布置时，非固定隔墙的自重应取不小于 1/3 的每延米长隔墙(kN/m)作为楼面活荷载的附加值(kN/m^2)计入，且附加值不应小于 1.0 kN/m^2。

附表 A.2 活荷载按楼层的折减系数

墙、柱、基础计算截面以上的层数	1	2～3	4～5	6～8	9～20	>20
计算截面以上各楼层活荷载总和的折减系数	1.00(0.9)	0.85	0.70	0.65	0.60	0.55

注：当楼面梁的从属面积超过 25 m^2 时，采用括号内的系数。

附表 A.3 屋面均布活荷载标准值及其组合值、频遇值和准永久值系数

项次	类别	标准值/(kN·m^{-2})	组合值系数 ψ_c	频遇值系数 ψ_f	准永久值系数 ψ_q
1	不上人的屋面	0.5	0.7	0.5	0.0
2	上人的屋面	2.0	0.7	0.5	0.4
3	屋顶花园	3.0	0.7	0.6	0.5
4	屋顶运动场地	3.0	0.7	0.6	0.4

注：1. 不上人的屋面，当施工或维修荷载较大时，应按实际情况采用；对不同类型的结构应按有关设计规范的规定采用，但不得低于 0.3 kN/m^2。

2. 当上人的屋面兼作其他用途时，应按相应楼面活荷载采用。

3. 对于因屋面排水不畅、堵塞等引起等积水荷载，应采取构造措施加以防止；必要时，应按积水的可能深度确定屋面活荷载。

4. 屋顶花园活荷载不应包括花圃土石等材料自重。

附表 A.4　常用材料和构件自重

类别	名称	自重	备　注
隔墙及墙面 /(kN·m^{-2})	双面抹灰板条隔墙	0.9	每面抹灰厚 16 ~ 24 mm，龙骨在内
	水泥粉刷墙面	0.36	20 mm 厚，水泥粗砂
	剁假石墙面	0.5	25 mm 厚，包括打底
	贴瓷砖墙面	0.5	包括水泥砂浆打底，共厚 25 mm
屋面 /(kN·m^{-2})	水泥平瓦屋面	0.50 ~ 0.55	
	屋顶天窗	0.35 ~ 0.40	9.5 mm 夹丝玻璃，框架自重在内
	捷罗克防水层	0.1	厚 8 mm
	油毡防水层(包括改性沥青防水卷材)	0.05 0.25 ~ 0.30 0.30 ~ 0.35 0.35 ~ 0.40	一层油毡刷油两遍 四层做法，一毡二油上铺小石子 六层做法，二毡三油上铺小石子 八层做法，三毡四油上铺小石子
屋架、门窗 /(kN·m^{-2})	钢屋架	0.12 + 0.011 × 跨度	无天窗，包括支撑，按屋面水平投影面积计算，跨度以米计算
	铝合金窗	0.17 ~ 0.24	
	木门	0.10 ~ 0.20	
	钢铁门	0.40 ~ 0.45	
	铝合金门	0.27 ~ 0.30	
预制板 /(kN·m^{-2})	预应力空心板	1.73	板厚 120 mm，包括填缝
	预应力空心板	2.58	板厚 180 mm，包括填缝
	大型屋面板	1.3，1.47，1.75	板厚 180 mm，240 mm，300 mm，包括填缝
建筑用压型钢板 /(kN·m^{-2})	单波型 V - 300(S - 30) 双波型 W - 500 多波型 V - 125	0.12 0.11 0.065	波高 173 mm，板厚 0.8 mm 波高 130 mm，板厚 0.8 mm 波高 35 mm，板厚 0.6 mm
建筑墙板 /(kN·m^{-2})	彩色钢板金属幕墙板	0.11	两层，彩色钢板厚 0.6 mm，聚苯乙烯芯材厚 25 mm
	彩色钢板岩棉夹心板	0.24	钢板厚 100 mm，两层彩色钢板，z 型龙骨岩棉芯材
	GRC 空心隔墙板	0.3	长 2 400 ~ 2 800 mm、宽 600 mm、厚 60 mm
	GRC 墙板	0.11	厚 10 mm
	玻璃幕墙	1.0 ~ 1.5	一般可按单位面积玻璃自重增大 20% - 30% 采用
	泰柏板	0.95	板厚 10 mm，钢丝网片夹聚苯乙烯保温层，每面抹水泥砂浆厚 20 mm
地面 /(kN·m^{-2})	硬木地板	0.2	厚 25mm，剪刀撑、钉子等自重在内，不包括栅自重
	水磨石地面	0.65	10 mm 面层，20 mm 水泥砂浆打底
	地板格栅	0.2	仅格栅自重

续上表

类别	名称	自重	备　注
顶棚 /(kN·m^{-2})	V 形轻钢龙骨吊顶	0.12 0.17	一层 9 mm 纸面石膏板、无保温层 二层 9 mm 纸面石膏板、有厚 50 mm 的岩棉板保温层
基本材料 /(kN·m^{-3})	素混凝土	22 ~ 24	振捣或不振捣
	钢筋混凝土	24 ~ 25	
	加气混凝土	5.50 ~ 7.50	单块
	焦渣混凝土	10 ~ 14	填充用
	石灰砂浆、混合砂浆	17	
	水泥砂浆	20	
	瓷面砖	17.8	150mm × 150 mm × 8 mm(5 556 块 · m^{-3})
	岩棉	0.50 ~ 2.50	
	水泥膨胀珍珠岩	3.50 ~ 4.0	强度 1 N/mm^2 导热系数 0.058 ~ 0.081[W · (m · k^{-1})]
	水泥蛭石	4.0 ~ 6.0	导热系数 0.093 ~ 0.14[W · (m · k^{-1})]
砌体 /(kN·m^{-3})	浆砌机砖	19	
	浆砌矿渣砖	21	
	浆砌焦渣砖	12.5 ~ 14	
	三合土	17	灰 : 砂 : 土 = (1:1:9) ~ (1:1:4)
	浆砌毛方石	20.8	砂岩

附表 A.5　屋面积雪分布系数 μ_r

序号	类别	屋面形式及积雪分布系数
1	单跨单坡屋面	μ_r α <table><tr><td>α</td><td>≤25°</td><td>30°</td><td>35°</td><td>40°</td><td>45°</td><td>50°</td><td>55°</td><td>≥60°</td></tr><tr><td>μ_r</td><td>1.0</td><td>0.85</td><td>0.7</td><td>0.55</td><td>0.4</td><td>0.25</td><td>0.1</td><td>0</td></tr></table>
2	单跨双坡屋面	均匀分布情况 μ_r 不均匀分布情况 $0.75\mu_r$ $1.25\mu_r$ α μ_r按第1项规定采用

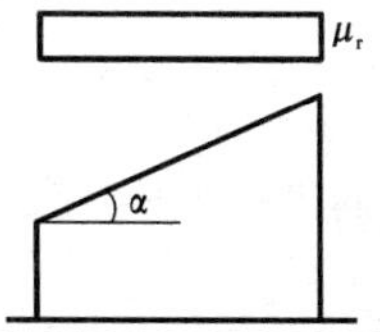

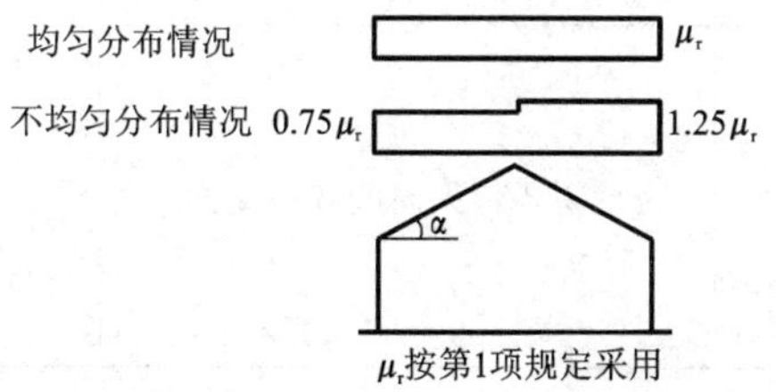

续上表

序号	类别	屋面形式及积雪分布系数
3	带天窗的坡屋面	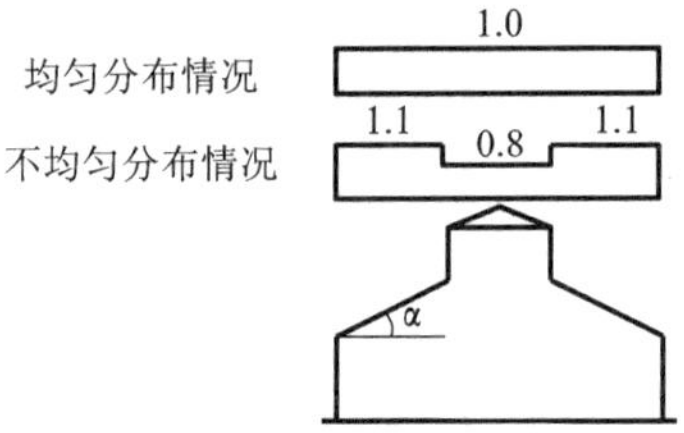 均匀分布情况 1.0 不均匀分布情况 1.1 0.8 1.1 α
4	双跨双坡或 拱形屋面	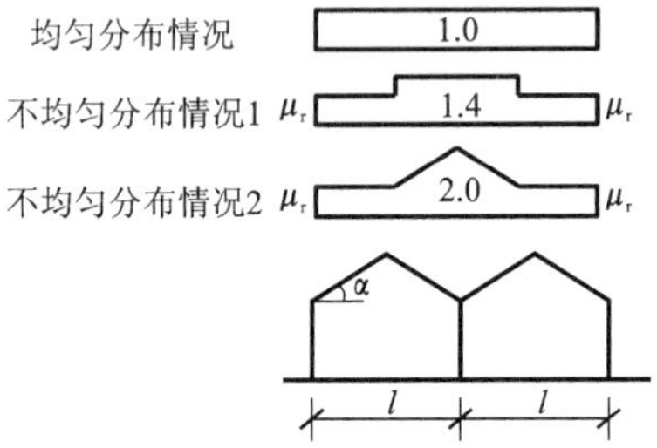 均匀分布情况 1.0 不均匀分布情况1 μ_r 1.4 μ_r 不均匀分布情况2 μ_r 2.0 μ_r α l l μ_r按第1项或第2项规定采用

注：1. 第 2 项单跨双坡屋面仅当 20°≤α≤30°时，可采用不均匀分布情况。

2. 第 3 项只适用于坡度 α≤25°的一般工业厂房屋面。

3. 第 4 项双跨双坡或拱形屋面，当 α≤25°或 f/l≤0.1 时，只采用均匀分布情况。

4. 多跨屋面的积雪分布系数，可参照第 4 项的规定采用。

附表 A.6　常见建筑的风荷载体型系数 μ_s

序号	类别	建筑体型及体型系数 μ_s
1	封闭式双坡屋面	μ_s −0.5 α +0.8 −0.5 α: ≤15°, μ_s: −0.6 α: 30°, μ_s: 0 α: ≥60°, μ_s: +0.8 中间值按插入法计算 μ_s 的绝对值不小于 0.1
2	封闭式带天窗的双坡屋面	+0.6 −0.7 −0.6 −0.2 −0.6 +0.8 −0.5 带天窗的拱形屋面可按本图采用

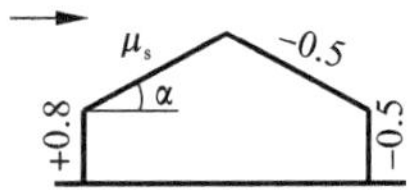

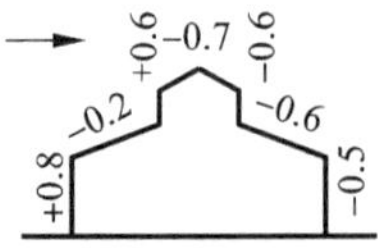

续上表

序号	类别	建筑体型及体型系数 μ_s
3	封闭式双跨双坡屋面	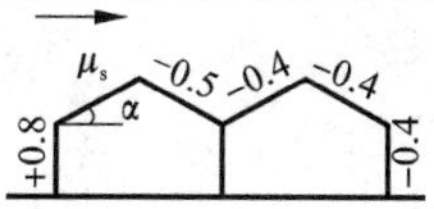 μ_s α +0.8 −0.5 −0.4 −0.4 −0.4 迎风面的 μ_s 按第一项采用
4	多、高层建筑	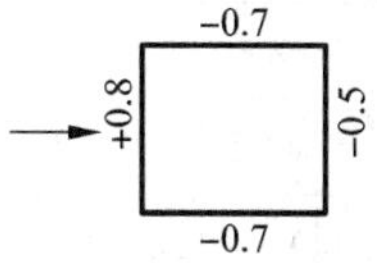 −0.7 +0.8 −0.5 −0.7 (a)矩形平面 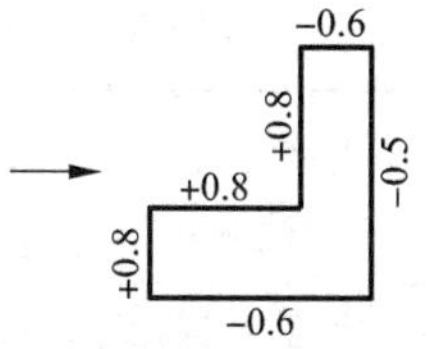 −0.6 +0.8 +0.8 +0.8 −0.5 −0.6 (b)L形平面 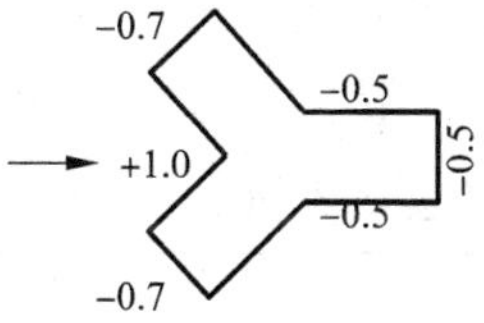 −0.7 −0.5 +1.0 −0.5 −0.5 −0.7 (c)Y形平面 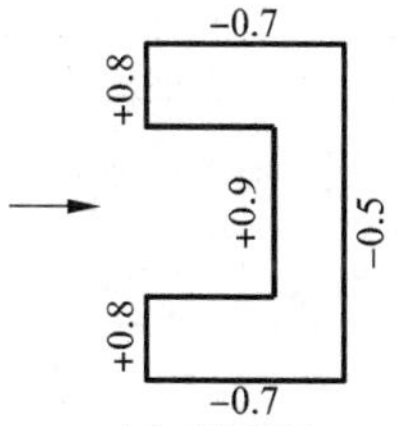 −0.7 +0.8 +0.9 −0.5 +0.8 −0.7 (d)C形平面

注：1. 表图中符号"→"表示风向；"+"表示压力；"-"表示吸力。

2. 表中的系数未考虑邻近建筑群体的影响。

附表 A.7　风压高度变化系数 μ_z

离地面或海平面高度/m	地面粗糙度类别				离地面或海平面高度/m	地面粗糙度类别			
	A	B	C	D		A	B	C	D
5	1.09	1.00	0.65	0.51	100	2.23	2.00	1.50	1.04
10	1.28	1.00	0.65	0.51	150	2.46	2.25	1.79	1.33
15	1.42	1.13	0.65	0.51	200	2.64	2.46	2.03	1.58
20	1.52	1.23	0.74	0.51	250	2.78	2.63	2.24	1.81
30	1.67	1.39	0.88	0.51	300	2.91	2.77	2.43	2.02
40	1.79	1.52	1.00	0.60	350	2.91	2.91	2.60	2.22
50	1.89	1.62	1.10	0.69	400	2.91	2.91	2.76	2.40
60	1.97	1.71	1.20	0.77	450	2.91	2.91	2.91	2.58
70	2.05	1.79	1.28	0.84	500	2.91	2.91	2.91	2.74
80	2.12	1.87	1.36	0.91	≥550	2.91	2.91	2.91	2.91
90	2.18	1.93	1.43	0.98					

注：1. A 类指近海的海面和海岛、海岸、湖岸及沙漠地区。

2. B 类指田野、乡村、丛林、丘陵以及房屋比较稀疏的乡镇和城市郊区。

3. C 类指有密集建筑群的城市市区。

4. D 类指有密集建筑且房屋较高的城市市区。

附录 B

附表 B.1　混凝土强度标准值、设计值和弹性模量　　N · mm^{-2}

强度种类与弹性模量		混凝土强度等级													
		C15	C20	C25	C30	C35	C40	C45	C50	C55	C60	C65	C70	C75	C80
强度标准值	轴心抗压 $f_{c,k}$	10.0	13.4	16.7	20.1	23.4	26.8	29.6	32.4	35.5	38.5	41.5	44.5	47.4	50.2
	轴心抗拉 $f_{t,k}$	1.27	1.54	1.78	2.01	2.20	2.39	2.51	2.64	2.74	2.85	2.93	2.99	3.05	3.11
强度设计值	轴心抗压 f_c	7.2	9.6	11.9	14.3	16.7	19.1	21.1	23.1	25.3	27.5	29.7	31.8	33.8	35.9
	轴心抗拉 f_t	0.91	1.10	1.27	1.43	1.57	1.71	1.80	1.89	1.96	2.04	2.09	2.14	2.18	2.22
弹性模量 $E/10^4$		2.20	2.55	2.80	3.00	3.15	3.25	3.35	3.45	3.55	3.60	3.65	3.70	3.75	3.80

附表 B.2　钢筋强度标准值、设计值和弹性模量　　N · mm^{-2}

种类		符号	d/mm	抗拉强度设计值 f_y	抗压强度设计值 f'_y	屈服点强度标准值 f_{yk}	弹性模量 E_s
热轧钢筋	HPB300	Φ	6 ~ 14	270	270	300	2.1×10^5
	HRB335	Φ	6 ~ 14	300	300	335	2.0×1.0^5
	HRB400 HRBF400 RRB400	Φ Φ^{F} Φ^{R}	6 ~ 50	360	360	400	2.0×10^5
	HRB500 HRBF500	Φ Φ^{F}	6 ~ 50	435	435	500	2.0×10^5

注：当受剪、受扭、受冲切箍筋的抗拉强度设计值大于 360 N/mm^2 时，仍应按 360 N/mm^2 取用。

附表 B.3　预应力钢筋强度标准值、设计值和弹性模量　　N · mm^{-2}

种类		符号	公称直径 d/mm	极限抗拉强度标准值 f_{ptk}	抗拉强度设计值 f_{py}	抗压强度设计值 f'_{py}	弹性模量 E_s
中强度预应力钢丝	光面 螺旋肋	Φ^{PM} Φ^{HM}	5、7、9	800	510	410	2.05×10^5
				970	650		
				1 270	810		

续上表

种类		符号	公称直径 d/mm	极限抗拉强度标准值 f_{ptk}	抗拉强度设计值 f_{py}	抗压强度设计值 f'_{py}	弹性模量 E_s
消除应力钢丝	光面 螺旋肋	ϕ^P ϕ^H	5	1 570	1 110	410	2.05×10^5
				1 860	1 320		
			7	1 570	1 110		
			9	1 470	1 040		
				1 570	1 110		
钢绞线	1×3 （三股）	ϕ^S	8.6、10.8、12.9	1 570	1 110	390	1.95×10^5
				1 860	1 320		
				1 960	1 390		
	1×7 （七股）		9.5、12.7、15.2、17.8	1 720	1 220		
				1 860	1 320		
				1 960	1 390		
			21.6	1 860	1 320		
预应力螺纹钢筋	螺纹	ϕ^T	18、25、32、40、50	980	650	400	2.0×10^5
				1 080	770		
				1 230	900		

注：当预应力筋的强度标准值不符合表中规定时，其强度设计值应进行相应比例的换算。

附录 C

附表 C.1　混凝土的环境类别

环境类别	环境条件
一	室内干燥环境，无侵蚀性静水浸没环境
二 a	室内潮湿环境；非严寒和非寒冷地区露天环境；非严寒和非寒冷地区与无侵蚀性的水或土壤直接接触的环境；严寒和寒冷地区的冰冻线以下与无侵蚀性的水或土壤直接接触的环境
二 b	干湿交替环境；水位频繁变动区环境；严寒和寒冷地区露天环境；严寒和寒冷地区的冰冻线以上与无侵蚀性的水或土壤直接接触的环境
三 a	严寒和寒冷地区冬季水位变动区环境；受除冰盐影响环境；海风环境
三 b	盐渍土环境；受除冰盐作用环境；海岸环境
四	海水环境
五	受人为或自然的侵蚀性物质影响的环境

注：1. 室内潮湿环境是指构件表面经常处于结露或湿润状态的环境。

2. 严寒和寒冷地区的划分应符合现行国家标准《民用建筑热工设计规范》(GB50176—1993)的有关规定。

3. 海岸环境和海风环境宜根据当地情况，考虑主导风向及结构所处迎风、背风部位等因素的影响，由调查研究和工程经验确定。

4. 受除冰盐影响环境是指受到除冰盐盐雾影响的环境；受除冰盐作用环境是指被除冰盐溶液溅射的环境以及使用除冰盐地区的洗车房、停车楼等建筑。

5. 暴露的环境是指混凝土结构表面所处的环境。

附表 C.2　混凝土保护层的最小厚度 c　　mm

环境类别	板、墙、壳	梁、柱、杆
一	15	20
二 a	20	25
二 b	25	35
三 a	30	40
三 b	40	50

注：1. 表中混凝土保护层厚度是指最外层钢筋外边缘至混凝土表面的距离，适用于设计使用年限为 50 年的混凝土结构。

2. 构件中受力钢筋的保护层厚度不应小于钢筋的公称直径。

3. 设计使用年限为 100 年的混凝土结构，最外层钢筋的保护层厚度不应小于表中数值的 1.4 倍。

4. 混凝土强度等级不大于 C25 时，表中保护层厚度数值应增加 5 mm。

5. 钢筋混凝土基础应设置混凝土垫层，其受力钢筋的混凝土保护层厚度应从垫层顶面算起，且不应小于 40 mm。

附表 C.3　纵向受力钢筋的最小配筋百分率 ρ_{min}　　　%

受力类型			最小配筋百分率
受压构件	全部纵向钢筋	强度等级 500 MPa	0.50
		强度等级 400 MPa	0.55
		强度等级 300 MPa、335 MPa	0.60
	一侧纵向钢筋		0.20
受弯构件、偏心受拉、轴心受拉构件一侧的受拉钢筋			0.20 和 $45f_t/f_y$ 中的较大值

注：1. 受压构件全部纵向钢筋最小配筋百分率，当采用 C60 以上强度等级的混凝土时，应按表中规定增加 0.10。

2. 板类受弯构件(不包括悬臂板)的受拉钢筋。当采用强度等级 400 MPa、500 MPa 的钢筋时，其最小配筋百分率应允许采用 0.15 和 $45f_t/f_y$ 中的较大值。

3. 偏心受拉构件中的受压钢筋应按受压构件一侧纵向钢筋考虑。

4. 受压构件的全部纵向钢筋和一侧纵向钢筋的配筋率以及轴心受拉构件和小偏心受拉构件一侧受拉钢筋的配筋率均应按构件的全截面面积计算。

5. 受弯构件、大偏心受拉构件一侧受拉钢筋的配筋率应按全截面面积扣除受压翼缘面积 $(b'_f - b)h'_f$ 后的截面面积计算。

6. 当钢筋沿构件截面周边布置时，“一侧纵向钢筋”系指沿受力方向两个对边中一边布置的纵向钢筋。

附表 C.4　受弯构件的挠度限值

构件类型		挠度限值
吊车梁	手动吊车	$l_0/500$
	电动吊车	$l_0/600$
屋盖、楼盖及楼梯构件	$l_0 < 7$ m	$l_0/200(l_0/250)$
	7 m $\leqslant l_0 \leqslant$ 9m	$l_0/250(l_0/300)$
	$l_0 > 9$m	$l_0/300(l_0/400)$

注：1. 表中 l_0 为构件的计算跨度；计算悬臂构件的挠度限值时，其计算跨度 l_0 按实际悬臂长度的 2 倍取用。

2. 表中括号内的数值适用于使用上对挠度有较高要求的构件。

3. 如果构件制作时预先起拱，且使用上也允许，则在验算挠度时，可将计算所得的挠度值减去起拱值；对预应力混凝土构件，尚可减去预加力所产生的反拱值。

4. 构件制作时的起拱值和预加力所产生的反拱值，不宜超过构件在相应荷载组合作用下的计算挠度值。

附表 C.5　结构构件的裂缝控制等级及最大裂缝宽度限值

环境类别	钢筋混凝土结构		预应力混凝土结构	
	裂缝控制等级	ω_{lim}/mm	裂缝控制等级	ω_{lim}/mm
一	三级	0.30(0.40)	三级	0.20
二 a		0.20		0.10
二 b			二级	—
三 a、三 b			一级	—

注：1. 对处于年平均相对湿度小于60%地区一类环境下的受弯构件，其最大裂缝宽度限值可采用括号内的数值。

2. 在一类环境下，对钢筋混凝土屋架、托架及需作疲劳验算的吊车梁，其最大裂缝宽度限值应取为0.20 mm；对钢筋混凝土屋面梁和托梁，其最大裂缝宽度限值应取为0.30 mm。

3. 在一类环境下，对预应力混凝土屋架、托架及双向板体系，应按二级裂缝控制等级进行验算；对一类环境下的预应力混凝土屋面梁、托梁、单向板。应按表中二 a 类环境的要求进行验算；在一类和二 a 类环境下需作疲劳验算的预应力混凝土吊车梁，应按裂缝控制等级不低于二级的构件进行验算。

4. 表中规定的预应力混凝土构件的裂缝控制等级和最大裂缝宽度限值仅适用于正截面的验算；预应力混凝土构件的斜截面裂缝控制验算应符合本规范第 7 章的有关规定。

5. 对于烟囱、筒仓和处于液体压力下的结构，其裂缝控制要求应符合专门标准的有关规定。

6. 对于处于四、五类环境下的结构构件，其裂缝控制要求应符合专门标准的有关规定。

7. 表中的最大裂缝宽度限值为用于验算荷载作用引起的最大裂缝宽度。

附录 D

附表 D.1 钢筋截面面积及理论质量

钢筋直径 d/mm	钢筋截面面积 A_{α}/mm^2 及钢筋排成一行时梁的最小宽度 b/mm												单根钢筋理论质量/$(kg \cdot m^{-1})$
	一根	二根	三根		四根		五根		六根	七根	八根	九根	
	A	A	A	b	A	b	A	b	A	A	A	A	
6	28.3	57	85		113		141		170	198	226	255	0.222
8	50.3	101	151		201		251		302	352	402	452	0.395
10	78.5	157	236		314		393		471	550	628	707	0.617
12	113.1	226	339	150	452	200/180	565	250/220	679	792	905	1 018	0.888
14	153.9	308	462	150	615	200/180	770	250/220	924	1 078	1 232	1 385	1.21
16	201.1	402	603	180/150	804	200	1 005	250	1 206	1 407	1 608	1 810	1.58
18	254.5	509	763	180/150	1 018	220/200	1 272	300/250	1 527	1 781	2 036	2 290	2.00
20	314.2	628	942	180	1 256	220	1 570	300/250	1 885	2 199	2 513	2 827	2.47
22	380.1	760	1 140	180	1 520	250/220	1 900	300	2 281	2 661	3 041	3 421	2.98
25	490.9	982	1 473	200/180	1 964	250	2 454	300	2 945	3 436	3 927	4 418	3.85
28	615.8	1 232	1 847	200	2 463	250	3 079	350/300	3 695	4 310	4 926	5 542	4.83
32	804.2	1 609	2 413	220	3 217	300	4 021	350	4 826	5 630	6 434	7 238	6.31
36	1 017.9	2 036	3 054		4 072		5 089		6 107	7 125	8 143	9 161	7.99
40	1 256.6	2 513	3 770		5 027		6 283		7 540	8 796	10 053	11 310	9.87
50	1 963.5	3 928	5 892		7 856		9 820		11 784	13 748	15 712	17 676	15.42

注：表中受梁最小宽度 b 为分数时，横线以上数字表示钢筋在梁顶部时所需宽度，横线以下数字表示钢筋在梁底部时所需宽度。

附表 D.2 每米板宽内的钢筋截面面积表

钢筋间距 /mm	当钢筋直径(mm)为下列数值时的钢筋截面面积(mm^2)													
	3	4	5	6	6/8	8	8/10	10	10/12	12	12/14	14	14/16	16
70	101	179	281	404	561	719	920	1 121	1 369	1 616	1 908	2 199	2 536	2 872
75	94.3	167	262	377	524	671	859	1 047	1 277	1 508	1 780	2 053	2 367	2 681
80	88.4	157	245	354	491	629	805	981	1 198	1 414	1 669	1 924	2 218	2 513
85	83.2	148	231	333	462	592	758	924	1 127	1 331	1 571	1 811	2 088	2 365
90	78.5	140	218	314	437	559	716	872	1 064	1 257	1 484	1 710	1 972	2 234
95	74.5	132	207	298	414	529	678	826	1 008	1 190	1 405	1 620	1 868	2 116
100	70.5	126	196	283	393	503	644	785	958	1 131	1 335	1 539	1 775	2 011
110	64.2	114	178	257	357	457	585	714	871	1 028	1 214	1 399	1 614	1 828
120	58.9	105	163	236	327	419	537	654	798	942	1 112	1 283	1 480	1 676
125	56.5	100	157	226	314	402	515	628	766	905	1 068	1 232	1 420	1 608
130	54.4	96.6	151	218	302	387	495	604	737	870	1 027	1 184	1 366	1 547
140	50.5	89.7	140	202	281	359	460	561	684	808	954	1 100	1 268	1 436
150	47.1	83.8	131	189	252	335	429	523	639	754	890	1 026	1 183	1 340
160	44.1	78.5	123	177	246	314	403	491	599	707	834	962	1 110	1 257
170	41.5	73.9	115	166	231	296	379	462	564	665	786	906	1 044	1 183
180	39.2	69.8	109	157	218	279	358	436	532	628	742	855	985	1 117
190	37.2	66.1	103	149	207	265	339	413	504	595	702	810	934	1 058
200	35.3	62.8	98.2	141	196	251	322	393	479	565	668	770	888	1 005
220	32.1	57.1	89.3	129	178	228	292	357	436	514	607	700	807	914
240	29.4	52.4	81.9	118	164	209	268	327	399	471	556	641	740	838
250	28.3	50.2	78.5	113	157	201	258	314	383	452	534	616	710	804
260	27.2	48.3	75.5	109	151	193	248	302	368	435	514	592	682	773
280	25.2	44.9	70.1	101	140	180	230	281	342	404	477	550	634	718
300	23.6	41.9	65.5	94	131	168	215	262	320	377	445	513	592	670
320	22.1	39.2	61.4	88	123	157	201	245	299	353	417	481	554	628

注：表中钢筋直径中的 6/8，8/10 等系指两种直径的钢筋间隔放置。

附表 D.3 钢绞线、钢丝公称直径、公称截面面积及理论质量

种类		公称直径/mm	公称截面面积/mm^2	理论质量/$(kg \cdot m^{-1})$	种类		公称直径/mm	公称截面面积/mm^2	理论质量/$(kg \cdot m^{-1})$
钢绞线	1×3	8.6	37.7	0.296	钢绞线	1×7 标准型	17.8	191	1.500
		10.8	58.9	0.462			21.6	285	2.237
		12.9	84.8	0.666	钢丝		5.0	19.63	0.154
	1×7 标准型	9.5	54.8	0.430			7.0	38.48	0.302
		12.7	98.7	0.775			8.0	63.62	0.499
		15.2	140	1.101					

附表 D.4　矩形和 T 形截面受弯构件正截面承载力计算系数表

ξ	γ_s	α_s	ξ	γ_s	α_s
0.01	0.995	0.010	0.31	0.845	0.262
0.02	0.990	0.020	0.32	0.840	0.269
0.03	0.985	0.030	0.33	0.835	0.276
0.04	0.980	0.039	0.34	0.830	0.282
0.05	0.975	0.049	0.35	0.825	0.289
0.06	0.970	0.058	0.36	0.820	0.295
0.07	0.965	0.068	0.37	0.815	0.302
0.08	0.960	0.077	0.38	0.810	0.308
0.09	0.995	0.086	0.39	0.805	0.314
0.10	0.950	0.095	0.40	0.800	0.320
0.11	0.945	0.104	0.41	0.795	0.326
0.12	0.940	0.113	0.42	0.790	0.332
0.13	0.935	0.122	0.43	0.785	0.338
0.14	0.930	0.130	0.44	0.780	0.343
0.15	0.925	0.139	0.45	0.775	0.349
0.16	0.920	0.147	0.46	0.770	0.354
0.17	0.915	0.156	0.47	0.765	0.360
0.18	0.910	0.164	0.48	0.760	0.365
0.19	0.905	0.172	0.482	0.759	0.366
0.20	0.900	0.180	0.49	0.755	0.370
0.21	0.895	0.188	0.50	0.750	0.375
0.22	0.890	0.196	0.51	0.745	0.380
0.23	0.885	0.204	0.518	0.741	0.384
0.24	0.880	0.211	0.52	0.740	0.385
0.25	0.875	0.219	0.53	0.735	0.390
0.26	0.870	0.226	0.54	0.730	0.394
0.27	0.865	0.234	0.55	0.725	0.399
0.28	0.860	0.241	0.56	0.720	0.403
0.29	0.855	0.248	0.57	0.715	0.408
0.30	0.850	0.255	0.576	0.712	0.410

注：1. 当混凝土强度等级为 C50 以下时，表中 $\xi_b = 0.576, 0.55, 0.518, 0.482$ 分别为 HPB300 级，HRB335 级、HRBF335 级，HRB400、HRBF400、RRB400 级，HRB500、HRBF500 级钢筋的界限相对受压区高度。

2. ξ 和 γ_s 也可以按公式 $\xi = 1 - \sqrt{1-2\alpha_s}$，$\gamma_s = \frac{1+\sqrt{1-2\alpha_s}}{2}$ 计算。

附录 E

附表 E.1　均布荷载和集中荷载作用下等跨连续梁的内力系数

均布荷载：　　$M = Kql_0^2$，$V = K_1 ql_0$

集中荷载：　　$M = KFl_0$，$V = K_1 F$

式中，q 为单位长度上的均布荷载；F 为集中荷载；K，K_1 为内力系数，由表中相应栏内查得。

(1)两跨梁

序号	荷载简图	跨内最大弯矩		支座弯矩	横向剪力			
		M_1	M_2	M_B	V_A	$V_{B左}$	$V_{B右}$	V_C
1	q; A B C; l_0 l_0	0.070	0.070	−0.125	0.375	−0.625	0.625	−0.375
2	q; M_1 M_2	0.096	−0.025	−0.063	0.437	−0.563	0.063	0.063
3	F F	0.156	0.156	−0.188	0.312	−0.688	0.688	−0.312
4	F	0.203	−0.047	−0.094	0.406	−0.594	0.094	0.094
5	F F	0.222	0.222	−0.333	0.667	−1.333	1.333	−0.667
6	F	0.278	−0.056	−0.167	0.833	−1.167	0.167	0.167

(2)三跨梁

序号	荷载简图	跨内最大弯矩		支座弯矩		横向剪力					
		M_1	M_2	M_B	M_C	V_A	$V_{B左}$	$V_{B右}$	$V_{C左}$	$V_{C右}$	V_D
1	q; A B C D; l_0 l_0 l_0	0.080	0.025	−0.100	−0.100	0.400	−0.600	0.500	−0.500	−0.600	−0.400
2	q q; M_1 M_2 M_3	0.101	−0.050	−0.050	−0.050	0.450	−0.550	0.000	0.000	0.550	−0.450
3	q	−0.025	0.075	−0.050	−0.050	−0.050	−0.500	0.500	−0.500	0.050	0.050

续上表

序号	荷载简图	跨内最大弯矩		支座弯矩		横向剪力					
		M_1	M_2	M_B	M_C	V_A	$V_{B左}$	$V_{B右}$	$V_{C左}$	$V_{C右}$	V_D
4	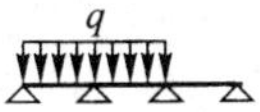	0.073	0.054	-0.117	-0.033	0.383	-0.617	0.583	-0.417	0.033	—
5	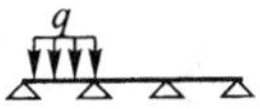	0.094	—	-0.067	0.017	0.433	-0.567	0.083	0.083	-0.017	-0.017
6		0.175	0.100	-0.150	-0.150	0.350	-0.650	0.500	-0.500	0.650	-0.350
7		0.213	-0.075	-0.075	-0.075	0.425	-0.575	0.000	0.000	0.575	-0.425
8	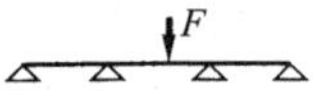	-0.038	0.175	-0.075	-0.075	-0.075	-0.075	0.500	-0.500	0.075	0.075
9	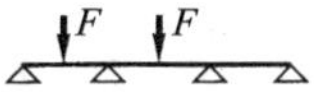	0.162	0.137	-0.175	0.050	0.325	-0.675	0.625	-0.375	0.050	0.050
10		0.200	—	-0.100	0.025	0.400	-0.600	0.125	0.125	-0.025	-0.025
11	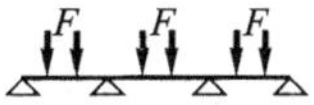	0.244	0.067	-0.267	-0.267	0.733	-1.267	1.000	-1.000	1.267	-0.733
12		0.289	-0.133	-0.133	-0.133	0.866	-1.134	0.000	0.000	1.134	-0.866
13	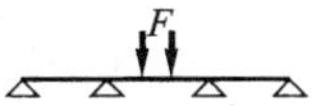	-0.044	0.200	-0.133	-0.133	-0.133	-0.133	1.000	-1.000	0.133	0.133
14	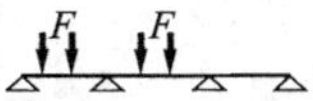	0.229	0.170	-0.311	-0.089	0.689	-1.311	1.222	-0.778	0.089	0.089
15		0.274	—	-0.178	0.044	0.822	-1.178	0.222	0.222	-0.044	-0.044

(3)四跨梁

序号	荷载简图	跨内最大弯矩				支座弯矩			横向剪力								
		M_1	M_2	M_3	M_4	M_B	M_C	M_D	V_A	$V_{B左}$	$V_{B右}$	$V_{C左}$	$V_{C右}$	$V_{D左}$	$V_{D右}$	V_E
1	q; A B C D E	0.077	0.036	0.036	0.077	−0.107	−0.071	−0.107	0.393	−0.607	0.536	−0.464	0.464	−0.536	0.607	−0.393
2	q q; M_1 M_2 M_3 M_4	0.100	0.045	0.081	−0.023	−0.054	−0.036	−0.054	0.446	−0.554	0.018	0.018	0.482	−0.518	0.054	0.054
3	q q	0.072	0.061	—	0.098	−0.121	−0.018	−0.058	0.380	−0.620	0.603	−0.397	−0.040	−0.040	0.558	−0.442
4	q	—	0.056	0.056	—	−0.036	−0.107	−0.036	−0.036	−0.036	0.429	−0.571	0.571	−0.429	0.036	0.036
5	q	0.094	—	—	—	−0.067	0.018	−0.004	0.433	−0.567	0.085	0.085	−0.002	−0.002	0.004	0.004
6	q	—	0.074	—	—	−0.049	−0.054	0.013	−0.049	−0.049	0.496	−0.504	0.067	0.067	−0.013	−0.013
7	F F F F	0.169	0.116	0.116	0.169	−0.161	−0.107	−0.161	0.339	−0.661	0.554	−0.446	0.446	−0.554	0.661	−0.339
8	F F	0.210	−0.067	0.183	−0.040	−0.080	−0.054	−0.080	0.420	−0.580	0.027	0.027	0.473	0.527	0.080	0.080
9	F F F	0.159	0.146	—	0.206	−0.181	−0.027	−0.087	0.319	−0.681	0.654	−0.346	−0.060	−0.060	0.587	−0.413

续上表

序号	荷载简图	跨内最大弯矩				支座弯矩			横向剪力								
		M_1	M_2	M_3	M_4	M_B	M_C	M_D	V_A	$V_{B左}$	$V_{B右}$	$V_{C左}$	$V_{C右}$	$V_{D左}$	$V_{D右}$	V_E
10		—	0.142	0.142	—	-0.054	-0.161	-0.054	-0.054	-0.054	0.393	-0.607	0.607	-0.393	0.054	0.054
11		0.202	—	—	—	-0.100	0.027	-0.007	0.400	-0.600	0.127	0.127	-0.033	-0.033	0.007	0.007
12		—	0.173	—	—	-0.074	-0.080	0.020	-0.074	-0.074	0.493	-0.507	0.100	0.100	-0.020	-0.020
13		0.238	0.111	0.111	0.238	-0.286	-0.191	-0.286	0.714	-1.286	1.095	-0.905	0.905	-1.095	1.286	-0.714
14		0.286	-0.111	0.222	-0.048	-0.143	-0.095	-0.143	0.857	-1.143	0.048	0.048	0.952	-1.048	0.143	0.143
15		0.226	0.194	—	0.282	-0.321	-0.048	-0.155	0.679	-1.321	1.274	-0.726	-0.107	-0.107	1.155	-0.845
16		—	0.175	0.175	—	-0.095	-0.286	-0.095	-0.095	-0.095	0.810	-1.190	1.190	-0.810	0.095	0.095
17		0.274	—	—	—	-0.178	0.048	-0.012	0.822	-1.178	0.226	0.226	-0.060	-0.060	0.012	0.012
18		—	0.198	—	—	-0.131	-0.143	-0.036	-0.131	-0.131	0.988	-1.012	0.178	0.178	-0.036	-0.036

(4)五跨梁

序号	荷载简图	跨内最大弯矩			支座弯矩				横向剪力									
		M_1	M_2	M_3	M_B	M_C	M_D	M_E	V_A	$V_{B左}$	$V_{B右}$	$V_{C左}$	$V_{C左}$	$V_{D左}$	$V_{D右}$	$V_{E左}$	$V_{E右}$	V_F
1		0.078 1	0.033 1	0.046 2	-0.105	-0.079	-0.079	-0.105	0.394	-0.606	0.526	-0.474	0.500	-0.500	0.474	-0.526	0.606	-0.394
2		0.100 0	-0.046 1	0.085 5	-0.053	-0.040	-0.040	-0.053	0.447	-0.553	0.013	0.013	0.500	-0.500	-0.013	-0.013	0.553	-0.447
3		-0.026 3	0.078 7	-0.039 5	-0.053	-0.040	-0.040	-0.053	-0.053	-0.053	0.513	-0.487	0.000	0.000	0.487	-0.513	0.053	0.053
4		0.073	0.059	—	-0.119	-0.022	-0.044	-0.051	0.380	-0.620	0.598	-0.402	-0.023	-0.023	0.493	-0.507	0.052	0.052
5		—	0.055	0.064	-0.035	-0.111	-0.020	-0.057	-0.035	-0.035	0.424	-0.576	0.591	-0.409	-0.037	-0.037	0.557	-0.443
6		0.094	—	—	-0.067	0.018	-0.005	0.001	0.433	-0.567	0.085	0.085	-0.023	-0.023	0.006	0.006	-0.001	-0.001
7		—	0.074	—	-0.049	-0.054	-0.014	-0.004	-0.049	-0.049	0.495	-0.505	0.068	0.068	-0.018	-0.018	0.004	0.004
8		—	—	0.072	0.013	-0.053	-0.053	0.013	0.013	0.013	-0.066	-0.066	0.500	-0.500	0.066	0.066	-0.013	-0.013
9		0.171	0.112	0.132	-0.158	-0.118	-0.118	-0.158	0.342	-0.658	0.540	-0.460	0.500	-0.500	0.460	-0.540	0.658	-0.342
10		0.211	-0.069	0.191	-0.059	-0.079	-0.059	-0.059	0.421	-0.579	0.020	0.020	0.500	-0.500	-0.020	-0.020	0.579	-0.421
11		-0.039	0.181	-0.079	-0.059	-0.059	-0.079	-0.079	-0.079	-0.079	0.520	-0.480	0.000	0.000	0.480	-0.520	0.079	0.079

续上表

序号	荷载简图	跨内最大弯矩			支座弯矩				横向剪力										
		M_1	M_2	M_3	M_B	M_C	M_D	M_E	V_A	$V_{B左}$	$V_{B右}$	$V_{C左}$	$V_{C左}$	$V_{D左}$	$V_{D右}$	$V_{E左}$	$V_{E右}$	V_F
12		0.160	0.144	—	-0.179	-0.032	-0.066	-0.077	0.321	-0.679	0.647	-0.353	-0.034	-0.034	0.489	-0.511	0.077	0.077
13		—	0.140	0.151	-0.052	-0.167	-0.031	-0.086	-0.052	-0.052	0.385	-0.615	0.637	-0.363	-0.056	-0.056	0.586	-0.414
14		0.200	—	—	-0.100	0.027	-0.007	0.002	0.400	-0.600	0.127	0.127	-0.034	-0.034	0.009	0.009	-0.002	-0.002
15		—	0.173	—	-0.073	-0.081	0.022	-0.005	-0.073	-0.073	0.493	-0.507	0.102	0.102	-0.027	-0.027	0.005	0.005
16		—	—	0.171	0.020	-0.079	-0.079	0.020	0.020	0.020	-0.099	-0.099	0.500	-0.500	0.099	0.099	-0.020	-0.020
17		0.240	0.100	0.122	-0.281	-0.211	-0.211	-0.281	0.719	-1.281	1.070	-0.930	1.000	-1.000	0.930	-1.070	1.281	-0.719
18		0.287	-0.117	0.228	-0.140	-0.105	-0.105	-0.140	0.860	-1.140	0.035	0.035	1.000	-1.000	-0.035	-0.035	1.140	-0.860
19		-0.047	0.216	-0.015	-0.140	-0.105	-0.105	-0.140	-0.140	-0.140	1.035	-0.965	0.000	0.000	0.965	-1.035	0.140	0.140
20		0.227	0.189	—	-0.319	-0.057	-0.118	-0.137	0.681	-1.319	1.262	-0.738	-0.061	-0.061	0.981	-1.019	0.137	0.137
21		—	0.172	0.198	-0.093	-0.297	-0.054	-0.153	-0.093	-0.093	0.796	-1.204	1.243	-0.757	-0.099	-0.099	1.153	-0.847
22		0.274	—	—	-0.179	0.048	-0.013	0.003	0.821	-1.179	0.227	0.227	-0.061	-0.061	0.016	0.016	-0.003	-0.003
23		—	0.198	—	-0.131	-0.144	0.038	-0.010	-0.131	-0.131	0.987	-1.013	0.182	0.182	-0.048	-0.048	0.010	0.010
24		—	—	0.193	0.035	-0.140	-0.140	0.035	0.035	0.035	-0.175	-0.175	1.000	-1.000	0.175	0.175	-0.035	-0.035

附表 E.2　按弹性理论计算矩形双向板在均布荷载作用下的弯矩系数表

1. 符号说明

M_x，$M_{x,\max}$——平行于 l_x 方向板中心点弯矩和板跨内的最大弯矩；

M_y，$M_{y,\max}$——平行于 l_y 方向板中心点弯矩和板跨内的最大弯矩；

M_x^0——固定边中点沿 l_x 方向的弯矩；

M_y^0——固定边中心点沿 l_y 方向的弯矩；

M_{0x}——平行于 l_x 方向自由边的中点弯矩；

M_{0x}^0——平行于 l_x 方向自由边上固定端的支座弯矩。

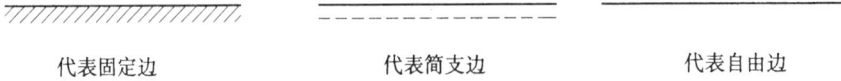

代表固定边　　代表简支边　　代表自由边

2. 计算公式

$$弯矩 = 表中系数 \times ql_x^2$$

式中，q——作用在双向板上的均布荷载；l_x——板跨，见表中插图所示。

表中弯矩系数均为单位板宽的弯矩系数。表中系数为泊松比 $\nu = 1/6$ 时求得的，适用于钢筋混凝土板。表中系数是根据 1975 年版《建筑结构静力计算手册》中 $\nu = 0$ 的弯矩系数表，通过换算公式 $M_x^{(\nu)} = M_y^{(0)} = M_y^{(0)} + \nu M_x^{(0)}$ 得出的。表中 $M_{x,\max}$ 及 $M_{y,\max}$ 也通过此换算公式求得。但由于板内两个方向的跨内最大弯矩一般并不在同一点，因此由上式求得的 $M_{x,\max}$ 及 $M_{y,\max}$ 仅为比实际弯矩偏大的近似值。

(1)

边界条件	(1)四边简支		(2)三边简支、一边固定									
l_x/l_y	M_x	M_y	M_x	$M_{x,\max}$	M_y	$M_{y,\max}$	M_y^0	M_x	$M_{x,\max}$	M_y	$M_{y,\max}$	M_x^0
0.50	0.0994	0.0335	0.0914	0.0930	0.0352	0.0397	-0.1215	0.0593	0.0657	0.0157	0.0171	-0.1212
0.55	0.0927	0.0359	0.0832	0.0846	0.0371	0.0405	-0.1193	0.0577	0.0633	0.0175	0.0190	-0.1187
0.60	0.0860	0.0379	0.0752	0.0765	0.0386	0.0409	-0.1160	0.0556	0.0608	0.0194	0.0209	-0.1158
0.65	0.0795	0.0396	0.0676	0.0688	0.0396	0.0412	-0.1133	0.0534	0.0581	0.0212	0.0226	-0.1124
0.70	0.0732	0.0410	0.0604	0.0616	0.0400	0.0417	-0.1096	0.0510	0.0555	0.0229	0.0242	-1.1087
0.75	0.0673	0.0420	0.0538	0.0519	0.0400	0.0417	0.1056	0.0485	0.0525	0.0244	0.0257	-0.1048
0.80	0.0617	0.0428	0.0478	0.0490	0.0397	0.0415	0.1014	0.0459	0.0495	0.0258	0.0270	-0.1007
0.85	0.0564	0.0432	0.0425	0.0436	0.0391	0.0410	-0.0970	0.0434	0.0466	0.0271	0.0283	-0.0965
0.90	0.0516	0.0434	0.0377	0.0388	0.0382	0.4020	-0.0926	0.0409	0.0438	0.0281	0.0293	-0.0922
0.95	0.0471	0.0432	0.0334	0.0345	0.0371	0.0393	-0.0882	0.0384	0.0409	0.0290	0.0301	-0.0880
1.00	0.0429	0.0429	0.0296	0.0306	0.0360	0.0388	-0.0839	0.0360	0.0388	0.0296	0.0306	-0.0839

(2)

边界条件	(3)两边对简支、两对边固定						(4)两邻边简支、两邻边固定					
l_x/l_y	M_x	M_y	M_y^0	M_x	M_y	M_x^0	M_x	$M_{x,\max}$	M_y	$M_{y,\max}$	M_x^0	M_y^0
0.50	0.0837	0.0367	-0.1191	0.0419	0.0086	-0.0843	0.0572	0.0584	0.0172	0.0229	-0.1179	-0.0786
0.55	0.0743	0.0383	0.1156	0.0415	0.0096	-0.0840	0.0546	0.0556	0.0192	0.0241	-0.1140	-0.0785
0.60	0.0653	0.0393	-0.1114	0.0409	0.0109	-0.0834	0.0518	0.0526	0.0212	0.0252	-0.1095	-0.0782
0.65	0.0569	0.0394	-0.1066	0.0402	0.0122	-0.0826	0.0486	0.0496	0.0228	0.0261	-0.1045	-0.0777
0.70	0.0494	0.0392	-0.1031	0.0391	0.0135	-0.0814	0.0455	0.0465	0.0243	0.0267	-0.0992	-0.0770
0.75	0.0428	0.0383	0.0959	0.0381	0.0149	-0.0799	0.0422	0.0430	0.0254	0.0272	-0.0938	-0.0760
0.80	0.0369	0.0372	-0.0904	0.0368	0.0162	-0.0782	0.0390	0.0397	0.0263	0.0278	-0.0883	-0.0748
0.85	0.0318	0.0358	-0.0850	0.0355	0.0174	-0.0763	0.0358	0.0366	0.0269	0.0284	-0.0829	-0.0733
0.90	0.0275	0.0343	-0.0767	0.0341	0.0186	-0.0743	0.0328	0.0337	0.0273	0.0288	-0.0776	-0.0716
0.95	0.0238	0.0328	-0.0746	0.0326	0.0196	-0.0721	0.0299	0.0308	0.0273	0.0289	-0.0726	-0.0698
1.00	0.0206	0.0311	-0.0698	0.0311	0.0206	-0.0698	0.0273	0.0281	0.0273	0.0289	-0.0677	-0.0677

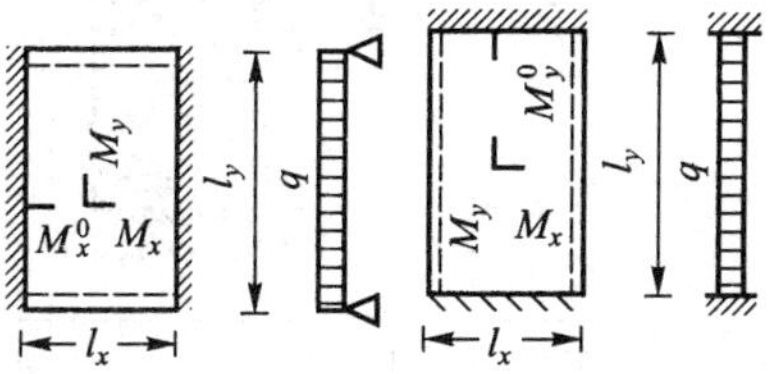

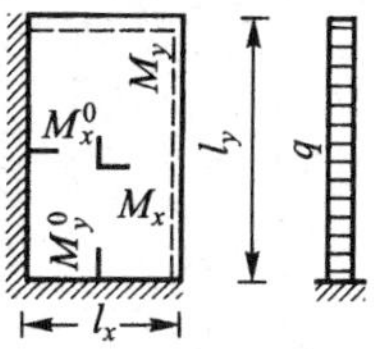

(3)

边界条件	(5)一边简支、三边固定					
l_x/l_y	M_x	$M_{x,\max}$	M_y	$M_{y,\max}$	M_x^0	M_y^0
0.50	0.041 3	0.042 4	0.009 6	0.015 7	-0.083 6	-0.056 9
0.55	0.040 5	0.041 5	0.010 8	0.016 0	-0.082 7	-0.057 0
0.60	0.039 4	0.040 4	0.012 3	0.016 9	-0.081 4	-0.057 1
0.65	0.038 1	0.039 0	0.013 7	0.017 8	-0.079 6	-0.057 2
0.70	0.036 6	0.037 5	0.015 1	0.018 6	-0.077 4	-0.057 2
0.75	0.034 9	0.035 8	0.016 4	0.019 3	-0.075 0	-0.057 2
0.80	0.033 1	0.033 9	0.017 6	0.019 9	-0.072 2	-0.057 0
0.85	0.031 2	0.031 9	0.018 6	0.020 4	-0.069 3	-0.056 7
0.90	0.029 5	0.030 0	0.020 1	0.020 9	-0.066 3	-0.056 3
0.95	0.027 4	0.028 1	0.020 4	0.021 4	-0.063 1	-0.055 8
1.00	0.025 5	0.026 1	0.020 6	0.021 9	-0.060 0	-0.050 0

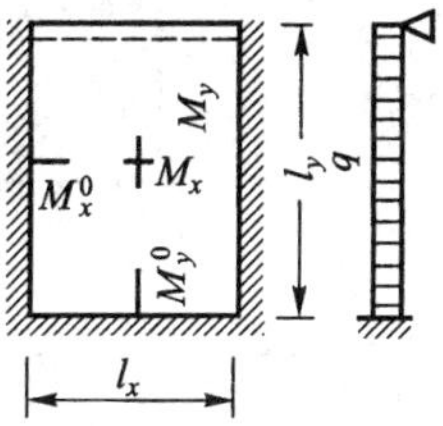

(4)

边界条件	(5)一边简支、三边固定						(6)四边固定			
	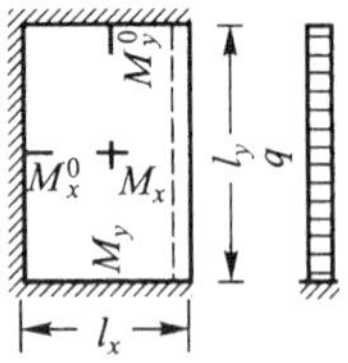						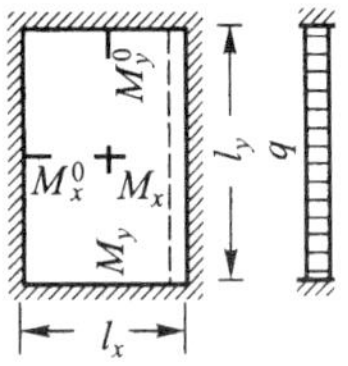			
l_x/l_y	M_x	$M_{x,\max}$	M_y	$M_{y,\max}$	M_y^0	M_x^0	M_x	M_y	M_x^0	M_y^0
0.50	0.0551	0.0605	0.0188	0.0201	-0.0784	-0.1146	0.0406	0.0105	-0.0829	-0.0570
0.55	0.0517	0.0563	0.0210	0.0223	-0.0780	-0.1093	0.0394	0.0120	-0.0814	-0.0571
0.60	0.0480	0.0520	0.0229	0.0242	-0.0773	-0.1033	0.0380	0.0137	-0.0793	-0.0571
0.65	0.0441	0.0476	0.0244	0.0256	-0.0762	-0.0970	0.0361	0.0152	-0.0766	-0.0571
0.70	0.0402	0.0433	0.0256	0.0267	-0.0748	-0.0903	0.0340	0.0167	-0.0735	-0.0569
0.75	0.0364	0.0390	0.0263	0.0273	-0.0729	-0.0837	0.0318	0.0179	-0.0701	-0.0565
0.80	0.0327	0.0348	0.0267	0.0267	-0.0707	-0.0772	0.0295	0.0189	-0.0664	-0.0559
0.85	0.0293	0.0312	0.0268	0.0277	-0.0683	-0.0711	0.0272	0.0197	-0.0626	-0.0551
0.90	0.0261	0.0277	0.0265	0.0273	-0.0656	-0.0653	0.0249	0.0202	-0.0588	-0.0541
0.95	0.0232	0.0246	0.0261	0.0269	-0.0629	-0.0599	0.0227	0.0205	-0.0550	-0.0528
1.00	0.0206	0.0206	0.0255	0.0261	-0.0600	0.0550	0.0205	0.0205	-0.0513	-0.0513

(5)

边界条件	(7)三边固定、一边自由					
	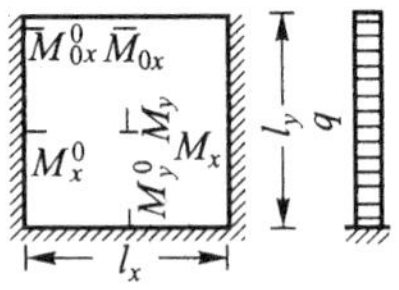					
l_y/l_x	M_x	M_y	M_x^0	M_y^0	M_{0x}	M_{0x}^0
0.30	0.001 8	-0.003 9	-0.013 5	-0.034 4	0.006 8	-0.034 5
0.35	0.003 9	-0.002 6	-0.017 9	-0.040 6	0.011 2	-0.043 2
0.40	0.006 3	-0.000 8	-0.022 7	-0.045 4	0.016 0	-0.050 6
0.45	0.009 0	-0.001 4	-0.027 5	-0.048 9	0.020 7	-0.056 4
0.50	0.016 6	-0.003 4	-0.032 2	-0.051 3	0.025 0	-0.060 7
0.55	0.014 2	-0.005 4	-0.036 8	-0.053 0	0.028 8	-0.063 5
0.60	0.016 6	-0.007 2	-0.041 2	-0.054 1	0.032 0	-0.065 2
0.65	0.018 8	-0.008 7	-0.045 3	-0.054 8	0.034 7	-0.066 1
0.70	0.020 9	-0.010 0	-0.049 0	-0.055 3	0.036 8	-0.066 3
0.75	0.022 8	-0.011 1	-0.052 6	-0.055 7	0.038 5	-0.066 1
0.80	0.024 6	-0.011 9	-0.055 8	-0.056 0	0.039 9	-0.065 6
0.85	0.026 2	-0.012 5	-0.055 8	-0.056 2	0.040 9	-0.065 1
0.90	0.027 7	-0.012 9	-0.061 5	-0.056 3	0.041 7	-0.064 4
0.95	0.029 1	-0.013 2	-0.063 9	-0.056 4	0.042 2	-0.063 8
1.00	0.030 4	-0.013 3	-0.066 2	-0.056 5	0.042 7	-0.063 2

续上表

l_y/l_x	M_x	M_y	M_x^0	M_y^0	M_{0x}	M_{0x}^0
1.10	0.032 7	-0.013 3	-0.070 1	-0.056 6	0.043 1	-0.062 3
1.20	0.034 5	-0.013 0	-0.073 2	-0.056 7	0.043 3	-0.061 7
1.30	0.036 8	-0.012 5	-0.075 8	-0.056 8	0.043 4	-0.061 4
1.40	0.038 0	-0.011 9	-0.077 8	-0.056 8	0.043 3	-0.061 4
1.50	0.039 0	-0.011 3	-0.079 4	-0.056 9	0.043 3	-0.061 6
1.75	0.040 5	-0.009 9	-0.081 9	-0.056 9	0.043 1	-0.062 5
2.00	0.041 3	-0.008 7	-0.083 2	-0.056 9	0.043 1	-0.063 7

附录 F　单阶柱柱顶反力与位移系数图

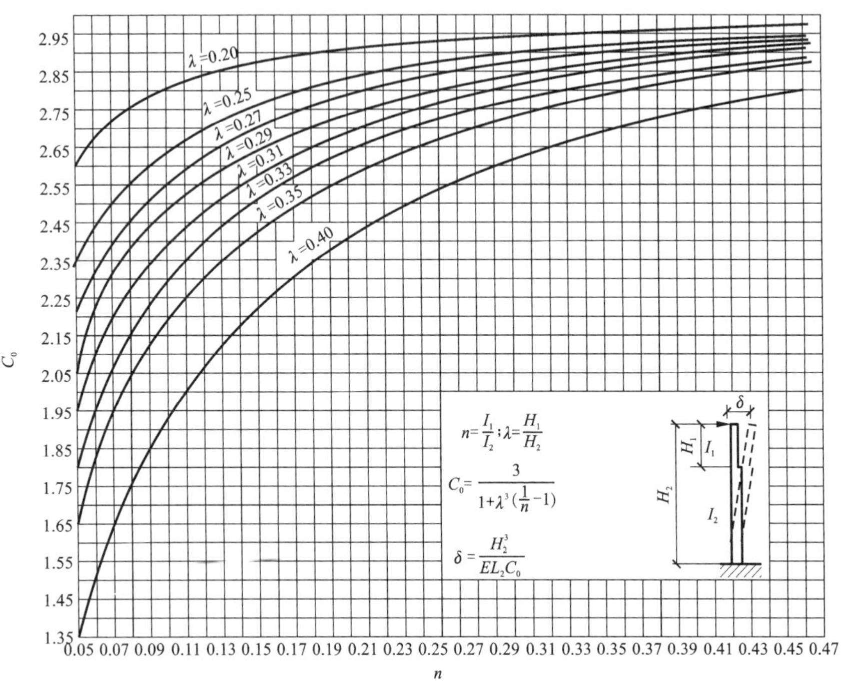

附图 F. 1　柱顶单位集中荷载作用下系数 C_0 的数值

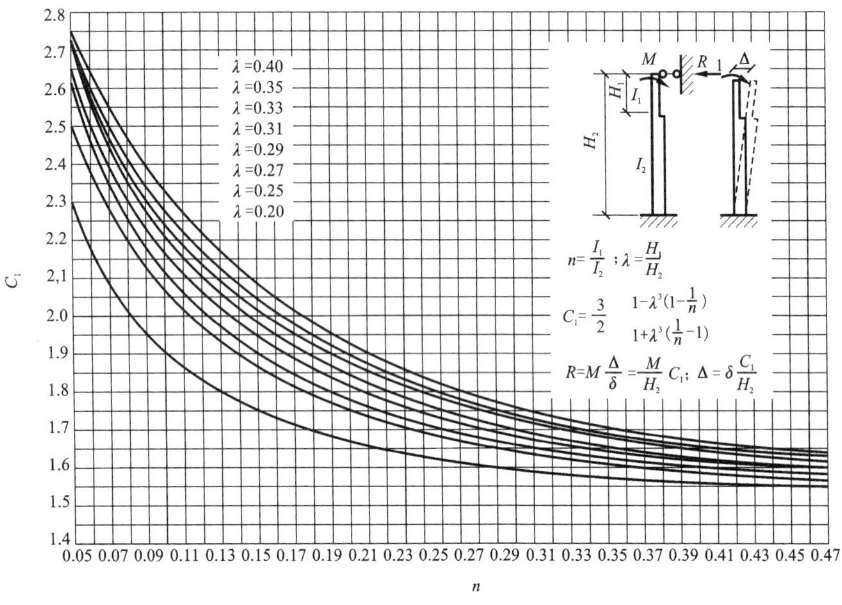

附图 F. 2　力矩作用在柱顶时系数 C_1 的数值

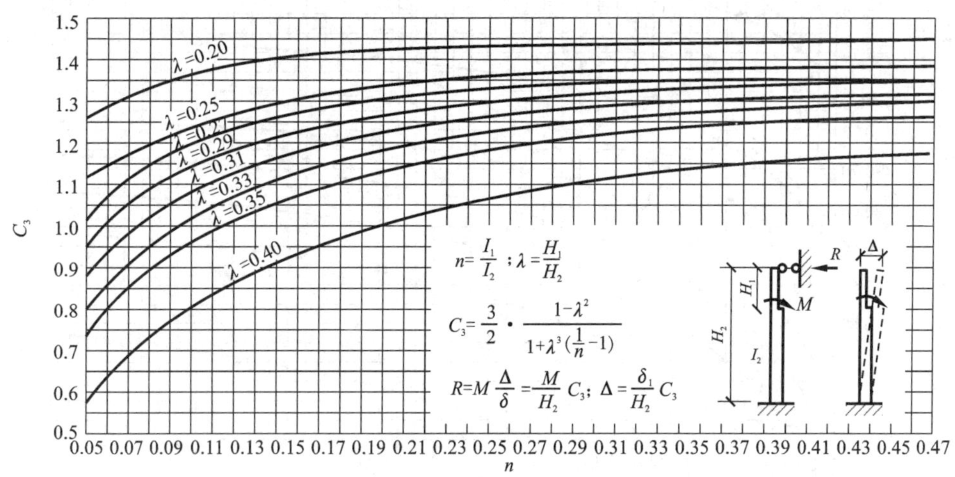

附图 F. 3 力矩作用在牛腿顶面时系数 C_3 的数值

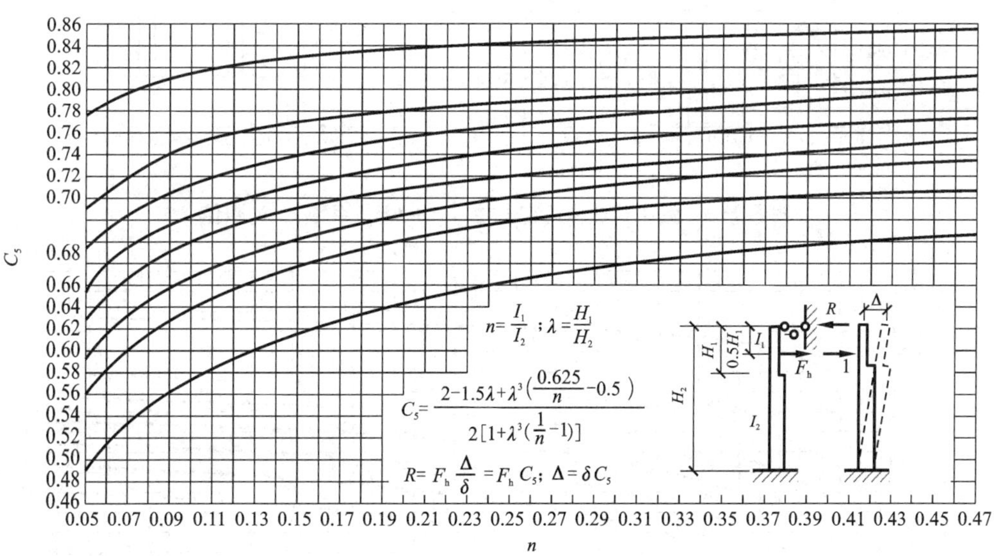

附图 F. 4 集中荷载作用在上柱($y=0.5H_1$)系数 C_3 的数值

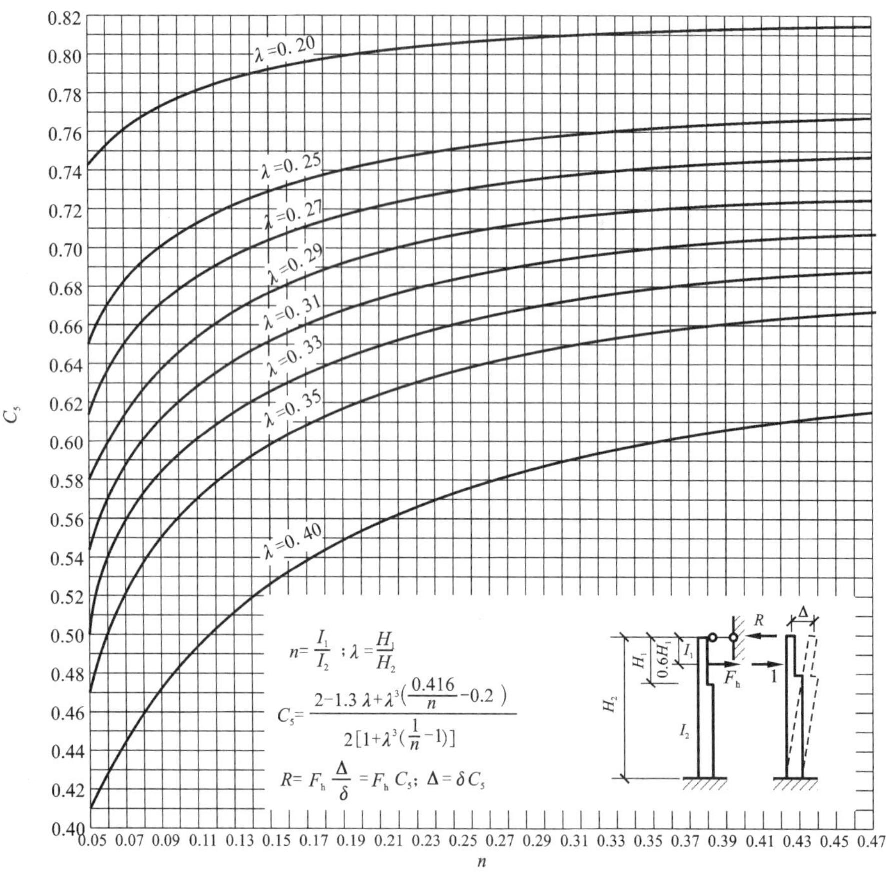

附图 F. 5　集中荷载作用在上柱($y=0.6H_1$)系数 C_5 的数值

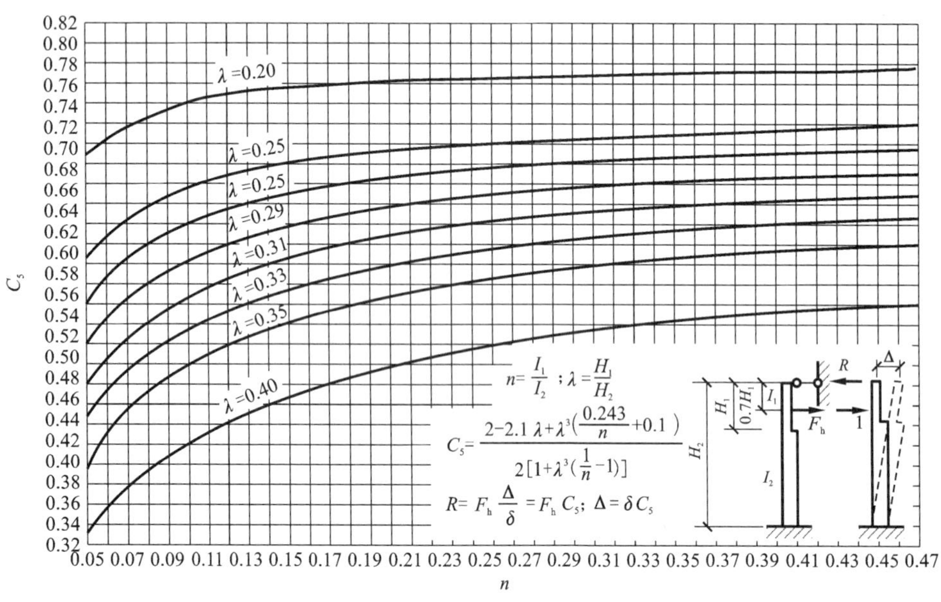

附图 F. 6　集中荷载作用在上柱($y=0.7H_1$)系数 C_5 的数值

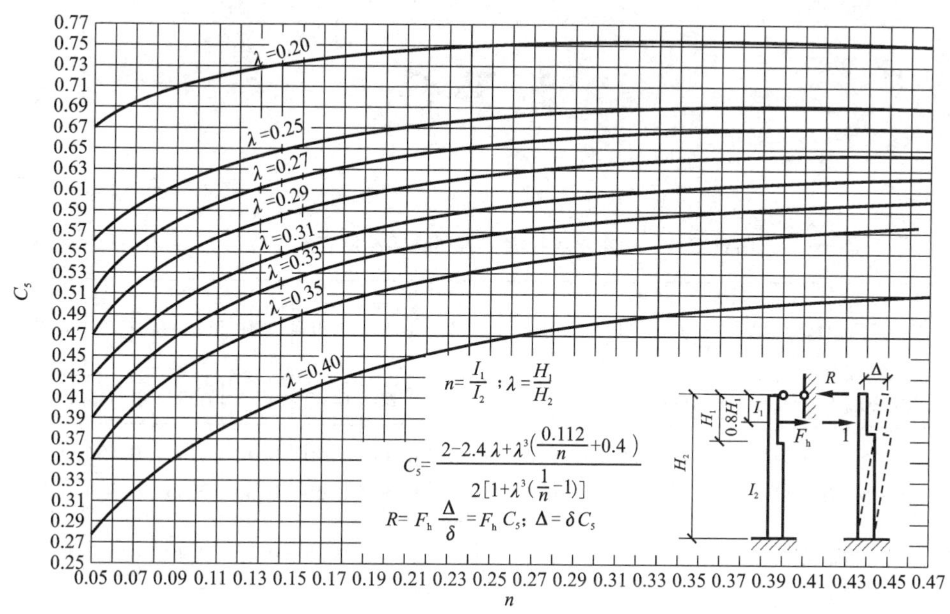

附图 F.7　集中荷载作用在上柱($y=0.8H_1$)系数 C_5 的数值

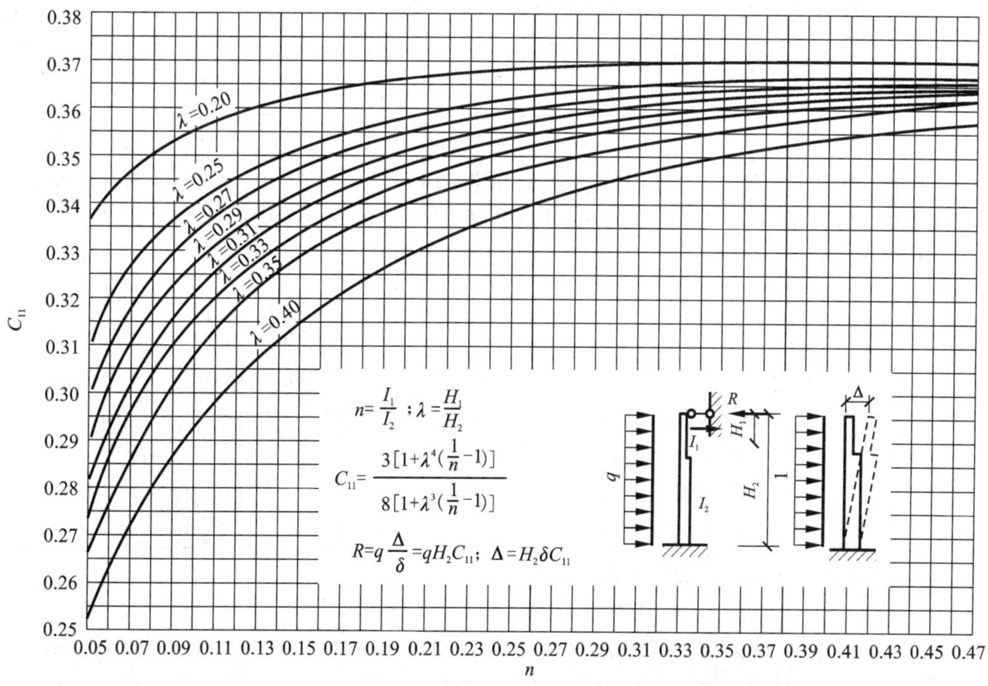

附图 F.8　均布荷载作用在整个上、下柱系数 C_{11} 的数值

附录 G

附录 G.1 均布水平荷载下各层柱标准反弯点高度比 y_0

n	j \ $\bar{K}$	0.1	0.2	0.3	0.4	0.5	0.6	0.7	0.8	0.9	1.0	2.0	3.0	4.0	5.0
1	1	0.80	0.75	0.70	0.65	0.65	0.60	0.60	0.60	0.60	0.55	0.55	0.55	0.55	0.55
2	2	0.45	00.40	0.35	0.35	0.35	0.35	0.40	0.40	0.40	0.40	0.45	0.45	0.45	0.45
	1	0.95	0.80	0.75	0.70	0.65	0.65	0.65	0.60	0.60	0.60	0.55	0.55	0.55	0.50
3	3	0.15	0.20	0.20	0.25	0.30	0.30	0.30	0.35	0.35	0.35	0.40	0.45	0.45	0.45
	2	0.55	0.50	0.45	0.45	0.45	0.45	0.45	0.45	0.45	0.45	0.45	0.50	0.50	0.50
	1	1.00	0.85	0.80	0.75	0.70	0.70	0.65	0.65	0.65	0.60	0.55	0.55	0.55	0.55
4	4	-0.05	0.05	0.15	0.20	0.25	0.30	0.30	0.35	0.35	0.35	0.40	0.45	0.45	0.45
	3	0.25	0.30	0.30	0.35	0.35	0.40	0.40	0.40	0.45	0.45	0.45	0.50	0.50	0.50
	2	0.65	0.55	0.50	0.50	0.45	0.45	0.45	0.45	0.45	0.45	0.50	0.50	0.50	0.50
	1	1.10	0.90	0.80	0.75	0.70	0.70	0.65	0.65	0.60	0.60	0.55	0.55	0.55	0.55
5	5	-0.20	0.00	0.15	0.20	0.25	0.30	0.30	0.30	0.35	0.35	0.40	0.45	0.45	0.45
	4	0.10	0.20	0.25	0.30	0.35	0.35	0.40	0.40	0.40	0.40	0.45	0.45	0.50	0.50
	3	0.40	0.40	0.40	0.40	0.40	0.45	0.45	0.45	0.45	0.45	0.50	0.50	0.50	0.50
	2	0.65	0.55	0.50	0.50	0.50	0.50	0.50	0.50	0.50	0.50	0.50	0.50	0.50	0.50
	1	1.20	0.95	0.80	0.75	0.75	0.70	0.70	0.65	0.65	0.65	0.55	0.55	0.55	0.55
6	6	-0.30	0.00	0.10	0.20	0.25	0.25	0.30	0.30	0.35	0.35	0.40	0.45	0.45	0.45
	5	0.00	0.20	0.25	0.30	0.35	0.35	0.40	0.40	0.40	0.40	0.45	0.45	0.50	0.50
	4	0.20	0.30	0.35	0.35	0.40	0.40	0.40	0.45	0.45	0.45	0.45	0.50	0.50	0.50
	3	0.40	0.40	0.40	0.45	0.45	0.45	0.45	0.45	0.45	0.45	0.50	0.50	0.50	0.50
	2	0.70	0.50	0.55	0.50	0.50	0.50	0.50	0.50	0.50	0.50	0.50	0.50	0.50	0.50
	1	1.20	0.95	0.85	0.80	0.75	0.70	0.70	0.65	0.65	0.65	0.55	0.55	0.55	0.55
7	7	-0.35	-0.05	0.10	0.20	0.20	0.25	0.30	0.30	0.35	0.35	0.40	0.45	0.45	0.45
	6	-0.10	0.15	0.25	0.30	0.35	0.35	0.35	0.40	0.40	0.40	0.45	0.45	0.50	0.50
	5	0.10	0.25	0.30	0.35	0.40	0.40	0.40	0.45	0.45	0.45	0.45	0.50	0.50	0.50
	4	0.30	0.35	0.40	0.40	0.40	0.45	0.45	0.45	0.45	0.45	0.50	0.50	0.50	0.50
	3	0.50	0.45	0.45	0.45	0.45	0.45	0.45	0.45	0.45	0.45	0.50	0.50	0.50	0.50
	2	0.75	0.60	0.55	0.50	0.50	0.50	0.50	0.50	0.50	0.50	0.50	0.50	0.50	0.50
	1	1.20	0.95	0.85	0.80	0.75	0.70	0.70	0.65	0.65	0.65	0.55	0.55	0.55	0.55

续表

n	j \ $\overline{K}$	0.1	0.2	0.3	0.4	0.5	0.6	0.7	0.8	0.9	1.0	2.0	3.0	4.0	5.0
8	8	−0.35	−0.15	0.10	0.15	0.25	0.25	0.30	0.30	0.35	0.35	0.40	0.45	0.45	0.45
	7	−0.10	0.15	0.25	0.30	0.35	0.35	0.40	0.40	0.40	0.40	0.45	0.50	0.50	0.50
	6	0.05	0.25	0.30	0.35	0.40	0.40	0.40	0.45	0.45	0.45	0.45	0.50	0.50	0.50
	5	0.20	0.30	0.35	0.40	0.40	0.45	0.45	0.45	0.45	0.45	0.50	0.50	0.50	0.50
	4	0.35	0.40	0.40	0.45	0.45	0.45	0.45	0.45	0.45	0.45	0.50	0.50	0.50	0.50
	3	0.50	0.45	0.45	0.45	0.45	0.45	0.45	0.45	0.50	0.50	0.50	0.50	0.50	0.50
	2	0.75	0.60	0.55	0.55	0.50	0.50	0.50	0.50	0.50	0.50	0.50	0.50	0.50	0.50
	1	1.20	1.00	0.85	0.80	0.75	0.70	0.70	0.65	0.65	0.65	0.55	0.55	0.55	0.55
9	9	−0.40	−0.05	0.10	0.20	0.25	0.25	0.30	0.30	0.35	0.35	0.45	0.45	0.45	0.45
	8	−0.15	0.15	0.25	0.30	0.35	0.35	0.35	0.40	0.40	0.40	0.45	0.45	0.50	0.50
	7	0.05	0.25	0.30	0.35	0.40	0.40	0.40	0.45	0.45	0.45	0.45	0.50	0.50	0.50
	6	0.15	0.30	0.35	0.40	0.40	0.45	0.45	0.45	0.45	0.45	0.50	0.50	0.50	0.50
	5	0.25	0.35	0.40	0.40	0.45	0.45	0.45	0.45	0.45	0.45	0.50	0.50	0.50	0.50
	4	0.40	0.40	0.40	0.45	0.45	0.45	0.45	0.45	0.45	0.45	0.50	0.50	0.50	0.50
	3	0.55	0.45	0.45	0.45	0.45	0.45	0.45	0.45	0.50	0.50	0.50	0.50	0.50	0.50
	2	0.80	0.65	0.55	0.55	0.50	0.50	0.50	0.50	0.50	0.50	0.50	0.50	0.50	0.50
	1	1.20	1.00	0.85	0.80	0.75	0.70	0.70	0.65	0.65	0.65	0.55	0.55	0.55	0.55
10	10	−0.40	−0.05	0.10	0.20	0.25	0.30	0.30	0.30	0.35	0.35	0.40	0.45	0.45	0.45
	9	−0.15	0.15	0.25	0.30	0.35	0.35	0.40	0.40	0.40	0.40	0.45	0.45	0.50	0.50
	8	−0.00	0.25	0.30	0.35	0.40	0.40	0.40	0.45	0.45	0.45	0.45	0.50	0.50	0.50
	7	−0.10	0.30	0.35	0.40	0.40	0.45	0.45	0.45	0.45	0.45	0.50	0.50	0.50	0.50
	6	0.20	0.35	0.40	0.40	0.45	0.45	0.45	0.45	0.45	0.45	0.50	0.50	0.50	0.50
	5	0.30	0.40	0.40	0.45	0.45	0.45	0.45	0.45	0.45	0.50	0.50	0.50	0.50	0.50
	4	0.40	0.40	0.45	0.45	0.45	0.45	0.45	0.45	0.45	0.50	0.50	0.50	0.50	0.50
	3	0.55	0.50	0.45	0.45	0.45	0.50	0.50	0.50	0.50	0.50	0.50	0.60	0.50	0.50
	2	0.80	0.65	0.55	0.55	0.55	0.50	0.50	0.50	0.50	0.50	0.50	0.50	0.50	0.50
	1	1.30	1.00	0.85	0.80	0.75	0.70	0.70	0.65	0.65	0.65	0.60	0.55	0.55	0.55

注：n 为总层数；j 为所在楼层的位置；$\overline{K}$ 为梁柱线刚度比。

附录 G.2　倒三角形荷载下各层柱标准反弯点高度比 y_0

n	j \ $\overline{K}$	0.1	0.2	0.3	0.4	0.5	0.6	0.7	0.8	0.9	1.0	2.0	3.0	4.0	5.0
1	1	0.80	0.75	0.70	0.65	0.65	0.60	0.60	0.60	0.60	0.55	0.55	0.55	0.55	0.55
2	2	0.50	0.45	0.40	0.40	0.40	0.40	0.40	0.40	0.40	0.40	0.45	0.45	0.45	0.50
	1	1.00	0.85	0.75	0.70	0.70	0.65	0.65	0.65	0.60	0.60	0.55	0.55	0.55	0.55
3	3	0.25	0.25	0.25	0.30	0.30	0.35	0.35	0.35	0.40	0.40	0.45	0.45	0.45	0.50
	2	0.60	0.50	0.50	0.50	0.50	0.45	0.45	0.45	0.45	0.45	0.50	0.50	0.50	0.50
	1	1.15	0.90	0.80	0.75	0.75	0.70	0.70	0.65	0.65	0.65	0.60	0.55	0.55	0.55
4	4	0.10	0.15	0.20	0.25	0.30	0.30	0.35	0.35	0.35	0.40	0.45	0.45	0.45	0.45
	3	0.35	0.35	0.35	0.40	0.40	0.40	0.40	0.45	0.45	0.45	0.45	0.50	0.50	0.50
	2	0.70	0.60	0.55	0.50	0.50	0.50	0.50	0.50	0.50	0.50	0.50	0.50	0.50	0.50
	1	1.20	0.95	0.85	0.80	0.75	0.70	0.70	0.70	0.65	0.65	0.55	0.55	0.55	0.55
5	5	−0.05	0.10	0.20	0.25	0.30	0.30	0.35	0.35	0.35	0.35	0.40	0.45	0.45	0.45
	4	0.20	0.25	0.35	0.35	0.40	0.40	0.40	0.40	0.40	0.45	0.45	0.50	0.50	0.50
	3	0.45	0.40	0.45	0.45	0.45	0.45	0.45	0.45	0.45	0.45	0.50	0.50	0.50	0.50
	2	0.75	0.60	0.55	0.55	0.50	0.50	0.50	0.50	0.50	0.50	0.50	0.50	0.50	0.50
	1	1.30	1.00	0.85	0.80	0.75	0.70	0.70	0.65	0.65	0.65	0.65	0.55	0.55	0.55
6	6	−0.15	0.05	0.15	0.20	0.25	0.30	0.30	0.35	0.35	0.35	0.40	0.45	0.45	0.45
	5	0.10	0.25	0.30	0.35	0.35	0.40	0.40	0.40	0.45	0.45	0.45	0.50	0.50	0.50
	4	0.30	0.35	0.40	0.40	0.45	0.45	0.45	0.45	0.45	0.45	0.50	0.50	0.50	0.50
	3	0.50	0.45	0.45	0.45	0.45	0.45	0.45	0.45	0.45	0.50	0.50	0.50	0.50	0.50
	2	0.80	0.65	0.55	0.55	0.55	0.55	0.50	0.50	0.50	0.50	0.50	0.50	0.50	0.50
	1	1.30	1.00	0.85	0.80	0.75	0.70	0.70	0.65	0.65	0.65	0.60	0.55	0.55	0.55
7	7	−0.20	0.05	0.15	0.20	0.25	0.30	0.30	0.35	0.35	0.35	0.45	0.45	0.45	0.45
	6	0.05	0.20	0.30	0.0.35	0.35	0.40	0.40	0.40	0.40	0.45	0.45	0.50	0.50	0.50
	5	0.20	0.30	0.35	0.40	0.40	0.45	0.45	0.45	0.45	0.45	0.50	0.50	0.50	0.50
	4	0.35	0.40	0.40	0.45	0.45	0.45	0.45	0.45	0.45	0.45	0.50	0.50	0.50	0.50
	3	0.55	0.50	0.50	0.50	0.50	0.50	0.50	0.50	0.50	0.50	0.50	0.50	0.50	0.50
	2	0.80	0.65	0.60	0.55	0.55	0.55	0.50	0.50	0.50	0.50	0.50	0.50	0.50	0.50
	1	1.30	1.00	0.90	0.80	0.75	0.70	0.70	0.70	0.65	0.65	0.60	0.55	0.55	0.55

续表

n	j \ $\overline{K}$	0.1	0.2	0.3	0.4	0.5	0.6	0.7	0.8	0.9	1.0	2.0	3.0	4.0	5.0
8	8	-0.20	0.05	0.15	0.20	0.25	0.30	0.30	0.35	0.35	0.35	0.45	0.45	0.45	0.45
	7	0.00	0.30	0.30	0.35	0.35	0.40	0.40	0.40	0.40	0.45	0.45	0.50	0.50	0.50
	6	0.15	0.30	0.35	0.40	0.40	0.45	0.45	0.45	0.45	0.45	0.50	0.50	0.50	0.50
	5	0.30	0.45	0.40	0.45	0.45	0.45	0.45	0.45	0.45	0.45	0.50	0.50	0.50	0.50
	4	0.40	0.45	0.45	0.45	0.45	0.45	0.45	0.50	0.50	0.50	0.50	0.50	0.50	0.50
	3	0.60	0.50	0.50	0.50	0.50	0.50	0.50	0.50	0.50	0.50	0.50	0.50	0.50	0.50
	2	0.85	0.65	0.60	0.55	0.55	0.55	0.50	0.50	0.50	0.50	0.50	0.50	0.50	0.50
	1	1.30	1.00	0.90	0.80	0.75	0.70	0.80	0.70	0.65	0.65	0.60	0.55	0.55	0.55
9	9	-0.25	0.00	0.15	0.20	0.25	0.30	0.30	0.35	0.35	0.40	0.45	0.45	0.45	0.45
	8	-0.00	0.20	0.30	0.35	0.35	0.40	0.40	0.40	0.40	0.45	0.45	0.50	0.50	0.50
	7	0.15	0.30	0.35	0.40	0.40	0.45	0.45	0.45	0.45	0.45	0.50	0.50	0.50	0.50
	6	0.25	0.35	0.40	0.40	0.45	0.45	0.45	0.45	0.45	0.50	0.50	0.50	0.50	0.50
	5	0.35	0.40	0.45	0.45	0.45	0.45	0.45	0.45	0.50	0.50	0.50	0.50	0.50	0.50
	4	0.45	0.45	0.40	0.45	0.45	0.50	0.50	0.50	0.50	0.50	0.50	0.50	0.50	0.50
	3	0.65	0.50	0.50	0.50	0.50	0.50	0.50	0.50	0.50	0.50	0.50	0.50	0.50	0.50
	2	0.80	0.65	0.60	0.55	0.55	0.55	0.55	0.50	0.50	0.50	0.50	0.50	0.50	0.50
	1	1.35	1.00	0.90	0.80	0.75	0.75	0.70	0.70	0.65	0.65	0.60	0.55	0.55	0.55
10	10	-0.25	0.00	0.15	0.20	0.25	0.30	0.30	0.35	0.35	0.40	0.45	0.45	0.45	0.45
	9	-0.05	0.20	0.30	0.35	0.35	0.40	0.40	0.40	0.40	0.45	0.45	0.50	0.50	0.50
	8	0.10	0.30	0.35	0.40	0.40	0.40	0.40	0.45	0.45	0.45	0.50	0.50	0.50	0.50
	7	0.20	0.35	0.40	0.40	0.45	0.45	0.45	0.45	0.45	0.50	0.50	0.50	0.50	0.50
	6	0.30	0.40	0.40	0.45	0.45	0.45	0.45	0.45	0.45	0.50	0.50	0.50	0.50	0.50
	5	0.40	0.45	0.45	0.45	0.45	0.45	0.45	0.50	0.50	0.50	0.50	0.50	0.50	0.50
	4	0.50	0.45	0.45	0.45	0.50	0.50	0.50	0.50	0.50	0.50	0.50	0.50	0.50	0.50
	3	0.60	0.55	0.50	0.50	0.50	0.50	0.50	0.50	0.50	0.50	0.50	0.50	0.50	0.50
	2	0.85	0.65	0.60	0.55	0.55	0.55	0.55	0.50	0.50	0.50	0.50	0.50	0.50	0.50
	1	1.35	1.00	0.90	0.80	0.75	0.75	0.70	0.70	0.65	0.65	0.60	0.55	0.55	0.55

注：n 为总层数；j 为所在楼层的位置；$\overline{K}$ 为平均线刚度比。

附录 G.3　上下梁相对刚度变化时的修正值 y_1

α_1 \ $\overline{K}$	0.1	0.2	0.3	0.4	0.5	0.6	0.7	0.8	0.9	1.0	2.0	3.0	4.0	5.0
0.4	0.55	0.40	0.30	0.25	0.20	0.20	0.20	0.15	0.15	0.15	0.05	0.05	0.05	0.05
0.5	0.45	0.30	0.20	0.20	0.15	0.15	0.15	0.10	0.10	0.10	0.05	0.05	0.05	0.05
0.6	0.30	0.20	0.15	0.15	0.10	0.10	0.10	0.10	0.05	0.05	0.05	0.05	0.00	0.00
0.7	0.20	0.15	0.10	0.10	0.10	0.10	0.05	0.05	0.05	0.05	0.05	0.00	0.00	0.00
0.8	0.15	0.10	0.05	0.05	0.05	0.05	0.05	0.05	0.05	0.00	0.00	0.00	0.00	0.00
0.9	0.05	0.05	0.05	0.05	0.00	0.00	0.00	0.00	0.00	0.00	0.00	0.00	0.00	0.00

附录 G.4　上下层柱高度变化时的修正值 y_2 和 y_3

α_2	α_3 \ $\overline{K}$	0.1	0.2	0.3	0.4	0.5	0.6	0.7	0.8	0.9	1.0	2.0	3.0	4.0	5.0
2.0		0.25	0.15	0.15	0.10	0.10	0.10	0.10	0.10	0.05	0.05	0.05	0.05	0.0	0.0
1.8		0.20	0.15	0.10	0.10	0.10	0.05	0.05	0.05	0.05	0.05	0.05	0.0	0.0	0.0
1.6	0.4	0.15	0.10	0.10	0.05	0.05	0.05	0.05	0.05	0.05	0.05	0.0	0.0	0.0	0.0
1.4	0.6	0.10	0.05	0.05	0.05	0.05	0.05	0.05	0.05	0.05	0.0	0.0	0.0	0.0	0.0
1.2	0.8	0.05	0.05	0.05	0.0	0.0	0.0	0.0	0.0	0.0	0.0	0.0	0.0	0.0	0.0
1.0	1.0	0.0	0.0	0.0	0.0	0.0	0.0	0.0	0.0	0.0	0.0	0.0	0.0	0.0	0.0
0.8	1.2	-0.05	-0.05	-0.05	0.0	0.0	0.0	0.0	0.0	0.0	0.0	0.0	0.0	0.0	0.0
0.6	1.4	-0.10	-0.05	-0.05	-0.05	-0.05	-0.05	-0.05	-0.05	-0.05	0.0	0.0	0.0	0.0	0.0
0.4	1.6	-0.15	-0.10	-0.10	-0.05	-0.05	-0.05	-0.05	-0.05	-0.05	-0.05	0.0	0.0	0.0	0.0
	1.8	-0.20	-0.15	-0.10	-0.10	-0.10	-0.05	-0.05	-0.05	-0.05	-0.05	-0.05	0.0	0.0	0.0
	2.0	-0.25	-0.15	-0.15	-0.10	-0.10	-0.10	-0.10	-0.10	-0.05	-0.05	-0.05	-0.05	0.0	0.0

参考文献

[1]罗向荣. 混凝土结构. 北京：高等教育出版社，2014
[2]刘孟良. 混凝土结构与砌体结构. 长沙：中南大学出版社，2013
[3]沈浦生，罗国强，廖莎，刘霞. 混凝土结构. 北京：中国建筑工业出版社，2011
[4]张宪江. 钢筋混凝土结构技术. 北京：清华大学出版社，2014
[5]于建民，张叶红. 钢筋混凝土结构. 北京：清华大学出版社，2013
[6]杨晓光，张颂娟. 混凝土结构与砌体结构. 北京：清华大学出版社，2012
[7]宋玉普. 钢筋混凝土结构. 北京：机械工业出版社，2004
[8] 张季超，李汝庚. 混凝土结构设计原理. 北京：中国环境科学出版社，2003.
[9]李乔. 混凝土结构设计原理. 北京：中国铁道出版社，2001
[10]张誉. 混凝土结构基本原理. 北京：中国建筑工业出版社，2000
[11]周克荣，顾祥林，苏小卒. 混凝土结构设计. 上海：同济大学出版社，2001
[12]张学宏. 建筑结构. 北京：中国建筑工业出版社，2000
[13]王志清. 混凝土结构与砌体结构. 北京：冶金工业出版社，2010
[14]胡兴福. 建筑结构(第 2 版). 北京：中国建筑工业出版社，2009
[15]程文. 混凝土结构设计. 武汉：武汉大学出版社，2001
[16]王振东. 混凝土与砌体结构. 北京：中国建筑工业出版社，2003
[17]国振喜，孙谌，孙学，国伟. 实用混凝土结构构造手册. 北京：中国建筑工业出版社，2015
[18]徐有邻，刘刚. 混凝土结构设计规范理解与应用. 北京：中国建筑工业出版社，2013
[19]罗丹霞，冯昆荣. 钢筋计算与翻样. 南京：南京大学出版社，2013
[20]吴培明. 混凝土结构. 武汉：武汉工业大学出版社. 2001

图书在版编目(CIP)数据

混凝土结构/刘可定，王运政主编．—长沙：中南大学出版社，2020.8(2022.1 重印)

ISBN 978-7-5487-3768-1

Ⅰ.①混… Ⅱ.①刘… ②王… Ⅲ.①混凝土结构—高等职业教育—教材 Ⅳ.①TU37

中国版本图书馆 CIP 数据核字(2019)第 204702 号

混凝土结构

刘可定　王运政　主编

□责任编辑　周兴武
□责任印制　唐　曦
□出版发行　中南大学出版社
社址：长沙市麓山南路　邮编：410083
发行科电话：0731-88876770　传真：0731-88710482
□印　　装　长沙艺铖印刷包装有限公司

□开　　本　787 mm×1092 mm 1/16　□印张 23.25　□字数 595 千字
□互联网+图书 二维码内容　字数 5.52 千字　图片 64 张　视频 147 分钟
□版　　次　2020 年 8 月第 1 版　□印次 2022 年 1 月第 2 次印刷
□书　　号　ISBN 978-7-5487-3768-1
□定　　价　56.00 元